KB078789

최근 개정된 검사기준과 KEC
과년도 출제 문제 철저 분석

승강기
기능사 필기

김평식 · 박왕서 공저

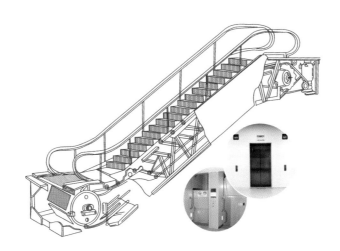

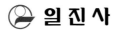 일 진 사

| CBT 안내 |

한국산업인력공단에서 시행하는 국가기술자격검정 기능사 필기시험이 CBT 방식으로 달라졌습니다. CBT란 컴퓨터 기반 시험(Computer-Based Testing)의 약자로, 종이 시험지 없이 컴퓨터상에서 시험을 본다는 의미입니다. CBT 시험은 답안이 제출된 뒤 현장에서 바로 본인의 점수와 합격 여부를 확인할 수 있습니다.

Q-net에서 안내하는 CBT 시험 진행 절차는 다음과 같습니다.

➡ 신분 확인

시험 시작 전 수험자에게 배정된 좌석에 앉아 있으면 신분 확인 절차가 진행됩니다. 시험장 감독위원이 컴퓨터에 나온 수험자 정보와 신분증이 일치하는지를 확인하는 단계입니다.

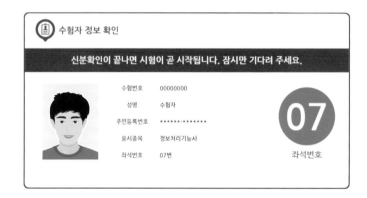

➡ 시험 준비

1. 안내사항

시험 안내사항을 확인합니다. 확인을 다하신 후 아래의 [다음] 버튼을 클릭합니다.

> 📢 **안내사항**
>
> ✔ 시험은 총 5문제로 구성되어 있으며, 5분간 진행됩니다.
> ✔ 시험도중 수험자 PC 장애발생시 손을 들어 시험감독관에게 알리면 긴급 장애 조치 또는 자리이동을 할 수 있습니다.
> ✔ 시험이 끝나면 합격여부를 바로 확인할 수 있습니다.

2. 유의사항

시험 유의사항을 확인합니다. 버튼을 클릭하여 유의사항 3쪽을 모두 확인합니다.

유의사항 - [1/3]

- 다음과 같은 부정행위가 발각될 경우 감독관의 지시에 따라 퇴실 조치되고, 시험은 무효로 처리되며, 3년간 국가기술자격검정에 응시할 자격이 정지됩니다.

  ✓ 시험 중 다른 수험자와 시험에 관련한 대화를 하는 행위
  ✓ 시험 중에 다른 수험자의 문제 및 답안을 엿보고 답안지를 작성하는 행위
  ✓ 다른 수험자를 위하여 답안을 알려주거나, 엿보게 하는 행위
  ✓ 시험 중 시험문제 내용과 관련된 물건을 휴대하여 사용하거나 이를 주고받는 행위

  다음 유의사항 보기 ▶

3. 메뉴 설명

　문제풀이 메뉴 설명을 확인하고 기능을 숙지합니다. 각 메뉴에 관한 모든 설명을 확인하신 후 아래의 [다음] 버튼을 클릭해 주세요.

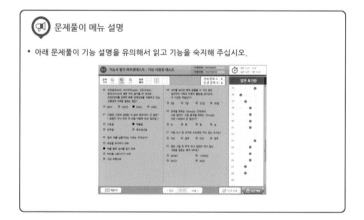
문제풀이 메뉴 설명

- 아래 문제이 기능 설명을 유의해서 읽고 기능을 숙지해 주십시오.

4. 문제풀이

　자격검정 CBT 문제풀이 연습　버튼을 클릭하여 실제 시험과 동일한 방식의 문제풀이 연습을 준비합니다.

자격검정 CBT 문제풀이 연습

- ✓ 실제 시험과 동일한 방식의 문제풀이 연습을 통해 CBT 시험을 준비합니다.
- ✓ 하단의 버튼을 클릭하시면 문제풀이 연습 화면으로 넘어갑니다.

  자격검정 CBT 문제풀이 연습

※ 조금 복잡한 자격검정 CBT 프로그램 사용법을 충분히 배웠습니다. [확인] 버튼을 클릭하세요.

| CBT 안내 |

5. 시험 준비 완료

시험 안내사항 및 문제풀이 연습까지 모두 마친 수험자는 [시험 준비 완료] 버튼을 클릭한 후 잠시 대기 합니다.

➡ 시험 시작

문제를 꼼꼼히 읽어보신 후 답안을 작성하시기 바랍니다. 시험을 다 보신 후 [답안 제출] 버튼을 클릭하세요.

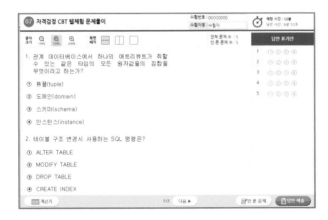

➡ 시험 종료

본인의 득점 및 합격 여부를 확인할 수 있습니다.

머리말

우리나라에 승강기가 처음 설치 운용되기 시작한 1910년 이후, 오늘날 우리나라는 세계적으로 승강기 대국이 되었다.

현대 사회의 변화에 따라 고층 건물, 고층 아파트 및 지하철에 이르기까지 보다 신속하고 편안한 수직 수평 교통수단으로 승강기가 그 역할을 다하고 있다.

이에 따른 승강기에 관한 기술적 설치 관리, 운용 및 수리·보수에 관한 산업인력은 날로 증가할 것으로 사료되며, 특히 전기·기계 및 건축물의 종합적인 분야에 보다 전문적인 기술, 기능인을 필요로 하게 되었다.

이 책은 승강기 기능사 자격취득을 위하여 준비하고 있는 많은 공학도 여러분들을 위하여 다음과 같은 특징으로 구성하였다.

첫째, 한국산업인력공단의 출제기준에 따른 핵심 내용을 단원별로 구성·편집하였다.

둘째, 단원별로 예상문제를 수록하여 난이도가 있거나 본문에서 다루지 않은 문제에는 이해하기 쉽도록 해설을 달아 주었다.

셋째, 과년도 출제 문제를 분석하여 단원의 순서에 따라 재구성하였으며, 이해하기 쉽게 해설을 99% 이상 하였다.

넷째, 새롭게 출제되는 문제에 대응할 수 있도록 주요 문제 해설에 참고 사항을 수록하여 이에 대비할 수 있도록 하였다.

다섯째, 부록으로 CBT 복원문제를 자세한 해설과 함께 수록하여 최근 출제 경향을 파악하고 시험에 응시하는 데 도움이 되도록 하였다.

새로운 승강기 지식을 얻고자 하는 지식인과 자격시험을 준비하는 이들에게 손색없는 수험 참고서가 되도록 심혈을 기울여 엮은 교재인 만큼, 승강기 분야에 종사하고자 하는 모든 이들에게 많은 도움이 되기를 기원한다. 그리고 혹시 미미한 점이나 잘못된 점이 있다면 여러분들의 기탄없는 충고를 바란다.

초심을 잃지 않고 꾸준히 공부한다면 승강기 분야의 기술인으로서 중추적인 역할을 할 것을 믿어 의심하지 않는다. 끝으로 이 교재가 출간되기까지 아낌없이 노력을 쏟아주신 도서출판 **일진사**에 깊은 감사를 드린다.

저자 씀

승강기기능사 출제기준 (필기)

직무 분야	기계	중직무 분야		기계 장비 설비·설치	자격종목	승강기기능사

O **직무내용** : 숙련기능을 바탕으로 승강기의 제작, 설치, 점검, 유지 및 운용 등을 수행하는 직무이다.

필기검정방법		객관식	문제수	60	시험시간	1시간

필 기 과목명	출 제 문제수	주 요 항 목	세 부 항 목
승강기개론, 승강기보수, 기계·전기 기초이론, 안전관리	60	1. 승강기 개요	(1) 승강기의 종류　　(2) 승강기의 원리 (3) 승강기의 조작방식
		2. 승강기의 구조 및 원리	(1) 구동기　　　　(2) 매다는 장치(로프 및 벨트) (3) 주행 안내 레일　(4) 추락방지 안전장치 (5) 과속조절기　　　(6) 완충기 (7) 카(케이지)와 카틀(케이지틀)　(8) 균형추 (9) 균형체인 및 균형 로프
		3. 승강기의 도어 시스템	(1) 도어 시스템의 종류 및 원리 (2) 도어 머신 장치 (3) 출입문 잠금장치 및 클로저 (4) 보호장치
		4. 승강로와 기계실 및 기계 류 공간	(1) 승강로의 구조 및 깊이 (2) 기계실 및 기계류 공간의 제설비
		5. 승강기의 제어	(1) 직류승강기의 제어 시스템 (2) 교류승강기의 제어 시스템
		6. 승강기의 부속장치	(1) 안전장치　　　(2) 신호장치 (3) 비상전원장치　(4) 기타 보조장치
		7. 유압식 엘리베이터	(1) 유압식 엘리베이터의 구조와 원리 (2) 유압회로　(3) 펌프와 밸브　(4) 잭(실린더 램)
		8. 에스컬레이터	(1) 에스컬레이터의 구조 및 원리 (2) 구동장치 (3) 디딤판과 디딤판 체인 및 난간과 손잡이 (4) 안전장치
		9. 특수 승강기	(1) 입체주차설비　(2) 무빙워크　(3) 유희시설 (4) 소형화물용 엘리베이터 (5) 주택용 엘리베이터
		10. 승강기 안전기준 및 취급	(1) 승강기 안전기준　　(2) 승강기 안전수칙 (3) 승강기 사용 및 취급
		11. 이상 시의 제 현상과 재 해방지	(1) 이상상태의 제 현상　(2) 이상 시 발견조치 (3) 재해 원인의 분석방법 (4) 재해 조사항목과 내용 (5) 재해 원인의 분류
		12. 안전점검 제도	(1) 안전점검 방법 및 제도　　(2) 안전진단 (3) 안전점검 결과에 따른 시정조치

필기 과목명	출제 문제수	주 요 항 목	세 부 항 목
		13. 기계기구와 그 설비의 안전	(1) 기계설비의 위험방지 (2) 전기에 의한 위험방지 (3) 추락 등에 의한 위험방지 (4) 기계 방호장치 (5) 방호조치
		14. 승강기 제작기준	(1) 전기식 승강기 (2) 유압식 승강기 (3) 에스컬레이터
		15. 승강기 검사기준	(1) 기계실에서 행하는 검사 (2) 카 내에서 행하 는 검사 (3) 카 상부에서 행하는 검사 (4) 피트 내에서 행하는 검사 (5) 승강장에서 행하는 검사
		16. 전기식 엘리베이터 주 요 부품의 수리 및 조정 에 관한 사항	(1) 과속조절기 (2) 주행 안내 레일 (3) 추락방 지 안전장치 (4) 카(케이지)와 카틀(케이지틀) (5) 균형추 (6) 균형체인, 균형로프 (7) 직·교 류 제어 시스템
		17. 유압식 엘리베이터 주요 부품의 수리 및 조정에 관 한 사항	(1) 펌프와 밸브 (2) 잭(실린더와 램) (3) 압력배관 (4) 안전장치류 (5) 제어장치
		18. 에스컬레이터의 수리 및 조정에 관한 사항	(1) 구동장치 (2) 디딤판 및 디딤판 체인 (3) 난간과 손잡이 (4) 제어장치
		19. 특수 승강기의 수리 및 조정에 관한 사항	(1) 입체주차설비 (2) 무빙워크 (3) 유희시설 (4) 소형화물용 엘리베이터 (5) 주택용 엘리베이 터 (6) 휠체어 리프트 (7) 리프트
		20. 승강기 재료의 역학적 성질에 관한 기초	(1) 하중 (2) 응력 (3) 변형률 (4) 탄성계수 (5) 안전율 (6) 힘 (7) 강재재료 및 빔
		21. 승강기 주요 기계요소 별 구조와 원리	(1) 링크 기구 (2) 운동기구와 캠 (3) 도르래(활 차)장치 (4) 치차 (5) 베어링 (6) 로프(벨트 포 함) (7) 기어
		22. 승강기 요소측정 및 시 험	(1) 측정기기 및 측정장비의 사용 방법과 원리 (2) 기계요소 계측 및 원리 (3) 전기요소 계측 및 원리
		23. 승강기 동력원의 기초 전기	(1) 정전기와 콘덴서 (2) 직류회로 및 교류회로 (3) 자기회로 (4) 전자력과 전자유도 (5) 전기보호기기
		24. 승강기 구동 기계기구 작동 및 원리	(1) 직류전동기 (2) 유도전동기 (3) 동기 전동기
		25. 승강기 제어 및 제어시 스템의 원리 및 구성	(1) 제어의 개념 (2) 제어계의 요소 및 구성 (3) 자동제어 (4) 시퀀스제어 (5) 전자회로 (6) 반 도체 (7) 제어기기 및 제어회로 (8) 제어의 응용

차 례

제1편 ─○ 승강기 개론

제2편 ─○ **승강기 보수**

제3편 ○ 기계·전기 기초 이론

제4편 ···ㅇ 승강기 안전 관리

부 록 ○ 과년도 출제문제

승강기 기능사

제1편

승강기 개론

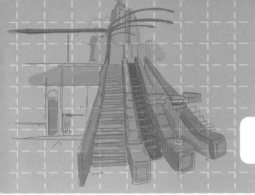

1장

승강기의 개요

1. 승강기의 종류

승강기란, 건축물이나 고정된 시설물에 설치되어 일정한 경로에 따라 사람이나 화물을 승강장으로 옮기는 데에 사용되는 시설이다.

① 엘리베이터　　　　② 에스컬레이터　　　　③ 휠체어 리프트

1-1　승강기의 분류

(1) 구조별, 용도별 세부 종류

표 1-1 (a)　구조별 종류

구분	종류	분류 기준
엘리베이터	전기식 엘리베이터	로프나 체인 등에 매달린 운반구(運搬具)가 구동기에 의해 수직로 또는 경사로를 따라 운행되는 구조의 엘리베이터
	유압식 엘리베이터	운반구 또는 로프나 체인 등에 매달린 운반구가 유압잭에 의해 수직로 또는 경사로를 따라 운행되는 구조의 엘리베이터
에스컬레이터	에스컬레이터	계단형의 발판이 구동기에 의해 경사로를 따라 운행되는 구조의 에스컬레이터
	무빙워크	평면형의 발판이 구동기에 의해 경사로 또는 수평로를 따라 운행되는 구조의 에스컬레이터
휠체어 리프트	수직형 휠체어 리프트	휠체어의 운반에 적합하게 제작된 운반구(이하 "휠체어 운반구"라 한다.) 또는 로프나 체인 등에 매달린 휠체어 운반구가 구동기나 유압잭에 의해 수직로를 따라 운행되는 구조의 휠체어 리프트
	경사형 휠체어 리프트	휠체어 운반구 또는 로프나 체인 등에 매달린 휠체어 운반구가 구동기나 유압잭에 의해 경사로를 따라 운행되는 구조의 휠체어 리프트

표 1-1 (b) 용도별 종류

구분	종류	분류 기준
엘리베이터	승객용 엘리베이터	사람의 운송에 적합하게 제조·설치된 엘리베이터
	전망용 엘리베이터	승객용 엘리베이터 중 엘리베이터 내부에서 외부를 전망하기에 적합하게 제조·설치된 엘리베이터
	병원용 엘리베이터	병원의 병상 운반에 적합하게 제조·설치된 엘리베이터로서 평상시에는 승객용 엘리베이터로 사용하는 엘리베이터
	장애인용 엘리베이터	「장애인·노인·임산부 등의 편의증진 보장에 관한 법률」 제2조 제1호에 따른 장애인등(이하 "장애인등"이라 한다.)의 운송에 적합하게 제조·설치된 엘리베이터로서 평상시에는 승객용 엘리베이터로 사용하는 엘리베이터
	소방구조용 엘리베이터	화재 등 비상시 소방관의 소화활동이나 구조 활동에 적합하게 제조·설치된 엘리베이터 (「건축법」 제64조 제2항 본문 및 「주택건설기준 등에 관한 규정」 제15조 제2항에 따른 비상용 승강기를 말한다)로서 평상시에는 승객용 엘리베이터로 사용하는 엘리베이터
	피난용 엘리베이터	화재 등 재난 발생 시 거주자의 피난활동에 적합하게 제조·설치된 엘리베이터로서 평상시에는 승객용으로 사용하는 엘리베이터
	주택용 엘리베이터	「건축법 시행령」 별표 1 제1호 가목에 따른 단독주택 거주자의 운송에 적합하게 제조·설치된 엘리베이터로서 왕복 운행거리가 12미터 이하인 엘리베이터
	승객화물용 엘리베이터	사람의 운송과 화물 운반을 겸용하기에 적합하게 제조·설치된 엘리베이터
	화물용 엘리베이터	화물의 운반에 적합하게 제조·설치된 엘리베이터로서 조작자 또는 화물취급자가 탑승할 수 있는 엘리베이터(적재용량이 300킬로그램 미만인 것은 제외한다.)
	자동차용 엘리베이터	운전자가 탑승한 자동차의 운반에 적합하게 제조·설치된 엘리베이터
	소형화물용 엘리베이터 (dumbwaiter)	음식물이나 서적 등 소형화물의 운반에 적합하게 제조·설치된 엘리베이터로서 사람의 탑승을 금지하는 엘리베이터(바닥면적이 0.5제곱미터 이하이고, 높이가 0.6미터 이하인 것은 제외한다.)
에스컬레이터	승객용 에스컬레이터	사람의 운송에 적합하게 제조·설치된 에스컬레이터
	장애인용 에스컬레이터	장애인등의 운송에 적합하게 제조·설치된 에스컬레이터로서 평상시에는 승객용 에스컬레이터로 사용하는 에스컬레이터
	승객화물용 에스컬레이터	사람의 운송과 화물 운반을 겸용하기에 적합하게 제조·설치된 에스컬레이터
	승객용 무빙워크	사람의 운송에 적합하게 제조·설치된 에스컬레이터
	승객화물용 무빙워크	사람의 운송과 화물의 운반을 겸용하기에 적합하게 제조·설치된 에스컬레이터
휠체어 리프트	장애인용 수직형 휠체어 리프트	운반구가 수직로를 따라 운행되는 것으로서 장애인등의 운송에 적합하게 제조·설치된 수직형 휠체어 리프트
	장애인용 경사형 휠체어 리프트	운반구가 경사로를 따라 운행되는 것으로서 장애인등의 운송에 적합하게 제조·설치된 경사형 휠체어 리프트

(2) 구동 방식(동력 매체)에 의한 분류

① 전기식

㉮ 권상 구동식 : 와이어로프와 시브(sheave) 사이의 마찰력에 의해 구동하는 가장 일반적인 방식

㉯ 포지티브 구동식 : 권동(드럼)을 사용하는 방식으로 소형, 저속, 저양정인 것에 사용하는 방식

② 유압식

㉮ 직접식 : 카(car) 하부에 플런저(plunger)를 직접 붙여 카를 움직이는 방식

㉯ 간접식 : 플런저(plunger)의 움직임을 와이어로프와 체인을 이용, 간접적으로 카(car)를 움직이는 방식

㉰ 팬터그래프식 : 유압 피스톤으로 팬터그래프(pantagraph)를 개폐하여 카(car)를 움직이는 방식

③ 리니어 모터(linear motor)식 : 균형추에 리니어 모터를 설치하여 카(car)를 승강시키는 방식

④ 스크루(screw)식 : 나사형의 홈을 판 긴 기둥에 너트에 상당하는 슬리브를 카 측에 설치하고 회전시킴으로 카를 승강시키는 방식

⑤ 랙·피니언(rack and pinion)식 : 레일에 랙(rack) 톱니를 만들고 케이지에 피니언을 만들어 카(car)를 승강시키는 방식

(3) 속도에 의한 분류

표 1-2

구 분	속도 범위	특 징
저속	0.75 m/s 이하	저층 및 화물용, 병원용과 같이 부하가 많이 요구되는 경우 사용
중속	1 ~ 4 m/s	중·저층 아파트, 오피스텔 등 주로 주거용 건물 사용
고속	4 ~ 6 m/s	고층 오피스텔, 고층 아파트, 호텔, 사무용 빌딩 등 고층 빌딩에 사용
초고속	6 m/s 이상	고층 빌딩에 사용

(4) 제어 방식에 의한 분류

표 1-3

구동 방식	제어 방식	제어 형태
전기식	교류 제어	교류 1단 속도 제어 방식 (AC1) 교류 2단 속도 제어 방식 (AC2) 교류 궤환 제어방식 (ACVV) 가변 전압 가변 주파수 제어 방식 (VVVF)

	직류 제어	워드 레오나드 방식 정지 레오나드 방식
유압식	인버터 제어	펌프의 회전수를 소정의 상승속도에 상당하는 회전수로 가변 제어하여 펌프에서 가압되어 토출되는 작동유를 제어하는 방식
	유량 제어	펌프에서 토출된 작동유를 유량제어 밸브를 통해 실린더로 보내는 방식으로, 미터 인 회로와 블리드 오프 회로가 있다.

(5) 기계실 위치에 의한 분류

① 정상부형

② 하부형

③ 측부형

④ 기계실이 없는 엘리베이터 : 승강로 내부의 상하 또는 측면부에 기계실 구동부를 설치한 형태

(6) 조작방법에 의한 분류

① 수동식 : 전임 운전자에 의해서만 조작이 이루어진다.

② 자동식 : 승객 자신에 의해 조작이 된다.

③ 병용방식 : 운전원과 승객이 조작할 수 있도록 겸용이 가능한 것

`1-2` 에스컬레이터와 휠체어 리프트의 분류

표 1-4

구 분	용 도	종 류	분 류 기 준
에스컬레이터	승객 및 화물용	에스컬레이터	계단형의 디딤판을 동력으로 오르내리게 한 것
		무빙워크	평면의 디딤판을 동력으로 이동시키게 한 것
휠체어리프트	승객용	장애인용 경사형 리프트	장애인이 이용하기에 적합하게 제작된 것으로서 계단의 경사면을 따라 동력으로 오르내리게 한 것
		장애인용 수직형 리프트	장애인이 이용하기에 적합하게 제작된 것으로서 수직인 승강로를 따라 동력으로 오르내리게 한 것

2. 엘리베이터의 조작 방식과 적용

2-1 한 대의 조작 방식

(1) 반자동식

① 카(car) 스위치 방식 : 카(car)의 모든 기동정지는 운전자의 의지에 의한 카(car) 스위치의 조작에 따라 직접 이루어진다.

② 신호(signal) 방식

㉮ 카(car)의 문 개폐만이 운전자의 레버나 누름단추의 조작에 의해 이루어지며, 진행 방향이나 정지층의 결정은 미리 눌려져 있는 카(car) 내 행선층 단추 또는 승강 단추에 의해 이루어진다.

㉯ 백화점 등에서 운전자가 있을 경우에 사용된다.

(2) 전자동식

① 단식 자동식(single automatic)

㉮ 가장 먼저 눌려져 있는 부름에만 응답하고, 그 운전이 완료되기 전에는 다른 호출을 받지 않는다.

㉯ 자동차용 엘리베이터용, 화물용, 카 리프트용 등에 사용된다.

② 하강 승합 전자동식(down collective)

㉮ 2층 혹은 그 위층의 승강장에서는 하강 방향 단추만 있다.

㉯ 중간층에서 위층으로 갈 때에는 1층으로 내려온 후 올라가야 한다.

③ 승합 전자동식(selective collective)

㉮ 승강장의 누름단추는 상승용, 하강용의 양쪽 모두 동작이 가능하다.

㉯ 카는 그 진행방향의 카 단추와 승강장의 단추에 응답하면서 승강한다.

㉰ 일반 승용 엘리베이터에는 이 방식을 채용하고 있다.

(3) 반자동식과 전자동식의 병용방식

단식 자동식과 하강 승합 전자동식 중 하나씩을 조합할 수 있지만 신호방식과 승합 자동 방식의 조합을 대부분 사용한다.

2-2 복수 엘리베이터의 조작 방식

(1) 군 승합 자동식(2car, 3car)

① 2 ~ 3대가 병행되었을 때 사용하는 조작방식이다.

② 한 개의 승강장 버튼의 부름에 대하여 한 대의 카만 응답한다.

(2) 군 관리 방식(supervisory control)

① 3 ~ 8대를 설치할 때 건물 내의 교통수요 변동에 효율적으로 대처하기 위한 운행 관리기법이다.

② 층 표시기를 설치하지 않고 서비스하게 될 엘리베이터를 표시해주는 홀 랜턴(hall lantern)을 설치한다.

(3) 군 관리 방식의 장점

① 인건비가 절약된다.

② 엘리베이터의 사용 수명이 길어진다.

③ 대기 시간이 항상 비슷하다.

④ 승객의 대기 시간이 단축된다.

예·상·문·제

1. 엘리베이터를 용도별로 구분하는 것이 아닌 것은?

㉮ 승용　　　　　㉯ 화물용
㉰ 병원용　　　　㉱ 유아용

[해설] 표 1-1ⓑ 용도별 종류 참조

2. 엘리베이터를 용도별로 분류할 때 사람과 화물을 모두 운반하는 승강기는?

㉮ 승객용 엘리베이터
㉯ 화물용 엘리베이터
㉰ 승객 화물용 엘리베이터
㉱ 병원용 엘리베이터

[해설] 승객 화물용 엘리베이터는 사람과 화물 겸용에 적합하게 제작된 승강기이다.

3. 승객용 엘리베이터의 종류에 속하지 않는 것은?

㉮ 병원용 엘리베이터
㉯ 소방구조용 엘리베이터
㉰ 전망용 엘리베이터
㉱ 공사용 엘리베이터

4. 승강기의 종류별 용도 중 화물용에 속하지 않는 것은?

㉮ 화물용 엘리베이터
㉯ 자동차용 엘리베이터
㉰ 소형화물용
㉱ 병원용 엘리베이터

[해설] 병원용 엘리베이터는 승객용에 해당된다.

5. 엘리베이터 분류 방법이 아닌 것은?

㉮ 용도에 의한 분류
㉯ 구동 방식에 의한 분류

㉰ 적재하중에 의한 분류
㉱ 제어 방식에 의한 분류

[해설] 승강기의 분류 방법
① 용도, ② 구동(동력매체) 방식, ③ 속도
④ 제어 방식, ⑤ 기계실 위치, ⑥ 조작 방식

6. 엘리베이터의 분류방법 중 구동 방식에 의한 분류방법이 아닌 것은?

㉮ 전기식 엘리베이터
㉯ 유압식 엘리베이터
㉰ 스크루(screw)식 엘리베이터
㉱ 전망용 엘리베이터

[해설] 전망용 엘리베이터는 용도에 의한 분류에 해당된다.

7. 유압식 엘리베이터와 밀접한 관계가 있는 것은?

㉮ 플런저식　　　　㉯ 전기식
㉰ 랙·피니언식　　㉱ 스크루식

[해설] 본문 1. 1-1. (2) 참조

8. 엘리베이터 카를 움직이는 데 많이 사용되고 있는 방식은?

㉮ 스크루식　　　　㉯ 전기식
㉰ 플런저식　　　　㉱ 랙·피니언식

9. 다음 중 저속용 엘리베이터의 속도로 적당한 것은?

㉮ 0.75 m/s 이하　　㉯ 1.0 m/s 이하
㉰ 1.5 m/s 이하　　㉱ 2 m/s 이하

[해설] 본문 표 1-2 참조

10. 1~4 m/s인 엘리베이터를 속도에 의해 분류하면?

정답 1. ㉱ 2. ㉰ 3. ㉱ 4. ㉱ 5. ㉰ 6. ㉱ 7. ㉮ 8. ㉯ 9. ㉮ 10. ㉯

㉮ 저속   ㉯ 중속

㉰ 고속   ㉱ 초고속

11. 자동차용 엘리베이터에 일반적으로 적용되고 있는 운전 방식은?

㉮ 단식 자동식

㉯ 하강 승합 전자동식

㉰ 양방향 승합 전자동식

㉱ 군 승합 전자동식

해설 단식 자동식(single automatic)
① 승강장 버튼은 오름, 내림 공용이다.
② 가장 먼저 눌려져 있는 부름에만 응답하고, 그 운전이 완료되기 전에는 다른 호출을 받지 않는다.
③ 자동차용 엘리베이터용, 화물용, 카 리프트용 등에 사용된다.

12. 단식 자동방식(single automatic)에 관한 설명 중 맞는 것은?

㉮ 같은 방향의 호출은 등록된 순서에 따라 응답하면서 운행한다.

㉯ 승장 버튼은 오름, 내림 공용이다.

㉰ 주로 인승용에 사용된다.

㉱ 1개 호출에 의한 운행 중 다른 호출 방향이 같으면 응답한다.

13. 2~3대의 승강기를 병설할 경우 적당한 조작 방법은?

㉮ 군 승합 자동식

㉯ 군 관리 방법

㉰ 시그널 컨트롤 방식

㉱ 카 스위치 방식

해설 본문 2. 2-2. (1) 참조

14. 다음 중 엘리베이터의 승장 위치표시기를 적용하지 않아도 좋은 경우는?

㉮ 화물용 엘리베이터

㉯ 전망용 엘리베이터

㉰ 자동차용 엘리베이터

㉱ 군 관리 엘리베이터

15. 군 관리 조작 방식의 경우 승장에서 여러 대의 카 위치표시를 볼 수 없으므로 응답하는 카의 도착을 알리는 장치는?

㉮ 조작반

㉯ 카 위치 표시기

㉰ 승장 위치 표시기

㉱ 홀 랜턴

해설 홀 랜턴(hall lantern) : 엘리베이터의 승강장에 설치하여 카(car)의 도착을 램프의 점등으로써 예보하는 장치이다.

16. 가변 전압과 가변 주파수로 엘리베이터를 제어하는 방식은?

㉮ VVVF 방식

㉯ 교류 1단 제어법

㉰ 워드 레오나드 방식

㉱ 교류 궤환 제어법

해설 VVVF(Variable Voltage Variable Frequency) 방식 : 가변 전압 가변 주파수에 의한 제어 방식

17. 화물용 승강기에 대한 설명으로 옳지 않은 것은?

㉮ 화물수송에 직접 종사하는 작업원 이외에는 탑승을 금한다.

㉯ 경우에 따라서는 승객을 수송할 수 있다.

㉰ 허용 적재하중을 표시하여야 한다.

㉱ 운행할 때는 출입문이 개폐되어서는 안 된다.

해설 화물용 승강기는 화물(貨物) 전용에 적합하도록 제작된 것으로 조작자 또는 화물 취급자 1인은 탑승할 수 있지만 승객은 수송할 수 없다.

정답 11. ㉮   12. ㉯   13. ㉮   14. ㉱   15. ㉱   16. ㉮   17. ㉯

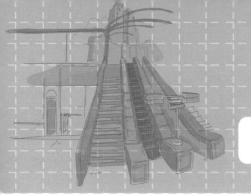

승강기의 구조 및 원리

1. 엘리베이터의 구조

기본 구조와 원리

(1) 전기식의 기본 구조

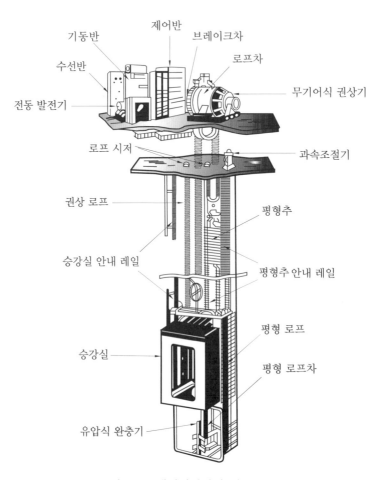

그림 1-1 엘리베이터의 기본 구조

(2) 동작원리

전동모터의 회전력을 감속기를 통해 주도르래에 전달하며 한쪽에는 카(car), 다른 쪽에는 균형추를 매단 와이어로프를 권상기의 도르래에 걸어 와이어로프와 도르래 사이의 마찰력에 의해 구동한다.

2. 권상기

2-1 권상기(traction machine)의 종류

(1) 권상 구동식

① 기어드(geared)식 : 권상 전동기의 고속회전을 감속시키기 위하여 기어를 부착시킨 방식으로 헬리컬 기어(helical gear)가 주로 사용되며, 속도 105 m/min 이하에 적용된다.

② 무 기어(gear less)식 : 기어를 사용하지 않고 전동기의 회전축에 시브(sheave)를 직접 부착시킨 방식으로 속도 120 m/min 이상에 적용된다.

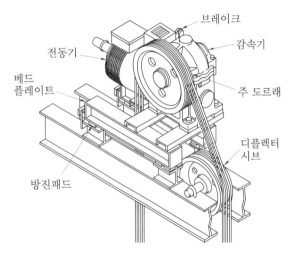

그림 1-2 기어식 권상기

(2) 포지티브 구동식

① 로프를 권동(드럼)에 감거나 풀어서 카(car)를 승강시키는 방식으로 저속도, 소용량의 엘리베이터에 사용되고 있다.

② 균형추를 사용하지 않기 때문에 소요 동력이 큰 것이 필요하다.

2-2 권상기의 구성

• 구성 요소 : 전동기, 제동기, 메인 시브(main sheave ; 주도르래) 감속기, 속도 검출부, 기계대 등

(1) 전동기(motor)

최근 인버터의 속도제어 방식의 개발로 모든 속도범위에서 교류 유도 전동기가 사용되고 있다.

① 전동기에 요구되는 특성

㈎ 기동·감속·정지의 빈도가 높으므로 발열에 대응할 것

㈏ 역구동이 고려된 충분한 제동력을 가질 것

㈐ 정격 속도에 만족하는 회전 특성을 가질 것(오차범위 : +5% ~ −10%)

㈑ 소음이 적고 진동이 없어야 할 것

② 전동기의 소요동력 : P_m

$$P_m = \frac{LVS}{6120\eta} = \frac{LV(1-F)}{6120\eta} \ [\text{kW}]$$

여기서, L : 정격 적재하중(kg) S : 균형추 불평형률 η : 종합 효율
V : 정격 속도(m/min) F : 오버 밸런스율(%)

 예 | 제

1. 정격속도 60 m/min, 적재하중 700 kg, 오버 밸러스율 40%, 전체효율이 0.9인 경우, 전동기의 소요동력은 몇 kW인가?

[풀이] $P_m = \dfrac{LVS}{6120\eta} = \dfrac{LV(1-F)}{6120\eta} = \dfrac{700 \times 60 \times (1-0.4)}{6120 \times 0.9} ≒ 4.6 \ \text{kW}$

(2) 제동기(brake)

제동기의 역할은 운행 중 이상 시에 안전하게 비상정지시켜야 하며, 승객이 승하차 시 안전하게 승강장의 현재 위치를 유지시켜야 한다.

① 제동기의 능력

㈎ 카(car)가 정격속도로 정격하중의 125%를 싣고 하강 방향으로 운행될 때 구동기를 정지시킬 수 있어야 한다.

㈏ 제동력이 너무 크면 감속도가 크게 되어 승차감이 저해되거나 로프 슬립을 일으킬 수 있으므로 감속도는 적절하여야 한다.

② 엘리베이터 제동 소요시간 : t

$$t = \frac{120 \cdot d}{V} \ [\text{s}]$$

여기서, d : 제동을 건 후 이동거리(m)
V : 정격속도(m/min)

③ 제동기의 구조

㈎ 기어식 권상기에서는 웜축에 직접 고정시킬 것

㈏ 브레이크 슈는 높은 동작 빈도에 견딜

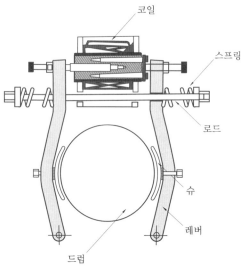

그림 1-3 제동기 구조

수 있을 것

㈐ 마찰계수가 안정적일 것

(3) 주 도르래(main sheave)

메인 시브에는 로프를 안전하게 걸 수 있는 홈이 파져 있다.

① 로프 홈 : 홈의 형상은 마찰계수가 클수록 견인능력이 좋지만, 마찰계수가 크면 접촉면의 면압이 높게 되므로 와이어로프나 시브가 마모되기 쉽다.

표 1-5

구분	U홈	V홈	언더 컷 홈
홈의 형상			
특징	• 로프와의 면압이 적으므로 로프의 수명은 길어지지만 마찰력이 적다. • 더블 랩 방식의 고속기종 권상기에 많이 사용된다.	• 가공이 쉽고 초기 마찰력은 우수하다. • 트랙션 비의 값이 작아지게 되는 단점이 있다.	• U홈과 V홈의 장점을 가지며 트랙션 능력이 가장 크다($150° \leq \beta \leq 90°$) • 초기 가공은 어려우나 시브의 마모가 어느 한계까지 가더라도 마찰력이 유지되는 장점을 가진다.

※ 마찰력의 크기 : V홈 〉 언더 컷 홈 〉 U홈

② 주 도르래의 크기

㈎ 엘리베이터의 속도는 메인 시브의 크기에 비례하고, 원주가 클수록 토크는 떨어진다.

㈏ 직경은 걸리는 로프 직경의 40배 이상으로 하며, 단 도르래에 로프가 걸리는 부분이 $\frac{1}{4}$ 이하일 때 로프 직경의 36배 이상으로 하여, 굽혀짐과 펴짐의 반복에 의한 로프의 손상을 최소화하도록 한다.

③ 로프의 미끄러짐의 원인

㈎ 메인 시브에 로프가 감기는 각도, 즉 권부각이 작을수록 쉽다.

㈏ 속도 변화율(가·감속도)이 클수록 쉽다.

㈐ 마찰계수가 낮을수록 쉽다.

㈑ 카(car) 측과 균형추 측의 로프에 걸리는 중량의 비가 클수록 쉽다.

3. 주 로프

주 로프(main rope)는 엘리베이터의 '생명의 밧줄'로서 주 시브(도르래)의 회전력을 이용,
카(car)를 승강시키는 것으로 안전상 가장 중요한 요소이다.

3-1 주 로프의 규격 및 구성

(1) 일반적인 규격 · 특성

① 로프는 공칭 직경이 8mm 이상이어야 하며, KS D ISO 4344(승강기용 강선 로프)에
적합하거나 동등 이상이어야 한다.

② 로프는 3가닥 이상이어야 한다. 다만,
포지티브(positive) 구동식 엘리베이터
의 경우에는 로프 및 체인을 2가닥 이상
으로 할 수 있다.

③ 권상도르래, 풀리 또는 드럼과 현수 로
프의 공칭 지름 사이의 비는 스트랜드
의 수와 관계없이 40 이상이어야 한다.

④ 현수 로프의 안전율은 어떠한 경우라
도 안전율은 12 이상이어야 한다.

⑤ 반복적인 휨을 받아도 소선이 파단되

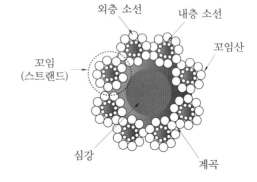

그림 1-4 와이어로프의 구성

지 않도록 강선 속의 탄소량을 적게 하여 유연성을 부여하고 있다.

⑥ 파단 강도는 135 kg/mm^{2}이지만 초고층용은 165 kg/mm^{2}으로 올려 사용한다.

(2) 주 로프의 구성 · 구조

① 소선 : 1 ~ 3 mm의 가는 강철선

② 스트랜드 : 다수의 소선을 서로 꼬아 구성한 것

③ 심강 : 천연섬유인 사이잘(sisal), 마닐라삼 또는 합성섬유, 천연마

(3) 주 로프의 꼬임의 종류

① 보통-랭 꼬임 : 보통 꼬임은 소선을 꼬는 방향과 스트랜드를 꼬는 방향이 반대이고, 랭
꼬임은 같은 방향이다.

② S자-Z자 꼬임 : 스트랜드를 꼬는 방향이 S자-Z자 방향

③ 일반적으로 일반-Z자 꼬임이 주로 사용된다.

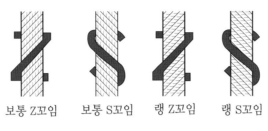

보통 Z꼬임   보통 S꼬임   랭 Z꼬임   랭 S꼬임

그림 1-5 로프의 꼬임

3-2 주 로프의 분류·종류

(1) 구성에 의한 분류(소선 배열 및 소선수)

표 1-6

구분	실형	필러형	워링톤형	형명이 없는 것
형상				
호칭	실형 19개선 8꼬임	필러형 25개선 8꼬임	워링톤형 19개선 8꼬임	24개선 6꼬임
구성 기호	8×S(19)	8×Fi(25)	8×W(19)	6×24
사용 범위	엘리베이터용 메인 로프로 실형 8호의 것이 가장 많이 쓰인다.	고층용 엘리베이터에 사용	현재는 거의 사용되지 않는다.	덤웨이터의 주 로프나 과속조절기용 와이어로프로 쓰인다.

(2) 소선의 강도에 의한 분류

표 1-7

구 분	파단 하중(kgf/mm^2)	특 징
E종	135	• 엘리베이터용으로 강도는 다소 낮더라도 유연성이 좋다. • 잘 파단되지 않고 시브의 마모가 적다.
G종	150	• 소선의 표면에 아연도금한 것 • 녹이 나지 않기 때문에 습기가 많은 장소에 적합하다.
A종	165	• 파단 강도가 높기 때문에 초고층용으로 적합하다. • 강도가 높으므로 시브 측의 마모에 대한 대책이 요구된다.
B종	180	• 강도, 경도가 높아 거의 사용되지 않는다.

3-3 로프 거는 방법

(1) 로핑(ropping) : 권상기에 로프를 거는 방법

표 1-8

구 분	로핑(roping) 방법	적 요
1:1 로핑	도르래 / 디플렉터 (조정 도르래) / 카 / 균형추	• 로프 장력은 카(또는 균형추)의 중량과 로프의 중량을 합한 것이다. • 일반적인 승객용에 사용된다. • 속도를 줄이거나 적재용량을 늘리기 위하여 2:1, 4:1도 승객용에 채용한다.
2:1 로핑	이동 도르래	• 로프의 장력은 1:1 로핑의 $\frac{1}{2}$이 된다. • 도르래가 권상하지 않으면 안 되는 언밸런스 부하도 1:1에 비하여 $\frac{1}{2}$이 된다. • 카(car) 정격 속도의 2배 속도로 로프가 움직이지 않으면 안 된다. • 기어식 권상기에서는 30 m/min 미만의 엘리베이터에서 많이 사용한다. • 1:1 로핑에 비하여 로프의 수명이 짧아지며, 이동 도르래에 의해 종합 효율이 저하된다.
4:1 로핑		• 대용량으로 저속도의 화물 엘리베이터는 3:1, 4:1, 6:1도 때로는 사용되기도 하는데, 다음과 같은 결점이 있다. ① 로프의 총 길이가 길게 되고 수명이 짧아진다. ② 이동 도르래는 효율을 낮추게 하므로 종합적인 효율이 저하된다.

(2) 래핑(wrapping) : 권상기에 로프를 감는 방법

① 싱글 랩(single wrap) : 구동 시브에 로프를 한 번만 감는 방법으로 중속 이하의 엘리베이터에 많이 채용된다.

② 더블 랩(double wrap) : 구동 시브와 조정 시브를 완전히 둘러싸게 감는 방식으로 고속 엘리베이터에 채용된다.

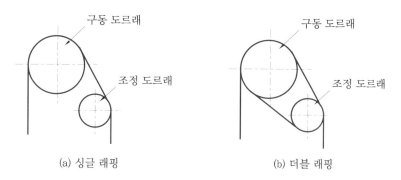

(a) 싱글 래핑   (b) 더블 래핑

그림 1-6 로프를 도르래에 감는 방법

3-4 로프 소켓·로프의 단말 처리

(1) 로프 소켓(rope socket)

① 로프 소켓은 로프의 끝부분을 고정시키는 금속 기구이다.

② 로프를 결속하는 방법은 주로 소켓에 배빗메탈(babbitt metal)을 녹여 가득 채운다.

③ 배빗 채움 끝부분은 각 가닥을 접어서 구부린 것이 명확하게 보이도록 되어 있어야 한다.

> **참고** 배빗메탈(babbitt metal) : 로프를 소켓에 고정시키기 위해 사용되는 금속으로 9 %의 안티몬을 함유하고 있다.

A : 3 ∼ 13 mm
B : 로프 지름의 4배 이상
C : 로프 지름 + 3 ∼ 5 mm
D : 로프 지름 2.25 ∼ 3배
L : 로프 지름의 4.75배 이상

그림 1-7 로프 소켓의 규격

(2) 웨지 타입(wedge type) 체결식 로프 소켓

① 로프를 웨지에 걸고 구부린 끝단을 클립을 사용하여 충분이 조여준다.

② 주 로프에 걸어 맨 고정부위는 섀클 로드(shackle rod) 등으로 견고하게 조이고 풀림 방지를 위한 분할핀이 꽂혀 있어야 한다.

> **참고** 섀클 로드(shackle rod) : 권상식 엘리베이터의 모든 와이어로프의 카 측 또는 균형추 측 로프 끝에서 로프 길이를 개별적으로 조정할 수 있는 장치를 말한다.

표 1-9

사용 로프	로프 끝단에서의 거리
12 ϕ	350 mm
14 ϕ	360 mm
14 ϕ	380 mm

그림 1-8 웨지 타입 로프 소켓 결합도

(3) 클립(clip) 체결식 로프의 단말처리

① 클립 체결은 로프 절단면 쪽, 고리(thimble)쪽, 중간부분의 순서로 하되, 각 클립 사이의 거리가 로프 직경의 5배가 되도록 한다.

② 체결 클립 수는 3개 이상으로 하며, 체결 시 클립의 U볼트 부분이 반드시 절단된 로프 쪽에 있도록 체결한다.

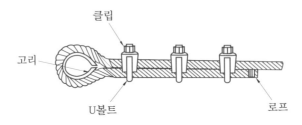

그림 1-9 clip 체결 결합도

4. 주행 안내 레일

승강로 내에 일직선상의 수직으로 설치되어 승강하는 카(car)를 안내하는 레일이다.

4-1 주행 안내 레일(guide rail)의 역할·규격

(1) 주행 안내 레일의 역할

① 엘리베이터의 주행 성능을 좌우하며 그 움직이는 경로를 일정하게 한다.

② 카와 균형추의 승강로 평면 내의 위치를 규제한다.

③ 카의 자중이나 화물에 의한 카의 기울어짐을 방지한다.

④ 비상 멈춤이 작동할 때의 수직 하중을 유지한다.

(2) 주행 안내 레일의 규격

① 일반적으로 T형을 사용하며 가공 전 소재 1 m당 중량의 근사값으로 호칭한다.

　　예 5 kg/m → 5 k 레일

② T형 레일을 사용하며 공칭은 8 k, 13 k, 18 k, 24 k, 30 k이나 대용량 엘리베이터에는 37 k, 50 k 등도 사용된다.

③ 레일의 표준 길이는 5 m이다.

④ T형 레일의 단면과 치수

표 1-10

구분 \ 호칭	8 k	13 k	18 k	24 k	30 k
A	56	62	89	89	108
B	78	89	114	127	140
C	10	16	16	16	19
D	26	32	38	50	51
E	6	7	8	12	13

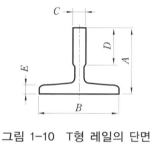

그림 1-10 T형 레일의 단면

㈜ 30 k의 경우 초고속용 엘리베이터 주행 안내 레일이다.

4-2 주행 안내 레일의 적용방법 · 가이드 슈

(1) 적용방법

추락방지 안전장치가 작동하였을 때 충격량을 충분히 견딜 수 있는 정도의 레일 강도가 필요하며 규격을 결정하는 3가지 사항을 만족하여야 한다.

① 좌굴 하중(bucking load)

② 수평 진동

③ 회전 모멘트

> **참고** 좌굴(坐屈) : 축방향의 압축 하중을 받는 긴 기둥에서는 재료의 비례한도 이하의 하중에서도 기둥이 굴곡을 일으킨다. 이 현상을 좌굴이라 한다.

(2) 가이드 슈(guide shoe)

① 카(car) 또는 균형추 상, 하, 좌, 우 4곳에 부착되어 레일에 따라 움직이며 카(car) 또는 균형추를 지지한다.

② 저속용은 sliding, 고속용은 roller 가이드 슈로 구분된다.

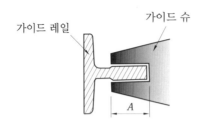

걸림대(A)의 치수(mm)
· 5 k, 8 k 레일 : 25
· 13 k 레일 : 30
· 18 k, 24 k 레일 : 35
· 30 k, 37 k, 50 k 레일 : 40

그림 1-11 가이드 슈

5. 추락방지 안전장치

엘리베이터의 속도가 규정속도 이상으로 하강하는 경우에 대비하여 추락방지 안전장치 (safety gear)를 설치한다.

5-1 추락방지 안전장치의 종류

(1) 즉시 작동형 : 순간 정지식

① 레일을 감싸고 있는 블록(block)과 레일 사이에 롤러를 물려서 카를 정지시키는 구조 이나, 롤러를 사용하므로 일명 롤러식 추락방지 안전장치라고도 한다.

② 화물용 엘리베이터 및 유압식 엘리베이터에 사용된다.

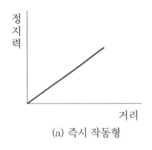

(a) 즉시 작동형

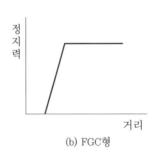

(b) FGC형

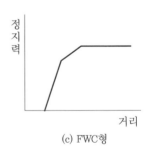

(c) FWC형

그림 1-12 추락방지 안전장치의 정지력

(2) 점차 작동형 : 점진 정지식

① 플렉시블 가이드 클램프(F.G.C : flexible guide clamp)형

㈎ 레일을 죄는 힘이 동작에서 정지까지 일정하다.

㈏ 구조가 간단하고 설치 면적이 작으며 복구가 용이하다.

② 플렉시블 웨지 클램프(F.W.C : flexible wedge clamp)형

㈎ 레일을 죄는 힘이 동작 초기에는 약하나 점점 강해진 후 일정하다.

㈏ 구조가 복잡하여 거의 사용하지 않는다.

③ 슬랙 로프 세이프티(slack rope safety)

㈎ 순간식으로 추락방지 안전장치의 일종이다.

㈏ 과속조절기를 설치할 필요가 없는 방식으로 주로 유압식 엘리베이터에 사용된다.

(3) 상승 방향 과속방지 장치
(개문 출발 방지 장치 포함)

① 주 로프와 주 도르래의 마찰력 저하 또는 제동 장치 불량 등의 원인으로 엘리베이터의 미끄럼 과 과속을 방지할 수 있는 보조 제동장치이다.

② 승강장에서 상하 양방향으로 1200 mm를 이동 하기 전에 통제 불능한 이동을 감지하여 카 (car)를 정지시켜야 한다.

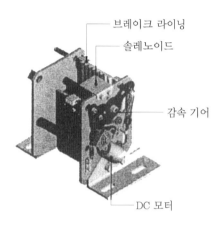

브레이크 라이닝
솔레노이드
감속 기어
DC 모터

그림 1-13 상승 방향 과속방지 장치

5-2 추락방지 안전장치의 사용조건, 작동방법, 감속도 및 복귀

(1) 다른 형식의 추락방지 안전장치에 대한 사용조건

① 카의 추락방지 안전장치는 엘리베이터의 정격속도가 1 m/s를 초과하는 경우 점차 작 동형이어야 한다. 다만, 다음과 같은 경우에는 그러하지 아니한다.

㈎ 정격속도가 1 m/s를 초과하지 않는 경우 : 완충효과가 있는 즉시 작동형

㈏ 정격속도가 0.63 m/s를 초과하지 않는 경우 : 즉시 작동형

② 카에 여러 개의 추락방지 안전장치가 설치된 경우에는 모두 점차 작동형이어야 한다.

(2) 작동 방법

① 카, 균형추 또는 평형추의 추락방지 안전장치는 자체 과속조절기에 의해 각각 작동되 어야 한다. 다만, 정격속도가 1 m/s 이하인 경우 균형추 또는 평형추의 추락방지 안전 장치는 현수 수단(기어)의 파손 또는 안전로프에 의해 작동될 수 있다.

② 추락방지 안전장치는 전기식, 유압식 또는 공압식으로 동작되는 장치에 의해 작동되 지 않아야 한다.

(3) 감속도 및 복귀

① 감속도 : 점차 작동형 추락방지 안전장치의 경우 정격하중의 카가 자유 낙하할 때 작 동하는 평균 감속도는 $0.2\,g_n$과 $1\,g_n$ 사이에 있어야 한다.

② 복귀 : 추락방지 안전장치가 작동된 후 정상 복귀는 전문가(유지보수업자 등)의 개입
이 요구되어야 한다.

6. 과속조절기

과속조절기(governor)는 카와 같은 속도로 움직이는 과속조절기 로프에 의거 회전하며,
항상 카의 속도를 검출하여 과속 시 원심력을 이용 추락방지 안전장치를 동작시킨다.

6-1 과속조절기의 종류

(1) 디스크(disk)형 ; GD형

① 추(weight)형 방식과 슈(shoe)형 방식이 있다.
② 중속도 이하 엘리베이터용으로 적합하다.

(2) 플라이 볼(fly ball)형 ; GF형

① 플라이 볼에 걸리는 원심력을 이용하며, 정밀하게 속도를 측정할 수 있다.
② 초고속 엘리베이터용으로 적합하다.

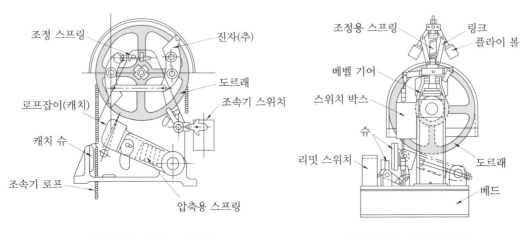

그림 1-14 디스크 추형   그림 1-15 플라이 볼형

(3) 롤 세이프티(roll safety)형 ; GR형

① 과속조절기 도르래 홈과 로프와의 마찰력으로 비상정지시킨다.
② 저속 엘리베이터용으로 적합하다.

6-2 과속조절기 로프·과속조절기 동작

(1) 과속조절기 로프

① 과속조절기는 과속조절기 용도로 설계된 와이어로프에 의해 구동되어야 한다.

② 과속조절기 로프의 최소 파단하중은 과속조절기가 작동될 때 권상 형식의 과속조절기에 대해 마찰계수 $\mu_{\max}$가 0.2와 동등하게 고려되어 8 이상의 안전율로 과속조절기 로프에 생성되는 인장력에 관계되어야 한다.

③ 과속조절기 로프의 공칭 직경은 6 mm 이상이어야 한다.

④ 과속조절기 로프 인장 풀리의 피치 지름과 과속조절기 로프의 공칭 지름 사이의 비는 30 이상이어야 한다.

(2) 과속조절기의 동작

표 1-11

추락방지 안전장치의 형식		과속조절기의 동작 속도(v_t)
즉시 동작형	고정된 롤러 형식은 제외	$1.15v$ [m/s] $\leq v_t$ 0.8 m/s
	고정된 롤러 형식	$1.15v$ [m/s] $\leq v_t < 1.0$ m/s
	완충효과가 있는 형식	$1.15v$ [m/s] $\leq v_t < 1.5$ m/s
점차 작동형	정격속도(v) ≤ 1 m/s	$1.15v$ [m/s] $\leq v_t < 1.5$ m/s
	정격속도(v) > 1 m/s	$1.15v$ [m/s] $\leq v_t < 1.25v + \dfrac{0.25}{v}$ m/s

[비고] 정격속도가 1 m/s를 초과하는 엘리베이터에 대해 가능한 $1.25v + \dfrac{0.25}{v}$ m/s 로 계산한 속도에 가까운 작동속도의 선택을 추천한다.

참고 균형추에 추락방지 안전장치가 설치되어, 그 동작을 과속조절기로 할 때는 균형추의 과속조절기는 카(car) 쪽의 것보다 나중에 작동해야 한다.

7. 완충기

카(car)나 균형추가 어떤 원인으로 최하층을 지나 피트(pit)로 추락할 때 충격을 완화시켜 주는 장치이다(자유 낙하를 완충하기 위한 것은 아님).

7-1 완충기(buffer)의 종류

(1) 완충기의 종류

① 선형 특성을 갖는 완충기 (예 스프링식 완충기)

⑦ 완충기의 가능한 총 행정은 정격속도의 115 %에 상응하는 중력 정지거리의 2배 $(0.135v^2[\text{m}])$ 이상이어야 한다. 다만, 행정은 65 mm 이상이어야 한다.

④ 완충기는 카 자중과 정격하중(또는 균형추의 무게)을 더한 값의 2.5배와 4배 사이의 정하중으로 ⑦에 규정된 행정이 적용되도록 설계되어야 한다.

② 비선형 특성을 갖는 완충기 (예 우레탄식 완충기)

⑦ 카에 정격하중을 싣고 정격속도의 115 %의 속도로 자유 낙하하여 카 완충기에 충돌할 때의 평균 감속도는 $1\,\text{g}_n$ 이하이어야 한다.

④ $2.5\,\text{g}_n$를 초과하는 감속도는 0.04초보다 길지 않아야 한다.

⑤ 카의 복귀속도는 $1\,\text{m/s}$ 이하이어야 한다.

(2) 에너지 분산형 완충기 (예 유입식 완충기)

① 완충기의 가능한 총 행정은 정격속도 115 %에 상응하는 중력 정지거리 $0.067v^2[\text{m}]$ 이상이어야 한다.

② 에너지 분산형 완충기는 다음 사항을 만족하여야 한다.

⑦ 카에 정격하중을 싣고 정격속도의 115 %의 속도로 자유 낙하하여 카 완충기에 충돌할 때의 평균 감속도는 $1\,\text{g}_n$ 이하이어야 한다.

④ $2.5\,\text{g}_n$를 초과하는 감속도는 0.04초보다 길지 않아야 한다.

⑤ 작동 후에는 영구적인 변형이 없어야 한다.

그림 1-16 에너지 축적형 (스프링식)

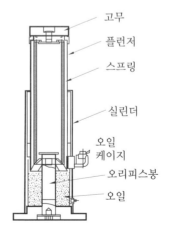

그림 1-17 에너지 분산형 (유입식)

(3) 카 및 균형추 완충기

① 엘리베이터에는 카 및 균형추의 주행로 하부 끝에 완충기가 설치되어야 한다.

② 포지티브 구동식 엘리베이터는 주행로 상부 끝단에서 작용하도록 카 상부에 완충기가 설치되어야 한다.

③ 선형 또는 비선형 특성을 갖는 에너지 축적형 완충기는 엘리베이터의 정격속도가 1 m/s 이하인 경우에만 사용되어야 한다.

④ 완충된 복귀 움직임을 갖는 에너지 축적형 완충기는 엘리베이터의 정격속도가 1.6 m/s 이하인 경우에만 사용되어야 한다.

⑤ 에너지 분산형 완충기는 엘리베이터 정격속도와 상관없이 어떤 경우에도 사용될 수 있다.

8. 카와 카 프레임

카(car)는 운반하는 사람이나 화물을 직접 받아들이는 부분으로 그 구성은 카 틀(car frame), 케이지(cage), 카 도어(car door)로 되어 있다.

`8-1` 카 틀 (car frame)

① 카(car)를 지지하는 프레임(frame ; 틀)은 상부, 하부, 측부 프레임으로 구성된다.

② 카 프레임(car frame)과 카(car)는 주로 방진고무 또는 말굽 스프링으로 분리되어 있어서 진동을 흡수한다.

③ 카 주(stile)는 하부 프레임 양단에서 하중을 지지하는 2본의 기둥이다.₩

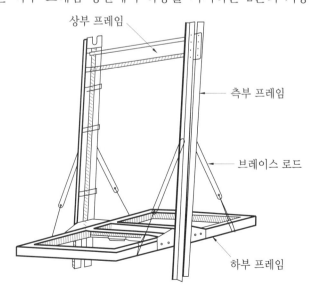

그림 1-18 카 틀의 구조

④ 브레이스 로드(brace road)는 카(car) 바닥에 균등하게 분산된 하중의 약 $\frac{3}{8}$ 까지 받아서 세로틀에 전달한다.

8-2   케이지 (cage) : 카 실

① 재질은 1.2 mm 이상의 강판을 사용하고, 도장 또는 비닐류의 피막을 접착한 것을 사용한다. 최근에는 스테인리스 판이 주로 사용되고 있다.
② 일반적으로, 구조상 경미한 부분을 제외하고 불연 재료로 만들고 덮는다.
③ 천장에는 환풍구, 조명 설비, 비상구출구 등이 설치된다.
④ 가이드 슈(guide shoe)와 가이드 롤러(guide roller)는 카가 레일을 타고 이동 시 안내 바퀴 역할을 하며, 카를 네 귀퉁이에 위치하여 주행 안내 레일에서 이탈하지 않도록 한다.
⑤ 카 조작반에는 행선층 버튼, 개폐 버튼, 인터폰 버튼, 방향등, 기타 운전에 필요한 스위치 등이 부착되어 있다.

9. 균형추 · 균형체인 및 균형로프

9-1   균형추 (counter weight)

(1) 균형추의 역할과 구조

① 카(car)의 무게를 일정 비율 보상하기 위하여 카의 반대편 또는 측면에 위치하여 권상기(전동기)의 부하를 줄이는 역할을 한다.
② 동력설비, 즉 소요출력을 낮추므로 전동기를 소형화할 수 있다.

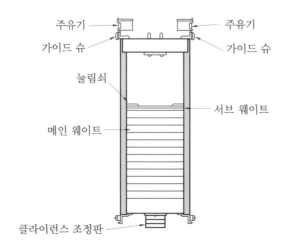

그림 1-19 균형추의 구조

(2) 오버 밸런스(over-balance)

① 균형추와 카(car) 자중과의 무게 차이를 적재량의 비로 나타낸 것을 오버 밸런스율이라고 한다.

② 균형추의 무게는 통상적으로 카(car) 자중에 정격 적재하중의 35 ~ 55 % 중량을 더한 값으로 한다.

> 균형추의 중량(G) = 케이지 자체 하중 + $L \times F$
>
> 여기서, L : 정격 적재량(kg), F : 오버 밸런스율

(3) 마찰비(traction ratio) ; 견인비

① 카(car) 측 로프가 매달고 있는 중량과 균형추 측 로프가 매달고 있는 중량의 비를 마찰비라 하고, 무부하와 전부하 상태에서 체크한다(여기서, 큰 쪽을 분자로 하므로 1.0 이상의 값이 된다).

  ㉮ 전부하가 실린 케이지를 최하층에서 기동할 때

   ㉮ 케이지측 중량 = 케이지 하중 + 적재 하중 + 로프 하중

   ㉯ 균형추측 중량 = 균형추 중량(케이지 하중 + $L \times F$)

   • 마찰비 = $\dfrac{a}{b}$

  ㉯ 빈(무부하) 케이지가 최상층에서 하강할 때

   ㉮ 케이지측 중량 = 케이지 하중

   ㉯ 균형추측 중량 = 균형추 중량 + 로프 하중 = (케이지 하중 + $L \times F$) + 로프 하중

   • 무부하 시 마찰비 = $\dfrac{a}{b}$

② 마찰비를 낮게 선택함에 따라 로프와 도르래 사이의 견인 능력, 즉 마찰력이 작아도 되므로 로프를 손상하지 않는 홈형이 적용되어 로프의 수명이 길어진다.

③ 양쪽의 중량의 차를 작게 하면 전동기의 출력을 작게 할 수 있다.

9-2 균형체인 및 균형로프

① 엘리베이터의 고층화로 승강 높이가 높아져 카(car)의 위치에 따른 로프 자중의 무게 불균형과 이동 케이블 자중의 무게 불균형이 커진다. 이 불균형을 잡아주기 위해 균형체인 또는 균형로프가 사용된다.

② 균형로프는 서로 엉키는 것을 방지하기 위하여 피트에 인장 장치를 설치한다.

③ 균형로프는 100 %의 보상 효과가 있고 균형 체인은 90 % 정도 밖에 보상하지 못한다.

④ 고속·고층 엘리베이터의 경우 보상체인은 소음의 원인이 되므로 보상로프를 사용한다.

예·상·문·제

1. 승강기 권상기의 주요 부품이다. 해당하지 않는 것은?

㉮ 브레이크 장치　　㉯ 감속 기어

㉰ 전동기　　　　　㉱ 발전기

[해설] 본문 그림 1-2 참조

2. 권상기 브레이크 장치에 관한 설명 중 틀린 것은?

㉮ 스프링 힘에 의하여 개방되고 솔레노이드 코일에 의하여 닫힌다.

㉯ 안전회로에 이상이 있으면 브레이크 코일의 전원이 차단된다.

㉰ 브레이크용 전원은 주로 직류가 많이 사용되고 있다.

㉱ 정지 시 브레이크의 제동력은 스프링의 힘과 라이너의 면적에 비례한다.

[해설] 브레이크(brake)의 동작 : 엘리베이터가 정지하고 있는 동안은 브레이크 스프링에 의하여 슈(shoe)가 드럼을 잡고 있다가 기동 직전에 코일에 전류가 흐르면 브레이크가 개방되어 카(car)가 움직이게 된다.

3. 권상기에 대한 설명으로 옳은 것은?

㉮ 권상기의 도르래의 지름은 로프 지름의 30배 이상으로 하여야 한다.

㉯ 권상기의 도르래와 로프의 권부각이 클수록 미끄러지기 쉽다.

㉰ 승객용 엘리베이터의 브레이크 장치는 정격 하중의 125 % 하중에서 하강 시 안전하게 감속, 정지하여야 한다.

㉱ 도르래의 로프홈은 U홈을 사용하는 것이 마찰계수가 커서 유리하다.

[해설] 본문 2. 2-2. (2) ① 제동기(brake)의 능력 참조

4. 승강기의 전동기 용량에 대한 설명 중 틀린 것은?

㉮ 정격 적재하중에 비례한다.

㉯ 정격 속도에 비례한다.

㉰ 오버 밸런스율에 비례한다.

㉱ 종합 효율에 비례한다.

[해설] 전동기 용량 $p_m = \dfrac{MVS}{6120 \times \eta} = k\dfrac{1}{\eta}$

∴ 전동기의 용량 p_m는 종합 효율 η에 반비례한다.

5. 브레이크 제동력이 너무 크면 일어나는 현상으로 옳은 것은?

㉮ 엘리베이터 감속도 과대

㉯ 권상기의 파열

㉰ 브레이크의 전자코일 소손

㉱ 전자소음 발생

[해설] 제동기(brake)의 제동력 : 제동력이 너무 크면 제동 시 회전 부분에 큰 응력을 발생시켜 브레이크에 의해 카(car)의 감속도가 정해지는 시스템에서는 감속도가 과대화되어 승차감이 떨어진다.

6. 권상기의 견인력을 결정하는 요소가 아닌 것은?

㉮ 로프와 홈의 마찰계수

㉯ 로프의 꼬임 형태

㉰ 시브 홈의 각도

㉱ 로프가 시브의 홈에 걸려 있는 길이

[해설] 권상기의 견인력을 결정하는 요소

① 마찰계수

② 권부각 : 시브에 로프가 감기는 각도

③ 속도 변화율

④ 카(car) 측과 균형추 측의 로프에 걸리

정답 1. ㉱　2. ㉮　3. ㉰　4. ㉱　5. ㉮　6. ㉯

는 중량의 비
⑤ 로프가 시브 홈에 걸려 있는 길이

7. 일반적으로 엘리베이터 권상기의 도르래에 언더 컷 홈을 내는데 그 이유는?
㉮ 로프와 도르래 사이의 마찰력을 크게 하기 위하여
㉯ 도르래에 끼는 이물질의 제거를 쉽게 하기 위하여
㉰ 도르래의 강도를 크게 하기 위하여
㉱ 로프와 도르래 사이의 마찰력을 적게 하기 위하여
[해설] 본문 표 1-5 참조

8. 권상기 시브 직경은 주 로프 직경의 몇 배 이상 되어야 하는가?
㉮ 10배   ㉯ 20배
㉰ 30배   ㉱ 40배

9. 전기식 엘리베이터의 권상 도르래(main shave)와 로프의 미끄러짐 관계를 설명한 것 중 틀린 것은?
㉮ 카의 가속도와 감속도가 클수록 미끄러지기 쉽다.
㉯ 로프와 권상 도르래의 마찰계수가 작을수록 미끄러지기 쉽다.
㉰ 카와 균형추의 로프에 걸리는 중량비가 클수록 미끄러지기 쉽다.
㉱ 로프가 권상 도르래에 감기는 권부각이 클수록 미끄러지기 쉽다.
[해설] 로프가 권상 도르래에 감기는 각도, 즉 권부각이 작을수록 미끄러지기 쉽다.

10. 일반 전기식 엘리베이터의 로프는 위험률을 분산시키기 위해 몇 본 이상으로 하는가?

㉮ 2   ㉯ 3   ㉰ 4   ㉱ 5
[해설] 주 로프(main rope)의 규격
① 공칭 지름 8 mm, 3본 이상
② 안전율은 12 이상

11. 와이어로프의 꼬임 방향에 의한 분류로 옳은 것은?
㉮ Z꼬임, S꼬임   ㉯ Z꼬임, T꼬임
㉰ S꼬임, T꼬임   ㉱ H꼬임, T꼬임
[해설] 로프의 꼬임 방향에 의한 분류 : 본문 그림 1-5 참조

12. 다음 중 로프의 꼬임 방법과 거리가 먼 것은?
㉮ 보통 꼬임과 랭 꼬임이 있다.
㉯ 보통 꼬임은 스트랜드의 꼬는 방향과 로프의 방향이 같다.
㉰ 보통 꼬임은 소선과 외부의 접촉면이 짧고 마모의 영향은 다소 많다.
㉱ 보통 꼬임은 잘 풀리지 않아 일반적인 경우에 많이 사용된다.

13. 엘리베이터용 주 로프는 일반 와이어로프에서 볼 수 없는 몇 가지 특징이 있다. 이에 해당되지 않는 것은?
㉮ 반복적인 벤딩에 소선이 끊이지 않을 것
㉯ 유연성이 클 것
㉰ 파단강도가 높을 것
㉱ 마모에 견딜 수 있도록 탄소량을 많게 할 것
[해설] 엘리베이터용 주 로프 : 소선이 파단되지 않도록 강선 속의 마모에 견딜 수 있도록 탄소량을 적게 하여 유연성을 좋게 할 것

14. 그림과 같이 주 로프가 주 시브(main sheave) 및 빔 풀리(beam pulley)를 거

쳐 각각 카와 균형추(counter weight)에 고정되는 로핑 방식은?

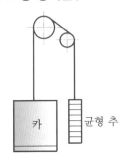

⑦ 1 : 1　　　　　　　④ 2 : 1
⑭ 3 : 1　　　　　　　㉣ 4 : 1

[해설] 로핑(roping) 방법 : 본문 표 1-8 참조

15. 로프의 로핑 방법 중 1 : 1 로핑의 용도는?

⑦ 승객용　　　　　　④ 화물용
⑭ 병원용　　　　　　㉣ 소방용

16. 기어가 붙은 권상기에서 30 m/min 미만의 승강기에 일반적으로 사용되는 로프 거는 방법은?

⑦ 1 : 1 로핑　　　　④ 2 : 1 로핑
⑭ 3 : 1 로핑　　　　㉣ 4 : 1 로핑

[해설] 로핑(roping) 방식의 적용
　① 1 : 1 로핑 방식 → 승용 엘리베이터
　② 2 : 1 로핑 방식 → 기어식 30 m/min 미만 엘리베이터
　③ 3 : 1, 4 : 1, 6 : 1 로핑 방식 → 대용량의 저속화물용 엘리베이터

17. 1 : 1 로핑(roping)에 대한 2 : 1 로핑 방식 차이점의 설명으로 맞지 않는 것은?

⑦ 종합 효율이 떨어진다.
④ 로프의 수명이 길어진다.
⑭ 로프의 신축성이 크다.
㉣ 주로 기어 리스(gear less) 방식의 고

속용이나 화물용에 적용된다.

[해설] 로핑(roping) 방법 : 본문 표 1-8 참조

18. 와이어로프를 카에 체결하려고 한다. 올바른 방법은?

⑦ 로프 2가닥마다 강제 소켓에 배빗 메탈로 채운다.
④ 로프 1가닥마다 강제 소켓에 배빗 메탈로 채운다.
⑭ 로프 스트랜드마다 강제 소켓에 배빗 메탈로 채운다.
㉣ 로프는 안전기준에 의거하여 3가닥마다 섀클 등으로 고정한다.

[참고] 배빗 메탈(babbitt metal)이란 로프를 소켓에 고정시키기 위해 사용되는 금속으로 9 %의 안티몬을 함유하고 있다.

19. 와이어로프 클립(wire rope clip)의 체결 방법으로 옳은 것은?

⑦
④
⑭
㉣

[해설] 와이어로프 체결 방법 : 본문 그림 1-9 참조

20. 주행 안내 레일의 설치에 대한 설명이 틀린 것은?

⑦ 카와 균형추의 승강로 평면 내의 위치를 규제한다.
④ 카의 기울어짐을 방지한다.
⑭ 비상 멈춤 시 수직하중을 유지시킨다.
㉣ 일반적으로 I형이 사용된다.

[해설] 주행 안내 레일(guide rail)의 설치 : 본문 4. 4-1 주행 안내 레일의 역할 및 규격 참조

[정답] **15.** ⑦　**16.** ④　**17.** ④　**18.** ④　**19.** ④　**20.** ㉣

21. 엘리베이터의 주행 안내 레일의 역할이 아닌 것은?

㉮ 카의 심한 기울어짐을 막아준다.

㉯ 승강로 내의 기계적 강도를 유지해준다.

㉰ 추락방지 안전장치(safety gear)가 작동했을 때 수직하중을 유지해준다.

㉱ 카와 균형추를 양측에서 지지하며, 수직방향으로 안내해준다.

22. 주행 안내 레일(guide rail)의 종류는 어떠한 방법으로 나타내는가?

㉮ 길이 1 m의 중량으로 표시

㉯ 길이 전체의 레일 중량으로 표시

㉰ 레일 단면의 크기별로 표시

㉱ 가이드 슈(guide shoe) 접촉부의 크기별로 표시

23. 엘리베이터에 사용되는 T형 주행 안내 레일(guide rail)의 단위 표시는?

㉮ 레일의 높이로 표시한다.

㉯ 레일 한 본의 무게(kg)로 표시한다.

㉰ 레일 1미터(m)당 무게(kg)로 표시한다.

㉱ 레일 5미터(m)당 무게(kg)로 표시한다.

24. 승강기에 사용되는 T형 주행 안내 레일 1본의 길이는 몇 m인가?

㉮ 3 ㉯ 5 ㉰ 8 ㉱ 10

해설 본문 4. 4-1. (2) 주행 안내 레일의 규격 참조

25. 가이드 슈(guide shoe) 또는 가이드 롤러(guide roller)가 주행 안내 레일과 겹치는 부분은 13 k 레일에서 몇 mm인가?

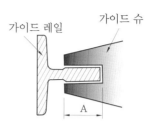

㉮ 20 ㉯ 25 ㉰ 30 ㉱ 35

해설 걸림대(A)의 치수 : 본문 그림 1-11 참조

26. 케이지 틀이 레일에서 이탈하지 않도록 하는 것은?

㉮ 가이드 슈 ㉯ 제동기

㉰ 균형추 ㉱ 리밋 스위치

27. 추락방지 안전장치의 종류가 아닌 것은?

㉮ FGC형 ㉯ FWC형

㉰ 세미실형 ㉱ 순간식형

해설 본문 5. 5-1. 추락방지 안전장치의 종류 참조

28. 즉시 작동형은 정격속도가 몇 m/s를 초과하지 않는 경우에 사용되는가?

㉮ 0.3 m/s ㉯ 0.63 m/s

㉰ 0.85 m/s ㉱ 1.5 m/s

29. 다음 그림은 추락방지 안전장치의 정지력과 거리를 나타낸 것이다. 어떤 형의 추락방지 안전장치인가?

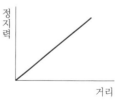

㉮ 순차 정지식 ㉯ 순간 정지식

㉰ 정·역 정지식 ㉱ Y-△ 정지식

[해설] 추락방지 안전장치의 정지력 : 본문 그림 1-12 참조

30. FGC(flexible guide clamp)형 추락방지 안전장치에 관한 설명으로 옳은 것은?
㉮ 정지력이 작동 시작 후 점차 커진다.
㉯ 정격 속도의 1.3배 이내에서 과속조절기의 작동에 따라 동작하여 카를 정지시킨다.
㉰ 작동 후 복귀시키기 쉽다.
㉱ 구조가 복잡하고 공간을 많이 차지한다.
[해설] 플렉시블 가이드 클램프(FGC) : 구조가 간단하고 설치 면적이 작으며 복구가 용이하다.

31. 정격 속도 1m/s를 초과하는 엘리베이터에 사용되는 추락방지 안전장치의 종류는?
㉮ 점차 작동형   ㉯ 즉시 작동형
㉰ 디스크 작동형   ㉱ 플라이 볼 작동형

32. 추락방지 안전장치 FWC(flexible wedge clamp)형의 그래프는? (단, 가로축 : 거리, 세로축 : 정지력이다.)

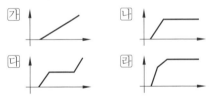

[해설] 추락방지 안전장치의 정지력 : 본문 그림 1-12 참조

33. FWC형의 추락방지 안전장치 특징은?
㉮ 구조가 간단하다.
㉯ 구조가 복잡하다.
㉰ 설치 공간이 작다.
㉱ 급정지 장치다.

34. 과속조절기에 대한 설명으로 가장 적당한 것은?

㉮ 카의 정격 속도가 미달될 때 정격 속도가 되도록 전기적으로 동작하는 장치
㉯ 카의 속도를 검출하여 이상 속도가 발생할 때 전기적, 기계적으로 차단시키는 장치
㉰ 카 도어의 속도가 느릴 때 빠르게 해주는 장치
㉱ 카에 정격 용량 이상의 무게가 검출되었을 때 이것을 알리는 장치

35. 엘리베이터의 이상 동작으로 정격 속도보다 더 빠르게 주행하여 사고가 발생할 수도 있으나, 이를 방지하려고 일정 속도 이상이 되면 제어신호와 관계없이 기계적으로 제동시켜주는 과속조절기가 있다. 이것은 어느 힘으로 작동되는 것인가?
㉮ 구심력   ㉯ 원심력
㉰ 전자력   ㉱ 충격력

36. 과속조절기의 형태가 아닌 것은?
㉮ 롤 세이프티(roll safrty)형
㉯ 디스크(disk)형
㉰ 플라이 볼(fly ball)형
㉱ 카(car)형

37. 고속용 승강기에 가장 적합한 과속조절기(governor)는?
㉮ 롤 세이프티형(GR형)
㉯ 디스크형(GD형)
㉰ 플라이 볼형(GF형)
㉱ 플렉시블형(FGC형)
[해설] ① 고속용 : 플라이 볼형
② 중속용 : 디스크형
③ 저속용 : 롤 세이프티형

38. 케이지 또는 균형추가 승강로 바닥에 충돌할 경우 충격을 완화시키기 위하여

설치하는 것은?

㉮ 과속조절기　　㉯ 완충기
㉰ 리밋 스위치　　㉱ 로프

39. 완충기의 종류를 결정하는 데 반드시 필요한 조건은?

㉮ 승강기의 용량　㉯ 승강기의 속도
㉰ 승강기의 용도　㉱ 카의 크기

40. 카(car)가 최하층에 수평으로 정지되어 있을 때 카와 완충기 거리에 완충기 충격을 더한 수치($A+B$)를 균형 추와 최상 부분 간격(C)과의 거리 관계와 비교하면?

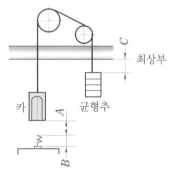

㉮ $(A+B) < C$　㉯ $(A+B) > C$
㉰ $(A+B) = C$　㉱ $(A+B) \geq C$

[해설] 카가 최하층에 수평으로 정지되어 있는 경우, 카와 완충기의 거리에 완충기의 행정을 더한 수치는 균형추의 꼭대기 틈새보다 작아야 한다.

41. 선형 또는 비선형 특성을 갖는 에너지 축적형 완충기의 적용범위는?

㉮ 정격 속도 0.5 m/s 이하
㉯ 정격 속도 1 m/s 이하
㉰ 정격 속도 1.5 m/s 이하
㉱ 정격 속도 2 m/s 이하

42. 카 틀(car frame)의 구성 요소가 아닌 것은?

㉮ 상부체대　　㉯ 하부체대
㉰ 도어체대　　㉱ 브레이스 로드

[해설] 카 틀(car frame)의 구성 요소 : 본문 그림 1-18 참조

43. 승객용 엘리베이터에서 카(car)와 카 틀(car frame)의 구조로 옳은 것은?

㉮ 카 상부틀(top team)에 카가 고정되어 있다.
㉯ 카 세로틀(car shaft)에 카가 고정되어 있다.
㉰ 카 틀(car frame)과 카는 분리시켜 고무 쿠션으로 지지토록 되어 있다.
㉱ 카 틀(car frame) 전체에 카가 고정되어 있다.

[해설] 카 틀과 카(car)는 주로 방진 고무 또는 말굽 스프링으로 분리되어 있어서 진동을 흡수한다.

44. 구조물의 진동이 카로 전달되지 않도록 하는 것은?

㉮ 방진 고무　　㉯ 과부하 검출장치
㉰ 맞대임 고무　㉱ 도어 인터로크

45. 균형추와 카(car)의 균형이 이루어지는 카의 위치는? (단, 카에 균형 부하를 실었을 경우임)

㉮ 카가 최하층에 있을 때
㉯ 카가 균형추와 마주치는 위치일 때
㉰ 카가 최상층에 있을 때
㉱ 균형추가 완충기에 닿아 있을 때

46. 균형추의 무게 결정과 관계없는 것은?

㉮ 카 자체하중　　㉯ 정격 적재하중
㉰ 오버 밸런스율　㉱ 속도

[해설] 균형추의 총 중량 = 카 자체하중 + LF
여기서, L : 정격 하중(kg)
　　　　F : 오버 밸런스율(35 ~ 55 %)

정답　**39.** ㉯　**40.** ㉮　**41.** ㉯　**42.** ㉰　**43.** ㉰　**44.** ㉮　**45.** ㉯　**46.** ㉱

승강기의 도어 시스템

1. 도어 시스템의 종류 및 원리

엘리베이터의 출입구(entrance)에는 승강장 도어 시스템(door system)과 카(car) 도어 시스템으로 구성된다.

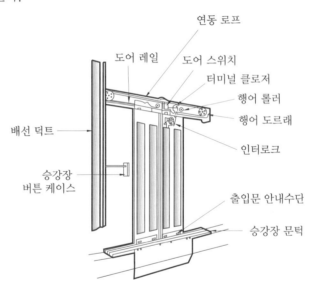

그림 1-20 승강장 도어 구조

1-1 도어 시스템 (door system)의 종류

표 1-12

개폐 방식	문짝 수 표시	적　　　요
중앙 개폐(center open)	2CO, 4CO	가운데에서 양쪽으로 열림, 승객용
측면 개폐(side open)	1SO, 2SO, 3SO	한쪽 끝에서 반대쪽으로 열림, 승객용
상승 개폐(up sliding)	1UP, 2UP, 3UP	위로 열림, 대형 화물용 · 자동차용
상하 개폐 (up down sliding center open)	2UD, 4UD	수동으로 상하 개폐, 덤웨이터(dumbwaiter)용
여닫이 문(swing door)	1S, 2S	한쪽 지지-앞뒤로 회전

1-2   **도 어 머 신**

도어 머신(door machine)은 모터의 회전을 감속하고 암(arm)이나 로프(rope) 등을 구동시켜 도어를 제어 및 개폐시키는 장치이다.

(1) 도어 머신에 요구되는 성능

① 작동이 원활하고 소음이 발생하지 않을 것
② 작고 가벼울 것
③ 보수가 용이하고, 가격이 저렴할 것

(2) 카 (car) 도어의 구동부

도어(door) 구동용 전동기는 직류 전동기 또는 인버터(inverter)를 이용한 교류 전동기가 사용되고 있다.

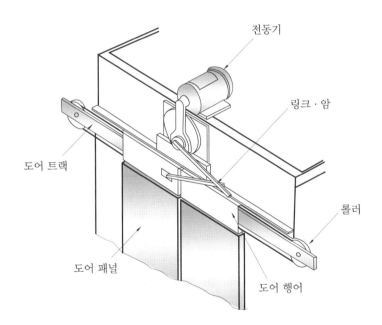

그림 1-21 카 도어 구동부

2. 도어 시스템의 안전장치

2-1   승강장 도어 행어·도어 인터로크

(1) 승강장 도어 행어(door hanger)-스토퍼 설치

① 도어가 레일에서 이탈하는 것을 방지하기 위하여 스토퍼를 설치한다.

② 도어 무게의 4배에 해당하는 정지 하중을 기울어짐 없이 지탱할 것

(2) 도어 인터로크(door inter-lock)

① 도어 로크(기계적 잠금장치)와 전기적인 도어 스위치로 구성되어 있다.

⑦ 도어 로크(door lock) : 카(car)가 정지하지 않는 층의 승장 도어는 전용키로만 열 수 있는 장치

⑭ 도어 스위치(door switch) : 승장 도어가 닫혀 있지 않으면 운행이 불가능하게 하는 장치

② 엘리베이터의 안전장치 중에서 가장 중요한 장치이다.

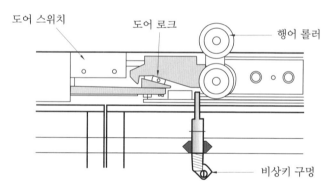

그림 1-22 도어 로크

2-2   도어 클로저·도어 닫힘 안전장치

(1) 도어 클로저(door closer)

① 승강장의 문이 열린 상태에서 모든 제약이 해제되면 자동적으로 닫히도록 하는 장치이다.

② 스프링 방식과 중력 방식이 있다.

(2) 도어(door) 닫힘 안전장치

도어의 선단에 이물질 검출장치로 그 작동에 의해 닫히는 도어를 멈추게 하고 반전시키는 장치이다.

① 세이프티 슈(safety shoe) : 물체의 접촉에 의한 접촉식
② 세이프티 레이(safety ray) : 광전장치에 의해서 검출
③ 초음파 장치 : 초음파의 감지각도의 조절에 의한 검출

2-3 카 도어 안전장치

(1) 카(car) 도어 안전장치

① 운행 중 카의 내부에서 도어를 강제로 열지 못하도록 하는 잠금장치이다.
② 잠금장치 설치 시 추락 방지판 설치가 생략할 수 있다.

(2) 추락 방지판(facia plate)

① 카(car)와 승강로 사이에 발이 빠지지 않도록 승강로 벽과 카(car)와의 일정한 간격을 유지하게 하기 위하여 설치된다.
② 카(car) 바닥 앞부분과 수평거리는 125 mm 이상일 때 설치한다.

(3) 클러치(clutch)

카(car) 도어에 부착되어 카(car) 도어가 열리거나 닫힐 때 따라 움직이며 승강 도어를 열고 닫히게 한다.

(4) 게이트 스위치(gate switch)

카(car) 도어가 완전히 닫히지 않을 경우, 엘리베이터가 운행되지 못하게 스위치에 전원이 들어오지 않게 되어 있다.

1. 엘리베이터 카 도어의 구성부품이 아닌 것은?

㉮ 균형체인   ㉯ 도어 슈

㉰ 링크   ㉱ 행어

[해설] 균형체인

① 로프 자중의 무게와 이동 케이블 자중의 불균형만큼 반대로 달아주어 균형을 잡아주는 역할을 한다.

② 균형체인의 한 쪽은 균형추에, 다른 한 쪽은 카(car)에 연결된다.

2. 다음 중 엘리베이터 도어용 부품과 거리가 먼 것은?

㉮ 행어 롤러   ㉯ 업스러스트 롤러

㉰ 도어 레일   ㉱ 가이드 롤러

[해설] 가이드 롤러(guide roller) : 카(car) 또는 균형추를 레일을 따라 안내하기 위한 장치이다.

3. 승강기의 문(door)에 관한 설명 중 틀린 것은?

㉮ 문닫힘 도중에도 승강기의 버튼을 동작시키면 다시 열려야 한다.

㉯ 문이 완전히 열린 후 최소 일정 시간 이상 유지되어야 한다.

㉰ 멈춤지역 이외의 지역에서 카 내의 문 개방 버튼을 동작시켜도 절대로 개방되지 않아야 한다.

㉱ 문이 일정 시간 후 닫히지 않으면 그 상태를 계속 유지하여야 한다.

4. 엘리베이터의 도어 시스템(door system)에 대한 설명으로 틀린 것은?

㉮ 승객용 엘리베이터에는 반드시 카 도

어가 설치되어야 하고 이것은 동력으로 개폐되어야 한다.

㉯ 승객용 엘리베이터의 개폐방식으로는 중앙 개폐형, 측면 개폐형, 상하 개폐형 등이 있다.

㉰ 병원용의 경우 카(car)의 길이가 같기 때문에 측면 개폐형이 주로 적용된다.

㉱ 승객용 엘리베이터 카 도어에는 반드시 세이프티 슈(safety shoe)가 설치되어야 한다.

[해설] 승객용 엘리베이터의 개폐방식에는 중앙 개폐형과 측면 개폐형 2가지가 적용된다.

5. 도어 열림방식 중 2SO 오픈방식을 바르게 설명한 것은?

㉮ 2매 측면 열림

㉯ 2매 중앙 열림

㉰ 2매 위로 열림

㉱ 2매 위아래 열림

[해설] 도어 열림방식 : 본문 표 1-11 참조

6. 다음 중 자동차용 엘리베이터나 대형 화물용 엘리베이터에 주로 사용하는 도어 개폐방식은?

㉮ CO   ㉯ SO   ㉰ UD   ㉱ UP

7. 도어 머신의 성능으로 옳지 않은 것은?

㉮ 작동이 원활하고 정숙할 것

㉯ 카 상부에 설치하기 위하여 소형 경량일 것

㉰ 가격이 저렴할 것

㉱ 동작횟수가 승강기 기동횟수보다 적을 것

8. 도어 머신에 관한 설명 중 틀린 것은?

㉮ 주행 중에 카 도어가 열리지 않도록 하기 위하여 전류가 공급된다.

㉯ 직류 전동기만을 사용하여야 한다.

㉰ 소형 경량이어야 한다.

㉱ 동작횟수가 엘리베이터 기동횟수의 2배 정도이다.

[해설] 도어(door) 구동용 전동기 : 직류 전동기 또는 인버터(inverter)를 이용한 교류 전동기가 사용된다.

9. 승강장 도어 인터로크 장치의 설정 방법으로 옳은 것은?

㉮ 인터로크가 잠기기 전에 스위치 접점이 구성되어야 한다.

㉯ 인터로크가 잠김과 동시에 스위치 접점이 구성되어야 한다.

㉰ 인터로크가 잠긴 후 스위치 접점이 구성되어야 한다.

㉱ 스위치는 관계없이 잠금 역할만 확실히 하면 된다.

10. 엘리베이터의 문이 닫힘으로써 운행 회로가 구성되는 스위치는?

㉮ 도어 스위치

㉯ 과속 스위치

㉰ 비상정지 스위치

㉱ 종점 스위치

[해설] 도어(door) 스위치 : 승장 도어가 닫혀 있지 않으면 운행이 불가능하게 하는 장치

11. 케이지가 정지하고 있지 않은 층계의 승강장 문은 전용의 키를 사용해야만 열 수 있도록 한 장치는?

㉮ 도어 인터로크

㉯ 도어 로크

㉰ 도어 클로저

㉱ 도어 머신

12. 엘리베이터의 도어 스위치 회로는 어떻게 구성하는 것이 좋은가?

㉮ 병렬 회로

㉯ 직렬 회로

㉰ 직병렬 회로

㉱ 인터로크 회로

[해설] 전기적인 도어(door) 스위치는 모든 층의 승장 도어에 설치되어 있는 도어 인터로크 장치가 직렬 연결되어 한 층의 도어 인터로크 장치의 도어 스위치라도 연결되지 않으면 기동되지 않는 구조이다.

13. 도어 클로저(door closer)의 역할은?

㉮ 카의 문을 자동으로 닫아 주는 역할

㉯ 외부 문을 열어 주는 역할

㉰ 전기적인 힘이 없어도 외부 문을 닫아 주는 역할

㉱ 외부 문이 열리지 않게 하는 역할

14. 비상용 호출운전 시 무효화되어서는 안되는 안전장치는?

㉮ 세이프티 슈

㉯ 광전장치

㉰ 과부하 감지장치

㉱ 카 내 비상정지 스위치

15. 승강기 도어의 보호장치 중에서 접촉식 보호장치에 해당하는 것은?

㉮ 세이프티 슈(safety shoe)

㉯ 세이프티 레이(safety ray)

㉰ 라이트 레이(light ray)

㉱ 울트라 소닉 센서(ultra sonic sensor)

정답 8. ㉯ 9. ㉰ 10. ㉮ 11. ㉯ 12. ㉯ 13. ㉮ 14. ㉮ 15. ㉮

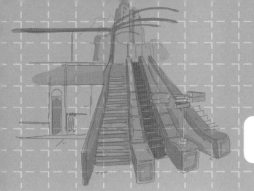

1. 승강로의 구조 및 제설비

승강로는 승객 또는 화물을 오르내리는 카(car)의 통로이다.

(1) 승강로(hoist way)의 일반사항

① 엘리베이터의 균형추 또는 평형추는 카와 동일한 승강로에 있어야 한다.
② 승강로 내에 설치되는 돌출물은 안전상 지장이 없어야 한다.
③ 승강로 내에는 각 층을 나타내는 표기가 있어야 한다.
④ 승강로는 누수가 없는 구조이어야 한다.
⑤ 엘리베이터는 다음 중 어느 하나에 의해 주위와 구분되어야 한다.
    ㈎ 불연재료 또는 내화구조의 벽, 바닥 및 천장
    ㈏ 충분한 공간

(2) 승강로 내에 설치 운용되는 주요설비 및 장치

① 주행 안내 레일(guide rail) : 카(car) 안내
② 레일 브래킷(rail bracket) : 레일 지지
③ 균형추(counter weight)
④ 와이어로프(wire rope)
⑤ 승강장 문 : 각 층마다 설치
⑥ 안전 스위치 류 : 리밋 스위치, 하강 감속(slow down) 스위치(종단 강제 감속 스위치)
⑦ 피트(pit) : 완충기, 과속조절기 로프 인장 도르래(tension sheave)

2. 기계실의 제설비

(1) 기계실의 위치

① 정상부(over head machine room) : 가장 안정된 방식
② 상부 측면부(side machine room) : 승강로 위가 협소한 경우

③ 하부 측면부(basement machine room) : 승강로에 설치가 어려운 경우

> **참고** 유압식 엘리베이터는 행정에는 제한이 있지만 기계실의 위치에는 제한이 없다.

(2) 기계실의 일반사항 및 환경

① 일반사항
　㈎ 구동기 및 관련 설비가 기계실에 있는 경우, 기계실은 견고한 벽, 천장, 바닥 및 출입문으로 구획되어야 한다.
　㈏ 기계실은 엘리베이터 이외의 목적으로 사용되지 않는다. 또한, 기계실에는 엘리베이터 이외 용도의 덕트, 케이블 또는 장치가 설치되지 않아야 한다.
　㈐ 실온은 +5℃에서 +40℃ 사이에서 유지되어야 한다.

② 기계적 강도 및 재질
　㈎ 기계실은 당해 건축물의 다른 부분과 내화구조 또는 방화구조로 구획하고 기계실의 내장은 준불연재료 이상으로 마감되어야 한다.
　㈏ 기계실 바다은 콘크리트 또는 체크 플레이트 등의 미끄러지지 않는 재질로 마감되어야 한다.

③ 기계실 치수
　㈎ 작업구역에서 유효 높이는 2.1 m 이상이어야 한다.
　㈏ 유효 공간으로 접근하는 통로의 폭은 0.5 m 이상이어야 한다. 다만, 움직이는 부품이 없는 경우에는 0.4 m로 줄일 수 있다.
　㈐ 구동기의 회전부품 위로 0.3 m 이상의 유효 수직거리가 있어야 한다.
　㈑ 출입문은 폭 0.7m, 높이 1.8m 이상의 금속제 문이어야 하며, 기계실 외부로 완전히 열리는 구조이어야 한다.

④ 조명 및 콘센트
　㈎ 기계실에는 바닥면에서 200 lx 이상을 비출 수 있는 영구적으로 설치된 전기 조명이 있어야 한다.
　㈏ 1개 이상의 콘센트가 있어야 한다.

(3) 기계실에 설치 운용되는 주요 설비 및 장치

① 권상기
② 과속조절기
③ 제어반

예·상·문·제

1. 승강로의 구조에 대한 설명으로 틀린 것은?

㉮ 외부 공간과 격리되어야 한다.

㉯ 카나 균형추에 접촉하지 않도록 되어야 한다.

㉰ 화재 시 승강로를 거쳐 다른 층으로 연소되지 않아야 한다.

㉱ 승강기의 배관설비 이외의 배관도 승강로에 함께 설비되도록 한다.

[해설] 승강로의 구조에서, 승강기 배관설비 이외의 다른 배관설비를 함께 설비하여서는 아니된다.

2. 승강로에 설치되지 않는 것은?

㉮ 감속 하강 스위치(slow down switch)

㉯ 주행 안내 레일(guide rail)

㉰ 과속조절기 텐션 시브(governot tension sheave)

㉱ 탑승장 카 위치 표시장치(hall position indicator)

3. 다음 중 승강로의 구조에 대한 설명 중 옳지 않은 것은?

㉮ 1개층에 대한 출입구는 카 1대에 대하여 2개의 출입구를 설치할 수 있으나, 2개의 문이 동시에 열려 통로로 사용되는 구조이어서는 안 된다.

㉯ 피트에는 피트의 깊이가 3 m를 초과하는 경우 출입구를 설치할 수 있다.

㉰ 엘리베이터와 관계없는 급수배관·가스관 및 전선관 등을 설치하지 않아야 한다.

㉱ 균형추에 안전장치를 설치하고 피트 바닥이 충분한 강도를 지니면 통로로 사용할 수 있다.

[해설] 승강로의 구조에서, 피트(pit) 깊이가 2.5 m를 초과하는 경우에는 출입구가 설치되어야 한다.

4. 다음 기계실의 일반사항 및 환경에 관한 설명 중 틀린 것은?

㉮ 기계실은 견고한 벽, 천장, 바닥 및 출입문으로 구획되어야 한다.

㉯ 기계실은 엘리베이터 이외의 목적으로 사용되지 않아야 한다.

㉰ 기계실의 내장은 준불연재료 이상으로 마감되어야 한다.

㉱ 기계실 바닥은 물로 청소하기에 편리하도록 미끄러운 재질로 마감되어야 한다.

[해설] 기계실 바닥은 콘크리트 또는 체크 플레이트 등의 미끄러지지 않는 재질로 마감되어야 한다.

5. 기계실 내부 온도의 범위는? (단위 : ℃)

㉮ 0 ∼ 20　　㉯ 5 ∼ 40

㉰ 10 ∼ 50　　㉱ 15 ∼ 60

[해설] 실온은 +5℃에서 +40℃ 사이에서 유지되어야 한다.

6. 다음 기계실 치수에 관한 내용으로 틀린 것은?

㉮ 유효 공간으로 접근하는 통로의 폭은 0.5 m 이상

정답 1. ㉱　2. ㉱　3. ㉯　4. ㉱　5. ㉯　6. ㉱

㉯ 움직이는 부품이 없는 경우에는 유효 공간으로 접근하는 통로의 폭을 0.4 m 로 줄일 수 있다.

㉰ 구동기의 회전 부품 위로 유효 수직 거리 0.3 m 이상

㉱ 작업구역에서 유효 높이는 1.5 m 이상

7. 기계실에는 바닥 면에서 몇 lx 이상을 비출 수 있는 영구적으로 설치된 전기 조명이 있어야 하는가?

㉮ 50 　　　㉯ 100
㉰ 150 　　　㉱ 200

해설 기계실에는 바닥 면에서 200 lx 이상을 비출 수 있는 영구적으로 설치된 전기 조명이 있어야 한다.

8. 승용 승강기에서 기계실이 승강로 최상층에 있는 경우 기계실에 설치할 수 없는 것은?

㉮ 제어반 　　　㉯ 권상기
㉰ 균형추 　　　㉱ 과속조절기

9. 기계실을 승강로의 아래쪽에 설치하는 방식은?

㉮ 정상부형 방식
㉯ 횡인 구동 방식
㉰ 베이스먼트 방식
㉱ 사이드 머신 방식

해설 베이스먼트(basement) 방식은 하부 측면부에 설치하는 방식이다.

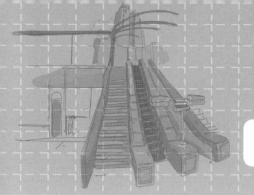

제 5 장

승강기의 제어

1. 승강기의 제어 시스템

1-1 직류 승강기의 제어 시스템

직류 엘리베이터는 속도 제어가 쉽고 승차감이 좋아서 고급용의 중·고속에 사용되나 설비비가 비싸다.

(1) 구동 방식

① 기어드(geard) 방식
② 기어 리스(gear less) 방식

(2) 제어 방식

① 워드-레오나드(ward-leonard) 방식
  (개) 연속적으로 광범위하게 속도 조절이 가능하다.
  (내) 엘리베이터 구동용 직류 전동기의 전원으로서 전동-발전기 세트가 사용되며, 전압 제어 방식이다.
② 정지 레오나드 방식
  (개) 전동-발전기 대신에 사이리스터(thyristor)를 사용한 전압제어 방식이다.
  (내) 손실이 적고, 유지보수가 용이하며, 고속 엘리베이터에 적용된다.
  (대) 전력소비면에서 효율이 가장 좋다.

1-2 교류 엘리베이터 제어 시스템

교류 엘리베이터의 구동용 전동기로는 구조적으로 간단하고, 속도 제어가 용이하며 경제적으로 유리한 유도 전동기를 사용한다.

(1) 제어 방식의 종류에 따른 특성

표 1-13

속도 제어 방식	특 성
교류 1단	• 3상 교류의 단속도 전동기에 전원을 공급하는 것으로 기동과 정속 운전 • 정지는 전원을 차단한 후, 제동기에 의해 기계적 브레이크를 거는 방식 • 기계적인 브레이크로 감속하기 때문에 착상이 불량-착상오차가 큼
교류 2단	• 착상오차를 감소시키기 위해 2단 속도 전동기 사용 • 기동과 주행은 고속권선으로 행하고 감속 시는 저속권선으로 감속하여 착상하는 방식
교류 궤환 제어	• 카의 실속도와 지령속도를 비교하여 사이리스터(thyristor)의 점호각을 바꿔, 유도 전동기의 속도를 제어하는 방식 • 감속 시에는 모터에 직류를 흐르게 하여 제동 토크를 발생
VVVF	• 인버터(inverter) 제어-소비전력 절감 • 유도 전동기에 인가되는 전압과 주파수를 동시에 변환시켜 직류 전동기와 동등한 제어 성능을 얻을 수 있는 방식

㈜ VVVF (variable voltage variable frequency : 가변 전압 가변 주파수)

2. 승강기의 제어 회로

(1) 워드 레오나드 방식

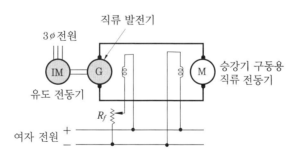

그림 1-23 워드 레오나드 방식

(2) 교류 궤환 제어 방식

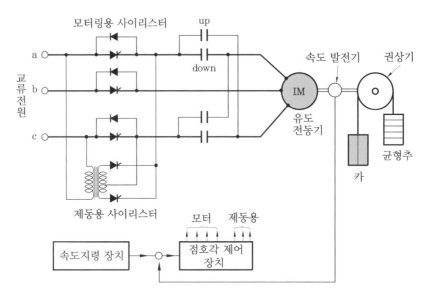

그림 1-24 교류 궤환 제어 방식

(3) VVVF 제어 방식

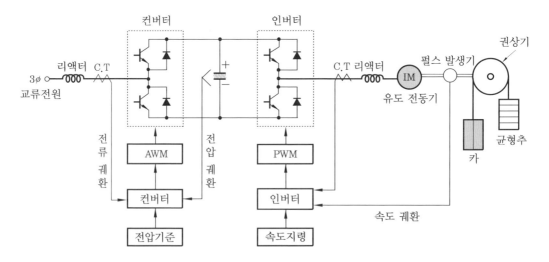

그림 1-25 VVVF 제어 방식

예·상·문·제

1. 직류 엘리베이터의 제어 방식이 아닌 것은?
- ㉮ 정지 레오나드 방식
- ㉯ 워드 레오나드 방식
- ㉰ 발전기의 계자 전류 제어
- ㉱ 가변 전압 가변 주파수 제어

해설 가변 전압 가변 주파수 제어는 교류 엘리베이터의 제어 방식의 하나이다.

2. 승강기의 속도 제어 방식 중 에너지(전력) 소비면에서 효율이 가장 좋은 것은?
- ㉮ 사이리스터 워드 레오나드 방식
- ㉯ 교류 2단 속도 제어 방식
- ㉰ 교류 궤환 제어 방식
- ㉱ 직류 가변 전압 제어 방식

3. 다음 중 교류 엘리베이터의 속도 제어 방식으로 이용되는 것이 아닌 것은?
- ㉮ 교류 1단 속도 제어
- ㉯ 가변 전압 가변 주파수 제어
- ㉰ 교류 궤환 제어 방식
- ㉱ 워드 레오나드 방식

4. 3상 교류의 단속도 전동기에 전원을 공급하는 것으로 기동과 정속 운전을 하고, 정지는 전원을 차단한 후 제동기에 의해 기계적으로 브레이크를 거는 제어 방식은?
- ㉮ 교류 1단 속도 제어 방식
- ㉯ 교류 2단 속도 제어 방식
- ㉰ 교류 궤환 제어 방식

- ㉱ 워드 레오나드 방식

5. 다음 중 교류 1단 속도 제어를 설명한 것으로 옳은 것은?
- ㉮ 기동은 고속권선으로 행하고 감속은 저속권선으로 행하는 것이다.
- ㉯ 모터의 계자코일에 저항을 넣어 이것을 증감하는 것이다.
- ㉰ 기동과 주행은 고속권선으로, 감속과 착상은 저속권선으로 행하는 것이다.
- ㉱ 3상 교류의 단속도 모터에 전원을 투입함으로써 기동과 정속 운전을 하고 착상하는 것이다.

6. 엘리베이터의 제어 방식 중 사이리스터의 점호각을 바꾸어 유도 전동기의 속도를 제어하는 방식은?
- ㉮ VVVF 제어
- ㉯ 교류 2단 제어
- ㉰ 교류 궤환 전압 제어
- ㉱ 워드 레오나드 제어

7. 저속, 중속, 고속, 초고속 등 속도에 관계없이 광범위하게 속도 제어에 사용되는 방식으로 가장 알맞은 것은?
- ㉮ VVVF 방식
- ㉯ 교류 1단 속도 제어
- ㉰ 정지 레오나드 방식
- ㉱ 워드 레오나드 방식

8. 전압과 주파수를 동시에 변환시켜 직류

정답 1. ㉱ 2. ㉮ 3. ㉱ 4. ㉮ 5. ㉱ 6. ㉰ 7. ㉮ 8. ㉱

전동기와 동등한 제어 성능을 얻을 수 있는 것은?

㉮ 1단 속도 제어

㉯ 계자 제어

㉰ 궤환 제어

㉱ VVVF 제어

9. 가변 전압 가변 주파수 제어 방식과 관계가 없는 것은?

㉮ PAM   ㉯ PWM

㉰ 컨버터   ㉱ MG세트

해설 가변 전압 가변 주파수 제어(VVVF) : 본문 그림 1-25 참조 제어 → 교류 궤환 제어 → VVVF 제어

10. 가변 전압 가변 주파수(VVVF) 제어 방식의 특징이 아닌 것은?

㉮ 워드 레오나드 방식에 비해 유지보수가 용이하다.

㉯ 교류 2단 속도 제어 방식보다 소비전력이 적다.

㉰ 속도에 대응하여 최적의 전압과 주파수로 제어하기 때문에 승차감이 양호하다.

㉱ 높은 기동전류로 기동하며 기동시에도 높은 토크를 낼 수 있다.

11. VVVF 제어에서 3상의 교류를 일단 DC 전원으로 변환시키는 것은?

㉮ 인버터

㉯ 발전기

㉰ 전동기

㉱ 컨버터

해설 ① VVVF (variable voltage variable friquency) : 유도전동기에 인가되는 전압과 주파수를 동시에 변환시켜 직류전동기와 동등한 제어 성능을 갖는다.

② 컨버터(converter) : 교류 → 직류 전력변환기(순변환)

※ 인버터(inverter) : 직류 → 교류 전력변환기(역변환)

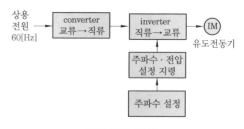

VVVF의 구성

제 6 장

승강기의 부속장치

1. 엘리베이터의 안전장치

1-1 유 접점 리밋 (limit) 스위치

(1) 리밋(limit) 스위치

① 물체가 이동 시 힘에 의해 동작부가 눌려서 접점이 on-off 되는 유 접점 스위치이다.

② 카(car)가 운행 중 이상 원인으로 감속하지 못하고 최종 단층(최하, 최상층)을 지나칠 경우 강제로 감속시키기 위한 개폐장치로 승강로에 설치된다.

a 접점 :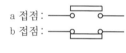
b 접점 :

리밋 스위치 심벌

(2) 파이널 리밋(final limit) 스위치

① 리밋 스위치가 작동하지 않을 경우를 대비하여 리밋 스위치를 지난 적당한 위치에 카(car)가 현저히 지나치는 것을 방지하는 스위치이다.

② 전동기 및 제동기에 공급되는 전원회로의 확실한 기계적 분리에 의해 직접 개방되어야 한다.

③ 완충기에 충돌되기 전에 작동하여야 하며, 슬로 다운 스위치에 의하여 정지되면 작동하지 않도록 설정한다.

④ 작동 후에는 엘리베이터의 정상운행을 위해 자동으로 복귀되지 않아야 한다.

1-2 과부하 감지장치와 기타 안전장치

(1) 과부하 감지장치(over load switch)

① 승차인원 또는 적재하중을 감시하여 정격하중을 초과 시 경보음을 울리게 하며, 도어의 닫힘을 저지한다.

② 과부하는 정격하중의 10%를 초과하기 전에 검출되어야 한다.

③ 주행 중에는 오동작을 방지하기 위하여 작동이 무효화되어야 한다.

(2) 비상정지 스위치

비상시(정전 시) 카(car)와 카(car) 위에 동력을 차단할 수 있는 스위치이다.

(3) 도어 단락 감지장치

착상 범위 내의 카(car)에서 도어스위치 접점이 고장난 경우, 운행 정지장치이다.

(4) 역 결상 검출장치

교류전원의 3상 중, 한 상이 다르게 결선되거나 단선이 발생할 경우 이를 검출하는 장치이다.

(5) 출입문 잠금 해제장치

승강장 출입문 상부에 위치하여 승강로 밖에서 출입문을 열 수 있게 하는 장치이다.

(6) 로프 이완 감지장치

① 주 로프가 이완된 경우 이를 감지(장력을 검출)하여 이상 시 동력을 차단하는 장치이다.
② 이 스위치의 부 동작을 대비하여, 주 회로를 직접 차단하는 스위치인 스톱 모션(stop motion)을 설치한다.

(7) 종 단층 강제 감속장치

슬로 다운(slow down) 스위치라고 하며, 카(car)를 강제적으로 감속 정지시켜주는 장치로 리밋 스위치 전단에 설치된다.

(8) 과 주행 검출장치 – 과 주행 방지장치

① 종단층 가까이에서 강제로 감속시키는 장치이며, 작동 시 전동기 및 브레이크 코일에 전원을 차단한다.
② 구성
　㉮ 종단층 강제감속 스위치
　㉯ 종단 방향용 리밋 스위치
　㉰ 양방향성 파이널 리밋 스위치

(9) 각 층 강제 정지장치 (each floor stop)

공동주택에서 주로 야간에 사용되며, 특정 시간대에 매 층마다 정지하고 도어를 여닫은 후 출발하도록 하는 장치이다.

(10) 특정 층 강제 정지장치

경비원 또는 관리원이 위치한 로비층 등 지정한 층에서 반드시 정지하고 도어를 열어 확인하도록 하는 장치이다.

(11) 피트 정지 스위치

피트에서 작업 시 카를 움직일 수 없도록 정지시키는 스위치이다.

(12) 로크 다운(lock-down) 추락방지 안전장치

① 추락방지 안전장치 동작 시 균형추와 로프가 관성에 의해서 튀어 오름 방지장치이다.
② 속도 240m/min 이상의 엘리베이터에는 반드시 설치하여야 한다.

(13) 게이트 스위치(gate switch)

카(car) 도어가 완전히 닫히지 않을 경우에는 엘리베이터가 운행되지 못하게 하는 장치이다.

2. 신호장치 및 보조장치

2-1 신호장치

(1) 홀 랜턴(hall lantern)

군 관리 방식에서 상승과 하강을 나타내는 커다란 방향등으로 그 엘리베이터가 정지를 결정하면 점등과 동시에 차임(chime)등을 울려 승객에게 알린다.

(2) 위치표시기(indicator)

① 승강장이나 카 내에서 현재 카의 위치를 알게 해 주는 장치이다.
② 디지털식이나 전등 점멸식이 사용되고 있다.

(3) 등록 안내 표시기

운전자가 있는 엘리베이터일 때 승장 단추의 등록을 카 내 운전자가 알 수 있도록 해 주는 표시기이다.

2-2 보조장치

(1) 비상등 (energency light)

정전 시에 램프 중심으로부터 1 m 떨어진 수직면상에서 5 lx 이상의 밝기로 1시간 이상 유지할 수 있어야 한다.

(2) 통신장치

① 비상사태가 발생했을 때 카(car) 내부와 외부와의 연락장치, 인터폰(interphone)이 주로 사용된다.

② 전원은 비상전원장치에도 연결되어 정전에 대비하여야 한다.

(3) BGM (back ground music)

카(car) 내부에 음악을 방송하기 위한 장치이다.

(4) 파킹 (parking)장치

파킹 스위치를 "휴지" 상태로 작동시키면, 카(car)가 자동으로 지정된 층에 도착, 정상운전 제어장치가 무효화된다.

(5) 정전 시 구출 운전장치

정전으로 사람이 갇혔을 때 엘리베이터에 부착된 배터리를 사용하여 다음 층까지 저속 운전하여 구출하는 장치이다.

예·상·문·제

1. 로크다운 추락방지 안전장치를 반드시 설치해야 하는 경우는 속도가 몇 m/min 이상인 경우인가?
⑦ 180　　　㉯ 210
㉰ 240　　　㉱ 360

2. 엘리베이터의 안전장치가 아닌 것은?
⑦ 역결상 계전기
㉯ 과속조절기
㉰ 출입문 잠금 스위치
㉱ 손잡이
[해설] 손잡이(hand rail)은 에스컬레이터의 이동 손잡이 장치이다.

3. 리밋 스위치가 작동하지 않을 경우 최상층 또는 최하층을 지나치지 않도록 하기 위해 설치하는 장치는?
⑦ 도어 스위치
㉯ 토글 스위치
㉰ 덤블러 스위치
㉱ 파이널 리밋 스위치
[해설] 파이널 리밋(final limit) 스위치는 리밋 스위치가 작동되지 않을 경우를 대비하여 설치하며, 카(car)가 완충기에 충돌하기 전에 작동하여야 한다.

4. 승강기의 파이널 리밋 스위치(final limit switch)의 요건 중 틀린 것은?
⑦ 반드시 기계적으로 조작되는 것이어야 한다.
㉯ 작동 캠(cam)은 금속으로 만든 것이어야 한다.

㉰ 이 스위치가 동작하게 되면 권상 전동기 및 브레이크 전원이 차단되어야 한다.
㉱ 이 스위치는 카가 승강로의 완충기에 충돌된 후에 작동되어야 한다.

5. 승강기의 과부하 감지장치의 용도가 아닌 것은?
⑦ 탑승인원 또는 적재하중 감지용
㉯ 정격하중의 110 %의 범위로 설정
㉰ 과부하 경보 및 도어 닫힘 저지용
㉱ 이상적인 속도 제어용

6. 적재하중을 초과하면 경보를 울리고 출입문의 닫힘을 자동적으로 제지하는 과부하 감지장치의 작동범위는 정격 적재하중의 몇 %를 표준으로 하는가?
⑦ 105 %
㉯ 110 %
㉰ 115 %
㉱ 120 %

7. BGM 장치에 관한 설명으로 맞는 것은?
⑦ 전화선을 이용한 경찰서와 연락장치이다.
㉯ 전화선을 이용한 주택관리 사무실과의 연락장치이다.
㉰ 전화선을 이용한 승강기 보수 회사와의 연락장치이다.
㉱ back ground music의 약자로 카 내부에 음악을 방송하기 위한 장치이다.

정답 1. ㉰　2. ㉱　3. ㉱　4. ㉱　5. ㉱　6. ㉯　7. ㉱

8. 승객과 운전자의 마음을 즐겁게 해주기 위하여 설치하는 것은?
- ㉮ 파킹장치
- ㉯ 통신장치
- ㉰ 과속조절기장치
- ㉱ BGM 장치

9. 비상 전원장치와 정전등에 대한 설명으로 옳은 것은?
- ㉮ 정전등의 밝기는 마루면에서 0.5 lx 이상이어야 한다.
- ㉯ 20분 이상 지속될 수 있는 용량이어야 한다.
- ㉰ 비상 정전등은 BGM 장치와 연동되어야 한다.
- ㉱ 정전 시 비상 전원장치는 자동으로 동작해야 한다.

10. 엘리베이터의 카 내부에는 정전 시 승객의 안전을 위하여 정전등이 설치되어 있다. 정전 시 몇 분 이상 동작되어야 하는가?
- ㉮ 30분
- ㉯ 1시간
- ㉰ 1시간 30분
- ㉱ 2시간

11. 홀 랜턴에 관한 설명이다. 맞지 않는 것은?
- ㉮ 램프와 공(gong)으로 이루어져 있다.
- ㉯ 군 관리 방식에서는 승장 인디케이터(indicator) 대신 사용한다.
- ㉰ 승강장 버튼을 누르면 정지할 카의 랜턴을 점등시켜 승객을 유도하는 기능이 있는 것도 있다.
- ㉱ 방범 목적으로 사용한다.

[해설] 홀 랜턴(hall lantern) : 군 관리 방식에서 상승과 하강을 나타내는 커다란 방향등으로 그 엘리베이터가 정지를 결정하면 점등과 동시에 차임(chime)등을 울려 승객에게 알린다.

12. 카 내에 갇힌 사람이 외부와 연락할 수 있는 장치는?
- ㉮ 차임벨
- ㉯ 인터폰
- ㉰ 위치표시 램프
- ㉱ 리밋 스위치

13. 다음의 정지 스위치에 대한 설명 중 맞지 않는 것은?
- ㉮ 매우 긴급한 때 카를 정지시키기 위하여 설치하는 스위치이다.
- ㉯ 이 스위치가 작동되면 카는 서서히 정지한다.
- ㉰ 이 스위치가 작동되면 카는 신속히 정지한다.
- ㉱ 카 내부 조작반, 카 상부, 기계실, 피트 등에 설치한다.

14. 엘리베이터의 범죄 예방장치가 아닌 것은?
- ㉮ 각층 강제 정지장치
- ㉯ 방범 운전장치
- ㉰ 방범 카메라 모니터장치
- ㉱ BGM 장치

[해설] BGM 장치 : 문제 9. 참조

정답 8. ㉱ 9. ㉱ 10. ㉯ 11. ㉱ 12. ㉯ 13. ㉯ 14. ㉱

제 7 장

유압 승강기

유압 승강기는 전동기로 펌프를 구동하여 압력을 가한 작동유(기름)를 실린더 내에 보내고 플런저(plunger)를 직선적으로 움직이므로 카(car)를 밀어 올린다.

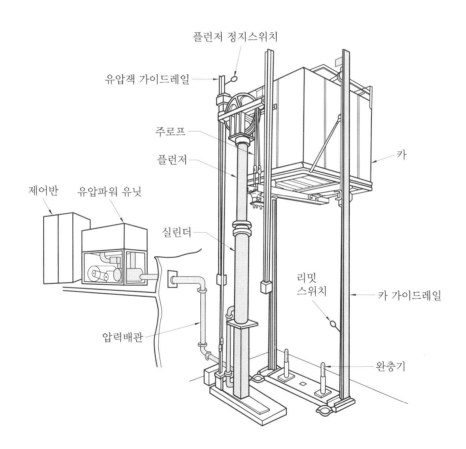

그림 1-26 유압식 엘리베이터(간접식[1:2로핑])의 구조

1. 유압 승강기의 특징 · 종류

1-1 유압 엘리베이터의 특징

① 기계실 배치가 자유롭다.
② 승강로 상부 틈새가 작아도 된다.
③ 건물 꼭대기 부분에 하중이 걸리지 않는다.
④ 실린더를 사용하기 때문에 행정 거리와 속도에 한계가 있다.
⑤ 균형추를 사용하지 않으므로 전동기의 출력과 이에 따른 소비전력이 크다.
⑥ 일반적으로 8층 이하, 속도 1 m/s 이하에 적용된다.
⑦ 대용량이고 승강행정이 짧은 화물용 엘리베이터에 사용된다.

1-2 유압 엘리베이터의 종류

(1) 직접식

① 플런저(plunger)의 직상부에 카를 설치한 것으로 승강로 소요평면의 치수가 작고 구조가 간단하다.
② 실린더(cylinder)에 직접 카(car)를 설치하므로 추락방지 안전장치가 필요치 않으며, 부하에 의한 카 바닥의 빠짐이 간접식에 비하여 적다.
③ 실린더를 설치하기 위한 보호판을 지중에 설치하여야 한다.
④ 일반적으로 실린더의 점검이 곤란하다.
⑤ 공회전 방지장치를 설치하여야 한다.

(2) 간접식

① 플런저(plunger) 선단에 도르래를 설치하여 로핑(roping) 방법에 의해 카(car)를 승강시킨다.
② 로핑(roping) 방법에는 1 : 2, 1 : 4, 2 : 4의 로핑이 있으며, 플런저(plunger)의 행정은 승강행정의 $\frac{1}{2}$, 또는 $\frac{1}{4}$ 배로 작아도 되므로 실린더를 매설할 필요가 없어 점검이 용이하다.
③ 추락방지 안전장치가 필요하게 된다.
④ 카 바닥의 빠짐이 비교적 크다(로프의 늘어남, 기름의 압축성 때문에).

(3) 팬터그래프식

① 플런저(plunger)에 의해 팬터그래프를 개폐하여 카(car)를 승강시킨다.
② 카(car)는 팬터그래프 상부에 설치한다.

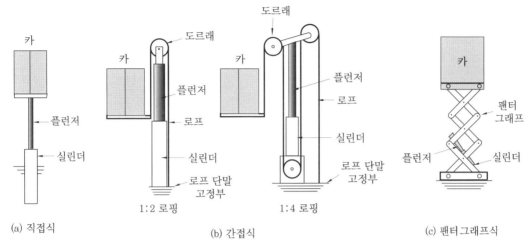

그림 1-27 유압 엘리베이터의 종류

2. 유압 회로-속도 제어

유압 엘리베이터의 속도 제어는 일반적으로 유량 제어 밸브에 의한 방식이지만, VVVF 제어에 의해 유압펌프 회전수를 제어하는 방식이 채용되고 있다.

2-1 유량 제어 밸브(valve)에 의한 속도 제어

전동기의 회전속도가 일정하므로 일정량 작동유(기름)가 토출되지만 토출된 작동 유량을 유량 제어 밸브로 제어, 즉 승강기의 속도를 제어하게 된다.

(1) 미터 인(meter-in) 회로

① 유량 제어 밸브(valve)를 주회로에 삽입하여 유량을 직접 제어하는 방식이다.
② 비교적 정확한 속도 제어가 가능하다.
③ 효율이 비교적 낮다.

(2) 블리드 오프(bleed-off) 회로

① 유량 제어 밸브(valve)를 주회로에서 분기된 바이패스(by pass) 회로에 삽입한 회로이다.
② 부하에 필요한 압력 이상의 압력을 발생시킬 필요가 없어 효율이 높다.

③ 부하 변동이 심한 경우, 정확한 속도 제어가 곤란하다.

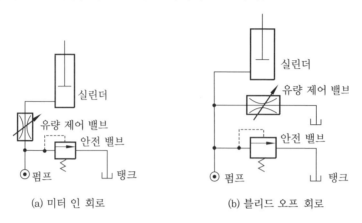

(a) 미터 인 회로   (b) 블리드 오프 회로

그림 1-28 유압 회로

2-2 VVVF 방식에 의한 속도 제어

① 전동기의 속도 제어를 VVVF(variable voltage variable frequency) 방식에 의하여
  하며, 펌프에 의해 가압되어 토출되는 작동유를 제어하는 방식이다.
② 상승 운전 시에 필요한 유량을 펌프에서 토출하므로 낭비가 없다.
③ 기동, 정지 시에 쇼크 없이 원활히 착상하게 되어 전기식 엘리베이터와 동일한 주행
  곡선이 얻어진다.
④ 유량 제어 밸브를 사용하지 않는다.

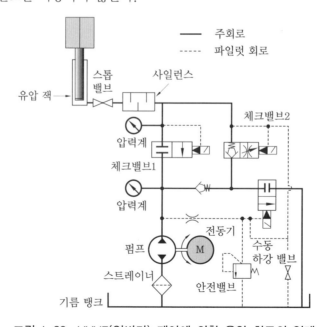

그림 1-29 VVVF(인버터) 제어에 의한 유압 회로의 일례

2-3 **유압 회로의 구성 요소**

다음은 유압 엘리베이터에서 사용하는 대표적인 유압 회로이며, 상승 운전 시에는 브리드 오프 회로로서 동작한다.

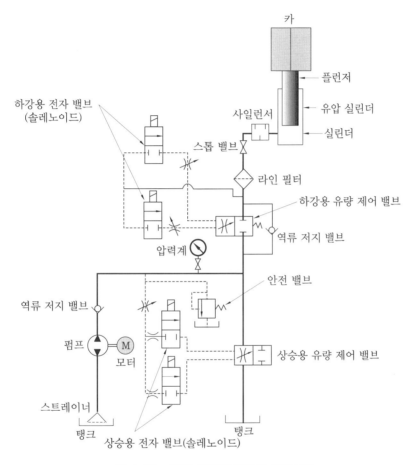

그림 1-30 유압 엘리베이터의 회로(예)

(1) 펌프(pump)와 전동기(motor)

① 일반적으로 압력 맥동이 작고, 진동과 소음이 작은 스크루(screw) 펌프가 주로 사용된다.

② 전동기는 일반적으로 유압 펌프 특성에 맞는 3상 유도 전동기(2극, 4극)를 사용한다.

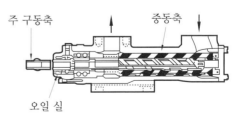

그림 1-31 스크루 펌프

(2) 파워 유닛(power unit) 내 밸브의 종류

표 1-14

안전밸브 (safety valve) : 릴리프 밸브	• 일종의 압력조정 밸브인데, 회로의 압력이 설정값에 도달하면, 밸브를 열어 오일을 탱크로 돌려보냄으로써 압력이 과도하게 상승하는 것을 방지한다. • 압력을 전부하 압력의 140%까지 제한하도록 맞추어 조절되어야 한다.
상승용 유량 제어 밸브	• 펌프로부터 압력을 받은 오일은 실린더로 가지만, 일부는 상승용 전자 밸브에 의해 조정되는 유량 제어 밸브를 통하여 탱크로 되돌아온다. • 이 유량을 제어하여 실린더 측의 유량을 간접적으로 처리하는 밸브이다.
체크 밸브 (check valve) : 역류 저지 밸브	• 한쪽 방향으로만 오일이 흐르도록 하는 밸브로서 상승방향에서 흐르지만 역방향으로는 흐르지 않는다. • 기능은 전기식 엘리베이터의 전자 브레이크와 유사하다.
스톱 밸브 (stop valve)	• 유압 파워 유닛에서 실린더로 통하는 배관 도중에 설치되는 수동조작 밸브이다. • 이 밸브를 닫으면 실린더의 오일이 탱크로 역류하는 것을 방지한다. • 이 밸브는 유압장치의 보수, 점검, 수리 시에 사용되는 데 게이트 밸브(gate valve)라고도 한다.
하강 유량 제어 밸브	• 하강용 전자밸브에 의해 열림 정도가 제어되는 밸브이다. • 실린더에서 탱크로 되돌아오는 유량을 제어한다.
수동 하강 밸브	• 정전 및 어떤 원인으로 층 중간에 정지할 경우에도 이 밸브를 열어 카(car)를 안전하게 운용시킬 수 있다. • 목적 층을 지나치거나 층간에 정지한 경우, 수동으로 카(car)를 일정한 위치로 이동시킨다.
바이패스 밸브 (bypass valve)	• 실린더 내의 유량을 일정하게 조정하여 엘리베이터의 속도를 조절하는 밸브이다.
릴리프 밸브 (relief valve)	• 회로의 압력이 설정 압력에 도달하면 유체(流體)의 일부 또는 전량을 배출시켜 회로 내의 압력을 설정값 이하로 유지하는 압력제어 밸브이며, 1차 압력 설정용 밸브를 말한다. • 안전밸브와 같은 역할을 하며 소정의 압력 이상으로 내부압력이 올라가지 않도록 하는 것이다.

(3) 파워 유닛(power unit)의 기타 설비

① 스트레이너(strainer)와 라인 필터(line filter)

㈎ 유체 중에 포함된 불순물을 제거하기 위한 여과장치이다.

㈏ 펌프의 흡입측에 부착되는 것을 스트레이너라 하고, 배관 도중에 부착되는 것을 라인 필터라 한다.

② 사일런서(silencer ; 소음기)

㈎ 유압 펌프나 제어 밸브 등에서 발생하는 압력맥동이 카를 진동시키는 요인이 되기

도 하며 소음의 원인이 된다.

   (ㄴ) 작동유의 압력 맥동을 흡수하여 진도, 소음을 감소시키는 장치로, 자동차의 머플러
와 같은 역할을 한다.

③ 기름 온도 검출 스위치

   (ㄱ) 작동유의 온도 상승을 방지하기 위해 서미스터를 이용한다.

   (ㄴ) 일정 온도 설정값을 초과 시 이를 검출하여 전동기의 전원을 차단한다.

   (ㄷ) 작동유의 온도는 5℃ 이상 ~ 60℃ 이하로 유지되어야 한다.

④ 자동 착상장치 : 카(car)가 정지할 때 자연하강으로 인해 착상 오차가 발생 시 자동으
로 위치를 보정하는 장치이다.

⑤ 압력계 및 온도계

   (ㄱ) 상용 압력계로서 $150\,kg/cm^2$ 이상의 용량을 가지는 게이지를 부착한다.

   (ㄴ) 작동유의 상태 확인

⑥ 전동기 공회전 방지장치 : 일정시간 동안 공회전 시 전동기의 전원을 차단시켜 정지시키
는 장치이다.

⑦ 가요성 호스

   (ㄱ) 실린더와 체크밸브 또는 하강밸브 사이의 가요성 호스는 전 부하 압력 및 파열 압
력과 관련하여 안전율이 8 이상이어야 한다.

   (ㄴ) 가요성 호스 및 실린더와 체크밸브 또는 하강밸브 사이의 가요성 호스 연결 장치는
전부하 압력의 5배의 압력을 손상 없이 견뎌야 한다.

⑧ 유압 배관과 고무 호스

   (ㄱ) 고압 배관용 탄소 강관으로 스케줄 80 이상의 관을 사용하여야 한다.

   (ㄴ) 고무호스의 안전율은 10 이상이다.

2-4   유압 엘리베이터의 유압장치

(1) 실린더(cylinder)

① 유압 에너지를 기계적 에너지로 변화시켜 선형운동을 얻는 장치이다.

② 상부에는 더스트 와이퍼, 패킹, 그랜드 메탈 등을 설치하여 작동유의 유출을 방지한다.

   (ㄱ) 더스트 와이퍼(dust wiper) : 이물질이 실린더 내에 들어가지 않도록 플런저 표면
에 밀착한 링(ring) 형태의 장치이다.

   (ㄴ) 패킹(packing) : 플런저가 움직일 때 기름이 새지 않도록 하는 장치이다.

   (ㄷ) 그랜드 메탈(grand metal) : 플런저를 감싸는 부분으로 플런저를 지지하고 안내하
는 기능을 갖는다.

(2) 플런저(plunger)

① 단동식 실린더의 램형 로드를 말한다.

② 플런저의 이탈을 막기 위하여 한 쪽 끝단에 스토퍼(stopper)를 설치하여야 한다.

③ 상부에는 메탈이 설치되어 있으며, 메탈 상부에는 패킹이 되어 있어 기름이 새지 않 게 한다.

④ 플런저 표면에는 손상이 없고 전면에 걸쳐 얇게 기름이 묻어 있어야 한다.

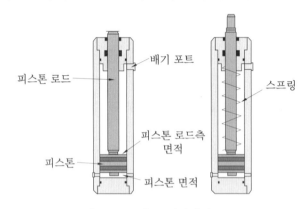

그림 1-32　단동 실린더의 구조

(3) 럽처 밸브(rupture valve)

① 실린더와 유압유닛이 연결된 호스(hose)가 파단될 경우 실린더 로드가 급 하강하여 발생하는 엘리베이터의 추락사고를 방지하기 위해 실린더 하부에 설치하는 밸브이다.

② 엘리베이터가 급속히 하강하여 정격속도 +0.3 m/s에 이르기 전 작동하여 엘리베이터 를 감속 정지시키는 안전장치이다.

(4) 플런저 정지 스위치(plunger limit switch)

로프를 사용하는 유압 엘리베이터의 플런저 과주행을 방지하는 장치이다.

(5) 로프 이완 감지장치

로프식 유압 엘리베이터의 주 로프가 이완된 경우 이를 감지하여 동력을 차단하고 카 (car)를 정지시키는 장치이다.

2-5 파워 유닛(power unit)

(1) 구성 장치

① 전동기   ② 펌프   ③ 체크 밸브
④ 안전밸브   ⑤ 스톱 밸브   ⑥ 기름 탱크
⑦ 스트레이너   ⑧ 필터   ⑨ 사일런서
⑩ 유량 제어 장치   ⑪ 작동유 냉각 및 보온장치 등

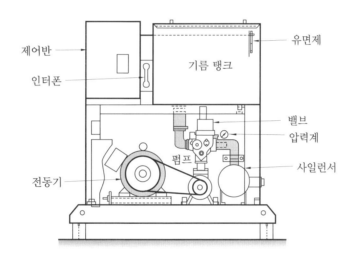

그림 1-33 파워 유닛의 구조 · 구성

예·상·문·제

1. 유압식 엘리베이터의 최대 특징은?

㉮ 고속 주행이 가능하다.

㉯ 제어가 쉽다.

㉰ 장치 주변을 청결하게 유지할 수 있다.

㉱ 기계실의 위치가 자유롭다.

2. 유압 엘리베이터의 특징이 아닌 것은?

㉮ 유압 엘리베이터는 기계실의 위치가 자유롭다.

㉯ 직상부에 설치하지 않아도 되므로 건물 꼭대기 부분에 하중이 걸리지 않는다.

㉰ 실린더를 사용하기 때문에 행정 거리와 속도에 한계가 있다.

㉱ 균형추를 사용하므로 모터의 출력과 소비전력이 크다.

3. 유압식 엘리베이터의 종류에 속하지 않는 것은?

㉮ 직접식 　　㉯ 간접식

㉰ 팬터그래프식 　㉱ 권동식

[해설] 권동식은 전기식 엘리베이터의 종류에 속한다.

4. 유압 엘리베이터의 간접식에 대한 설명으로 옳지 않은 것은?

㉮ 실린더의 설치가 간단하다.

㉯ 실린더의 점검이 쉽다.

㉰ 추락방지 안전장치가 필요하다.

㉱ 부하에 의한 카 바닥의 빠짐이 작다.

[해설] 간접식은 로프의 늘어남, 기름의 압축성 때문에 카(car) 바닥의 빠짐이 비교적 크다.

5. 유압 엘리베이터의 종류 중 직접식의 장점이 아닌 것은?

㉮ 승강로 소요평면 수치가 작다.

㉯ 안전장치가 불필요하다.

㉰ 부하에 의한 기능손실이 적다.

㉱ 실린더를 넣는 보호관이 불필요하다.

[해설] 직접식에서는 실린더를 설치하기 위한 보호관을 지중에 설치하여야 한다.

6. 유압 엘리베이터의 주요 배관상에 유량 제어 밸브를 설치하여 유량을 직접 제어하는 회로로서, 비교적 정확한 속도 제어가 가능한 유압 회로는?

㉮ 미터 인(meter in) 회로

㉯ 블리드 오프(bleed off) 회로

㉰ 미터 아웃(meter out) 회로

㉱ 유압 VVVF 제어 회로

[해설] 미터 인(meter in) 회로 : 본문 그림 1-28 참조

7. 유량 제어 밸브가 주회로에서 분기된 바이패스 회로에 삽입한 것을 블리드 오프(bleed off) 회로라 한다. 이 회로에 관한 설명 중 옳은 것은?

㉮ 비교적 정확한 속도 제어가 가능하다.

㉯ 부하에 필요한 압력 이상의 압력이 발생한다.

㉰ 효율이 비교적 높다.

㉱ 미터 인(meter in) 회로라고도 한다.

8. 엘리베이터용 유압 회로에서 실린더와 유량 제어 밸브 사이에 들어갈 수 없는 것은?

정답 1. ㉱ 2. ㉱ 3. ㉱ 4. ㉱ 5. ㉱ 6. ㉮ 7. ㉰ 8. ㉮

㉮ 스트레이너　　㉯ 스톱 밸브
㉰ 사일런서　　　㉱ 라인 필터

해설 유압 엘리베이터의 유압 회로 : 본문 그림 1-30 참조

9. 유압 엘리베이터가 하강할 때의 작동유 흐름순서가 옳은 것은?

㉮ 실린더 → 솔레노이드 · 체크 밸브 → 유량 제어 밸브 → 탱크
㉯ 탱크 → 체크 밸브 → 유량 제어 밸브 → 탱크
㉰ 실린더 → 탱크 → 체크 밸브
㉱ 탱크 → 유량 제어 밸브 → 솔레노이드 · 체크 밸브 → 실린더

10. 펌프의 출력은?

㉮ 압력에 비례하고 토출량에 반비례한다.
㉯ 압력에 반비례하고 토출량에 비례한다.
㉰ 압력과 토출량에 비례한다.
㉱ 압력과 토출량에 반비례한다.

11. 유압 펌프에 관한 설명 중 옳지 않은 것은?

㉮ 펌프의 토출량이 크면 속도도 커진다.
㉯ 진동과 소음이 작아야 한다.
㉰ 압력맥동이 커야 한다.
㉱ 일반적으로 스크루 펌프가 사용된다.

12. 유일한 엘리베이터용 펌프로 소음이 적은 점에서 주로 사용되는 것은?

㉮ 기어 펌프　　　㉯ 스크루 펌프
㉰ 베인 펌프　　　㉱ 피스톤 펌프

13. 유압식 엘리베이터의 유압 파워 유닛 (power uint)의 구성요소가 아닌 것은?

㉮ 펌프　　　　　㉯ 유압 실린더

㉰ 유량 제어 밸브　㉱ 체크 밸브

해설 유압 파워 유닛의 구성요소 : 전동기, 펌프, 밸브(안전, 체크, 유량 제어, 스톱)

14. 유압기기에서 릴리프 밸브의 설명으로 옳은 것은?

㉮ 설정 압력 이상으로 유압이 계속 높아질 때 폭발을 방지하는 안전 밸브이다.
㉯ 기름을 통과시키거나 정지시키거나 혹은 방향을 바꾸는 밸브이다.
㉰ 유량을 조절하고 정지시키는 밸브이다.
㉱ 압유의 유량(흐르는 속도)을 바꿈으로써 유압 모터가 실린더의 움직이는 속도를 바꾸는 밸브이다.

15. 역류 저지 밸브에 관한 설명으로 맞는 것은?

㉮ 하강 시 유량을 제어하는 밸브이다.
㉯ 상승 시 유량을 제어하는 밸브이다.
㉰ 오일의 방향을 항상 역방향으로 흐르도록 하는 밸브이다.
㉱ 오일의 방향을 한쪽 방향으로만 하는 밸브로서 역류 방지용 밸브이다.

16. 다음 중 파워 유닛을 보수 · 점검 또는 수리할 때 사용하며, 불필요한 작동유의 유출을 방지할 수 있는 밸브는?

㉮ 사일런서　　　㉯ 체크 밸브
㉰ 스톱 밸브　　　㉱ 릴리프 밸브

17. 정전으로 인하여 카가 정지될 때 점검자에 의해 주로 사용되는 밸브는?

㉮ 하강용 유량 제어 밸브
㉯ 스톱 밸브
㉰ 릴리프 밸브
㉱ 체크 밸브

18. 유압식 엘리베이터의 경우 고속에서 저속으로 전환되어 정지시키는 역할을 하는 밸브는?

㉮ 릴리프 밸브　　㉯ 체크 밸브
㉰ 스톱 밸브　　㉲ 유량 제어 밸브

19. 유압식 승강기에서 전기식 승강기의 전자 브레이크 역할을 하는 것은?

㉮ 유량 제어 밸브
㉯ 역류 저지 밸브
㉰ 필터
㉲ 사일런서

20. 펌프나 탱크, 밸브류를 하나로 합친 것을 파워 유닛이라고 한다. 파워 유닛에서 실린더까지를 압력 배관으로 연결시키는 데 파워 유닛의 출구 부분에 자동차의 머플러에 해당하는 부품이 조립되어 있는데 이를 무엇이라 하는가?

㉮ 플런저　　　　㉯ 실린더
㉰ 솔레노이드 밸브 ㉲ 사일런서

21. 유압 엘리베이터의 작동유에 대한 것으로서 기름 온도는 어느 범위로 관리하는 것이 바람직한가?

㉮ −10℃ 이상 45℃ 이하
㉯ 0℃ 이상 55℃ 이하
㉰ 5℃ 이상 60℃ 이하
㉲ 10℃ 이상 75℃ 이하

[해설] 기름 온도 : 본문 2. 2−3. (6) 참조

22. 유압식 승강기에 대한 설명으로 옳지 않은 것은?

㉮ 유압 파워 유닛의 체크 밸브는 작동이 확실할 것

㉯ 유압 파워 유닛은 승강기 각 카마다 설치되어 있을 것
㉰ 수동 하강 밸브를 개방하였을 때 속도는 정격 하강 속도 이상일 것
㉲ 작동유 온도가 5℃ 이하 60℃ 이상이 예측되는 경우에는 이것을 제어하는 장치를 할 것

[해설] 수동 하강 밸브
① 정전이나 기타의 원인으로 카(car)가 층 중간에 정지할 경우 이 밸브를 열어 카(car)를 안전하게 하강시킬 수가 있다.
② 개방하였을 때 속도는 정격 속도 이상이어서는 아니 된다.

23. 유압 엘리베이터의 플런저를 구동시키는 원리는?

㉮ 아르키메데스 원리
㉯ 피타고라스의 원리
㉰ 파스칼의 원리
㉲ 기전력의 원리

24. 유압 엘리베이터의 전동기 구동 기간은?

㉮ 상승 시에만 구동된다.
㉯ 하강 시에만 구동된다.
㉰ 상승 시와 하강 시 모두 구동된다.
㉲ 부하의 조건에 따라 상승 시 또는 하강 시에 구동된다.

25. 직선적인 작동유 통로 내에 철분, 모래 등의 이물질을 제거하는 장치는?

㉮ 펌프　　　　㉯ 기름 탱크
㉰ 스트레이너　㉲ 사일런서

[해설] 스트레이너(strainer)와 필터(filter)
① 유체 중에 포함된 불순물을 제거하기 위한 여과장치이다.
② 스트레이너는 펌프의 흡입 측에, 필터는 펌프의 흡입 측과 배관 중간에 설치된다.

[정답] 18. ㉲　19. ㉯　20. ㉲　21. ㉰　22. ㉰　23. ㉰　24. ㉮　25. ㉰

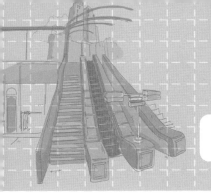

에스컬레이터

1. 에스컬레이터의 구조 및 원리

구조는 ① 프레임, ② 드라이빙 머신, ③ 플로어, ④ 디딤판, ⑤ 난간, ⑥ 손잡이, ⑦ 구동장치, ⑧ 제어반 등으로 구성되어 있다.

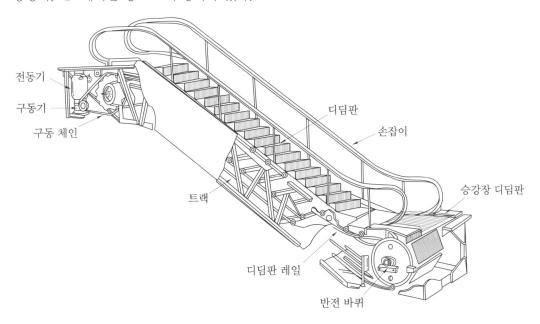

전동기
구동기
구동 체인
트랙
디딤판 레일
반전 바퀴
디딤판
손잡이
승강장 디딤판

그림 1-34 에스컬레이터의 구조

1-1 에스컬레이터의 종류 · 속도 및 양정

(1) 난간 폭에 따른 분류
① 800형(설계 폭 800 mm) : 시간당 6000명 수송
② 1200형(설계 폭 1200 mm) : 시간당 9000명 수송

(2) 난간 의장에 따른 분류
① 투명형 : 난간 내측판을 강화유리로 하고 조명을 손잡이 밑에 시설
② 불투명형 : 난간 내측판을 스테인리스 강판을 사용한 패널 타입

(3) 경사도 및 속도

① 경사도는 30°를 초과하지 않아야 하며, 공칭속도는 0.75 m/s 이하이어야 한다.

② 높이가 6 m 이하이고 공칭속도가 0.5 m/s 이하인 경우에는 경사도를 35°까지 증가시킬 수 있다.

③ 경사도는 현장 설치여건 등을 감안하여 최대 1°까지 초과될 수 있다.

④ 공칭 속도가 공칭주파수 및 공칭전압에서 ±5 %를 초과하는 편차가 없도록 설치하여야 한다.

(4) 수송 능력 : M [명/h]

$$M = \frac{Q \cdot V}{T} \times 3600 \, [\text{명/h}]$$

여기서, Q : 1단당에 오를 수 있는 인원 수(명), T : 디딜 면의 폭(m), V : 단의 속도(m/s)

(5) 최대 수송인원

표 1-15   에스컬레이터 · 무빙워크의 1시간당 최대 수송인원 **(명/h)**

디딤판 · 팰릿 폭(m)	공칭속도(m/s)		
	0.5	0.65	0.75
0.6	3600명	4400명	4900명
0.8	4800명	5900명	6600명
1	6000명	7300명	8200명

1-2   에스컬레이터의 구동장치

운전 시 기본적으로 디딤판(step)을 구동하는 것 외에 손잡이(이동 손잡이)를 구동하여야 한다.

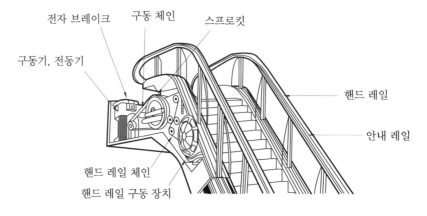

그림 1-35   구동장치

(1) 구동기(driving machine)의 구성

① 주 구동장치

② 손잡이 구동장치

③ 전동기, 감속기, 브레이크, 커플링 등

(2) 전동기(motor)

전동기의 용량은 분당 수송 인원을 만족하여야 하며 다음과 같이 구한다.

$$P_m = \frac{\text{분당 수송 인원} \times \text{1인 중량} \times \text{층 높이}}{6120 \times \text{에스컬레이터의 효율}} \text{ [kW]}$$

(3) 감속기

① 웜 기어(worm gear) : 역전의 위험을 방지하는 측면에서 종래에 사용

② 헬리컬 기어(helical gear) : 효율이 좋아 최근에 주로 사용

③ 전동기와 동일 축 선상에 소형 디스크식 브레이크를 사용하고 방음, 방진 구조로 되어 있다.

(4) 제동장치

① 균일한 감속 및 정지 상태(제동 운전)를 지속할 수 있는 제동장치(브레이크 시스템)가 있어야 한다.

② 전압 공급이 중단될 때 또는 제어 회로에 전압 공급이 중단될 때 제동장치는 자동으로 작동되어야 한다.

③ 운행방향에서 하강방향으로 움직이는 에스컬레이터에서 측정된 감속도는 제동장치가 작동하는 동안 $1 \, \text{m/s}^2$ 이하이어야 한다.

(5) 손잡이 구동장치

① 승객이 몸을 지탱하기 위하여 손으로 잡는 부분이므로 디딤판(step)과 같은 속도로 움직여야 한다.

② 구동 방식

㈎ 평 벨트 압력 이용 방식

㈏ 롤러(roller)에 의한 압력 이용 방식

예 | 제

2. 다음 조건을 만족시킬 수 있는 에스컬레이터의 구동용 전동기의 용량을 구하시오.

〈조건〉

① 승객 1명의 중량 : 68 kg　　② 1분간 수송 인원 : 100명

③ 층 높이 : 3.5 m　　　　　　④ 전체 효율 : 70 %

풀이 $P_m = \dfrac{100 \times 68 \times 3.5}{6120 \times 0.7} ≒ 5.5 \text{ kW}$

1-3 디딤판과 디딤판 체인

(1) 디딤판(step)

① 디딤판은 프레임에 발판과 라이저(riser)를 조합한 구조로서 전륜과 후륜 각 2개의 롤러에 의해 구동된다.

② 디딤판의 규격

㈎ 에스컬레이터의 공칭 폭은 0.58m 이상, 1.1m 이하이어야 한다.

㈏ 디딤판 높이는 0.24m 이하이어야 하며, 디딤판 깊이는 0.38m 이상이어야 한다.

㈐ 이용자 이송구역에서 디딤판 트레드(step tread)는 운행방향에 ±1°의 공차로 수평해야 한다.

③ 디딤판 경계틀 라인(demarcation line) : 디딤판 사이에 낌을 방지하기 위한 황색의 주의선이다.

(2) 디딤판 체인(step chain)

디딤판을 연결, 주행시키는 역할을 하는 롤러 체인으로, 좌우에 각 1개씩 있다.

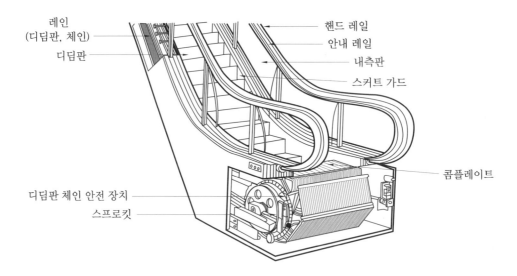

그림 1-36 디딤판과 디딤판 체인

1-4 난간과 손잡이(hand rail) 및 제어반

(1) 난간

① 난간이란, 에스컬레이터의 디딤판이 움직임에 따라 승객이 좌우로 떨어지지 않도록 설치한 측면 벽으로 그 상부에 손잡이가 설치된다.

② 난간의 구조

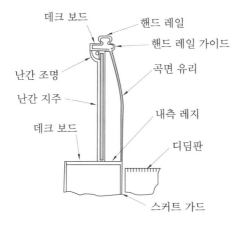

데크 보드
핸드 레일
핸드 레일 가이드
난간 조명
곡면 유리
난간 지주
내측 레지
데크 보드
디딤판
스커트 가드

그림 1-37 난간의 구조

(2) 손잡이(hand rail)

① 각 난간의 꼭대기에는 정상운행 조건 하에서 디딤판, 팔레트 또는 벨트의 실제 속도와 관련하여 동일 방향으로 0 %에서 +2 %의 공차가 있는 속도로 움직이는 손잡이가 설치되어야 한다.

② 손잡이는 정상운행 중 운행방향의 반대편에서 450 N의 힘으로 당겨도 정지되지 않아야 한다.

③ 손잡이 폭은 70 mm와 100 mm 사이이어야 한다.

(3) 제어반(control panel)

① 에스컬레이터를 운전하기 위한 전기적 조정 장치이다.

② 구성

㉮ 마그넷 커넥터

㉯ 각종 릴레이

㉰ 동력 차단기

㉱ 정류기

㉲ 과부하 보호장치 등

2. 에스컬레이터의 안전장치 · 배열

2-1　에스컬레이터의 안전장치

(1) 구동 체인 안전장치(D.C.S)

① 구동기와 주 구동장치에 연결된 구동 체인이 절단되거나 심하게 늘어날 경우, 스위치 작동으로 전원이 차단, 운행이 정지된다.

② 체인 위에 항상 슈(shoe)가 접촉하여 체인의 인장 강도를 검출한다.

③ 계단의 움직임을 정지시키는 래칫(ratchet)장치와 같이 구성되어 있다.

④ 스위치는 수동 복귀형이다.

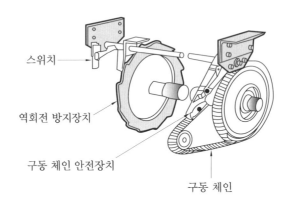

그림 1-38　구동 체인 안전장치

(2) 디딤판 체인 안전장치(T.C.S)

① 디딤판 체인이 절단되거나 심하게 늘어날 경우, 스위치 작동으로 운행이 정지된다.

② 스위치는 수동 복귀형이다.

(3) 손잡이 인입구 안전장치(T.I.S)

① 난간 입구에 불순물질이 끼거나 어린이 손이 빨려 들어가는 경우 스위치 작동으로 운행이 정지된다.

② 스위치는 자동 복귀형이다.

(4) 스커트 가드 안전장치(S.G.S)

① 디딤판과 스커트 가드(skirt guard) 판 사이에 사람의 옷, 신발 등이 끼이면서 말려

들어가는 경우, 스위치 작동으로 운행이 정지된다.

② 상하부 좌우측에 1개소 이상 설치된다.

③ 스위치는 자동 복귀형이다.

(5) 비상 정지 버튼(E.stop)

① 비상 시 승객의 안전을 위하여 눌러서 정지시키는 버튼(button)식 스위치이다.

② 상하 승강구에 설치되며 커버를 씌워서 관리한다.

③ 스위치는 자동 복귀형이다.

(6) 끼임 방지 빗(comb) : 이물질 검출장치

계단과 끼임 방지 빗 사이에 이물질이 끼었을 때 운행을 정지시키는 안전장치이다.

(7) 손잡이(핸드레일) 파단 검출장치

이동 손잡이의 판단 및 늘어남을 감지하여 운행을 정지하는 장치이다.

(8) 손잡이(핸드레일) 속도 검출장치

손잡이 속도가 실제속도보다 일정 비율 이상 차이가 발생 시 운행을 정지하는 장치이다.

(9) 역회전 감지장치

전동기가 역회전할 경우 운행을 정지하는 장치이다.

(10) 과전류 감지장치

전동기에 정격용량 이상의 과전류가 흐를 때 전원을 자동으로 차단하는 장치이다.

(11) 기타 안전장치

① 셔터 연동 안전장치 : 셔터쪽의 전기접점을 안전장치의 접점과 직렬로 연결, 승강구 상
부측 셔터가 작동할 때, 에스컬레이터 운행을 정지하게 하여야 한다.

② 안전 보호판(3각부) : 난간부와 교차하는 건축물 천장부, 측면부 등과의 사이에 생기는
3각부에 사람의 신체 일부가 끼이는 사고를 예방하는 판이다.

2-2 에스컬레이터의 배열

(1) 단열 교차형

① 가장 기초적인 배열로 층수가 적고 이용객이 적은 경우에 사용된다.

② 승강장이 불연속으로 되어 옮겨 타기 불편하다.

(2) 복열 교차형

백화점에서 많이 사용하는 구조로 옮겨 타기 편리하며 전용 면적이 적고 상행과 하행이 분리되어 사람의 이동에 혼란이 없으나, 이용자의 시야가 좁아진다.

(3) 평행 중첩형

대형쇼핑몰에 사용되며 이용자의 시야가 방해받지 않아 전망이 넓으나, 전용 면적이 크고 옮겨 타기 불편하다.

(4) 평행 승계형

이용자의 시야가 방해받지 않아 넓은 전망이 확보되며 옮겨 타기가 편리하나, 전용 면적이 크다.

(a) 복열 교차형   (b) 평행 중첩형   (c) 평행 승계형

그림 1-39 에스컬레이터의 배열

예·상·문·제

1. 에스컬레이터의 800형, 1200형이라 부르는 것은 무엇을 기준으로 한 것인가?

㉮ 난간 폭 ㉯ 계단의 폭

㉰ 속도 ㉱ 양정

2. 다음 (㉠), (㉡)에 들어갈 내용으로 옳은 것은?

> "에스컬레이터는 난간 폭에 따라 800형과 1200형이 있다. 시간당 수송능력은 800형은 (㉠)명, 1200형은 (㉡)명이다."

㉮ ㉠ 800 ㉡ 1200

㉯ ㉠ 4000 ㉡ 6000

㉰ ㉠ 5000 ㉡ 8000

㉱ ㉠ 6000 ㉡ 9000

3. 에스컬레이터 1200형 1대, 800형 2대가 있다. 이 에스컬레이터의 전체 수송능력으로 알맞은 것은?

㉮ 20000명/시간 ㉯ 21000명/시간

㉰ 22000명/시간 ㉱ 24000명/시간

4. 에스컬레이터의 공칭 속도는 일반적인 경우 몇 m/s 이하로 하여야 하는가?

㉮ 0.75 m/s ㉯ 0.85 m/s

㉰ 0.65 m/s ㉱ 0.55 m/s

5. 에스컬레이터의 구동장치가 아닌 것은?

㉮ 구동기

㉯ 디딤판 체인의 구동장치

㉰ 이동 손잡이 구동장치

㉱ 손잡이

[해설] 손잡이(hand rail)은 에스컬레이터의 이동 손잡이 장치이다.

6. 에스컬레이터의 구동장치가 아닌 것은?

㉮ 감속기 ㉯ 구동 체인

㉰ 트러스 ㉱ 구동 스프로킷

[해설] 트러스(truss)는 에스컬레이터의 전 구조물을 지지해 주는 본체부의 일부이다.

7. 에스컬레이터의 구동용 모터를 선정할 때 가장 중요한 요인은?

㉮ 승강 높이 ㉯ 승강 속도

㉰ 기계실 크기 ㉱ 수송 인원

[해설] 구동용 전동기의 용량은 분당 수송 인원을 만족시켜야 한다.

8. 에스컬레이터의 구동 전동기의 용량을 결정하는 요소로 거리가 가장 먼 것은?

㉮ 속도 ㉯ 경사 각도

㉰ 적재하중 ㉱ 디딤판의 높이

[해설] 에스컬레이터의 구동 전동기 용량

$$P_m = \frac{GV\sin\theta}{6120\eta} \times \beta \ [\text{kW}]$$

여기서, G : 적재하중, η : 총 효율

　　　　V : 속도, θ : 경사 각도

　　　　β : 승객 승입률

9. 에스컬레이터의 브레이크 제동력에 대한 설명 중 올바른 것은?

㉮ 승객이 탑승했을 때는 상승 시보다 하강 시의 제동거리가 2배이다.

☲ 승객이 탑승한 경우는 하강 시보다 상승 시가 제동거리가 길다.

☲ 승객이 탑승한 경우는 하강 시보다 상승 시가 제동거리가 짧다.

☲ 승객이 탑승한 경우는 하강 시와 상승 시의 제동거리가 같다.

해설 브레이크의 제동거리
① 승객이 탑승하지 않은 경우 : 상승 시와 하강 시가 같다.
② 승객이 탑승한 경우 : 상승 시는 거리가 짧고, 하강 시는 길어진다.

10. 에스컬레이터가 정격 하중으로 하강하는 중 브레이크가 작동된 경우 감속도의 기준은?

㉮ 1 m/s^2 이하   ㉯ 2 m/s^2 이하

㉰ 3 m/s^2 이하   ㉱ 4 m/s^2 이하

11. 에스컬레이터의 손잡이에 관한 설명 중 틀린 것은?

㉮ 손잡이는 디딤판과 속도가 일치해야 하며 역방향으로 승강하여야 한다.

㉯ 하강운전 중 상부 승강장에서 약 147 N의 인력으로 수평으로 당겨도 정지하지 않아야 한다.

㉰ 손잡이 인입구에 적절한 보호장치가 설치되어 있어야 한다.

㉱ 손잡이 인입구에 이물질 및 어린이의 손이 끼이지 않도록 안전 스위치가 있어야 한다.

12. 디딤판의 규격에 있어서 에스컬레이터의 공칭 폭은 몇 m 이상 몇 m 이하이어야 하는가?

㉮ 0.68 m 이상 1.5 m 이하

㉯ 0.88 m 이상 1.3 m 이하

㉰ 0.58 m 이상 1.1 m 이하

㉱ 0.48 m 이상 0.9 m 이하

해설 디딤판의 규격
① 에스컬레이터의 공칭 폭은 0.58 m 이상 1.1 m 이하이어야 한다.
② 디딤판 높이는 0.24 m 이하이어야 하며, 디딤판 깊이는 0.38 m 이상이어야 한다.

13. 에스컬레이터에서 디딤판 체인은 일반적으로 어떻게 구성되어 있는가?

㉮ 좌, 우에 각 1개씩 있다.

㉯ 좌, 우에 각 2개씩 있다.

㉰ 좌측에 1개, 우측에 2개 있다.

㉱ 좌측에 2개, 우측에 1개 있다.

14. 에스컬레이터의 디딤판 체인에 대한 설명 중 옳은 것은?

㉮ 주행속도가 대단히 빠르고, 피로파괴의 염려가 매우 많아 매일 점검하여야 한다.

㉯ 굴곡반경이 크므로 마모는 별로 문제가 되지 않는다.

㉰ 녹이 슬 염려가 별로 없어서 주의가 불필요하다.

㉱ 모래나 먼지의 침입을 막을 수 있으므로 이에 대해서는 염려하지 않아도 된다.

15. 에스컬레이터의 이용자 운송구역에서 디딤판 트레드(step tread)는 운행방향에 몇 도(°)의 공차로 수평해야 하는가?

㉮ ±2°   ㉯ ±1°

㉰ ±1.5°   ㉱ ±2.5°

16. 에스컬레이터 디딤판의 좌우와 전방에 황색 또는 적색으로 디딤판 주위의 홈에 끼이지 않도록 표시하는 부품은?

㉮ 디딤판 체인
㉯ 테크 보드
㉰ 디딤판 경계틀
㉱ 스커트 가드

17. 에스컬레이터의 구동 체인이 절단되거나 늘어날 경우 이를 감지하여 브레이크를 작동시켜서 구동장치의 하강방향의 회전을 기계적으로 제지하는 안전장치는?

㉮ 디딤판 체인 안전장치
㉯ 정지 스위치
㉰ 인렛 안전장치
㉱ 구동 체인 안전장치

[해설] 구동 체인 안전장치 : 본문 그림 1-38 참조

18. 에스컬레이터의 안전장치에 해당되지 않는 것은?

㉮ 디딤판 체인 안전 스위치(step chain safety switch)
㉯ 스프링(spring) 완충기
㉰ 인렛 스위치(inlet switch)
㉱ 스커트 가드(skirt guard) 안전 스위치

[해설] 엘리베이터에서의 완충기 : 정격 속도가 60 m/min 이하의 것은 속도가 낮기 때문에 흡수에너지가 작아서 스프링 완충기가 사용된다.

19. 에스컬레이터의 역회전 방지장치가 아닌 것은?

㉮ 구동 체인 안전장치
㉯ 기계 브레이크

㉰ 과속조절기
㉱ 스커트 가드

[해설] 역회전 방치장치
과속조절기, 구동 체인 안전장치, 기계 브레이크

20. 에스컬레이터의 스커트 가드판과 디딤판 사이에 인체의 일부나 옷, 신발 등이 끼었을 때 동작하여 에스컬레이터를 정지시키는 안전장치는?

㉮ 디딤판 체인 안전장치
㉯ 스커트 가드 안전장치
㉰ 구동 체인 안전장치
㉱ 손잡이 안전장치

21. 에스컬레이터에서 사람이 탑승하여 운행하던 중 구동 체인이 절단되었을 때 작동되는 장치가 아닌 것은?

㉮ 브레이크 래치
㉯ 전자 브레이크
㉰ 구동 체인 안전장치
㉱ 하부 안전 스위치

22. 에스컬레이터에 전원의 일부가 결상되거나 전동기의 토크가 부족하였을 때 상승운전 중 하강을 방지하기 위한 안전장치는?

㉮ 과속조절기
㉯ 스커트 가드 스위치
㉰ 구동 체인 안전장치
㉱ 손잡이 인입구 안전장치

23. 에스컬레이터와 층 바닥이 교차하는 곳에 손이나 머리가 끼거나 충돌하는 것을 방지하기 위한 안전장치는?

㉮ 셔터 운전 안전장치
㉯ 스커트 가드 안전장치
㉰ 디딤판 체인 안전장치
㉱ 삼각부 보호판

24. 다음 중 에스컬레이터의 디딤판의 승강을 자동으로 정지시키는 장치가 작동하지 않는 경우는?

㉮ 디딤판 체인이 절단되었을 때
㉯ 승강장 근처에 설치한 방화 셔터가 닫히기 시작할 때
㉰ 3각부 안전 보호판에 이물질이 접촉되었을 때
㉱ 디딤판과 끼임 방지빗이 맞물리는 지점에 물체가 끼었을 때

25. 에스컬레이터의 비상 정지 스위치의 설치 위치를 바르게 설명한 것은?

㉮ 디딤판과 끼임 방지빗(comb)이 맞물리는 지점에 설치한다.
㉯ 리밋 스위치에 설치한다.
㉰ 상·하부 승강구 입구에 설치한다.
㉱ 승강로의 중간부에 설치한다.

26. 다음 중 에스컬레이터에 설치하여야 하는 안전장치가 아닌 것은?

㉮ 승강장에서 디딤판의 승강을 정지시키는 것이 가능한 장치
㉯ 적재하중을 초과하면 경보를 울리고 승강을 자동적으로 정지시키는 장치
㉰ 동력이 차단되었을 때 관성에 의한 전동기의 회전을 자동적으로 제지하는 방식
㉱ 디딤판과 끼임 방지빗(comb)이 맞물리는 지점에 물체가 끼었을 때 디딤판을 승강을 자동적으로 정지시키는 장치

해설 ㉯의 장치는 엘리베이터에서의 과부하 감지장치에 해당된다.

27. 건물에 에스컬레이터를 배열할 때 고려할 사항 중 관계가 가장 적은 것은?

㉮ 엘리베이터 가까운 곳에 설치한다.
㉯ 바닥 점유 면적을 되도록 작게 한다.
㉰ 탄 채로 지나간 승객의 보행거리를 줄인다.
㉱ 건물의 지지보, 기둥 위치를 고려하여 하중을 균등하게 분산시킨다.

28. 에스컬레이터의 특징 중 잘못된 것은?

㉮ 대기 시간 없이 연속적으로 수송한다.
㉯ 엘리베이터에 비해 2~3배 정도의 수송능력이 있다.
㉰ 백화점과 대형마트 설치 장소에 따라 구매의욕을 높일 수 있다.
㉱ 건축상으로 점유 면적이 적고 기계실이 필요하지 않으며 건물에 걸리는 하중이 각층에 분산·분담되어 있다.

해설 에스컬레이터의 특징 중에서, 엘리베이터에 비해 7~10배 정도의 수송능력이 있다.

정답 24. ㉰ 25. ㉰ 26. ㉯ 27. ㉮ 28. ㉯

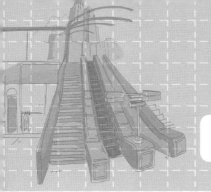

제 9 장

특수 승강기

1. 무빙워크

수평이나 약간 경사(12° 이하)한 통로에 설치하여 많은 승객의 보행을 돕는다.

(1) 무빙워크(moving walk)의 구조

① 디딤판(step)이 금속제인 팔레트식과 디딤판(step)이 고무벨트로 만든 고무벨트식이 있다.

② 무빙워크의 공칭 폭은 0.58 m 이상 1.1 m 이하이어야 한다. 단, 경사도가 6° 이하인 무빙워크의 폭은 1.65 m까지 허용된다.

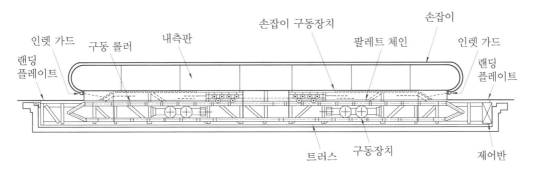

그림 1-40 무빙워크의 구조

(2) 구동장치

① 디딤판 체인 양 끝에 있는 스프로킷을 회전시키므로 운전된다.

② 고무벨트식은 유동 드럼과 구동 드럼이 있으며, 구동기에 의해 회전시키면 드럼과 벨트 사이의 마찰력으로 운전이 된다.

(3) 경사도와 공칭속도

① 무빙워크의 경사도는 12° 이하이어야 한다.

② 무빙워크의 공칭속도

㉮ 0.75 m/s 이하이어야 한다.

㉯ 팔레트 또는 벨트의 폭이 1.1 m 이하이고, 승강장에서 팔레트 또는 벨트가 끼임

　　방지빗에 들어가기 전 1.6 m 이상의 수평주행구간이 있는 경우 공칭속도는 0.9 m/s까지 허용된다.

(4) 안전장치

　　에스컬레이터와 거의 유사하다. 단, 스커트 가드 스위치는 불필요하다.

2. 입체 주차 설비

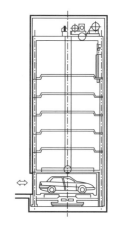

　　효율적인 주차관리를 위하여 각 종류별로 적합한 운전 제어 방식을 선택하여야 하며 대형의 설비인 경우 컴퓨터 제어 방식의 선택이 필수적이다.

(1) 수직 순환식 주차 방식

① 수직면 내에 배열된 다수의 운반 기기가 주차 구획을 수직으로 순환 이동하여 자동차를 주차한다.
② 종류에는 상부, 중간, 하부 승입식이 있다.
③ 특징
　㉮ 승강로 면적이 작으며, 차량 입·출고 시간이 단축된다.

그림 1-41 수직 순환(하부 승입)식

　㉯ 진동 소음이 많고 운용 유지비가 높다.
　㉰ 기계장치의 부하가 크며, 체인 절단 시 적재된 모든 자동차가 추락할 염려가 있다.

(2) 수평 순환 주차 방식

① 주차 구획을 수평으로 순환 이동하여 자동차를 주차한다.
② 종류에는 원형, 각형식이 있다.
③ 특징
　㉮ 차량 입·출고 시간이 비교적 많이 소요된다.
　㉯ 출구가 한정된 지하 공간을 효율적으로 이용할 수 있는 장점이 있다.

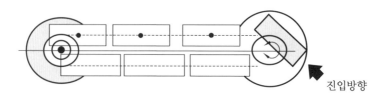

진입방향

그림 1-42 원형 순환 방식

(3) 승강기식 주차 방식

① 여러 층의 고정된 주차 구획에 상하로 움직일 수 있는 운반기에 의해 주차시킨다.

② 종류에는 횡식, 종식 및 승강 선회식이 있다.

③ 특징

㈎ 차량 입·출고 시간이 짧다.

㈏ 운반비가 수직 순환식에 비해 저렴하다.

(4) 평면 왕복식 주차 방식

① 각 층 평면의 고정된 주차 구획에 운반기에 의해 주차시킨 방식이다.

② 종류에는 횡식, 종식이 있다.

③ 특징

㈎ 승강기식 주차 방식을 옆으로 한 것과 같고 승강장치를 설치하여 다층으로 할 수 있다.

㈏ 대규모의 주차가 가능하며, 빌딩의 지하 또는 상부에 설치 운용된다.

3. 소형화물용 엘리베이터(dumbwaiter)

사람이 출입할 수 없는 소화물용 엘리베이터이다.

(1) 일반적인 규격

① 정격하중 300 kg 이하이고, 정격속도는 1 m/s 이하인 소화물(음식물, 서적 등)용이다.

② 바닥 면적이 1 m² 이하, 천장 높이가 1.2 m 이하이다.

(2) 분류

① 승강장 문의 위치 : 테이블 타입(table type)과 플로어 타입(floor type)

② 구동방식 : 권상 구동식, 유입식

(3) 안전장치

① 유압식인 경우에는 안전밸브, 체크밸브, 플런저 이탈 방지장치, 전동기 공회전 방지장치, 플런저 리밋 스위치 등을 추가로 설치하여야 한다.

② 권동식인 경우에는 로프 이완 방지장치를 추가로 설치하여야 한다.

(4) 기타 사항

① 조작방식은 일반적으로 다수 단추 방식(상호층 방식)이 적용된다.

② 승강로의 모든 출입구의 문이 닫혀져 있지 않으면 카(car)를 상승시킬 수 없는 구조이어야 한다.

③ 카(car)가 정지하고 있지 않은 층에서는 특수한 키를 사용하지 않으면 밖에서 승강로 출입문을 열 수 없도록 해야 한다.

4. 휠체어 리프트 (wheelchair lift)

계단을 이용하기 곤란한 장애인의 편의를 위해 적합하게 제작된 승강기이다.

(1) 수직형 휠체어 리프트

① 휠체어를 탑재하고 수직 승강하는 리프트로 지정된 층 사이를 운행하는 장치일 것

② 비 밀폐식 승강로에 설치된 경우의 행정거리 : 2m 이하 (단독주택에 설치된 경우에는 4m 이하)

③ 정격속도 : 0.15 m/s 이하

④ 정격하중 : 250 kg 이상

⑤ 주행로의 경사도는 수직에 대해 15° 이하이며, 카의 유효 면적은 2 m^2 이하이다.

(2) 경사형 휠체어 리프트

① 고정된 층 사이를 계단 또는 개방된 경사면을 따라 운행하는 장치일 것

② 정격속도 : 0.15 m/s 이하

③ 레일의 경사는 수평으로부터 75° 이하일 것

④ 최대 정격하중 : 350 kg

(3) 휠체어 리프트 이용자가 승강기의 안전운행과 사고방지를 위하여 준수해야 할 사항

① 적재하중의 초과는 고장이나 사고의 원인이 되므로 엄수하여야 한다.

② 휠체어 사용자 전용이므로 보호자 이외의 일반인은 탑승하여서는 안 된다.

③ 조작반의 비상정지 스위치 등을 불필요하게 조작하지 말아야 한다.

④ 전동휠체어 등을 이용할 경우에는 보호자나 안전관리자의 협조를 받아야 한다.

1. 무빙워크의 구조물이 아닌 것은?

　⑦ 내측판　　　　⑭ 디딤판
　⑭ 균형추　　　　⑭ 손잡이

[해설] 균형추는 엘리베이터 카(car)의 자중과 적재중량을 보상하기 위해서 카(car)와 연결된 권상 로프의 반대편에 연결된 중량물이다.

2. 무빙워크의 디딤판 구조에 따른 종류로 옳은 것은?

　⑦ 고무벨트식과 플라스틱성형식이 있다.
　⑭ 고무벨트식과 파레트식이 있다.
　⑭ 파레트식과 베이크라이트식이 있다.
　⑭ 고무벨트식과 베이크라이트식이 있다.

3. 경사도가 6° 이하인 무빙워크의 폭은 몇 m 까지 허용되는가?

　⑦ 1.35　　　　⑭ 1.45
　⑭ 1.55　　　　⑭ 1.65

4. 무빙워크의 경사도는 특수한 경우를 제외하고는 몇 도 이하로 하여야 하는가?

　⑦ 12　　　　⑭ 18
　⑭ 25　　　　⑭ 30

5. 무빙워크의 공칭속도는 몇 m/s 이하이어야 하는가?

　⑦ 0.55　　　　⑭ 0.65
　⑭ 0.75　　　　⑭ 0.85

6. 무빙워크의 안전장치에 해당되지 않는 것은?

　⑦ 디딤판 체인 안전 스위치
　⑭ 스커트 가드 안전 스위치
　⑭ 비상 정지 스위치
　⑭ 손잡이 인입구 안전 스위치

[해설] 스커트 가드(skirt guard) 안전장치 : 에스컬레이터의 안전장치의 하나로 디딤판과 스커트 가드 사이에 이물질이 들어갔을 때 동작을 정지시킨다.

7. 2단으로 배열된 운반기 중 임의의 상단의 자동차를 출고시키고자 하는 경우 하단의 운반기를 수평 이동시켜 상단으 운반기가 하강이 가능하도록 한 입체 주차 설비는?

　⑦ 평면 왕복식 주차장치
　⑭ 승강기식 주차장치
　⑭ 2단식 주차장치
　⑭ 수직 순환식 주차장치

8. 자동차용 승강기에서 운전자가 항상 전진방향으로 차량을 입·출고할 수 있도록 해주는 방향 전환장치는?

　⑦ 턴 테이블
　⑭ 카 리프트
　⑭ 차량 감지기
　⑭ 출차 주의등

9. 사람이 탑승하지 않으면서 적재용량 300 kg 이하의 소형화물 운반에 적합하게 제작된 엘리베이터는 ?

　⑦ 소형화물용 엘리베이터
　⑭ 화물용 엘리베이터

정답　1. ⑭　2. ⑭　3. ⑭　4. ⑦　5. ⑭　6. ⑭　7. ⑭　8. ⑦　9. ⑦

㉠ 소방구조용 엘리베이터

㉣ 승객용 엘리베이터

[해설] 소형화물용 엘리베이터 : 정격하중이 300 kg 이하이고, 속도는 1 m/s 이하인 소형 엘리베이터이다.

10. 전동 덤웨이터의 안전장치에 대한 설명 중 옳은 것은?

㉮ 출입문 잠금장치(도어 인터로크)는 설치하지 않아도 된다.

㉯ 승강로의 모든 출입구문이 닫혀야만 카를 승강시킬 수 있다.

㉰ 출입구문에 사람의 탑승 금지 등의 주의사항은 부착하지 않아도 된다.

㉱ 로프는 일반 승강기와 같이 와이어로프 소켓을 이용한 체결을 하여야만 한다.

[해설] 안전장치 : 승강로의 모든 출입구의 문이 닫혀 있지 않으면 카를 승강시킬 수 없는 안전장치가 되어 있어야 한다.

11. 휠체어 리프트 이용자가 승강기의 안전운행과 사고방지를 위하여 준수해야할 사항과 거리가 먼 것은?

㉮ 전동 휠체어 등을 이용할 경우에는 운전자가 직접 이용할 수 있다.

㉯ 정원 및 적재하중의 초과는 고장이나 사고의 원인이 되므로 엄수하여야 한다.

㉰ 휠체어 사용자 전용이므로 보호자 이외의 일반인은 탑승하여서는 안 된다.

㉱ 조작반의 비상정지 스위치 등을 불필요하게 조작하지 말아야 한다.

[해설] 안전운행과 사고방지를 위하여 보호자나 안전관리자의 협조를 받아야 한다.

12. 수직형 휠체어 리프트의 주행로는 경사가 수직에 대해 몇 도 이하이어야 하는가?

㉮ 5도 ㉯ 10도

㉰ 15도 ㉱ 25도

[해설] 주행로의 경사도는 수직에 대해 15° 이하이며, 카의 유효 면적은 2 m² 이하이다.

13. 수직형 휠체어 리프트의 정격하중은 몇 kg 이상이어야 하는가?

㉮ 150 ㉯ 200

㉰ 250 ㉱ 300

[해설] 정격하중 : 250kg 이상

Craftsman Elevator

승강기 기능사

제2편

승강기 보수

1장

엘리베이터의 안전기준

1. 일반사항

1-1 │ 적용 범위

① 수직에 대해 15° 이하의 경사진 주행안내 레일을 따라 사람이나 화물을 운송하기 위한 카를 미리 정해진 승강장으로 운행시키는 엘리베이터에 적용한다.

② 다음 중 어느 하나에 해당하는 엘리베이터는 제외한다.

  1. 정격속도가 0.15 m/s 이하의 엘리베이터

  2. 정격속도가 1 m/s를 초과하는 유압식 엘리베이터

  3. 릴리프 밸브 설정압력이 50 MPa을 초과하는 유압식 엘리베이터

1-2 │ 주요 용어의 정의

① 개문출발(unintended car movement) : 출입문이 열린 상태에서 카가 승강장을 비정상적으로 벗어나는 움직임 (재-착상 보정장치에 의해 정해진 구간 내에서 물건을 싣거나 내리는 것에 따른 움직임은 제외한다.)

② 과속조절기(overspeed governor) : 엘리베이터가 미리 설정된 속도에 도달할 때 엘리베이터를 정지시키도록 하고, 필요한 경우에는 추락방지 안전장치를 작동시키는 장치

③ 구동기(lift machine) : 엘리베이터를 구동시키고 정지시키는 승강기 부품으로 다음 구분에 따른 승강기 부품으로 구성된 설비

  1. 권상식 또는 포지티브 구동방식 엘리베이터 : 전동기, 기어, 브레이크, 도르래 또는 스프로킷, 드럼

  2. 유압식 엘리베이터 : 펌프 조립체, 펌프 전동기, 제어밸브

④ 권상 구동 엘리베이터(traction drive lift) : 로프 등 매다는 장치가 구동기의 권상 도르래 홈 등에서 마찰에 의해 구동되는 엘리베이터

⑤ 기계실(machine room) : 제어반 및 구동기 등 기계류가 있는 공간으로 벽, 바닥, 천장 및 출입문으로 별도 구획된 기계류 공간

⑥ 기계류 공간(machinery space) : 기계류와 관련된 작업구역을 포함하고, 기계류의 일부 또는 전부가 설치되는 승강로 내·외부 공간

⑦ 단 작동 잭(single action jack) : 한 방향은 유압에 의해 움직이고, 다른 방향은 중력 작용에 의해 움직이는 잭

⑧ 멈춤쇠 장치(pawl device) : 카의 의도되지 않은 하강 시 기계적으로 카를 정지시키고 지속적으로 정지 상태를 유지시키는 기계장치

⑨ 바닥 맞춤 정확도(levelling accuracy) : 카에 이용자의 출입 또는 화물의 하역 시 카 문턱과 승강장 문턱 사이의 수직거리

⑩ 슬링(sling) : 카, 균형추 또는 평형추를 주행하기 위해 매다는 장치에 연결된 철 구조물(카의 둘레와 일체형으로 할 수 있다.)

⑪ 승강로 상부 공간(headroom) : 카가 최상층에 있을 때 카와 승강로 천장 사이의 공간

⑫ 안전 로프(safety rope) : 로프 또는 체인이 파단 등 정상적인 현수(懸垂)가 안 될 경우, 추락방지안전장치를 작동시키기 위해 카, 균형추 또는 평형추에 부착된 보조 로프

⑬ 에이프런(apron) : 카 또는 승강장 출입구 문턱부터 아래로 평탄하게 내려진 수직 부분의 앞 보호판

⑭ 예비운전(preliminary operation) : 카가 승강장에 위치하고 문이 닫히지 않고 잠기지 않았을 때 정상 운행을 준비하기 위해 구동기 및 브레이크/유압밸브 등에 에너지를 공급하는 운전

⑮ 운행 제어 시스템(drive control system) : 구동기 운행을 제어하고 확인하는 시스템

⑯ 이동 케이블(travelling cable) : 카와 고정점 사이에 있는 가요성 케이블

⑰ 잠금해제 구간(unlocking zone) : 카가 해당 정지층의 승강장문이 잠기지 않게 할 수 있는 상·하 한계 구간

⑱ 재-착상(re-levelling) : 엘리베이터가 승강장에 정지된 후, 하중을 싣거나 내리는 동안 정지위치를 보정하기 위해 허용되는 운전

⑲ 잭(jack) : 유압 작동 장치를 구성하는 실린더와 램의 조합체

⑳ 주택용 엘리베이터
　1. 수직에 대해 15° 이하의 경사진 주행안내 레일을 따라 단독주택의 거주자를 운송하기 위한 카를 정해진 승강장으로 운행시키기 위해 설치된다.
　2. 정격속도 0.25 m/s 이하, 승강행정 12 m 이하인 단독주택에 설치되는 엘리베이터에 적용한다.

㉑ 착상 정확도 : 카가 제어 시스템에 의해 지정된 층에 도착하고 문이 완전히 열린 위치에 있을 때, 카 문턱과 승강장 문턱 사이의 수직거리

㉒ 카 유효면적 : 승객의 탑승 및 화물의 적재가 가능한 카 바닥에서 위로 1 m 높이에서 측정된 카의 면적

㉓ 포지티브 구동 엘리베이터(positive drive lift) : 드럼과 로프 또는 스프로킷과 체인에 의해 직접 구동(마찰과 관계없이)되는 엘리베이터

㉔ 풀리실(pulley room) : 풀리가 위치하며 구동기를 포함하지 않는 공간(과속조절기는 수용 가능)

㉕ 피난용 엘리베이터(evacuation lift) : 화재 등 재난발생 시 피난층 또는 피난안전 구역으로 대피하기 위한 엘리베이터로서 피난 활동에 필요한 추가적인 보호 기능, 제어장치 및 신호를 갖춘 엘리베이터

2. 승강로, 기계실 · 기계류 공간 및 풀리실

2-1 사용 제한

① 승강로, 기계실 · 기계류 공간 및 풀리실은 엘리베이터 전용으로 사용되어야 한다.
② 기계실에는 화물용, 자동차용, 소형화물용 엘리베이터 등 다른 형식의 엘리베이터 설비가 설치될 수 있다.

2-2 조명

① 조도계는 가장 밝은 광원 쪽을 향하여 측정한다.
  ㈎ 카 지붕에서 수직 위로 1 m 떨어진 곳 : 50 lx
  ㈏ 피트 바닥에서 수직 위로 1 m 떨어진 곳 : 50 lx
  ㈐ 이외의 장소 : 20 lx
② 영구적으로 설치된 전기조명
  ㈎ 작업공간의 바닥면 : 200 lx
  ㈏ 작업공간 간 이동 공간의 바닥면 : 50 lx

2-3 정지 스위치의 위치

① 피트 깊이가 1.6 m 미만인 경우
  ㈎ 최하층 승강장 바닥에서 수직 위로 0.4m 이내 및 피트 바닥에서 수직 위로 2m 이내
  ㈏ 승강장문 안쪽 문틀에서 수평으로 0.75m 이내
② 피트 깊이가 1.6 m 이상인 경우
  ㈎ 상부 정지스위치 : 최하층 승강장 바닥에서 수직 위로 1m 이내 및 승강장문 안쪽 문틀에서 수평으로 0.75m 이내

㈏ 하부 정지스위치 : 피트 바닥에서 수직 위로 1.2 m 이내

2-4 비상 구출 및 설비의 취급

① 피난공간에서 조작할 수 있는 비상통화장치가 설치되어야 한다.
② 양중용 지지대 및 고리는 승강로의 천장에 1개 이상 설치되어야 한다.

2-5 벽, 바닥 및 천장의 재질

① 기계실은 당해 건축물의 다른 부분과 내화구조 또는 방화구조로 구획하고, 기계실의
내장은 준불연재료 이상으로 마감되어야 한다.
② 먼지가 발생되지 않고 내구성이 있는 재질(콘크리트, 벽돌 또는 블록 등)로 구획되어
야 한다.

2-6 접근 및 출입

① 카 내부를 제외하고 관계자만이 접근할 수 있게 해야 한다.
② 출입문에 인접한 접근 통로 : 50 lx 이상 영구적인 조명
③ 피트 출입수단
  ㈎ 피트 깊이가 2.5 m를 초과하는 경우 : 피트 출입문
  ㈏ 피트 깊이가 2.5 m 이하인 경우 : 승강로 내부의 사다리
④ 사다리는 바닥 위에서 수직 높이로 4 m를 초과할 수 없으며, 수직 높이가 3 m를 초과
하는 사다리에는 추락 보호수단이 있어야 한다.
⑤ 계단을 포함한 통로는 출입문의 폭과 높이 이상이어야 하며, 계단에는 높이 0.85 m
이상의 견고한 난간이 설치되어야 한다.

2-7 출입문 및 비상문 – 점검문

① 기계실, 승강로 및 피트 출입문 : 높이 1.8m 이상, 폭 0.7m 이상 (다만, 주택용 엘리베
이터의 경우 기계실 출입문은 폭 0.6m 이상, 높이 0.6m 이상으로 할 수 있다.)
② 풀리실 출입문 : 높이 1.4m 이상, 폭 0.6m 이상
③ 비상문 : 높이 1.8m 이상, 폭 0.5m 이상
④ 점검문 : 높이 0.5m 이하, 폭 0.5m 이하
⑤ 열쇠로 조작되는 잠금장치가 있어야 하며, 내부로 열리지 않아야 한다.
⑥ 문 닫힘을 확인하는 전기안전장치가 있어야 한다.

2-8 승강로

(1) 일반사항

① 승강로에는 1대 이상의 엘리베이터 카가 있을 수 있다.

② 엘리베이터의 균형추 또는 평형추는 카와 동일한 승강로에 있어야 한다.

③ 승강로 내에 설치되는 돌출물은 안전상 지장이 없어야 한다.

④ 승강로 내에는 각 층을 나타내는 표기가 있어야 한다.

⑤ 승강로는 누수가 없고 청결상태가 유지되는 구조이어야 한다.

(2) 승강로의 구획

① 불연재료 또는 내화구조의 벽, 바닥 및 천장

② 충분한 공간

(3) 카 출입구와 마주하는 승강로 벽 및 승강장문의 구조

① 승강로 내측과 카 문턱, 카 문틀 또는 카문의 닫히는 모서리 사이의 수평거리는 승강로 전체 높이에 걸쳐 0.15m 이하이어야 한다.

② 승강장문의 문턱 아랫부분의 수직면은 승강장문의 문턱에 직접 연결되어야 하며, 수직면의 폭은 카 출입구 폭에다 양쪽 모두 25mm를 더한 값 이상이어야 하고, 수직면의 높이는 잠금해제 구간의 1/2에 50mm를 더한 값 이상이어야 한다.

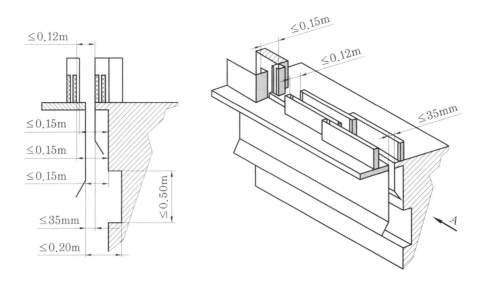

그림 2-1 카와 카 출입구를 마주하는 벽 사이의 틈새

(4) 주행안내 레일 길이

① 권상 구동 엘리베이터 : 카 또는 균형추가 최고 위치에 있을 때 가이드 슈/롤러 위로 각각 0.1m 이상 연장되어야 한다.

② 포지티브 구동 엘리베이터

⑦ 카가 상승 방향으로 상부 완충기에 충돌하기 전까지 안내되는 카의 주행거리는 최상층 승강장 바닥에서부터 위로 0.5m 이상이어야 하며, 카는 완충기 행정의 한계까지 주행되어야 한다(주택용 엘리베이터의 경우에는 0.25m 이상으로 완화 적용할 수 있다).

㉯ 평형추가 있는 경우, 평형추 주행 안내레일의 길이는 평형추가 최고 위치에 있을 때 그 가이드 슈/롤러 위로 0.3m 이상 안내되어야 한다(주택용 엘리베이터의 경우에는 0.15m 이상으로 완화 적용할 수 있다).

(5) 카 지붕의 피난공간 및 틈새

① 다음 표에 따른 피난공간을 수용할 수 있는 유효 구역이 1개 이상 카 지붕에 있어야 한다.

표 2-1 상부공간의 피난공간 크기

유형	자세	그림	피난공간 크기	
			수평 거리(m×m)	높이(m)
1	서 있는 자세		0.4 × 0.5	2
2	웅크린 자세		0.5 × 0.7	1

㈜ ① : 검은색, ② : 노란색, ③ : 검은색

② 유압식 엘리베이터의 경우, 승강로 천장의 가장 낮은 부분과 상승 방향으로 주행하는 램-헤드 조립체의 가장 높은 부분 사이의 유효 수직거리는 0.1m 이상이어야 한다.

(6) 피트의 피난공간 및 틈새

① 피트 바닥과 카의 가장 낮은 부분 사이의 유효 수직거리는 0.5m 이상이어야 한다.

② 주택용 엘리베이터의 경우 카가 완전히 압축된 완충기 위에 있을 때 피트 바닥과 카의 가장 낮은 부품(에이프런 등) 사이의 수직거리는 0.05m 이상이어야 한다.

2-9 기계실·기계류 공간 및 풀리실

(1) 일반사항과 안내표지 및 설명서

① 내에 설치되는 돌출물은 안전상 지장이 없어야 한다.

② 누수가 없어야 하며, 청결상태가 유지되어야 한다.

③ 주 개폐기와 조명 스위치를 쉽게 식별할 수 있는 안내표지가 있어야 한다.

④ 고장발생 시 그 고장처리에 관한 설명서가 있어야 한다.

(2) 기계실

① 기계실의 크기 등 치수

㈎ 작업구역의 유효 높이 : 2.1 m 이상

㈏ 유효 수평면적

• 깊이 : 0.7m 이상

• 폭 : – 제어반 폭이 0.5m 미만인 경우 : 0.5m 이상

– 제어반 폭이 0.5m 이상인 경우 : 제어반 폭 이상

㈐ 움직이는 부품의 점검 및 유지관리 업무 수행이 필요한 곳에 0.5m×0.6m 이상의 작업구역이 있어야 한다.

② 작업구역 간 이동통로

㈎ 유효 높이 : 1.8m 이상

㈏ 유효 폭 : 0.5m 이상

③ 보호되지 않은 회전부품 위로 0.3m 이상의 유효 수직거리가 있어야 한다.

④ 피트 내부의 작업구역

㈎ 피트에서 기계류의 점검 등 유지관리 업무를 수행하는 경우 : 작업구역의 바닥과 카의 가장 낮은 부분 사이의 수직거리 2m 이상을 확보하여야 한다.

㈏ 기계적인 장치는 카를 정지된 상태로 유지할 수 있어야 하며, 수동 또는 자동으로 작동될 수 있어야 한다.

㈐ 엘리베이터의 정상운전 상태로의 복귀는 점검자 등 관계자만이 접근 가능한 승강로 외부의 전기적인 재–설정(reset) 장치에 의해서만 가능해야 한다.

⑤ 풀리실의 구조 및 설비

㈎ 풀리실의 크기 등 치수

• 움직일 수 있는 유효 높이는 1.5m 이상이어야 한다.

• 움직이는 부품의 점검 및 유지관리 업무 수행이 필요한 곳에 0.5m×0.6m 이상의 유효 수평 면적이 있어야 한다.

㈏ 보호되지 않은 회전부품 위에서 0.3m 이상의 유효 수직거리가 있어야 한다.

3. 승강장문 및 카문

(1) 일반사항

① 2개 이상의 카문이 있는 경우, 어떠한 경우라도 2개의 문이 동시에 열리지 않아야 한다.
② 승강장문 및 카문에는 구멍이 없어야 한다.
③ 문짝 간 틈새나 문짝과 문틀(측면) 또는 문턱 사이의 틈새 : 6mm 이하

(2) 출입문의 높이 및 폭

① 유효 높이 : 2m 이상 (주택용 엘리베이터 : 1.8m 이상)
② 유효 폭 : 카 출입구 폭 이상으로 하되, 카 출입구 폭보다 50mm를 초과하지 않아야 한다.

(3) 수직 개폐식 문의 현수

① 현수 로프·체인 및 벨트의 안전율 : 8 이상
② 현수 로프 풀리의 피치 지름 : 로프 지름의 25배 이상

(4) 승강장문과 카(car)문 사이의 수평 틈새

① 카(car)문의 문턱과 승강장문의 문턱 사이의 수평거리는 35mm 이하이어야 한다.
② 카(car)문의 앞부분과 승강장문 사이의 수평거리는 0.12m 이하이어야 한다.

(5) 승강장 조명 및 《카 있음》 신호 표시

① 승강장 조명 : 승강장문이 열릴 때 미리 앞을 볼 수 있도록 바닥에서 50lx 이상이어야 한다.
② 《카 있음》 신호 표시 : 승강장문에 전망창이 있으면 카문에도 승강장문의 전망창과 맞는 전망창이 있어야 한다.

(6) 닫히고 잠긴 승강장문의 확인

① 추락 위험에 대한 보호 : 잠금해제 구간은 승강장 바닥의 위·아래로 각각 0.2m를 초과하여 연장되지 않아야 한다.
② 전단에 대한 보호 : 승강장문 또는 여러 개의 문짝이 있는 승강장문의 어떤 문짝이 열리면, 엘리베이터가 출발하거나 계속 움직일 가능성은 없어야 한다.

(7) 승장장문 및 카문의 잠금, 비상잠금 해제

① 승강장문 잠금장치
  ㉮ 승강장문 잠금장치는 각각의 승강장문에 있어야 한다.

(나) 전기안전장치는 잠금 부품이 7mm 이상 물리지 않으면 작동되지 않아야 한다.

② 카문 잠금장치 : 고의적인 오용에 대해 보호되어야 한다.

③ 비상잠금 해제

(가) 각 승강장문은 비상잠금 해제 삼각열쇠를 사용하여 외부에서 잠금 해제될 수 있어야 한다.

(나) 삼각열쇠는 승강장 바닥 위로 높이 2m 이하에 위치되어야 한다.

(다) 승강장문을 통해서만 피트에 출입할 수 있는 경우 : 승강장문 잠금장치는 사다리로부터 높이 1.8m 이내 및 수평거리 0.8m 이내에서 안전하게 닿을 수 있어야 한다.

(8) 카문의 개방 제한

① 카 내부에 있는 사람에 의한 카문의 개방 제한

(가) 카가 운행 중일 때, 카문의 개방은 50N 이상의 힘이 요구되어야 한다.

(나) 카가 잠금해제 구간 밖에 있을 때, 카문은 1,000N의 힘으로 50mm 이상 열리지 않아야 하며, 자동 동력 작동 상태에서도 문은 열리지 않아야 한다.

② 카 내부에서 카문의 개방은 카가 잠금해제 구간에 있을 때에만 가능해야 한다.

4. 카, 균형추 및 평형추

(1) 카의 높이, 유효 면적, 정격하중 및 정원

① 카의 높이

(가) 카 내부의 유효 높이 : 2 m 이상

(나) 주택용 엘리베이터의 경우 : 1.8 m 이상

② 카의 유효 면적

(가) 주택용 엘리베이터의 경우 카의 유효 면적은 1.4 m² 이하

• 유효 면적이 1.1 m² 이하인 것 : 1 m²당 195 kg으로 계산한 수치, 최소 159 kg

• 유효 면적이 1.1 m² 초과인 것 : 1 m²당 305 kg으로 계산한 수치

– 자동차용 엘리베이터의 경우 카의 유효 면적 : 1 m²당 150으로 계산한 값 이상

(나) 카 면적은 카 바닥면 위로 1 m 높이에서 마감된 부분을 제외하고 카 벽에서 카 벽까지의 내부 치수가 측정되어야 한다.

(2) 정원 결정

식에 계산된 값 : 정원 $= \dfrac{정격하중}{75}$

표 2-2 엘리베이터의 정원 및 최소 카 유효 면적

정원 (인승)	1	5	10	15	20	20인승을 초과한 경우, 추가 승객 1
면적 (m²)	0.28	0.98	1.73	2.43	3.13	명마다 0.115 m²의 면적을 더한다.

(3) 카의 벽, 바닥 및 지붕

① 카의 허용 가능한 개구부

  ㈎ 이용자의 정상적인 출입을 위한 출입구

  ㈏ 비상구 출구

  ㈐ 환기구

② 카 추락방지 안전장치가 작동될 때, 카 바닥은 정상적인 위치에서 5%를 초과하여 기울어지지 않아야 한다.

③ 카 벽 전체 또는 일부에 사용되는 유리는 접합유리이어야 한다 (KS L 2004에 적합한).

④ 카 바닥·벽·천장 및 카문으로 구성된 본체는 불연재료로 만들어져야 한다.

(4) 에이프런

① 폭은 마주하는 승강장 유효 출입구의 전체 폭 이상이어야 한다.

② 수직면은 아래 방향으로 연장되어야 하고, 하단의 모서리 부분은 수평면에 대해 승강로 방향으로 60° 이상 구부러져야 한다.

③ 구부러진 곳의 수평면에 대한 투영 길이는 20mm 이상이어야 한다.

④ 에이프런 표면의 돌출부(나사 등 고정 장치)는 5mm를 초과하지 않아야 하며, 2mm를 초과하는 돌출부는 수평면에 대해 75° 이상으로 모따기 되어야 한다.

⑤ 에이프런의 수직 부분 높이는 0.75m 이상이어야 한다 (주택용 엘리베이터의 경우 : 0.54m 이상).

(5) 비상구출문

① 카 천장에 비상구출문이 설치된 경우, 유효 개구부의 크기 : 0.4m×0.5m 이상

  – 공간이 허용된다면, 유효 개구부의 크기는 0.5×0.7m 가 바람직하다.

② 하나의 승강로에 2대 이상의 엘리베이터가 있는 경우, 카 벽에 비상구출문을 설치할 수 있다. 카 간의 수평거리는 1m를 초과할 수 없다.

③ 카 벽에 설치된 비상구출문의 크기는 폭 0.4m 이상, 높이 1.8m 이상이어야 한다.

④ 비상구출문에는 손으로 조작할 수 있는 잠금장치가 있어야 한다.

(6) 카 지붕

① 보호수단

  ㈎ 높이 0.1m 이상의 발보호판(toe board)

  ㈏ 승강로 벽까지의 수평거리가 0.3m를 초과하는 경우에는 보호난간

② 보호난간

(가) 보호난간은 카 지붕의 가장자리로부터 0.15m 이내에 위치

(나) 보호난간의 손잡이 바깥쪽 가장자리와 승강로의 부품 사이의 수평거리 : 0.1m 이상

(7) 카 상부의 설비

① 피난 공간에서 수평거리 0.3m 이내의 위치에서 조작이 가능한 조작반

② 출입구에서 1m 이내에 있는 정지장치

③ 콘센트

(8) 환기

① 카의 아랫부분과 윗부분에 있는 환기 구멍의 유효 면적 : 각각 카 유효 면적의 1% 이상

② 환기구멍은 지름 10mm의 곧은 강철 막대 봉이 통과될 수 없는 구조

(9) 조명

① 카 벽에서 100mm 이상 떨어진 카 바닥 위로 1m 모든 지점에 100 lx 이상으로 비추는 전기조명장치가 영구적으로 설치되어야 한다.

② 조명장치에는 2개 이상의 등(燈)이 병렬로 연결되어야 한다.

③ 카에는 자동으로 재충전되는 비상전원공급장치에 의해 5 lx 이상의 조도로 1시간 동안 전원이 공급되는 비상등이 있어야 한다.

④ 이 비상등은 다음과 같은 장소에 조명되어야 하고 정상 조명전원이 차단되면 즉시 자동으로 점등되어야 한다.

(가) 카 내부 및 카 지붕에 있는 비상통화장치의 작동 버튼

(나) 카 바닥 위 1m 지점의 카 중심부

(다) 카 지붕 바닥 위 1m 지점의 카 지붕 중심부

5. 매다는 장치(현수), 보상수단 및 관련 보호수단

(1) 매다는 장치(현수)

① 로프 : 공칭 지름이 8mm 이상

• 정격속도가 1.75 m/s 이하인 경우 : 공칭 지름 6mm의 로프 허용

② 로프 또는 체인 등의 가닥수는 2가닥 이상

③ 매다는 장치는 독립적이어야 한다.

(2) 권상 도르래 · 풀리 또는 드럼과 로프(벨트) 사이의 지름 비율, 로프/체인의 단말처리

① 권상 도르래 · 풀리 또는 드럼의 피치 지름과 로프(벨트)의 공칭 지름 사이의 비율은

로프(벨트)의 가닥수와 관계없이 40 이상

- 주택용 엘리베이터의 경우 : 30 이상

② 매다는 장치의 안전율

㉮ 3가닥 이상의 로프(벨트)에 의해 구동되는 권상 구동 엘리베이터의 경우 : 12 이상

㉯ 3가닥 이상의 6mm 이상 8mm 미만의 로프에 의해 구동되는 권상 구동 엘리베이터의 경우 : 16 이상

㉰ 2가닥 이상의 로프(벨트)에 의해 구동되는 권상 구동 엘리베이터의 경우 : 16 이상

㉱ 로프가 있는 드럼 구동 및 유압식 엘리베이터의 경우 : 12 이상

㉲ 체인에 의해 구동되는 엘리베이터의 경우 : 10 이상

③ 매다는 장치와 매다는 장치 끝부분 사이의 연결은 매다는 장치의 최소 파단하중의 80% 이상을 견딜 수 있어야 한다.

㉮ 드럼에 있는 로프는 쐐기로 막는 시스템 사용 또는 2개 이상의 클램프 사용에 의해 고정되어야 한다.

㉯ 체인과 체인 끝부분 사이의 연결은 체인의 최소 파단하중의 80% 이상을 견딜 수 있어야 한다.

(3) 로프(벨트) 권상

카는 정격하중의 125%로 적재될 때 승강장 바닥 높이에서 미끄러짐 없이 정지상태가 유지되어야 한다.

(4) 포지티브 구동 엘리베이터의 로프 감김

① 카가 완전히 압축된 완충기 위에 정지하고 있을 때, 드럼의 홈에는 한 바퀴 반의 로프가 남아 있어야 한다.

② 로프는 드럼에 한 겹으로만 감겨야 된다.

③ 홈에 대한 로프의 편향각(후미각)은 4°를 초과하지 않아야 한다.

(5) 보상수단

① 매다는 로프의 무게에 대한 보상수단

㉮ 정격속도가 3 m/s 이하인 경우에는 체인, 로프 또는 벨트와 같은 수단이 설치될 수 있다.

㉯ 정격속도가 3 m/s를 초과한 경우에는 보상 로프가 설치되어야 한다.

㉰ 정격속도가 3.5 m/s를 초과한 경우에는 추가로 튀어오름 방지장치가 있어야 한다.

㉱ 정격속도가 1.75 m/s를 초과한 경우, 인장장치가 없는 보상수단은 순환하는 부근에서 안내봉 등에 의해 안내되어야 한다.

② 보상수단 (로프, 체인, 벨트 및 그 단말부) 안전율 : 5

6. 자유낙하·과속·개문출발 및 크리핑에 대한 예방조치

6-1 일반 사항

① 권상 구동 및 포지티브 구동 엘리베이터의 경우에는 다음 표에 따른 보호수단이 있어야 한다.

표 2-3 권상 구동 및 포지티브 구동 엘리베이터의 보호수단

위험 상황	보호수단	작동수단
카의 자유낙하 및 하강과속	추락방지 안전장치	과속조절기
균형추 또는 평형추의 자유낙하	추락방지 안전장치	• 과속조절기 • 정격속도가 1 m/s 이하인 경우, 매다는 장치의 파손에 의한 작동 또는 안전로프에 의한 작동
상승과속 (권상 구동 엘리베이터에 한정)	상승과속 방지장치	
개문출발	개문출발 방지장치	

② 유압식 엘리베이터의 경우, 장치 또는 장치의 조합 및 작동은 다음 표에 따라야 한다. 추가로 개문출발 방지장치가 있어야 한다.

표 2-4 유압식 엘리베이터의 보호수단

형식		선택 가능 조합	바닥 재맞춤 및 크리핑에 대한 예방조치		
			카의 하강 움직임에 의한 추락방지 안전장치의 작동	멈춤쇠 장치	전기적 크리핑 방지 시스템
자유낙하 또는 하강과속 방지조치	직접식	과속조절기에 의해 작동하는 추락방지 안전장치	○	○	○
		럽처 밸브		○	○
		유량 제한기		○	
	간접식	과속조절기에 의해 작동하는 추락방지 안전장치	○	○	○
		럽처 밸브(10.3) + 매다는 장치의 파손 또는 안전로프에 의해 작동하는 추락방지 안전장치	○	○	○
		유량 제한기+매다는 장치의 파손 또는 안전로프에 의해 작동하는 추락방지 안전장치	○	○	

6-2 추락방지 안전장치 및 작동수단

(1) 다른 유형의 추락방지 안전장치에 대한 사용조건

① 카는 점차 작동형이 사용되어야 한다. 다만, 정격속도가 0.63 m/s 이하인 경우에는 즉시 작동형이 사용될 수 있다.

② 카, 균형추 또는 평형추에 여러 개가 있는 경우, 그들은 점차 작동형이어야 한다.

③ 정격속도가 1 m/s를 초과한 경우, 균형추 또는 평형추의 경우는 점차 작동형이어야 한다. 다만, 정격속도가 1 m/s 이하인 경우에는 즉시 작동형일 수 있다.

(2) 감속도

정격하중을 적재한 카 또는 균형추·평형추가 자유 낙하할 때 점차 작동형의 경우, 평균 감속도는 $0.2\,g_n$에서 $1\,g_n$ 사이에 있어야 한다.

(3) 추락방지 안전장치의 작동수단

① 과속조절기에 의한 작동

② 매다는 장치의 파손에 의한 작동

③ 안전로프에 의한 작동

④ 카의 하강 움직임으로 인한 작동

   (개) 로프에 의한 작동

   (내) 레버에 의한 작동

(4) 과속조절기에 의한 추락방지 안전장치 작동

① 정격속도의 115% 이상의 속도 및 다음 구분에 따른 속도 미만에서 작동되어야 한다.

   (개) 캡티브 롤러형을 제외한 즉시 작동형 : 0.8 m/s

   (내) 캡티브 롤러형 : 1 m/s

   (대) 정격속도 1 m/s 이하에 사용되는 점차 작동형 : 1.5 m/s

   (래) 정격속도 1 m/s 초과에 사용되는 점차 작동형 : $1.25 \cdot V + \dfrac{0.25}{V}\,[\text{m/s}]$

② 과속조절기 로프

   (개) 작동될 때 로프에 발생하는 인장력에 8 이상의 안전율을 가져야 한다.

   (내) 과속조절기의 도르래 피치 지름과 과속조절기 로프의 공칭 지름 사이의 비는 30 이상이어야 한다.

6-3 럽처 밸브(rupture valve)

① 하강하는 정격하중의 카를 정지시키고, 카의 정지 상태를 유지할 수 있어야 한다.

㈎ 하강속도가 정격속도에 0.3 m/s를 더한 속도에 도달하기 전 작동되어야 한다.

㈏ 평균 감속도(a)가 $0.2 g_n$과 $1 g_n$ 사이가 되도록 선택되어야 한다.

㈐ $2.5 g_n$ 이상의 감속도는 0.04초 이상 지속되지 않아야 한다.

② 럽처 밸브는 실린더의 구성 부품으로 일체형이어야 한다.

- 직접 및 견고하게 플랜지(flange)에 설치되어야 한다.

6-4   유량 제한기

① 유압 시스템에서 다량의 누유가 발생한 경우, 유량 제한기는 정격하중을 실은 카의 하강속도가 정격속도 + 0.3 m/s를 초과하지 않도록 방지해야 한다.

② 유량 제한기는 실린더의 구성 부품으로 일체형이어야 한다.

- 직접 및 견고하게 플랜지(flange)에 설치되어야 한다.

6-5   멈춤쇠 장치

① 멈춤쇠 장치는 하강 방향에서만 작동되어야 한다.

㈎ 유량 제한기 또는 단방향 유량 제한기가 설치된 엘리베이터의 경우 : 정격속도 +0.3 m/s의 속도

㈏ 다른 모든 엘리베이터의 경우 : 하강 정격속도의 115%의 속도

② 각 승강장 지지대는 다음을 만족해야 한다.

㈎ 카가 승강장 바닥 아래로 0.12m 이상으로 내려가는 것을 방지

㈏ 잠금해제 구간의 하부 끝부분에서 카를 정지

③ 멈춤쇠의 동작은 압축 스프링 또는 중력에 의해 이루어져야 한다.

- 완충기 형식 : 에너지 축적형 또는 에너지 분산형

6-6   카의 상승과속 방지장치

① 카의 상승과속을 감지하여 카를 정지시키거나 균형추 완충기에 대해 설계된 속도로 감속시켜야 한다.

- 정격속도 115% 미만으로 제한되지 않는 수동 구출 운전

② 빈 카의 감속도가 정지단계 동안 $1 g_n$를 초과하는 것을 허용하지 않아야 한다.

③ 다음 중 어느 하나에 작동되어야 한다.

㈎ 카   ㈏ 균형추

㈐ 로프 시스템(현수 또는 보상)   ㈑ 권상 도르래

㈒ 두 지점에서만 정적으로 지지되는 권상 도르래와 동일한 축

6-7 카의 개문출발 방지장치

① 개문출발을 감지하고, 카를 정지시켜야 하며 정지상태를 유지해야 한다.

② 고장이 감지되면 승강장문 및 카문은 닫히고 엘리베이터의 정상적인 출발은 방지되어야 한다.

③ 이 장치의 정지부품은 다음 중 어느 하나에 작동되어야 한다.

   ㈎ 카

   ㈏ 균형추

   ㈐ 권상 도르래

   ㈑ 로프 시스템 (현수 또는 보상)

   ㈒ 두 지점에서만 정적으로 지지되는 권상 도르래와 동일한 축

   ㈓ 유압 시스템 (전기 공급의 분리에 의한 상승 방향 모터·펌프 포함)

④ 이 장치는 다음과 같은 거리에서 카를 정지시켜야 한다.

   ㈎ 카의 개문출발이 감지되는 경우, 승강장으로부터 1.2m 이하

   ㈏ 승강장문 문턱과 카 에이프런의 가장 낮은 부분 사이의 수직거리는 200mm 이하

   ㈐ 반-밀폐식 승강로의 경우, 카 문턱과 카의 입구쪽 승강로 벽의 가장 낮은 부분 사이의 거리는 200mm 이하

   ㈑ 카 문턱에서 승강장문 상인방까지 또는 승강장문 문턱에서 카문 상인방까지의 수직거리는 1m 이상

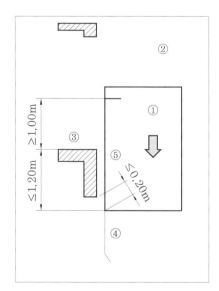
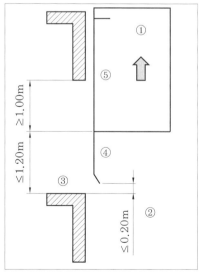

① : 카, ② : 승강로, ③ : 승강장, ④ : 카 에이프런, ⑤ : 카 출입구

그림 2-2 상승 및 하강 움직임에 대한 개문출발 방지장치 정지 요건

7. 완충기

7-1 카 및 균형추 완충기

① 엘리베이터에는 카 및 균형추의 주행로 하부 끝에 완충기가 설치되어야 한다.

② 피트 바닥 위 완충기의 충격 영역은 300mm 이상 높이의 식별되는 받침대가 설치되어야 한다.

③ 포지티브 구동식 엘리베이터는 주행로 상부 끝단에서 작용하도록 카 상부에 완충기가 설치되어야 한다.

④ 선형 또는 비선형 특성을 갖는 에너지 축적형 완충기는 정격속도가 1 m/s 이하인 경우에만 사용되어야 한다.

  • 에너지 분산형 완충기는 엘리베이터 정격속도와 상관없이 사용될 수 있다.

7-2 카 및 균형추 완충기의 행정

(1) 에너지 축적형 완충기

① 선형 특성을 갖는 완충기

  ㈎ 완충기의 가능한 총 행정은 정격속도의 115%에 상응하는 중력 정지거리의 2배 ($0.135\,V^2$[m]) 이상이어야 한다. 다만, 행정은 65 mm 이상이어야 한다.

  ㈏ 완충기는 카 자중과 정격하중을 더한 값의 2.5배와 4배 사이의 정하중으로 규정된 행정이 적용되도록 설계되어야 한다.

② 비선형 특성을 갖는 완충기 : 에너지 축적형 완충기는 카의 질량과 정격하중 또는 균형추의 질량으로 정격속도의 115%의 속도로 완충기에 충돌할 때의 다음 사항에 적합해야 한다.

  ㈎ 감속도 : $1\,g_n$ 이하

  ㈏ $2.5\,g_n$를 초과하는 감속도 : 0.04초보다 길지 않아야 한다.

  ㈐ 카 또는 균형추의 복귀속도 : 1 m/s 이하

  ㈑ 최대 피크 감속도 : $6\,g_n$ 이하

(2) 에너지 분산형 완충기

① 완충기의 가능한 총 행정은 정격속도 115%에 상응하는 중력 정지거리 ($0.0674\,V^2$[m]) 이상이어야 한다.

② 행정은 0.42m 이상이어야 한다.

③ 다음 사항을 만족해야 한다.
　㈎ 카에 정격하중을 싣고 정격속도의 115%의 속도로 자유 낙하하여 완충기에 충돌할
　　때 평균 감속도 : $1\,g_n$ 이하
　㈏ $2.5\,g_n$를 초과하는 감속도 : 0.04초보다 길지 않아야 한다.

8. 엘리베이터 구동기 및 관련 설비

8-1　일반 사항

① 각 엘리베이터에는 1개 이상의 자체 구동기가 있어야 한다.
② 보호장치의 관련 부품
　㈎ 축에 있는 키 및 나사
　㈏ 테이프, 체인, 벨트
　㈐ 기어, 스프로킷 및 풀리
　㈑ 돌출된 전동기 축

8-2　권상 구동 및 포지티브 구동 엘리베이터의 구동기

(1) 구동방식

① 권상 (도르래와 로프의 사용)
② 포지티브 (드럼과 로프 사용 또는 스프로킷과 체인 사용) : 정격속도는 $0.63\,\text{m/s}$ 이
하이어야 하며, 균형추는 사용되지 않아야 한다 (평형추의 사용은 허용).

(2) 브레이크 시스템

① 다음이 차단될 경우 자동으로 작동해야 한다.
　㈎ 주동력 전원공급
　㈏ 제어회로에 전원공급
② 전자ㆍ기계 브레이크 : 카가 정격속도로 정격하중의 125 %를 싣고 하강 방향으로 운
행될 때 구동기를 정지시킬 수 있어야 한다.

(3) 비상운전

① 전원 공급은 고장이 발생한 후 1시간 이내에는 정격하중의 카를 인접한 승강장으로
이동시킬 수 있도록 충분한 용량을 가져야 한다.
② 속도는 $0.3\,\text{m/s}$ 이하이어야 한다.

③ 정전 또는 고장으로 인해 정상 운행 중인 엘리베이터가 갑자기 정지되면

   ㈎ 카가 승강장에 도착하면 승강장문 및 카문이 자동으로 열려야 한다.

   ㈏ 승객이 안전하게 빠져나가면(10초 이상) 승강장문 및 카문은 자동으로 닫히고, 이후 정지상태가 유지되어야 한다. 이 경우 승강장 호출 버튼의 작동은 무효화되어야 한다.

   ㈐ 정상 운행으로의 복귀는 전문가의 개입에 의해 이뤄져야 한다.

   ㈑ 배터리 등 비상전원은 충분한 용량을 갖춰야 한다.

④ 속도 : 카의 주행로 중간에서 정격하중에 50%를 싣고 상승 및 하강하는 카의 속도는 정격 속도의 92% 이상 105% 이하이어야 한다.

8-3 유압식 엘리베이터의 구동기

(1) 일반사항

① 직접식과 간접식, 2가지 방식이 허용된다.

② 여러 개의 잭이 있는 경우, 잭은 압력 균형 상태를 보장하기 위해 유압으로 병렬 연결되어야 한다.

(2) 배관

① 실린더와 체크밸브 또는 하강밸브 사이의 가요성 호스의 안전율 : 8 이상

② 가요성 호스 연결장치는 전 부하압력의 5배의 압력을 손상 없이 견뎌야 한다.

(3) 유압 제어 및 안전장치

① 차단밸브

   ㈎ 실린더에 체크밸브와 하강밸브를 연결하는 회로에 설치되어야 한다.

   ㈏ 구동기의 다른 밸브와 가까이 위치해야 한다.

② 체크밸브

   ㈎ 펌프와 차단밸브 사이의 회로에 설치되어야 한다.

   ㈏ 잭에서 발생하는 유압 및 1개 이상의 유도 압축 스프링이나 중력에 의해 닫혀야 한다.

③ 릴리프 밸브

   ㈎ 펌프와 체크밸브 사이의 회로에 연결되어야 한다.

   ㈏ 수동펌프 없이 릴리프 밸브를 바이패스하는 것은 불가능해야 한다.

   ㈐ 밸브가 열리면 작동유는 탱크로 되돌려 보내져야 한다.

   ㈑ 압력을 전 부하 압력의 140%까지 제한하도록 맞추어 조절되어야 한다.

④ 필터는 다음 사이에 있는 회로에 설치되어야 한다.

   ㈎ 탱크와 펌프

   ㈏ 차단밸브, 체크밸브와 하강밸브

(4) 속도

① 상승 또는 하강 정격속도 : 1 m/s 이하
② 빈 카의 상승 속도는 상승 정격속도의 8%를 초과하지 않아야 하고, 정격하중을 실은 카의 하강속도는 하강 정격속도의 8%를 초과하지 않아야 한다.

(5) 비상운전

① 카의 하강 움직임 : 정전이 되더라도 카를 승강장 바닥까지 내릴 수 있는 수동조작 비상하강밸브가 설치되어야 한다. 카의 속도는 0.3 m/s 이하이어야 한다.
② 카의 상승 움직임
  ㈎ 카를 상승 방향으로 움직이게 하는 수동-펌프가 있어야 한다.
  ㈏ 수동-펌프는 차단밸브와 체크밸브 또는 하강밸브 사이의 회로에 연결되어야 한다.
  ㈐ 수동-펌프는 압력을 전 부하 압력의 2.3배까지 제한하는 릴리프 밸브와 함께 설치되어야 한다.

(6) 전동기 구동시간 제한장치

① 기동할 때 구동기가 공회전하는 경우에는 구동기의 동력을 차단하고 차단 상태를 유지하는 전동기 구동시간 제한장치가 있어야 한다.
② 다음 값 중 짧은 시간을 초과하지 않은 시간에서 작동해야 한다.
  ㈎ 45초
  ㈏ 정격하중으로 전체 주행로를 운행하는 데 걸리는 시간에 10초를 더한 시간. 다만, 전체 운행시간이 10초보다 작은 값일 경우 최소 20초

9. 전기 설비 및 전기 기기

9-1 일반 사항

(1) 적용 제한

① 정기적인 점검 및 유지관리를 위한 접근이 필요한 경우, 관련 장치는 작업구역 위로 0.4m와 2.0m 사이에 위치해야 한다.
② 발열 부품(㈎ 방열판, 전력저항기)은 주변의 각 부품의 온도가 허용 한도 이내로 유지되도록 배치되어야 한다.

(2) 감전에 대한 보호

① 경고 표시는 문 또는 덮개의 외함에 분명하게 보여야 한다.

② 기본 보호(직접 접촉에 대비한 보호) : 승강로 내부, 기계류 공간 및 풀리실에서 직접적인 접촉에 대한 전기설비의 보호는 IP 2X 이상의 보호 등급을 제공하는 케이스를 통해 제공되어야 한다.

기호

③ 추가적인 보호조치 : 30mA 이하의 정격 잔류 전류의 경우, 다음에 대해 누전차단기(RCD)를 설치해야 한다.

㈎ 회로의 콘센트

㈏ 전압이 50V AC 이상인 착상, 위치표시기, 안전회로 관련 제어회로

㈐ 전압이 50V AC 이상인 카의 회로

(3) 전기설비의 절연저항 (KS C IEC 60364-6)

절연저항은 각각의 전기가 통하는 전도체와 접지 사이에서 측정되어야 한다. 다만, 정격이 100VA 이하의 PELV 및 SELV회로는 제외한다.

① 절연저항 값은 다음 표에 적합해야 한다.

표 2-5 절연저항

공칭 회로 전압(V)	시험 전압/직류(V)	절연저항(MΩ)
SELV[a] 및 PELV[b] > 100 VA	250	≥ 0.5
≤ 500 FELV[c] 포함	500	≥ 1.0
> 500	1000	≥ 1.0

㈜ [a] SELV : 안전 초저압 (Safety Extra Low Voltage)
　 [b] PELV : 보호 초저압 (Protective Extra Low Voltage)
　 [c] FELV : 기능 초저압 (Functional Extra Low Voltage)

② 제어회로 및 안전회로의 경우, 전도체와 전도체 사이 또는 전도체와 접지 사이의 직류 전압 평균값 및 교류 전압 실횻값은 250V 이하이어야 한다.

9-2 주 개폐기

엘리베이터에 공급되는 모든 전도체의 전원을 차단할 수 있는 주 개폐기가 있어야 한다.

① 다음 장치에 공급되는 회로를 차단하지 않아야 한다.

㈎ 카 조명과 환기장치

㈏ 카 지붕의 콘센트

㈐ 기계류 공간 및 풀리실의 조명

㈑ 기계류 공간, 풀리실 및 피트의 콘센트

㈒ 승강로 조명

② 다음과 같은 장소에 위치해야 한다.

㈎ 기계실이 있는 경우 : 기계실

㈏ 기계실이 없는 경우 : 제어반

9-3 조명 및 콘센트

① 카, 승강로, 기계류 공간, 풀리실 및 비상운전 및 작동시험을 위한 패널에 공급되는 전기조명은 구동기에 공급되는 전원과는 독립적이어야 한다. 이 방법은 다음과 같다.

㉮ 다른 회로를 통해

㉯ 구동기의 주 개폐기 또는 주 개폐기의 전원공급측에 연결을 통해

② 카 지붕, 기계류 공간, 풀리실 및 피트에 요구되는 콘센트의 전원은 ①에 기술된 회로에서 공급되어야 한다.

10. 제어 · 파이널 리밋 스위치

10-1 엘리베이터 운전 제어

(1) 정상운전 제어

① 이 제어는 버튼 또는 접촉 조작, 마그네틱 카드 등과 같이 유사한 장치에 의해 이루어져야 한다.

② 착상 정확도는 ±10 mm 이내이어야 한다. 예를 들어 승객이 출입하거나 하역하는 동안 착상정확도가 ±20 mm를 초과할 경우에는 ±10 mm 이내로 보정되어야 한다.

(2) 부하 제어

과부하는 정격하중의 10% (최소 75kg)를 초과하기 전에 검출되어야 한다.

(3) 문이 닫히지 않거나 잠기지 않은 상태에서 착상, 재-착상, 예비운전 제어

① 예비운전 중 카는 승강장으로부터 20 mm 이내에 유지되어야 한다.

② 착상운전 중 착상속도 : 0.8 m/s 이하

③ 재-착상 속도 : 0.3 m/s 이하

(4) 점검운전 제어

① 점검운전 스위치의 작동조건

㉮ 정상 운전 제어를 무효화

㉯ 전기적 비상운전을 무효화

㉰ 착상 및 재-착상이 불가

㉱ 동력 작동식 문의 어떠한 자동 움직임도 방지되어야 한다.

㈐ 카 속도는 0.63 m/s 이하

㈑ 카 지붕 또는 피트 내부의 작업자가 서있는 공간 위로 수직거리가 2.0 m 이하일 때, 카 속도는 0.3 m/s 이하이어야 한다.

② 점검운전 조작반 : 이동 방향은 다음 표에 따라 색깔로 표시한다.

표 2-6 점검운전 조작반 - 버튼 지정

제어	버튼 색상	기호 색상	기호
상승(UP)	흰색	검은색	↑
하강(DOWN)	검은색	흰색	↓
운전(RUN)	파란색	흰색	↕

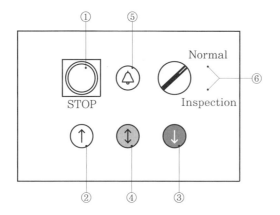

그림 2-3 점검운전 조작반 - 제어장치 및 픽토그램

10-2 파이널 리밋 스위치

(1) 일반사항

① 권상 및 포지티브 구동식 엘리베이터의 경우 : 주행로의 최상부 및 최하부에서 작동하도록 설치한다.

② 유압식 엘리베이터의 경우 : 주행로의 최상부에서만 작동하도록 설치한다.

③ 카(또는 균형추)가 완충기 또는 램이 완충장치에 충돌하기 전에 작동되어야 한다.

④ 작동은 완충기가 압축되어 있거나, 램이 완충장치에 접촉되어 있는 동안 지속적으로 유지되어야 한다.

(2) 파이널 리밋 스위치의 작동

① 파이널 리밋 스위치와 일반 종단정지장치는 독립적으로 작동되어야 한다.

② 포지티브 구동식 엘리베이터의 경우 다음과 같이 작동되어야 한다.
　㈎ 구동기의 움직임에 연결된 장치에 의해
　㈏ 평형추가 있는 경우, 승강로 상부에서 카 및 평형추에 의해
　㈐ 평형추가 없는 경우, 승강로 상부 및 하부에서 카에 의해
③ 권상 구동식 엘리베이터의 경우, 다음과 같이 작동해야 한다.
　㈎ 승강로 상부 및 하부에서 직접 카에 의해
　㈏ 카에 간접적으로 연결된 장치(로프, 벨트 또는 체인 등)에 의해
④ 직접 유압식 엘리베이터의 경우, 다음과 같이 작동해야 한다.
　㈎ 카 또는 램에 의해
　㈏ 카에 간접적으로 연결된 장치(로프, 벨트 또는 체인 등)에 의해
⑤ 간접 유압식 엘리베이터의 경우, 다음과 같이 작동해야 한다.
　㈎ 램에 의해 직접적으로
　㈏ 램에 간접적으로 연결된 장치(로프, 벨트 또는 체인 등)에 의해

(3) 파이널 리밋 스위치의 작동방법

엘리베이터의 정상 작동으로의 복귀는 전문가(유지관리업자 등)의 개입이 요구되어야 한다.

11. 장애인용, 소방구조용 및 피난용 엘리베이터에 대한 추가요건

11-1 장애인용 엘리베이터의 추가요건

(1) 승강장의 크기 및 틈새

① 승강기의 전면에는 1.4m×1.4m 이상의 활동 공간이 확보
② 승강장바닥과 승강기바닥의 틈 : 0.03m 이하

(2) 카 및 출입문 크기

① 승강기 내부의 유효 바닥면적은 폭 1.6m 이상, 깊이 1.35m 이상
② 출입문의 통과 유효 폭은 0.8m 이상으로 하되, 신축한 건물의 경우에는 출입문의 통과 유효 폭을 0.9m 이상으로 할 수 있다.

(3) 이용자 조작설비

① 호출버튼·조작반·통화장치 등 모든 스위치의 높이는 바닥면으로부터 0.8m 이상 1.2m 이하의 위치에 설치되어야 한다.
② 조작반·통화장치 등에는 점자표지판이 부착되어야 한다.

(4) 기타 설비

① 카 내부에는 수평손잡이를 카 바닥에서 0.8m 이상 0.9m 이하의 위치에 설치

② 카 내부의 유효 바닥면적이 1.4m×1.4m 미만인 경우에는 카 내부 후면에 거울 설치

③ 각 층의 승강장에는 카의 도착 여부를 표시하는 점멸등 및 음향신호장치 설치

④ 호출버튼 또는 등록버튼에 의하여 카가 정지하면 10초 이상 문이 열린 채로 대기해야
　한다.

⑤ 카 내부의 층 선택버튼을 누르면 점멸등 표시와 동시에 음성으로 층이 안내되어야 한다.

⑥ 카 내부 바닥의 어느 부분에서든 150 lx 이상의 조도가 확보되어야 한다.

11-2　소방구조용 엘리베이터의 추가요건

① 모든 승강장문 전면에 방화 구획된 로비를 포함한 승강로 내에 설치되어야 한다.

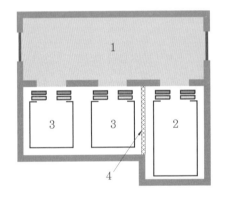

1. 방화 구획된 로비
2. 소방구조용 엘리베이터
3. 일반 엘리베이터
4. 중간 방화벽

그림 2-4　다수의 승강로에 있는 소방구조용 엘리베이터 및 방화 구획된 로비의 배치도

② 소방구조용 엘리베이터는 소방운전 시 건축물에 요구되는 2시간 이상 동안 다음 조
　건에 따라 정확하게 운전되도록 설계되어야 한다.

　㉮ 소방 접근 지정층을 제외한 승강장의 전기·전자 장치는 0℃에서 65℃까지의 주위
　　온도 범위에서 정상적으로 작동될 수 있도록 설계되어야 한다.

　㉯ 전기·전자 장치를 제외한 소방구조용 엘리베이터의 모든 다른 전기·전자 부품은
　　0℃에서 40℃까지의 주위 온도 범위에서 정확하게 기능하도록 설계되어야 한다.

③ 2개의 카 출입문이 있는 경우, 소방운전 시 어떠한 경우라도 2개의 출입문이 동시에
　열리지 않아야 한다.

④ 소방구조용 엘리베이터의 기본요건

　㉮ 소방구조용 엘리베이터에 필요한 보호조치, 제어 및 신호가 추가되어야 한다.

　㉯ 소방운전 시 모든 승강장의 출입구마다 정지할 수 있어야 한다.

　㉰ 크기는 630 kg의 정격하중을 갖는 폭 1,100 mm, 깊이 1,400 mm 이상이어야 하며,

출입구 유효 폭은 800 mm 이상이어야 한다.

㈐ 소방관 접근 지정층에서 소방관이 조작하여 엘리베이터 문이 닫힌 이후부터 60초 이내에 가장 먼 층에 도착되어야 한다. 다만, 운행속도는 1 m/s 이상이어야 한다.

㈑ 연속되는 상·하 승강장문의 문턱 간 거리가 7 m 초과한 경우 승강로 중간에 카문 방향으로 비상문이 설치되고, 승강장문과 비상문 및 비상문과 비상문의 문턱 간 거리는 7 m 이하이어야 한다.

⑤ 제어 시스템

㈎ 소방운전 스위치는 소방관이 접근할 수 있는 지정된 로비에 위치되어야 한다. 이 스위치는 승강장문 끝부분에서 수평으로 2 m 이내에 위치되고, 승강장 바닥 위로 1.4 m부터 2.0 m 이내에 위치되어야 한다.

㈏ 소방운전은 두 단계를 갖는다.

  • 1단계 : 소방구조용 엘리베이터에 대한 우선 호출
  • 2단계 : 소방운전 제어 조건 아래에서 엘리베이터의 이용

⑥ 소방구조용 엘리베이터의 전원공급

㈎ 엘리베이터 및 조명의 전원공급시스템은 주 전원공급장치 및 보조 전원공급장치로 구성되어야 한다.

㈏ 정전시에는 보조 전원공급장치에 의하여 엘리베이터를 다음과 같이 운행시킬 수 있어야 한다.

  • 60초 이내에 엘리베이터 운행에 필요한 전력용량을 자동으로 발생시키도록 하되 수동으로 전원을 작동시킬 수 있어야 한다.
  • 2시간 이상 운행시킬 수 있어야 한다.

11-3 피난용 엘리베이터의 추가요건

(1) 피난용 엘리베이터의 기본요건

① 피난용 엘리베이터에 필요한 보호조치, 제어 및 신호가 추가되어야 한다.

② 구동기 및 제어 패널·캐비닛은 최상층 승강장보다 위에 위치되어야 한다.

③ 승강장문과 카문이 연동되는 자동 수평 개폐식 문이 설치되어야 한다.

④ 피난용 엘리베이터의 카는 다음과 같아야 한다.

㈎ 출입문의 유효 폭은 900 mm 이상, 정격하중은 1,000 kg 이상이어야 한다.

㈏ 다만, 의료시설의 경우에는 들것 또는 침상의 이동을 위해 출입문 폭 1,100 mm, 카 폭 1,200 mm, 카 깊이 2,300 mm 이상이어야 한다.

⑤ 승강로 내부는 연기가 침투되지 않는 구조이어야 한다.

⑥ 피난 층을 제외한 승강장의 전기·전자 장치는 0 ℃에서 65 ℃까지의 주위 온도 범위에서 정상적으로 작동될 수 있도록 설계되어야 한다.

⑦ 2개의 카 출입문이 있는 경우, 피난운전 시 어떠한 경우라도 2개의 출입문이 동시에 열리지 않아야 한다.

(2) 엘리베이터 카에 갇힌 승객의 구출

① 카에 갇힌 이용자의 구출 및 탈출은 승강로 중간에 카문 방향으로 비상문, 카 지붕에 0.5m×0.7m 이상의 비상구출문을 이용한다.

② 주 전원 및 보조 전원공급이 동시에 실패할 경우를 대비하여 다음 사항을 만족하는 수단이 제공되어야 한다.

㈎ 정격하중의 카를 피난층 또는 가장 가까운 피난안전 구역까지 저속으로 운행시킬 수 있는 충분한 용량의 예비전원이 제공되어야 한다. 이 경우, 보조전원은 예비전원으로 간주하지 않는다.

㈏ 피난용 엘리베이터는 피난층 또는 피난안전 구역 도착 후 주 전원 또는 보조전원이 정상적으로 공급되기 전까지 출입문을 열고 대기해야 한다.

(3) 제어 시스템

① "피난용 호출"이라고 명확히 표시된 '피난호출스위치'가 지정된 피난층에 위치되어야 한다. 피난호출스위치는 승강장문 끝부분에서 수평으로 2 m 이내에 위치되고, 바닥 위로 높이 1.4 m부터 2.0 m 이내에 위치되어야 한다.

② '피난호출' 또는 '피난운전' 중에 모든 엘리베이터 안전장치는 모두 작동상태이어야 한다. 다만, 문닫힘 안전장치는 제외한다.

③ '피난호출스위치'는 점검운전 제어, 정지장치 또는 전기적 비상운전 제어보다 우선되지 않아야 한다.

(4) 피난 활동 통화 시스템

① 피난용 엘리베이터에는 피난호출 및 피난운전 중일 때 카와 종합 방재실 및 기계실 사이의 양방향 음성통화를 위한 내부통화 시스템 또는 이와 유사한 장치가 있어야 한다. 기계실에 있는 통화 장치는 조작 버튼을 눌러야만 작동되는 마이크로폰이어야 한다.

② 피난용 엘리베이터 카와 종합 방재실에 있는 통화 장치는 마이크로폰 및 스피커가 내장되어 있어야 하고, 전화 송수화기로 되어서는 안 된다.

③ 통신 시스템의 배선은 엘리베이터 승강로에 설치되어야 한다.

예·상·문·제

1. 포지티브 구동식 엘리베이터의 상부 틈새에서 카(car)가 상승 방향으로 상부 완충기에 충돌하기 전까지 안내되는 카(car)의 주행거리는 최상층 승강장 바닥에서부터 몇 m 이상이어야 하는가?

㉮ 0.25 ㉯ 0.5 ㉰ 0.75 ㉱ 1.0

2. 승강로에는 모든 문이 닫혀 있을 때 카 지붕 및 피트 바닥 위로 1m 위치에서 조도 몇 lx 이상의 전기 조명 장치가 영구적으로 설치되어야 하는가?

㉮ 50 ㉯ 100 ㉰ 150 ㉱ 200

3. 구동기 공간 및 풀리 공간의 출입문에 인접한 출입 통로에 대한 설명에서 틀린 것은?

㉮ 사람이 안전하게 출입할 수 있는 계단 등의 통로가 있어야 한다.
㉯ 계단을 포함한 통로는 출입문의 폭과 높이 이상이어야 한다.
㉰ 영구적인 전기 조명장치에 의해 적절히 조명되어야 한다.
㉱ 계단의 설치가 불가능한 경우에도 사다리는 사용되어서는 안 된다.

[해설] 계단의 설치가 불가능한 경우에는 사다리가 사용되어야 한다. 다만, 사다리를 설치할 수 있는 수직 높이는 4 m 이하이다.

4. 기계실에는 바닥 면에서 몇 lx 이상을 비출 수 있는 영구적으로 설치된 전기 조명이 있어야 하는가?

㉮ 50 ㉯ 100 ㉰ 150 ㉱ 200

5. 카(car)의 정격하중이 800 kg일 때 정원은 몇 명인가?

㉮ 10 ㉯ 11 ㉰ 12 ㉱ 13

[해설] 정원 $= \dfrac{정격하중}{75} = \dfrac{800}{75} = 10.7$ 명

6. 카(car)의 벽, 바닥 및 지붕에 대한 설명 중에서 틀린 것은?

㉮ 카의 벽, 바닥 및 지붕은 불연재료로 만들거나 씌워야 한다.
㉯ 카의 개구부는 출입구, 비상구출구 이외는 허용되지 않는다.
㉰ 카의 벽, 바닥 및 지붕은 충분한 기계적 강도를 가져야 한다.
㉱ 카의 벽으로 사용되는 유리판에는 공급자명, 상표, 및 유리의 유형이 표시되어야 한다.

[해설] 카는 벽, 바닥 및 지붕에 의해 완전히 둘러싸여야 한다. 다만, 다음 개구부는 허용된다.
① 이용자의 정상적인 출입을 위한 출입구
② 비상구출구
③ 환기구

7. 정격속도 1 m/s를 초과하여 운행 중인 엘리베이터 카 문의 개방은 몇 N 이상의 힘이 요구되어야 하는가? (다만, 잠금 해제 구간에서는 제외한다.)

㉮ 20 ㉯ 30 ㉰ 40 ㉱ 50

8. 승객의 구출 및 구조를 위한 비상구출문이 카 천장에 있는 경우, 비상구출구의 크기는?

정답 1. ㉯ 2. ㉮ 3. ㉱ 4. ㉱ 5. ㉯ 6. ㉯ 7. ㉱ 8. ㉱

㉮ 0.3 m × 0.55 m 이상
㉯ 0.3 m × 0.6 m 이상
㉰ 0.45 m × 0.45 m 이상
㉱ 0.4 m × 0.5 m 이상

9. 카(car)의 정상 조명전원이 차단될 경우에는 몇 lx 이상의 조도로 몇 분 동안 전원이 공급될 수 있는 자동 재충전 예비전원 공급장치가 있어야 하는가?

㉮ 1, 30 ㉯ 1, 60 ㉰ 5, 30 ㉱ 5, 60

10. 현수 로프의 안전율은 어떠한 경우라도 얼마 이상이어야 하는가?

㉮ 6 ㉯ 8 ㉰ 10 ㉱ 12

11. 로프 권상은 카(car)에 정격하중의 몇 %까지 실었을 때 카는 승강장 바닥높이에서 미끄러짐 없이 유지되어야 하는가?

㉮ 110 ㉯ 115 ㉰ 120 ㉱ 125

12. 과속조절기 로프 인장 풀리의 피치 지름과 과속조절기 로프의 공칭 지름 사이의 비는 얼마 이상이어야 하는가?

㉮ 10 ㉯ 15 ㉰ 20 ㉱ 30

13. 카 문턱과 승강장 문턱 사이의 수평 거리는 몇 mm 이하이어야 하는가?

㉮ 35 ㉯ 40 ㉰ 45 ㉱ 50

14. 전동기 전압이 엘리베이터의 정격전압과 같을 때 모든 가속 및 감속구간을 제외하고 카의 주행로 중간에서 정격하중의 50 %를 싣고 하강하는 카의 속도는

정격속도의 몇 % 이상, 몇 % 이하이어야 하는가?

㉮ 92, 105 ㉯ 95, 110
㉰ 90, 115 ㉱ 96, 120

15. 카(car)의 착상 정확도는 몇 mm이어야 하며, 재-착상 정확도는 몇 mm로 유지되어야 하는가?

㉮ ±15, ±25 ㉯ ±10, ±20
㉰ ±20, ±20 ㉱ ±20, ±30

해설 ① 착상 정확도는 ±10 mm이어야 한다.
② 재-착상 정확도는 ±20mm로 유지되어야 한다.

참고 승객이 출입하거나 하역하는 동안 20 mm의 값이 초과될 경우에는 보정되어야 한다.

16. 문이 개방된 상태의 착상 및 재-착상의 제어에 있어서 착상속도는 몇 m/s 이하이어야 하며, 재-착상 속도는 몇 m/s 이하이어야 하는가?

㉮ 1.0, 0.6 ㉯ 1.2, 0.8
㉰ 0.8, 0.3 ㉱ 0.6, 0.2

17. 장애인용 엘리베이터는 호출버튼 또는 등록버튼에 의하여 카가 정지하면 몇 초 이상 문이 열린 채로 대기하여야 하는가?

㉮ 6 ㉯ 8 ㉰ 10 ㉱ 12

18. 소방운전 스위치는 승강장 문 끝부분에서 수평으로 몇 m 이내에 위치되고, 승강장 바닥 위로 몇 m부터 2.0 m 이내에 위치되어야 하는가?

㉮ 2.0, 1.4 ㉯ 2.5, 2.0
㉰ 3.0, 1.6 ㉱ 3.5, 1.4

해설 소방운전 스위치는 승강장 문 끝부분에서 수평으로 2 m 이내에 위치되고, 승강장

정답 **9.** ㉱ **10.** ㉱ **11.** ㉱ **12.** ㉱ **13.** ㉮ **14.** ㉮ **15.** ㉯ **16.** ㉰ **17.** ㉰ **18.** ㉮

바닥 위로 1.4 m부터 2.0 m 이내에 위치되어야 한다.

19. 소방구조용 엘리베이터는 정전 시에는 보조 전원공급장치에 의하여 몇 시간 이상 운행시킬 수 있어야 하는가?

㉮ 0.5   ㉯ 1.0   ㉰ 1.5   ㉱ 2.0

20. 풀리실의 크기에 있어서 천장 아래의 높이는 몇 m 이상이어야 하며, 풀리 위로 몇 m 이상의 유효 공간이 있어야 하는가?

㉮ 2.0, 0.2   ㉯ 1.5, 0.3
㉰ 1.3, 1.2   ㉱ 1.2, 1.0

해설 ① 천장 아래의 높이는 1.5 m 이상이어야 한다.
② 풀리 위로 0.3 m 이상의 유효 공간이 있어야 한다.

21. 풀리와 현수 로프의 공칭 지름 사이의 비는 스트랜드의 수와 관계없이 얼마 이상이어야 하는가?

㉮ 10   ㉯ 20   ㉰ 30   ㉱ 40

22. 평형추에는 추락방지 안전장치가 설치되어야 하며, 다음 중 어느 하나에 의해 작동되어야 한다. 해당되지 않는 것은?

㉮ 안전로프에 의해
㉯ 구동기에 의해
㉰ 매다는 (현수) 수단의 파단에 의해
㉱ 과속조절기에 의해

23. 다음은 파이널 리밋 스위치에 관한 설명이다. 잘못된 것은?

㉮ 파이널 리밋 스위치는 카의 주행로 상부 끝단에 상응하는 램의 위치에 설치되어야 한다.

㉯ 램이 완충 정지장치에 접촉하기 전에 작동되어야 한다.
㉰ 파이널 리밋 스위치와 일반 종단정지 장치는 독립적으로 작동되어야 한다.
㉱ 엘리베이터의 정상 운행을 위해 자동으로 복귀되어야 한다.

해설 엘리베이터의 정상 운행을 위해 자동으로 복귀되지 않아야 한다.

24. 실린더와 체크 밸브 또는 하강 밸브 사이의 가요성 호스는 전부하 압력 및 파열 압력과 관련하여 안전율이 얼마 이상이어야 하는가?

㉮ 4   ㉯ 6   ㉰ 8   ㉱ 10

25. 가요성 호스 및 실린더와 체크 밸브 또는 하강 밸브 사이의 가요성 호스 연결 장치는 전 부하 압력의 몇 배의 압력을 손상 없이 견뎌야 하는가?

㉮ 2.5   ㉯ 4.0   ㉰ 5.0   ㉱ 5.5

26. 다음 차단, 체크 및 압력 밸브에 관한 사항이다. 잘못된 것은?

㉮ 차단 밸브는 실린더에 체크 밸브와 하강 밸브를 연결하는 회로에 설치되어야 한다.
㉯ 체크 밸브는 펌프와 차단 밸브 사이의 회로에 설치되어야 한다.
㉰ 압력 릴리프 밸브는 펌프와 체크 밸브 사이의 회로에 연결되어야 한다.
㉱ 차단 밸브는 엘리베이터 구동기의 다른 밸브와는 간격을 두고 떨어진 곳에 위치되어야 한다.

해설 차단 밸브는 엘리베이터 구동기의 다른 밸브와 가까이 위치되어야 한다.

---

27. 압력 릴리프 밸브는 압력을 전 부하 압력의 몇 %까지 제한하도록 맞추어 조절되어야 하는가?

㉮ 115　　　　㉯ 120
㉰ 130　　　　㉱ 140

[해설] 압력 릴리프 밸브는 압력을 전부하 압력의 140 %까지 제한하도록 맞추어 조절되어야 한다.

28. 다음 럽처 밸브(rupture valve)에 관한 사항이다. 잘못된 것은?

㉮ 럽처 밸브는 늦어도 하강속도가 정격속도에 0.3 m/s를 더한 속도에 도달할 때 작동되어야 한다.
㉯ 럽처 밸브는 평균 감속도가 0.2 gn과 1 gn 사이가 되도록 선택되어야 한다.
㉰ 병렬로 작동하는 여러 개의 잭이 있는 엘리베이터에는 1개의 럽처 밸브가 공용으로 사용될 수 없다.
㉱ 기계실에는 카의 과부하 없이 럽처 밸브의 작동을 허용하는 수동 조작수단이 있어야 한다.

[해설] 병렬로 작동하는 여러 개의 잭이 있는 엘리베이터에는 1개의 럽처 밸브가 공용으로 사용될 수 있다.

29. 전동기 구동시간 제한장치는 몇 s를 초과하지 않는 시간에서 작동하여야 하는가?

㉮ 45　　　　㉯ 60
㉰ 85　　　　㉱ 120

30. 소방구조용 엘리베이터의 설명 중 옳은 것은?

㉮ 화재 시 구조용

㉯ 병원 응급용
㉰ 평상시에는 대기, 비상시에는 운전용
㉱ 긴급 화물용

31. 소방구조용 엘리베이터에서 정전 시, 몇 초 이내에 운행에 필요한 전력 용량을 자동적으로 발생시켜야 하는가?

㉮ 120　㉯ 100　㉰ 80　㉱ 60

[해설] 정전 시 엘리베이터 운행
① 60초 이내에 엘리베이터 운행에 필요한 전력 용량을 자동적으로 발생시킬 것
② 2시간 이상 운행시킬 수 있을 것

32. 소방구조용 엘리베이터의 운행속도의 기준으로 옳은 것은?

㉮ 0.5 m/s 이상
㉯ 0.75 m/s 이상
㉰ 1.0 m/s 이상
㉱ 1.5 m/s 이상

[해설] 운행속도 : 1.0 m/s 이상
[참고] 소방관 접근 지정층에서 소방관이 조작하여 엘리베이터 문이 닫힌 이후부터 60초 이내에 가장 먼 층에 도착할 것

33. 소방구조용 엘리베이터에 대한 설명 중 틀린 것은?

㉮ 예비전원을 설치하여야 한다.
㉯ 외부와 연락할 수 있는 전화를 설치하여야 한다.
㉰ 정전 시에는 예비전원으로 작동할 수 있어야 한다.
㉱ 승강기의 운행속도는 1.5 m/s 이상으로 해야 한다.

[해설] 비상용 승강기의 운행속도는 1.0 m/s 이상이어야 한다.

정답　27. ㉱　28. ㉰　29. ㉮　30. ㉮　31. ㉱　32. ㉰　33. ㉱

에스컬레이터와 무빙워크 안전기준

1. 일반사항

1-1 적용 범위

이 기준은 일정한 통로에 승객을 수송하기 위해 설치되는 에스컬레이터 및 무빙워크에 대해 적용한다.

1-2 주요 용어의 정의

① 경사도 : 디딤판 움직임의 수평에 대한 최대 각도
② 공칭속도 : 공칭주파수, 공칭전압 및 무부하 상태에서 제조사가 제시한 디딤판의 움직이는 방향의 속도
③ 구조의 정격 하중 : 구조(물)의 설계 하중
④ 기계류 공간 : 기계류가 전체 또는 부분적으로 배치되는 트러스 내부 혹은 외부 공간
⑤ 난간 : 움직이는 부분으로부터 보호 및 손잡이 지지로 안정성을 제공함으로써 이용자의 안전을 보장하는 에스컬레이터/무빙워크의 부품
⑥ 난간 데크(decking) : 손잡이 주행안내 부재와 만나고 난간의 상부 덮개를 형성하는 난간의 가로 요소
⑦ 뉴얼(newel) : 난간의 끝부분으로 콤 교차선부터 손잡이 곡선 반환부까지의 난간 구역
⑧ 스커트(skirting) : 디딤판과 연결되는 난간의 수직 부분
⑨ 스커트 디플렉터(skirt deflector) : 스텝과 스커트 사이에 끼임의 위험을 최소화하기 위한 장치
⑩ 안전 시스템 : 안전회로 및 감시장치의 배열로 전기제어 시스템의 안전관련 부분
⑪ 제동부하(brake load) : 에스컬레이터/무빙워크를 정지시키기 위해 설계된 브레이크 시스템의 디딤판에 가해지는 하중
⑫ 최대 수송능력 : 운전 조건아래 운송할 수 있는 사람의 최대 인원수
⑬ 층고(rise) : 상부 바닥 마감면과 하부 바닥 마감면 사이의 수직거리

⑭ 콤(comb) : 홈에 맞물리는 각 승강장의 갈라진 부분

⑮ 콤 플레이트(comb plate) : 콤이 부착되어 있는 각 승강장의 플랫폼

1-3 경사도

① 에스컬레이터의 경사도 : 30°를 초과하지 말 것. 다만, 층고가 6 m 이하이고 공칭속도
   가 0.5 m/s 이하인 경우는 경사도를 35°까지 가능

② 무빙워크의 경사도 : 12° 이하

2. 디딤판

스텝 트레드는 운행 방향에 ±1°의 공차로 수평해야 한다.

2-1 디딤판 규격

(1) 일반사항

① 에스컬레이터 및 무빙워크의 공칭 폭 : 0.58 m 이상 1.1 m 이하

② 경사도가 6 ° 이하인 무빙워크의 폭은 1.65 m까지 허용

(2) 스텝 트레드 및 팔레트

① 스텝 높이 : 0.24 m 이하

② 스텝 깊이 : 0.38 m 이상

③ 홈의 폭 : 5 mm 이상 7 mm 이하

④ 홈의 깊이 : 10 mm 이상

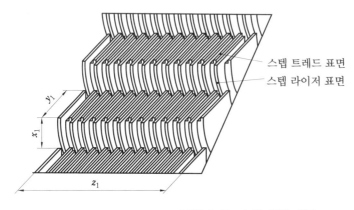

스텝 트레드 표면
스텝 라이저 표면

[주요 치수]
$x_1 \leq 0.24 \text{m}$
$y_1 \geq 0.38 \text{m}$
z_1은 0.58m에서 1.1m

그림 2-5 스텝 주요 치수

2-2   **디딤판의 주행안내**

① 스텝 또는 팔레트의 주행안내 시스템에서 스텝 또는 팔레트의 측면 변위는 각각 4 mm 이하이어야 하고, 양쪽 측면에서 측정된 틈새의 합은 7 mm 이하이어야 한다.

② 스텝 및 팔레트의 수직 변위는 4 mm 이하이고, 벨트의 수직 변위는 6 mm 이하이어야 한다.

③ 벨트의 경우 트레드웨이 지지대는 디딤판의 중앙선을 따라 2 m 이하의 간격으로 설치되어야 한다.

2-3   **스텝 또는 팔레트 사이의 틈새**

① 트레드 표면에서 측정된 이용 가능한 모든 위치의 연속되는 2개의 스텝 또는 팔레트 사이의 틈새는 6 mm 이하이어야 한다.

② 팔레트의 맞물리는 전면 끝부분과 후면 끝부분이 있는 무빙워크의 천이구간에서는 이 틈새가 8 mm까지 증가되는 것은 허용된다.

3. 구동장치

3-1   **구동기**

(1) 일반사항

하나의 구동장치는 2대 이상의 에스컬레이터 또는 무빙워크를 작동하지 않아야 한다.

(2) 속도

① 공칭속도로부터 ±5 %를 초과하지 않아야 한다.

② 에스컬레이터의 공칭속도

㈎ 경사도가 30° 이하 : 0.75 m/s 이하

㈏ 경사도가 30°를 초과하고 35° 이하 : 0.5 m/s 이하

③ 무빙워크의 공칭속도 : 0.75 m/s 이하

(3) 모든 구동 부품의 안전율 : 5 이상

3-2 브레이크 시스템

(1) 브레이크 조건

① 균일한 감속에 따른 안정감

② 정지 상태로 유지

(2) 에스컬레이터의 브레이크의 제동부하 및 정지거리

① 에스컬레이터의 제동부하 결정

표 2-7 에스컬레이터의 제동부하 결정

공칭 폭	스텝당 제동부하
0.6 m 이하	60 kg
0.6 m 초과 0.8 m 이하	90 kg
0.8 m 초과 1.1 m 이하	120 kg

② 에스컬레이터의 정지거리 : 무부하 상승, 무부하 하강 및 부하 상태 하강에 대한 에스컬레이터 정지거리는 다음 표에 따라야 한다.

표 2-8 에스컬레이터의 정지거리

공칭속도	정지거리
0.50 m/s	0.20 m에서 1.00 m 사이
0.65 m/s	0.30 m에서 1.30 m 사이
0.75 m/s	0.40 m에서 1.50 m 사이

③ 하강 방향으로 움직이는 에스컬레이터에서 측정된 감속도는 브레이크 시스템이 작동하는 동안 $1 \, \text{m/s}^2$ 이하이어야 한다.

(3) 무빙워크의 제동부하 결정 및 정지거리

① 무빙워크의 제동부하 결정

표 2-9 무빙워크의 제동부하 결정

공칭 폭	0.4 m 길이당 제동부하
0.6 m 이하	50 kg
0.6 m 초과 0.8 m 이하	75 kg
0.8 m 초과 1.1 m 이하	100 kg
1.10 m 초과 1.40 m 이하	125 kg
1.40 m 초과 1.65 m 이하	150 kg

② 무빙워크의 정지거리

표 2-10 무빙워크의 정지거리

공칭속도	정지거리
0.50 m/s	0.20 m에서 1.00 m 사이
0.65 m/s	0.30 m에서 1.30 m 사이
0.75 m/s	0.40 m에서 1.50 m 사이
0.90 m/s	0.55 m에서 1.70 m 사이

③ 감속도는 브레이크 시스템이 작동하는 동안 $1 \, m/s^2$ 이하이어야 한다.

3-3 스텝 및 팔레트의 구동

① 에스컬레이터의 스텝은 스텝 측면에 각각 1개 이상 설치된 2개 이상의 체인에 의해 구동되어야 한다.
② 각 체인의 절단에 대한 안전율 : 5 이상
③ 디딤판 체인은 지속적으로 인장되어야 한다.

4. 난간 · 스커트 · 뉴얼

(1) 난간

① 경사진 부분에서 스텝 앞부분이나 팔레트 표면 또는 벨트 표면에서 손잡이 꼭대기까지 수직 높이는 0.9 m 이상 1.1 m 이하
② 난간에는 사람이 정상적으로 서 있을 수 있는 부분이 없어야 한다.

(2) 스커트(skirt)

① 스커트는 평탄한 수직면의 맞대기 이음이어야 한다.
② 팔레트나 벨트의 트레드 표면 사이의 수직거리 : 25 mm 이상

(3) 뉴얼(newel)

① 손잡이를 포함한 뉴얼은 콤 교차선을 지나 이동 방향의 수평 방향으로 0.6 m 이상 돌출되어야 한다.
② 손잡이의 수평부분은 콤 교차선을 지나 0.3 m 이상의 거리만큼 승강장에서 길이 방향으로 연장되어야 한다.

(4) 디딤판과 스커트 사이의 틈새

① 에스컬레이터 또는 무빙워크의 스커트가 디딤판 측면에 위치한 경우
  ㈎ 수평 틈새 : 각 측면에서 4 mm 이하
  ㈏ 반대되는 두 지점의 양 측면에서 측정된 틈새의 합 : 7 mm 이하
② 무빙워크의 스커트가 팔레트 또는 벨트 위에서 마감되는 경우, 트레드 표면으로부터 수직으로 측정된 틈새는 4 mm 이하

5. 손잡이 시스템

(1) 일반사항

① 각 난간의 상부에는 정상운행 조건하에서 디딤판의 속도와 − 0 %에서 + 2 %의 허용 오차로 같은 방향과 속도로 움직이는 손잡이가 설치되어야 한다.
② 손잡이는 정상운행 중 운행 방향의 반대편에서 450 N의 힘으로 당겨도 정지되지 않아야 한다.

(2) 외형 및 위치

① 손잡이 외형과 주행안내 장치 또는 덮개 외형 사이의 거리는 8 mm 이하이어야 한다.
② 손잡이 폭은 70 mm와 100 mm 사이이어야 한다.
③ 손잡이와 난간 끝부분 사이의 거리는 50 mm 이하이어야 한다.

(3) 손잡이 중심선 사이의 거리

손잡이 중심선 사이의 거리는 스커트 사이의 거리보다 0.45 m를 초과하지 않아야 한다.

(4) 손잡이 입구

① 뉴얼 안에 들어가는 손잡이 입구의 최하점은 마감된 바닥으로부터 0.1 m 이상, 0.25 m 이하의 거리에 있어야 한다.
② 손잡이가 도달되는 가장 먼 지점과 뉴얼 안에 들어가는 입구 사이의 수평거리는 0.3 m 이상이어야 한다.

6. 승강장

(1) 표면 특징

에스컬레이터 및 무빙워크의 승강장은 콤의 빗살에서 측정하여 0.85 m 이상이고, 안전한 발판을 제공하는 표면을 가져야 한다.

(2) 디딤판의 구성

① 에스컬레이터의 스텝은 승강장에서 콤을 떠나는 스텝의 전면 끝부분 및 콤에 들어가는 스텝의 후면 끝부분이 길이 0.8 m 이상으로 수평하게 운행하도록 안내되어야 한다.

  ㉮ 공칭속도가 0.65 m/s를 초과하는 경우, 이 길이는 L_1의 지점에서 측정하여 1.6 m 이상이어야 한다.

  ㉯ 수평 주행 구간에서 연속된 두 스텝 간의 수직 높이 편차는 4 mm까지 허용된다.

② 에스컬레이터의 경우, 경사부에서 수평부로 전환되는 천이구간의 곡률반경

  ㉮ 상부 천이구간의 곡률반경

    • 공칭속도 ≤ 0.5 m/s(최대 경사도 35°) : 1 m 이상

    • 0.5 m/s < 공칭속도 ≤ 0.65 m/s (최대 경사도 30°) : 1.5 m 이상

    • 공칭속도 > 0.65 m/s (최대 경사도 30°) : 2.6 m 이상

  ㉯ 하부 천이구간의 곡률반경

    • 공칭속도 ≤ 0.65 m/s : 1 m 이상

    • 공칭속도 > 0.65 m/s : 2 m 이상

③ 벨트식 무빙워크의 경우, 경사부에서 수평부로 전환되는 천이구간의 곡률반경은 0.4 m 이상이어야 한다.

④ 경사도가 6° 이상인 무빙워크의 상부 승강장에서, 팔레트 또는 벨트는 콤에 들어가기 전 또는 콤을 떠난 후 0.4 m 이상의 길이를 경사각 6° 이하로 움직여야 한다.

(3) 콤 (끼임방지 빗)

① 콤의 빗살은 디딤판의 홈에 맞물려야 한다.

  • 콤 빗살의 폭 : 트레드 표면에서 측정하여 2.5 mm 이상

② 빗살 끝의 반경은 2 mm 이하이어야 한다.

③ 콤이 홈에 맞물리는 깊이

  ㉮ 트레드 홈에 맞물리는 콤 깊이 : 4 mm 이상

  ㉯ 틈새 : 4 mm 이하

7. 기계류 공간 및 구동·순환 장소

(1) 일반사항

① 이 공간(기계실)은 운전, 점검 등 유지관리 업무에 필요한 설비만 수용하는 데 이용되어야 한다.

② 움직이고 회전하는 부품
   - ㈎ 축의 키 및 스크루
   - ㈏ 체인, 벨트
   - ㈐ 기어, 기어 휠, 스프로킷
   - ㈑ 전동기 축
   - ㈒ 과속조절기
   - ㈓ 수동핸들 및 브레이크 드럼

(2) 치수 및 설비

① 구동·순환 장소에서 서 있을 수 있는 면적의 크기는 $0.3\,\text{m}^2$ 이상이고 작은 변의 길이는 $0.5\,\text{m}$ 이상이어야 한다.

② 구동기 또는 브레이크가 디딤판의 이용자 측면과 순환 선 사이에 배치되는 경우, 작업구역에서 있을 수 있는 최소 치수가 $0.3\,\text{m}$ 이상이고 $0.12\,\text{m}^2$ 이상의 수평면적이 있어야 한다.

(3) 조명 및 콘센트

① 전기조명 및 콘센트는 에스컬레이터 또는 무빙워크의 주 개폐기 앞에 연결된 개별 케이블 또는 분기 케이블에 의해 구동기의 전원공급과는 독립적이어야 한다.

② 트러스 내부의 구동·순환 장소 및 기기 공간 중 한 곳에 영구적으로 사용가능한 휴대용 조명이 비치되어야 하고, 각 장소에는 1개 이상의 콘센트가 제공되어야 한다.
   - 작업공간의 조도는 200 lx 이상이어야 한다.

③ 콘센트는 다음 중 어느 하나와 같이 공급되어야 한다.
   - ㈎ 2P + PE (2극 + 접지), 250V로 직접 공급
   - ㈏ 안전 초저전압(SELV)으로 공급

8. 전기설비 및 전기기구

(1) 제어회로 및 안전회로의 전압 제한

제어회로 및 안전회로의 경우 전도체와 전도체 사이 또는 전도체와 접지 사이의 직류 전압값 또는 교류 전압 실횻값은 250V 이하이어야 한다.

① 주 개폐기

㉮ 구동기 근처나 순환 장소 또는 제어장치의 근처에는 전동기, 브레이크 개방장치 및 활성화된 제어회로에 공급되는 전원을 차단할 수 있는 주 개폐기가 설치되어야 한다.

㉯ 외부인의 부주의한 작동을 방지하기 위해 "구획된" 장소에 잠금장치가 있어야 한다.

㉰ 주 개폐기는 정상적인 운전조건에서 수반되는 최대 전류를 차단할 수 있어야 한다.

② 전기배선은 전도체나 케이블은 전선관이나 전선 덕트 또는 이와 동등한 기계적 보호 장치에 설치되어야 한다.

(2) 전기 제어 시스템

① 예상되는 고장

㉮ 전압 부재 및 전압 강하

㉯ 전도체의 연속성 상실 및 회로의 접지 결함

㉰ 단락 또는 회로개방, 저항, 전기부품의 값 및 기능의 변화

㉱ 접촉기 또는 릴레이의 움직이는 전기자의 인력 부재 또는 불완전한 인력

㉲ 접점의 개로 불능 및 접점의 폐로 불능

㉳ 역상

② 주 전원에 직접 연결된 전동기는 단락에 대해 보호되어야 한다.

③ 안전장치가 있는 회로의 접지 결함은 구동기를 즉시 정지시켜야 한다.

④ 과속 감지 : 속도가 공칭 속도의 1.2배를 초과하기 전에 과속을 감지

⑤ 인장장치의 움직임 감지 : 구동장치와 인장장치 사이의 거리가 20 mm를 초과하는 의도 되지 않은 연장 또는 감소 움직임을 감지하기 위한 장치

⑥ 손잡이의 속도 편차 감지 : 5초~15초 내에 디딤판에 대해 ±15 % 이상의 손잡이 속도 편차가 발생하는 경우 에스컬레이터 또는 무빙워크의 정지를 시작해야 한다.

⑦ 비상정지장치에 의한 정지, 수동 작동

㉮ 비상정지장치 사이의 거리

• 에스컬레이터의 경우 : 30 m 이하

• 무빙워크의 경우 : 40 m 이하

㉯ 필요한 경우 추가적인 정지장치는 거리를 유지하도록 설치되어야 한다.

9. 표시·경고장치 및 건축물과의 공유 영역

9-1 사용 표지판, 표지 및 안내문

(1) 일반사항

사용을 위한 모든 표시, 안내 및 문구는 견고한 재질로 눈에 띄는 위치에 명확하게 읽을 수 있는 한글로 작성되어야 한다.

(2) 에스컬레이터 또는 무빙워크의 출입구 근처의 안전표시

구 분		기준규격(mm)	색 상
최소 크기		80×100	–
바탕		–	흰색
	원	40×40	–
	바탕	–	황색
	사선	–	적색
	도안	–	흑색
		10×10	녹색(안전) 황색(위험)
안전, 위험		10×10	흑색
주의 문구	대	19 Pt	흑색
	소	14 Pt	적색

그림 2-6 에스컬레이터 또는 무빙워크 출입구 근처의 주의표시

9-2   건축물과의 공유 영역

(1) 이용자를 위한 자유공간

① 뉴얼의 끝 지점 및 모든 지점의 자유공간을 포함한 에스컬레이터의 스텝 또는 무빙워크의 팔레트나 벨트 위의 틈새 높이는 2.3 m 이상이어야 한다.

② 평행하거나 십자형으로 교차된 서로 근접한 에스컬레이터 및 무빙워크의 경우, 손잡이 사이의 거리는 160 mm 이상이어야 한다.

③ 자유공간의 폭은 각각의 손잡이 바깥 끝단에서 80 mm를 더한 지점 사이의 거리 이상이어야 한다.

④ 자유공간의 바닥은 평평해야 하며, 경사도는 6° 이하이어야 한다.

⑤ 에스컬레이터/무빙워크 승강장에 대면하는 방화셔터가 손잡이 반환부의 선단에서 2 m 이내에 설치된 경우 방화셔터가 닫히기 시작할 때 연동하여 자동으로 정지시키는 장치가 설치되어야 한다.

(2) 트러스 외부의 기계류 공간

① 기계류 공간은 잠글 수 있어야 하고 자격자만이 접근할 수 있어야 한다.

② 기계류 공간의 전기조명장치

㈎ 작업구역의 바닥에서 200 lx 이상

㈏ 작업구역으로 접근하는 통로의 바닥에서 50 lx 이상

③ 기계류 공간의 크기

㈎ 작업구역에서 유효 높이 : 2 m 이상

㈏ 제어 패널 및 캐비닛 전면의 유효 수평면적 : 깊이 : 0.7 m 이상, 폭 : 0.5 m 이상

㈐ 이동을 위한 유효 높이 : 1.8 m 이상, 통로의 폭 : 0.5 m 이상

(3) 안전 보호판

계단 교차점 및 십자형으로 교차하는 에스컬레이터 또는 무빙워크의 경우에는 틈새의 수직거리가 300 mm 되는 곳까지 막는 등의 조치를 하되 부딪쳤을 때 신체에 상해를 주지 않는 탄력성이 있는 재료로 마감되어야 한다.

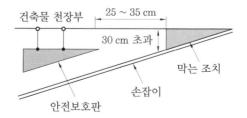

그림 2-7 막는 조치 및 안전 보호판

1. 에스컬레이터의 경사도는 몇 °를 초과하지 않아야 하는가?

㉮ 20 ㉯ 25
㉰ 30 ㉱ 35

2. 무빙워크의 경사도는 몇 ° 이하이어야 하는가?

㉮ 10 ㉯ 12
㉰ 14 ㉱ 16

3. 디딤판 또는 팔레트의 가이드 시스템에서 디딤판 또는 팔레트의 측면 변위는 각각 몇 mm 이하이어야 하고, 양쪽 측면에서 측정된 틈새의 합은 몇 mm 이하이어야 하는가?

㉮ 4, 7 ㉯ 5, 8
㉰ 6, 10 ㉱ 7, 13

[해설] 측면 변위는 각각 4 mm 이하이어야 하고 양쪽 측면에서 측정된 틈새의 합은 7 mm 이하이어야 한다.

4. 디딤판 경계틀은 승강장에서 디딤판 뒤쪽 끝부분을 어떤 색으로 표시하여 설치되어야 하는가?

㉮ 녹색 ㉯ 황색
㉰ 백색 ㉱ 흑색

[해설] ㉯ 디딤판 경계틀(디딤판 트레드에 있는 홈 등)은 승강장에서 디딤판 뒤쪽 끝부분을 황색 등으로 표시하여 설치되어야 한다.

5. 트레드 표면에서 측정된 이용 가능한 모든 위치의 연속되는 2개의 디딤판 또는 팔레트 사이의 틈새는 몇 mm 이하이어야 하는가?

㉮ 6 ㉯ 8
㉰ 10 ㉱ 12

6. 경사도가 30° 이하인 에스컬레이터의 공칭속도는 몇 m/s 이하이어야 하며, 30°를 초과하고 35° 이하인 경우에는 몇 m/s 이하이어야 하는가?

㉮ 0.85, 0.4 ㉯ 1.0, 0.65
㉰ 0.75, 0.5 ㉱ 0.55, 0.3

7. 무빙워크의 공칭속도는 몇 m/s 이하이어야 하는가?

㉮ 0.75 ㉯ 0.85
㉰ 0.95 ㉱ 1.05

[해설] ㉮ 무빙워크의 공칭속도는 0.75 m/s 이하이어야 한다.

8. 다음은 주 브레이크의 일반사항이다. 부적절한 것은?

㉮ 브레이크 시스템의 적용에서 의도적인 지연은 없어야 한다.
㉯ 에스컬레이터 및 무빙워크의 출발 후에는 브레이크 시스템의 개방을 감시하는 장치가 설치될 필요가 없다.
㉰ 브레이크 시스템은 제어 회로에 전압 공급이 중단될 때 자동으로 작동되어야 한다.
㉱ 수동 해제가 가능한 브레이크는 브레이크의 개방을 유지하기 위해 지속적인 인력이 요구되어야 한다.

[정답] 1. ㉰ 2. ㉯ 3. ㉮ 4. ㉯ 5. ㉮ 6. ㉰ 7. ㉮ 8. ㉯

[해설] 에스컬레이터 및 무빙워크의 출발 후에는 브레이크 시스템의 개방을 감시하는 장치가 설치되어야 한다.

9. 다음 전자–기계 브레이크의 동작 특성 중에서 잘못된 것은?

㉮ 전자–기계 브레이크의 정상 개방은 지속적인 전류의 흐름에 의해야 한다.

㉯ 브레이크는 전기적 브레이크 회로가 개방되면 즉시 작동되어야 한다.

㉰ 에스컬레이터 또는 무빙워크가 정지된 후 이 전기장치 중 어느 하나가 개방되지 않으면 재–기동은 방지되어야 한다.

㉱ 브레이크 해제장치의 전기적 자체 여자의 발생은 가능하여야 한다.

[해설] 브레이크 해제장치의 전기적 자체 여자의 발생은 불가능하여야 한다.

10. 하강 방향으로 움직이는 제동부하 상태의 에스컬레이터에 대한 정지거리로 적절한 것은? (단, 공칭 속도가 0.75 m/s일 때이다.)

㉮ 0.20 m에서 1.00 m 사이

㉯ 0.30 m에서 1.30 m 사이

㉰ 0.40 m에서 1.50 m 사이

㉱ 0.50 m에서 1.80 m 사이

11. 하강 방향으로 움직이는 제동부하 상태의 무빙워크에 대한 정지거리로 적절한 것은? (단, 공칭 속도가 0.90 m/s일 때이다.)

㉮ 0.20 m에서 1.00 m 사이

㉯ 0.30 m에서 1.30 m 사이

㉰ 0.40 m에서 1.50 m 사이

㉱ 0.55 m에서 1.70 m 사이

12. 다음 손잡이 시스템의 일반사항에 대한 설명 중 잘못된 것은?

㉮ 동일 방향으로 0 %에서 +2 %의 공차가 있는 속도로 움직이는 손잡이가 설치되어야 한다.

㉯ 손잡이는 정상운행 중 운행방향의 반대편에서 450 N의 힘으로 당겨도 정지되지 않아야 한다.

㉰ 손잡이 속도감시장치가 설치되어야 한다.

㉱ 운행하는 동안 손잡이 속도가 10초 이상 동안 실제 속도보다 –10 % 이상 차이가 발생하면 정지시켜야 한다.

[해설] 손잡이의 속도 편차 감지 : 5~15초 내에 디딤판에 대해 ±15% 이상의 속도 편차가 발생 시 정지를 시작해야 한다.

13. 다음 손잡이의 측면 및 위치, 중심선 사이의 거리가 잘못된 것은?

㉮ 손잡이 측면과 가이드 또는 덮개 측면 사이의 거리는 8 mm 이하이어야 한다.

㉯ 손잡이 폭은 110 mm 이상이어야 한다.

㉰ 손잡이와 난간 끝부분 사이의 거리는 50 mm 이하이어야 한다.

㉱ 손잡이 중심선 사이의 거리는 스커트 사이의 거리보다 0.45 m를 초과하지 않아야 한다.

[해설] 손잡이 폭은 70 mm와 100 mm 사이이어야 한다.

14. 에스컬레이터의 경사 부분에서 수평부분으로 전환되는 하부 천이구간의 곡

률반경은 공칭속도 0.65 m/s까지는 몇 m 이상이고 0.65 m/s를 초과하면 몇 m 이상이어야 하는가?

㉮ 1, 2 ㉯ 1.5, 2.5
㉰ 2, 4 ㉭ 2.5, 4.5

15. 트레드 홈에 맞물리는 끼임 방지빗 깊이는 몇 mm 이상이어야 하며, 틈새는 몇 mm 이하이어야 하는가?

㉮ 3, 3 ㉯ 4, 4
㉰ 5, 5 ㉭ 6, 6

16. 구동기 공간에 있어서 작업공간의 조도는 몇 Lux 이상이어야 하는가?

㉮ 100 ㉯ 120
㉰ 150 ㉭ 200

17. 제어회로 및 안전회로의 경우 전도체와 전도체 사이 또는 전도체와 접지 사이의 직류 전압 평균값 및 교류 전압 실횻값은 몇 V 이하이어야 하는가?

㉮ 200 ㉯ 250
㉰ 380 ㉭ 440

18. 비상정지스위치 사이의 거리는 에스컬레이터의 경우에는 몇 m 이하이어야 하며, 무빙워크의 경우에는 몇 m 이하이어야 하는가?

㉮ 35, 35 ㉯ 25, 45
㉰ 40, 30 ㉭ 30, 40

19. 다음 트러스 외부의 구동기 공간에 대한 내용 중 잘못된 것은?

㉮ 구동기 공간에는 잠금장치가 있어야 하고 오직 권한 있는 사람만이 출입할 수 있어야 한다.
㉯ 조명은 작업공간의 바닥에서 200 lx 이상으로 영구적으로 설치되어야 한다.
㉰ 이동을 위한 통로의 폭은 0.5 m 이상이어야 한다.
㉭ 비상조명은 설치할 필요가 없다.

해설 비상조명은 구동기 공간의 어떤 공간에서 일하는 작업자의 안전한 피난을 위해 설치되어야 한다.

제 3 장

전기식 엘리베이터의 주요 부품 수리 및 조정

1. 보수 점검의 항목

보수란, 승강기를 양호한 상태로 유지하기 위해서 점검하거나 고장난 경우 수리하는 것을 말한다.

1-1 기계실

(1) 권상기(traction machine)

① 이상 진동 및 소음의 유무
② 각 베어링의 손상 유무 및 소음 유무
③ 도르래의 수직도 및 홈 마모상태
④ 각부의 볼트, 너트의 이완 및 조립상태
⑤ 커플링, 샤프트, 키의 이완 유무
⑥ 웜기어의 마모도 및 감속기의 윤활유 부족 또는 노화 유무
⑦ 브레이크 작동의 불량 유무 및 브레이크 라이닝 마모, 드럼 마모 상태
⑧ 도르래에서 주로프의 미끄럼 유무
⑨ 분할핀 결여의 유무
⑩ 배관 커버 취부 및 고정상태

(2) 전동기, 전·동발전기(M-G set)

① 소음·진동의 유무 및 발열상태 확인
② 브러시(brush) 마모상태 및 아크(arc) 발생 유무
③ 정류자면 마모상태 및 공극의 균일도
④ 단자대 및 단자 접속 양호 유무
⑤ 윤활유 주입의 적당 여부 및 변질 유무
⑥ 절연저항 적정 여부

   ⑦ 방진고무 취부상태 및 이완 여부

   ⑧ 외함의 페인트 도장상태 및 청결상태

   ⑨ 고정자와 회전자의 간격상태

(3) 제어반, 계상선택기(floor selector)

   ① 소음의 유무

   ② 제어반, 계상선택기 수직도 및 조립볼트 취부, 이완상태 유무

   ③ 각 스위치, 릴레이류 작동의 원활성

   ④ 리드선 및 배선정리의 양호 여부

   ⑤ 절연물, 아크방지기, 코일 소손 및 파손 여부

   ⑥ 절연 저항 측정

   ⑦ 제어반, 계상선택기 접지선 접속 유무

(4) 과속조절기(governor)

   ① 운전의 원활성과 소음의 유무

   ② 도르래에서 과속조절기 로프의 미끄럼 유무

   ③ 볼트, 너트의 결여 및 이완 여부

   ④ 과속조절기 로프와 크립 체결상태 양호 유무

   ⑤ 과속 스위치 접점의 양호 여부 및 작동 확인

   ⑥ 분할핀(cotter) 결여의 여부

   ⑦ 급유의 적당 여부

   ⑧ 작동속도 시험

   ⑨ 추락방지 안전장치 작동상태 양호 여부

   ⑩ 과속조절기 머신 고정 유무

1-2 카(car)와 카 틀(car frame)

(1) 카(car) 실내

   ① 카 패널(car panel) 손상 및 조립부 이완 유무

   ② 조작반 각층 버튼(button) 작동 및 램프(lamp) 점등상태의 유무

   ③ 도어개폐 버튼(door open close button) 작동상태

   ④ 조작반 스위치, 안전 스위치 작동상태 유무

   ⑤ 조명등, 조명기구(정전등 포함) 파손 및 부착부위 이완 유무

   ⑥ 카 실(car sill), 승장 실(hall sill) 이격거리 양호 여부

   ⑦ 카 도어 세이프티 슈(car door safty shoe) 작동 및 소음발생 유무

   ⑧ 카 도어 슈(car door shoe)의 마모 및 이완 유무

⑨ 에이프런(apron) 손상의 유무, 취부상태

⑩ 카 실(car sill) 손상 및 부식상태

⑪ 외부연락장치, 전화장치 통화 양호 여부

⑫ 카 실과 승강로 벽과의 거리상태

⑬ 카 도어와 칼럼(column) 사이의 틈새간격 양호 여부

⑭ 카 조작반 사건장치 및 작동의 원활성

⑮ 운전판 명판의 용도, 적재하중, 정원 표시 보존상태

⑯ 카 손잡이(handrail) 손상 유무 및 보존상태

⑰ 검사필증, 이용자 안전수칙, 비상연락망 부착상태

⑱ 카 위치 표시기(car position indicator) 점등상태 양호 유무

⑲ 카 바닥(platform)의 수평도 및 보존상태

(2) 카(car) 상부

① 카 도어 스위치 접점마모 및 동작상태 · 카 도어 스위치 접점 on, off 적정거리

② 카 도어 각 롤러 작동 및 마모상태 · 카 도어 행어 레일(car door hanger rail) 마모 및 부착부 이완

③ 카 도어 행어 레일 청소, 급유상태

④ 카 도어 모터(car door motor) 작동 · 카 도어 모터 브러시(brush) 접촉상태 및 소음

⑤ 카 도어 모터 벨트(belt), 체인(chain) 작동 시 이상 유무, 마모 및 급유상태

⑥ 카 도어 모터 제어용 저항릴레이 캠 스위치(cam switch) 마모상태 및 작동

⑦ 비상구출구 스위치 동작 · 비상구출구 개폐상태 및 보존상태

⑧ 분할핀, 이중너트, 체대볼트 등 체결상태 및 이완

⑨ 2 : 1 로핑의 경우 도르래의 로프 이탈방지봉 이완 및 취부상태 · 도르래의 마모, 보존 상태

⑩ 로프 체결상태

⑪ 착상 스위치(leveling switch) 동작상태, 수직도 및 취부상태

⑫ 카 상부 가이드 슈(guide shoe) 설치상태, 조정상태 및 이완의 유무

⑬ 과속조절기 스위치와 레버(lever)와의 간격은 적정한가?

⑭ 과속조절기 로프 체결상태는 양호한가?

⑮ 과속조절기 링크 레버(link lever), 스프링 조정상태 및 보존상태

⑯ 카 상부 과속조절기 스위치(governor switch) 접점 및 취부상태

⑰ 카 상부 슬로 다운 캠 스위치(slow down cam switch) 이완 유무

⑱ 카 상부 슬로 다운 캠 롤러 마모 및 작동의 원활성 유무

⑲ 카 상부 전선 정리상태 및 주행 케이블(traveling) 고정상태

⑳ 카 상부 스틸 테이프(steel tape) 스위치 접점마모 및 취부상태

㉑ 카도어 밴(vane) 보존상태 및 고정 여부

㉒ 급유통 보존상태 및 오일의 적정량 유무

㉓ 가이드 롤러(guide roller) 취부 및 보존상태·작동 및 소음발생 유무

㉔ 카 프레임(car frame) 조립 및 이완상태

㉕ 상부 단자대 전선접속 및 전선 보존상태·단자패널 접지접속 상태

㉖ 팬(배기, 흡연) 작동 시 소음 및 이완 유무

(3) 카(car) 하부

① 오버 로드 스위치(over load switch) 취부 및 보존상태

② 오버 로드 스위치의 정확한 동작 여부(정격하중의 105 ~ 110 %)

③ 오버 로드 스위치 고정 및 이완 여부

④ 패널 조립볼트 및 kick plate 체결상태 및 이완 여부

⑤ 체대볼트 조립 및 이완 여부

⑥ 방진고무 체결상태 및 보존 여부

⑦ 방진고무 파손 및 보존 여부

⑧ 하부 재킷볼트 취부 및 보존상태

⑨ 재킷볼트 조정상태 및 터치(touch) 여부

⑩ 밸런스 체인 체결상태 및 고정브래킷 고정 유무

⑪ 추락방지 안전장치 블록 조립상태

⑫ 추락방지 안전장치와 본선 레일과의 이격거리

⑬ 이동 케이블 고정밴드 취부 및 케이블 고정상태

⑭ 케이블 고정밴드 고정 유무 및 각 볼트, 너트 체결상태

`1-3` 균형추(counter weight)

① 조립의 이상 유무

② 볼트(bolt), 너트(nut) 취부 및 이완 여부

③ 가이드 슈(guide shoe) 마모 여부, 취부 및 이완 여부

④ 균형추 가이드 슈와 레일 이격거리는 적정한가?

⑤ 가이드 롤러(guide roller) 취부상태 및 보존상태 이상 유무

⑥ 2 : 1 로핑의 경우 도르래의 로프이탈방지봉 취부 및 이완 유무·도르래의 급유는 적정한가?

⑦ 로프 체결상태 이상 유무

⑧ 분할핀, 이중 너트, 취부 및 이완 유무

⑨ 밸런스 체인 체결 시 각 너트, 분할핀 취부 및 이완 유무

⑩ 스틸 테이프 텐션 스프링 장력은 적정한가?

⑪ 스틸 테이프 고정판 볼트, 너트 취부 및 이완 유무

⑫ 균형추 이탈방지 브래킷 취부 유무 및 볼트, 너트 체결상태·균형추 도장상태

1-4　승강장

① 각 층 홀 버튼(hall button) 누름상태는 양호한가?
② 각 층 홀 버튼 등록상태 및 소거상태는 양호한가?
③ 각 층 홀 버튼 램프 점등상태는 양호한가?
④ 각 층 홀 층 표시기는 정확히 표시하는가?
⑤ 각 층 방향 표시기는 작동되는가(hall indicator, hall lantern, chime bell 포함)?
⑥ 승장 버튼 박스(hall button box) 취부상태 및 수직도는 양호한가?
⑦ 승장실(hall sill) 마모 및 보존상태는 양호한가?
⑧ 잠(jamb)과 승장 도어(hall door)사이의 간격은 적정한가?
⑨ 승장 도어(hall door), 잠(jamb)의 페인트 도장상태 및 보존

1-5　승강로

① 상부 파이널(final), 방향제한, 강제감속(slow down), 리밋(limit) 스위치 취부 및 보존상태
② 상부 파이널, 방향제한, 강제감속 스위치 이격거리 및 캠(cam)날과 접촉 시 정확히 작동되는가?
③ 상부 파이널, 방향제한, 강제감속 스위치 접점 마모상태 및 이완 유무
④ 상부 리밋 스위치, 브래킷 수평도 및 고정볼트, 너트 이완상태
⑤ 본선 레일, 균형추 레일, 고정클립, 너트, 볼트 취부 및 이완 유무
⑥ 카, 균형추 1·2차 브래킷 볼트, 너트 고정 및 페인트 방청상태
⑦ 카, 균형추 레일 조인트부분 연결상태 및 연마상태
⑧ 스틸 테이프(steel tape) 소음 여부·마모 상처, 녹 등의 유무·청소 및 오일 주입상태
⑨ 스틸 스프링 텐션(spring tension) 적정 여부 확인
⑩ 마그넷 테이프(magnet tape), 반사테이프 위치의 정확성 여부·접착상태 여부
⑪ 주행 케이블(traveling cable) 설치상태·피복손상, 마모상태의 유무
⑫ 주행 케이블과 중간 박스(junction box) 단자대와 전선접속 상태
⑬ 메인 로프(main wire rope) 소음 유무, 소선의 끊김, 마모, 녹 등의 진행 정도
⑭ 메인 로프 내에서 기름은 적정량으로 나오고 있는가?
⑮ 메인 로프 청소 및 텐션(tension) 조정은 양호한가?
⑯ 밸런스 체인(balance chain) 소음 유무, 사슬의 양호 유무
⑰ 밸런스 로프 텐션상태, 소선의 끊김, 마모, 녹 등의 진행 정도
⑱ 과속조절기 로프(governor rope) 소선의 끊김, 마모, 녹 등의 진행 정도, 소음 유무

⑲ 각 층 홀 도어 인터로크(inter lock)장치는 정확히 조정되어 있는가?

⑳ 각 층 홀 출입문 안내수단(hall door guide shoe) 고정볼트 취부 및 이완 유무

㉑ 각 층 홀 도어 스위치는 정확히 작동하는가?

㉒ 각 층 홀 도어 스위치 접점, 마모상태 및 이완 유무

㉓ 각 층 밴 크랭크 롤러(vane crank roller) 마모상태 및 고정 유무

㉔ 각 층 인터로크 롤러, 밴 크랭크 롤러와 밴(vane)과의 이격거리는 정확한가?

㉕ 각 층 홀 도어와 잠(jamb) 사이의 이격거리는 적정한가?

㉖ 각 층 홀 도어 연동 로프(rope), 너트 취부상태 및 마모상태

㉗ 각 층 홀 도어 행어 로프(hanger rope), 업스러스트 롤러(up thrust roller) 마모 및 작동의 원활성 유무

㉘ 각 층 홀 도어 스위치 커버 취부 유무 및 고정상태

㉙ 각 층 홀 실 커버(hall toe guard 또는 hall sill cover) 부착 및 고정 유무

㉚ 각 층 웨이트 가이드 롤러(weight guide roller) 작동의 원활성 및 마모 유무

㉛ 각 층 웨이트 가이드 롤러 고정 유무 및 수직도

㉜ 각 층 웨이트 로프(weight rope) 소선 끊김 및 마모 유무

㉝ 각 층 외부 비상키로 홀 도어 로크(lock)장치 해체 가능 여부

㉞ 수동 조작 리모컨은 정확히 작동하는가?

㉟ 패널 방진고무 조정상태 및 마모, 파손 여부, 배관커버 취부상태

㊱ 착상유도장치(landing van)는 각 층에 수직으로 취부되었는가?

㊲ 착상유도장치와 착상 스위치 간격·착상 스위치 체결상태 및 이완 유무

1-6 피트(pit)

① 피트(pit) 안전 스위치, 전등(lamp) 스위치 작동 및 고정상태

② 피트(pit) 사다리 고정 유무

③ 하부 각종 리밋 스위치, 브래킷 수평 및 고정상태

④ 하부 각종 리밋 스위치 작동상태 및 이격거리는 정확한가?

⑤ 각종 텐션 도르래(governor tension sheave) 회전 시 소음 여부·마모 및 보존상태

⑥ 완충기(buffer) 취부상태 및 수직도·오일 주입량은 적정한가?

⑦ 이동 케이블, 각종 텐션 도르래는 피트 바닥에서 이격거리는 적정한가?

⑧ 버퍼와 카 이격거리는 적정한가?

⑨ 버퍼와 균형추 이격거리는 적정한가?

⑩ 밸런스 체인(balance chain) 가이드봉의 고무 마모상태 및 취부 여부

⑪ 컴펜 도르래(compen sheave), 주행 안내 레일(guide rail) 수직도 및 도르래 이탈방지 브래킷 취부 및 이완 유무

1-7 **주행상태**

① 각층 레벨은 정확한가?
② 주행 중 이상소음 유무
③ 주행 중 카의 좌우 유동 및 떨림상태 유무
④ 감속, 가속 시 쇼크 발생 유무
⑤ 착상 전 도어 오픈(running open)상태 유무
⑥ 정상적인 속도로(수동, 자동) 운전되고 있는가?
⑦ 홀, 카 도어는 완전히 닫혀서 운전되는가?
⑧ 홀, 카 버튼을 누르면 원하는 층에 정지하는가?

1-8 **소방구조용 엘리베이터**

① 카 호출장치 동작상태 양호 여부
② 1·2차 소방운전 동작상태 양호 여부
③ 비상용 표지 및 표시등 양호 여부
④ 카 위 각 전기장치의 물을 제거하는 커버, 물빼기 구멍의 상태 양호 여부
⑤ 피트 배수장치 상태 양호 여부
⑥ 중앙관리실의 화재운전 스위치, 비상운전등, 통화장치의 작동상태 양호 여부
⑦ 비상발전기 동작상태 양호 여부

2. 보수 점검의 방법

2-1 **급 유**

기계의 보수에서 급유가 가장 중요한 항목이다.

(1) 로프(roop)

① 제작 당시 그 중심부의 마심에 기름을 먹여 두지만, 일정시기에 급유가 필요하다.
② 지나친 급유는 로프와 도르래의 마찰력을 저하시켜 슬립(slip)을 일으킬 수 있으므로 피해야 한다.

(2) 과속조절기 로프

급유에 의한 추락방지 안전장치가 동작하지 않는 결과를 빚을 염려가 있으므로 함부로 급

유하지 말아야 한다.

(3) 레일(rail)

① 레일은 항상 잘 급유되는 것이 중요하나 지나친 급유는 피하여야 한다.

② 가이드 롤러와 오일을 필요로 하지 않는 가이드 슈를 사용하는 레일에는 급유하지 말아야 한다.

(4) 오일 완충기(oil buffer)

① 지정된 유량 레벨까지 기름을 채워 두어야 하며, 3개월에 1회 이상 점검해야 한다.

② 제조자가 지정한 품질의 기름을 사용해야 한다.

(5) 추락방지 안전장치

먼지나 녹을 제거하고, 때때로 급유하여 회전 부분이 원활하게 움직이도록 하여 두는 것이 중요하다.

(6) 웜 기어(worm gear)

① 오일 게이지의 그 레벨까지 지정된 기름을 채우며, 월 1회 점검한다.

② 보통 1년 주기로 기름을 갈아주는 것으로 되어 있다.

(7) 볼 베어링(ball bearing)

① 윤활제로는 제조자가 지정한 그리스(grease)를 사용한다.

② 반년마다 보급하고, 3년마다 그리스를 교체한다.

2-2 권상기(traction machine)

(1) 도르래 균열

도르래의 균열 여부는 망치로 가볍게 두들려서 점검한다.

(2) 도르래 홈의 마모

① 언더컷 형

㈎ 홈 바닥에 로프 한 가닥이라도 닿으면 즉시 홈을 다시 깎든지 교체하여야 한다.

㈏ 편 마모의 경우에는 로프의 인장력을 조정하여 사용할 수 있으나 교체가 바람직하다.

② U형

• 피아노선으로 둘레를 측정하는 방법 : 1.6 mm 이상의 차가 생기면 다시 깎아야 한다.

③ 마모상태를 정밀하게 살피는 데는 컴파운드로 형을 뜨는 방법이 간편하다.

(3) 브레이크(brake : 제동기)의 조정방법

① 일반적 주의사항

㈎ 보수 시 특히 주의해야 할 것은 설치 시에 설정된 스프링은 강하게 하는 수도 있을 수 있으나 절대로 약하게 해서는 안 된다. 만일 브레이크 스프링을 드러냈을 경우라도 반드시 원위치에 설정하지 않으면 안 된다.

㈏ 브레이크를 분해했을 때에는 핀 코어 슬리브 및 가동부분을 청소 후 코어 및 핀에는 소량의 머신 오일을 도포한다. 또 코어 및 브레이크 슈의 좌우를 틀림없이 원위치에 설정해야 한다.

② 브레이크의 조정 순서

1. 전원을 끊고 카를 밀어 올려 모터의 결선을 분리한다.
2. 브레이크가 작동하고 있는 상태일 때 라이닝과 브레이크 드럼과는 전면에 걸쳐 접촉하도록 슈의 조정볼트를 조정한다. 만일 아무리해도 상하 어느 쪽이든지 뜰 때에는 상측이 뜨도록 조정한다.
3. 코어·스트로크 조정용 볼트를 완전히 느슨하게 한다.
4. 좌우의 코어를 손으로 밀어 붙여 스트로크를 0점에 둔다.
5. 다음에 코어·스트로크 조정용 볼트를 조여가면서 조정볼트가 핀에 가볍게 닿은 점에서 세워 좌우 불균형하게 조여서 로크너트를 가조임(우선조임)한다. (가볍게 닿은 점에서 1 ~ 2회전 쯤)
6. 모터에 전류가 흐르지 않는 것을 확인하여 브레이크 코일에 전류를 보낸다.
7. 시그네스 게이지를 사용하여 슈 중앙부의 갭을 측정한다. 이 갭이 $0.15 \sim 0.2\,\mathrm{mm}$ 전후가 되도록 조정한다. 만일 여유가 없어질 것 같으면 코어 자체의 취부를 재조정하지 않으면 안 된다.
8. 코어 조정볼트의 로크너트를 조여 붙인다.
9. 모터를 결선하여 엘리베이터를 지속으로 운전한다.
10. 스톱나사는 절대로 작동해서는 안 된다.
11. 전기적 조정을 시행한다.

2-3 과속조절기(governor)

(1) 롤 세이프티(roll safety) 형의 점검 방법

① 각 지점부의 부착상태, 급유상태 및 조정 스프링에 약화 등이 없는지 확인한다.
② 과속조절기 스위치를 끊어놓고 제어반의 전원을 on 시켰을 경우 안전회로가 차단됨을 확인한다. 또 스위치의 설치상태 및 배선단자에 이완이 없는지도 확인한다.
③ 카 위에 타고 점검운전으로 승강로 안을 1회 왕복하여 과속조절기 로프에 발청, 마모 및 파단 등이 없는지 확인한다. 또 로프 텐션의 상태도 아울러 확인해야 한다.

④ 도르래 홈의 마모상태를 확인한다. 도르래 윗면과 로프 윗면과의 치수가 윗면에서 3 mm 떨어지면 교체해야 한다.

(2) 디스크(disk) 형의 점검 방법

① 로프잡이의 움직임은 원활하며 지점부에 발청이 없으며 급유상태가 양호한지 확인한다. 또 마찰판 부분에 더러운 것이 있을 때에는 청소한다.
② 레버는 올바른 위치에 설정되어 있는지 확인한다.
③ 롤 세이프티형 ①~③항에 준한다.
④ 도르래 홈의 마모상태를 확인한다.

2-4 카 (car)

(1) 도어(door) 스위치의 점검 방법

① 최하층으로부터 1계층 위의 계단에서 카 도어 스위치를 점검할 수 있는 위치로 엘리베이터를 이동하고 카 상부 안전 스위치를 off한다.
② 커버 조립나사를 풀고 커버를 제거한다.
③ 카 도어를 한 번 열고나서 손으로 서서히 닫아주면서 완전히 닫혀지기 전에 스위치의 접점이 접촉되도록 하고 그로부터 완전히 닫힐 때까지가 스위치의 눌림양으로 되는 것을 확인한다.

(2) 추락방지 안전장치의 동작 확인 방법

① 기계실에서 과속조절기 머신을 동작시킨다.
② 안전회로를 강제 점퍼시킨다.
③ 기계실에서 점검운전으로 카를 하강시킨다.
④ 이때 세이프티 링크 스위치가 확실하게 끊어진다면 좌우 동시에 세이프티가 움직이는 것을 확인한다.
⑤ 제어반에서 점검운전으로 카를 하강시킬 때 메인 도르래가 공회전하는 것을 확인한다. 이 작업은 메인 도르래가 약간 움직인 것을 확인하면 정상이다.
⑥ 복귀는 제어반에서 점검운전하여 카를 상승시킨다. 이때 100 mm 정도 카를 상승시키면 한 번 정지한다.
⑦ 과속조절기의 캐치 및 스위치를 복귀시킨다.
⑧ 또한 카를 상승시켜서 정지하고 리프트로트가 확실히 정위치로 복귀할 것을 확인한다. 또 하강운전시켜서 이상음이 없는가를 확인한다.
⑨ 세이프티 기구에 이상이 없는 것을 확인한다.

2-5 **메인 로프 및 과속조절기 로프의 교체**

(1) 로프의 교체기준은 다음 항목을 조정하여 판정한다.

① 소선의 단선 및 그 분포상태

② 로프의 마모

③ 로프의 녹

④ 사용년수

(2) 로프의 점검 장소

① 카(car)를 약간씩 승강시키면서 카 상부에서 점검한다.

② 카(car) 상부에서 할 수 없는 부분은 체크하여 표시해 두고 기계실 또는 피트(pit)에 서 점검한다.

③ 메인 로프에서 가장 마모단선이 많은 곳은 카(car)가 기준층에 있을 때 권상기의 도 르래에 접촉하는 부분이다.

(3) 로프 지름의 올바른 측정방법

(a) 올바른 측정   (b) 올바르지 않은 측정

그림 2-8

3. 보수 점검 주기

표 2-11

구분	매월 1회	3개월 1회	6개월 1회	매년 1회
기계실	• 출입통로 • 출입구잠금장치 • 청소, 조명, 환기 장치 상태 • 수동조작핸들, 브레이크 레버의 정비상태 • 브레이크 작동, 마모 상태 • 전동·발전기의 발열 및 이상음 발생 여부	• 감속기어의 운활 및 마모상태	• 주 도르래의 마모 및 작동상태 • 베어링의 발열, 이상음 발생 여부 • 과속조절기 진동, 소음 발생 여부	• 고정 도르래의 마모 및 작동상태 • 과속조절기 동작·속도 검출 시험 • 전동기, 발전기 스테이터와 로터 청소 및 간격 조정 • 기기의 내진 대책 • 추락방지 안전장치 복귀 상태
카 실내, 위	• 도어의 개폐동작 • 문닫힘 안전장치작동 • 인터폰 통화상태 • 비상정지 스위치 작동 • 정전등, 표시기 점등 • 비상구 출구 개폐상태 • 안전스위치 개폐상태	• 조명 • 실내 및 주벽, 천장, 바닥 • 카 가이드 슈의 마모 상태 • 추락방지 안전장치 연결기구 • 리타이어링 캠 장치 • 도어 클로저 작동상태	• 카 상부 도르래의 마모 및 작동상태 • 주로프·과속조절기 로프의 마모 및 설치상태 • 균형추 상부 도르래의 마모 및 작동상태 • 이동케이블의 설치·보존	• 카 바닥 앞과 승강로 벽과의 수평거리 • 1, 2차 소방운전 스위치 • 카 및 균형추 로프 소켓 • 중앙관리실 화재운전 스위치, 비상운전등, 통화장치 • 주행 안내 레일, 브래킷의 보존상태 • 균형추 서스펜스 도르래, 각부의 관리상태 • 내진 대책 여부 • 배관, 배선, 분기박스
승강로	• 스틸 테이프의 설치 상태 • 도어 인터로크 스위치 작동상태 • 승강 도어 및 문턱 • 승강 도어 슈 • 캠, 행어롤러, 업스트러스 롤러 상태	• 균형추 가이드 슈 • 착상장치 플레이트	−	−
피트	• 바닥의 청소, 방수상태 • 저울장치 작동상태 (과부하 감지장치)	• 하부 파이널 리밋 스위치 작동상태 • 완충기 설치상태 및 기름상태 • 추락방지 안전장치 스위치 • 설치 및 작동상태	• 과속조절기 로프 인장 장치의 작동상태 • 균형로프 및 부착부 설치상태 • 균형추 밑 부분 틈새 • 이동케이블의 설치상태	• 카 하부 도르래의 마모 및 작동상태 • 내진대책 • 배수장치(비상용)
승강장	• 승강 표시기 • 위치 표시기 • 승강장 실 커버	• 도어 비상 키 장치	−	• 비상용 표지 및 표시등의 설치상태 • 비상 발전기 • 카 호출장치 동작상태 (비상용)

예·상·문·제

1. 권상기의(traction machine)의 점검사항이 아닌 것은?

㉮ 진동, 소음, 운전의 원활성 등 운전상황의 이상 유무를 살핀다.

㉯ 기름(oil)의 누설 유무를 점검하고 청소한다.

㉰ 브레이크 작동 여부를 점검하고 조정한다.

㉱ 과부하검출장치의 작동 여부를 점검한다.

[해설] 과부하검출장치의 작동여부는 1. 1-2. (3)항 : 카(car) 하부에서 하는 보수 점검 항목에 해당된다.

2. 전동기의 이상상태로 볼 수 없는 것은?

㉮ 회전하는데 소리가 나지 않는다.

㉯ 전동기 본체부분에 균열이 약간 있다.

㉰ 전동기 축부분에 이상음이 생긴다.

㉱ 전동기 외함에 전류가 흐른다.

[해설] 전동기가 회전하는데 소리가 나지 않는 것은 정상상태이며, 외함에 전류가 흐른다는 것은 절연상태가 불량한 것으로 감전사고의 원인이 된다.

3. 전동기에 대한 점검을 하고자 할 때, 계측기를 사용하지 않으면 측정이 불가능한 것은?

㉮ 이상발열 유무

㉯ 이상음 발생 유무

㉰ 전동기의 회전속도

㉱ 전동기 본체의 파손

[해설] 전동기의 회전속도는 회전계를 사용하여 측정한다.

4. 엘리베이터의 전동기나 MG세트의 보수 점검사항이 아닌 것은?

㉮ 결선 유무를 점검한다.

㉯ 인터로크(Interlock)의 기능상태를 살핀다.

㉰ 절연저항을 측정한다.

㉱ 고정자와 회전자의 간격을 살핀다.

[해설] 본문 1. 1-1. (2)항 참조

5. 제어반에서 점검할 수 없는 것은?

㉮ 결선단자의 조임상태

㉯ 전동기회로 절연상태

㉰ 스위치 접점 및 작동상태

㉱ 과속조절기 스위치 작동상태

[해설] 과속조절기 스위치 작동상태는 과속조절기 자체의 점검 항목에 속한다. 1. 1-1. (4)항 참조

6. 제어반에서 점검할 수 없는 것은?

㉮ 단자의 조임상태

㉯ 전선의 손상 정도

㉰ 계전기의 발열상태

㉱ 누름(부름)버튼의 점검

[해설] 본문 1. 1-1. (3)항 참조

7. 엘리베이터 제어반 등의 회로 절연에 있어서 절연저항이 가장 커야 할 곳은?

㉮ 전동기 주회로

㉯ 승강로 내 안전회로

㉰ 승강로 내 신호회로

㉱ 승강로 내 조명회로

정답 1. ㉱ 2. ㉮ 3. ㉰ 4. ㉯ 5. ㉱ 6. ㉱ 7. ㉮

8. 과속조절기의 보수점검 등에 관한 사항과 거리가 먼 것은?

㉮ 층간 정지 시, 수동으로 돌려 구출하기 위한 수동핸들의 작동 검사 및 보수

㉯ 볼트, 너트, 핀의 이완 유무

㉰ 과속조절기 시브와 로프 사이의 미끄럼 유무

㉱ 과속 스위치 점검 및 동작

[해설] 본문 1. 1-1. (4)항 참조

9. 다음 중 카(car) 상부에서 점검할 수 없는 것은?

㉮ 카(car) 레일의 급유상태 점검

㉯ 균형추 레일의 급유상태 점검

㉰ 최하층의 문 인터로크 스위치(inter lock switch) 점검

㉱ 균형추의 상·하부 가이드 슈(guide shoe) 점검

[해설] 본문 1. 1-1. (2)항 참조

10. 다음 중 카 상부에서 하는 검사가 아닌 것은?

㉮ 비상구출구 스위치의 작동상태

㉯ 도어개폐장치의 설치상태

㉰ 과속조절기 로프의 설치상태

㉱ 과속조절기 로프 인장장치의 작동상태

[해설] 본문 1. 1-2. (2)항 참조

11. 카 상부에서 행하는 검사가 아닌 것은?

㉮ 주행 안내 레일 손상 유무

㉯ 비상구출구 스위치 동작 여부

㉰ 카 도어 스위치 동작 여부

㉱ 모터 절연상태 검사

[해설] 모터(motor : 전동기) 절연상태 점검은 본문 1. 1-1. (2)항 참조

12. 승강장 운전 중 케이지(cage) 내에서 점검해야 할 사항이 아닌 것은?

㉮ 절연상태 양호 여부

㉯ 주행 중 충격, 소음, 진동 유무

㉰ 도어 개폐 시 이상 유무

㉱ 연락장치의 외부와의 통화가능 여부

13. 가이드 슈에 대한 점검사항이 아닌 것은?

㉮ 취부 볼트가 이완되지 않았는지의 여부

㉯ 진동방지장치가 이완되지 않았는지의 여부

㉰ 슈가 마모되지 않았는지의 여부

㉱ 기름통의 기름이 있는지의 여부

[해설] 가이드 슈(guide shoe)

① 카(car) 또는 균형추를 레일에 안내하기 위한 장치로 승차감을 좌우한다.

② 점검 사항은 ㉮, ㉯, ㉰ 이외에

• 주행 중 이상한 소음 유무

• 롤러 가이드의 베어링 이상 유무

• 급유의 적당량 여부

14. 엘리베이터 도어 슈의 점검을 위해 실시하여야 할 사항이 아닌 것은?

㉮ 도어 슈의 마모상태 점검

㉯ 가이드 롤러의 고무 탄력상태 점검

㉰ 슈 고정볼트의 조임상태 점검

㉱ 도어 개폐 시 실과의 간섭상태 점검

[해설] 도어 슈(door shoe)

① 도어의 하부 골단에 설치하는 끼우는 쇠, 즉 소켓이다.

② 점검사항은 마모상태, 조임상태, 개폐 시 실(sill : 문지방)과의 간섭상태 등이다.

15. 엘리베이터 도어의 세이프티 슈에 대한 점검 사항이 아닌 것은?

정답 8. ㉮ 9. ㉰ 10. ㉱ 11. ㉱ 12. ㉮ 13. ㉱ 14. ㉯ 15. ㉰

㋑ 슈의 작동상태

㋒ 슈와 도어의 간격

㋓ 슈의 도어머신 캠 스위치와의 캠

㋔ 도어 끝에서 슈의 나온 길이

[해설] 도어의 세이프티 슈(safety shoe)
  ① 도어의 끝단에 설치된 이물질 검출장치이다.
  ② 점검사항은 ㋑, ㋒, ㋔ 이외에
    ㉮ 변형, 파손 및 오염상태
    ㉯ 전선의 손상 유무
    ㉰ 스위치의 취부상태

16. 균형추의 점검 및 보수사항과 거리가 먼 것은?

㋑ 각 웨이트편이 움직이지 않게 고정되어 있는지의 여부

㋒ 각부의 조임상태는 양호한지의 여부

㋓ 가이드 슈가 지나치게 마모된 것은 없는지의 여부

㋔ 과속 스위치의 취부가 양호한지의 여부

[해설] 균형추 점검 및 보수 : 본문 1. 1-3항 참조

[참고] 과속 스위치의 취부상태는 과속조절기의 점검항목에 속한다.

17. 균형 체인과 균형 로프의 점검사항이 아닌 것은?

㋑ 연결부위의 이상마모가 있는지를 점검

㋒ 이완상태가 있는지를 점검

㋓ 이상소음이 있는지를 점검

㋔ 양쪽 끝단은 카의 양측에 균등하게 연결되어 있는지를 점검

[해설] 균형 체인과 균형 로프의 한쪽 끝은 균형추에, 다른 한쪽은 카(car)에 연결 된다.

18. 엘리베이터 로프의 점검사항으로 적절하지 않은 것은?

㋑ 녹의 유무

㋒ 마모의 정도

㋓ 절연저항

㋔ 모래, 먼지 등의 부착

19. 승강장의 보수·점검 사항이 아닌 것은?

㋑ 승장 도어의 손상 유무

㋒ 실 마모의 유무

㋓ 승장 버튼의 양호 유무

㋔ 과속조절기 스위치 동작 여부

[해설] 승강장 보수·점검 : 본문 1. 1-4항 참조

20. 엘리베이터 승강로의 점검사항에 속하지 않는 것은?

㋑ 각 리밋 스위치의 고정상태 점검

㋒ 주행 안내 레일의 급유상태 점검

㋓ 주 과속조절기 로프상태 점검

㋔ 트랙션 머신의 커플링 고정상태 점검

[해설] 트랙션 머신(traction machine : 권상기)은 기계실에 설치된다. 본문 1. 1-1. (1)항 참조

21. 승객용 승장 도어의 보수점검에 대한 설명으로 틀린 것은?

㋑ 레일의 이물질을 제거한다.

㋒ 도어 롤러의 이상 유무를 확인하여 불량품을 교체한다.

㋓ 활동부는 주유하는 소음을 없애고 원활한 동작을 하게 한다.

㋔ 도어가 잘 열릴 수 있도록 시건장치를 빼어 놓는다.

22. 엘리베이터의 주행 안내 레일에 대한 점검 중 조인트 부에 대한 점검부에 점검

정답 16. ㋔ 17. ㋔ 18. ㋓ 19. ㋔ 20. ㋔ 21. ㋔ 22. ㋔

항목이 아닌 것은?

㉮ 브래킷 고정상태 점검

㉯ 클립 비틀림 및 볼트 조임상태 점검

㉰ 연결부위 단차 및 면차는 규정값 이하인지 점검

㉱ 로프 텐션의 균일상태 확인

[해설] 로프 텐션(rope tension : 로프 장력)의 균일 상태 확인은 승강로 점검사항에 속한다.

23. 주행 안내 레일의 보수 점검 항목이 아닌 것은?

㉮ 레일의 급유상태

㉯ 레일 및 브래킷의 오염상태

㉰ 브래킷 취부의 앵커 볼트 이완상태

㉱ 레일 길이의 신축상태

[해설] 주행 안내 레일(guide rail)·브래킷(bracket) 보수 점검 항목
① 손상이나 소음 유무
② 취부 볼트, 너트의 이완 상태 여부
③ 레일의 급유상태 및 오염 상태
④ 브래킷 취부 앵커 볼트의 이완 유무 및 용접부의 균열 여부

24. 주행 안내 레일의 보수 점검사항 중 틀린 것은?

㉮ 녹이나 이물질이 있을 경우 제거한다.

㉯ 레일 브래킷의 조임상태를 점검한다.

㉰ 레일 클립의 변형 유무를 체크한다.

㉱ 레일면이 손상되었을 경우에는 방청 페인트로 표면에 곱게 도장한다.

25. 피트 바닥에서 점검할 항목이 아닌 것은?

㉮ 카와 완충기의 거리

㉯ 과속조절기의 로프 설치 상태

㉰ 하부 파이널 리밋 스위치

㉱ 이동 케이블

[해설] 피트(pit) 바닥 점검항목 : 본문 1. 1-6항 참조

[참고] 과속조절기 로프의 체결 상태는 카(car) 상부에서, 소선의 끊김, 마모, 산화 정도 확인은 승강로의 점검사항에 속한다.

26. 피트 내에서의 점검요령으로 틀린 것은?

㉮ 피트에 들어갈 때는 카를 수동상태에 둔다.

㉯ 하부 파이널 리밋 스위치를 점검한다.

㉰ 피트에 물이 고여있을 경우는 점검등을 들고 점검한다.

㉱ 과속조절기 텐션시브는 바닥과 접촉하지 않는지를 점검한다.

[해설] 피트(pit) 내에 물이 고여있을 경우에 점검등을 들고 점검하면 감전사고 위험이 있으므로 삼가해야 한다.

27. 다음 중 로프의 지름 측정방법이 바른 것은 어느 것인가?

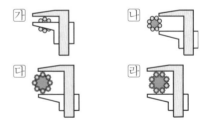

제 4 장

유압식 승강기·에스컬레이터 및 무빙워크의 주요 부품 수리 및 조정

1. 유압식 승강기의 보수 점검 항목 및 방법

로프식 승강기와 비교하여, 방식이 전혀 다른 점검사항만 열거하면 일반사항은 로프식 승강기에 준한다.

1-1 보수·점검 항목

(1) 기계실

① 모터 공회전방지장치 양호 여부
② 전동기, 펌프의 소음, 진동 유무, 발열상태의 확인, 접속단자의 양호 여부
③ 압력계의 작동상태 양호 여부
④ 바이패스(bypass) 안전밸브 작동상태 양호 여부
⑤ 체크밸브 작동상태 양호 여부
⑥ 유량제어밸브 작동상태 양호 여부
⑦ 수동하강밸브 작동상태 양호 여부
⑧ 기름탱크의 오일량이 적절한가의 여부, 기름탱크의 부유가 없는가, 기름 탱크 내의 오일온도는 적절한가?
⑨ 압력배관, 고압고무호스 상태 양호 여부
⑩ 소화설비, 화기엄금표지판은 비치되어 있는가?
⑪ 기계실 바닥, 벽, 천정의 상태는 양호한가?

(2) 카(car)와 승강로

① 카(car) : 바닥맞춤보정장치 작동 양호 여부

② 승강로
 ㉮ 플런저 상부 도르래 상태
 ㉯ 실린더 상태
 ㉰ 플런저 리밋 스위치 작동상태

(3) 피트(pit)

① 과속조절기 당김 도르래의 양호 여부
② 카 하부 도르래 상태·실린더 하부 도르래 상태
③ 슬랙 로프 스위치 작동상태·로프이탈방지봉 설치상태

(4) 유압파워유닛(power unit)

① 유압탱크에 발청, 결로는 없는가?
② 유압탱크에서 기름이 새지는 않는가?
③ 기름에 현저한 오염은 없는가? 또 유량은 적정한가?
④ 전동기에 이상발열, 이상음은 없는가?
⑤ 단자박스 내의 각 배선단자에 풀림은 없는가?
⑥ 유닛 내 각 기기의 동작은 양호한가? 또, 각 기기의 설정치는 바르게 설정되고, 조임 볼트류에 이완은 없는가?
⑦ 유닛 내의 배관경로에 에어는 생기지 않았는가?
⑧ 유량제어밸브의 조임볼트류에 풀림은 없는가?
⑨ 기름검출 스위치는 적정치로 설정되어 있는가?
⑩ 유온계의 취부상태는 양호한가?
⑪ 오일 쿨러가 있는 경우는 그 취부상태는 양호한가?
⑫ 전동기 공회전방지장치의 타이머 설정치는 적정치로 설정되어 정상으로 동작하는가?
⑬ 라인 필터의 취부상태는 양호한가? 또, 내부 필터에 오염은 없는가?
⑭ 스톱밸브, 사일런서의 취부상태는 양호한가?

(5) 실린더 및 플런저

① 실린더 윗부분의 청소상태는 양호한가?
② 실린더 윗부분에 대한 리크오일량은 이상적으로 많지 않은가? 많은 경우는 실린더 윗부분의 U패킹 O링 및 더스트실(dustseal) 등을 교환할 필요가 있다.
③ 실린더가 분할형의 경우, 연결부에서 기름이 새지 않는가?
④ 실린더에 기울어짐은 없는가?
⑤ 플런저 표면에 손상 등이 없고 전면에 걸쳐 얇게 기름이 묻어 있는가?
⑥ 직접식 방식의 경우 카 상부 아래의 플런저 연결부의 하중자동조정 베어링에 급유되어 있는가? 필요하면 카를 걸어두고 급유해야 한다.

⑦ 실린더 내에 공기가 생기지 않았는가?

⑧ 각 배관조임부(빅토리 이음매)의 취부상태는 양호하고, 누유되지는 않았는가?

1-2 보수·점검 방법

(1) 파워 유닛(power unit) 내에 기름 점검

① 유닛 내 기름 점검 : 시각과 후각으로 판정하고, 필요에 따라 제조자에 성능시험을 의뢰한다.

② 기름의 채취방법 : 승강기를 1회 왕복한 후 탱크 내의 중간 정도 기름을 채워서 한다.

표 2-12

외 관	판 정	상 태	대 책
투명하고 색채변화가 없음	양	양	그대로 사용
엷은 투명색	양	이종 기름이 혼입	점도를 비교해 좋으면 사용
맑은 우유색으로 변화하고 있음	양	기포, 수분이 혼입	수분을 분리 (오일 메이커에 의뢰)
흑갈색으로 변함	악취	배화, 열화	오일 교체
투명하고 작은 흑점이 있음	양	이물질이 혼입	여과해서 사용

(2) 릴리프 밸브(relief valve) : 안전밸브

① 릴리프 밸브의 동작 확인에 있어 카를 최하층에 멈춰서 전원을 끊는다.

② 스톱 밸브가 전부 닫혀지고 압력계의 콕을 개방한다.

③ 전원을 넣고 상층 호출을 하여 펌프모터를 동작시키고, 압력계의 눈금 값이 상용 압력의 125 %를 넘지 않는 범위 내에서 릴리프 밸브를 개시하고 150 % 이하에서 펌프토출유의 전량을 방유하도록 세팅되어 있는 것을 확인한다.

④ 스톱밸브를 완전히 열고 압력계의 콕을 닫는다.

(3) 전동기 공회전 방지장치

① 전원을 끊고, 전동기 공회전방지장치의 타이머 설정치를 설정한다.

② 스톱 밸브를 완전히 닫고 전원을 넣는다.

③ 설정치 후 전동기 공회전방지장치가 동작하여 전동기가 정지하는 것을 확인한다.

④ 확인 후 타이머를 규정된 시간으로 설정한다.

⑤ 스톱 밸브를 완전히 열어준다.

(4) 라인필터의 청소

① 전원을 끊는다.

② 스톱 밸브를 완전히 닫는다.

③ 유압유닛에서 스톱 밸브 사이의 압력을 한 번 뺀다.

④ 라인 필터의 아래에 기름받이 그릇을 준비한다.

⑤ 라인 필터의 뚜껑 취부 볼트 4개를 제거하고 필터를 축출해서 세정유로 청소한다.

⑥ 필터를 삽입하고, 뚜껑을 취부하는 방향으로 주의해서 취부하였다면 전원을 투입한다.

⑦ 한 번 상승호출을 만들어 유압유닛에서 스톱 밸브 사이의 압력을 원래의 상태까지 올리고 전원을 끊는다.

⑧ 스톱 밸브를 완전히 열고 전원을 투입한다.

2. 에스컬레이터 및 무빙워크의 보수 점검 항목 및 방법

2-1 보수·점검 항목

(1) 구동 장치(driving machine)

① 진동·소음의 유무

② 운전의 원활성

③ 구동장치의 취부상태

④ 각부 볼트 및 너트의 이완 여부

⑤ 기어 케이스 등의 표면 균열 및 누유 여부

⑥ 브레이크의 작동상태

⑦ 구동 체인의 늘어짐 여부

⑧ 각부의 주유상태 및 윤활유의 부족 또는 변화 여부

⑨ 벨트 사용 시 벨트의 장력 및 마모상태

(2) 제어반(controller)

① 이상소음의 유무

② 접점의 양호 여부

③ 볼트 및 각종 납땜상태 이완 여부

④ 케이블 소손 및 파손 여부

⑤ 각종 스위치, 릴레이, 커넥터 등의 작동 원활성

⑥ 결선 이완의 여부

⑦ 퓨즈(fuse) 이완 여부 및 동선 사용 여부

(3) 구동 스프로킷(sprocket) 및 구동축

① 스프로킷 치차면의 파손 또는 마모 여부
② 각종 볼트의 이완 여부
③ 연동용 체인 또는 벨트의 늘어짐 마모 여부

(4) 난간 및 발판(step)

① 난간부위의 각종 나사의 조임상태 및 외관상태
② 발판의 균열 또는 파손 여부
③ 주행 중 이상소음 또는 진동 여부
④ 발판과 스커트 가드 사이의 간격
⑤ 손잡이와 파손 및 마모 여부
⑥ 발판과 손잡이의 속도 차이 여부
⑦ 발판 홈에 이물질 유무
⑧ 난간 조명 또는 발판 조명이 있을 때 조명램프의 점등상태와 보호덮개(cover)의 파손 여부
⑨ 삼각부 가드판(delta guard)의 취부상태

(5) 승강장

① 기동 스위치 및 비상정지 스위치의 작동상태와 파손 여부
② 승장부위 디딤판의 파손 여부 및 연결부의 틈새
③ 끼임 방지빗(comb)의 이빨파손 여부 및 취부나사의 풀림 여부
④ 각종 볼트 또는 나사의 풀림 여부
⑤ 끼임 방지빗(comb)과 발판(step) 사이의 이물질 유무
⑥ 승장부위의 손잡이와 건물 측 난간 사이 공간의 보호상태
⑦ 손잡이 인입구와 손잡이 사이의 간극과 이물질 끼임 여부
⑧ 각종 안전표지판 부착상태

(6) 트러스(truss) 내부

① 레일(rail) 표면의 청결상태 및 주유상태
② 디딤판 체인(step chain)의 연결상태 및 과도한 늘어짐 여부, 주유상태 및 청결상태, 롤러(roller) 구름의 원활성
③ 디딤판(step) 하부의 균열 또는 파손 여부와 롤러의 이상 유무
④ 각종 장치의 윤활유 고급상태와 청소상태
⑤ 구동 시 이상소음 및 진동 유무

(7) 안전장치

① 안전장치의 작동상태

② 취부 위치의 정확성 및 조정상태

③ 안전 스위치 연결전선의 소손 또는 파손 여부와 전선의 정리상태

④ 안전장치 취부용 볼트 또는 나사의 풀림 여부

2-2 보수·점검 방법

(1) 감속기(gear reducer)

① 운전 중 이상음 및 이상진동의 발생 여부를 확인하며 이상 시에는 베어링의 이상 여부, 기어의 접촉상태, 감속기 조립상태 및 바닥고정상태 등을 체크하여 필요한 조치를 한다.

② 기어 오일(gear oil)을 점검하여 오염 여부와 적절량이 있는가 확인, 오일을 교체하거나 보충한다.

③ 기어 오일의 누유 시에는 오일 실(oil seal) 등을 교체하거나 누유 부위를 적절한 방법으로 수리한다.

④ 각종 구동 부위에 윤활상태를 확인하여 그리스 또는 윤활유를 제조회사의 주유 시방서에 따라 주유한다.

(2) 전동기(motor)

① 전동기에서 이상음 또는 이상진동의 발생 여부를 확인하며 이상 시에는 베어링 이상 여부, 전동기 조립상태 등을 체크하여 필요한 조치를 취한다.

② 표면온도를 측정하여 규정온도를 초과하였는지 확인하고 과열 발생 시(손으로 만질 수 없을 정도로 뜨거울 때) 운전을 중지시키고 다음 항목을 점검한다.

　㉮ 부하상태(과부하 발생 여부)

　㉯ 주위온도의 과도상승 여부(40℃)

　㉰ 전동기 권선에 이상 여부

　㉱ 전원의 이상 여부(전압, 전류)

　㉲ 전동기 단자에 이상발열 여부

③ 전동기와 감속기 사이에 벨트(belt) 전동을 할 때는 벨트의 장력상태를 확인하여 장력을 조정하고 과도한 마모 시에는 벨트를 새것으로 교환한다.

(3) 전자 브레이크

① 브레이크의 작동상태를 제동거리의 과다, 과소 여부로 확인하여 필요 시 디스크 라이닝 사이의 캡을 조정하고 브레이크의 토크(torque)를 맞춘다. 드럼식의 경우는 라이닝

과 브레이크 드럼과의 간격을 조정하고 압축스프링의 압축력을 적절하게 맞춘다.

② 라이닝의 과도 마모 시 또는 파손 시에는 교체한다.

③ 각종 나사류 또는 부품의 이완 여부를 확인하여 풀렸을 때는 조여준다.

④ 제어반(controller) : 제어반 각종 단자 및 부분의 이완 및 배선이 빠져있는가 점검하여 완전히 조여준다.

⑤ 각 접촉기(magnetic contactor) 및 계전기(relay)의 동작에 이상 여부를 점검하여 고장부품은 수리하거나 교체한다.

⑥ 퓨즈(fuse)는 정격용량의 것을 사용하고 있는지 또는 동선을 사용한 것은 없는지 확인하여 필요 시 교체한다.

⑦ 각종 부품의 파손 또는 소손 여부를 확인하여 새것으로 교체하거나 수리한다.

(4) 디딤판(step)

① 에스컬레이터를 운전하면서 발판에서 이상음 및 발판 파손 등이 없는가를 확인하여 이상음 발생 시에는 그 원인이 발판 자체인지를 확인하여 그 원인을 제거하고 파손 시에는 즉각 교체하도록 한다.

② 발판 크리트의 황색 안전 테두리선의 페인트가 현저하게 벗겨진 경우는 보수페인트를 실시하고 안전 테두리선이 별도 분리인 경우는 교체 작업을 한다.

③ 발판과 스커트 가드 패널의 틈(2 ~ 4 mm)을 체크하고 스커트 가드 패널에 접촉이 되는가, 간격이 넓을 시에는 스커트 가드 패널을 재조정하여서 틈새를 맞춰야 한다.

④ 발판 롤러의 마모 및 이상 유무를 에스컬레이터 상부 기계실에서 확인하여 이상 발견 시에는 교체하여야 한다.

(5) 조작반

① 조작반 주위에 물건 상품 등이 놓여져 있어 조작이 장애를 주는 것이 없는가 확인하여 필요시에 납선에게 제거하도록 요청

② 비상정지 버튼의 위치표시, 스티커는 보기 쉬운 위치(조작반 등의 난간)에 붙여져 있는가?

③ 조작반 면의 문자 정확도 및 키 스위치 및 정지 버튼의 보호커버 취부상태 및 동작상태 확인

④ 조작반 각 스위치 및 배선의 취부상태 양호 여부, 즉 단자의 체결 및 납땜부는 양호한가?

(6) 구동체인 절단 감지장치

① 검출 스위치의 동작은 양호한가?

② 암(래칫) 레버 등 장치의 취부상태는 양호한가 또 먼지 등 오염물질로 인하여 구동부의 기능을 손상시키지 않는지 확인한다.

③ 스위치 배선 및 취부상태, 단자의 체결상태는 양호한가?

(7) 발판체인 절단 감지장치

① 검출 스위치 부착 및 동작은 양호한가(테스터로 확인)?
② 종동장치 텐션 스프링은 정확히 세팅되어 있는가?
③ 검출 스위치 캠의 취부상태는 견고한지 확인한다.

(8) 스커트 가드 패널 안전장치

① 검출 스위치 동작은 스커트 가드 패널을 20 ~ 25 kg의 힘으로 밀었을 때 상하층부의 검출 스위치가 작동되어 주행이 정지되는지 확인한다.
② 스커트 가드 패널 안정장치의 취부상태를 육안으로 확인한다.
③ 배선정리 및 단자의 체결상태는 양호한가?

(9) 인렛 스위치

① 인렛 고무에 변형 및 먼지 등 오염물질이 없는지 확인한다.
② 주행 중 손잡이 벨트와 인렛 고무는 접촉하지 않는지 확인하여야 한다.
③ 인렛 안전장치의 동작 및 안전장치 취부상태는 양호한가?
④ 배선 및 단자의 체결상태는 양호한가?

예·상·문·제

1. 유압 승강기의 파워유닛(power unit)의 점검사항으로 적당하지 않은 것은?

㉮ 기름의 유출 유무

㉯ 작동유의 온도상승 상태

㉰ 과전류계전의 이상 유무

㉱ 전동기와 펌프의 이상음 발생 유무

[해설] 본문 1. 1-1. (4)항 참조

2. 실린더를 점검하는 것 중 해당되지 않는 것은?

㉮ 실린더 내에 공기 유무

㉯ 실린더의 기울어짐 상태

㉰ 기름의 유출 유무

㉱ 압력배관의 고무호스는 여유가 있는 지의 상태

[해설] 본문 1. 1-1. (5)항 참조

3. 다음 파워유닛 내의 기름 점검 방법에 관한 내용 중 틀린 것은?

㉮ 시각과 후각으로 판정한다.

㉯ 필요에 따라 제조자에게 성능 시험을 의뢰한다.

㉰ 채취방법은 승강기를 1회 왕복한 후 탱크 내 중간 정도의 기름을 채워서 한다.

㉱ 기름이 흑갈색이면 상태가 양호하므로 그대로 사용할 수 있다.

[해설] 기름이 흑갈색이면, 기름이 열화상태이므로 교체하여야 한다.

4. 유압식 승강기의 피트 내에서 점검을 실시할 때 주의해야 할 사항으로 틀린 것은?

㉮ 피트 내 조명을 점등한 후 들어갈 것

㉯ 피트에 들어갈 때 기름에 미끄러지지 않도록 주의할 것

㉰ 기계실과 충분한 연락을 취할 것

㉱ 피트에 들어갈 때는 승강로 문을 닫을 것

[해설] 피트(pit)에 들어갈 때에는 보수요원이나 운행관리자와 동행해야 하고 승강로 문을 열어두어 점검 중임을 알려야 한다.

5. 다음 중 에스컬레이터 제어반의 보수, 점검 항목에 해당되지 않는 것은?

㉮ 케이블 소손 및 파손 여부

㉯ 이상 소음 여부

㉰ 스위치, 릴레이 동작상태

㉱ 브레이크의 작동상태

[해설] 브레이크의 작동상태는 구동장치 보수·점검 항목에 속한다.

6. 에스컬레이터의 상·하승장 및 디딤판에서 점검할 사항이 아닌 것은?

㉮ 이동용 손잡이   ㉯ 구동기 브레이크

㉰ 스커트 가드   ㉱ 안전방책

[해설] 본문 2. 2-1 (4) 참조

7. 에스컬레이터의 난간 및 발판에 대한 점검사항이 아닌 것은?

㉮ 난간조명 또는 발판조명이 있을 때 조명 램프의 점등상태와 보호덮개의 파손 여부

㉯ 3각부 안전보호판의 취부상태

㉰ 연동용 체인의 늘어짐 및 마모 여부

㉱ 발판과 스커트 가드 사이의 간격

[해설] 본문 2. 2-1 (4) 참조

[정답] 1. ㉰   2. ㉱   3. ㉱   4. ㉱   5. ㉱   6. ㉯   7. ㉰

8. 다음 에스컬레이터 승강장의 점검 항목에 해당되지 않는 것은?

㉮ 기동 스위치 작동상태

㉯ 안전 표지판 부착상태

㉰ 끼임 방지빗과 발판 사이의 이물질 유무

㉱ 디딤판 체인의 연결 상태

해설 디딤판 체인의 연결 상태는 트러스 (truss) 내부 점검사항에 속한다.

9. 다음 중 에스컬레이터를 수리할 때 지켜야 할 사항으로 적당하지 않은 것은?

㉮ 상부 및 하부에 사람이 접근하지 못하도록 단속한다.

㉯ 작업 중 움직일 때는 반드시 상부 및 하부를 확인하고 복창한 후 움직인다.

㉰ 주행하고자 할 때는 작업자가 안전한 위치에 있는지 확인한다.

㉱ 동작시간을 게시한 후 시간이 되면 동작시킨다.

10. 에스컬레이터의 디딤판을 제거하고 작업을 할 때 작업자는 디딤판을 제거한 어느 쪽에서 작업을 하는 것이 가장 안전하며 효율적인가?

㉮ 뒤쪽에서

㉯ 옆쪽에서

㉰ 손잡이 위에서

㉱ 앞, 뒤에 걸쳐 서서

11. 에스컬레이터가 상승 도중 갑자기 역전하여 하강하였을 경우의 원인으로 볼 수 없는 것은?

㉮ 구동 체인 안전 스위치의 고장

㉯ 브레이크의 고장

㉰ 스커드 가드 안전 스위치의 고장

㉱ 디딤판 체인 안전 스위치의 고장

해설 스커드 가드 안전장치(S.G.S) : 디딤판과 스커드 가드(skirt guard) 판 사이에 사람의 옷, 신발 등이 끼이면서 말려 들어가는 경우, 스위치 작동으로 운행을 정지시키는 장치

12. 에스컬레이터에서 안전회로는 이상이 없으나 운전 스위치를 작동시켜도 운전되지 않았을 때는 어느 부분을 점검하는 것이 가장 타당한가?

㉮ 자동회로

㉯ 정지버튼회로

㉰ 과부하계전기

㉱ 손잡이 구멍의 안전 스위치

13. 에스컬레이터의 유지관리에 관한 설명으로 옳은 것은?

㉮ 계단식 체인은 굴곡반경이 적으므로 피로와 마모가 크게 문제시된다.

㉯ 계단식 체인은 주행속도가 크기 때문에 피로와 마모가 크게 문제시된다.

㉰ 구동 체인은 속도, 전달동력 등을 고려할 때 마모는 발생하지 않는다.

㉱ 구동 체인은 녹이 슬거나 마모가 발생하기 쉬우므로 주의해야 한다.

정답 8. ㉱ 9. ㉱ 10. ㉮ 11. ㉰ 12. ㉮ 13. ㉱

승강기 기능사

제3편

기계 · 전기 기초 이론

제 1 장

승강기 재료의 역학적 성질에 관한 기초

1. 하중과 응력

- 외력 : 기계나 구조물을 구성하고 있는 각 부분에 외부에서 작용하는 힘
- 하중 : 외력 중 특히 능동적으로 작용하고 있는 힘
- 반력 : 하중에 대하여 수동적으로 발생하는 힘
- 응력 : 외력에 저항하는 저항력(힘)으로 단위 면적당 내력

1-1 하중(load)

(1) 하중의 작용상태에 의한 분류

① 인장 하중(tensile load) : 재료를 잡아 당겨 늘리도록 작용

② 압축 하중(compressive load) : 재료를 밀어 줄어들게 작용

③ 전단 하중(shear load) : 재료를 가위로 자르려는 것과 같이 작용

④ 굽힘 하중(bending load) : 재료에 굽힘 작용

⑤ 비틀림 하중(twisting load) : 재료에 비틀림 작용

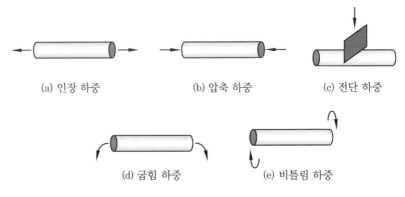

(a) 인장 하중 (b) 압축 하중 (c) 전단 하중

(d) 굽힘 하중 (e) 비틀림 하중

그림 3-1 하중의 종류

(2) 하중의 작용 속도에 의한 분류

① 정 하중(static load) : 정지상태에서 변화하지 않거나, 매우 서서히 변화하는 하중
② 동 하중(dynamic load) : 비교적 짧은 시간 내에 변화하면서 작용하는 하중
 ㈎ 반복 하중   ㈏ 교번 하중
 ㈐ 충격 하중   ㈑ 이동 하중

(3) 하중의 분포상태에 의한 분류

① 집중 하중 : 재료의 한 점에 모여서 작용
② 분포 하중 : 재료의 표면 어느 영역에 걸쳐서 작용

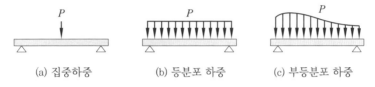

   (a) 집중하중   (b) 등분포 하중   (c) 부등분포 하중

그림 3-2 하중의 분포상태에 의한 분류

1-2 응력과 변형률

$$응력 = \frac{내력}{단면적} = \frac{외력}{단면적} = \frac{하중}{단면적} \ [N/mm^2] \ ; \ [MPa]$$

(1) 응력(stress)의 종류

① 수직 응력(normal stress)
 ㈎ 인장 응력 : 인장 하중에 의해서 발생
 ㈏ 압축 응력 : 압축 하중에 의해서 발생
② 전단 응력(shearing stress) : 전단 하중에 의해서 발생

 예 | 제

1. 지름 10 mm의 원형 단면 강재에 1000 N의 물체가 매달려 있을 때, 강재의 수직 단면에 작용하는 인장 응력은 얼마인가?

[풀이] 인장 응력 $\sigma = \dfrac{W}{A} = \dfrac{1000}{\dfrac{\pi}{4}(10)^2} = 12.74 \ N/mm^2$

 예 | 제

2. 한 변의 길이가 50 mm인 정사각형 단면의 강재에 4000 N의 압축 하중이 작용할 때 강재의 내부에 발생하는 압축 응력은 얼마인가?

[풀이] 압축 응력 $\sigma = \dfrac{W}{A} = \dfrac{4000}{50 \times 50} = 1.6 \ \text{N/mm}^2$

(2) 변형률(strain)

① 정의 : 물체에 하중이 작용하면 물체 내부에는 응력이 발생함과 동시에 외적으로는 모양이나 크기의 변화에 의한 변형이 나타난다.

② 종류

　㈎ 세로 변형률

　㈏ 가로 변형률

　㈐ 전단 변형률

 예 | 제

3. 길이 40 mm의 황동 사각 단면을 가지는 재료가 압축 하중을 받아서 세로 변형률 (ϵ)이 5×10^{-4} 발생하였다. 이 때, 줄어든 길이는 얼마인가?

[풀이] $\lambda = \epsilon \cdot l = (5 \times 10^{-4}) \times 40 = 0.02 \ \text{mm}$

(3) 응력과 변형률의 관계

① 응력 – 변형률 선도(stress–strain diagram)

　㈎ 세로축 : 하중과 비례관계가 있는 응력

　㈏ 가로축 : 변형량과 비례관계가 있는 세로 변형률

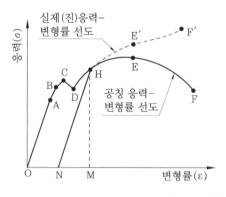

A : 비례 한도
B : 탄성 한도
C : 상 항복점
D : 하 항복점
E : 극한 강도(최대 인장강도)
F : 파괴 강도
F′ : 실제 파괴 강도
NM : 탄성 변형
ON : 영구 변형

그림 3-3 응력 – 변형률 선도

② 진 응력(σ_a)과 공칭 응력(σ)

$$\sigma_a = \frac{\text{하중}}{\text{실제 단면적}} = \frac{P}{A} \qquad \sigma = \frac{\text{하중}}{\text{처음 단면적}} = \frac{P}{A_0}$$

2. 탄성법칙 · 안전율

2-1 탄성법칙 −탄성계수

(1) 훅의 법칙(Hook's law) : 정비례 법칙

① 외력에 의한 재료의 변형 중 비례한도 내에서는 응력과 변형률이 비례한다.

응력=비례상수×변형률

② 비례상수를 탄성계수라 하며, 단위는 N/mm² 또는 MPa를 사용한다.

(2) 탄성계수의 종류

① 세로 탄성계수 : 영률(Young's modulus)

  (가) 축 하중을 받은 재료에 생기는 수직 응력을 σ, 그 방향의 세로 변형률을 ϵ 이라 하면, 훅의 법칙에 의하여 다음 식이 성립한다.

$$\sigma = E\epsilon \text{ 에서 } E = \frac{\sigma}{\epsilon} \text{ [GPa]}$$

    여기서, 비례 상수 E 를 세로 탄성계수 또는 영률이라 한다.

  (나) 길이 l[cm], 단면적 A[cm²]인 재료가 하중 W[N]에 의하여 λ[cm]만큼 인장 또는 수축되었다고 하면, $\sigma = \dfrac{W}{A}$, $\epsilon = \dfrac{\lambda}{l}$ 이므로 다음 식과 같다.

$$E = \frac{\sigma}{\epsilon} = \frac{W/A}{\lambda/l} \text{ [GPa]}$$

    여기서, 영(Young)률이 작다는 것은 늘어나기 쉽다는 의미이다.

② 가로 탄성계수 : 전단 하중을 받는 재료에 대해서도 응력이 비례 한도 이내에 있을 때에는 인장이나 압축의 경우와 같이 훅의 법칙이 성립되며, 응력과 변형률은 정비례한다.

$$\frac{\text{전단 응력}}{\text{전단 변형률}} = \text{비례 상수(일정)}$$

    여기서, 비례상수를 가로 탄성계수 또는 전단 탄성계수라 하며, 보통 G로 나타낸다.

$$G = \frac{\tau}{r} \text{ [GPa]}, \quad r = \frac{\tau}{G} = \frac{W}{AG}$$

τ : 전단 응력(N/m²) r : 전단 변형률

③ 푸아송의 비(Poisson's ratio)

$$\mu = \frac{\text{가로 변형률}\,(\epsilon')}{\text{세로 변형률}\,(\epsilon)} = \frac{1}{m}$$

· $\mu\left(=\dfrac{1}{m}\right)$은 항상 1보다 작은 값을 가진다.

· m은 보통 $2 \sim 4$ 정도의 값이며, 푸아송의 수라 한다.

예 | 제

4. 지름 20 mm, 길이가 300 mm인 철강 봉재에 인장 하중 6280 N이 작용할 때 인장 응력, 세로 변형률, 가로 변형률, 봉재가 늘어난 길이 및 지름의 줄어든 크기를 구하시오. (단, 재료의 세로 탄성계수는 2×10^5 N/mm²이고, 푸아송 비는 0.3이다.)

[풀이] ① 인장 응력 $\sigma = \dfrac{W}{A} = \dfrac{6280}{\dfrac{\pi}{4}(20)^2} = 20$ N/mm²

② 세로 변형률 $\epsilon = \dfrac{\sigma}{E} = \dfrac{20}{2 \times 10^5} = 1 \times 10^{-1}$

③ 가로 변형률 $\epsilon' = \mu \cdot \epsilon = 0.3 \times (1 \times 10^{-4}) = 3 \times 10^{-5}$

④ 봉재가 늘어난 길이 $\lambda = \dfrac{W \cdot l}{E \cdot A} = \dfrac{6280 \times 300}{(2 \times 10^5) \times (\dfrac{\pi}{4} \times 20^2)} = 0.03$ mm

⑤ 지름의 줄어든 크기 $\delta = \epsilon' \cdot d = (3 \times 10^{-5}) \times (20) = 6 \times 10^{-4}$ mm

2-2 허용 응력과 안전율

(1) 허용 응력(allowable stress)과 사용 응력(working stress)

① 허용 응력 : 기계나 구조물이 외력을 받았을 때 안전상 영구 변형이 생기지 않도록 하기 위해 탄성 한도 이내에서 허용하는 최대의 응력을 말한다.

② 사용 응력 : 기계나 구조물을 실제로 사용할 때 하중을 받아서 발생되는 하중을 말한다.

극한 강도 〉 허용 응력 〉 사용 응력

(2) 안전율(안전 계수)

$$\text{안전율} = \frac{\text{극한 강도}}{\text{허용 응력}}$$

표 3-1 와이어로프의 안전율

종　　　류		안전율
권상용 와이어로프	승객용	10
	화물용	6
과속조절기 로프		4

① 안전율은 항상 1보다 큰 값을 갖는다.

② 안전율을 너무 크게 잡으면 설계된 요소의 형상 및 치수가 커져서 안전성은 있는 반면 경제성이 떨어지게 된다.

예·상·문·제

1. 그림과 같은 구조물에 자동차가 정지하여 있다. ⓐ와 ⓑ의 구조물에 가장 많이 작용하는 하중은?

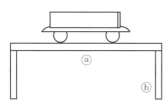

㉮ 인장 하중, 압축 하중
㉯ 압축 하중, 전단 하중
㉰ 휨 하중, 압축 하중
㉱ 전단 하중, 인장 하중

해설 본문 그림 3-1 참조

2. 재료를 그림과 같은 상태로 절단할 때 작용하는 하중은?

㉮ 인장 하중   ㉯ 압축 하중
㉰ 전단 하중   ㉱ 휨 하중

해설 본문 그림 3-1 참조

3. 하중이 작용하는 상태에 따른 분류가 아닌 것은?

㉮ 전단 하중   ㉯ 휨 하중
㉰ 압축 하중   ㉱ 충격 하중

해설 충격 하중은 작용 속도에 의한 분류에 속한다.

4. 하중의 작용속도에 따른 분류가 아닌 것은?

㉮ 충격 하중   ㉯ 반복 하중
㉰ 전단 하중   ㉱ 교번 하중

해설 전단 하중은 작용상태에 의한 분류에 속한다.

5. 힘의 방향은 변하지 않고 연속하여 반복적으로 작용하는 하중으로, 차축을 지지하는 압축스프링에 작용하는 것과 같은 하중은?

㉮ 교번 하중   ㉯ 반복 하중
㉰ 이동 하중   ㉱ 충격 하중

6. 자전거의 페달에 작용하는 하중은?

㉮ 비틀림 하중   ㉯ 휨 하중
㉰ 교번 하중   ㉱ 인장 하중

7. 물체에 하중이 작용할 때 그 재료 내부에 생기는 저항력을 내력이라 하고, 단위 면적당 내력의 크기를 응력이라 하는데 이 응력을 나타내는 식은?

㉮ $\dfrac{\text{단면적}}{\text{하중}}$ ㉯ $\dfrac{\text{하중}}{\text{단면적}}$

㉰ 단면적×하중   ㉱ 하중−단면적

해설 응력(應力 : stress)
① 재료에 작용하는 외력에 대하여 재료 내 (內), 즉 재료의 단면에 발생하는 힘을 내력 또는 내부 저항력이라 한다.
② 재료가 정적인 평형상태에 있을 때는 외력과 내력이 서로 같다.
여기서, 단위 면적당 발생한 내력을 응력이라 한다.

$$\text{응력} = \dfrac{\text{하중}}{\text{단면적}}$$

정답 1. ㉰   2. ㉰   3. ㉱   4. ㉰   5. ㉯   6. ㉰   7. ㉯

8. 응력의 종류와 거리가 먼 것은?

- ㉮ 수직 응력
- ㉯ 평면 응력
- ㉰ 전단 응력
- ㉱ 압축 응력

[해설] ① 수직 응력 : 인장 응력, 압축 응력
② 전단 응력

9. 안전상 허용할 수 있는 최대 응력을 무엇이라고 하는가?

- ㉮ 안전율
- ㉯ 허용 응력
- ㉰ 사용 응력
- ㉱ 탄성 한도

10. 다음 중 응력을 가장 크게 받는 것은? (단, 다음 그림은 기둥의 단면 모양이며, 가해지는 하중 및 힘의 방향은 같다.)

힘의 방향

 ㉮
 ㉯

 ㉰

[해설] 수직 응력(nomal stress) : 물체에 작용하는 응력이 단면에 수직방향으로 발생하는 외력으로 법선 응력 또는 추력이라고도 한다.

수직 응력$(\sigma) = \dfrac{W}{A}$ [kg/mm²]

여기서, W : 하중(kg), A : 단면적(mm²)

[참고] 단면적 비교($a = 1$일 때)
㉮ 0.78, ㉯ 1, ㉰ 0.5, ㉱ 0.43

11. 재료의 종 변형률 ϵ 이란?

㉮ $\epsilon = \dfrac{\text{변형된 길이}}{\text{원래의 길이}}$

㉯ $\epsilon = \dfrac{\text{하중}}{\text{원래의 길이}}$

㉰ $\epsilon = \dfrac{\text{원래의 길이}}{\text{변형된 길이}}$

㉱ $\epsilon = \dfrac{\text{하중}}{\text{응력}}$

[해설] 종(세로) 변형률 : 세로방향의 처음 길이와 발생된 변형량과의 비율

$\epsilon = \dfrac{\text{변형된 길이}}{\text{원래의 길이}}$

12. 길이 50 mm의 원통형의 봉이 압축되어 0.0002의 변형률이 생겼을 때, 변형 후의 길이는 몇 mm인가?

- ㉮ 49.98 mm
- ㉯ 49.99 mm
- ㉰ 50.01 mm
- ㉱ 50.02 mm

[해설] $l' = l(1 - \epsilon) = 50(1 - 0.0002)$
$= 50 - 0.01 = 49.99 \text{ mm}$

13. 길이 1 m의 봉이 인장력을 받고 0.2 mm만큼 늘어났다. 인장 변형률은 얼마인가?

- ㉮ 0.0001
- ㉯ 0.0002
- ㉰ 0.0004
- ㉱ 0.0005

[해설] $\epsilon = \dfrac{0.2}{1 \times 1000} = 0.0002$

14. 응력 변형률에서 허용 응력이 커지면 반비례적으로 적어지는 것은?

- ㉮ 경사 응력
- ㉯ 사용 응력
- ㉰ 극한 강도
- ㉱ 실제 변형률

[해설] 극한 강도(極限強度 : ultimate strength) : 본문 그림 3-3 참조

15. M[kg · cm]를 굽힘 모멘트, σ[kg/cm²]를 최대굽힘 응력, 단면 계수를 Z[cm³]라 할 때 굽힘 모멘트와 굽힘 응력 사이의 관

정답   8. ㉯   9. ㉯   10. ㉱   11. ㉮   12. ㉯   13. ㉯   14. ㉰   15. ㉰

계식은?

㉮ $M=\dfrac{\sigma}{Z}$　　　　㉯ $M=\dfrac{Z}{\sigma}$

㉰ $M=\sigma \cdot Z$　　　　㉱ $M=\sigma \cdot Z^2$

해설 굽힘 모멘트(bending moment)
① 보(beam)에 하중이 걸리면 보를 휘려고 하는 휨 작용이 일어난다.
② 어떤 단면에서의 휨 작용의 크기는 그 단면에 관한 한쪽만의 힘이 모멘트로 표현하고, 그 단면의 굽힘 모멘트(M)라 한다.
$$M=\sigma \cdot Z\,[\text{kg} \cdot \text{cm}]$$

16. 변형률 선도에서 하중의 크기가 적을 때 변형이 급격히 증가하는 점을 무엇이라 하는가?

㉮ 항복점　　　　㉯ 피로 한도점
㉰ 응력 한도점　　㉱ 탄성 한계점

해설 본문 그림 3-3 참조

17. 재료역학의 기초가 되는 중요한 법칙 중 "비례한도 이내에서 응력과 변형은 비례한다."라는 법칙은?

㉮ 가우스의 법칙　㉯ 뉴턴의 법칙
㉰ 운동의 법칙　　㉱ 훅의 법칙

해설 훅의 법칙(Hook's law) ; 정비례법칙
: 외력에 의한 재료의 변형 중 비례한도 내에서는 응력과 변형률이 비례한다.
응력=비례상수×변형률

18. 어떤 물체의 영(Young)률이 작다고 하는 것은 무엇을 뜻하는가?

㉮ 안전하다는 것이다.
㉯ 불안전하다는 것이다.
㉰ 늘어나기 쉽다는 것이다.
㉱ 늘어나기 어렵다는 것이다.

해설 본문 2. 2-1. (2) ① 참조

19. 다음 중 탄성률이 가장 큰 것은?

㉮ 스프링　　　　㉯ 섬유질
㉰ 금강석　　　　㉱ 진흙

20. 스프링 재료를 숏 피닝(shot peening)하는 이유는?

㉮ 인장 강도를 높이기 위하여
㉯ 탄성 한도를 높이기 위하여
㉰ 피로 한도를 높이기 위하여
㉱ 경도를 증가시키기 위하여

21. 푸아송 비에 해당하는 식은?

㉮ $\dfrac{\text{가로 변형률}}{\text{세로 변형률}}$　㉯ $\dfrac{\text{세로 변형률}}{\text{가로 변형률}}$

㉰ $\dfrac{\text{가로 변형률}}{\text{부피 변형률}}$　㉱ $\dfrac{\text{세로 변형률}}{\text{부피 변형률}}$

22. 푸아송의 비$\left(\dfrac{1}{m}\right)$를 바르게 표시한 것은?

㉮ $\dfrac{1}{m}=0$　　　　㉯ $\dfrac{1}{m}=1$

㉰ $\dfrac{1}{m}>1$　　　　㉱ $\dfrac{1}{m}<1$

해설 푸아송의 비(Posson's ratio)
$$\mu=\dfrac{\text{가로 변형률}}{\text{세로 변형률}}=\dfrac{1}{m}$$
① $\mu\left(=\dfrac{1}{m}\right)$은 항상 1보다 작은 값을 가진다.
② m은 보통 2 ~ 4 정도의 값이며, 푸아송의 수라 한다.

23. 기계 및 구조물의 안전율에 대한 설명 중 옳지 않은 것은?

㉮ 구조물의 안전율이 1일 때가 가장 안전하다.

㉯ 재료의 기초(극한) 강도를 허용 응력으로 나눈 값이다.

㉰ 단위는 무명수이다.

㉱ 구조물을 시공할 때에는 안전율 이상으로 하여야 한다.

[해설] 구조물의 안전율은 항상 1보다 큰 값을 가지며, 클수록 안전하다.

24. 다음 중 안전율을 구하는 공식은?

㉮ $\dfrac{\text{파단 강도}}{\text{허용 응력}}$　㉯ $\dfrac{\text{허용 응력}}{\text{파단 강도}}$

㉰ $\dfrac{\text{극한 강도}}{\text{탄성 한도}}$　㉱ $\dfrac{\text{탄성 강도}}{\text{극한 강도}}$

25. 인장 강도가 400 kg/cm²인 재료를 사용 응력 100 kg/cm²로 사용하면 안전계수는?

㉮ 1　　　　　　㉯ 2

㉰ 3　　　　　　㉱ 4

[해설] 안전 계수 $= \dfrac{\text{인장 강도}}{\text{사용 응력}} = \dfrac{400}{100} = 4$

26. 연강의 인장 강도가 3600 kg/cm²일 때 이것을 안전율 6으로 사용하면 허용 응력은 몇 kg/cm²인가?

㉮ 36　　　　　㉯ 60

㉰ 360　　　　㉱ 600

[해설] 허용 응력 $= \dfrac{3600}{6} = 600 \text{ kg/cm}^2$

27. 다음 중 힘의 3요소에 해당되지 않는 것은?

㉮ 방향　　　　㉯ 크기

㉰ 작용점　　　㉱ 속도

[해설] 힘의 3요소 : 작용점, 크기, 방향

28. 형상 및 위치의 정도 측정 표시기호 중 ◎ 기호가 뜻하는 것은?

㉮ 원통도　　　㉯ 진원도

㉰ 진위치도　　㉱ 동심도

[해설] 동심원이란, 중심을 같이하는 두 개 이상의 원이다.

제 2 장

승강기 주요 기계 요소별 구조와 원리

1. 링크 장치와 캠 장치

- 연쇄(kinemation chain) : 여러 요소가 서로 짝을 이루고 차례로 연결된 것
- 링크(link) : 연쇄를 이루고 있는 각각의 기계요소 또는 기소(machine element)를 링크 라 한다.
- 기구(mechanism) : 2개 또는 2개 이상의 링크가 연결되어 한정된 운동을 하는 것

1-1 링크(link) 장치

(1) 레버 크랭크(lever crank) 기구

① 4절 링크 기구

② 적용 : 예를 들면, 재봉틀에서 발판 연결 막대와 크랭크의 조합이 있다.

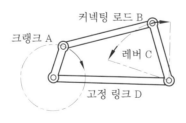

A : 회전운동
B : 커넥팅 로드
C : 흔들이 운동
D : 고정 링트

그림 3-4 레버 크랭크

(2) 왕복 슬라이더(slider) 크랭크 기구

(3) 간헐 운동 기구

① 연속 운동을 간헐 운동으로 바꾸는 링크(link)장치이다.

② 제네바 휠, 래칫(ratchet) 등이 있다.

1-2 **캠(cam) 장치**

캠 장치는 불규칙한 모양을 가지고 구동 링크의 역할을 하는 캠(cam)이 회전함으로써 거의 모든 형태의 종동절(follower)의 운동을 발생시킬 수 있는 운동 변환 장치이다.

(1) 운동 변환기구로 사용

① 내연기관의 밸브 개폐기구
② 공작 기계 및 인쇄 기계
③ 자동 기계

(2) 분류

① 평면 캠 : 판 캠, 정면 캠
② 입체 캠 : 단면 캠, 원통 캠

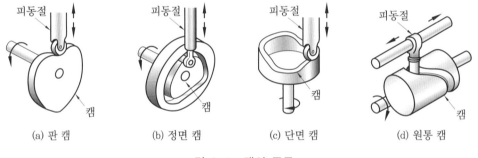

그림 3-5 캠의 종류

2. 도르래장치 · 기어장치

2-1 **도르래(활차)장치**

도르래와 로프를 조합하여 작은 힘으로 큰 하중을 움직일 수 있는 장치

(1) 단 활차 : 도르래 1개만을 사용

① 정 활차(fixed pulley)
　㈎ 축의 위치를 고정한 활차
　㈏ 힘의 방향만 바뀐다.

② 동 활차(movable pulley)

   ㈎ 축의 위치가 일정하지 않고 이동하는 활차

   ㈏ 하중을 위로 올리는 경우 $\dfrac{1}{2}$의 힘으로 올릴 수 있다.

(2) 복 활차

① 정 활차와 동 활차를 사용하여 조합 활차로 사용

② 작은 힘으로 몇 배의 큰 하중도 올릴 수 있다.

     하중 : $W = 2^{n} \cdot P$

     여기서, P : 올리는 힘, n : 동 활차 수

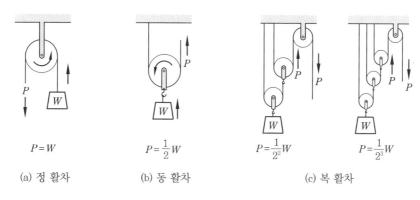

$$P = W \qquad\qquad P = \frac{1}{2}W \qquad\qquad P = \frac{1}{2^{2}}W \qquad P = \frac{1}{2^{3}}W$$

(a) 정 활차   (b) 동 활차   (c) 복 활차

그림 3-6   활차

2-2   기어(gear)장치

맞물려 있는 톱니 바퀴에 의하여 속도를 감속 또는 증속시키는 동력 변환 장치이다. 일반적으로 맞물려 있는 한 쌍의 기어 중 작은 것은 피니언(pinion), 큰 것은 기어이다.

(1) 기어장치의 특징

① 높은 정밀도를 얻을 수 있다.

② 큰 동력을 정확한 속도비로 전달할 수 있다.

③ 강도가 크며 호환성이 좋다.

④ 충격에 약하며 소음과 진동이 발생한다.

(2) 기어장치의 종류

① 두 축이 서로 평행한 기어

표 3-2

기어의 종류		특　　　징
스퍼 기어 (spur gear)		• 이가 축에 나란한 원통형 기어이며, 나란한 두 축 사이의 동력 전달에 가장 널리 사용되는 일반적인 기어이다.
헬리컬 기어 (helical gear)		• 이가 헬리컬 곡선으로 된 원통형 기어로 스퍼 기어에 비하여 이의 물림이 원활하나, 축방향으로 스러스트가 발생한다. • 진동과 소음이 적어 큰 하중과 고속의 전동에 쓰이며, 전동 효율이 매우 높다.
내접 기어 (internal gear)		• 원통의 안쪽에 이가 있는 기어로서, 이것과 맞물려 회전하는 기어를 외접 기어라고 한다. • 내접 기어는 두 축의 회전 방향이 같으며, 높은 속도비가 필요한 경우에 사용한다.
래크와 피니언 (rack and pinion)		• 래크는 기어의 피치원 지름이 무한대로 큰 경우의 일부분이라고 볼 수 있으며, 피니언의 회전에 대하여 래크는 직선 운동을 한다.

② 두 축이 만나는 기어

표 3-3

기어의 종류		특　　　징
베벨 기어 (bevel gear)		• 원뿔면에 이를 낸 것으로서, 이가 원뿔의 꼭지점을 향하는 것을 직선 베벨 기어라고 한다. • 두 축이 교차하여 전동할 때 주로 사용된다.
헬리컬 베벨 기어 (helical bevel gear)		• 이가 원뿔면에 헬리컬 곡선으로 된 베벨 기어이며, 큰 하중과 고속의 동력 전달에 사용된다.

③ 두 축이 만나지 않고, 평행하지도 않는 기어

표 3-4

기어의 종류	특 징
하이포이드 기어 (hypoid gear)	• 헬리컬 베벨 기어와 모양이 비슷하나, 두 축이 엇갈리는 경우에 사용된다. • 자동차의 차동 기어 장치의 감속 기어로 사용된다.
웜 기어 (worm gear)	• 웜과 웜 기어로 이루어진 한 쌍의 기어로서, 두 축이 직각을 이룬다. • 큰 감속비를 얻고자 하는 경우에 주로 쓰인다.

(3) 기어 각부의 명칭

① 이뿌리 높이(dendendum) : 피치원에서 이뿌리원까지의 거리
② 이끝 높이(addendum) : 피치원에서 이끝원까지의 거리
③ 이의 높이(shole depth) : 이끝 높이와 이뿌리의 높이의 합, 즉 이의 총 높이
④ 이의 두께 : 피치상에서 잰 이의 두께
⑤ 원주 피치(circle pitch) : 피치원 위에서 측정한 2개의 이웃에 대응하는 부분 간의 거리
⑥ 이폭 : 축 단면에서의 이의 길이
⑦ 피치원(pitch circle) : 피치면의 축에 수직한 단면상의 원
⑧ 이끝원(adedendum circle) : 이의 끝을 지나는 원
⑨ 이뿌리원(dedendum circle) : 이 밑을 지나는 원
  ㈎ 백래시(back lash) : 서로 물린 한 쌍의 기어에서 잇면 사이의 간격
  ㈏ 이면(tooth surface) : 이의 물리는 면
  ㈐ 입사각 : 서로 물린 한 쌍의 기어에서 피치점에 있어서의 피치원의 공통 접선과 작용선이 이루는 각

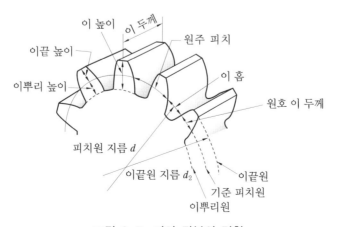

그림 3-7 기어 각부의 명칭

(4) 기어 이의 크기 표시방법

① 모듈(module)

$$M = \frac{\text{피치원 지름}}{\text{잇수}} = \frac{D}{Z} \, [\text{min}]$$

② 지름 피치(diametral pitch)

$$DP = \frac{\text{잇수}}{\text{피치원 지름(inch)}} = \frac{Z}{D} \, [\text{min}]$$

③ 원주 피치(circular pitch)

$$CP = \frac{\text{피치 원주}}{\text{잇수}} = \frac{\pi D}{Z} \, [\text{min 또는 inch}]$$

$$※ \ DP = \frac{25.4}{M} \qquad CP = \pi M$$

3. 베어링장치

- 베어링(bearing) : 회전축의 마찰 저항을 적게 하며, 축에 작용하는 하중을 지지하는 기계 요소
- 저널(journal) : 베어링과 접촉하고 있는 축의 부분

3-1 베어링(bearing)의 종류

(1) 축과 베어링 사이에 생기는 마찰의 종류에 의한 분류

① 미끄럼 베어링 : 미끄럼 마찰
② 구름 베어링 : 구름 마찰

(2) 베어링의 구조에 따른 분류

① 미끄럼 베어링 : 축을 면으로 지지
② 볼 베어링 : 볼이나 롤러로 지지
③ 공기 베어링 : 공기의 압력으로 지지
④ 유체 베어링 : 기름의 압력으로 지지

(3) 베어링이 지지할 수 있는 힘의 방향에 의한 분류

① 레이디얼(radial) 베어링 : 축선과 직각방향의 힘
② 스러스트(thrust) 베어링 : 축선방향의 힘

3-2 미끄럼 베어링 · 구름 베어링

(1) 미끄럼 베어링

① 축과 베어링 사이에 윤활유의 유막이 형성되어 미끄럼에 의한 상대 운동을 한다.
② 축 중에서 베어링과 접하고 있는 축부분을 저널(journal)이라고 하며, 미끄럼 베어링
  은 보통 원형으로 가공되어 하우징(housing)에 끼워지기 때문에 부시(bush) 베어링이
  라고도 한다.
③ 비교적 시동할 때 마찰 저항이 크지만, 축과의 접촉면이 넓기 때문에 충격에 잘 견딘다.
④ 작은 먼지에 의해 고장을 일으키는 일도 적으며, 진동과 소음이 적다.
⑤ 회전속도가 비교적 저속에 사용되며, 구조가 간단하며 가격이 저렴하다.
⑥ 재료는 포금, 화이트 메탈, 청동, 인청동, 켈밋, 주철 등이 사용된다.

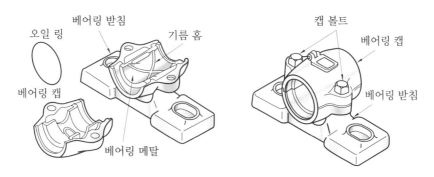

그림 3-8 미끄럼 베어링의 구조

(2) 구름 베어링

① 내륜과 외륜 사이에 롤러(roller)나 볼(ball)을
  넣어 마찰을 적게 하고 구름 운동을 하게 하는 베
  어링이다.
② 베어링의 길이가 짧으므로 기계를 소형화할 수
  있다.
③ 마찰 저항이 적어 동력이 절약되며, 고속 회전이
  가능하다.
④ 마모가 적어 높은 정밀도를 장기간 유지 가능
  하다.

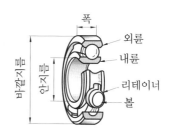

그림 3-9 구름 베어링의 구성요소

⑤ 소량의 윤활유로도 유지된다.

⑥ 전동체의 재료로는 베어링강이 주로 쓰이고, 리테이너(retainer)의 재료로는 탄소강, 청동, 경합금, 베이클라이트 등이 쓰인다.

(3) 미끄럼 베어링과 구름 베어링의 비교

표 3-5

특성 항목 \ 종류	미끄럼 베어링	구름 베어링
하중	스러스트, 레이디얼 하중을 1개의 베어링으로 받을 수 없다.	양방향의 하중을 1개의 베어링으로 받을 수 있다.
진동 및 소음	발생하기 어렵다. 유막구성이 좋으면 매우 정숙하다.	발생하기 쉽다. 전동체·궤도면의 정밀도에 따라 소음이 발생한다.
내충격성	비교적 강하다.	약하다.
윤활	윤활장치가 필요하고 주의가 필요하다.	윤활이 쉽고 그리스 윤활일 경우에 거의 윤활장치가 필요 없다.
수명	마멸에 좌우되며, 유체 마찰일 경우 반영구적이다.	피로현상에 한정된다.
온도	점도와 온도 관계에 주의하여 윤활을 선택한다.	미끄럼 베어링보다 영향이 적다.
보수	윤활장치가 있는 것만큼 보수 시간이 적고 고장이 적다.	파손되면 교환하므로 보수가 간단하다.
가격	저렴하다.	고가이다.

3-3 베어링의 수명·기본정격수명

(1) 기본정격수명

기본정격수명 동일 호칭번호의 베어링을 같은 조건에서, 각각 회전시켰을 때 이들 중에서 90 %가 피로파괴 현상을 일으키지 않고 회전할 수 있는 총 회전수를 기본정격수명이라고 한다.

(2) 베어링(bearing)의 수명

① 베어링을 장시간 사용하면 구름 작용으로 인하여 피로현상이 생기게 된다.

② 구름 피로에 의해 구름 베어링의 내륜, 외륜 또는 회전체에 최초의 손상이 일어날 때까지의 회전수나 시간을 베어링의 수명이라고 한다.

예·상·문·제

1. 다음 중 동력전달장치가 아닌 것은?

㉮ 기어   ㉯ 변압기

㉰ 체인   ㉱ 컨베이어

[해설] 변압기는 전압을 변환시키는 전기설비이다.

2. 다음 중 4절 링크 기구를 구성하고 있는 요소로 알맞은 것은?

㉮ 고정 링크, 크랭크, 레버, 슬라이더

㉯ 가변 링크, 크랭크, 기어, 클러치

㉰ 고정 링크, 크랭크, 고정레버, 클러치

㉱ 가변 링크, 크랭크, 기어, 슬라이더

[해설] 링크 장치 : 본문 그림 3-4 참조

3. 캠은 다음 어느 경우에 가장 많이 사용하는가?

㉮ 회전운동을 직선운동으로 할 때

㉯ 왕복운동을 직선운동으로 할 때

㉰ 상하운동을 직선운동으로 할 때

㉱ 요동운동을 직선운동으로 할 때

[해설] 캠(cam) 장치 : 본문 그림 3-5 참조

4. 다음 캠(cam)의 종류에서 평면, 입체 캠에 해당되지 않는 것은?

㉮ 판 캠   ㉯ 정면 캠

㉰ 원통 캠   ㉱ 실체 캠

5. 그림과 같은 도르래 장치에서 80 kgf의 물체를 C도르래에 걸었을 때 잡아당기는 힘 P는 몇 kgf 이상이면 되는가? (단, 움직이는 도르래의 무게와 마찰손실은 무

시한다.)

㉮ 5 kgf

㉯ 10 kgf

㉰ 20 kgf

㉱ 30 kgf

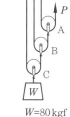

[해설] $W = 2^n \cdot P$

여기서, W : 하중,

P : 올리는 힘, n : 동 활차 수

$\therefore P = \dfrac{W}{2^n} = \dfrac{80}{2^3} = \dfrac{80}{2 \times 2 \times 2} = 10 \text{ kgf}$

6. 마찰자의 접촉면을 기준으로 하여 그 원주에 이를 만들어 서로 물림에 따라 운동을 전달하게 하는 것은?

㉮ 베어링   ㉯ 스프링

㉰ 기어   ㉱ 커플링

7. 기어의 장점으로 틀린 것은?

㉮ 동력 전달이 확실하게 이루어진다.

㉯ 마찰계수가 대단히 커서 부드럽게 움직인다.

㉰ 기계적 강도가 커서 안정적이다.

㉱ 호환성이 뛰어나고 정밀도가 높다.

[해설] 본문 2. 2-2. (1) 기어장치의 특징 참조

8. 서로 맞물려 있는 한 쌍의 기어에서 잇수가 많은 것을 기어라 하고, 잇수가 적은 것을 무엇이라고 하는가?

㉮ 캠   ㉯ 피니언

㉰ 베어링   ㉱ 클러치

[해설] 피니언(pinion) : 잇수가 적은 것

정답 1. ㉯   2. ㉮   3. ㉮   4. ㉱   5. ㉯   6. ㉰   7. ㉯   8. ㉯

9. 다음에서 헬리컬 기어는 어느 것인가?

 가 나

 다 라

해설 본문 표 3-2, 3-3, 3-4 참조
  가 : 베벨 기어   나 : 스퍼 기어
  다 : 헬리컬 기어   라 : 웜 기어

10. 헬리컬 기어의 설명으로 적절하지 않은 것은?

  가 진동과 소음이 크고 운전이 정숙하지 않다.
  나 회전 시에 축압이 생긴다.
  다 스퍼 기어보다 가공이 힘들다.
  라 이의 물림이 좋고 연속적으로 접촉한다.

해설 헬리컬 기어(helical gear)는 진동과 소음이 적어 큰 하중과 고속의 전동에 쓰인다.

11. 웜과 웜기어에 대한 설명 중 틀린 것은?

  가 감속비가 크다.
  나 감속기, 윈치 등에 사용한다.
  다 역회전이 가능하다.
  라 물림이 원활하다.

해설 웜기어(worm gear)의 특징 중에 역회전을 방지하는 기능이 있다.

12. 다음 웜 기어와 헬리컬 기어의 특징에 대한 설명 중 옳지 않은 것은?

  가 웜 기어는 역구동이 어렵고 소음이 적다.
  나 헬리컬 기어는 효율이 낮다.

  다 웜 기어는 중·저속용에 사용된다.
  라 헬리컬 기어는 고속용으로 사용된다.

해설 헬리컬 기어(helical gear)는 전동 효율이 98 ~ 99 %로 매우 높다.

13. 웜과 웜기어의 전동 효율을 높이려면?

  가 마찰각을 크게, 마찰계수를 작게 한다.
  나 마찰각과 마찰계수를 작게 하고 나사 각을 크게 한다.
  다 마찰각은 작게, 마찰계수와 나사 각을 크게 한다.
  라 마찰각을 크게 하고 나사 각은 작게 한다.

14. 그림과 같이 기어가 물려 있을 때 다음 설명 중 옳지 않은 것은? (단, 원동축의 회전수를 N_1, 종동축의 회전수를 N_2, 각각의 잇수를 Z_1, Z_2, 각각 피치원의 지름을 D_1, D_2, 중심거리는 C이다.)

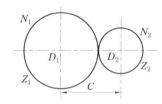

  가 두 기어의 회전 방향은 반대이다.
  나 속도비는 $i = \dfrac{N_1}{N_2} = \dfrac{D_1}{D_2} = \dfrac{Z_1}{Z_2}$ 이다.
  다 중심거리는 $C = \dfrac{(D_1 + D_2)}{2}$ 이다.
  라 $D_1 > D_2$이면 $N_1 < N_2$인 관계가 성립한다.

해설 단순 기어열(simple gear train)
  ① 단순 기어열은 각 축이 하나의 기어만을 구동하는 기어열로서, 가장 간단한 예가 2개의 기어로 이루어진 것이다.

정답 9. 다 10. 가 11. 다 12. 나 13. 나 14. 나

② 속도비 $= \dfrac{\text{원동축의 회전속도 } N_1}{\text{종동축의 회전속도 } N_2}$

$= \dfrac{\text{종동축의 지름 } D_2}{\text{원동축의 지름 } D_1}$

$= \dfrac{\text{종동축의 잇수 } Z_2}{\text{원동축의 잇수 } Z_1}$

15. 서로 물린 한 쌍의 기어에서 잇면 사이의 간격을 무엇이라 하는가?

㉮ 백래시 ㉯ 이뿌리원
㉰ 이 사이 ㉱ 지름피치

해설 백래시(back lash) : 서로 물린 한 쌍의 기어(gear)가 운동할 때 이의 뒷면에 생기는 간격(뒤 틈새)으로 원주 피치에서 이 두께를 뺀 값이다.

16. 기어 장치에서 지름피치의 값이 커질수록 이의 크기는?

㉮ 같다. ㉯ 커진다.
㉰ 작아진다. ㉱ 무관하다.

17. 잇수 50, 피치원 지름 250 mm인 기어의 모듈은?

㉮ 5 ㉯ 8 ㉰ 10 ㉱ 12

해설 모듈(module)

$$m = \frac{\text{피치원 지름}}{\text{잇수}} = \frac{250}{50} = 5 \text{ mm}$$

18. 가장 널리 쓰이는 베어링은?

㉮ 구리 ㉯ 화이트메탈
㉰ 합성수지 ㉱ 고무

해설 화이트메탈(white metal)
① 내마멸성과 내용착성이 우수하고 공작이 용이하여 널리 사용된다.
② 연한 금속합금이어서 청동, 주철, 주강 등 다른 금속의 백메탈(back metal)로 얇게 라이닝하여 사용한다.

19. 베어링의 구비조건이 아닌 것은?

㉮ 마찰 저항 적을 것
㉯ 강도가 클 것
㉰ 가공수리가 쉬울 것
㉱ 열전도도가 적을 것

해설 베어링(bearing)의 구비조건
① 마찰 저항이 적을 것
② 강도가 클 것
③ 가공·수리가 쉬울 것
④ 열전도도가 클 것

20. 베어링의 수명을 옳게 설명한 것은?

㉮ 베어링의 내륜, 외륜에 최초의 손상이 일어날 때까지의 마모 각
㉯ 베어링의 내륜, 외륜 또는 회전체에 최초의 손상이 일어날 때까지의 회전수나 시간
㉰ 베어링의 회전체에 최초의 손상이 일어날 때까지의 마모 각
㉱ 베어링의 내륜, 외륜에 3회 이상의 손상이 일어날 때까지의 회전수나 시간

해설 본문 3. 3-3 참조

21. 구름 베어링(rolling bearing)이 미끄럼 베어링(sliding bearing)에 비해 좋지 않은 점은?

㉮ 신뢰성 ㉯ 윤활방법
㉰ 마멸 ㉱ 기동저항

해설 구름 베어링의 단점
① 소음 및 진동이 발생하기 쉽고 충격에 약하다.
② 설치 조립이 어렵고 부분 수리가 불가능하다.
③ 고속 회전에 부적당하다.
④ 미끄럼 베어링에 비해 신뢰성이 미흡하다.

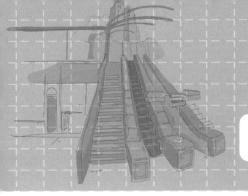

제 3 장

승강기 요소 측정 및 시험

1. 기계 요소 측정 기기

1-1 측정 기기의 분류

(1) 길이 측정기

① 선 측정기

㉮ 전장 측정 : 강철자, 마이크로미터, 버니어 캘리퍼스 등

㉯ 비교 측정 : 다이얼 게이지, 미니미터, 전기 마이크로미터 등

② 단면 측정기 : 표준 게이지, 한계 게이지 등

(2) 평면 측정기

직각자, 수준기, 정반, 서피스 게이지 등

(3) 각도 측정기

만능 각도기, 각도 게이지, 테이퍼 게이지, 사인 바 등

1-2 정밀 측정 기기

(1) 마이크로미터(micrometer calipers)

① 용도 : 바깥지름, 안지름, 깊이 등을 측정

② 0.01 mm까지 가능

③ 눈금 읽기

슬리브 눈금 읽기	⇨	기선과 만나는 심블의 눈금 읽기	⇨	슬리브 눈금 + 심블의 눈금

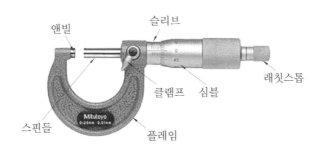

그림 3-10 마이크로미터의 구성

예 | 제

5. 그림과 같은 마이크로미터에 나타난 측정값은 몇 mm인가?

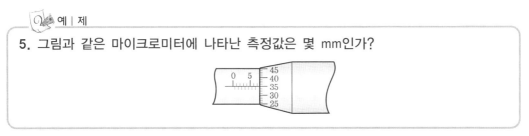

풀이 (1) 슬리브 눈금 : 7 mm

(2) 심블의 눈금(슬리브 가로 눈금과 만나는 눈금) : 0.35 mm

∴ 측정값 : 7+0.35=7.35 mm

(2) 버니어 캘리퍼스(vernier calipers)

버니어 캘리퍼스는 자와 캘리퍼스를 조합한 것이다.

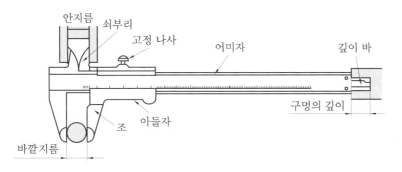

그림 3-11 버니어 캘리퍼스의 구성

① 용도 : 바깥지름, 안지름, 깊이 등을 측정

② 측정범위 : 0.05 mm까지 가능

③ 종류 : M_1형, M_2형, CM형, CB형

(3) 다이얼 게이지(dial gauge)

① 측정하려고 하는 부분에 측정자를 대어 스핀들의 미소한 움직임을 기어장치로 확대
하여 눈금판 위에 지시하는 치수를 읽어 길이를 비교하는 길이 측정기이다.

② 용도

   ㈎ 평면의 요철(凹凸)

   ㈏ 공작물 부착 상태

   ㈐ 축 중심의 흔들림

   ㈑ 직각의 흔들림

③ 스핀들이 1 mm 움직이는 데 대해 지침이 1회전하는 것
이 보통이다.

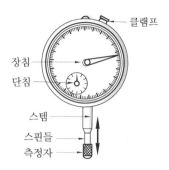

그림 3-12 다이얼 게이지

(4) 하이트 게이지(height gauge)

① 공작물의 높이를 측정하기 위한 측정기로서, 높이 게이지라고도 한다.

② 용도

   ㈎ 정반 위에 설치하여 재료에 금긋기

   ㈏ 높이 측정

③ 종류 : HM형, HT형, 다이얼식

④ 다이얼식은 버니어 눈금 대신 다이얼 게이지를 붙인 것으로 최소 눈금은 0.01 mm이다.

2. 전기 요소 계측 및 원리

2-1 전압 – 전류 측정

일반적으로 직류 측정은 가동 코일형 계기가, 교류 측정은 철편형 계기가 사용된다.

(1) 전압계와 전류계의 결선

① 전압계(voltmeter)

   ㈎ 부하 또는 전원과 병렬로 접속해야 한다.

   ㈏ 특히 직류 전압계는 극성에 맞도록 접속해야 한다.

② 전류계(ampere meter)

   ㈎ 부하 또는 전원과 직렬로 접속해야 한다.

   ㈏ 특히 직류 전류계는 극성에 맞도록 접속해야 한다.

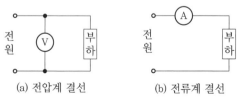

(a) 전압계 결선   (b) 전류계 결선

그림 3-13 전압계와 전류계의 결선

(2) 배율기(multiplier)

① 직류 전압계의 측정 범위를 넓히기 위한 목적으로, 전압계에 직렬로 접속하는 일종의 저항기이다.

② 배율기의 배율

$$m = 1 + \frac{R_m}{R_v} \Rightarrow V_0 = m \cdot V_v = \left(1 + \frac{R_m}{R_v}\right) \cdot V_v$$

여기서, R_m : 배율기의 저항, R_v : 전압계의 내부 저항

V_v : 전압계의 지시값, V_0 : 피측정 전압

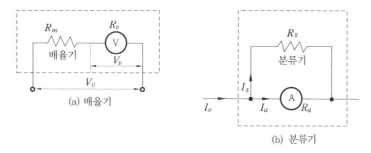

(a) 배율기   (b) 분류기

그림 3-14 **배율기와 분류기**

(3) 분류기(shunt)

① 직류 전류계의 측정 범위를 넓히기 위한 목적으로, 전류계에 병렬로 접속하여 사용하는 일종의 저항기이다.

② 분류기의 배율

$$m = 1 + \frac{R_a}{R_s} \Rightarrow I_0 = m \cdot I_a = \left(1 + \frac{R_a}{R_s}\right) \cdot I_a$$

여기서, R_a : 전류계의 내부 저항, R_s : 분류기의 저항

I_a : 전류계의 지시값, I_0 : 피측정 전류

예 | 제

6. 어떤 전압계의 측정 범위를 10배로 하자면 배율기의 저항을 전압계 내부 저항의 몇 배로 하여야 하는가?

풀이 배율 $m = 1 + \frac{R_m}{R_v}$

$\therefore R_m = (m-1) \cdot R_v = (10-1) \cdot R_v = 9 \cdot R_v$

답 9배

예 | 제

7. 10 mA의 전류계가 있다. 이 전류계를 써서 최대 100 mA의 전류를 측정하려고 한다. 분류기 값을 구하시오. (단, 전류계의 내부 저항은 2 Ω 이다.)

[풀이] $R_s = \dfrac{R_a}{(m-1)} = \dfrac{2}{10-1} = \dfrac{2}{9} = 0.22\ \Omega$

2-2 회로 시험기(multi-tester)에 의한 측정

- 회로 시험기는 내부에 각 범위의 직류 전압, 교류 및 직류 전류를 측정하기 위한 지시 계기인 가동 코일형 전류계에 배율기, 분류기 및 정류기 등이 내장되어 있다.
- 저항 측정을 할 수 있도록 내부에 건전지, 가변 저항기 등이 내장되어 있다.

(1) 측정 및 검사의 종류

① 저항 측정

② 직류 전압 측정

③ 직류 전류 측정

④ 교류 전압 측정

⑤ 전기회로의 단선 여부 검사

⑥ 트랜지스트(TR)의 양부 극성 검사

⑦ 다이오드 및 LED 검사

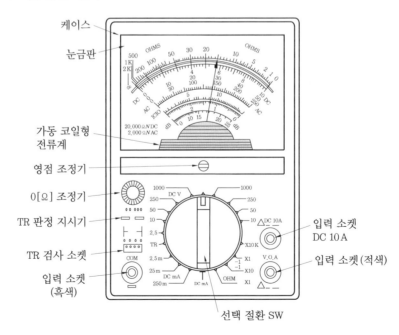

그림 3-15 회로 시험기

(2) 교류 전압 측정 방법

① 측정하기 전 지침이 "0"에 있는지 확인하고 영점 조정기로 조정한다.

② 멀티테스터기의 선택 스위치를 AC V(교류 전압)로 절환시킨다. 단, 피측정 전압이 미지일 경우에는 최댓값(1000)을 선택한다.

③ 교류 전압이므로 극성에 무관하여, 피측정 회로에 테스터 두 봉을 병렬로 접속한다.

④ 지침의 지시상태에 따라 선택 스위치로 적당한 값(10-50-250-1000)을 선택하여 피측정 교류 전압을 직접 읽는다.

⑤ 측정이 끝나면 선택 스위치를 "OFF" 위치에 둔다.

2-3 절연 저항 측정

- 전기의 안전한 사용을 위해서는 모든 전기설비와 기기들의 절연의 불량 여부를 확인하는 절연 저항 측정을 해야 한다.
- 측정에는 주로 메거(megger)라고 부르는 절연 저항계가 사용된다.

(1) 옥내 배선의 절연 저항 측정 – 선과 대지 간 절연 저항 측정

① 옥내 배선에 연결된 모든 가전 기기 및 전등 부하를 제거하고, 인입선의 스위치를 개방한다.

② 절연 저항계의 접지단자 E를 접지시키고, L단자를 옥내 배선에 접속한다.

③ 측정 버튼을 눌러 지침의 눈금을 읽는다.

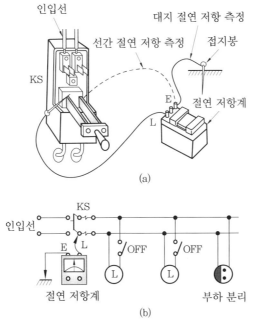

그림 3-16　옥내배선의 절연 저항 측정

④ 저압 전로의 절연 성능 [KEC 132]

표 3-6 시험 전압과 절연 저항

전로의 사용 전압	DC 시험 전압 (V)	절연 저항 (MΩ)
SELV 및 PELV	250	0.5 이상
PELV, 500V 이하	500	1.0 이상
500V 초과	1000	1.0 이상

[비고] ELV (Extra-Low Voltage) : 특별저압 (교류 50V 이하, 직류 : 150V 이하)

    1. SELV (Safety Extra-Low Voltage) : 비접지회로

    2. PELV (Protective Extra-Low Voltage) : 접지회로

(2) 전동기와 변압기의 절연 저항 측정

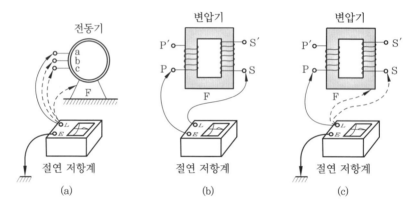

그림 3-17 전동기와 변압기의 절연 저항 측정

표 3-7 전기 회로의 절연 저항 값 (승강기 전기 회로)

회로 구분	측정방법
전동기 주회로	주개폐기를 열고 제어판의 모든 퓨즈를 뽑고 측정한다.
제어회로 신호회로 조명회로	• 각 층의 도어 스위치 회로를 분리하고 전원 측의 모든 퓨즈를 뽑고 측정한다. • 다른 회로와의 연결을 확실히 분리 측정한다.

2-4 접지 저항 측정

• 각종 전기시설은 위험방지 및 보안의 목적으로 계통의 일부분을 접지한다.

• 측정에는 접지 저항계, 콜라우시 브리지법, 비헤르트 브리지법이 쓰인다.

(1) 전자식 접지 저항계에 의한 측정

① 접지 저항 측정 시 직류 전원을 이용하면 접지 전극에서의 분극작용이 일어나므로 20 Hz 이상의 교류 전원을 사용한다.

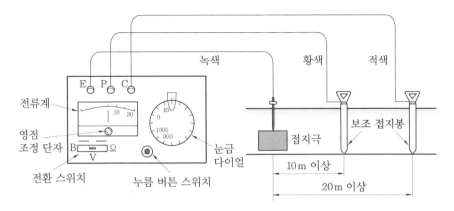

[동작순서]
1. 전환 스위치 B에 놓고 내장 전원(건전지)을 확인한다.
2. 전환 스위치 V에 놓고 접지 전압의 유무를 확인한다.
3. 전환 스위치 Ω에 놓고 누름 버튼 스위치를 누르며, 눈금 다이얼을 돌려서 검류계의 밸런스를 잡는다.

그림 3-18 전자식 접지 저항계에 의한 접지 저항 측정

② 측정 접지극은 계기의 E단자에 접속하고, C와 P자에 보조 전극을 접속한다.
③ 누름 스위치를 한 손으로 누르고 검류계의 지침이 0이 오도록 배율(×1, ×10, ×100)과 눈과 눈금판(0 ~ 10 Ω)을 조절한다.
④ 검류계의 지침이 0이 되면 그때의 눈금판의 값과 배율의 값을 곱하여 접지 저항 값을 구할 수 있다.

예 · 상 · 문 · 제

1. 다음 중 각도 측정기가 아닌 것은?

㉮ 서피스 게이지   ㉯ 사인 바
㉰ 분도기   ㉱ 만능 각도기

[해설] 서피스 게이지(surface gauge) : 공작물
에 금을 긋거나 둥근 막대의 중심을 구할
때 사용하는 공구의 일종이다.

2. 사인 바의 크기는?

㉮ 전체길이
㉯ 아래면의 길이
㉰ 양쪽 롤러의 중심 길이
㉱ 양쪽에 달린 롤러의 원주 길이

[해설] 사인 바(sine bar)
① 직각삼각형의 2변 길이로 삼각함수에 의
해 각도를 구한다.
② 크기 : 양쪽 롤러의 중심 거리

3. 다음 중 판의 두께를 가장 정밀하게 측
정할 수 있는 것은?

㉮ 줄자   ㉯ 직각자
㉰ R 게이지   ㉱ 마이크로미터

[해설] 본문 그림 3-10 참조

4. 마이크로미터를 이용하여 측정 가능한
것은?

㉮ 미세한 전류   ㉯ 작은 길이
㉰ 진동   ㉱ 미세한 압력

5. 그림은 마이크
로미터의 눈금
확대도이다. 측
정값(mm)으로

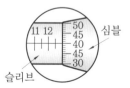

가장 알맞은 것은?

㉮ 12.40   ㉯ 12.90
㉰ 13.40   ㉱ 13.90

[해설] ① 슬리브 눈금 읽기 : 12.5
② 심블의 눈금 읽기 : 0.40
∴ 측정 값 12.5+0.40=12.90 mm

6. 다음 중 일감의 평행도, 원통의 진원도,
회전체의 흔들림 정도 등을 측정할 때 사
용하는 측정기기는?

㉮ 버니어 캘리퍼스   ㉯ 하이트 게이지
㉰ 마이크로미터   ㉱ 다이얼 게이지

[해설] 본문 그림 3-12 참조

7. 그림은 무슨 게이지인가?

㉮ 틈새 게이지
㉯ 피치 게이지
㉰ 와이어 게이지
㉱ 센터 게이지

[해설] 와이어 게이지
(wire gauge) : 각종
철강선의 굵기 및 얇은 강판의 두께를 판별
하는 게이지이다.

8. 다이얼 게이지에 대하여 바르게 설명한
것은?

㉮ 움직임을 지침의 회전 변위로 변환시
켜 눈금을 읽을 수 있는 길이 측정기
이다.

㉯ 작은 무게의 단위를 확대하여 $\frac{1}{100}$ 까
지 확대하여 알 수 있는 측정기이다.

㉰ 소음을 10 ～ 10,000 Hz까지 정확하

[정답] 1. ㉮   2. ㉰   3. ㉱   4. ㉯   5. ㉯   6. ㉱   7. ㉰   8. ㉮

게 알 수 있는 측정기이다.

㉣ 저항을 0.001~100Ω 까지 정확하게 측정하는 측정기이다.

9. 교류 전류를 측정할 때 전류계의 연결 방법이 맞는 것은?

㉠ 부하와 직렬로 연결한다.

㉡ 부하와 직·병렬로 연결한다.

㉢ 부하와 병렬로 연결한다.

㉣ 회로에 따라 달라진다.

해설 본문 그림 3-13 (b) 참조

10. 전압의 측정범위를 확대하기 위하여 전압계에 직렬로 접속하는 저항 상자는?

㉠ 계전기 ㉡ 분류기

㉢ 배율기 ㉣ 압축기

해설 본 그림 3-14 (a) 참조

11. 최대 눈금이 200 V, 내부 저항이 20000 Ω인 직류 전압계가 있다. 이 전압계로 최대 600 V까지 측정하려면 외부에 직렬로 접속할 저항은 몇 kΩ 인가?

㉠ 20 ㉡ 40

㉢ 60 ㉣ 80

해설 배율기(multiplier)

① 배율 $m = 1 + \dfrac{R_m}{R_v}$

② $R_m = (m-1) \cdot R_v$

$= \left(\dfrac{600}{200} - 1\right) \times 20000 = 40 \times 10^3 \ \Omega$

∴ 40 kΩ

12. 주전원이 380 V인 엘리베이터에서 110 V 전원을 사용하고자 강압 트랜스를 사용하던 중 트랜스가 소손되었다. 원인

규명을 위해 회로 시험기를 사용하여 전압을 확인하고자 할 경우 회로 시험기의 전압 측정범위 선택 스위치의 최초 선택 위치로 옳은 것은?

㉠ 회로 시험기의 110 V 미만

㉡ 회로 시험기의 110 V 이상 220 V 미만

㉢ 회로 시험기의 220 V 이상 380 V 미만

㉣ 회로 시험기의 가장 큰 범위

해설 회로 시험기(multi tester) : 교류 전압 측정

① 선택 스위치의 최초 위치는 가장 큰 범위에 위치시킨 후 지침의 움직임을 확인하고 적절한 범위를 다시 선택하여야 한다.

② 일반적으로 교류 전압 선택범위는 10-50-250-1000 V이다.

③ 본문 그림 3-15 및 (4) 교류 전압 측정 방법 참조

13. 측정 계기로서 메거(megger)의 용도를 옳게 설명한 것은?

㉠ 전동기의 권선 저항을 측정하는 계기이다.

㉡ 절연 저항을 측정하는 계기이다.

㉢ 접지 저항을 측정하는 계기이다.

㉣ 일반 계측기로는 측정할 수 없는 저항이나 전류를 측정하는 계기이다.

14. 절연저항계로 할 수 없는 것은?

㉠ 선로와 대지 간의 절연측정

㉡ 선간 절연의 측정

㉢ 도통시험

㉣ 주파수 측정

해설 본문 그림 3-16 참조

15. 옥내 전동선의 절연 저항을 측정하는데 가장 적절한 측정기는?

㉠ 메거 ㉡ 휘트스톤 브리지

정답 **9.** ㉠ **10.** ㉢ **11.** ㉡ **12.** ㉣ **13.** ㉡ **14.** ㉣ **15.** ㉠

빠 콜라우시 브리지 빠 켈빈더블 브리지

16. 전기기기의 충전부와 외함 사이의 저항은?

꺄 절연 저항 빠 접지 저항
빠 고유 저항 빠 브리지 저항

해설 본문 그림 3-17 참조

17. 접지 저항의 측정 방법이 아닌 것은?

꺄 측정기의 전환 스위치를 축전지에 두고 축전지를 점검한다.
빠 접지 전압의 유무를 확인한다.
빠 전환 스위치를 저항값에 두고 검류계의 밸런스를 잡는다.
빠 절연 저항과 접지 저항을 비교한다.

해설 본문 그림 3-18 및 동작순서 참조

18. 충격 전압의 측정에 적당한 건은?

꺄 셰링브리지
빠 음극성 오실로그래프
빠 검류계
빠 콜라우시 브리지

해설 ① 셰링 브리지(schering bridge) : 정전용량 측정
② 음극선 오실로그래프(cathode ray os-cillograph) : 전류 전압의 파형을 관찰하거나 측정·기록하는 장치

③ 검류계(galvano meter) : 미소 전류나 전압의 유무를 검출
④ 콜라우시 브리지(Kohlrausch bridge) : 전지의 내부 저항 측정

19. 승강기의 배선에 전기의 흐름 유무를 알아보려고 한다. 가장 간단하게 판단할 수 있는 것은?

꺄 절연저항계 빠 검전기
빠 방전코일 빠 정전콘덴서

해설 검전기(detector)
① 전기기기, 설비 및 전선로 등 작업에 임하기 전에 충전 유무를 확인하기 위하여 사용한다.
② 가장 간단한 저압 검전기에는 네온램프를 이용하는 검전 드라이버가 있다.

참고 고압 또는 특고압용 검전기를 사용할 때에는 절연용 보호구를 착용하고 검전하여야 한다.

20. 배전반용 계기로 가장 많이 사용되는 계기는?

꺄 가동코일형 빠 가동철편형
빠 열선형 빠 전류력계형

해설 가동철편형 계기의 특징
① 분류기 없이 비교적 큰 전류까지 측정할 수 있으며, 구조가 간단하고 견고하다.
② 교류 전용 계기로, 배전반용 계기로 가장 많이 사용되고 있다.
③ 균등 눈금에 가깝게 할 수 있다.

정답 16. 꺄 17. 빠 18. 빠 19. 빠 20. 빠

제 4 장

승강기 동력원의 기초 전기

1. 정전기와 콘덴서

- 대전(electrification) : 물체가 전기를 띠는 현상을 말한다.
- 전하(electric charge) : 대전에 의해서 물체가 띠고 있는 전기를 말한다.
- 전기장(electric field) : 전하가 존재하면 그 주위 공간을 말한다.
- 정전력(electrostatic force) : 전하 사이에 작용하는 힘을 말한다.

1-1 정전기의 특성과 특수현상

(1) 쿨롱의 법칙(Coulomb's law)

두 전하 사이에 작용하는 전기력은 전하의 크기에 비례하고, 두 전하 사이의 거리의 제곱에 반비례한다.

$$F = 9 \times 10^9 \times \frac{Q_1 \cdot Q_2}{\varepsilon r^2} \text{ [N]}$$

매질의 유전율 $\varepsilon = \varepsilon_0 \cdot \varepsilon_s$ [F/m]

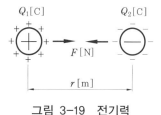

그림 3-19 전기력

(2) 전하의 성질

① 같은 종류의 전하는 서로 반발하고, 다른 종류의 전하는 서로 흡인한다.
② 전하는 가장 안정한 상태를 유지하려는 성질이 있다.
③ 접지(earth) : 어떤 대전체에 들어 있는 전하를 없애려고 할 때에는 대전체와 지구(대지)를 다선으로 연결하면 되는데, 이것을 어스 또는 접지한다고 말한다.

(3) 정전 유도(electrostatic induction) 현상

① 대전체 A 근처에 대전되지 않은 도체 B를 가져오면 대전체 가까운 쪽에는 다른 종류의 전하가, 먼 쪽에는 같은 종류의 전하가 나타나는 현상으로, 전기량은 대전체의 전기량과 같고

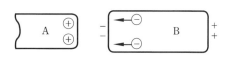

그림 3-20 도체에서의 정전유도

유도된 양전하와 음전하의 양은 같다.

② 대전체 A와 도체 B 사이에는 흡인력이 작용한다.

예 | 제

8. 진공 중 30 cm의 거리에 2 μC와 5 μC의 정전하가 있을 때 이에 작용하는 정전력을 구하시오.

풀이 정전력 – 쿨롱의 법칙(Coulomb's law)

$$F = 9 \times 10^9 \times \frac{Q_1 \cdot Q_2}{r^2} = 9 \times 10^9 \times \frac{2 \times 10^{-6} \times 5 \times 10^{-6}}{(30 \times 10^{-2})^2}$$

$$= 9 \times 10^9 \times \frac{1 \times 10^{-11}}{9 \times 10^{-2}} = \frac{9 \times 10^{-2}}{9 \times 10^{-2}} = 1 \text{ N}$$

1-2 콘덴서(condenser)

콘덴서는 특성상 커패시터(capacitor)라는 용어가 더 적합하나, 콘덴서란 용어를 많이 사용하므로 혼용된다. 또한 전기를 저장할 수 있는 장치로 축전기라고도 한다.

(1) 커패시턴스(capacitance) ; 정전 용량(electrostatic capacity)

① 전극이 전하를 축적하는 능력의 정도를 나타내는 상수이다.

② 콘덴서에 가해지는 전압 V[V]와 충전되는 전기량 Q[C]의 비를 표시한다.

  ㈎ 정전 용량 $C = \dfrac{Q}{V}$ [F]

  ㈏ 단위 : [F], Farad

   $1F = 10^6 \mu F = 10^{12} pF$

  ㈐ 축적된 전하 $Q = CV$ [C]

(2) 콘덴서(condenser)

① 평행판 콘덴서에 있어서 전극의 면적을 A[m^2], 극판 사이의 거리를 l[m], 극판 사이에 채워진 절연체의 유전율을 ε이라고 하면, 콘덴서의 용량 C[F]는 다음과 같다.

$$C = \varepsilon \frac{A}{l} \text{ [F]}$$

② 정전 용량을 크게 하는 방법

  ㈎ 극판의 면적을 넓게 하는 방법

  ㈏ 극판 간의 간격을 작게 하는 방법

  ㈐ 극판 간의 절연물을 비유전율(ε_s)이 큰 것으로 사

  용하는 방법

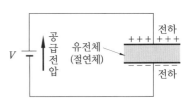

그림 3-21 정전 용량

(3) 콘덴서에 축적되는 정전 에너지

① 콘덴서에 직류 전원을 가하면, 충전할 때 에너지가 주입된다.

② 그림과 같은 회로에서 전압 V를 가하면 저항 R을 통하여 서서히 충전할 때 C에 축적되는 정전 에너지 W는 다음과 같다.

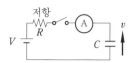

그림 3-22 충전 회로

$$W = \frac{1}{2}VQ = \frac{1}{2}CV^2 \, [\text{J}]$$

예 | 제

9. 정전 용량이 5 μF인 콘덴서 양단에 100 V의 전압을 가했을 때 콘덴서에 축적되는 에너지(J)는 얼마인가?

풀이 콘덴서에 축적되는 에너지

$$W = \frac{1}{2}CV^2 = \frac{1}{2} \times 5 \times 10^{-6} \times 100^2 = 2.5 \times 10^{-2} \, [\text{J}]$$

(4) 콘덴서의 접속 – 합성 정전 용량 계산

① 직렬 접속

㈎ 합성 정전 용량의 역수 = 각 정전 용량 역수의 합

$$\frac{1}{C_s} = \frac{1}{C_1} + \frac{1}{C_2} + \frac{1}{C_3} + \dots \frac{1}{C_n} \, [\text{F}]$$

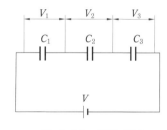

그림 3-23 직렬 접속

㈏ C_1과 C_2가 직렬인 경우의 합성 용량

$$C_s = \frac{\text{두 정전 용량의 곱}}{\text{두 정전 용량의 합}} = \frac{C_1 \cdot C_2}{C_1 + C_2}$$

㈐ C_1, C_2, C_3가 직렬인 경우의 합성 용량

$$C_s = \frac{\text{세 정전 용량의 곱}}{\text{두 정전 용량의 곱들의 합}} = \frac{C_1 \cdot C_2 \cdot C_3}{C_1 \cdot C_2 + C_2 \cdot C_3 + C_3 \cdot C_1}$$

예 | 제

10. 그림과 같이 접속된 회로에서 콘덴서의 합성 용량을 구하시오.($C_1 = 2\mu$F, $C = 4\mu$F)

$$\circ\!-\!\!|\!|\!-\!\!|\!|\!-\!\circ$$

C_1 C_2

풀이 정전 용량의 합성

$$C_s = \frac{\text{두 정전 용량의 곱}}{\text{두 정전 용량의 합}} = \frac{C_1 \cdot C_2}{C_1 + C_2} = \frac{2 \times 4}{2 + 4} \fallingdotseq 1.33 \, [\mu\text{F}]$$

② 병렬 접속

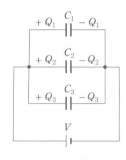

그림 3-24 병렬 접속

　(가) 합성 정전 용량 = 각 콘덴서의 정전 용량의 합

$$C_P = C_1 + C_2 + C_3 + \dots C_n \,[\text{F}]$$

　(나) 축적되는 전기량 $Q[\text{C}]$는 정전 용량 $C\,[\text{F}]$에 비례한다.

$$Q_1 = C_1 V \,[\text{C}]$$
$$Q_2 = C_2 V \,[\text{C}]$$
$$Q_3 = C_3 V \,[\text{C}]$$

예 | 제

11. 그림에서 a, b간 합성 정전 용량을 구하시오.

[풀이] $C_{ab} = \dfrac{2C \times 2C}{2C + 2C} = \dfrac{4C^2}{4C} = C$

등가회로

(5) 콘덴서의 종류

① 가변 콘덴서(variable condenser) : 바리콘(varicon)

② 고정 콘덴서(fixed condenser) : 전해, 마일러, 세라믹, 탄탈, 마이카 콘덴서

　(가) 전해 콘덴서(electrolytic condenser)

　　㉮ 케미콘(chemical condenser)이라고도 부르는 이 콘덴서는 얇은 산화막을 유전체로 사용하고, 전극으로는 알루미늄을 사용하고 있다.

　　㉯ 전원의 평활 회로, 저주파 바이패스 등에 주로 사용된다.

　　㉰ 극성을 가지므로 직류 회로에 사용된다.

　(나) 마일러 콘덴서(mylar condenser)

　　㉮ 얇은 폴리에스테르(polyester) 필름의 양면에 금속박을 대고 원통형으로 감은 것이다.

　　㉯ 극성이 없으면 가격이 싸지만, 높은 정밀도는 기대할 수 없다.

　(다) 세라믹 콘덴서(ceramic condenser)

　　㉮ 세라믹 콘덴서는 전극 간의 유전체로, 티탄산바륨과 같은 유전율이 큰 재료를 사용하며 극성은 없다.

　　㉯ 이 콘덴서는 인덕턴스(코일의 성질)가 적어 고주파 특성이 양호하여 바이패스에

흔히 사용된다.

　㉑ 마이카 콘덴서(mica condenser)

　　㉮ 운모(mica)와 금속 박막으로 되어 있거나 운모 위에 은을 발라서 전극으로 만든다.

　　㉯ 온도 변화에 의한 용량 변화가 작고 절연 저항이 높은 우수한 특성을 가지므로, 표준 콘덴서로도 이용된다.

2. 직류 회로

2-1 전기 회로의 전원과 부하

전기 회로(electric circuit)는 전원과 부하가 도선으로 접속되어 전기적인 현상을 나타내도록 한 상태를 말한다.

(1) 전원

전기적인 에너지를 공급하는 전원 장치는 다음과 같다.
① 발전기 : 기계적 에너지를 전기 에너지로 변환하는 전원 장치이다.
② 전지 : 화학 변화에 의하여 전기 에너지를 발생하는 전원 장치이다.
③ 태양 전지 : 빛의 에너지로부터 전기 에너지를 발생하는 전원 장치이다.

(2) 부하 (electric load)

① 전기적인 에너지를 다른 에너지로 변환 소비하는 장치이다.
② 실생활이나 산업 현장에 쓰이는 모든 전기 장치 및 기계 기구는 모두 부하이다.

2-2 전기회로의 전류와 전압

(1) 전류(electrical current)

① 전류는 전기 현상을 다루는 기본적인 물리량으로, 어떤 도체의 단면을 1초 간에 통과하는 전하량이다. 단위는 암페어(Ampere, [A])를 사용한다.

$$I = \frac{Q}{t} \text{ [A]}$$

② t[s] 동안에 Q[C]의 전하가 이동했다면 1 s 동안에는 $\frac{Q}{t}$의 전하가 이동하고 있다.

(2) 전위차 ; 전압(voltage)

전원으로부터 어떤 전하량 Q[C]를 이동시키는 데 W[J]의 에너지를 소비하였다면, 전원 두 단자 사이의 전위차, 즉 전압 V는 다음과 같다.

$$V = \frac{W}{Q} \text{ [V]}$$

 예 | 제

12. 어느 도체의 단면을 1시간에 18000C의 전기량이 지났다면 전류의 크기는 몇 A 인가?

[풀이] $I = \dfrac{Q}{t} = \dfrac{18000}{1 \times 60 \times 60} = 5 \text{ A}$

예 | 제

13. 1.5 V의 전위차로 3 A의 전류가 2분 동안 흐를 때 한 일은 몇 J인가?

[풀이] 전기 에너지 – 한 일
$$W = VQ = VIt = 1.5 \times 3 \times 2 \times 60 = 540 \text{ J}$$

2-3 옴(Ohm)의 법칙과 전압 강하

(1) 옴의 법칙(Ohm's law)

① 도체에 흐르는 전류 I는 전압 V에 비례하고, 저항 R에 반비례한다.

$$I = \frac{V}{R} \text{ [A]}$$

② 전기 저항
  ㈎ 전류의 흐름을 방해하는 전도를 나타내는 상수이다.
  ㈏ 기호는 R, 단위는 Ω(Ohm)을 사용한다.
③ 컨덕턴스(conductance): 전류가 흐르기 쉬운 정도를 나타내는 상수로 저항의 역수이다.

$$G = \frac{1}{R} \text{ [℧]}$$

(2) 전압 강하(voltage drop)

① 저항에 전류가 흐를 때 저항에 생기는 전위차를 전압 강하라 한다.
② R_1[Ω]의 저항에 I[A]의 전류가 흐르면, 저항의 양 끝 a, b 사이에 IR_1[V]의 전위차 가 생긴다.

$$V = IR_1 + IR_2$$

$$V_1 = IR_1 = V - IR_2 \, [\text{V}]$$

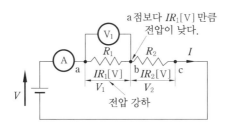

그림 3-25 전압 강하

2-4 저항의 접속

(1) 직렬 접속 (series connection)

① 합성 저항 : $R_S = R_1 + R_2 + R_3 + \cdots R_n \, [\Omega]$

② 전압 강하 : $V_1 = IR_1 \, [\text{V}], \quad V_2 = IR_2 \, [\text{V}], \quad V_3 = IR_3 \, [\text{V}]$

③ 전압 분배

$$V_1 = \frac{R_1}{R_1 + R_2 + R_3} \times V \, [\text{V}]$$

$$V_2 = \frac{R_2}{R_1 + R_2 + R_3} \times V \, [\text{V}]$$

$$V_3 = \frac{R_3}{R_1 + R_2 + R_3} \times V \, [\text{V}]$$

$$\therefore \quad V = V_1 + V_2 + V_3 \, [\text{V}]$$

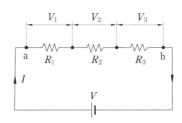

그림 3-26 저항의 직렬 접속

④ 전압 강하는 저항에 비례하여 분배된다.

$$R_1 : R_2 : R_3 = V_1 : V_2 : V_3$$

(2) 병렬 접속 (parallel connection)

① 합성 저항

㈎ 서로 다른 두 개의 저항이 병렬로 접속된 경우

$$R_p = \frac{R_1 \cdot R_2}{R_1 + R_2} = \frac{\text{두 저항의 곱}}{\text{두 저항의 합}}$$

(나) 서로 다른 세 개의 저항이 병렬로 접속된 경우

$$R_p = \frac{R_1 R_2 R_3}{R_1 R_2 + R_2 R_3 + R_3 R_1} = \frac{\text{세 저항의 곱}}{\text{두 저항들의 곱의 합}}$$

(다) 동일한 N개의 저항이 모두 병렬로 접속된 경우

$$R_p = \frac{R}{N} \; [\Omega]$$

합성 저항 = 1개 저항의 $\dfrac{1}{N}$ 배

(라) 합성 저항의 역수 = 각 저항의 역수의 합

$$\frac{1}{R_p} = \frac{1}{R_1} + \frac{1}{R_2} + \frac{1}{R_3} + \cdots \frac{1}{R_n} \; [\Omega]$$

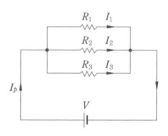

그림 3-27 저항의 병렬 접속

② 전류의 분배

$$I_1 = \frac{V}{R_1} \; [\text{A}], \quad I_2 = \frac{V}{R_2} \; [\text{A}], \quad I_3 = \frac{V}{R_3} \; [\text{A}]$$

$$\therefore \; I_p = I_1 + I_2 + I_3 \; [\text{A}]$$

(가) 전류는 각 저항의 크기에 반비례하여 흐른다.

$$I_1 : I_2 : I_3 = \frac{1}{R_1} : \frac{1}{R_2} : \frac{1}{R_3}$$

(나) 그림 3-28과 같은 병렬 회로의 전류 분배

$$I_1 = \frac{R_2}{R_1 + R_2} I \; [\text{A}], \quad I_2 = \frac{R_1}{R_1 + R_2} I \; [\text{A}]$$

$$\therefore \; I_1 : I_2 = \frac{R_2}{R_1 + R_2} : \frac{R_1}{R_1 + R_2}$$

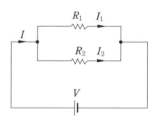

그림 3-28 전류 분배

(3) 직 · 병렬 접속

합성 저항 : R_{sp}

① 그림 3-29와 같이 먼저 병렬 접속을 합성하고 난 다음에 직렬로 합성한다.

② $R_{sp} = \dfrac{R_1 \cdot R_2}{R_1 + R_2} + R_3 = R_{ab} + R_3 = R_{ac}$

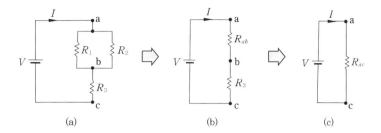

그림 3-29 저항의 직 · 병렬 접속

2-5 키르히호프의 법칙(Kirchhoff's law)

(1) 제1법칙(전류 법칙)

회로망 중 임의의 점에 흘러 들어오는 전류의 대수합과 흘러나가는
전류의 대수합은 같다.

① Σ유입 전류 = Σ유출 전류

② $I_1 + I_3 + I_4 = I_2 + I_5$

그림 3-30   제1법칙

(2) 제2법칙(전압 강하의 법칙)

회로망에서 임의의 한 폐회로의 기전력 대수합과 전압 강하의 대수합은 같다.

① $\Sigma V = \Sigma IR$

② $V_1 + V_2 - V_3 = I(R_1 + R_2 + R_3 + R_4)$

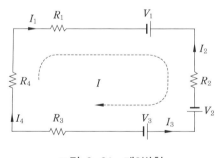

그림 3-31   제2법칙

2-6 도체의 전기 저항 · 저항기의 종류

• 저항(resistance)의 성질

① 물질의 내부에 자유 전자가 이동하게 되면 전류가 흐른다. 그런데 물질 내부에서는
자유전자의 이동을 방해하는 성질이 있다.

② 도체의 전기 저항은 그 재료의 종류, 모양, 온도, 압력, 자기장 등의 영향에 따라 변화한다.

(1) 전기 저항 (electric resistance)

전기 저항은 그 도체의 길이에 비례하고 단면적에 반비례한다.

$$R = \rho \frac{l}{A} \ [\Omega]$$

여기서, ρ : 도체의 고유 저항($\Omega \cdot$m), A : 도체의 단면적(m²), l : 길이(m)

 예 | 제

14. 전선의 길이를 2배로 늘리면 저항은 몇 배가 되는가? (단, 체적은 일정)

[풀이] 전선의 저항

① 체적은 일정하다는 조건 하에서, 길이를 n배로 늘리면 단면적은 $\dfrac{1}{n}$배로 감소한다.

② $R = \rho \dfrac{l}{A}$ 에서, $R_n = \rho \dfrac{nl}{\dfrac{A}{n}} = n^2 \cdot \rho \dfrac{l}{A} = n^2 R$

∴ $R_2 = 2^2 \times R = 4R$

답 4배

(2) 저항기의 종류

┌ 고정 저항기 : 표준 저항기, 권선 저항기, 탄소 피막 저항기
└ 가변 저항기 : 슬라이드 저항기, 다이얼형 저항기, 플러그형 저항기

① 탄소 피막 저항기(보통 카본(carbon) 피막 저항기) : 온도에 의한 저항값의 변화가 커서 정밀한 용도에는 적합하지 않으며, 잡음을 발생시키기 때문에 미소한 신호가 응용되는 기구에는 사용하지 못한다.

② 금속 피막 저항기 : 잡음이 적고 높은 정밀도의 저항기로, 브리지 회로나 여러 가지 목적으로 파형 등을 걸러 주는 필터 회로 등에 주로 사용한다.

③ 권선형 저항기 : 금속의 미세한 선은 저항이 크다는 것을 이용한 것으로, 선의 길이를 조정함으로써 정밀한 저항값을 얻을 수 있다.

④ 가변 저항기 : 오디오나 TV의 음량을 조절하는 가변 저항기는 볼륨(volume : variable ohm)이라고도 부르며, 손잡이를 돌려서 쉽게 원하는 값의 저항값으로 바꿀 수 있다.

(3) 저항체의 필요 조건

① 고유 저항이 클 것　　　　② 저항의 온도계수가 작을 것
③ 구리에 대한 열기전력이 적을 것　　④ 내구성이 좋을 것
⑤ 값이 쌀 것

3. 교류 회로

- 교류(alternating current : AC) : 시간에 따라서 크기와 방향이 변화하는 전압 또는 전류를 말한다.
- 파형(waveform) : 교류의 크기와 방향이 시간에 따라 어떻게 변화하는가를 나타내는 곡선을 말한다.
- 정현파(正弦波, sinusoidal wave) : 파형이 정현 곡선을 이루는 파(wave), 즉 사인 함수를 나타내는 곡선과 같은 형태를 가지기 때문에 사인파라 한다.

`3-1` 정현파 교류 회로

(1) 주기와 주파수

① 교류 1회의 변화를 1사이클(cycle)이라 하며, 1사이클 변화하는데 걸리는 시간을 주기(period) T [s]라 한다.

② 주파수(frequency) f[Hz]는 1[s] 동안에 반복되는 사이클의 수를 나타내며, 단위로는 헤르츠(hertz, [Hz])를 사용한다.

③ 주기와 주파수 및 각속도와의 관계

(가) $T = \dfrac{1}{f}$ [s]

(나) $f = \dfrac{1}{T} = \dfrac{1}{\dfrac{2\pi}{\omega}} = \dfrac{\omega}{2\pi}$ [Hz]

(다) $\omega = 2\pi f$ [rad/s]

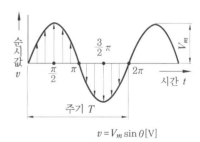

$$v = V_m \sin \theta \text{[V]}$$

그림 3-32 기전력의 파형

(2) 위상과 위상차(phase difference)

① 위상(phase)차 : 주파수가 동일한 2개 이상의 교류 사이의 시간적인 차이를 나타낸다.

(가) 뒤진다(lag)

(나) 앞선다(lead)

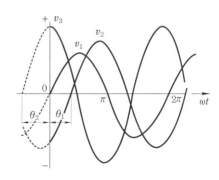

그림 3-33 위상차의 표시

② 위상차의 표시

$$v_1 = V_{m_1} \sin\omega t \cdots\cdots\cdots\cdots 기준$$
$$v_2 = V_{m_2} \sin(\omega t - \theta_1) \cdots\cdots\cdots\cdots \theta_1 뒤짐$$
$$v_3 = V_{m_3} \sin(\omega t + \theta_2) \cdots\cdots\cdots\cdots \theta_2 앞섬$$

③ 동상(in phase) : 주파수가 동일한 2개 이상의 교류 사이의 시간적인 차이가 없이 동일한 경우의 위상이다.

$$\theta_1 = \theta_2$$
$$\therefore \ \theta = \theta_1 - \theta_2 = 0$$

(3) 교류의 표시

① 순시값(instantaneous value)
  ㈎ 순간순간 변하는 교류의 임의의 순간 크기이다.
  ㈏ $v = V_m \sin\omega t$ [V]

② 최댓값(maximum value)
  ㈎ 순시값 중에서 가장 큰 값이다.
  ㈏ 진폭(amplitude) : V_m

③ 평균값(average value)
  ㈎ 순시값의 반주기에 대해 평균한 값이다.
  ㈏ $V_a = \dfrac{2}{\pi} V_m \fallingdotseq 0.637 V_m$ [V]

④ 실횻값(effective value)
  ㈎ 직류의 크기와 같은 일을 하는 교류의 크기값이다.
  ㈏ 1주기에서 순시값의 제곱의 평균을 평방근으로 표시한다.

$$V = \sqrt{(순시값)^2의 \ 합의 \ 평균} \ [\text{V}]$$

⑤ 실횻값 V와 최댓값 V_m의 관계

$$V = \frac{V_m}{\sqrt{2}} = 0.707 V_m$$
$$V_m = \sqrt{2} \times V \fallingdotseq 1.414 \times V$$

⑥ 실횻값 V와 평균값 V_a의 관계

$$\frac{V}{V_a} = \frac{\dfrac{1}{\sqrt{2}} \cdot V_m}{\dfrac{2}{\pi} \cdot V_m} = \frac{\pi}{2\sqrt{2}} \fallingdotseq 1.111$$

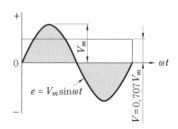

그림 3-34 실효값과 최댓값의 관계

(4) *R, L, C* 회로소자의 기본 회로

표 3-8

구 분	회로와 벡터도	임피던스와 전류·전압의 관계식	위상차·역률
R 회로		R $\dot{I} = \dfrac{\dot{V}}{R}$	$\theta = 0$ $\cos\theta = 1$
L 회로		$X_L = \omega L$ $\dot{I} = \dfrac{\dot{V}}{j\omega L}$	$\theta = \dfrac{\pi}{2}$ $\cos\theta = 0$
C 회로		$X_c = \dfrac{1}{\omega C}$ $\dot{I} = j\dfrac{\dot{V}}{\dfrac{1}{\omega C}}$	$\theta = \dfrac{\pi}{2}$ $\cos\theta = 0$
R − L 직렬		$\dot{Z} = R + j\omega L$ $\dot{I} = \dfrac{\dot{V}}{R + j\omega L}$	$\theta = \tan^{-1}\dfrac{\omega L}{R}$ $\cos\theta = \dfrac{R}{\sqrt{R^2 + X_L{}^2}}$
R − C 직렬		$\dot{Z} = R - j\dfrac{1}{\omega C}$ $\dot{I} = \dfrac{\dot{V}}{R - j\dfrac{1}{\omega C}}$	$\theta = \tan^{-1}\dfrac{1}{\omega CR}$ $\cos\theta = \dfrac{R}{\sqrt{R^2 + X_C{}^2}}$
R − L − C 직렬		$\dot{Z} = R + j\left(\omega L - \dfrac{1}{\omega C}\right)$ $\dot{I} = \dfrac{\dot{V}}{R - j\left(\omega L - \dfrac{1}{\omega C}\right)}$	$\theta = \tan^{-1}\dfrac{X_L - X_C}{R}$ $\cos\theta = \dfrac{R}{Z}$
R − L 병렬		$\dot{Y} = \dfrac{1}{R} - j\dfrac{1}{\omega L}$ $\dot{I} = \dot{Y}\,\dot{V}$ $\quad = \left(\dfrac{1}{R} - j\dfrac{1}{\omega C}\right)\dot{V}$	$\theta = \tan^{-1}\dfrac{R}{\omega L}$ $\cos\theta = \dfrac{X_L}{\sqrt{R^2 + X_L{}^2}}$
R − C 병렬		$\dot{Y} = \dfrac{1}{R} + j\omega C$ $\dot{I} = \dot{Y}\,\dot{V}$ $\quad = \left(\dfrac{1}{R} + j\omega C\right)\dot{V}$	$\theta = \tan^{-1}\omega CR$ $\cos\theta = \dfrac{X_C}{\sqrt{R^2 + X_C{}^2}}$

$R-L-C$ 병렬	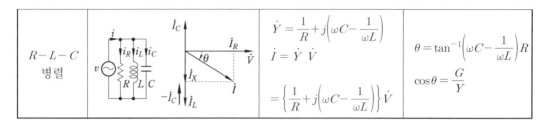	$\dot{Y} = \dfrac{1}{R} + j\left(\omega C - \dfrac{1}{\omega L}\right)$ $\dot{I} = \dot{Y}\,\dot{V}$ $= \left\{\dfrac{1}{R} + j\left(\omega C - \dfrac{1}{\omega L}\right)\right\}\dot{V}$	$\theta = \tan^{-1}\left(\omega C - \dfrac{1}{\omega L}\right)R$ $\cos\theta = \dfrac{G}{Y}$

 예 | 제

15. 그림과 같은 회로에서 전류 I와 유효 전류 I_a는 각각 몇 A인가?

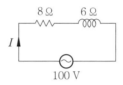

풀이 ① $Z = \sqrt{R^2 + X^2} = \sqrt{8^2 + 6^2} = 10\,\Omega$

② $I = \dfrac{V}{Z} = \dfrac{100}{10} = 10\,\text{A}$

③ $I_a = \dfrac{R}{Z} \times I = \dfrac{8}{10} \times 10 = 8\,\text{A}$

(5) 단상 교류 전력

① 겉보기 전력(apparent power) : 피상 전력

$$P_a = VI \ [\text{VA}]$$

② 유효 전력(effective power) : 소비 전력

$$P = VI\cos\theta \ [\text{W}]$$

③ 무효 전력(reactive power)

$$P_r = VI\sin\theta \ [\text{Var}]$$

④ 역률과 무효율의 관계

(가) 역률 : $\cos\theta = \sqrt{1 - \sin^2\theta}$

(나) 무효율 : $\sin\theta = \sqrt{1 - \cos^2\theta}$

⑤ 피상 전력 P_a, 유효 전력 P, 무효 전력 P_r의 관계

$$P_a{}^2 = P^2 + P_r{}^2, \quad P_a = \sqrt{P^2 + P_r{}^2}$$

$$\cos\theta = \dfrac{P}{P_a}, \quad \sin\theta = \dfrac{P_r}{P_a}$$

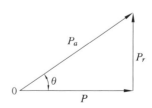

그림 3-35 전력의 벡터도

| **3-2** | **3상 교류 회로** |

- 3상 교류는 크기와 주파수가 같고 위상만 120°씩 서로 다른 단상 교류로 구성된다.
- 대칭 3상 교류와 비대칭 3상 교류로 구분된다.

(1) 대칭 3상 교류(symmetrical three phase AC)

① 대칭 3상 교류는 크기가 같고 $\frac{2}{3}\pi$[rad] 위상차를 갖는 3상 교류이다.

② 3상 교류는 자기장 내에 3개의 코일을 120° 간격으로 배치하여 반시계 방향으로 회전시키면 3개의 사인파 전압이 발생한다.

③ 대칭 3상 교류의 조건

   (개) 기전력의 크기가 같을 것

   (내) 주파수가 같을 것

   (대) 파형이 같을 것

   (래) 위상차가 각각 $\frac{2}{3}\pi$[rad]일 것

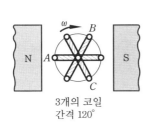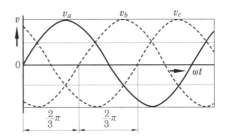

그림 3-36 3상 교류의 발생

④ 3상 교류의 순시값 표시

   (개) $v_a = \sqrt{2}\,V\sin\omega t$ [V]

   (내) $v_b = \sqrt{2}\,V\sin\left(\omega t - \frac{2}{3}\pi\right)$ [V]

   (대) $v_a = \sqrt{2}\,V\sin\left(\omega t - \frac{4}{3}\pi\right)$ [V]

(2) Y결선의 상전압과 선간 전압의 관계

① 상전압(V_p) : $\dot{V_a}$, $\dot{V_b}$, $\dot{V_c}$

② 선간 전압(V_l) : $\dot{V}_{ab}$, $\dot{V}_{bc}$, $\dot{V}_{ca}$

   (개) $V_l = \sqrt{3}\,V_p$[V]

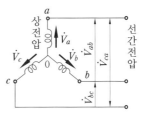

그림 3-37 Y결선

(나) 선간 전압은 상전압보다 위상이 $\dfrac{\pi}{6}$ [rad] 앞선다.

③ 선전류(I_l) = 상전류(I_p)

(3) △ 결선의 상전류와 선전류의 관계

① 상전류(I_p) : $\dot{I}_{ab}$, $\dot{I}_{bc}$, $\dot{I}_{ca}$

② 선전류(I_l) : $\dot{I}_a$, $\dot{I}_b$, $\dot{I}_c$

(가) $I_l = \sqrt{3}\,I_p$ [A]

(나) 선전류는 상전류보다 위상이 $\dfrac{\pi}{6}$ [rad] 뒤진다.

③ 선간 전압(V_l) = 상전압(V_p)

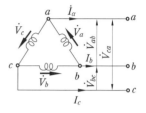

그림 3-38   △ 결선

(4) Y회로와 △회로의 임피던스 변환(평형 부하인 경우)

① Y회로를 △회로로 변환하기 위해서는 각 상의 임피던스를 3배로 해야 한다.

② △회로를 Y회로로 변환하기 위해서는 각 상의 임피던스를 $\dfrac{1}{3}$ 배로 해야 한다.

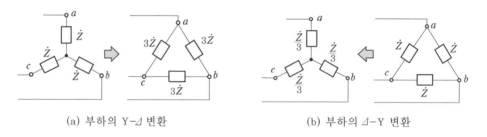

(a) 부하의 Y−△ 변환   (b) 부하의 △−Y 변환

그림 3-39 부하의 Y−△, △−Y 변환

(5) 3상 회로의 전력 표시

① 각 상에 대한 것을 기초로 한다.

(가) 유효 전력 $P_p = 3V_p \cdot I_p \cos\theta$ [W]

(나) 무효 전력 $P_r = 3V_p \cdot I_p \sin\theta$ [Var]

② 실제로는 선간 전압 V_l, 선전류 I_l로 전력을 표시한다.

(가) 유효 전력 $P = \sqrt{3}\,V_l \cdot I_l \cos\theta$ [W]

(나) 무효 전력 $P_r = \sqrt{3}\,V_l \cdot I_l \sin\theta$ [Var]

③ 겉보기 전력(피상 전력)

(가) $P_a = 3V_p \cdot I_p = \sqrt{3}\,V_l I_l$ [VA]

(나) $P_a = \sqrt{P^2 + P_r{}^2}$ [VA]

예 | 제

16. 어느 공장의 평형 3상 부하의 전압을 측정하였을 때 선간 전압이 200 V, 소비 전력이 21 kW, 역률이 80%라고 한다. 이 때 전류는 약 몇 A인가?

[풀이] 3상 교류 회로의 전력(소비 전력 = 유효 전력)

$P = \sqrt{3}\ V_l \cdot I_l \cos\theta\ [\text{W}]$ 에서,

$I_l = \dfrac{P}{\sqrt{3}\ V_l \cos\theta} = \dfrac{21 \times 10^3}{\sqrt{3} \times 200 \times 0.8}$

$= \dfrac{21000}{277} \fallingdotseq 76\ \text{A}$

(6) 3상 교류 전력의 측정

① 측정 방법

㉮ 1대의 단상 전력계에 의한 1전력계법

㉯ 2대의 단상 전력계에 의한 2전력계법

㉰ 3대의 단상 전력계에 의한 3전력계법

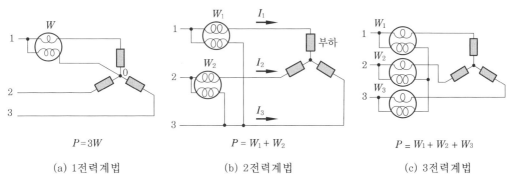

| (a) 1전력계법 | (b) 2전력계법 | (c) 3전력계법 |

그림 3-40 3상 교류 전력 측정

4. 자기 회로

- 자기장(magnetic field) : 자극에 대하여 자력이 작용하는 공간
- 자기(magnetism) : 자석이 쇠붙이를 끌어당기는 성질의 근원
- 자기 작용(magnetic action) : 자기에 의하여 생기는 작용
- 자기력(magnetic force) : 자기적인 힘

4-1 자석에 의한 자기 현상

(1) 자석과 자극 및 자력선(line of magnetic force)

① 자석은 쇠붙이를 끌어당기는 힘이 있으며, 남북을 가리키는 성질이 있다.

② 자석의 양 끝은 자기력이 가장 강하게 작용하는데, 이것을 자극이라 한다.

③ 자석에는 언제나 N, S 두 극성이 존재하며 자기량은 같다.

④ 같은 극성의 자석은 서로 반발하고, 다른 극성은 서로 흡인한다.

⑤ 자극의 세기 단위는 Wb(Weber)가 사용된다.

⑥ 진공 중에 2개의 같은 크기를 갖는 자극을 1 m의 거리로 유지할 때, 상호 간에 6.33×10^4 N의 힘이 작용하는 자극의 세기를 1 Wb라 한다.

⑦ 자력선은 N극에서 나와 S극으로 향한다.

⑧ 자력이 강할수록 자력선의 수가 많다.

⑨ 자력선은 잡아당긴 고무줄과 같이 그 자신이 줄어들려고 하는 장력이 있으며, 같은 방향으로 향하는 자력선은 서로 반발한다.

⑩ 자력선은 서로 교차하지 않는다.

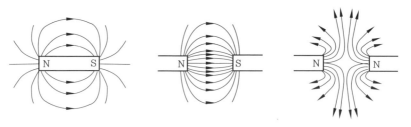

그림 3-41 자력선의 성질

(2) 자기 유도

① 자성체를 자석 가까이 놓으면 자화되는 현상을 말한다.

② 자화 (magnetization) : 쇳조각 등 자성체를 자석으로 만드는 것을 말한다.

(3) 자성체(magnetic material)

① 상자성체와 강자성체(자석에 자화되어 끌리는 물체)

   ㈎ 상자성체 : $\mu_s > 1$인 물체로서 알루미늄(Al), 백금(Pt), 산소(O), 공기

   ㈏ 강자성체 : $\mu_s \gg 1$인 물체로서 철(Fe), 니켈(Ni), 코발트(Co), 망간(Mn)

② 반자성체(자석에 반발하는 물체) : $\mu_s < 1$인 물체로서 금(Au), 은(Ag), 구리(Cu), 아연(Zn), 안티몬(Sb)

(4) 쿨롱의 법칙(Coulomb's law)

① 두 자극 사이에 작용하는 자력의 크기는 양 자극의 세기의 곱에 비례하고, 자극 간의 거리의 제곱에 비례한다.

② 진공 중에서의 자기력

$$F = 6.33 \times 10^4 \cdot \frac{m_1 \cdot m_2}{r^2} = \frac{1}{4\pi\mu_0} \cdot \frac{m_1 \cdot m_2}{r^2} \ [\text{N}]$$

여기서, m_1, m_2 : 자극의 세기(Wb), r : 자극 간의 거리(m), μ_0 : 진공 투자율

예|제

17. 다음 중 공기 중에 있는 5×10^{-4} Wb의 자극으로부터 10 cm 떨어진 점에 3×10^{-4} Wb의 자극을 놓으면, 몇 N의 힘이 작용하는가?

풀이 $F = 6.33 \times 10^4 \times \dfrac{m_1 \cdot m_2}{r^2}$

$\qquad = 6.33 \times 10^4 \times \dfrac{5 \times 10^{-4} \times 3 \times 10^{-4}}{(10 \times 10^{-2})^2}$

$\qquad = 6.33 \times 10^4 \times \dfrac{1.5 \times 10^{-7}}{1 \times 10^{-2}}$

$\qquad \fallingdotseq 95 \times 10^{-2} \ \text{N}$

(5) 자속 밀도(magnetic flux density)

① 자속의 방향에 수직인 단위 면적 $1\,\text{m}^2$를 통과하는 자속 수를 나타내며, 단위는 Wb/m^2, 기호는 B를 사용한다.

$$B = \frac{\Phi}{A} \ [\text{Wb/m}^2]$$

② 자기장과의 관계는 다음과 같다.

$$B = \mu H = \mu_0 \mu_s H \ [\text{Wb/m}^2]$$

③ 자속의 밀도로서 자기장의 크기를 표시한다.

4-2 전류에 의한 자기현상

(1) 앙페르의 오른나사의 법칙(Ampere's right-handed screw rule)

① 전류에 의해서 생기는 자기장의 방향은 전류방향에 따라 결정된다.

② 전류의 방향을 오른나사가 진행하는 방향으로 하면, 자기장의 방향은 오른나사의 회전방향이 된다.

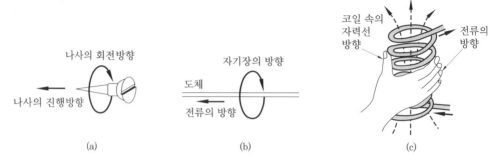

그림 3-42 전류와 자기장의 방향

(2) 자기 회로(magnetic circuit)

① 그림과 같이 환상 코일에 전류 I[A]를 흘리면 자속 ϕ[Wb]가 생기는 통로를 자기 회로라 한다.

② 자로의 평균 길이가 l[m]일 때, 전류에 의한 자기장의 세기 H는 다음과 같다.

$$H = \frac{NI}{l} \text{ [AT/m]}$$

③ 자속 (magnetic flux) : ϕ

그림에서 철심의 단면적을 A[m²], 철심 내부에 발생하는 자속 밀도 $B = \mu H$이므로 철심 내부를 통과하는 전자속 ϕ는

$$\phi = BA = \mu HA = \mu\frac{NI}{l}A = \frac{NI}{\left(\dfrac{l}{\mu A}\right)} \text{ [Wb]}$$

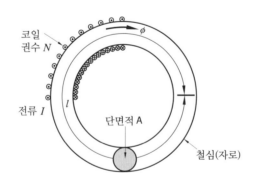

그림 3-43 환상 코일에 의한 자기 회로

④ 기자력(magnetic motive force)

㈎ N회 감긴 코일에 전류 I[A]가 흐를 때 기자력 F는

$$F = NI \text{ [AT, ampere turn]}$$

㈏ 기자력은 자속을 만드는 원동력으로 전류(A)와 코일의 감긴 횟수(turns)의 곱으로

정의한다.

⑤ 자기 저항(reluctance) : 자속의 발생을 방해하는 성질의 정도로, 자로의 길이 l[m]에 비례하고 단면적 A[m²]에 반비례한다.

$$R = \frac{l}{\mu A} = \frac{NI}{\phi} \text{ [AT/Wb]}$$

⑥ 자기 회로의 옴 법칙 : 자기 회로를 통하는 자속 ϕ는 기자력 F에 비례하고, 자기 저항 R에 반비례한다.

$$\phi = \frac{F}{R} \text{ [Wb]}$$

5. 전자력과 전자유도

5-1 전자력(electromagnetic force)

자기장 내에서 도선에 전류를 흐르게 하면 도선에는 전류에 의한 자기장이 형성되어 최초의 자기장과 상호작용을 일으켜 힘, 즉 전자력이 발생된다. 이 원리를 이용하여 회전력을 만들어 내는 것이 전동기이다.

(1) 플레밍의 왼손 법칙(Fleming's left-hand rule)

① 자기장 내의 도선에 전류가 흐를 때 도선이 받는 힘의 방향을 나타낸다.
② 전동기의 회전 방향을 결정한다.
  ㈎ 엄지손가락 : 전자력(힘)의 방향
  ㈏ 집게손가락 : 자장의 방향
  ㈐ 가운뎃손가락 : 전류의 방향

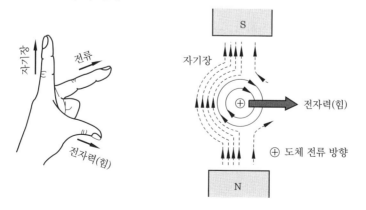

그림 3-44 플레밍의 왼손 법칙·전자력의 방향

(2) 직선 도체에 작용하는 전자력

그림과 같은 평등 자기장 내에서 직선 도체가 받는 전자력 F는

$$F = BIl\sin\theta \text{ [N]}$$

여기서, B : 자속 밀도(Wb/m²), I : 도체에 흐르는 전류(A)
l : 도체의 길이(m), θ : 자장과 도체가 이루는 각

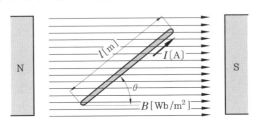

그림 3-45 전자력의 크기

5-2 전자 유도(electromagnetic induction)

도체와 자속이 쇄교(변화)하거나 또는 자장 중에 도체를 움직일 때 도체에 기전력이 유도되는 현상이다.
- 이때 발생한 전압 : 유도 기전력
- 이때 흐르는 전류 : 유도 전류

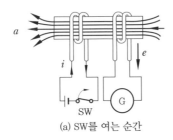
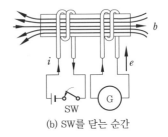

(a) SW를 여는 순간   (b) SW를 닫는 순간

그림 3-46 전자 유도와 렌츠의 법칙

(1) 자속의 변화에 의한 유도 기전력

① 유도 기전력의 크기 : 패러데이 법칙(Faraday's law)
유도 기전력의 크기는 코일을 지나는 자속의
매초 변화량과 코일의 권수에 비례한다.

$$v = -N\frac{\Delta\phi}{\Delta t} \text{ [V]}$$

여기서, $\dfrac{\Delta\phi}{\Delta t}$: 자속의 변화율

그림 3-47 플레밍의 오른손 법칙

② 유도 기전력의 방향 : 플레밍의 오른손 법칙(Fleming's right-hand rule)

    ㈎ 엄지손가락 : 운동의 방향

    ㈏ 집게손가락 : 자속의 방향

    ㈐ 가운뎃손가락 : 기전력의 방향

(2) 자기 인덕턴스에 축적되는 에너지

인덕턴스 L [H]의 코일에 그림과 같이 전류가 0에서 I[A]까지 증가될 때 코일에 저장되는 전자 에너지 W는 다음과 같다.

$$W = \frac{1}{2} L I^2 \text{ [J]}$$

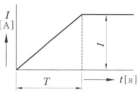

그림 3-48 전류의 변화

6. 전류의 열작용과 화학 작용

• 전류의 3대 작용 : 발열 작용, 자기 작용, 화학 작용

6-1 전류의 발열 작용

(1) 줄의 법칙(Joule's law)

① 저항에 전류가 흐를 때 발생하는 열량은 전류 세기의 제곱에 비례한다.

② 저항 $R[\Omega]$에 전류 I[A]가 t [s] 동안 흘렀을 때 발생한 열 에너지는 다음과 같다.

$$H = I^2 \cdot R \cdot t \text{ [J]} \qquad H = 0.24 I^2 Rt \text{ [cal]}$$

여기서, 1 J = 0.24 cal

예 | 제

18. 3 kW의 전열기를 정격 상태에서 20분간 사용하였을 때의 열량은 몇 kcal인가?

풀이 $H = 0.24 \times p \times t = 0.24 \times 3 \times 10^3 \times 20 \times 60 ≒ 860 \times 10^3 = 860 \text{ kcal}$

(2) 열 에너지와 전기 에너지의 단위

① 1 cal = 4.186 J

② 1 J = 1 W · s = 0.24 cal

③ 1 kWh = 860 kcal = 3.6×10^6 J

예 | 제

19. 1 Wh는 몇 J인가?

[풀이] 1 Wh=1×60×60=3600 W · s=3600 J

④ 줄열의 이용

 (가) 공업용 : 전기 용접기, 전기로 등

 (나) 가정용 : 전기난로, 전기밥솥, 전기다리미, 백열전구 등

(3) 허용 전류(allowable current)

① 절연 전선(insulated wire)에서는 온도가 높게 되면 절연물이 열화되어 절연 특성이 나빠진다.

② 전선에 안전하게 흘릴 수 있는 최대 전류를 허용 전류라 한다.

③ 허용 전력이 P [W], 저항이 R [Ω]인 도체의 허용 전류 I_a는 다음과 같다.

$$I_a = \sqrt{\frac{P}{R}} \ [\text{A}]$$

(4) 전력량

① R [Ω]의 저항에 전류 I [A]의 전류가 t [s] 동안 흐를 때의 열 에너지는 다음과 같다.

$$H = I^2 Rt \ [\text{J}]$$

② 저항 R [Ω]에 V [V]의 전압을 가하여 I [A]의 전류가 t [s] 동안 흘렀을 때 공급된 전기적인 에너지는 다음과 같다.

$$W = VIt = I^2 Rt \ [\text{J}] \quad (W = V \cdot Q \ [\text{J}])$$

③ 전기적 에너지 W [J]를 t [s] 동안에 전기가 한 일 또는 t [s] 동안의 전력량이라고도 하며, 단위는 [W · s], [Wh], [kWh]로 표시한다.

 $1 \text{W} \cdot \text{s} = 1 \text{J} \qquad 1 \text{Wh} = 3600 \text{W} \cdot \text{s} = 3600 \text{J}$

 $1 \text{kWh} = 10^3 \text{Wh} = 3.6 \times 10^6 \text{J} = 860 \text{kcal}$

예 | 제

20. 900 W의 전열기를 10시간 연속 사용했을 때의 전력량은 몇 kWh인가?

[풀이] $W = P \cdot t = 0.9 \times 10 = 9$ kWh

 여기서, 900W = 0.9 kW

(5) 전력(electric power)

① 단위 시간당에 전기 에너지가 소비되어 한 일의 비율을 나타낸다.

② 기호는 P, 단위는 [W], Watt를 사용하며 1 W=1J/s이다.

③ 전기가 t [s] 동안에 W [J]의 일을 했다면, 전력 P는 다음과 같다.

$$P = \frac{W}{t} = \frac{VIt}{t} = VI = V\left(\frac{V}{R}\right) = \frac{V^2}{R} = I^2R \text{ [W]}$$

6-2 전류의 화학작용

전지(battery) : 화학 변화에 의해서 생기는 에너지 또는 빛, 열 등의 물리적인 에너지를 전기 에너지로 변화시키는 정치를 말한다.

(1) 전지의 용량

① 일정 전류 I [A]로 t 시간[h] 방전시켜 한계(방전 한계 전압)에 도달했다고 하면, 전지의 용량은 다음과 같다.

전지의 용량 $= I \times t$ [Ah]

② 단위는 암페어시(ampere-hour, [Ah])를 사용한다.

(2) 전지의 접속

① 직렬 접속 : 기전력 E [V], 내부 저항 r [Ω]인 전지 n개를 직렬 접속하고, 여기에 부하 저항 R [Ω]을 연결했을 때, 부하에 흐르는 전류는 다음과 같다.

$$I = \frac{nE}{R + nr} \text{ [A]}$$

여기서, nE : 합성 기전력, nr : 합성 내부 저항

② 병렬 접속 : 기전력 E [V], 내부 저항 r [Ω]인 전지 n개를 병렬 접속하고, 여기에 부하 저항 R [Ω]를 연결했을 때 부하에 흐르는 전류는 다음과 같다.

$$I = \frac{E}{\dfrac{r}{n} + R} \text{ [A]}$$

여기서, E : 합성 기전력(1개의 기전력), $\dfrac{r}{n}$: 합성 내부 저항

③ 직·병렬 접속 : 기전력 E [V], 내부 저항 r [Ω]의 전지 n개를 직렬로 접속하고, 이것을 다시 병렬로 m줄을 접속했을 때의 전류는 다음과 같다.

$$I = \frac{nE}{\dfrac{rn}{m} + R} = \frac{E}{\dfrac{r}{m} + \dfrac{R}{n}} \ [\text{A}]$$

여기서, nE : 합성 기전력, $\dfrac{rn}{m}$: 합성 내부 저항

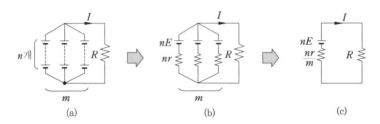

그림 3-49 전자의 직·병렬 접속

④ 최대 전류를 얻는 전지의 접속

$$I = \frac{E}{\dfrac{r}{m} + \dfrac{R}{n}} \ [\text{A}]$$

여기서, 분모 $\left(\dfrac{r}{m} + \dfrac{R}{n} \right)$ 가 최소가 되어야 하므로, 최소 조건 $\left(\dfrac{r}{m} = \dfrac{R}{n} \right)$ 을 만족시키도록 접속한다.

⑤ 최대 전류의 조건 : $\dfrac{r}{m} = \dfrac{R}{n}$

7. 전기 보호기기

7-1 **보호 계전기**

보호 계전기는 전기설비를 과전류, 과전압, 부족전압, 지락, 결상 등으로부터 보호하기 위하여 차단기를 동작시키며 확실성, 신속성, 선택성의 기능이 요구된다.

(1) 보호 계전 시스템의 구성

① 검출부 : 전기 회로의 전압 및 전류를 검출하며, CT, PT, GPT, ZCT 등으로 구성된다.
② 판정부 : 검출부로부터 신호를 받아 동작 여부와 필요 시간을 판정하여 동작부에 지령한다.
③ 동작부 : 검출과 판정을 거쳐 설정된 지시값에 도달할 경우 판정부 지령에 따라 전로를 차단하여 사고 부분을 분리한다.

(2) 과전류 계전기(OCR : over current relay)

부하측에 단락사고, 과부하 사고가 발생하였을 때 과전류를 검출하여 차단기를 동작시킨다.

(3) 과전압 계전기(OVR : over voltage relay)

이상 전압이나 과전압이 내습 시 과전압을 검출하여 차단기를 동작시킨다.

(4) 비율 차동 계전기(Diff.R : differential relay)

변압기나 조상기의 내부 고장 시 1차와 2차의 전류비 차이로 동작한다.

(5) 접지 계전기(GR : ground relay)

기기의 내부 또는 회로에 지락사고가 생긴 경우 차단기를 동작시켜 사고 회로를 개방하거나 경보신호를 내도록 한다.

7-2 과전류 차단기와 누전 차단기

(1) 과전류 차단기

① 전압 전로 : 퓨즈(fuse) 또는 배선용 차단기가 사용된다.
② 고압 전로 : 전력용 퓨즈 또는 보호 계전기에 의하여 작동하는 차단기가 사용된다.

(2) 배선용 차단기

① 분기 회로용으로 사용되며 개폐기 및 자동 차단기의 역할을 겸한다.
② 바이메탈(bimetal)과 전기장치를 병용한 것이다.

(3) 누전 차단기(ELB)

① 대지전압 150 [V] 초과 300 [V] 이하의 저압 전로 인입구에 설치되어 누전 사고로부터 전로를 보호한다.
② 배전반 또는 분전반에 설치된다.

7-3 전동기의 과부하 보호장치

(1) 사용 목적과 역할

① 부하 전류 및 기동 전류의 동전
② 과부하에 의한 과전류 차단으로 전동기 보호

(2) 종류

① 타임러그 퓨즈(time-lug fuse)

② 전동기용 배선용 차단기

③ 전자(電磁) 개폐기 : 과부하 계전기는 주회로에 접속된 과부하 전류 히터의 발열로 바이메탈이 작용하여 전자석의 회로를 차단하는 열동 계전기(THR)로 되어 있다.

7-4 차단기·피뢰기 및 서지 흡수기

(1) 차단기(circuit breaker)

① 차단기의 역할

㈎ 부하전류를 개폐한다.

㈏ 부하 측에서 사고 발생 시 계전기와 조합으로 신속히 회로를 차단하여 계통의 안전성을 유지한다.

② 차단기의 종류

㈎ 유입차단기(OCB : oil circuit breaker)

㈏ 공기차단기(ABB : air blast circuit breaker)

㈐ 자기차단기(MBB : magnetic blast circuit breaker)

㈑ 진공차단기(VCB : vacumm circuit breaker)

㈒ 가스차단기(GCB : gas circuit breaker)

㈓ 기중 차단기(ACB : air circuit breaker)

(2) 피뢰기와 서지 흡수기

① 피뢰기는 전력 계통의 전기 설비를 낙뢰 또는 이상 전압으로부터 보호하는 장치이다.

② 서지 흡수기는 구내에서 발생할 수 있는 개폐서지, 순간 고도 전압 등으로 이상 전압이 2차 기기에 나쁜 영향을 주는 것을 막기 위해 시설한다.

예·상·문·제

1. 물질 내에서 원자핵의 구속력을 벗어나 자유로이 이동할 수 있는 것은?

㉮ 원자　　　　㉯ 중성자

㉰ 양자　　　　㉱ 자유 전자

해설 자유 전자(free electron)
① 원자핵의 구속에서 이탈하여 자유로이 이동할 수 있는 전자이다.
② 일반적으로 전기 현상들은 자유 전자의 이동 또는 증감에 의한 것이다.

2. 어떤 물질의 대전 상태를 설명한 것으로 옳은 것은?

㉮ 중성임을 뜻한다.

㉯ 물질이 안정된 상태이다.

㉰ 어떤 물질이 전자의 과부족으로 전기를 띠는 상태이다.

㉱ 원자핵이 파괴된 것이다.

3. 자유 전자가 과잉된 상태가 되면?

㉮ 양의 대전　　　㉯ 음의 대전

㉰ 발열상태　　　㉱ 전도상태

해설 ① 자유 전자가 과잉된 상태 : 음(−)의 대전
② 자유 전자가 부족된 상태 : 양(+)의 대전

4. 전기력선이 작용하는 공간은?

㉮ 자기 모멘트(magnetic monent)

㉯ 전자석(electromagnet)

㉰ 전기장(electric field)

㉱ 전위(electric potential)

5. 다음 중 전하량의 단위는?

㉮ [C]　㉯ [A]　㉰ [V]　㉱ [Ω]

해설 전하량의 단위 : [C](Coulomb)

6. 두 전하 사이에 작용하는 힘(쿨롱의 법칙)을 설명한 것은?

㉮ 두 전하의 곱에 반비례하고 거리에 비례한다.

㉯ 두 전하의 곱에 반비례하고 거리의 제곱에 비례한다.

㉰ 두 전하의 곱에 비례하고 거리에 반비례한다.

㉱ 두 전하의 곱에 비례하고 거리의 제곱에 반비례한다.

해설 본문 1. 1−1. (1)항 참조

7. 1 μF의 콘덴서에 100 V의 전압을 가할 때 충전 전하량(C)은?

㉮ 10^{-4}　　　　㉯ 10^{-5}

㉰ 10^{-8}　　　　㉱ 10^{-10}

해설 콘덴서에 충전되는 전하량
$$Q = CV = 1 \times 10^{-6} \times 100 = 1 \times 10^{-4} \,[C]$$

8. 평형판 콘덴서에 있어서 판의 면적을 동일하게 하고 정전 용량은 반으로 줄이려면, 판 사이의 거리는 어떻게 하여야 하는가?

㉮ 4배로 줄인다.　㉯ 반으로 줄인다.

㉰ 2배로 늘린다.　㉱ 4배로 늘린다.

해설 본문 1. 1−2. (2)항 참조
$$C = \epsilon \frac{A}{l} = k \cdot \frac{1}{l}$$

정전용량 C는 거리 l에 반비례하므로 거리를 2배로 늘리면 된다.

정답 1. ㉱　2. ㉰　3. ㉯　4. ㉰　5. ㉮　6. ㉱　7. ㉮　8. ㉰

9. 1 pF는 어느 것과 같은가?

㉮ 10^{-3} F ㉯ 10^{-6} F

㉰ 10^{-9} F ㉱ 10^{-12} F

해설 1 F=10^6 F=10^{12} PF

∴ 1 PF=10^{-12} F

10. 어떤 콘덴서에 V[V]의 전압을 가해서 Q[C]이 전하를 충전할 때 저장되는 에너지(J)는?

㉮ $\dfrac{Q}{2}$ ㉯ $\dfrac{1}{2}QV$

㉰ QV ㉱ $2QV$

해설 정전 에너지

$$W = \frac{1}{2}QV = \frac{1}{2}CV^2 \text{ [J]}$$

11. 그림과 같이 접속된 회로에서 콘덴서의 합성 용량은?

㉮ $C_1 + C_2$ ㉯ $C_1 C_2$

㉰ $\dfrac{1}{C_1 + C_2}$ ㉱ $\dfrac{C_1 C_2}{C_1 + C_2}$

해설 정전 용량의 합성

$$C_s = \frac{\text{두 정전 용량의 곱}}{\text{두 정전 용량의 합}} = \frac{C_1 C_2}{C_1 + C_2} \text{ [F]}$$

12. 회로에서 콘덴서의 합성 정전 용량 C_{ab}는 몇 F인가?

㉮ $C_1 + C_2$

㉯ $C_1 C_2$

㉰ $\dfrac{1}{C_1 + C_2}$

㉱ $\dfrac{C_1 C_2}{C_1 + C_2}$

13. 그림과 같은 콘덴서 접속회로의 합성 정전용량 C_{ad}는? (단, $C_1 = 2$ μF, $C_2 = C_3 = 1$ μF)

㉮ 1

㉯ 2

㉰ 3

㉱ 4

해설 $C_{ab} = C_1 = 2$ μF

$C_{bc} = C_2 + C_3 = 1 + 1 = 2$ μF

∴ $C_{ad} = \dfrac{2 \times 2}{2 + 2} = 1$ F

14. 정전 용량이 같은 콘덴서 2개를 병렬로 연결하였을 때의 합성 정전 용량은 직렬로 접속하였을 때의 몇 배인가?

㉮ $\dfrac{1}{4}$ ㉯ $\dfrac{1}{2}$ ㉰ 2 ㉱ 4

해설 직·병렬 접속의 합성 정전 용량 비교

① 병렬 접속 시 : $C_p = C_1 + C_2 = 2C$

② 직렬 접속 시

$$C_s = \frac{C_1 \cdot C_2}{C_1 + C_2} = \frac{C^2}{2C} = \frac{C}{2}$$

③ $\dfrac{C_p}{C_s} = \dfrac{2C}{\dfrac{C}{2}} = \dfrac{4C}{C} = 4$

∴ $C_p = 4 \cdot C_s$

15. 다음 중 극성을 갖고 있는 콘덴서는?

㉮ 마이카 콘덴서 ㉯ 세라믹 콘덴서

㉰ 마일러 콘덴서 ㉱ 전해 콘덴서

해설 본문 1. 1-2. (5)항 참조

16. 전류(I)와 시간(t)과 전기량(Q)의 관계는?

㉮ $Q = It^2$ ㉯ $Q = \dfrac{I}{t}$

㉰ $Q = It$ ㉱ $Q = I^2 t$

정답 **9.** ㉱ **10.** ㉯ **11.** ㉱ **12.** ㉮ **13.** ㉮ **14.** ㉱ **15.** ㉱ **16.** ㉰

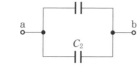

17. 저항 100 Ω에 5 A의 전류가 흐르는
데 필요한 전압은 몇 V인가?

㉮ 220 ㉯ 300 ㉰ 400 ㉱ 500

해설 $V = IR = 5 \times 100 = 500$ V

18. 140 Ω과 10 Ω의 저항이 직렬로 접속
된 회로에 150 V를 가하면 10 Ω의 저항
양단에 걸리는 전압은 몇 V인가?

㉮ 1 ㉯ 10 ㉰ 140 ㉱ 150

해설 등가 회로에서

$V_{bc} = \dfrac{R_2}{R_1 + R_2} \cdot V$
$= \dfrac{10}{140 + 10} \times 150$
$= 10$ [V]

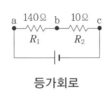

등가회로

19. 3 Ω과 6 Ω의 저항을 직렬로 연결했
을 때의 합성저항은 몇 Ω인가?

㉮ 2 ㉯ 4.5 ㉰ 6 ㉱ 9

해설 $R_{ab} = R_1 + R_2 = 3 + 6 = 9 \Omega$

20. 두 개의 동일한 저항을 병렬로 연결
하였을 때의 합성 저항은?

㉮ 하나의 저항의 2배이다.
㉯ 하나의 저항과 같다.
㉰ 하나의 저항의 $\dfrac{2}{3}$가 된다.
㉱ 하나의 저항의 $\dfrac{1}{2}$이 된다.

해설 $R_{ab} = \dfrac{R \times R}{R + R} = \dfrac{R^2}{2R} = \dfrac{1}{2} \cdot R$

∴ 하나의 저항 R의 $\dfrac{1}{2}$이 된다.

21. 120 Ω 저항 4개를 접속하여 얻을 수
있는 가장 작은 저항값은?

㉮ 10 Ω ㉯ 20 Ω ㉰ 30 Ω ㉱ 40 Ω

해설 합성 저항이 가장 작은 저항값이 되려

면 모두 병렬 접속하면 된다.

∴ $R_{ab} = \dfrac{R_1}{n} = \dfrac{120}{4} = 30 \Omega$

22. 전선의 길이를 고르게 2배로 늘리면
저항은 몇 배가 되는가?

㉮ 2배 ㉯ 4배
㉰ 12배 ㉱ 14배

해설 전선의 저항

$R = \rho \dfrac{l}{A}$ [Ω]

여기서, A : 단면적(m²), l : 길이(m)
ρ : 도체의 고유저항(Ω·m)

∴ $R' = \rho \dfrac{2l}{\frac{1}{2}A} = 4 \cdot \rho \dfrac{l}{A} = 4 \cdot R$

23. 그림과 같이 2개의 저항 R_1[Ω]을 병
렬로 접속하고 전압 V[V]를 가할 때, I_1
은 몇 A인가?(단, 회로의 전 전류는 I
[A]이다.)

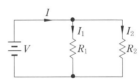

㉮ $I_1 = \dfrac{R_2}{R_1 + R_2} I$ ㉯ $I_1 = \dfrac{R_1 + R_2}{R_2} I$

㉰ $I_1 = \dfrac{R_1}{R_1 + R_2} I$ ㉱ $I_1 = \dfrac{R_1 + R_2}{R_1} I$

해설 저항의 병렬접속 – 전류의 분배(분류 법칙)

① $I_1 = \dfrac{V}{R_1}$, $I_2 = \dfrac{V}{R_2}$

② $I_1 : I_2 = \dfrac{1}{R_1} : \dfrac{1}{R_2}$

∴ $I_1 = \dfrac{R_2}{R_1 + R_2} I$, $I_2 = \dfrac{R_1}{R_1 + R_2} I$

24. "회로망에서 임의의 접속점에 흘러

들어오고 흘러 나가는 전류의 대수합은 0이다."의 법칙은?

㉮ 키르히호프의 법칙

㉯ 가우스의 법칙

㉰ 줄의 법칙

㉱ 쿨롱의 법칙

[해설] 본문 2. 2-5. (1) 제1법칙 참조

25. "회로망에서 임의의 한 폐회로의 각부를 흐르는 전류와 저항과의 곱의 대수합은 그 폐회로 중에 있는 모든 기전력의 대수합과 같다."는 무슨 법칙에 해당하는가?

㉮ 키르히호프의 제1법칙

㉯ 키르히호프의 제2법칙

㉰ 줄의 법칙

㉱ 앙페르의 오른나사의 법칙

[해설] 본문 2. 2-5. (2) 제2법칙 참조

26. 1 [MΩ]은 몇 [Ω]인가?

㉮ 1×10^3 [Ω]　　㉯ 1×10^6 [Ω]

㉰ 1×10^9 [Ω]　　㉱ 1×10^{12} [Ω]

[해설] 저항의 단위 $1M\Omega = 1 \times 10^3 k\Omega = 1 \times 10^6 \Omega$

27. 어떤 사인파 교류가 0.05 s 동안에 3 Hz였다. 이 교류의 주파수(Hz)는 얼마인가?

㉮ 3　　㉯ 6　　㉰ 30　　㉱ 60

[해설] $f = \dfrac{1}{T} = \dfrac{1}{\dfrac{0.05}{3}} = 60$ Hz

28. 전압 $V = 100\sqrt{2}\sin(\omega t + \alpha)$와 전류 $I = 20\sqrt{2}\sin(\omega t - \alpha)$의 상차각은?

㉮ ωt　　㉯ 0　　㉰ α　　㉱ 2α

[해설] 위상각 $\theta = \alpha - (-\alpha) = 2\alpha$

본문 그림 3-33 위상차의 표시 참조

29. 정현파 교류의 실흣값은 최댓값의 몇 배인가?

㉮ π　　　　　　㉯ $\dfrac{2}{\pi}$

㉰ $\dfrac{1}{\sqrt{2}}$　　　　㉱ $\sqrt{2}$

[해설] 본문 그림 3-34 참조

실흣값 $= \dfrac{1}{\sqrt{2}}$ 최댓값

30. 100 V, 100 W 전구의 전압의 평균값은 약 몇 V인가?

㉮ 90　　　　㉯ 100

㉰ 111　　　㉱ 141

[해설] 문제 35 해설 참조

$V_{av} = \dfrac{2\sqrt{2}}{\pi} \cdot V = \dfrac{2\sqrt{2}}{\pi} \times 100 = 90$ V

31. 백열전구를 점등했을 때 전압과 위상 관계는?

㉮ 전류가 90도 앞선다.

㉯ 전류가 90도 뒤진다.

㉰ 전류와 전압은 동상이다.

㉱ 전류가 180도 뒤진다.

[해설] 백열전구(필라멘트)는 저항 부하이므로 전압과 전류의 위상은 같다.

∴ 동상(同相)이다.

32. 어떤 백열전등에 100 V의 전압을 가하면 0.2 A 전류가 흐른다. 이 전등의 소비전력은 몇 W인가?

㉮ 10　　㉯ 20　　㉰ 30　　㉱ 40

[해설] $P = VI\cos\theta = 100 \times 0.2 \times 1 = 20$ W

33. 저항 100 Ω과 전열기에 5 A의 전류를 흘렸을 때 전력은 몇 W인가?

㉮ 20　　㉯ 100　　㉰ 500　　㉱ 2500

[해설] $P = I^2 R = 5^2 \times 100 = 2500$ W

34. 전압이 V, 전류가 I이고 전압과 전류의 위상차가 θ일 때, 소비 전력을 나타내는 것은?

㉮ VI ㉯ $VI \cos \theta$

㉰ $VI \sin \theta$ ㉱ $VI^2 \cos \theta$

[해설] 단상교류의 전력 표시
① 피상 전력 $P_a = VI$
② 유효(소비) 전력 $P = I^2 R = VI \cos \theta$
③ 무효전력 $P_r = I^2 X = VI \sin \theta$

35. 교류 전력에서 일반적으로 전기기기의 용량을 표시하는 데 쓰이는 전력은?

㉮ 피상 전력 ㉯ 유효 전력

㉰ 무효 전력 ㉱ 기전력

[해설] 전기 기기의 용량 표시 : 교류 전력에서 일반적으로 전기 기기의 용력은 피상 전력의 단위인 VA, kVA로 표시한다.

36. 그림과 같이 220 V, 60 Hz의 사인파 교류를 가했을 때 전류값은 몇 A인가?

㉮ 2
㉯ 3.1
㉰ 4.4
㉱ 7.3

[해설] $Z = \sqrt{R^2 + (X_L - X_C)^2}$
$= \sqrt{30^2 + (20 - 60)^2} = 50 \ \Omega$
$\therefore I = \dfrac{V}{Z} = \dfrac{220}{50} = 4.4$ A

37. Y결선의 상전압이 V_p일 때 선간 전압은 얼마인가?

㉮ $\sqrt{3} \, V_p$ ㉯ $3 V_p$

㉰ $\dfrac{V_p}{3}$ ㉱ $\dfrac{V_p}{\sqrt{3}}$

38. 상전압이 173 V인 3상 평형 Y결선인 교류 전압의 선간 전압 크기는 약 몇 V인가?

㉮ 173 ㉯ $173 \sqrt{2}$

㉰ $\dfrac{173}{\sqrt{3}}$ ㉱ 300

[해설] 3상 평형 Y결선
$V_l = \sqrt{3} \, V_p = 1.732 \times 173 ≒ 300$ V

39. 2전력계법으로 3상 전력을 측정할 때 지시 P_1=200 W, P_2=200 W일 때 부하 전력은 얼마인가?

㉮ 200 W ㉯ $200 \sqrt{3}$ W

㉰ 400 W ㉱ $400 \sqrt{3}$ W

[해설] 본문 그림 3-40 (b) 참조
3상 전력$= P_1 + P_2$=200+200=400 W

40. 자력선의 설명 중 틀린 것은?

㉮ 밀도는 그 점의 자계 강도를 나타낸다.
㉯ S극에서 출발하여 N극으로 끝난다.
㉰ 같은 방향으로 흐르는 자력은 서로 반발한다.
㉱ 서로 교차하지 않는다.

[해설] 본문 그림 3-41 참조
자력선의 성질 : N극에서 출발하여 S극으로 끝난다.

41. 진공 중에서 1 Wb인 같은 크기의 두 자극을 1 m 거리에 놓았을 때 작용하는 힘은 몇 N인가?

㉮ 6.33×10^3 ㉯ 6.33×10^4
㉰ 6.33×10^5 ㉱ 6.33×10^8

[해설] 쿨롱의 법칙
$F = 6.33 \times 10^4 \cdot \dfrac{m_1 \cdot m_2}{r^2}$
$= 6.33 \times 10^4 \times \dfrac{1 \times 1}{1^2} = 6.33 \times 10^4$ N

정답 **34.** ㉯ **35.** ㉮ **36.** ㉰ **37.** ㉮ **38.** ㉱ **39.** ㉰ **40.** ㉯ **41.** ㉯

참고 MKS 단위계에서는 진공 중에서 같은 크기의 두 자극을 1 m거리에 놓았을 때, 그 작용하는 힘이 6.33×10⁴ N이 되는 자극의 세기를 단위로 하여 1 Wb라고 한다.

42. 그림과 같이 코일에 전류를 흘리면 자력선은 A, B, C, D 중 어느 방향인가?

㉮ A
㉯ B
㉰ C
㉱ D

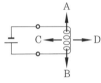

해설 앙페르(Ampere)의 오른나사 법칙 : 전류의 방향으로 나사를 돌리면 나사의 진행 방향이 코일을 지나는 자력선의 방향과 일치한다.

오른나사 법칙

43. 전동기의 회전방향과 관계가 있는 법칙은?

㉮ 옴의 법칙
㉯ 플레밍의 왼손 법칙
㉰ 플레밍의 오른손 법칙
㉱ 렌츠의 법칙

해설 본문 그림 3-44 참조
전자력(힘)의 방향이 전동기의 회전 방향이 된다.

44. 20 H의 자체 인덕턴스를 가지는 코일의 전류가 0.1초 사이에 1 A만큼 변하면 유도 기전력은 몇 V인가?

㉮ 2 V
㉯ 20 V
㉰ 200 V
㉱ 2000 V

해설 유도 기전력의 크기

$$v = N\frac{\Delta\phi}{\Delta t} = L\frac{\Delta I}{\Delta t}$$

$$\therefore \ v = 20 \times \frac{1}{0.1} = 200 \text{ V}$$

45. 전자 유도 현상에 의한 유도 기전력의 방향을 정하는 것은?

㉮ 플레밍의 오른손 법칙
㉯ 옴의 법칙
㉰ 플레밍의 왼손 법칙
㉱ 렌츠의 법칙

해설 전자(electro-magnetic) 유도 현상에 의한 유도 기전력
① 방향의 정의 : 렌츠의 법칙
② 크기의 정의 : 패러데이 법칙

46. 자기 인덕턴스 4 H의 코일에 5 A의 전류가 흐를 때 축적되는 에너지는 몇 J인가?

㉮ 50   ㉯ 100   ㉰ 150   ㉱ 200

해설 $W = \dfrac{1}{2}LI^2 = \dfrac{1}{2} \times 4 \times 5^2 = 50$ J

47. 전류의 열작용과 관계있는 법칙은?

㉮ 옴의 법칙
㉯ 줄의 법칙
㉰ 플레밍의 법칙
㉱ 키르히호프의 법칙

해설 본문 6. 6-1. (1) 줄의 법칙 참조
$H = I^2Rt$ [J]$= 0.24I^2Rt$ [cal]

48. 500 Ω의 저항에 1 A의 전류가 1분 동안 흐를 때 발생하는 열량은 몇 cal가 되는가?

㉮ 6200
㉯ 7200
㉰ 7800
㉱ 8600

정답 42. ㉮ 43. ㉯ 44. ㉰ 45. ㉱ 46. ㉮ 47. ㉯ 48. ㉯

해설 $H = 0.24 I^2 Rt$
$$= 0.24 \times 1^2 \times 500 \times 1 \times 60 = 7200 \text{ cal}$$

49. 용량이 1 kW인 전열기를 2시간 동안 사용하였을 때 발생한 열량은?

㉮ 430 kcal 　　㉯ 860 kcal

㉰ 1720 kcal 　　㉱ 2000 kcal

해설 $H = 0.24 I^2 R \cdot t = 0.24 p \cdot t$
$$= 0.24 \times 1 \times 10^3 \times 2 \times 60 \times 60$$
$$\fallingdotseq 1720 \times 10^3 \text{ cal} \quad \therefore \ 1720 \text{ kcal}$$

참고 문제 61. 해설 참조
$H = 860 \times 2 = 1720 \text{ kcal}$

50. 1 kWh는 몇 kcal인가?

㉮ 450 　㉯ 560 　㉰ 860 　㉱ 960

해설 $1 \text{ kWh} = 0.24 \times 1 \times 10^3 \times 60 \times 60$
$$\fallingdotseq 860 \times 10^3 \text{ cal} \rightarrow 860 \text{ kcal}$$

51. 3분간 876000 J의 일을 하였다면 소비전력은 약 몇 W가 되겠는가?

㉮ 4876 W 　　㉯ 9734 W

㉰ 146000 W 　㉱ 292000 W

해설 $P = \dfrac{W}{t} = \dfrac{87600}{3 \times 60} \fallingdotseq 4867 \text{ W}$

52. 저항 100 Ω의 부하에서 10 kW의 전력이 소비되었다면 이때 흐르는 전류(A) 값은?

㉮ 1 　㉯ 2 　㉰ 5 　㉱ 10

해설 소비 전력 : $P = I^2 R \text{ [W]}$에서,
$$I = \sqrt{\dfrac{P}{R}} = \sqrt{\dfrac{10 \times 10^3}{100}} = 10 \text{ A}$$

53. 1 마력은 몇 W에 해당하는가?

㉮ 746 　㉯ 860 　㉰ 960 　㉱ 1000

해설 마력(馬力) : HP(horsepower)
1 HP = 746 W = 75 kg · m/s

54. 동력 3730 W는 약 몇 마력인가?

㉮ 3 　㉯ 5 　㉰ 7 　㉱ 10

해설 $\text{HP} = \dfrac{3730}{746} = 5 \text{ HP}$

55. 동일 규격의 축전지 2개를 병렬로 접속하면 전압과 용량의 관계는 어떻게 되는가?

㉮ 전압과 용량이 모두 반으로 줄어든다.

㉯ 전압과 용량이 모두 2배가 된다.

㉰ 전압은 2배가 되고 용량은 변하지 않는다.

㉱ 전압은 변하지 않고 용량은 2배가 된다.

해설 동일 규격의 축전지 직·병렬 접속

접속 방법	접속도	전압과 용량
직렬	a ○—|⊢ E —|⊢ E —○ b	• 전압은 2배가 된다. ($E_{ab} = 2E$) • 용량은 변하지 않는다.
병렬	a ○— E / E —○ b	• 전압은 변하지 않는다. ($E_{ab} = E$) • 용량은 2배가 된다.

56. 배선용 차단기의 영문기호는?

㉮ S 　　　㉯ DS

㉰ THR 　　㉱ MCCB

해설 ㉮ S(switch) : 스위치

　㉯ DS(disconnecting switch) : 단로기

　㉰ THR(thermal relay) : 열동 계전기

　㉱ MCCB(molded-case circuit breaker) : 배선용 차단기

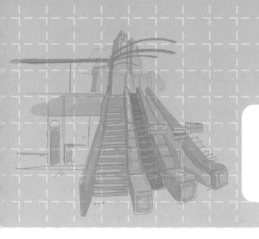

제5장

승강기 구동 기구 기계 동작 및 원리

1. 직류 전동기

- 직류 전력을 기계적 동력(회전력)으로 전환시키는 회전기기이며, 그 구조는 직류 발전기와 동일하다.
- 3요소 : 계자, 전기자, 정류자

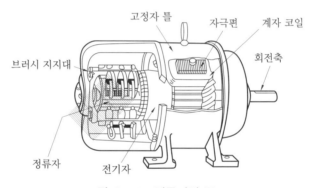

그림 3-50 직류기의 구조

1-1 직류 전동기의 특성 및 용도

(1) 분권 전동기의 속도 – 토크 특성

① 속도 특성 : 정속도

② 토크 특성 : 전기자 전류 I_a에 비례

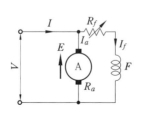
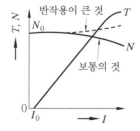

그림 3-51 분권 전동기의 특성

(2) 직권 전동기의 속도 – 토크 특성

① 속도 특성 : 가변 속도

② 토크 특성 : 거의 I^2에 비례

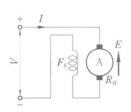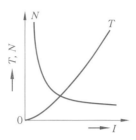

그림 3-52 직권 전동기의 특성

(3) 복권 전동기의 속도 – 토크 특성

① 가동 복권기 : 복권기보다 기동 토크가 크고, 무부하 시 직권과 같이 위험 속도에 이르지 않는 중간 특성을 갖는다.

② 차동 복권기 : 부하가 늘면 자속이 줄어 속도 변동은 줄일 수 있으나, 과부하에서 과속이 될 염려가 있고 기동 시 직권이 강하면 역회전할 염려가 있다.

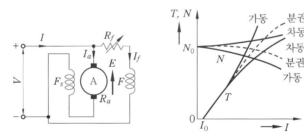

그림 3-53 복권 전동기의 특성

(4) 직류전동기의 용도

표 3-9

종 류	속도 특성	직원 극성을 반대로 하면	용 도	운전 중 유의 사항
타여자	정속도	회전방향 반대	압연기, 대형의 권상기 – 크레인, 엘리베이터	
분권	정속도	회전방향 불변	환기용 송풍기, 선박의 펌프	운전 중 계자 회로가 단선이 되면 회전속도가 갑자기 고속이 됨
직권	변속도	회전방향 불변	전차, 권상기, 크레인과 같이 가동 횟수가 빈번하고 토크의 변동도 심한 부하	운전 중 무부하 상태가 되면 갑자기 고속이 됨(벨트 운전 금지)

1-2 직류 전동기의 속도 제어·효율

(1) 직류 전동기의 속도제어법

표 3-10

전압 제어 (voltage control)	• 계자 저항 일정 • 전기자에 인가하는 전압 변화에 의한 속도 제어	• 광범위 속도 제어 • 일그너 방식(부하가 급변하는 곳) • 워드 – 레오나드 방식 • 정토크 제어
계자 제어 (field control)	• 계자 전류의 변화에 의한 자속의 변화로 속도 제어	• 세밀하고 안정된 속도제어 • 속도조정범위 좁음 • 정출력 구동방식
저항 제어 (rheostatic control)	• 전기자 회로의 저항 변화에 의한 속도 제어	• 속도조정범위 좁음 • 부하 변화에 따른 회전속도 변동이 큼

(2) 직류전동기의 효율

① 실측효율 $\eta = \dfrac{출력}{입력} \times 100 = \dfrac{P_0}{P_i} \times 100 \ [\%]$

② 규약효율 $\eta_m = \dfrac{입력-손실}{입력} \times 100 = \dfrac{P_i - P_l}{P_i} \times 100 \ [\%]$

2. 유도 전동기

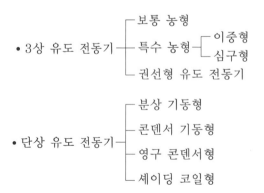

• 3상 유도 전동기
　┌ 보통 농형
　├ 특수 농형 ─┬ 이중형
　│　　　　　 └ 심구형
　└ 권선형 유도 전동기

• 단상 유도 전동기
　┌ 분상 기동형
　├ 콘덴서 기동형
　├ 영구 콘덴서형
　└ 셰이딩 코일형

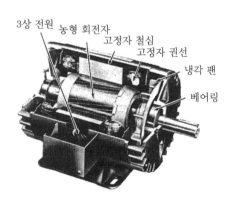

3상 전원　농형 회전자
고정자 철심
고정자 권선
냉각 팬
베어링

그림 3-54 3상 농형 유도 전동기

2-1 3상(相) 유도 전동기의 이론과 특성

(1) 슬립(slip)

① 3상 유도 전동기는 항상 회전 자기장의 동기속도 N_s [rpm]와 회전자의 속도 N[rpm] 사이에 차이가 생기게 되며, 이 차이의 값으로 전동기의 속도를 나타낸다.

② 이때 속도의 차이$(N_s - N)$와 동기속도 N_s와의 비를 슬립(slip) s라 한다.

$$s = \frac{동기속도 - 회전자속도}{동기속도} = \frac{N_s - N}{N_s}$$

③ 슬립 s를 백분율(%)로 표시하면 다음과 같다.

$$s = \frac{N_s - N}{N_s} \times 100$$

④ 무부하 시 – 동기속도로 회전할 때 : $N = N_s$ $\therefore s = 0$

⑤ 기동 시 – 회전자가 정지하고 있을 때 : $N = 0$ $\therefore s = 1$

⑥ 대체로 정격 부하에서의 전동기의 슬립 s는 소형 전동기의 경우에는 $5 \sim 10 \%$ 정도가 되고, 중형 및 대형 전동기의 경우에는 $2.5 \sim 5 \%$ 정도가 된다.

(2) 회전 자기장과 회전자 사이의 상대속도

① $N_s - N = s \cdot N_s$

② $N = (1 - s) \cdot N_s$ [rpm]

③ $N = \dfrac{120f(1 - s)}{p}$ [rpm]

예 | 제

21. 60 Hz의 교류 전원에서 사용 가능한 3상 유도 전동기의 최대 동기속도(rpm)는?

[풀이] $N_s = \dfrac{120}{p} \cdot f = \dfrac{120}{2} \times 60 = 3600$ rpm

예 | 제

22. 4극 60 Hz, 슬립 5 %인 유도 전동기의 회전수(rpm)는?

[풀이] $N_s = \dfrac{120f}{p} = \dfrac{120 \times 60}{4} = 1800$ rpm

$\therefore N = N_s(1 - s) = 1800(1 - 0.05) = 1710$ rpm

(3) P [kW], N [rpm]인 전동기 토크(kg · m)

$$T = \frac{1}{9.8} \cdot \frac{P}{\omega} = \frac{1}{9.8} \cdot \frac{P \times 10^3}{2\pi \frac{N}{60}} = 975 \frac{P}{N} \text{ [kg · m]}$$

2-2 유도 전동기 손실과 효율

(1) 손실(loss)

① 유도 전동기에서도 다른 전기기계와 마찬가지로 무부하손(고정손)과 부하손(구리손과
표유 부하손)이 생긴다.

② 손실

㉮ 고정손 : 철손, 베어링 마찰손, 브러시 마찰손(권선형 유도 전동기), 풍손

㉯ 구리손 : 1차 권선의 저항손, 2차 회로의 저항손

㉰ 표유 부하손 : 측정하거나 계산할 수 없는 손실로 부하에 비례하여 변화한다.

(2) 효율(efficiency)

$$\eta = \frac{출력}{입력} \times 100 = \frac{입력-손실}{입력} \times 100 \text{ \%}$$

2-3 유도 전동기의 기동 · 속도제어

(1) 유도 전동기의 기동법

① 농형 유도 전동기

㉮ 전전압 기동법 : 5 kW 이하

㉯ Y$-\Delta$ 기동법 : 5 ~ 15 kW, 토크와 전류는 $\frac{1}{3}$ 배, 전압은 $\frac{1}{\sqrt{3}}$ 배

㉰ 기동보상기법 : 단권 변압기를 써서 공급전압을 낮추어서 기동, 보통 15 ~ 200 kW

② 권선형 유도 전동기 : 2차 저항 기동법

(2) 속도 제어법

표 3-11

농 형	권선형
① 1차 주파수 제어법 ㉮ 인버터 제어 ㉯ 사이클로 컨버터 제어 ② 극수 제어법	① 2차 저항법 : 비례추이를 응용 ② 2차 여자법 ㉮ 크레머법 : 일정 출력을 얻는다. ㉯ 세르비우스법 : 일정 토크 특성을 얻는다.

(3) 회전방향 · 회전방향 바꾸기

　① 회전방향 : 부하가 연결되어 있는 반대쪽에서 보아 시계방향을 표준으로 하고 있다.

　② 회전방향을 바꾸는 방법

　　㉮ 회전 자장의 회전방향을 바꾸면 된다.

　　㉯ 전원에 접속된 3개의 단자 중에서 어느 2개를 바꾸어 접속하면 회전자장의 회전방
　　　향이 반대가 되어 역회전하게 된다.

2-4　유도 전동기의 제동 방법

(1)회생 제동(regenerative breaking)

　① 유도 전동기를 동기속도보다 큰 속도로 회전시켜 유도 발전기가 되게 함으로써, 발생
　　전력을 전원에 반환하면서 제동을 시키는 방법이다.

　② 케이블 카, 광산의 권상기 또는 기중기 등에 사용된다.

(2) 발전 제동(dynamic breaking)

　① 전차용 전동기의 발전 제동과 같은 것이다.

　② 여자용 직류 전원이 필요하며, 대형의 천장 기중기와 케이블 카 등에 많이 쓰이고
　　있다.

(3) 역상 제동(plugging)

　① 전동기를 매우 빨리 전지시킬 때 쓴다.

　② 전동기가 회전하고 있을 때 전원에 접속된 3선 중에서 2선을 빨리 바꾸어 접속하면,
　　회전자장의 방향이 반대로 되어 회전자에 작용하는 토크의 방향이 반대가 되므로 전동
　　기는 빨리 정지한다.

　③ 이 방법은 제강 공장의 압연기용 전동기 등에 사용된다.

(4) 단상 제동

　권선형 유도 전동기의 1차 쪽을 단상 교류로 여자하고, 2차 쪽에 적당한 크기의 저항을
넣으면 전동기의 회전방향과는 반대방향의 토크가 발생하므로 제동이 된다.

3. 동기 전동기

3-1 동기 전동기의 원리 · 이론

(1) 일반사항

① 동기 전동기는 보통 철극 회전 계자형 동기 발전기와 거의 같은 구조를 가지고 있다.

② 플레밍의 왼손 법칙에 따라 자극과 회전 자계 사이의 흡입력에 의해서 자극의 회전 자계로 토크가 발생한다.

③ 동기 속도로 회전하는 전동기이다.

(2) 회전 속도

$$N_s = \frac{120f}{p} \text{ [rpm]}$$

(3) 동기 전동기의 기동 방법

① 기동 · 인입 토크

  ㈎ 기동 토크 : 동기 전동기의 기동 토크는 0이다. 그러므로 기동할 때에는 보통 제동 권선을 기동 권선으로 하여, 이것에서 기동 토크를 얻도록 한다.

  ㈏ 인입 토크 : 전동기가 기동하여 동기 속도의 95 % 속도에서의 최대 토크를 인입 토크라 한다.

② 자기 기동법

  ㈎ 회전자 자극 N 및 S의 표면에 설치한 기동 권선에 의하여 발생하는 토크를 이용한다.

  ㈏ 기동 전류를 작게 하기 위하여 기동 보상기, 직렬 리액터 또는 변압기의 탭에 의하여 정격 전압의 30~50 % 정도의 저전압을 가하여 기동하고, 속도가 빨라지면 전 전압을 가하도록 한다.

③ 기동 전동기법

  ㈎ 기동 전동기로 유도 전동기를 사용하는 경우 : 동기기의 극수보다 2극만큼 적은 극수이다.

  ㈏ 유도 동기 전동기를 기동 전동기로 사용 : 극수는 동기 전동기와 같은 수이다 (동기 속도의 95 % 정도).

3 - 2   동기 전동기의 특징 및 용도

(1) 동기 전동기의 특징

표 3-12 동기 전동기의 특징

장점	단점
㈎ 속도가 일정 불변이다. ㈏ 항상 역률 1로 운전할 수 있다. ㈐ 필요시 앞선 전류를 통할 수 있다 ㈑ 유도 전동기에 비하여 효율이 좋다. ㈒ 저속도의 전동기는 특히 효율이 좋다. ㈓ 공극이 넓으므로, 기계적으로 튼튼하다.	㈎ 기동 토크가 작고, 기동하는 데 손이 많이 간다. ㈏ 여자 전류를 흘려주기 위한 직류 전원이 필요하다. ㈐ 난조가 일어나기 쉽다. ㈑ 값이 비싸다.

(2) 용도

① 저속도 대용량 : 시멘트 공장의 분쇄기, 각종 압축기, 송풍기, 제지용 쇄목기, 동기 조상기

② 소용량 : 전기 시계, 오실로그래프, 전송 사진

(3) 동기 조상기

① 동기 전동기는 V곡선(위상 특성 곡선)을 이용하여 역률을 임의로 조정하고, 진상 및 지상전류를 흘릴 수 있다.

② 이 전동기를 동기 조상기라 하며, 앞선 무효전력은 물론 뒤진 무효 전력도 변화시킬 수 있다.

③ 변압기나 장거리 송전 시 정전 용량으로 인한 충전 특성 등을 보상하기 위하여 사용된다.

예·상·문·제

1. 직류기의 3요소가 아닌 것은?

㉮ 계자   ㉯ 전기자

㉰ 보극   ㉭ 정류자

[해설] 보극(interpole) : 주 자극 사이에 설치되는 소 자극(N, S)으로 정류 작용을 돕고, 전기자 반작용을 악화시키는 역할을 한다.

2. 전기기기에서 전기자의 주된 역할은?

㉮ 정류   ㉯ 자속발생

㉰ 기전력 유기   ㉭ 정속도 유지

[해설] ① 전기자(armature) : 기전력 유기
② 계자 : 자속 발생
③ 정류자 : 정류

3. 다음 직류 전동기 중 압연기, 엘리베이터의 주 전동기로 사용되는 것은?

㉮ 타여자 전동기   ㉯ 직권 전동기

㉰ 분권 전동기   ㉭ 가동복권 전동기

[해설] 본문 표 3-9 참조

4. 부하의 변화에 대하여 속도 변동이 가장 큰 전동기는?

㉮ 직권 전동기   ㉯ 분권 전동기

㉰ 차동복권 전동기 ㉭ 가동복권 전도기

[해설] 본문 그림 3-52 참조

5. 직류기에서 전기자 반작용의 영향이 아닌 것은?

㉮ 주자속이 감소한다.

㉯ 전기적 중성축이 이동한다.

㉰ 브러시와 정류자편에 불꽃이 발생한다.

㉭ 기계적인 효율이 좋다.

[해설] 전기자 반작용 영향 : ㉮, ㉯, ㉰와 같은 현상으로 기계적인 효율이 나빠진다.

6. 직류 전동기 제어방식에 관한 설명 중 옳지 않은 것은?

㉮ 워드-레오나드방식은 M.G세트를 사용한다.

㉯ 정지 레오나드방식은 다이리스터를 사용한다.

㉰ 주로 90 m/min 이상에 적용한다.

㉭ 일정 계자 전류에서는 전기자 전압을 낮추면 속도가 빨라진다.

[해설] 직류 전동기의 속도 특성은 단자 전압에 비례하므로 전기자 전압을 낮추면 속도가 느려진다.

7. 직류 전동기의 속도 제어 방법이 아닌 것은?

㉮ 저항 제어법

㉯ 주파수 제어법

㉰ 전기자 전압 제어법

㉭ 계자 제어법

[해설] 본문 표 3-10 참조
주파수 제어법은 유도 전동기에 적용된다.

8. 직류 전동기의 속도 제어 방법이 아닌 것은?

㉮ 극수 변환법   ㉯ 계자 제어법

㉰ 저항 제어법   ㉭ 전압 제어법

[해설] 극수 변환법은 유도 전동기에 적용된다.

9. 직류 전동기에서 전기적 제동 방법에 해당되지 않는 것은?

㉮ 발전 제동   ㉯ 회생 제동

㉰ 플러깅 제동   ㉭ 저항 제동

[해설] ① 발전제동

[정답] 1. ㉰   2. ㉰   3. ㉮   4. ㉮   5. ㉭   6. ㉭   7. ㉯   8. ㉮   9. ㉭

② 회생제동

③ 플러깅(plugging) 제동 : 역전제동

10. 직류 분권 전동기가 사용되지 않는 것은?

㉮ 압연기의 보조용 전동기

㉯ 환기용 송풍기

㉰ 선박용 펌프

㉱ 엘리베이터

11. 직류 발전기에서 무부하일 때의 전압을 V_o [V], 정격 부하일 때의 전압을 V_n [V]라 하면, 전압 변동률은 몇 %인가?

㉮ $\dfrac{V_o - V_n}{V_o} \times 100$ ㉯ $\dfrac{V_o - V_n}{V_n} \times 100$

㉰ $\dfrac{V_n - V_o}{V_o} \times 100$ ㉱ $\dfrac{V_n - V_o}{V_n} \times 100$

12. 전기 에너지를 기계적 에너지로 변환시키는 것은?

㉮ 발전기 ㉯ 정류기

㉰ 전동기 ㉱ 변류기

해설 전기 에너지→[전동기]→기계적 에너지
전기 에너지←[발전기]←기계적 에너지

13. 유도 전동기에서 동기속도 N_s와 극수 p와의 관계로 옳은 것은?

㉮ $N_s \propto p$ ㉯ $N_s \propto p^2$

㉰ $N_s \propto \dfrac{1}{p}$ ㉱ $N_s \propto \dfrac{1}{p^2}$

해설 $N_s = \dfrac{120f}{p} = k\dfrac{1}{p}$

14. 4극인 유도 전동기의 동기속도가 1800 rpm일 때 전원 주파수는?

㉮ 50 Hz ㉯ 60 Hz

㉰ 70 Hz ㉱ 80 Hz

해설 $f = \dfrac{N_s \cdot p}{120} = \dfrac{1800 \times 4}{120} = 60 \text{ Hz}$

15. 회전수 1728 rpm인 유도 전동기의 슬립(%)은? (단, 동기 속도는 1800 rpm이다.)

㉮ 2 ㉯ 3 ㉰ 4 ㉱ 5

해설 $s = \dfrac{N_s - N}{N_s} = \dfrac{1800 - 1728}{1800} = 0.04$

∴ 4 %

16. 15 kW 전동기의 전부하 회전수가 2420 rpm인 경우 전부하 토크는?

㉮ 6 kf · m ㉯ 60 kf · m

㉰ 150 kf · m ㉱ 250 kf · m

해설 $T = 975 \times \dfrac{P_0}{N} = 975 \times \dfrac{15}{2420}$

$≒ 6 \text{ kgf · m}$

17. 엘리베이터의 소요 전력이 가장 클 때는?

㉮ 기동할 때

㉯ 감속할 때

㉰ 주행속도로 무부하 상승할 때

㉱ 주행속도로 무부하 하강할 때

해설 엘리베이터의 주 전동기로 3상 유도 전동기가 사용되는 경우 : 기동할 때 정격전압을 가하면 정격전류의 4~6배의 기동전류가 흐르게 된다. 따라서 기동할 때 소요 전력이 가장 크다.

18. 유도 전동기의 속도를 변화시키는 방법이 아닌 것은?

㉮ 슬립 s를 변화시킨다.

㉯ 극수 p를 변화시킨다.

㉰ 주파수 f를 변화시킨다.

㉱ 용량을 변화시킨다.

정답 **10.** ㉱ **11.** ㉯ **12.** ㉰ **13.** ㉰ **14.** ㉯ **15.** ㉰ **16.** ㉮ **17.** ㉮ **18.** ㉱

19. 3상 유도 전동기의 회전방법을 바꾸기 위한 방법은?

㉮ 3상에 연결된 3선을 순차적으로 전부 바꾸어 주어야 한다.

㉯ 2차 저항을 증가시켜 준다.

㉰ 1상에 SCR을 연결하여 SCR에 전류를 흐르게 한다.

㉱ 3상에 연결된 임의의 2선을 바꾸어 결선한다.

[해설] 3상에 연결된 임의의 2선을 바꾸어 결선하면 회전자장의 회전방향이 반대가 되어 전동기는 역회전하게 된다.

정회전

역회전

20. 3상 유도 전동기가 역회전할 때의 대책으로 옳은 것은?

㉮ 퓨즈를 사용한다.

㉯ 전동기를 교체한다.

㉰ 3선을 모두 바꾸어 결선한다.

㉱ 3선의 결선 중 임의의 2선을 바꾸어 결선한다.

21. 3상 유도 전동기의 플러깅(plugging) 이란?

㉮ 플러그를 사용하여 전원에 연결하는 방법

㉯ 운전 중 2선의 접속을 바꾸어 접속함으로써 상 회전을 바꾸어 제동하는 법

㉰ 단상 상태로 기동할 때 일어나는 현상

㉱ 고정자와 회전자의 상수가 일치하지 않을 때 일어나는 현상

[해설] 본문 2. (4) 제동방법 참조
플러깅(plugging) : 역상제도

22. 일반적으로 승강기에 가장 많이 사용하는 전동기는?

㉮ 3상 유도 전동기

㉯ 콘덴서 전동기

㉰ 동기 전동기

㉱ 단상 유도 전동기

[해설] 엘리베이터용 전동기 : 최근 인버터 속도 제어방식의 개발로 모든 속도 범위에서 3상 유도 전동기가 주로 사용되어 있다.

23. 교류 엘리베이터의 전동기 특성으로 적당하지 않은 것은?

㉮ 고빈도로 단속 사용하는데 적합한 것

㉯ 기동 토크가 클 것

㉰ 기동 전류가 적을 것

㉱ 회전부분의 관성 모멘트가 클 것

[해설] 교류 엘리베이터의 전동기 특성은 ㉮, ㉯, ㉰ 이외에 회전부분의 관성 모멘트가 작아야 한다.

24. 전동기의 역률을 개선하기 위하여 사용되는 것은?

㉮ 저항기　　　㉯ 전력용 콘덴서

㉰ 직렬 리액터　㉱ 트립 코일

[해설] 전동기의 역률개선 – 전력용 콘덴서 : 유도성 부하인 전동기에 용량성 부하인 전력용 콘덴서를 병렬 접속 운용함으로써 역률을 개선한다.

25. 60 Hz의 동기 전동기의 최고 속도는 몇 rpm인가?

㉮ 3600　　㉯ 2800

㉰ 2000　　㉱ 1800

[해설] $N_s = \dfrac{120f}{p} = \dfrac{120 \times 50}{2} = 3600 \,\mathrm{rpm}$

26. 다음 중 제동권선에 의한 기동 토크

를 이용하여 동기 전동기를 기동시키는 방법은?

㉮ 저주파 기동법　㉯ 고주파 기동법
㉰ 기동 전동기법　㉱ 자기 기동법

[해설] 자기 기동법 : 회전자 자극 N 및 S의 표면에 설치한 기동 권선에 의하여 발생하는 토크를 이용한다.

27. 기동 전동기로서 유도 전동기를 사용하려고 한다. 동기 전동기의 극수가 10극인 경우 유도 전동기의 극수는?

㉮ 8극　㉯ 10극　㉰ 12극　㉱ 14극

[해설] 유도 전동기를 사용하는 경우 : 동기기의 극수보다 2극만큼 적은 극수일 것

28. 동기 전동기의 난조 방지 및 기동 작용을 목적으로 설치하는 것은?

㉮ 제동 권선　　㉯ 계자 권선
㉰ 전기자 권선　㉱ 단락 권선

29. 3상 동기 전동기의 토크에 대한 설명으로 옳은 것은?

㉮ 공급전압 크기에 비례한다.
㉯ 공급전압 크기의 제곱에 비례한다.
㉰ 부하각 크기에 반비례한다.
㉱ 부하각 크기의 제곱에 비례한다.

[해설] 토크(torque ; T)
$$T = k \cdot V$$
• 공급전압의 크기에 비례한다.

30. 계자 전류를 가감함으로써 역률을 개선할 수 있는 전동기는 다음 중 어느 것인가?

㉮ 동기 전동기　㉯ 유도 전동기
㉰ 복권 전동기　㉱ 분권 전동기

[해설] 동기 전동기를 동기 조상기로 사용

① 동기 전동기는 V곡선(위상 특성 곡선)을 이용하여 역률을 임의로 조정하고, 진상 및 지상 전류를 흘릴 수 있다.
② 이 전동기를 동기 조상기라 하며, 앞선 무효 전력은 물론 뒤진 무효 전력도 변화시킬 수 있다.

31. 동기 조상기의 계자를 부족 여자로 하여 운전하면?

㉮ 콘덴서로 작용　㉯ 뒤진 역률 보상
㉰ 리액터로 작용　㉱ 저항손의 보상

[해설] 동기 조상기의 위상 특성 곡선
① 부족 여자 : 유도성 부하로 동작 → 리액터로 작용
② 과여자 : 용량성 부하로 동작 → 콘덴서로 작용

32. 동기 전동기의 특징과 용도에 대한 설명으로 잘못된 것은?

㉮ 진상, 지상의 역률 조정이 된다.
㉯ 속도 제어가 원활하다.
㉰ 시멘트 공장의 분쇄기 등에 사용된다.
㉱ 난조가 발생하기 쉽다.

33. 동기 전동기의 특징으로 옳은 것은?

㉮ 속도가 변화하지 않으나 저속도의 전동기는 효율이 나쁘다.
㉯ 난조가 일어나기 쉽고 공극이 기계적으로 약하다.
㉰ 언제나 역률을 1로 하여 운전할 수 있으나 기동 토크가 작다.
㉱ 기동 토크가 크고 속도가 변화하지 않는다.

34. 교동기 전동기의 용도가 아닌 것은?

㉮ 분쇄기　　㉯ 압축기
㉰ 송풍기　　㉱ 크레인

정답 27. ㉮　28. ㉮　29. ㉮　30. ㉮　31. ㉰　32. ㉯　33. ㉰　34. ㉱

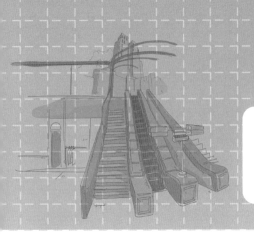

승강기의 제어 및 제어 시스템의 원리와 구성

1. 제어의 개념

제어(control)란, 어떤 대상을 바라는 목적과 일치하도록 하기 위하여 그 대상에 필요한 조작을 가하여 주는 것을 말하여, 특히 제어가 자동적으로 이루어질 때, 이것을 자동 제어(automatic control)라고 한다.

1-1 자동 제어의 종류에 의한 분류

(1) 열린 루프 제어(open loop control) – 시퀀스 제어(sequence control)

① 가장 간단한 장치로서 제어 동작이 출력과 관계없이 신호의 통로가 열려 있는 제어 계통이다.

② 시퀀스 제어는 미리 설정된 일정한 순서 또는 조건에 따라 제어의 각 단계를 진행해 가는 제어이다.

③ 시퀀스 제어계(제어방식에 따라 분류)

(가) 한시 제어

(나) 순서 제어

(다) 조건 제어

(2) 닫힌 루프 제어(closed loop control) – 되먹임 제어(feedback control)

① 출력의 일부를 입력방향으로 피드백(feedback)시켜 목표값과 비교되도록 닫힌 루프를 형상하는 제어이다.

② 되먹임 제어계(제어량의 종류에 따라 분류)

(가) 공정 제어

(나) 서보기구

(다) 자동 조정

1-2 자동 제어의 장점과 그 응용

(1) 장점

① 제품 품질의 균일화로 불량품 감소 및 원자재, 연료의 절약
② 연속 작업이 가능하며, 고속 작업 및 정밀 작업 가능
③ 고온이나 방사능의 위험이 있는 장소에서 작업 가능
④ 투자 자본의 절약 및 노력의 절감이 가능

(2) 응용

① 생산 공장의 공정과 기계장치의 자동화
② 각종 가전제품
③ 자동 열차 제어 및 항공, 우주, 선박, 미사일, 산업 분야
④ 전력 계통의 자동화, 교통 신호 장치, 유·무선 통신 분야
⑤ 자동 창고 관리, 농경의 자동화, 우편 자동화 시스템 등

2. 시퀀스 제어

2-1 시퀀스 제어의 제어 요소

(1) 입력 소자

입력 소자인 입력 스위치는 외부로부터 정보를 받아들여서 시퀀스 제어(sequence control)가 기동되게 하는 역할을 하며, 조작 스위치와 검출 스위치가 있다.

① 조작 스위치 : 수동 스위치

표 3-12 조작 스위치의 종류와 동작 상태

종 류	그림 기호		동작 상태
	a 접점	b 접점	
수동 조작 자동 복귀 접점	─o⁀o─	─o⁀o─	조작 중에만 접점이 개폐하고, 손을 놓으면 조작부분과 접점은 원래의 상태로 복귀한다.
유지형 접점 (수동 접점)	─o⁄o─	─o⁄o─	조작 후, 손을 놓아도 조작부분과 접점은 그 상태를 계속 유지한다.
조작 스위치 잔류 접점	─o⁀o─	─o⁀o─	조작 후, 손을 놓으면 접점은 그 상태를 계속 유지하고 조작부분만 원래의 상태로 복귀한다.

② 검출 스위치

표 3-13 검출 스위치의 종류와 동작 상태

검출 스위치	그림 기호		동작 상태
	a 접점	b 접점	
리밋 스위치	LS ─o o─	LS ─o o─	• 물체의 힘에 의해 자동편(액추에이터)이 밀려서 접점이 개폐한다. • 물체에 직접 접촉하여 검지한다.
광전 스위치	PHS	PHS	• 투관기와 수광기로 구성되어 물체가 관로를 차단하므로 접점이 개폐한다. • 물체에 접촉하지 않고 검지한다.
근접 스위치	PXS	PXS	• 물체에 의해 전기장이나 자기장을 변화시켜, 그것에 의해 접점이 개폐한다. • 물체에 접촉하지 않고 검지한다. • 금속체나 자성체를 검지한다.

(a) 복귀형 수동 스위치   (b) 리밋 스위치

그림 3-55

(2) 제어 소자

제어 소자는 가장 중요한 역할을 담당하는 부분으로 정보 기억, 연산 해석, 해석, 판정, 실행 등을 행하며, 계전기, 타이머, 카운터 등이 주로 이용된다.

① 계전기(relay) : 계전기는 코일부분과 접점부분으로 구성되며 코일에 전압을 인가하면 전자력에 의해 접점의 개폐가 이루어진다.

· a 접점(arbeit contact) : make 접점
· b 접점(break contact) : break 접점
· c 접점(change-over contact) : change 접점

그림 3-56 접점의 동작

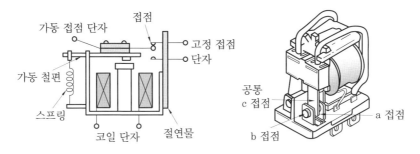

그림 3-57 힌지형 계전기 구조

② 타이머(timer) : 타이머는 전기적 또는 기계적으로 입력 신호를 주면 미리 정해진 시간
이 경과한 후에 회로를 열거나 닫는 접점을 가진 계전기이다.

㈎ 한시 동작형(限時動作形) : 전압이 가해진 다음 일정 시간이 경과하여 접점이 동작
하며, 전압이 제거되면 순시에 접점이 원상 복귀하는 것으로 on delay timer이다.

㈏ 한시 복귀형(限時復歸形) : 전압을 가하면 순시에 접점이 동작하며, 전압이 제거된
다음 일정 시간 후에 접점이 원상 복귀하는 것으로 off delay timer이다.

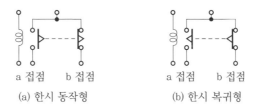

| (a) 한시 동작형 | (b) 한시 복귀형 |

그림 3-58 타이머의 형식

㈐ 타이머(timer)의 그림기호 및 타임차트

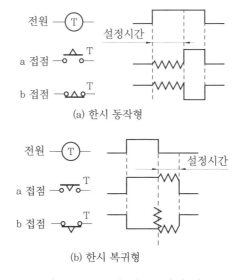

(a) 한시 동작형

(b) 한시 복귀형

그림 3-59 그림 기호 · 타임 차트

㈜ 타이머의 시한 회로 접점과 논리 심벌 및 시간적인 동작 내용

표 3-14

신 호			접점 심벌	논리 심벌	동 작
입력신호(코일)					
출력신호	한시 동작 회로	a접점			
		b접점			
	한시 복귀 회로	a접점			
		b접점			

2-2 시퀀스 제어의 기본 논리 회로

- 논리 회로는 시퀀스 제어계에서 2진 신호의 동작을 논리 기호로 조합하여 세부적으로 나타내는데 사용된다.
- 기본 회로로는 AND, OR, NOT, NAND, NOR 회로가 쓰인다.

(1) 기본 논리회로

표 3-15

회로명	논리기호 · 논리식	진리표			유접점 회로
OR 회로	X_1 X_2 ⊐ A $A = X_1 + X_2$	X_1	X_2	A	
		0	0	0	
		0	1	1	
		1	0	1	
		1	1	1	
AND 회로	X_1 X_2 ⊐ A $A = X_1 \cdot X_2$	X_1	X_2	A	
		0	0	0	
		1	0	0	
		0	1	0	
		1	1	1	

NOR 회로	X_1 ⊃— A X_2 $A=\overline{X_1+X_2}$	X_1	X_2	A	
		0	0	1	
		0	1	0	
		1	0	0	
		1	1	0	
NAND 회로	X_1 ⊃— A X_2 $A=\overline{X_1 \cdot X_2}$	X_1	X_2	A	
		0	0	1	
		0	1	1	
		1	0	1	
		1	1	0	

2-3 조합 논리 회로—논리 연산

논리 연산의 기본 이론은 개폐 회로(switching circuit)에 불 대수를 적용시킨 논리 대수이다.

(1) 논리 대수

① 불 대수(Boolean algebra)의 공리

표 3-16 불 대수의 공리

번호	공리	대응 접점 회로		대응 논리 기호
1	$\overline{1}=0$	—o—1—o— 의 부정은 —o—0—o—		1 ▷— 0
2	$\overline{0}=1$	—o—0—o— 의 부정은 —o—1—o—		0 ▷— 1
3	$1+1=1$		—o—1—o—	$\begin{matrix}1\\1\end{matrix}$ ⊃— 1
4	$0 \cdot 0=0$	—o—0—o—o—0—o—	—o—0—o—	$\begin{matrix}0\\0\end{matrix}$ ⊃— 0
5	$0+0=0$		—o—0—o—	$\begin{matrix}0\\0\end{matrix}$ ⊃— 0
6	$1 \cdot 1=1$	—o—1—o—o—1—o—	—o—1—o—	$\begin{matrix}1\\1\end{matrix}$ ⊃— 1
7	$0+1=1$		—o—1—o—	$\begin{matrix}1\\0\end{matrix}$ ⊃— 1
8	$1 \cdot 0=0$	—o—1—o—o—0—o—	—o—0—o—	$\begin{matrix}1\\0\end{matrix}$ ⊃— 0

② 기본 정리

   (가) $A \cdot 0 = 0,\ A + 0 = A$

   (나) $A \cdot 1 = A,\ A + 1 = 1$

   (다) $A \cdot A = A,\ A + A = A$

   (라) $A \cdot \overline{A} = 0,\ A + \overline{A} = 1$

③ 논리 대수의 연산 법칙

   (가) 교환 법칙 : $A + B = B + A$
$$A \cdot B = B \cdot A$$

   (나) 결합 법칙 : $(A + B) + C = A + (B + C)$
$$(A \cdot B) \cdot C = A \cdot (B \cdot C)$$

   (다) 분배 법칙 : $A + (B \cdot C) = (A + B) \cdot (A + C)$
$$A \cdot (B + C) = (A \cdot B) + (A \cdot C)$$

   (라) 흡수 법칙 : $A + (A \cdot B) = A$
$$A \cdot (A + B) = A$$

   (마) 2중 부정 : $\overline{\overline{A}} = A$

예 | 제

23. $A + \overline{A}B = A + B$ 임을 증명하시오

풀이 $A + \overline{A}B = (A + \overline{A}) \cdot (A + B) = 1 \cdot (A + B) = A + B$

(2) 조합 논리회로 등가 변환

① 기본적인 등가 변환

표 3-17 기본적인 등가 변환도

접점회로		논리도	논리식
A A	A	A, A → AND → A	$A \cdot A = A$
A / A	A	A, A → OR → A	$A + A = A$
A $\overline{A}$	0	A, $\overline{A}$ → AND → 0	$A \cdot \overline{A} = 0$
A / $\overline{A}$	1	A, $\overline{A}$ → OR → 1	$A + \overline{A} = 1$
A (A / B)	A	B, A → OR → AND → A	$A(A + B) = A$
A / (A B)	A	B, A → AND → OR → A	$A \cdot B + A = A$

② 드 모르간의 정리(De Morgan's theorem)

표 3-18

입력	AND		OR		NAND		NOR	
A B								
0 0	0	0	0	0	1	1	1	1
0 1	0	0	1	1	1	1	0	0
1 0	0	0	1	1	1	1	0	0
1 1	1	1	1	1	0	0	0	0
논리식	$A \cdot B = \overline{\overline{A} + \overline{B}}$		$A + B = \overline{\overline{A} \cdot \overline{B}}$		$\overline{A \cdot B} = \overline{A} + \overline{B}$		$\overline{A + B} = \overline{A} \cdot \overline{B}$	

(3) 자기 유지 회로(self hold circuit)

① 단일 펄스 입력에 의해서 온(on) 상태로 되고, 그 이후
온(on) 상태를 유지하는 일종의 기억성을 가진 회로이다.

② 계전기 회로에서 PB_2의 on/off 조작에 의하여 릴레이 Ⓡ
이 여자되고 접점 R은 PB_1가 on/off 조직하기 전까지 온
(on) 상태를 유지한다. 즉, 온(on) 상태를 기억한다.

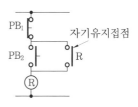

그림 3-60 자기유지회로

3. 되먹임 제어

되먹임 제어계(feedback control)는 닫힌 루프(closed loop) 제어계이다.

3-1 **되먹임 제어계의 구성**

(1) 일반적인 전체 구성을 직능별로 나눈 블록 선도(block diagram)

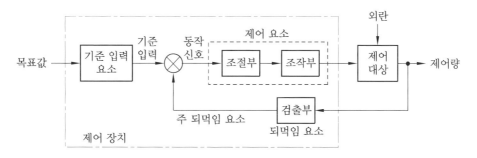

그림 3-61 되먹임 제어계의 기본 구성

① 목표값(desired value), 설정값(set point) : 제어량이 그 값을 가지도록 목표로 주어지는 값으로, 사용자가 정하는 것이다.

② 기준 입력 요소 : 목표값에 비례하는 기준 입력 신호를 발생하는 요소로서 설정부라고도 한다.

③ 기준 입력 : 실제 제어계를 동작시키는 기준 신호로서, 목표값에 비례하는 전압이나 길이, 높이 등인 경우가 많다.

④ 비교부 : 기준 입력과 주 되먹임양을 비교하여 얼마의 오차가 있는가 알아내는 장치이다.

⑤ 주 되먹임양 : 제어량을 되먹임 요소에 의하여 변환시켜 얻는 신호로서, 기준 입력과 같은 종류의 물리량이어야 한다.

⑥ 동작 신호 : 기준 입력과 주 되먹임양과의 차로서, 제어 동작을 일으키는 가장 기본적인 신호이며, 제어 편차라고도 한다.

⑦ 제어 요소 : 동작 신호에 따라 제어 대상을 제어하기 위한 조작량을 만들어내는 장치로서, 조절부와 조작부로 나누어지기도 하며, 이 제어 요소의 설계가 제어 공학의 가장 중요한 문제이다.

⑧ 조작량 : 제어 대상의 제어량을 적당히 제어하기 위하여 제어 요소에서 만들어내는 회전력이나 열, 수증기, 빛 등과 같은 것들이다.

⑨ 제어 대상 : 전체 제어계에서 직접 제어를 받는 대상이다.

⑩ 외란(disturbance) : 제어량의 값을 변화시키려는 외부로부터의 바람직하지 않은 신호이다.

⑪ 제어량 : 제어 대상의 출력을 말하며, 전체 제어계가 추구하는 목적은 이 제어량이 원하는 바와 같은 값을 가지도록 하는 것이다.

⑫ 되먹임 요소(feedback element) : 제어량이 목표값과 일치하는가를 알기 위하여 되먹임시켜 보는 장치로서, 센서나 측정장치가 이 되먹임 요소의 역할을 하는 경우가 많다.

3-2 되먹임 제어계의 종류

(1) 선형 제어계와 비선형 제어계

① 선형 제어계는 비례성(proportionality)이 성립하는 제어계라 할 수 있다.

② 비선형 제어계는 비례성이 성립하지 않는 제어계로 대부분의 물리계는 비선형 제어계이다.

(2) 정치 제어와 추치 제어

① 정치 제어(constant-value control) : 목표값의 시간 변화에 의한 분류로서, 목표값이 시간적으로 변화하지 않는 일정한 제어

② 추치 제어(follow-up control) : 목표값이 시간에 따라 변하며, 이 변화하는 목표값에 제

어량을 추종하도록 하는 제어(추종 제어, 프로그램 제어, 비율 제어)

(3) 서보기구와 공정 제어 및 자동 조정(제어량의 종류에 의하여 분류)

① 서보기구(servo-mechanism) : 기계적 위치, 방향, 자세 등을 제어량으로 하는 추치 제어로서, 선박이나 비행기의 자동 조타, 로켓의 자세 제어, 공작 기계의 제어, 자동 평형 기록계, 공업용 로봇의 제어 등이 그 응용 예이다.

② 공정 제어(process control) : 온도, 유량, 압력, 레벨(level), 농도, 습도, 비중, pH 등을 제어량으로 하는 제어

③ 자동 조정(automatic regulation) : 속도, 회전력, 전압, 주파수, 역률 등 기계적 또는 전기적인 양을 제어량으로 하는 제어로서, 전력 계통의 역률, 전압 제어, 발전기의 주파수 제어, 원동기의 속도 제어 등이 그 예이다.

4. 반도체

반도체(semiconductor)는 저항률 $10^{-4} \sim 10^{-6}\,\Omega\,m$ 정도의 물체로서 실리콘, 게르마늄, 셀렌, 산화제일구리(Cu_2O) 등이 있다.

4-1 진성 반도체와 불순물 반도체

(1) 진성 반도체(intrinsic semiconductor)

① 불순물이 전혀 섞이지 않은 반도체를 진성 반도체라 한다.

② Ge, Si은 4가의 원소들로서 최외각에 4개의 전자를 가지고 있으며, 8개의 전자를 공유하며 공유 결합(cobalent bond)을 하여 결정이 안정되는 순수한 반도체이다.

(2) 불순물 반도체(extrinsic semiconductor)

표 3-19 N형, P형 반도체

구 분	참가 불순물			반송자 (carrier)
	명 칭	종 류	원자가	
N형 반도체 (4가)	도너 (donor)	인(P) 안티몬(Sb) 비소(As)	5	과잉 전자(excess electron)에 의해서 전기 전도가 이루어진다.
P형 반도체 (4가)	억셉터 (acceptor)	인디움(In) 붕소(B) 알루미늄(Al)	3	정공(hole)에 의해서 전기 전도가 이루어진다.

4-2 전자 회로·반도체 소자

(1) PN 접합 다이오드(diode)의 특성

① 교류를 직류로 변화시켜 주는 대표적인 정류소자이다.

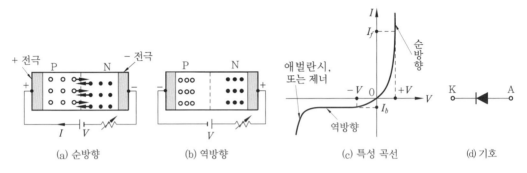

(a) 순방향   (b) 역방향   (c) 특성 곡선   (d) 기호

그림 3-62 정류 작용

② 다이오드의 종류

표 3-20

종 류	용 도
일반용 다이오드	검파 및 스위치 등
정류용 다이오드	각종 정류 회로
정전압 다이오드	정전압 전원, 리미터 회로, 잡음 발생 회로
정전류 다이오드	정전압 전원, 발진기의 시정수 회로, 정전류 부하, 비교기의 기준 전압
발광 다이오드	각종 표시기
가변 용량 다이오드	FM/AM 튜너, 동조 회로, 변조 회로, AFC 회로, 체배 회로

(2) 트랜지스터(transistor)

transistor는 transfer와 resistor의 합성어이며, 접합방법에 따라 PNP형과 NPN형으로 구분된다.

① 트랜지스터의 구조와 기호

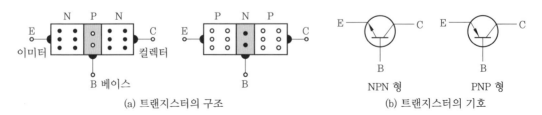

(a) 트랜지스터의 구조   (b) 트랜지스터의 기호

그림 3-63 트랜지스터 구조·기호

② 트랜지스터의 입·출력 특성 : 트랜지스터를 동작시키는 입력 바이어스 전압은 보통 0.6 V 이상이어야 하며 I_C는 대체로 I_B의 크기에 따라 결정된다.

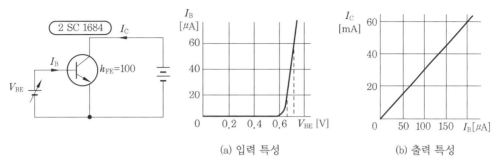

(a) 입력 특성   (b) 출력 특성

그림 3-64 트랜지스터의 입·출력 특성

③ 스위치 트랜지스터 접지 회로 : 이미터 접지 회로로서, 증폭도가 가장 크고 가장 많이 사용되며, 컬렉터 접지 회로는 임피던스 변환이나 안정된 증폭에 사용된다.

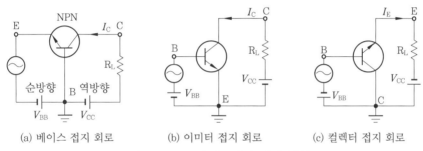

(a) 베이스 접지 회로   (b) 이미터 접지 회로   (c) 컬렉터 접지 회로

그림 3-65 트랜지스터의 접지 방식

4-3 특수 반도체 소자

(1) 서미스터(thermistor)

① 온도 변화에 따라 그 저항 값이 변하는 저항 소자이다.

② 특징은 (−)의 온도계수를 가지므로 온도가 증가할 저항 값은 감소한다.

③ 용도 : 저항 온도 변화의 보상, 온도 자동 제어, 온도계, 유량계 등

(2) 배리스터(varistor)

① 인가된 전압의 크기에 따라 그 저항 값이 비직선적으로 변하는 소자이다.

② 용도 : 서지(surge) 전압에 대한 회로 보호

  ㈎ 고압 송전용 피뢰침

  ㈏ 전화기나 기타 통신기기의 불꽃 잡음의 흡수

  ㈐ 정류소자 및 계전기의 접점 보호장치 등에 사용되고 있다.

(3) CdS 광도전 소자

① CdS(황화카드뮴)은 카드뮴과 황을 화합하여 고온 가열로 만든다.

② 소자의 양단에 전압을 공급하고 있을 때에는 빛의 양에 비례하여 전류가 증가한다.

③ 용도

㈎ TV 수상기의 자동 휘도 조정 회로에 이용

㈏ 자동 점멸기 및 각종 자동 제어 회로, 광통신 회로에 이용

(4) 전력용 반도체 소자

표 3-21 전력용 반도체 소자의 종류별 특성 비교

명 칭	기 호	회로 구성	특 성	용 도
사이리스터 (SCR)			① 전류가 흐르지 않는 OFF 상태와 전류가 흐르는 ON 상태의 두 가지 안정 상태가 있다. ② ON 상태에서 OFF 상태로, 그 반대로 OFF 상태로 이행하는 기능을 가진다. ③ 양극에서 음극으로 전류가 흐른다.	• 직류 스위치 (초퍼 제어 : 전류 회로 필요) • 위상 제어 • 교류 스위치
트라이액			사이리스터 2개를 역병렬로 접속한 것과 등가, 양방향으로 전류가 흐르기 때문에 교류의 스위치로 사용된다.	• 위상 제어 • 교류 스위치
GTO			게이트에 역방향으로 전류를 흘리면 자기 소호(OFF)하는 사이리스터	• 인버터 제어 • 초퍼 제어
트랜지스터 바이폴러			① 베이스에 전류를 흘렸을 때만 컬렉터 전류가 흐른다. ② 스위치용 파워 디바이스는 Turn OFF를 빨리 하기 위해 OFF시에 역전압을 인가한다.	• 인버터 제어 • 초퍼 제어
MOSFET			① 게이트에 전압을 인가했을 때만 드레인 전류가 흐른다. ② 고속 스위칭에 사용된다.	• 고속 인버터 제어 • 고속 초퍼 제어
IGBT			게이트에 전압을 인가했을 때에만 컬렉터 전류가 흐른다.	• 고속 인버터 제어 • 고속 초퍼 제어

5. 전자 회로

5-1 정류 회로

(1) 단상 반파 정류

① 그림에서 (+)반주기 간에만 통전하여(순방향 전압) 반파 정류를 한다.

② 직류 전압 e_{d0}의 평균값 E_{d0}는

$$E_{d0} = \frac{\sqrt{2}\,V}{\pi} = 0.45\,V\,[\text{V}]$$

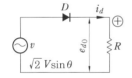
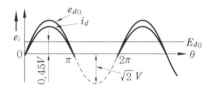

그림 3-66 단상 반파 정류 회로·파형

(2) 단상 전파 정류

① 그림에서 (+)반주기(실선) 간에서 D_1, $(D_2{}')$가, (−)반주기(접선) 간에는 D_2, $(D_1{}')$가 순방향 전압에 의하여 통전하여 (c)와 같이 전파 정류한다.

② 직류의 평균값은 사인파의 평균값과 같다.

$$E_{d0} = \frac{2}{\pi} \cdot V_m = \frac{2\sqrt{2}}{\pi}\,V = 0.9\,V\,[\text{V}]$$

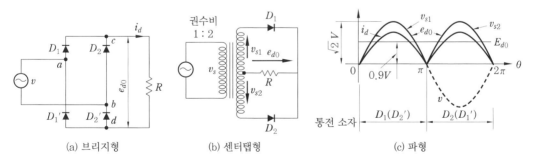

(a) 브리지형   (b) 센터탭형   (c) 파형

그림 3-67 단상 전파 정류 회로·파형

예·상·문·제

1. 되먹임 제어에서 꼭 필요한 장치는?

㉮ 입력과 출력을 비교하는 장치

㉯ 응답 속도를 느리게 하는 장치

㉰ 응답 속도를 빠르게 하는 장치

㉱ 안정도를 좋게 하는 장치

[해설] 되먹임 제어 : 출력의 일부를 입력방향으로 되먹임(feedback)시켜 비교되도록 닫힌 루프를 형성하는 제어이므로 입력과 출력을 비교하는 장치는 꼭 필요하다.

2. 운전자가 없는 엘리베이터의 자동제어는?

㉮ 정치 제어   ㉯ 추종 제어

㉰ 프로그램 제어   ㉱ 비율 제어

3. 엘리베이터의 자동 제어 시스템에서 속응성이란?

㉮ 제어의 신뢰성을 말한다.

㉯ 시간에 따른 과도 현상의 변화를 말한다.

㉰ 제어계의 목표 값이 변하는 속도 특성을 말한다.

㉱ 목표 값이 변경될 경우 피제어량이 새로운 목표 값에 도달하는 속도 응답성이다.

4. 전압, 전류, 주파수, 회전속도 등 전기적, 기계적 양을 주로 제어하는 것으로서 응답속도가 대단히 빨라야 하는 것이 특징인 제어는?

㉮ 프로세스 제어   ㉯ 서보기구

㉰ 자동 조정   ㉱ 프로그램 제어

[해설] 자동조정

① 속도, 회전력, 전압, 주파수, 역률 등 기계적 또는 전기적인 양을 제어량으로 하는 제어이다.

② 응답속도가 빨라야 발전기의 주파수 제어, 원동기의 속도 제어 등에 적용된다.

5. 시퀀스 제어에 있어서 기억과 판단 기구 및 검출기를 가진 제어방식은?

㉮ 시한 제어

㉯ 순서 프로그램 제어

㉰ 조건 제어

㉱ 피드백 제어

[해설] 본문 그림 3-61 되먹임제어 : 피드백 제어(feedback control) 참조

6. 시퀀스 제어 장치의 제어 소자에 속하지 않는 것은?

㉮ 직류 전동기

㉯ 무접점 논리소자

㉰ 유접점 릴레이

㉱ 반도체 직접 회로

7. 트랜지스터, IC 등의 반도체를 사용한 논리소자를 스위치로 이용하여 제어하는 시퀀스 제어 방식은?

㉮ 전자 개폐기 제어

㉯ 유접점 제어

㉰ 무접점 제어

㉱ 과전류 계전기 제어

[해설] 시퀀스제어(sequence control)

① 유접점 제어 : 유접점 스위치, 릴레이 등에 의한 불연속적인 제어방식

정답   1. ㉮   2. ㉰   3. ㉱   4. ㉰   5. ㉱   6. ㉮   7. ㉰

② 무접점 제어 : 트랜지스터, IC 등 반도체 소자에 의한 연속적인 제어방식

[참고] 무접점 회로란 접점이 없다는 뜻이 아니고, 일반 스위치처럼 접점이 있는, 즉 유접점 소자 대신에 무접점 소자인 다이오드, 트랜지스터 등의 반도체 소자로 하여금 스위칭 회로를 구성하는 것을 의미한다.

8. a접점(make contact)용 누름 버튼 스위치의 심벌은?

㉮ ─o─o─ ㉯ ─o─o─

㉰ ─o─o─ ㉱ ─o─o─

[해설] 본문 표 3-12, 그림 3-54 참조

9. 다음 중 수동 조작 자동 복귀형 접점에 해당하는 것은?

㉮ ─o──o─ ㉯ ─o──o─

㉰ ─o──o─ ㉱ ─o─△─o─

10. 다음의 리밋 스위치 기호로 옳은 것은?

㉮ 전기적 a접점   ㉯ 전기적 b접점
㉰ 기계적 a접점   ㉱ 기계적 b접점

[해설] 본문 표 3-13, 그림 3-55 참조

11. 논리합 회로는 어떤 것인가?

A─┐
   ├D─ X
B─┘

㉮ AND회로   ㉯ OR회로
㉰ NAND회로   ㉱ NOT회로

[해설] 본문 표 3-15 참조

12. 그림과 같은 논리기호의 논리식은?

㉮ $X = \overline{A} + \overline{B}$ ㉯ $X = \overline{A + B}$
㉰ $X = AB$ ㉱ $X = A + B$

13. 다음 중 그림과 같은 회로와 원리가 같은 논리기호는?

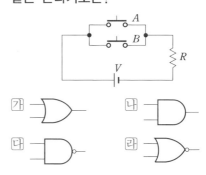

㉮ ⇒   ㉯ ⇒

㉰ ⇒   ㉱ ⇒

[해설] 본문 표 3-15 참조

14. 그림과 같은 회로는?

㉮ AND회로
㉯ OR회로
㉰ NOT회로
㉱ NAND회로

[해설] OR회로

$X = A + B + C$

15. 다음과 같은 진리표에 대한 논리게이트는?

A	B	✕
0	0	0
1	0	0
0	1	0
1	1	1

㉮ OR   ㉯ NOR
㉰ AND   ㉱ NAND

[해설] 본문 표 3-15 참조

[정답] 8. ㉱   9. ㉯   10. ㉱   11. ㉯   12. ㉱   13. ㉮   14. ㉯   15. ㉰

16. 그림과 같은 논리기호의 논리식은?

㉮ $X = A + B$　　㉯ $X = A \cdot B$

㉰ $X = \overline{A} + \overline{B}$　　㉱ $X = \overline{A \cdot B}$

17. 진리치표에 대한 논리회로는?

A	B	×
0	0	0
0	1	0
1	0	0
1	1	1

㉮ OR　　　　　㉯ NOR

㉰ AND　　　　㉱ NAND

18. 그림과 같은 논리기호의 논리식은?

㉮ $X = \overline{A} + \overline{B}$　　㉯ $X = \overline{A} \cdot \overline{B}$

㉰ $X = AB$　　　㉱ $X = \overline{A + B}$

19. 계전기 회로에서 일종의 기억 회로라고 할 수 있는 것은?

㉮ AND 회로　　㉯ OR 회로

㉰ 자기유지 회로　㉱ NOT 회로

해설 본문 2. 2-3. (3) 자기유지 회로 참조

20. 그림과 같은 논리회로는?

㉮ NOT 회로　　㉯ NOR 회로

㉰ OR 회로　　　㉱ NAND 회로

해설 논리식 : $X = A + B + C$

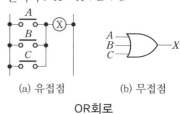

(a) 유접점　　　　(b) 무접점

OR회로

21. 불 대수식=ABC+AC를 간소화시키면?

㉮ ABC　　　　㉯ AC

㉰ BC　　　　　㉱ AB

해설 본문 2. 2-3. (1). ② 기본정리 참조
$$X = ABC + AC = AC(B+1) = AC$$

22. 2진수의 1100을 10진수로 바꾸면?

㉮ 11　　　　　　㉯ 12

㉰ 13　　　　　　㉱ 14

해설 $1100_2 = 1 \times 2^3 + 1 \times 2^2 + 0 \times 2^1$
$$+ 0 \times 2^0 = 8 + 4 + 0 + 0 = 12$$

23. 다음 중 PNP형 트랜지스터의 기호로 알맞은 것은?

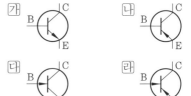

해설 본문 그림 3-63 트랜지스터 구조·기호 참조

24. 반도체로 만든 PN 접합은 무슨 작용을 하는가?

㉮ 증폭 작용　　㉯ 발진 작용

㉰ 정류 작용　　㉱ 변조 작용

정답 16. ㉯　17. ㉱　18. ㉱　19. ㉰　20. ㉰　21. ㉯　22. ㉯　23. ㉯　24. ㉰

해설 본문 그림 3-62 정류 작용 참조

25. 2단자 반도체 소자로 서지 전압에 대한 회로 보호용으로 사용되는 것은?

㉮ 터널 다이오드 ㉯ 서미스터
㉰ 배리스터 ㉱ 버랙터 다이오드

해설 본문 4. 4-3. (2) 배리스터 참조

26. 전력 제어용 사이리스터 소자 중 가장 많이 사용되는 것은?

㉮ THR ㉯ SCR
㉰ AVR ㉱ CDS

해설 본문 표 3-21 사이리스터(SCR) 참조

27. 그림과 같은 심벌의 명칭은?

㉮ 트라이액
㉯ 사이리스터
㉰ 다이오드
㉱ 트랜지스터

A ──▷|── K
G

해설 본문 표 3-21 사이리스터(SCR) 참조

28. SCR의 게이트 작용은?

㉮ on-off 작용
㉯ 도통 제어 작용
㉰ 브레이크 다운 작용
㉱ 브레이크 오버 작용

해설 실리콘 제어 정류소자(SCR) 게이트(gate)의 작용 - 도통제어 작용 : 게이트에 전류가 흐르게 되면 브레이크 오버 전압은 낮아지고, 낮은 순방향 전압으로도 턴온(turn on)시킬 수 있게 된다.

29. 아날로그 신호를 디지털 신호로 변환해주는 장치로 가장 알맞은 것은?

㉮ A/D 컨버터 ㉯ D/A 컨버터
㉰ A/D 인버터 ㉱ D/A 인버터

해설 • 아날로그 신호 ⇨ A/D 컨버터 ⇨ 디지털 신호
• 아날로그 신호 ⇦ D/A 컨버터 ⇦ 디지털 신호

30. 그림과 같은 회로에서 입력이 단상 60Hz 상용 전원이라면, 출력 파형은 어느 것인가?

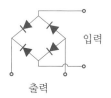

입력

출력

㉮

㉯

㉰

㉱

해설 본문 5. 5-1. (2) 단상 전파 정류 회로 참조, 문제 32. 해설 참조

승강기 기능사

제4편

승강기 안전 관리

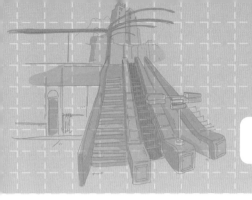

제 1 장

승강기 안전 기준 및 취급

1. 승강기 안전 기준 · 안전 수칙

[목적] 승강기 이용자의 안전에 관하여 필요한 사항을 정함으로써 승강기 이용자의 안전확
　　　보를 목적으로 하고 있다.
[정의] 1. 관리 주체 : 승강기에 대한 관리 책임이 있는 자
　　　2. 운행 관리자 : 관리 주체로부터 선임되어 당해 승강기를 관리하는 자
　　　3. 운전자 : 관리 주체로부터 선임되어 직접 승강기를 운전하는 자
　　　4. 이용자 : 승강기에 탑승하여 승강기를 이용하는 자

1-1 승강기의 유지 관리자 임무 및 준수사항

(1) 관리 주체의 임무

　승강기의 소유자 또는 소유자로부터 유지 관리에 대한 총체적인 책임을 위임 받는 자를
말하며, 소유자의 법적인 의무를 수행해야 할 책임이 있다.
　① 승강기 정기 검사의 신청
　② 자체 검사 선임
　③ 유지 보수업체 선정
　④ 운행 관리자 선임 및 지도 · 감독
　관리 주체는 다음 각호에 해당자를 승강기 운전자로 선임할 수 있다.
　　1. 18세 이상의 건강한 자
　　2. 승강기 운전에 관하여 필요한 지식을 가지고 있는 자

(2) 운행 관리자의 임무

　① 승강기의 운행관리규정의 작성 및 유지 관리에 관한 사항
　② 승강기의 고장 · 수리 등에 관한 기록 유지에 관한 사항
　③ 승강기 사고 발생에 대비한 비상연락망의 작성 및 관리에 관한 사항
　④ 승강기 인명사고 시 긴급조치를 위한 구급체제의 구성 및 관리에 관한 사항
　⑤ 승강기 사고 시 사고보고에 관한 사항

⑥ 승강기 표준부착물의 관리에 관한 사항
⑦ 승강기 비상 열쇠의 관리에 관한 사항

(3) 보수자의 임무

① 정기적인 자체 점검
② 예방 정비
③ 고장 발생 시 응급조치 및 고장 수리

(4) 운전자의 임무

① 승강기의 운전자는 주로 백화점 등 많은 사람이 계속해서 이용하는 승강기에 승객의
안내 및 승강기의 운전을 담당하는 자이다.
② 승강기의 운전자는 수동운전 조작장치를 이용하므로 그 조작장치의 사용에 있어서
항상 조심하여야 한다.
③ 관리 책임자는 운전자의 건강 상태를 확인하여 승강기 운전상의 문제가 있는 경우 그
업무를 제한하여야 한다.

(5) 이용자의 임무

① 정기점검, 일상점검을 통하여서도 발견되지 아니하는 불편사항 또는 이상사항을 운
행 관리자 또는 관리 주체에게 통보하여 즉시 시정될 수 있도록 하는 것이 필요하다.
② 이용 시에는 사고를 예방하기 위해 이용자 안전수칙을 반드시 지켜야 한다.

`1-2` 운전자·이용자의 준수 사항

(1) 운전자의 준수 사항

① 질병, 피로 등을 느꼈을 때는 운행 관리자 또는 관리 주체에게 그 사유를 보고하고
운전에 관계하지 않아야 한다.
② 술에 취한 채 또는 흡연하면서 운전하지 말아야 한다.
③ 전원 또는 적재하중을 초과하지 말아야 한다.
④ 운전 중 고장사고가 발생한 때 또는 우려가 있다고 판단된 때에는 즉시 운전을 중지
하고 운행 관리 주체에게 보고한 후 그 지시에 따라야 한다.
⑤ 운전 종료 시는 정해진 층에 카를 정지시켜 정지스위치를 내리고, 출입문을 잠근 다
음 운행 관리자 또는 관리 주체에게 보고하여야 한다.

(2) 엘리베이터 이용자의 준수 사항

① 운전자가 있을 경우에는 그의 안내를 따르고, 자동운전 방식일 경우에는 승강기 내에
부착된 유의사항을 지켜야 한다.

② 정원 및 적재하중의 초과는 고장이나 사고의 원인이 되므로 정원 및 적재하중을 엄수하여야 한다.

③ 운행 관리자의 입회 없이 부피가 큰 화물 등을 무단으로 싣지 말아야 한다.

④ 승강장의 호출 버튼 및 승강기 내의 행선층의 버튼 등을 장난으로 누르거나 난폭하게 취급하지 말아야 한다.

⑤ 조작반의 인터폰 및 비상정지 스위치 등을 장난으로 조작하지 말아야 한다.

⑥ 승강기 내에서 뛰거나 구르는 등 난폭한 행동을 하지 말아야 한다.

⑦ 승강기의 출입문을 흔들거나 밀지 말아야 하며, 출입문에 기대지 말아야 한다.

⑧ 정전 등의 이유로 실내조명이 꺼지더라도 당황하지 말고 인터폰으로 연락하여야 한다.

⑨ 승강기가 운행 중 갑자기 정지하면 인터폰으로 구출을 요청하여야 하며, 임의로 판단해서 탈출을 시도하지 말아야 한다.

⑩ 구조의 요청으로 구출되는 경우 반드시 구출자의 지시에 따라야 한다.

⑪ 승강기 내에서는 담배를 피우지 말아야 한다.

⑫ 어린이와 노약자는 가급적 보호자와 함께 이용하도록 하여야 한다.

⑬ 지정된 용도 이외에는 사용하지 말아야 한다.

⑭ 승강장 문을 강제로 개방하는 행위 등을 하지 말아야 한다.

⑮ 문턱 틈에 이물질 등을 버리지 말아야 한다.

(3) 에스컬레이터 이용자의 준수 사항

① 옷이나 물건 등이 틈새에 끼이지 않도록 주의하여야 한다.

② 손잡이를 잡고 있어야 한다.

③ 디딤판 가장자리에 표시된 황색 안전선의 밖으로 발이 벗어나지 않도록 하여야 한다.

④ 유아나 애완동물은 보호자가 안고 타야 하며, 어린이나 노약자는 보호자가 잡고 타야 한다.

⑤ 디딤판 위에서 뛰거나 장난을 치지 말아야 한다.

⑥ 디딤판 위에 앉거나 맨발로 탑승하지 말아야 한다.

⑦ 유모차 등은 접어서 지니고 타야 하며, 수레 등은 싣지 말아야 한다.

⑧ 화물을 디딤판 위에 올려 놓지 말아야 한다(수평 보행기는 제외).

⑨ 담배를 피우거나 담배꽁초, 껌 등 쓰레기를 버리지 말아야 한다.

⑩ 비상정지 버튼을 장난으로 조작하지 말아야 한다.

⑪ 손잡이 밖으로 몸을 내밀지 말아야 한다.

2. 승강기 사용 및 취급

2-1 엘리베이터의 카(car) 내 운전반

(1) 카 내 운전반(operational panel in car)
① 일반 승객이 사용할 수 있는 버튼들이 배치되어 있다.
② 버튼의 종류
　　㉮ 행선 버튼　　㉯ 도어 열림 버튼　　㉰ 비상 연락 버튼

(2) 전용 운전반(manual operational panel)
① 일반 승객이 사용할 수 없도록 잠금 장치가 되어 있으며, 주로 운전자 운전 또는 비상 시에 전용으로 사용된다.

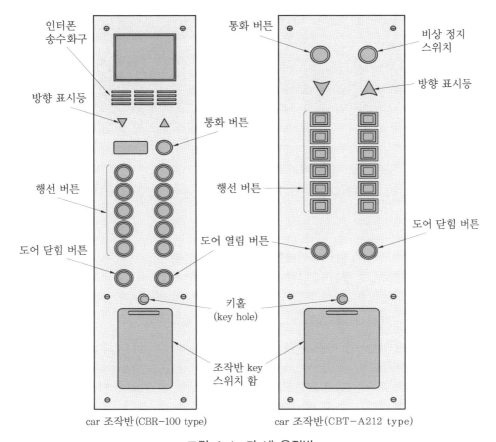

car 조작반(CBR-100 type)　　　　car 조작반(CBT-A212 type)

그림 4-1 카 내 운전반

② 버튼, 스위치 종류

    ㈎ 수동 상승 버튼   ㈐ 수동 하강 버튼   ㈑ 수동/자동운전 전환 스위치

    ㈒ 도어 전원 스위치   ㈓ 카 내 조명 스위치   ㈔ 카 내 팬 스위치

    ㈕ 전용 운전 스위치

(3) 버튼 및 스위치의 기능 · 용도

① 운전-정지 스위치(RUN/STOP)

    ㈎ 운전 상태로 있으면 엘리베이터가 움직일 수 있다.

    ㈐ 운전 중 정지시킬 수 있으며, 기준상 일반인이 사용하지 못하도록 내장되거나, 키 스위치로 되어 있다.

② 수동-자동 스위치(AUTO/HAND) : 엘리베이터 운전 형태를 자동 또는 수동으로 변경하는 스위치

③ 도어정지 스위치(DOOR/OFF)

    ㈎ 도어의 자동동작을 정지시키는 스위치

    ㈐ 이 스위치를 off하면 도어 개폐장치의 전원이 차단되어 도어가 움직이지 않게 된다.

④ 운전수 운전 스위치(WA/WOA 혹은 ATT/OFF) : 엘리베이터 운전 형태를 전자동운전(WOA) 또는 운전수운전(WA) 형태로 변경하는 스위치

⑤ 독립운전 스위치(IND)

    ㈎ 군 관리 방식인 경우에 해당 엘리베이터를 군 관리로부터 제외시키는 스위치

    ㈐ 이 스위치를 on하면 승장 호출을 받지 못하고, 카 내의 행선층만 등록 가능하다.

⑥ 송풍기 동작 스위치(FAN) : 송풍기를 동작시키거나 정지시키는 스위치

⑦ 송풍기 풍량조정 스위치(FAN VOLUME) : 송풍기의 회전을 고속 또는 저속으로 변환하는 스위치

⑧ 조명 스위치(LIGHT) : 조명을 켜거나 끄는 스위치

⑨ 통과 버튼(PASS) : 엘리베이터가 지나가는 도중의 승장 호출에 서비스하지 않고 통과하는 버튼

⑩ 상승 버튼(UP)

    ㈎ 수동운전 형태에서 엘리베이터를 상승시키는 버튼

    ㈐ 이 버튼을 누르고 있는 동안만 상승한다.

⑪ 하강 버튼(DOWN 혹은 DN)

    ㈎ 수동운전 형태에서 엘리베이터를 하강시키는 버튼

    ㈐ 이 버튼을 누르고 있는 동안만 하강한다.

⑫ 전용운전 스위치

    ㈎ 이 스위치는 특수한 운전을 하기 위한 스위치로서, 그 기능에 따라서 엘리베이터의 여러 가지 특수한 동작을 하게 한다.

    ㈐ 병원 전용운전(HE)

    ㈑ VIP 전용운전(VIP)

2-2 엘리베이터의 일상 운행

(1) 운행 휴지 요령

① 엘리베이터를 휴지하고자 하는 층에 부른다.

② 카 내 수동조작 스위치 커버를 열고 운전/정지 스위치를 정지한다(이때 도어가 닫히지 않도록 도어 열림 버튼이나 끼임 방지 장치를 손으로 누르고 실시한다).

③ 조명 스위치를 끈다.

④ 수동조작 스위치 버튼을 반드시 닫는다.

⑤ 문을 연 채로 나온다.

⑥ 운행을 중지한다는 표시를 엘리베이터 입구에 막아 출입을 못하게 한다.

(2) 운행 재개 요령

① 엘리베이터가 열려 있으면 카 내의 수동조작 스위치 커버를 열고 조명 스위치를 켜고, 운전/정지 스위치를 운전으로 한다.

② 엘리베이터가 닫혀 있는 경우에는 감시반 등에서 현재 위치를 확인한다.

③ 비상 키로 카가 있는 층의 승장 도어를 반쯤 열고 카가 있는지 확인한다. 이때 도어가 쉽게 열리면 엘리베이터가 그 위치에 없으므로 주의하여야 한다. 승장 도어를 열 때는 항상 몸의 중심을 뒤쪽에 두어야 한다.

(3) 휴지 스위치가 있는 경우의 운행 휴지 및 재개

① 휴지시키려면 휴지 스위치를 켠다.

② 휴지 스위치를 켜면 승장의 모든 호출신호는 소거되고, 카 내의 행선신호만 서비스한 후 휴지층으로 돌아와서 문을 열고 조명을 끄고 운행을 중지한다.

③ 재개시키려면 휴지 스위치를 끈다.

(4) 운전수 운전 요령

① 수동운전 조작반의 뚜껑을 연다.

② 운전수 운전 스위치를 OFF 또는 WA에 놓는다.

③ 운전수 운전 시에는 도어 닫힘 버튼을 누르지 않으면 문이 항상 열려 있다.

④ 승객이 타고 내리는 것을 안내한다.

⑤ 승객이 완전히 탑승하면 행선층 버튼을 누르고 도어 닫힘 버튼을 엘리베이터가 출발할 때까지 누르고 있는다(엘리베이터가 출발하면 도어 닫힘 버튼을 놓아도 된다).

⑥ 승객이 많이 탔기 때문에 승장의 호출을 받아도 탑승할 여유가 없을 경우 통과 버튼을 눌러 강제 통과시킨다.

⑦ 운전수가 엘리베이터를 떠나는 경우에는 반드시 수동운전 조작부의 커버를 닫고 떠나야 한다.

(5) 비상 열쇠의 관리

[엘리베이터 비상 열쇠의 종류]

① 수동조작반의 열쇠

② 승장 도어 열쇠

③ 기계실 열쇠

④ 비상용 승강기의 소방운전 열쇠(1차, 2차)

   ㉮ 비상 열쇠는 정해진 장소에 보관한다.

   ㉯ 비상 열쇠를 사용한 사용자와 사용 사유를 관리대장에 기재한다.

   ㉰ 비상 열쇠 분실 또는 파손 시 즉시 보수업체 등에 연락하여 확보하여야 한다.

   ㉱ 비상 열쇠는 운행 관리자 또는 엘리베이터의 보수자 외에는 사용을 하지 않도록 해야 한다.

2-3 에스컬레이터의 운전 방법

(1) 운전 준비

① 전원의 투입을 확인한다.

② 디딤판 상부에 물건이나 이물질이 있는지를 확인한다.

③ 난간 조명, 발판 조명을 점등한다.

④ 입구 및 출구 부근에 방해물이 있는지를 확인한다.

(2) 운전 개시

① 조작반에 경보 버저를 울려 주위에 에스컬레이터의 운전 시작을 알린다.

② 키 스위치를 꽂고 움직이고자 하는 방향으로 키를 돌린다.

③ 디딤판 또는 손잡이가 정상적으로 움직이는지 확인한다.

④ 만약 움직임이 정상이 아닌 경우 즉시 비상정지 버튼을 정지시킨 뒤 그 원인을 조사한다.

⑤ 정상적으로 움직이면 키를 빼낸다.

(3) 운전 중지

① 에스컬레이터의 입구를 차단한다.

② 디딤판 위에 사람이 없음을 확인한다.

③ 정지 버튼을 눌러 정지시킨다.

④ 난간, 발판 조명을 소등한다.

⑤ 출구를 차단한다.

(4) 비상정지

에스컬레이터를 긴급히 정지시켜야 할 경우에는 아래 중 한 가지 방법을 택하여 비상정지시킨다.

① 조작반의 비상 정지 버튼을 누른다.
② 출입구 부근의 스커트 가드를 발로 찬다.
③ 키 스위치로 운전 스위치를 OFF시킨다.

3. 긴급 상태 및 인명사고 발생 시 조치사항

3-1 카 내 승객 비상 구출방법

• 구출 장치 : 비상 구출구, 통화 장치, 측면 비상 구출구

(1) 정전으로 엘리베이터가 정지한 경우

① 정전 시에는 곧바로 카(car) 내에 정전등이 점등된다.
② 단시간 내에 정전이 복구 가능할 때에는 복구됨을 승객에게 알려 안심시킨다.
③ 전원이 복구되면 엘리베이터는 통상 동작하게 된다.

(2) 정전 이외의 원인으로 엘리베이터가 정지한 경우

① 카 내의 승객과 연락을 취하면서, 도어 열림 버튼 또는 승장 버튼을 눌러 본다. 여기서, 엘리베이터가 움직일 수 있다.
② 움직이지 않으면 엘리베이터의 전원 스위치를 차단한다.
③ 다음으로 승장 도어를 해제키를 사용하여 열든가 승객에게 카 도어를 손으로 열게 해 본다.
④ 카 도어가 정위치에서 열리지 않은 경우, 카의 문턱과의 거리차를 확인한 후 60 cm 이내에서 위 또는 아래에 있을 때에는 다음 방법으로 닫혀 있는 측의 도어를 열어 구출한다.

> 참고 1. 승장 도어를 해제키를 사용해 여는 경우는, 발의 자세가 한쪽 발을 되로 해서 무게중심이 뒤에 놓은 발에 쏠리게 한다.
> 2. 다음, 1단계로 오른손에는 키를 잡고 왼손은 문틈을 벌려 카의 위치를 확인하여야 하며, 2단계는 카가 보이면 해제키를 빼고 양손으로 주의하여 승장 문을 열어야 한다.
> 3. 승객에게 카 도어를 손으로 열게 한 경우와 승장 도어의 잠금장치를 카 내에서 개방할 때는, 승장 도어를 손으로 열게 한다.

(3) 권상기의 수동 조작에 의한 구출 방법

긴급한 경우에는 기어가 있는 권상기에 한해 2인 이상의 훈련된 요원에 의해 다음의 방법으로 구출한다.

① 주전원 스위치를 차단한다.

② 승장 도어는 전 층이 닫혀 있는 것을 확인한다. 열려 있는 문이 있으면 닫는다.

③ 인터폰으로 승객에게 카 도어가 닫혀 있는가를 확인하고, 엘리베이터를 수동으로 움직이는 취지를 알린다.

④ 모터샤프트 또는 플라이휠에 터닝핸들을 끼워서, 양손으로 확실히 잡는다. 다른 작업자는 전자 브레이크 개방레버를 세팅한다.

⑤ 터닝핸들을 조작하는 사람의 신호에 따라 다른 한 사람은 브레이크를 조금씩 개방한다.

⑥ 기계실에서 카의 위치를 학인하면서 비상 해제 장치가 붙어 있는 층 근처까지 카를 움직인다.

⑦ 개방레버 및 터닝핸들을 벗긴다.

⑧ 앞에 서술한 참고 1. 2. 3에 따라서 승객을 구출한다.

3-2 화재, 지진, 갇힘사고 발생 시 조치사항

(1) 화재 발생의 경우

① 빌딩 내에서 화재가 발생한 경우, 소화작업에 수반하는 전원 차단 등으로 승객이 갇히게 될 우려가 있기 때문에, 피난에는 엘리베이터를 이용하지 않고 계단을 이용해야 한다.

② 빌딩 내의 카는 모두 피난층으로 불러들여, 도어를 닫고 정지시켜 두는 것이 원칙이다.

③ 엘리베이터 기계실에서 화재가 발생해 화재가 확대되고 있을 때에는, 전기기기용 소화기 등을 사용해서 소화에 주력함과 더불어, 카 내의 승객과 연락을 취하면서 엘리베이터용 주전원 스위치를 차단한다.

④ 카가 층의 중간에 멈추게 되면, 3-1. (2)에 서술한 참고 1. 2. 3의 수순에 따라서 승객을 구출한다.

(2) 지진 발생의 경우

① 주행 중인 카는 가장 가까운 층에서 정지, 승객이 피난 후 도어를 닫고 전원 스위치를 차단한다. 엘리베이터는 지진에 의해 멈추는 수가 있기 때문에, 충간에서 갇히게 되는 것을 방지하기 위해 피난용으로 사용하지는 않는다.

② 지진 시 관제 운전장치 부착의 엘리베이터는, 지진감지기가 작동하면 자동적으로 카

를 가장 가까운 층에 착상시켜, 일정 시간 후에 도어를 닫고, 운전을 정지하도록 되어 있다.

③ 지진 후는 운전 재개에 앞서, 진도 3 정도 상당의 경우는 관리 기술자의, 진도 4 정도 이상의 경우는 엘리베이터 전문 기술자의 점검과 이상 유무의 확인이 필요하다.

(3) 갇힘사고의 원인

① 조작 미숙 : 비상정지 버튼 오조작, 기타 조작반상의 버튼이나 스위치의 오조작

② 불필요 행동 : 카 내에서 뛰거나, 난폭하게 하거나, 또 주행 중에 도어를 열려고 하거나, 비상정지 버튼을 고의로 누르는 행동

③ 부주의 : 도어에 물건을 끼움, 정원·중량 초과 등이 있다. 이와 같은 때는 안전장치가 작동해, 엘리베이터는 즉시 정지한다.

예·상·문·제

1. 승강기의 일상적인 운행에 대하여 관리하는 자는?

㉮ 관리 주체 　　㉯ 운행 관리자

㉰ 자체 검사자 　　㉱ 보수자

[해설] 운행 관리자 : 관리 주체로부터 선임되어 당해 승강기를 관리하는 자

2. 다음 중 운행 관리자가 될 수 있는 사람은?

㉮ 보수업체 직원으로 매월 1회 점검하는 사람

㉯ 전기실에 근무하는 승강기기능사 자격을 가진 사람

㉰ 경비실에 근무하는 경비원

㉱ 검사기관의 정기 검사자

[해설] 본문 1. 1-1. (1) ④ 참조

3. 보수 기술자의 올바른 자세가 아닌 것은?

㉮ 신속, 정확 및 예의 바르게 보수 처리한다.

㉯ 보수를 할 때는 항상 자신만만하게 보수한다.

㉰ 항상 배우는 자세로 기술 향상에 적극 노력한다.

㉱ 안전에 유의하면서 작업하고 항상 건강에 유의한다.

4. 승강기 운전자가 준수하여야 할 사항으로 옳지 않은 것은?

㉮ 술에 취한 채 또는 흡연하면서 운전

하지 말아야 한다.

㉯ 정원 또는 적재하중을 초과하여 태우지 말아야 한다.

㉰ 질병, 피로 등을 느꼈을 때는 즉시 약을 복용하고 근무한다.

㉱ 운전 중 사고가 발생한 때에는 즉시 운전을 중지하고 관리 주체에 보고한다.

[해설] 본문 1. 1-1. (6) 운전자 준수사항 참조 관리 책임자는 운전자의 건강 상태를 확인하여 승강기 운전상의 문제가 있는 경우 그임무를 제한하여야 한다.

5. 승강기 이용 시의 안전수칙으로 옳지 않은 것은?

㉮ 정원 또는 적재하중 이상으로 타거나 물건을 싣지 않는다.

㉯ 조작반의 버튼을 함부로 누르지 않도록 한다.

㉰ 카 내에서는 뛰거나 구르지 말아야 한다.

㉱ 운행 중 고장으로 정지하면 문을 열고 탈출한다.

[해설] 본문 1. 1-1. (7) 엘리베이터 이용자 준수사항 참조

6. 에스컬레이터 이용 시 지켜야 할 안전수칙이 아닌 것은?

㉮ 에스컬레이터가 끝나는 부분에서는 재빨리 뛰어내려야 한다.

㉯ 황색 안전선 안쪽으로 타야 한다.

㉰ 화물을 계단에 놓거나 싣지 말아야 한다.

라 이동 손잡이를 잡아야 한다.

해설 본문 1. 1-1. (8) 에스컬레이터 이용자 준수사항 참조

7. 다음 중 일반 승객이 사용할 수 없는 것은?

㉮ 행선 버튼　　㉯ 도어 열림 버튼
㉰ 수동 하강 버튼　㉱ 비상 연락 버튼

해설 본문 2. 2-2. (2) 전용 운전반 참조

8. 다음 중 전용 운전반에 설치된 것이 아닌 것은?

㉮ 도어 정지 스위치
㉯ 전용 운전 스위치
㉰ 수동 상승 버튼
㉱ 도어 열림 버튼

해설 본문 2. 2-1. (2) 전용 운전반 참조
도어 열림 버튼은 일반 승객이 사용할 수 있는 버튼에 속한다

9. 다음 운행 휴지 요령 중에서 잘못된 것은?

㉮ 엘리베이터를 휴지하고자 하는 층에 부른다.
㉯ 조명 스위치를 끈다.
㉰ 수동 조작 스위치 버튼을 반드시 닫는다.
㉱ 문을 반드시 닫아야 하며, 열린 채로 나오면 아니 된다.

해설 본문 2. 2-2. (1) 운행 휴지 요령 참조

10. 다음 중 엘리베이터의 비상용 열쇠의 종류에 속하지 않는 것은?

㉮ 수동 조작반의 열쇠
㉯ 승장 도어 열쇠
㉰ 기계실 열쇠
㉱ 승강로 입구 열쇠

해설 본문 2. 2-2. (5) 비상 열쇠 관리 참조

11. 층 중간에 카가 정지하였을 경우 수동으로 승객을 구출하는 방법 중 옳지 않은 것은?

㉮ 수동 구출 작업 시는 반드시 주전원은 OFF시켜야 한다.
㉯ 한 손으로 브레이크 개방 레버를 누름과 동시에 한 손으로는 수동 핸들을 돌린다.
㉰ 인터폰을 통하여 승객에게 구출작업 중임을 통보한다.
㉱ 수동 구출 운전은 2인 이상이 실시하도록 한다.

해설 본문 3. 3-1. (3) 권상기의 수동조작에 의한 구출 방법 참조

12. 엘리베이터로 인하여 인명 사고가 발생했을 경우 운행 관리자의 대처사항으로 부적합한 것은?

㉮ 의약품, 들것, 사다리 등의 구급용구를 준비하고 장소를 명시한다.
㉯ 구급을 위해 의료기관과의 비상연락체계를 확립한다.
㉰ 전문 기술자와의 비상연락체계를 확립한다.
㉱ 자체 검사에 관한 사항을 숙지하고 기술적인 사고 요인을 검사하여 고장 요인을 제거한다.

정답 7. ㉰　8. ㉱　9. ㉱　10. ㉱　11. ㉯　12. ㉱

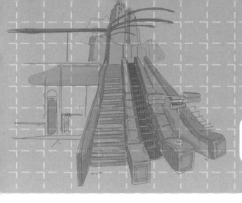

제 2 장

이상 시의 제현상과 재해 방지

1. 이상 시의 제현상

이상(異常)이란, 정상이 아닌 상태나 현상을 말한다.

1-1 사고와 재해(災害)

- 사고란, 흔히 안전사고라고도 불리며 고의성이 없는 어떤 불안전한 행동이나 상태가 선행되어 직접 또는 간접적으로 인명이나 재산의 손실을 가져올 수 있는 사건을 말한다.
- 재해란, 안전사고의 결과로 일어난 인명과 재산의 손실을 말하며, 산업재해라 함은 근로자의 업무에 관련되는 건물의 설비, 원재료, 가스증기 등에 의하거나 작업 기타 등 업무에 사망 또는 부상하거나 질병에 이환되는 것을 말한다.

(1) 사고와 재해의 발생 과정

안전관리 결함 → ⎡ 불안전한 상태−물적 요인(기인물, 가해물) ⎤ → 사고(재해)
　　　　　　　　⎣ 불안전한 행동−인적 요인(사람) ⎦

(2) 사고의 분류

사고 발생이 직접 사람에게 상해를 주는 것
① 사람의 행동에 의한 사고 : 추락, 충돌, 협착, 전도, 무리한 동작 등
② 물체의 행동에 의한 사고 : 낙하, 비래, 붕괴, 도괴 등
③ 접촉, 흡수에 의한 사고 : 감전, 이상온도접촉, 유해물 접촉 등

(3) 사고 발생 시 긴급처리 순서

① 재해에 결부된 설비의 운전 정지
② 피해자의 응급 조치
③ 관계자에게 통보
④ 2차 재해 방지
⑤ 현장 보존

1-2　재해 조사 목적과 항목

(1) 목적(의의)

① 동종 재해 및 유사 재해 재발 방지
② 원인 규명 및 예방 자료 수집

(2) 항목

① 발생 연월일, 시간, 장소
② 피해자의 신상(성명, 성별, 소속, 학력, 연령)
③ 피해자의 상해 정도, 부위
④ 피해자의 사고 당시 정상 직무 수행 상태 확인 및 작업 종류
⑤ 피해자의 사고 당시 모든 행동
⑥ 관계된 설비, 기구 및 공구의 상태
⑦ 현행 작업방법의 적합성 및 표준 작업 방법의 교육 여부, 준수 여부
⑧ 피해자의 이전 피해 경험 여부
⑨ 기타 필요 사항

1-3　재해 조사 시 유의 사항 및 방법

(1) 유의 사항

① 사실을 수집하며, 이유는 나중에 확인한다.
② 목격자들이 증언하는 사실 이외의 추측은 참고로만 한다.
③ 조사는 신속하게 행하고 긴급조치를 하여 2차 재해의 방지를 도모한다.
④ 사람, 기계설비의 양면의 재해 요인을 모두 도출한다.
⑤ 객관적인 입장에서 공정하게 조사하며, 조사는 2인 이상으로 한다.
⑥ 책임을 추궁하기보다는 재발 방지를 우선하는 기본 태도를 갖는다.

(2) 재해 조사를 하는 방법

① 재해 발생 직후에 한다.
② 현장의 물리적 흔적 수집
③ 현장 사진 촬영, 기록
④ 목격자, 현장 책임자 등 많은 사람들에게 사고 시의 상황을 의뢰한다.
⑤ 재해 피해자로부터 재해 직전의 상황을 듣는다.
⑥ 판단하기 어려운 특수 재해나 중대 재해는 전문가에게 조사를 의뢰한다.

2. 재해 원인의 분류

2-1 직접 원인

(1) 불안전한 행동(인적 원인)

① 잘못된 작업 위치 및 동작 자세
② 개인 보호구, 복장 등을 잘못 사용
③ 결함이 있는 장치사항 및 잘못된 방법으로 장치 운용
④ 운전 중인 기계, 장치를 수리, 보수작업 실시
⑤ 장치, 자재의 부적절한 하적 또는 배치
⑥ 안전장치 무효화 및 안전 조치 불이행
⑦ 불안전한 속도로 장치 운전
⑧ 불안전한 상태 방치
⑨ 위험 장소 접근
⑩ 운전의 실패

(2) 불안전한 상태(물적 원인)

① 작업환경의 결함-조명, 소음, 환기 등
② 결함이 있는 공구, 장치 및 자재류
③ 작업방법 및 생산 공정의 결함
④ 보호구 복장 등의 결함
⑤ 자연적 불안전한 상태
⑥ 미흡한 경보 시스템 및 방호 장치 결함

2-2 간접 원인

(1) 기술적 원인

공장에 있어서의 건물, 건축물, 기계장치 등의 기술상 결함에 기인
예 배치, 설계

(2) 교육적 원인

노동자의 안전에 관한 지식 또는 경험의 부족에 기인

(3) 정신적 원인

인간의 착각, 태도 불량, 정신적 동요, 기타의 정신적 결함에 기인

(4) 신체적 원인

신체의 질병, 난청, 근시, 피로 등에 기인

(5) 관리적 원인

관리 조직상의 결함에 기인

3. 사고 예방을 위한 원칙, 사고 예방 대책의 기본 원리

3-1 사고 예방의 4원칙

(1) 손실 우연의 원칙

사고와 상해 정도 사이에는 언제나 우연적인 확률이 존재한다.

(2) 원인 계기의 원칙

① 재해 발생에는 반드시 원인이 있다.
② 사고와 원인 관계는 필연적이다.

(3) 예방 가능의 원칙

인적 재해의 특성은 그 발생을 미연에 방지할 수 있다.

(4) 대책 선정의 원칙

① 재해 예방을 위한 가능한 안전 대책은 반드시 존재한다.
② 재해 방지를 위한 안전 대책
  ㈎ 기술적 대책
  ㈏ 교육적 대책
  ㈐ 관리적 대책

3-2   사고 예방 대책의 기본 원리 5단계

1단계 : 조직-안전관리조직
    ① 사고 예방을 위한 조직적이고 체계적인 조직편성을 위해서는 경영층의 안전 목표설정과 안전 관리자의 임명과 생산설비에 준하는 안전관리조직 편성단계
    ② 안전 활동 방침 및 안전계획 수립, 조직을 통한 안전 활동, 안전관리 규정을 제정하여 조직을 통한 안전관리 활동 전개

2단계 : 사실의 발견-현상파악
    ① 위험에 처한 사실의 파악과 이를 실천하는 전문지식과 능력의 확보단계
    ② 각종 사고기록 검토, 작업방법 분석, 안전점검 및 안전진단, 안전회의 여론조사, 근로자 건의 사항 등을 통하여 사실을 파악

3단계 : 분석 평가-원인 규명
    ① 발견된 사실을 토대로 사고의 직·간접 요인을 찾아내는 단계
    ② 사고 보고서 및 현장조사, 사고기록, 인적·물적 조건 작업공정, 및 교육훈련의 분석 등을 통하여 사고의 직·간접 원인 규명

4단계 : 시정 방법의 선정-개선책의 선정
    ① 분석을 통하여 색출된 결과를 토대로 불안전한 행동과 상태를 제거하기 위한 단계
    ② 기술의 개선, 인사조정, 교육 및 훈련의 개선, 안전행정의 개선, 규정 및 수칙의 개선, 확인 및 통제체제 개선 등 효과적인 개선 방법을 선정

5단계 : 시정책의 적용(개선책의 실시)-목표 달성
    ① 시정책은 3E, 즉 재해 예방 대책(3E)을 완성하여 신속하고 확실하게 실시하는 단계
    ② 재평가 후 후속 조치를 취한다.
    [시정책(3E)] 1. 기술(Engineering)
                2. 교육(Education)
                3. 관리(Enforcement)

예·상·문·제

1. 다음 중 안전사고 발생 요인이 높은 것은?

㉮ 불안전한 상태와 행동

㉯ 개인의 개성

㉰ 환경과 유전

㉱ 개인의 감정

2. 사고 원인에 대한 시항이 옳지 않은 것은?

㉮ 교육적인 원인 : 안전지식 부족

㉯ 인적 원인 : 불안전한 행동

㉰ 간접적인 원인 : 고의에 의한 사고

㉱ 직접적인 원인 : 환경 및 설비의 불량

[해설] 본문 2. 2-2. 간접 원인 참조

3. 안전사고의 발생 요인으로서 심리적인 요인은?

㉮ 감정

㉯ 극도의 피로감

㉰ 육체적 능력 초과

㉱ 신경계통의 이상

4. 안전사고의 발생 요인으로 볼 수 없는 것은?

㉮ 피로감   ㉯ 임금

㉰ 감정   ㉱ 날씨

5. 안전사고 방지를 위해 가장 먼저 조치되어야 할 사항은?

㉮ 안전조직 구성   ㉯ 안전교육

㉰ 사고 조사   ㉱ 안전계획의 수립

[해설] 본문 3. 3-2. 사고예방 대책의 원리 5단계 참조

6. 작업자가 불안전한 경우가 아닌 건은?

㉮ 작업에 대하여 자신을 가지고 있는 경우

㉯ 즉흥적인 판단을 하는 경우

㉰ 복합 동작을 하게 되는 경우

㉱ 작업에 사용되는 공구가 부족한 경우

7. 불안전 상태에 해당되는 것은?

㉮ 운전 중인 기계장치 손질

㉯ 안전 방호장치의 결함

㉰ 불안전한 상태의 점검

㉱ 운전 중 속도 조절

[해설] 본문 2. 2-1. (2) 불안전한 상태 참조

8. 승강기 보수자가 승강기 카와 건물벽 사이에 끼었다. 이 재해의 발생 형태는?

㉮ 협착   ㉯ 전도

㉰ 마찰   ㉱ 질식

[해설] 사람의 행동에 의한 사고

　① 종류 : 협착, 추락, 충돌, 전도, 무리한 동작 등이 있다

　② 협착(狹窄) : 물건에 끼어진 상태 또는 말려든 상태

9. 정지되어 있는 물체에 부딪쳤을 때의 재해 발생 형태는?

㉮ 추락   ㉯ 낙하

㉰ 충돌   ㉱ 전도

정답 1. ㉮ 2. ㉰ 3. ㉮ 4. ㉯ 5. ㉮ 6. ㉮ 7. ㉯ 8. ㉮ 9. ㉰

10. 재해 조사의 목적으로 가장 거리가 먼 것은?

㉮ 동종 재해 및 유사 재해 재발 방지

㉯ 근로자의 복리후생을 위하여

㉰ 재해에 알맞은 시정책 강구

㉱ 재해 구성 요소를 조사, 분석, 검토하고 그 자료를 활용하기 위하여

11. 재해조사 항목 중 직접적 원인이 아닌 것은?

㉮ 안전장치의 결함 ㉯ 작업환경의 결함

㉰ 교육훈련의 의미 ㉱ 불안전한 동작

[해설] 본문 2. 2-1. 직접 원인 참조

12. 재해 조사 시 유의해야 할 사항은?

㉮ 사실을 수집할 때 그 이유도 동시에 확인한다.

㉯ 목격자의 증언과 목격자의 의견을 꼭 묻는다.

㉰ 과실일 경우 책임을 추궁하고 반드시 처벌한다.

㉱ 객관적인 입장에서 공정하게 조사하며, 가능한 한 2인 이상이 조사한다.

[해설] 본문 1. 1-3. (1) 유의 사항 참조

13. 재해 조사의 방법이 아닌 것은?

㉮ 현장의 물리적인 흔적을 수집한다.

㉯ 재해 현장은 사진을 촬영한다.

㉰ 재해 피해자로부터 재해 후에 취한 행동을 묻는다.

㉱ 목격자, 현장 책임자에게서 사고 시의 상황을 듣는다.

[해설] 본문 1. 1-3. (2) 재해 조사를 하는 방법 참조

14. 재해 조사의 요령으로 바람직한 방법이 아닌 것은?

㉮ 재해 발생 직후에 행한다.

㉯ 현장의 물리적 증거를 수집한다.

㉰ 재해 피해자로부터 상황을 듣는다.

㉱ 의견 충돌을 피하기 위하여 가급적 1인이 조사토록 한다.

[해설] 객관적인 입장에서 공정하게 조사하며, 가능한 한 2인 이상이 조사한다.

15. 재해 순서로 맞는 것은?

㉮ 이상 상태-불안정 행동 및 상태-사고-재해

㉯ 이상 상태-사고-불안전 행동 및 상태-재해

㉰ 이상 상태-재해-사고-불안전 행동 및 상태

㉱ 재해-이상 상태-사고-불안전 행동 및 상태

[해설] 본문 1. 1-1. (1) 사고와 재해의 발생 과정 참조

16. 재해 누발자의 유형이 아닌 것은?

㉮ 미숙성 누발자 ㉯ 상황성 누발자

㉰ 습관성 누발자 ㉱ 난폭성 누발자

17. 주의 부족을 야기시키는 요인이 아닌 것은?

㉮ 개성 ㉯ 습관성

㉰ 감정의 불안전 ㉱ 체격

18. 다음 중 재해의 발생 원인 중 가장 높은 빈도를 차지하는 것은?

㉮ 열량의 과잉 억제

㉯ 설비의 layout 착오

㉰ over load

㉱ 작업자 작업행동 부주의

19. 재해 분석 내용 중 불안전한 행동이라고 볼 수 없는 것은?

㉮ 지시 외의 작업   ㉯ 안전장치 무효화

㉰ 신호 불일치   ㉱ 복명복창

20. 산업재해의 발생 원인으로는 불안전한 행동이 많은 사고의 원인이 되고 있다. 이에 해당되지 않은 것은?

㉮ 위험 장소 접근

㉯ 안전장치 기능 제거

㉰ 복장 보호구 잘못 사용

㉱ 작업 장소 불량

[해설] 작업 장소의 불량은 불안전한 상태(물적 요인)에 속한다.

21. 재해의 원인 중 불안전한 행동별 원인으로 옳은 것은?

㉮ 안전작업표준 미작성 : 안전태도에 문제가 있다.

㉯ 안전작업표준의 이해 부족 : 무단작업 실시로 재해가 발생된다.

㉰ 안전작업표준의 결함 : 안전교육에 결함이 있다.

㉱ 작업과 안전작업표준의 상이 : 설비, 작업의 수시 변경으로 재해가 발생한다.

22. 재해 원인 중 생리적인 원인은?

㉮ 안전장치 사용자의 미숙

㉯ 안전장치의 고장

㉰ 작업자의 무지

㉱ 작업자의 피로

23. 산업재해의 원인으로 볼 수 없는 것은?

㉮ 인적 원인   ㉯ 물적 원인

㉰ 고의적 원인   ㉱ 관리적 원인

24. 재해의 원인분석의 개별 분석방법에 관한 설명으로 옳지 않은 것은?

㉮ 이 방법은 재해 건수가 적은 사업장에 적용된다.

㉯ 특수하거나 중대한 재해의 분석에 적합하다.

㉰ 청취에 의하여 공통 재해의 원인을 알 수 있다.

㉱ 개개의 재해 특유의 조사항목을 사용할 수 있다.

[해설] 개별적 원인 분석

① 개개의 재해를 하나하나 분석하는 것으로 원인을 상세하게 규명하는 것이다.

② 특수 또는 중대 재해와 같이 재해 건수가 적은 사업장 또는 개별 재해 특유의 조사 항목을 사용할 필요성이 있을 경우 사용

25. 이상 발견 시의 취할 순서로 옳은 것은?

㉮ 발견-점검-조치-수리-확인

㉯ 발견-점검-확인-수리-조치

㉰ 발견-조치-수리-점검-확인

㉱ 발견-조치-점검-확인-수리

26. 재해 발생 시의 조치 내용으로 볼 수 없는 것은?

㉮ 피해자를 구출하고 2차 재해 방지

㉯ 재해 방지대책의 수립과 실시
㉰ 안전교육 계획의 수립
㉱ 재해 원인 조사와 분석

27. 상해의 종류에 해당되지 않는 것은?

㉮ 유해물 접촉   ㉯ 시력장해
㉰ 청력장해   ㉱ 찰과상

28. 사고 예방의 기본 4원칙이 아닌 것은?

㉮ 원인 계기의 원칙
㉯ 대책 선정의 원칙
㉰ 예방 가능의 원칙
㉱ 개별 분석의 원칙

해설 본문 3. 3-1. 사고 예방의 기본 4원칙 참조

29. 안전사고 방지의 기본원리 중 3E를 적용하는 단계는?

㉮ 1단계   ㉯ 2단계
㉰ 3단계   ㉱ 5단계

해설 본문 3. 3-2. 사고 예방의 기본 원리 5단계 참조

30. 작업자의 재해 예방에 대한 일반적인 대책으로 맞지 않는 것은?

㉮ 계획의 작성
㉯ 엄격한 작업 감독
㉰ 위험 요인의 발굴 대처
㉱ 작업지시에 대한 위험 예지의 실시

해설 위험 예지 훈련
① 잠재 위험을 미리 예측하고 그 위험을 어떻게 처리해야 하는지의 감지능력을 키워주는 훈련이다.

② 특색 : 작업을 함께하는 작업자들이 모여 실시하게 되는데, 작업자 전원이 참여해야 된다는 전제 조건이 있다.

31. 재해방지 대책의 일반 원칙에서 적합하지 않는 것은?

㉮ 재해조사가 일단 끝나면 밝혀진 사실들을 신중히 검토한다.
㉯ 대책은 회사 중견간부들로 구성되어 협의 결정한다.
㉰ 대책의 실시는 가급적 빨리 하되, 장기·단기로 구분하여 관계자 전원에게 알린다.
㉱ 재해 발생의 상황, 원인 대책을 적당한 방법으로 일반 종업원에게 알린다.

32. 재해가 발생하였을 때 피해를 방지하는 가장 기본적인 방법은?

㉮ 위험 개소를 찾도록 노력한다.
㉯ 위험한 곳에 있는 사람들을 가능한 한 빨리 대피시킨다.
㉰ 미숙한 작업자를 재해 발생 작업에서 배제시킨다.
㉱ 위험에 적응하여 작업한다.

33. 작업자의 안전을 위하여 작업을 중지시킬 수 있는 조건으로 볼 수 없는 것은?

㉮ 퇴근시간이 경과하였을 때
㉯ 우천, 강풍, 강설 등의 악천후일 때
㉰ 지상에서 작업원이 확실하게 보이지 않을 정도의 짙은 안개가 끼었을 때
㉱ 작업원이 감당하기 어려울 정도의 추위일 때

34. 작업계획 중 가장 위험한 부분의 공

사는 미리 지정해 두어야 한다. 이 위험 작업을 할 때의 안전수칙으로 가장 좋은 방법은?

㉮ 작업 책임자는 작업원에게 작업의 내용을 잘 주지시켜 단독 작업을 시킨다.

㉯ 작업 책임자가 작업이 완료될 때까지 감시한다.

㉰ 작업이 시작될 때와 작업이 종료될 때에 작업자가 작업 책임자에게 확인을 받도록 한다.

㉱ 작업이 완료되면 작업 상황을 작업 책임자가 직접 점검한다.

35. 안전 태도 교육에 대한 기본 과정의 순서로 옳은 것은?

㉮ 들어본다 → 시범 → 평가 → 이해·납득

㉯ 이해·납득 → 평가 → 시범 → 들어본다

㉰ 시범 → 이해·납득 → 평가 → 들어본다

㉱ 들어본다 → 이해·납득 → 시범 → 평가

36. 안전 작업의 태도로서 옳지 못한 것은?

㉮ 작업에 임하기 전에 위험 여부를 미리 검토하여 처리한다.

㉯ 항상 안전을 생각하고 조급한 행동을 일체 금한다.

㉰ 작업 중에는 항상 안전하고 확실한 태세에 있어야 한다.

㉱ 안전작업상 의심이 생길 때는 자신이 검토 처리한다.

37. 안전한 작업을 위하여 고려하여야 할 사항이 아닌 것은?

㉮ 조작장치는 관계작업자가 조작하기 쉬울 것

㉯ 구동기구를 가진 기계는 사이클의 마지막과 처음에 시간적 지연을 가질 것

㉰ 급정지 장치가 작동했을 때 리셋되지 않는 한 동작되지 않을 것

㉱ 조작을 가능한 한 복잡하게 하여 관계자가 아니면 동작시키지 못하게 할 것

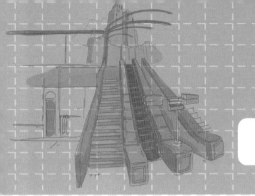

제 3 장

안전 점검 제도

1. 안전 점검 방법 및 제도

안전 점검은 안전 확보를 위해 불안전한 행동, 작업방법 및 기계·기구·설비의 상태를 조사, 발견하여 위험 요소를 제거하는 것

1-1 안전 점검(safe check)의 목적·종류

(1) 안전 점검의 목적
① 결함이나 불안전 조건의 제거
② 기계·기구의 본래의 성능 유지 및 안전 확보
③ 합리적인 생산 관리 및 생산성 향상

(2) 안전 점검의 종류

표 4-1

종 류	실시 일정	실시자 (주체)
일상 점검	• 매일 수시 • 작업 전, 후	작업자, 작업 책임자 관리 감독자
정기 점검	• 매주, 매월, 매분기별 • 정기적	자체 기준에 따라 해당 책임자
특별 점검	• 설비의 시설 및 변경 시 고장 수리 등 • 부정기적	기술적 책임자

1-2 안전 점검의 순환 과정·점검 방법

(1) 안전 점검의 순환 과정
① 실태 파악
② 결함 발견
③ 대책 결정

④ 대책 실시

(2) 점검 방법

① 육안 점검
② 기기(작동) 점검
③ 기능 점검
④ 정밀(종합) 점검

1-3 안전 점검 시 유의 사항·안전 관리자의 직무

(1) 안전 점검 시 유의 사항

① 점검자는 모든 면(복장, 태도, 행동 등)에 모범이 되어야 한다.
② 점검은 안전수준 향상을 목적으로 하므로 결점을 지적하거나 조사 색출한다는 태도를 삼간다.
③ 여러 가지 점검 방법을 병용하여 실시한다.
④ 사소한 사항도 묵인하지 않는다.
⑤ 점검자의 능력에 상응하는 점검을 실시하며, 독선을 피하고 관계자의 의견을 청취한다.
⑥ 과거 재해 발생 부분은 그 요인이 배제되었는지 확인한다.
⑦ 불량한 부분 발견 시 다른 동종 설비도 점검한다.
⑧ 발견된 불량 부분은 원인 조사 후 시정책을 강구한다.

(2) 안전 관리자의 직무

① 안전교육 계획의 수립 및 실시
② 사업장 순회 점검, 지도 및 조치의 건의
③ 산업재해 발생의 원인조사 및 대책 수립
④ 당해 사업장의 안전 보건 관리규정에서 정한 직무
⑤ 위험 기계·기구의 방호 조치, 성능 검사 확인, 보호구 적격품 선정
⑥ 법 또는 법에 의한 명령이나 안전 규정 위반 근로자의 조치의 건의
⑦ 기타 근로자의 안전에 관한 사항

2. 안전 진단(safety inspection)

[목적] 재해의 잠재적 위험성, 안전관리상의 문제점을 발견해 산업재해 방지에 도움이 되게
하는 것을 목적으로 한다.

2-1   안전 진단표의 작성항목·작성 시 유의사항

(1) 안전 진단표(checklist)의 작성 항목

① 점검 개소(부분)
② 점검 항목
③ 점검 방법
④ 점검 시기
⑤ 판정 기준
⑥ 조치 사항

(2) 안전 진단표 작성 시 유의 사항

① 점검 항목 : 이해하기 쉽게 보다 구체적으로 표현할 것
② 중점 우선 : 위험성이 높은 순, 긴급을 요하는 순으로 작성할 것
③ 타당성 : 관계자 의견을 청취하며, 작업방법이 타당성 있게 개조된 내용일 것
④ 적합성 : 사업장에 적합한 독자적 내용을 가지고 작성할 것

2-2   자체 검사

기계나 기구, 설비 또는 제품 등이 본래의 목적에 위배됨이 없이 정상적인 기능이 유지되
고 있으며 사용목적에 적당한 성능을 발휘하고 있는지를 육안이나 검사 장비를 이용하여 전
문 검사원에 의하여 확인하는 행위를 말한다.

(1) 자체 검사의 종류

① 검사 대상에 의한 분류
   ㈎ 성능 검사   ㈏ 형식 검사   ㈐ 규격 검사
② 검사 방법에 의한 분류
   ㈎ 육안 검사   ㈏ 기능 검사   ㈐ 검사 기기에 의한 검사   ㈑ 시험에 의한 검사

(2) 자체 검사원의 자격

① 안전 관리자
② 제작 및 보수업체 종사자(승강기)
③ 자체 검사원 양성 교육기관 이수자
④ 안전 담당자(해당 분야 유자격자)

(3) 자체 검사 기록 내역

① 검사 일정
② 검사 방법
③ 검사 부분
④ 검사 결과
⑤ 검사자 설명
⑥ 검사 결과에 따른 조치 사항

(4) 자체 검사 대상 기계·기구 및 자체 검사 주기

① 1월에 1회 이상 실시 : 승강기
② 6월에 1회 이상 실시 : 보일러, 압력 용기, 양중기
③ 1년에 1회 이상 실시 : 원심기, 건조 설비, 동력 프레스 및 전단기, 용접장치 등
④ 2년에 1회 이상 실시 : 화학 설비 및 그 부속 설비

3. 안전 점검 결과에 따른 시정 조치

(1) 사업주에게 검사 결과 보고 사항

① 검사 체크리스트(checklist)
② 검사 결과에 대한 개선책
③ 개선에 필요한 소요 예산과 기관
④ 개선 책임자

(2) 관할 관서에 법정 자체 검사 대상 기계·기구의 자체 검사 결과 보고 사항

① 검사 일시
② 검사자명
③ 검사 결과
④ 검사 결과 개선 계획
⑤ 검사 체크리스트(checklist) 사본

예·상·문·제

1. 안전 점검의 주목적으로 옳은 것은?

㉮ 안전작업표준의 적절성을 점검하는 데 있다.

㉯ 시설장비의 설계를 점검하는 데 있다.

㉰ 법 기준에 대한 여부를 점검하는 데 있다.

㉱ 위험을 사전에 발견하여 시정하는 데 있다.

해설 안전 점검의 주목적 : 안전 확보를 위해 불안전한 행동, 작업방법 및 기계·기구·설비의 상태를 조사, 발견하여 위험 요소를 제거하는 것

2. 안전 점검의 종류로 적합하지 않은 것은?

㉮ 정기 점검 　㉯ 수시 점검

㉰ 사후 점검 　㉱ 특별 점검

해설 본문 표 4-1 안전 점검의 종류 참조

3. 안전 점검 중 어떤 기간을 두고 행하는 점검은?

㉮ 정기 점검 　㉯ 일상 점검

㉰ 특별 점검 　㉱ 보통 점검

4. 정기 검사 시 주로 적용되는 점검 방법은?

㉮ 육안 점검 　㉯ 기능 점검

㉰ 정밀 점검 　㉱ 작동 점검

5. 안전 검사의 유의사항으로 옳지 않은 것은?

㉮ 여러 가지의 점검 방법을 병용하여 점검한다.

㉯ 과거의 재해 발생 부분은 고려할 필요 없이 점검한다.

㉰ 불량 부분이 발견되면 다른 동종의 설비도 점검한다.

㉱ 발견된 불량 부분은 원인을 조사하고 필요한 대책을 강구한다.

해설 본문 1. 1-3. (1) 안전 점검 시 유의 사항 참조

6. 안전 점검의 대상에 해당되지 않는 것은?

㉮ 안전활동 　㉯ 작업환경

㉰ 보호구 　㉱ 작업자

7. 안전 점검 및 진단 순서가 맞는 것은?

㉮ 실태 파악, 결함 발견, 대책 결정, 대책 실시

㉯ 실태 파악, 대책 결정, 결함 발견, 대책 실시

㉰ 결함 발견, 실태 파악, 대책 실시, 대책 결정

㉱ 결함 발견, 실태 파악, 대책 결정, 대책 실시

해설 · 안전 점검·진단 순서

① 실태 파악	② 결함 발견
어떤 위험이 잠재하고 있는가	이것이 위험의 포인트이다.

③ 대책 결정	④ 대책 실시
당신이라면 어떻게 하겠는가?	우리들은 이렇게 한다.

정답 1. ㉱　2. ㉰　3. ㉮　4. ㉰　5. ㉯　6. ㉱　7. ㉮

8. 안전 진단에 있어서 작업 위험의 분석 방법이 아닌 것은?

㉮ 기준방식　　㉯ 면접방식

㉰ 관찰방식　　㉱ 혼합방식

[해설] 작업위험 분석(作業危險分析 ; job hazard analysis)

① 현재 또는 미래에 작업 대상물에 잠재되어 있는 모든 물리적, 화학적 위험 및 인간의 불안전한 행위 요인을 발견하기 위한 작업 절차에 관한 연구를 말한다.

② 방식 : 면접방식, 관찰방식, 혼합방식 등

9. 승강기의 안전 진단 사항에 관한 설명으로 옳지 않은 것은?

㉮ 설계 사양과 도면의 확인 검토

㉯ 설치 후 규정에 따른 성능시험 및 평가

㉰ 제작 공정 공사

㉱ 사용 소재 검사는 관련 부품이 조립된 상태에서 실시

[해설] 사용 소재 검사는 관련 부품이 조립되지 않는 상태에서 실시하여야 한다.

10. 안전 관리자의 직무가 아닌 것은?

㉮ 안전작업에 대한 교육계획의 수립 및 실시

㉯ 산업재해 발생의 원인 조사 및 대책 수립

㉰ 사업장 순회점검 지도 및 조치의 건의

㉱ 근로자의 출근 상태 및 건강 확인

[해설] 본문 1. 1-3. (2) 안전 관리자의 직무 참조

11. 안전 점검 체크리스트에 포함하지 않아도 되는 사항은?

㉮ 판정 기준　　㉯ 점검 항목

㉰ 점검시기　　㉱ 왕래인원

[해설] 본문 2. 2-1. (1) 안전진단표 작성 항목 참조

12. 안전 점검 체크리스트 작성 시의 유의사항으로 가장 타당한 것은?

㉮ 사업장에 공통적인 내용으로 적성한다.

㉯ 중점도가 낮은 것부터 순서대로 작성한다.

㉰ 일정한 양식으로 작성할 필요가 없다.

㉱ 점검표의 내용은 이해하기 쉽도록 표현하고, 구체적이어야 한다.

[해설] 본문 2. 2-1. (2) 안전진단표 작성 시 유의사항 항목 참조

13. 안전점검표를 작성할 때 주의할 점이 아닌 것은?

㉮ 내용은 구체적이고 재해 방지에 실효가 있도록 작성

㉯ 중점도가 높은 것부터 순서대로 작성

㉰ 점검표는 전문 용어로 작성

㉱ 점검표는 가능한 한 일정 양식으로 작성

[해설] 본문 2. 2-1. (2) 안전진단표 작성 시 유의사항 항목 참조

14. 자체 검사방법의 분류에 해당되지 않는 것은?

㉮ 육안에 의한 검사

㉯ 검사 기기에 의한 검사

㉰ 시험에 의한 검사

㉱ 형식에 의한 검사

[해설] 본문 2. 2-2. (1) 자체 검사 종류 참조

15. 자체 검사의 기록사항이 아닌 것은?

㉮ 검사 연월일   ㉯ 검사자의 성명

㉰ 검사 환경   ㉱ 검사 방법

해설 본문 2. 2-2. (3) 자체 검사 기록 내역 참조

16. 승강기의 자체 검사 자격이 있다고 볼 수 없는 사람은?

㉮ 자체 검사원 양성 이수자

㉯ 해당 분야 안전 담당자

㉰ 지정 검사자

㉱ 사업주

해설 본문 2. 2-2. (2) 자체 검사원의 자격 참조

17. 승강기의 검사 기간은?

㉮ 6월마다   ㉯ 1월 1회 이상

㉰ 2년 1회마다   ㉱ 5년 1회 이상

해설 본문 2. 2-2. (4) 자체 검사 주기 참조

18. 승강기의 자체 검사 시 월 1회 이상 점검하여야 할 항목이 아닌 것은?

㉮ 추락방지 안전장치 및 기타 방호장치의 이상 유무

㉯ 브레이크 장치

㉰ 와이어 로프 손상 유무

㉱ 각종 부품의 명판 부착 상태

19. 승용 승강기의 자체 검사 항목이 아닌 것은?

㉮ 권과방지장치 이상 유무

㉯ 추락방지 안전장치 이상 유무

㉰ 와이어 로프의 손상 유무

㉱ 주행 안내 레일의 상태

해설 권과방지장치는 승강기 자체 검사 항목에 해당되지 않는다.

참고 ① 권과(捲過)방지장치란 와이어 로프를 감아서 물건을 들어올리는 기계장치에서 로프가 너무 많이 감기거나 풀리는 것을 방지하는 장치이다.

② 권과란 말 권(捲)과 지나칠 과(過)자를 써서 너무 많이 감긴다는 뜻이다.

20. 승강기의 점검 사항으로 그 유효 기간이 가장 긴 것은?

㉮ 기계의 유(Oil) 누설 유무 확인 및 청소

㉯ 과속조절기 스위치의 접점 상태 양호 여부 확인

㉰ 승장 버튼의 손상 유무 확인

㉱ 트래블 케이블(traveling cable)의 손상 유무 확인

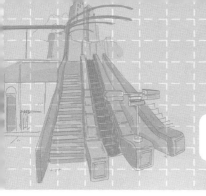

제 4 장

기계·기구와 그 설비의 안전

1. 기계 설비의 위험 방지

1-1 기계 설비에 의한 재해

(1) 기계 설비의 위험성

① 회전운동
② 직선운동과 미끄럼운동
③ 회전운동 부분과 미끄럼운동 부분 간에 협착 위험
④ 진동운동체의 끼임 위험
⑤ 처리 중의 청소에 의한 위험
⑥ 기계부품의 튀어나옴
⑦ 재료의 튀어나옴

기계설비에 의한 재해는 끼임·말려듦에 의한 것이 가장 많다.

(2) 기계 설비의 안전수칙

① 기계의 회전축, 기어, 활차, 벨트 등에 대해서는 그 기계 부분에 덮개를 씌우거나 이에 접근하지 못하게 망을 설치한다.
② 기계에는 긴급할 때에 곧바로 그 에너지원과의 연결을 끊는 동력차단장치를 붙여두는 것이 필요하다.
③ 둥근톱기계·띠톱기계와 같이 톱날이 회전하고 있는 기계의 경우 작업원이 닿지 않도록 접촉방지장치를 한다.
④ 기계의 수리·검사를 할 때는 사람이 가동하지 못하도록 가동장치에 열쇠를 채우든가 가동장치에 수리 중, 조사 중 등의 표지를 달고 다른 사람에 의해 기계가 가동되지 않도록 하여야 한다.
⑤ 가설전선 등이 작업 현장에 배선되어 있을 때는 감전사고가 없도록 완전히 절연시켜 둘 뿐만 아니라 작업통로, 작업대 등에 난잡한 물건을 방치하여서는 안 된다.

(3) 기계 설비의 본질 안전화를 추진하는 경우에 검토를 필요로 하는 사항

① 작업자가 측면에서 실수가 있어도 기계 설비 측면에서 이것을 커버하여 안전을 확보
하는 것.

② 기계 설비의 유압회로나 전기회로에 고장이 발생하거나 정전(停電) 등의 이상 사태가
발생했을 때는 안전 측면으로 이행(移行)하도록 하는 것.

③ 작업방법, 작업속도, 작업자세 등을 작업자가 안전하게 작업할 수 있는 상태로 하
는 것.

2. 전기에 의한 위험 방지

[전기 재해] ① 감전   ② 폭발 및 화재   ③ 정전기 재해   ④ 전기 화상
⑤ 아크에 의한 재해

2-1 감전 재해(electric shock accident)·전기에 의한 화재

전기에 의한 재해로서는 전기 설비의 충전 부분이나 누설 부분에 접근 또는 접촉함으로써
발생한 재해이다.

(1) 인체에 흐르는 전류의 영향

표 4-2

구 분	정 의	전류 값[mA] : 60[Hz] 정현파 (실험값)
감지 전류	감각에 의하여 직접 감지되는 최소의 전류	평균 1.1[mA] (직류 : 평균 2[mA])
고통 한계 전류	고통을 수반하는 전류	성인 남자 : 9[mA] 성인 여자 : 6[mA]
이탈 전류	충전부에 접촉 시 떨어질 수 있는 최대의 전류	성인 남자 : 16[mA] 성인 여자 : 10.5[mA]
심실 세동 전류	심실 세동의 임계값이 되는 전류(호흡 정지, 심장마비 위험)	성인 남자 : 100[mA] 성인 여자 : 100[mA]

(2) 감전의 위험도를 결정하는 요소

① 전류의 양

② 전원의 종류

③ 전격 시간

④ 인체 내의 통전 경로
⑤ 인체의 조건

(3) 전기에 의한 발화의 원인

① 과전류 ② 단락 ③ 지락 ④ 누전 ⑤ 접속 불량 ⑥ 절연열화 및 절연불량
⑦ 전기 방전 ⑧ 정전기 방전

2-2 전기 재해 방지 대책

[전기 안전 대책의 기본 조건]
① 취급자의 자세 ② 전기 시설의 안전처리 확립 ③ 전기 설비의 품질 향상

(1) 감전 사고 방지 대책

① 전기 설비의 사용 장소, 사용 조건, 사용 목적에 적합한 설계를 한다.
② 고신뢰성의 우수한 전기 기기를 사용 및 전기 재료의 품질 개선
③ 전기 설비의 철저한 점검 및 정비를 한다.
④ 전기 기기 및 설비의 충전부, 가동부에는 위험 표지를 설치한다.
⑤ 전기 기기 및 설비의 필요 부분에는 절연 방호구를 설치한다.
⑥ 고압선로 및 충전부에 근접하여 작업하는 경우에는 작업자에게 보호구를 착용하도록
  한다.
⑦ 유자격자에 의한 전기 설비를 운전, 조작하도록 한다.
⑧ 작업자에 대한 안전교육을 시행한다.
⑨ 위기관리 능력을 향상한다.
⑩ 사고 시 대처방법 및 순서를 확인한다.

(2) 누전에 의한 감전 방지

① 전선로의 절연 강화
② 적정 배선방법을 채용하여 전로를 보호
③ 누전 차단기 설치
④ 이중 절연기기 사용

(3) 전기 기계 · 기구의 충전부에 대한 감전 방지

① 충전부 전체를 절연
② 충전부에 보호망, 절연 덮개를 설치
③ 안전 전압 이하 사용
④ 원격 제어 기기 사용

⑤ 폐쇄형 외함 사용

⑥ 관계자 외 출입 통제

(4) 정전기에 의한 감전 사고 방지

① 정전기로 인한 감전 사고 및 정전기 방전에 의한 화재 위험이 있으므로 정전기 발생을 억제하거나 제거하는 조치를 취하여야 한다.

② 방법

㈎ 설비 주변의 공기를 가습한다.

㈏ 설비의 금속체 부분을 접지한다.

㈐ 설비에 정전기 발생 방지 도장을 한다.

3. 추락 등에 의한 위험 방지

3-1 가설 통로의 종류·구비 조건

작업장으로 통하는 장소 또는 작업장 내의 근로자가 사용하기 위한 통로를 가설 통로라 한다.

(1) 가설 통로의 종류

① 경사로   ② 작업 발판   ③ 사다리   ④ 가설 계단   ⑤ 승강로

(2) 가설 통로의 구비 조건

① 견고한 구조일 것

② 항상 사용 가능한 상태로 유지할 것

③ 채광 및 조명 시설을 할 것

④ 통로의 주요 부분에 안전 표시를 설치할 것

⑤ 추락 위험 장소에 표준 안전난간을 설치할 것

(3) 가설 통로의 안전조건

① 통로의 주요한 부분에는 통로 표지를 하고 근로자가 안전하게 통행할 수 있도록 하여야 한다.

② 가설 통로의 종류에는 경사로, 통로 발판, 사다리, 가설 계단, 승강로 등이 있으며, 통로에 정상적인 통행을 방해하지 않는 정도의 채광 또는 조명 시설을 하여야 한다.

③ 경사로 폭은 최소 90 cm 이상

④ 미끄럼막의 간격은 경사각 15° 초과 시 47 cm, 경사각 30° 이내 간격 30 cm

3-2 사다리 작업과 승강로 설치

(1) 사다리 작업 시 준수 사항

① 안전하게 사용될 수 없는 것은 작업장 외로 반출
② 사다리는 작업장에서 위로 1 m 이상 연장
③ 상부와 하부가 움직일 우려가 있을 때는 감시자 배치
④ 부서지기 쉬운 벽돌 등 받침대 사용 금지
⑤ 작업자는 복장을 단정히 하고, 미끄러운 장화나 신발 사용 금지
⑥ 지나치게 부피가 크거나 무거운 짐 운반 금지
⑦ 출입문 부근에 사다리를 설치 시 감시자 배치
⑧ 금속 사다리는 전기 설비가 있는 곳 사용 금지
⑨ 사다리를 다리처럼 사용하지 말 것

(2) 승강로 설치 시 준수 사항

① 근로자가 수직 방향으로 이동하는 철골부재에 고정된 승강로 설치
② 기둥 제작 시 16 mm 철근 등을 이용하여 제작
③ 높이 30 cm 이내, 폭 30 cm 이상으로 trap 설치
④ 수직구명줄을 병설하여 승강 시 안전대의 부착 설비로 사용

3-3 보호구 · 안전 보호구

[보호구] 재해의 방지, 건강 장해 등을 방지하기 위한 목적으로 작업자가 직접적으로 몸에
부착을 시키거나 사용하면서 작업을 하는 것
[안전 보호구] 재해 방지를 대상으로 하는 것

(1) 위생 보호구

① 보호복 및 특수복   ② 보안경   ③ 방음 보호구   ④ 방진 마스크   ⑤ 방독 마스크

(2) 안전 보호구

① 안전대   ② 장갑   ③ 안전화   ④ 안전모

(3) 안전모 착용 목적

① 낙하물에 의한 피해 방지   ② 감전 방지   ③ 화상 방지
④ 충격 방지   ⑤ 직사광선 방지   ⑥ 기타 안전을 위함

4. 위험 기계·기구의 방호장치

[방호 조치] 위험 기계·기구의 위험 장소 또는 부위에 근로자가 통상적인 방법으로 접근
하지 못하도록 하는 제한 조치를 말한다(방호망, 방책, 덮개 포함).
[방호 장치] 방호 조치를 하기 위한 여러 가지 방법 중 위험 기계·기구의 위험 한계 내에
서의 안전성을 확보하기 위한 장치

4-1 방호 장치

[방호장치 분류]
① 격리형(완전차단형, 덮개형, 안전방책)　② 위치 제한형　③ 포집형

(1) 아세틸렌, 가스집합 용접기의 방호 장치

가스열화 및 역류 방지를 위한 안전기 설치

(2) 교류 아크 용접기의 방호장치

자동 전격방지기 설치

(3) 방폭용 전기 기계·기구의 방호장치

① 적용 대상 : 전동기 제어기, 차단기 및 개폐기류, 조명기구류, 계측기류, 배선용 기구
및 부속품, 접속기류, 신호기
② 방폭 구조의 종류 : 내압, 안전증, 본질안전, 압력, 유입, 특수 방폭 구조

4-2 방호 조치

(1) 프레스 및 전단기의 방호 조치의 형식

① 가드식, 게이트 가드식　② 손쳐내기식　③ 수인식　④ 양수조작식　⑤ 감응식

(2) 양중기의 방호조치

과부하 방지장치

(3) 압력 용기의 방호조치

압력 방출 장치

(4) 연삭기의 방호조치

덮개 설치

5. 안전 표지

5-1 색의 종류 및 사용 범위

표 4-3

색 명	표지 사항	사용 범위
적색	① 방수 ② 정지 ③ 금지	① 방수 표지, 소화 설비, 화약류 ② 긴급정지신호 ③ 금지 표지
황적색	위험	보호상자, 보호장치 없는 스위치 또는 위험 부위, 위험 장소에 대한 표시
황색	주의, 경고	충돌, 추락, 층계, 함정 등 장소 기구 주의
녹색	① 안전안내 ② 진행유도 ③ 구급구호	① 안내, 진행유도, 대피소 안내 ② 비상구 또는 구호소, 구급 상자 ③ 구호장비 보관 장소 등의 표시
청색	① 조심 ② 지시	보호구 사용, 수리 중 기계 장소 또는 운전장치
백색	① 통로 ② 정리정돈	① 통로 구획선, 방향선, 방향 표지 ② 폐품 수집소, 수집용기
적자색	방사능	방사능 표시

5-2 산업안전표지 일람표

(1) 금지 표지(8종)

① 바탕 : 흰색
② 기본 도형 : 빨강
③ 관련 부호 그림 : 검정

표 4-4

101 출입금지	102 보행금지	103 차량통행금지	104 사용금지	105 탑승금지

(2) 경고 표지(15종)

① 바탕 : 노랑

② 기본 도형 : 검정

③ 관련 부호 : 검정

표 4-5

201 인화성 물질 경고	202 산화성 물질 경고	203 폭발물 경고	204 독극물 경고	207 고압전기 경고

(3) 지시 표지(7종)

① 바탕 : 파랑

② 관련 그림 : 흰색

표 4-6

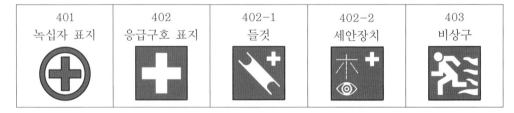

301 보안경 경고	302 방독마스크 경고	303 방진마스크 경고	304 보안면 경고	305 안전모 경고

(4) 안내 표지(7종)

① 바탕 : 흰색

② 기본 도형 : 녹색

표 4-7

401 녹십자 표지	402 응급구호 표지	402-1 들것	402-2 세안장치	403 비상구

예·상·문·제

1. 원동기, 회전축 등에는 위험 방지장치를 설치하도록 규정하고 있다. 설치방법에 대한 설명으로 옳지 않은 것은?

㉮ 위험 부위에는 덮개, 물, 슬리브, 건널다리 등을 설치

㉯ 키 및 핀 등의 기계 요소는 묻힘형으로 설치

㉰ 벨트의 이음 부분에는 돌출된 고정구로 설치

㉱ 건널다리에는 안전난간 및 미끄러지지 아니하는 구조의 발판 설치

2. 동력에 의하여 작동하는 기계·기구의 동력 전달 부분 및 속도 조절 부분의 방호장치로서 알맞은 것은?

㉮ 자동전격방지기를 부착한다.

㉯ 압력제한 스위치를 부착한다.

㉰ 덮개를 부착한다.

㉱ 급정지장치를 부착한다.

[해설] 본문 1. 1-1. (2) 기계 설비의 안전수칙 참조

3. 위험 기계에는 구동 에너지를 근로자 자신이 작업 위치에서 차단 조작할 수 있는 장치를 설치해야 하는데 이 장치를 무엇이라 하는가?

㉮ 감속장치   ㉯ 위험 방지장치

㉰ 급정지장치   ㉱ 방전장치

4. 동력으로 운전하는 기계에 작업자의 안전을 위하여 기계마다 설치하는 장치는?

㉮ 수동 스위치장치

㉯ 동력차단장치

㉰ 동력장치

㉱ 동력전도장치

[해설] 본문 1. 1-1. (2) 기계 설비의 안전수칙 참조

5. 작업 중 장갑의 착용을 금지하고 있는 것은?

㉮ 프레스   ㉯ 드릴

㉰ 망치   ㉱ 용접

6. 동력 전달장치 중 일반적으로 재해가 가장 많은 것은?

㉮ 원동기   ㉯ 벨트

㉰ 차축   ㉱ 치차

7. 기계 안전의 기본 원칙 중 가장 효율적인 것은?

㉮ 안전장치   ㉯ 방호조치

㉰ 자동화   ㉱ 개인 보호구

8. 전기 재해에 해당되는 것은?

㉮ 동상   ㉯ 협착

㉰ 비산   ㉱ 감전

[해설] 전기 재해의 종류
  1. 감전 2. 폭발 및 화재 3. 정전기 재해
  4. 전기 화상 5. 아크에 의한 재해

9. 감전사고의 위험도의 기준으로 볼 수 없는 것은?

㉮ 전류의 양   ㉯ 전원의 종류

㉰ 퓨즈의 종류   ㉱ 전격 시간

[해설] 본문 2. 2-1. (2) 감전의 위험도를 결정하는 요소 참조

정답 1. ㉰ 2. ㉰ 3. ㉰ 4. ㉯ 5. ㉯ 6. ㉯ 7. ㉰ 8. ㉱ 9. ㉰

10. 나이프 스위치의 충전부가 노출되면 무엇이 위험한가?

㉮ 누전 ㉯ 감전
㉰ 과부하 ㉱ 과열

해설 나이프 스위치(knife switch)의 충전부가 노출되면 감전사고 위험이 있다. 여기서, 충전부란 전압이 걸려 있는 부분을 말한다.

참고 기계·기구의 충전부에 대한 감전 방지
① 폐쇄형 위험이 있는 구조로 해야 한다.
② 충전부에 보호망 또는 절연덮개를 설치해야 한다.
③ 관계자 외는 출입을 통제해야 한다.

11. 전기 사고의 원인을 미연에 제거하는 방지책으로 적당하지 못한 것은?

㉮ 전기재료의 품질 개선
㉯ 전기 설비의 안전한 설치
㉰ 전압 강하의 유도
㉱ 안전교육

해설 본문 2. 2-2. (1) 감전사고 방지대책 참조

12. 전기에서는 위험성이 가장 큰 사고의 하나가 감전이다. 감전사고를 방지하기 위한 방법이 아닌 것은?

㉮ 충전부 전체를 절연물로 차폐한다.
㉯ 충전부를 덮은 금속체를 접지한다.
㉰ 가연물질과 전원부의 이격거리를 일정하게 유지한다.
㉱ 자동차단기를 설치하여 선로를 차단할 수 있게 한다.

해설 본문 2. 2-2. (1) 감전사고 방지대책 참조

13. 감전사고를 방지하기 위한 대책으로 볼 수 없는 것은?

㉮ 작업자에 대한 안전교육
㉯ 전기기기에 위험 표식

㉰ 대지전압 220 V 이하의 전기기기만 사용
㉱ 발견된 불량 부분은 원인을 조사하고 필요한 대책을 강구한다.

해설 본문 2. 2-2. (1) 감전사고 방지대책 참조

14. 이동식 전기 기기에 의한 감전사고를 예방하기 위하여 가장 필요한 조치는?

㉮ 외부에 절연용 도료를 칠한다.
㉯ 장시간 사용을 금한다.
㉰ 숙련공이 취급한다.
㉱ 접지를 한다.

해설 전기 기기는 절연 열화에 의한 감전사고를 예방하기 위하여 기기 외함을 접지하여야 한다.

15. 전기 기기의 외함 등이 절연이 나빠져서 전류가 누설되어도 감전사고의 위험이 적도록 하기 위하여 어떤 조치를 하여야 하는가?

㉮ 도금을 한다.
㉯ 영상변류기를 설치한다.
㉰ 퓨즈를 설치한다.
㉱ 접지를 한다.

16. 전선로의 정전 작업 시는 접지를 한다. 이 접지의 목적이 잘못 설명된 것은?

㉮ 인접 선로의 유도 전압에 의한 유도 쇼크의 방지를 위하여 접지하는 것이다.
㉯ 현장에 검전기가 없으므로 정전의 확인용으로 접지하는 것이다.
㉰ 정전을 확인하였으나 역승전으로 인한 감전 방지를 위하여 접지한다.
㉱ 정전되었다 하여도 통전으로 인한 감전 방지를 위하여 접지한다.

정답 **10.** ㉯ **11.** ㉰ **12.** ㉰ **13.** ㉰ **14.** ㉱ **15.** ㉱ **16.** ㉯

해설 전선로 정전 작업 시 접지의 목적
① 감전 방지
② 유도전압에 의한 쇼크의 방지

17. 전기 기구를 취급하는 작업방법으로 알맞은 것은?

㉮ 퓨즈가 끊어지면 만져도 된다.

㉯ 스위치를 넣거나 끊는 것은 정확히 한다.

㉰ 전기 기구는 정지 시에 아무나 만져도 된다.

㉱ 전기 기구는 담당자 부재시에는 주의해서 다룬다.

18. 저압 부하 설비의 운전조작 수칙에 어긋나는 사항은?

㉮ 개폐기의 조작은 왼손으로 하고 오른손을 만약의 사태에 대비한다.

㉯ 개폐기는 땀이나 물에 젖은 손으로 조작하지 않도록 한다.

㉰ 퓨즈는 비상시라도 규격품을 사용하도록 한다.

㉱ 정해진 책임자 이외에는 허가 없이 조작하지 않는다.

19. 전선 접속이나, 철거의 순서가 잘못된 것은?

㉮ 접지선 취부 시에는 전원측을 먼저 접속

㉯ 접지선 취부 시에는 접지측을 먼저 접속

㉰ 전선 연결 시에는 부하측을 먼저 접속

㉱ 전선 철거 시에는 전원측을 먼저 철거

해설 접지선 취부 시에는 접지측을 먼저 접속하여 감전사고을 예방하여야 한다.

20. 정전 작업 중에 특히 유의할 사항은?

㉮ 명령계통을 일원화시킨다.

㉯ 주변 사람들에게 감시시키면서 작업한다.

㉰ 작업량을 정하여 작업시킨다.

㉱ 시간을 잘 지켜 작업하도록 유도한다.

21. 정전 작업 시 취하여야 할 조치 사항이 아닌 것은?

㉮ 근로자가 위험이 없다고 판단되면 즉시 작업

㉯ 통전 금지에 관한 표지판 부착

㉰ 잔류전하의 방전조치

㉱ 단락 접지기구를 사용하여 단락 접지

22. 전기공사의 모든 작업에 필요한 보호구는?

㉮ 안전허리띠 ㉯ 핫스틱
㉰ 승주기 ㉱ 안전모

23. 감전되거나 전기화상을 입을 위험이 있는 작업에는 무엇을 구비하여야 하는가?

㉮ 구명구 ㉯ 보호구
㉰ 작업모 ㉱ 구급용구

해설 안전 보호구
안전대, 장갑, 안전화, 안전모

24. 감전 중인 사람을 구출할 때 옳지 못한 행위는?

㉮ 즉시 잡아당긴다.

㉯ 절연물을 이용하여 떼어낸다.

㉰ 변전실에 연락하여 전원을 끈다.

㉱ 능숙한 사람에게 조치토록 한다.

25. 감전사고로 의식불명이 된 환자가 물을 요구할 때의 방법으로 적당한 것은?

㉮ 냉수를 주도록 한다.

㉯ 온수를 주도록 한다.

㉰ 설탕물을 주도록 한다.

㉱ 물을 천에 묻혀 입술에 적셔준다.

26. 작업자가 감전되었을 경우의 구출방법으로 틀린 것은?

㉮ 절연봉 등을 이용하여 감전자를 전로로부터 떼어 놓은 후 응급치료한다.

㉯ 건조한 나무나 고무 등의 절연물을 이용하여 감전자를 충전 부분에서 떼어 놓은 후 응급치료한다.

㉰ 감전되어 오래되면 사망하므로 빨리 맨손으로 직접 구출하여 응급치료한다.

㉱ 주위 여건으로 위험하여 감전자를 구출할 수 없을 때는 변전소에 급보하여 전원을 차단한 후 구출한다.

27. 응급 조치에 따른 승강기 보수작업으로 적당한 순서는?

㉮ 보수내용 청취 → 현장 정돈(응급조치) → 안전용구 착용 → 자재 반입 및 신호 → 작업 착수

㉯ 보수내용 청취 → 안전용구 착용 → 자재 반입 및 신호 → 현장 정돈(응급조치) → 작업 착수

㉰ 안전용구 착용 → 보수내용 청취 → 현장 정돈(응급조치) → 자재 반입 및 신호 → 작업 착수

㉱ 현장 정돈(응급조치) → 보수내용 청취 → 안전용구 착용 → 자재 반입 및 신호 → 작업 착수

28. 정맥 출혈의 부상자로 인정되는 것은?

㉮ 출혈이 일정하며 혈색이 암적색이다.

㉯ 출혈이 분출하다가 후에 일정하게 유출한다.

㉰ 혈색이 선홍색이다.

㉱ 한없이 나오는 적은 양의 출혈이다.

해설 • 정맥 출혈의 경우 : 암적색 혈색이며 출혈 일정

• 동맥 출혈의 경우 : 선홍색 혈색이며 출혈 분출

29. 화상을 입은 환자를 응급치료하는 동안 물을 먹고 싶어한다. 어느 방법이 가장 좋은가?

㉮ 작은 양의 물을 한 번만 준다.

㉯ 한 번에 많은 물을 먹어야 한다.

㉰ 여러 번 조금씩 나누어 먹인다.

㉱ 절대로 물을 주면 안 된다.

30. 아크 용접기의 감전 방지를 위해서는 무엇을 부착하는가?

㉮ 자동전격 방지장치

㉯ 중성점 접지장치

㉰ 과전류 계전장치

㉱ 리밋 스위치

31. 교류 아크 용접기의 방호장치는?

㉮ 전격 방지장치

㉯ 역화방지기

㉰ 과부하 방지장치

㉱ 권과 방지장치

32. 위험기계·기구의 방호장치의 설치 의무가 있는 자는?

㉮ 안전 관리자

㉯ 해당 작업자

㉰ 기계·기구의 소유자

㉱ 현장작업의 책임자

정답 **26.** ㉰ **27.** ㉮ **28.** ㉮ **29.** ㉰ **30.** ㉮ **31.** ㉮ **32.** ㉰

33. 기계 · 기구에 대한 방호조치의 짝으로 옳은 것은?

⑦ 리프트-과속조절기

④ 에스컬레이터-패킹장치

④ 크레인-역화 방지

④ 승강기-과부하 방지장치

[해설] 승강기의 과부하 방지장치 : 승차인원 또는 적재하중을 감시하여 정적하중을 초과 시 경보음을 울리게 하고, 도어의 닫힘을 저지한다.

34. 길이가 긴 물건을 공동으로 운반할 때의 주의사항으로 적절하지 않은 것은?

⑦ 두 사람이 운반할 때 서로 다른 쪽의 어깨에 메고 무게가 균등하게 걸리도록 한다.

④ 들어올리거나 내릴 때에는 소리를 내어 동작을 일치시킨다.

④ 운반 도중 서로 신호 없이는 힘을 빼지 않는다.

④ 혼자 무리한 자세나 동작으로 작업하지 않는다.

[해설] 두 사람이 서로 같은 쪽의 어깨에 메고 운반하는 것이 올바른 방법이다.

35. 공구나 자재를 높은 곳에 있는 종업원에게 정확하고 안전하게 전달할 수 없을 때, 합리적으로 전달하는 방법은?

⑦ 내려가서 공구나 자재를 가지고 올라가도록 한다.

④ 숙달된 사람으로 정확하게 던져서 주고받는다.

④ 다른 종업원이 올라 다니면서 전달한다.

④ 공구 주머니나 심부름 바를 이용하여 전달한다.

36. 작업장으로 통하는 통로의 안전 조건으로 잘못된 것은?

⑦ 통로의 주요한 부분에는 통로 표시를 한다.

④ 가설 통로의 경사가 20도 초과 시에는 미끄러지지 않는 구조로 한다.

④ 옥내에 통로를 설치 시 미끄러지는 등의 위험이 없도록 한다.

④ 통로 면으로부터 높이 2 m 이내에는 장애물이 없도록 한다.

[해설] 미끄럼막이 간격
① 경사각 15° 초과 시 47 cm
② 경사각 30° 이내 시 30 cm

37. 사다리를 사용하는 작업에서 안전수칙에 어긋나는 행위는?

⑦ 위험 및 사용금지의 표찰이 붙어서 결함이 있는 사다리를 사용할 때는 주의하면서 사용한다.

④ 사다리 밑 끝이 불안전하거나 3 m 이상의 높은 곳이면 다른 사람으로 하여금 붙들게 하고 작업한다.

④ 사다리를 문 앞에 설치할 때는 문을 완전히 열어 놓거나 잠가야 한다.

④ 사다리 설치 시에는 사다리의 밑바닥이 사다리 길이와 관련지어 어느 정도 벽에서 떨어지게 한다.

[해설] 본문 3. 3-2. (1) 사다리 작업 시 준수 사항 참조

38. 추락에 의하여 근로자에게 위험이 미칠 우려가 있을 때 비계를 조립하는 등의 방법에 의하여 작업발판을 설치하도록 되어 있다. 높이가 몇 m 이상인 장소에서 작업을 하는 경우에 설치하는가?

⑦ 2　　④ 3　　④ 4　　④ 5

정답 33. ④　34. ⑦　35. ④　36. ④　37. ⑦　38. ⑦

[해설] 비계 : 높은 곳에서 일을 할 수 있게 쇠파이프 등으로 가로 세로 얽어서 만든 임시적인 받침대(작업판)를 말한다. 높이가 2 m 이상인 장소에 작업하는 경우에 작업판을 설치하여 추락을 방지하여야 한다.

39. 작업 내용에 따라 지급해야 할 보호구로 옳지 않은 것은?

㉮ 보안면 : 물체가 날아 흩어질 위험이 있는 작업

㉯ 안전장갑 : 감전의 위험이 있는 작업

㉰ 방열복 : 고열에 의한 화상 등의 위험이 있는 작업

㉱ 안전화 : 물체의 낙하, 물체의 끼임 등이 있는 작업

[해설] 작업 내용에 따라 지급해야 할 보호구- 보안면 : 일반작업 및 각종 비산물과 유해한 액체로부터 얼굴을 보호하고 눈부심을 방지하기 위한 것으로, 물체나 빛이 날아 들어올 위험이 있는 작업

종 류	사용 구분
용접용 보안면	아크용접 및 가스용접, 절단 작업 시에 발생한 유해한 자외선, 가시광선 및 적외선으로부터 눈을 보호하고, 가열된 용제 등의 비산에 의한 화상의 위험에서 용접자의 안면, 머리 부분 및 목 부분을 보호하기 위한 것
일반 보안면	일반작업 및 각종 비산물과 유해한 액체로부터 얼굴을 보호하고, 눈부심을 방지하기 위해 적당한 보안경 위에 접쳐 착용하는 것

40. 보호구 착용의 의무작업이 아닌 것은?

㉮ 분진의 발산이 심한 곳

㉯ 건조한 실내작업

㉰ 강한 소음

㉱ 유해 광선

41. 안전작업모를 착용하는 목적에 있어서 안전관리와 관계가 없는 것은?

㉮ 종업원의 표시

㉯ 화상의 방지

㉰ 감전의 방지

㉱ 비산물로 인한 부상 방지

[해설] 안전모 착용 목적
① 낙하물에 의한 피해 방지
② 감전 방지
③ 화상 방지
④ 충격 방지
⑤ 직사광선 방지
⑥ 기타 안전을 위함

42. 작업장 내부의 색채가 나타내는 표시 중 서로 맞지 않는 것은?

㉮ 황색-주의 표시

㉯ 적색-경고 표시

㉰ 녹색-안전 표시

㉱ 흑백색-대피 표시

[해설] 본문 표 4-3 색의 종류 및 사용범위 참조

정답 39. ㉮ 40. ㉯ 41. ㉮ 42. ㉯

Craftsman Elevator

승강기 기능사

부록

과년도 출제문제

2014년도 시행 문제

▶ **2014년 1월 26일 시행** 승강기 기능사

1. 카의 실속도와 지령속도를 비교하여 사이리스터의 점호각을 바꿔 유도 전동기의 속도를 제어하는 방식은?

① 교류 1단 속도제어
② 교류 2단 속도제어
③ 교류 궤환 전압제어
④ 가변전압 가변주파수 방식 (VVVF)

해설 (1) 교류 궤환 제어
(개) 적용속도 : 45~105 m/min
(내) 특성
 • 카의 실속도와 지령속도를 비교하여 사이리스터(thyristior)의 점호각을 바꿔, 유도전동기의 소도를 제어하는 방식
 • 감속 시에는 모터의 직류를 흐르게 하여 제동토크를 발생해 제동
 • 미리 정해진 지령속도에 따라 제어되므로, 승차감 및 착상 정도가 좋다.
(2) VVVF
(개) 적용속도 : 전 속도 범위 적용
(내) 특성
 • 인버터(inverter) 제어 – 소비전력 실감
 • 유도전동기에 인가되는 전압과 주파수를 동시에 변화시켜 직류전동기와 동등한 제어성능을 얻을 수 있는 방식이다.

2. 엘리베이터의 도어 시스템에 관한 설명 중 틀린 것은?

① 승강장 도어 로킹장치와는 별도로 카 도어 로킹장치를 설치하는 것도 허용된다.
② 승강장 도어는 비상시를 대비하여 일반 공구로 쉽게 열리도록 한다.
③ 승강기 도어용 모터로 직류 모터뿐만 아니라 교류 모터도 사용된다.
④ 자동차용이나 대형 화물용 엘리베이터는 상승(상하) 개폐방식이 많이 사용된다.

해설 승강장 도어는 안전상 일반 공구로 쉽게 열 수 있어서는 안 된다.

참고 도어(door) 구동용 모터는 직류 전동기 또는 인버터를 이용한 교류 모터가 사용되고 있다.

3. 균형로프의 주된 사용 목적은?

① 카의 소음진동을 보상
② 카의 위치변화에 따른 주 로프 무게를 보상
③ 카의 밸런스 보상
④ 카의 적재하중 변화를 보상

해설 균형로프의 사용 목적
㉠ 카의 위치변화에 따른 주 로프(main rope) 무게에 의한 권상비(traction) 보상을 위해서 사용한다.
㉡ 로프가 서로 엉키는 것을 방지하기 위하여 인장시브를 설치한다.

4. 무빙 워크의 공칭속도(m/s)는 얼마 이하로 하여야 하는가?

① 0.55　② 0.65　③ 0.75　④ 0.95

해설 무빙 워크 (수평 보행기)의 공칭속도
㉠ 0.75 m/s 이하이어야 한다.

정답 **1.** ③　**2.** ②　**3.** ②　**4.** ③

ⓛ 팔레트 또는 벨트의 폭이 1.1 m 이하이고, 승강장에서 팔레트 또는 벨트가 끼임 방지빗에 들어가기 전 1.6 m 이상의 수평 구간이 있는 경우 공칭속도는 0.9 m/s까지 허용된다.

5. 피트에 설치되지 않는 것은?

① 인장 도르래　　② 과속조절기
③ 완충기　　　　④ 균형추

해설 균형추 (counter weight) : 카의 상대편 또는 측면에 위치하여 권상기의 부하를 줄이는 역할을 한다.

6. 과속조절기의 캐치가 작동되었을 때 로프의 인장력에 대한 설명으로 적합한 것은?

① 300 N 이상과 추락방지 안전장치를 거는데 필요한 힘의 1.5배를 비교하여 큰 값 이상
② 300 N 이상과 추락방지 안전장치를 거는데 필요한 힘의 2배를 비교하여 큰 값 이상
③ 400 N 이상과 추락방지 안전장치를 거는데 필요한 힘의 1.5배를 비교하여 큰 값 이상
④ 400 N 이상과 추락방지 안전장치를 거는데 필요한 힘의 2배를 비교하여 큰 값 이상

해설 과속조절기가 작동될 때 과속조절기에 의해 생성되는 과속조절기 로프의 인장력은 다음 두 값 중 큰 값 이상이어야 한다.
ⓛ 최소한 추락방지 안전장치가 물리는 데 필요한 값의 2배
ⓛ 300 N

7. 에스컬레이터의 비상정지스위치의 설치 위치를 바르게 설명한 것은?

① 디딤판과 끼임 방지빗 (comb)이 맞물리는 지점에 설치한다.

② 리밋 스위치에 설치한다.
③ 상·하부의 승강구에 설치한다.
④ 승강로의 중간부에 설치한다.

해설 에스컬레이터 (escalator)의 비상정지버튼 (button)
ⓛ 사고 시 비상정지버튼을 눌러서 승객이 다치는 것을 예방 또는 최소화하는 장치이다.
ⓛ 상·하부 승강장 입구에 설치하며, 어린이들의 장난으로 버튼을 누를 수 없도록 커버를 씌워야 한다.

8. 엘리베이터의 완충기에 대한 설명 중 옳지 않은 것은?

① 엘리베이터 피트 부분에 설치한다.
② 케이지나 균형추의 자유낙하를 완충한다.
③ 스프링 완충기와 유입 완충기가 가장 많이 사용된다.
④ 스프링 완충기는 엘리베이터의 속도가 낮은 경우에 주로 사용된다.

해설 완충기 (buffer)
ⓛ 카가 최하층에 정지하여야 하나, 정상적인 정지를 하지 못하고 미끄러질 경우에 카가 직접 승강로 바닥에 부딪히지 않도록 충격을 흡수하는 장치이다.
ⓛ 케이지 (cage)나 균형추의 자유낙하를 완충하는 것은 아니다.

9. 엘리베이터의 분류법에 해당되지 않는 것은?

① 구동방식에 의한 분류
② 속도에 의한 분류
③ 연도에 의한 분류
④ 용도 및 종류에 의한 분류

해설 엘리베이터의 분류법
ⓛ 구동방식　ⓛ 속도　ⓒ 용도 및 종류
ⓔ 제어방식　ⓜ 기계실 위치
ⓗ 조작 방법

정답 5. ④　6. ②　7. ③　8. ②　9. ③

10. 기계식 주차설비의 설치기준에서 모든 자동차의 입출고 시간으로 맞는 것은 어느 것인가?

① 입고시간 60분 이내, 출고시간 60분 이내

② 입고시간 90분 이내, 출고시간 90분 이내

③ 입고시간 120분 이내, 출고시간 120분 이내

④ 입고시간 150분 이내, 출고시간 150분 이내

해설 기계식 주차 장치의 안전기준 및 검사기준 등에 관한 규정 (제6조 입출고 시간) : 주차장에 수용할 수 있는 자동차를 모두 입·출고하는 데 소요되는 시간은 각각 2시간으로 한다.

11. 과속조절기의 종류가 아닌 것은 다음 중 어느 것인가?

① 롤 세이프티형 과속조절기

② 디스크형 과속조절기

③ 플렉시블형 과속조절기

④ 플라이 볼형 과속조절기

해설 과속조절기의 형태·동작

㉠ 롤 세이프티(roll safety)형 : 과속조절기 풀리의 홈과 로프 사이의 마찰력으로 비상정지(저속용)

㉡ 디스크(disk)형 : 원심력으로 동작하는 진자(fly weight)에 의해 가속 스위치가 작동, 정지(중·저속용)

㉢ 플라이 볼(fly ball)형 : 디스크형의 진자 대신에 플라이 볼을 사용하여 비상정지(고속용)

12. 정전 시 비상전원장치의 비상조명의 점등조건은?

① 정전 시에 자동으로 점등

② 고장 시 카가 급정지하면 점등

③ 정전 시 비상등스위치를 켜야 점등

④ 항상 점등

해설 비상조명은 정전 시 자동으로 점등되어야 한다.

13. 전망용 엘리베이터의 카에 주로 사용하는 유리의 기준으로 옳은 것은?

① 반사유리 ② 거울유리

③ 강화유리 ④ 방음유리

해설 유리의 기준

㉠ 망유리 ㉡ 강화유리 ㉢ 접합유리

14. 다음 중 회전운동을 하는 유희 시설이 아닌 것은?

① 해적선 ② 로터

③ 비행탑 ④ 워터슈트

해설 회전운동을 하는 유희 시설

① 해적선 : 객석 부분이 수직평면 내 원주상의 중심보다 낮은 부분에서 회전운동의 일부를 반복하는 구조이다.

② 로터 : 객석 부분이 가변축의 주위를 수직에서 70까지 임의로 변화시키며 회전하는 구조이다.

③ 비행탑 : 회전그네와 구조는 유사하나 탑승물은 여러 사람이 탈 수 있는 곤돌라 형상으로 주 로프에 의해 수직축의 주위를 회전하는 구조이다.

참고 ①, ②, ③ 이외에 회전그네, 회전목마, 관람차, 문로켓, 옥토퍼스 등이 있다.

· 워터슈트 : 궤조를 갖지 않고 고저차가 2 m 이상의 궤도를 주행하는 것으로 급구배의 수로에 배(탑승물)가 주행하는 구조이다.

15. 구조에 따라 분류한 유압 엘리베이터의 종류가 아닌 것은?

① 직접식 ② 간접식

③ 팬터그래프식 ④ VVVF식

해설 유압식 엘리베이터

① 직접식 : 플런저의 진상부에 카를 설치

정답 10. ③ 11. ③ 12. ① 13. ③ 14. ④ 15. ④

② 간접식 : 플런저의 선단에 도르래를 놓고 로프 또는 체인을 통해 카를 올리고 내린다.

③ 팬터그래프(pentagraph)식 : 피스톤에 의해 팬터그래프를 개폐하며, 카는 팬터그래프 상부에 설치한다.

16. 엘리베이터 기계실의 구조에 대한 설명으로 적합하지 않은 것은?

① 기계실 내부에 공간이 있어서 옥상 물탱크의 양수 설비를 하였다.

② 당해 건축물의 다른 부분과 내화구조로 구획하였다.

③ 바닥면적은 승강로의 수평 투영면적의 2배로 하였다.

④ 천장에는 기기를 양정하기 위한 고리를 설치하였다.

[해설] 기계실에는 엘리베이터와 관계없는 공조 설비, 급배수 설비, 전기 설비 등을 설치하지 않아야 한다.

17. 교류 엘리베이터의 제어방법이 아닌 것은?

① 워드 레오나드 방식 제어

② 교류 1단 속도 제어

③ 교류 2단 속도 제어

④ 교류 궤환 제어

[해설] 워드 레오나드(ward leonard) 방식은 직류 엘리베이터의 속도 제어법이다.

18. 무기어식 엘리베이터의 총합효율은?

① 0.3~0.5　　　② 0.5~0.7

③ 0.7~0.85　　④ 0.85~0.90

[해설] 무기어(gear less)식 권상기

㉠ 기어를 사용하지 않고 전동기의 회전축에 시브(sheave)를 직접 부착시킨 방식이다.

㉡ 종합효율은 85~90 % 정도이다.

[참고] 웜 기어식 : 50~70 %, 헬리컬 기어식 80~85 %

19. 추락 대책 수립의 기본 방향에서 인적 측면에서의 안전대책과 관련이 없는 것은?

① 작업 지휘자를 지명하여 집단작업을 통제한다.

② 작업의 방법과 순서를 명확히 하여 작업자에게 주지시킨다.

③ 작업자의 능력과 체력을 감안하여 적정한 배치를 한다.

④ 작업대와 통로 주변에는 보호대를 설치한다.

[해설] 추락 재해

㉠ 높은 장소 등에서 작업에 종사하고 있었던 근로자가 지상 등에 낙하하여 발생하는 재해를 말한다.

㉡ 절벽의 경사면 등에서 굴러 떨어지거나 또는 수직 갱, 피트 등에 낙하된 것도 포함된다.

∴ "④ 작업대와 통로 주변에는 보호대를 설치한다."는 관련이 없다.

20. 안전점검 시 에스컬레이터의 운전 중 점검 확인 사항에 해당되지 않는 것은 어느 것인가?

① 운전 중 소음과 진동 상태

② 디딤판에 작용하는 부하의 작용 상태

③ 끼임 방지빗 빗살과 디딤판 홈의 물림 상태

④ 손잡이와 디딤판의 속도 차이 유무

[해설] 운전 중 점검 사항

㉠ 소음 및 진동 : 운행 중 평소와 다른 이상음, 진동이 있는지 확인

㉡ 손잡이 속도 : 디딤판의 속도와 동일한지 확인

㉢ 디딤판의 인입 : 출구에서 디딤판의 클리트와 끼임 방지빗의 빗살이 정확히 맞추어 들어가는지 확인

21. 그림과 같은 경고 표지는?

① 낙하물 경고
② 고온 경고
③ 방사선 물질 경고
④ 고압전기 경고

[해설] 산업안전 표지 - 경고표지

인화성 물질	산화성 물질	폭발물
독극물	고압전기	

22. 휠체어 리프트 이용자가 승강기의 안전운행과 사고방지를 위하여 준수해야 할 사항과 거리가 먼 것은?

① 전동휠체어 등을 이용할 경우에는 운전자가 직접 이용할 수 있다.
② 정원 및 적재하중의 초과는 고장이나 사고의 원인이 되므로 엄수하여야 한다.
③ 휠체어 사용자 전용이므로 보조자 이외의 일반인은 탑승하여서는 안 된다.
④ 조작반의 비상정지스위치 등을 불필요하게 조작하지 말아야 한다.

[해설] 휠체어 리프트 (wheelchair lift)
㉠ 고령자나 신체장애자 등이 건물 내 수직방향의 이동을 용이하게 하는 목적으로 설치된 것으로 경사형과 수직형이 있다.
㉡ 전동 휠체어 등을 이용할 경우에는 보호자의 협조를 받아야 한다.

23. 안전 작업모를 착용하는 목적에 있어서 안전관리와 관계가 없는 것은?

① 종업원의 표시

② 화상의 방지
③ 감전의 방지
④ 비산물로 인한 부상방지

[해설] 안전 작업모의 착용 목적 : 머리를 전기적, 기계적 충격으로부터 보호하기 위하여 사용
㉠ 화상방지 : 열로부터 보호
㉡ 비산물로 인한 부상방지 : 건설현장, 갱도, 맨홀작업
㉢ 감전의 방지 : 절연보호장비

24. 승강기 안전관리자의 임무가 아닌 것은?

① 승강기 비상열쇠 관리
② 자체점검자 선임
③ 운행관리규정의 작성 및 유지관리
④ 승강기 사고 시 사고보고 관리

[해설] 승강기 운행관리자 (안전관리자)의 임무
〈①, ③, ④ 이외에〉
㉠ 고장수리 등에 관한 기록 유지
㉡ 사고 발생에 대비한 비상 연락망의 작성 및 관리
㉢ 인명 사고 시 긴급조치를 위한 구급체계 구성 및 관리
㉣ 승강기 표준 부착물 관리

25. 현장 내에 안전표지판을 부착하는 이유로 가장 적합한 것은?

① 작업 방법을 표준화하기 위하여
② 작업 환경을 표준화하기 위하여
③ 기계나 설비를 통제하기 위하여
④ 비능률적인 작업을 통제하기 위하여

[해설] ㉠ 안전표지판 부착 이유 : 작업 환경을 표준화하기 위하여
㉡ 작업 환경 표준 : 쾌적한 작업 환경의 형성을 위한 표준

26. 안전점검 중 어떤 일정기간을 정해 두고 행하는 점검은?

① 수시점검   ② 정기점검

③ 임시점검   ④ 특별점검

[해설] 점검 시기에 의한 구분

  ① 수시점검 : 비정기적으로 필요시 수시로 하는 점검

  ② 정기점검 : 주기적으로 일정한 기간을 정하여 실시하는 점검

  ③ 임시점검 : 어떤 일정한 기간을 정해서 실시하는 것이 아니라 비정기적으로 실시되는 점검

  ④ 특별점검 : 폭우, 폭풍, 지진 등 천재지변이 발생한 경우나 이상 상태가 발생하였을 때에 시설이나 건물 및 기계 등의 이상 유무에 대한 점검

27. 감전이나 전기화상을 입을 위험이 있는 작업에 반드시 갖추어야 할 것은?

① 보호구   ② 구급용구

③ 위험신호장치   ④ 구명구

[해설] 고전압선로와 충전부에 근접하여 작업 시에는 반드시 보호구를 착용하여야 한다.

28. 재해 발생 과정의 요건이 아닌 것은 어느 것인가?

① 사회적 환경과 유전적인 요소

② 개인적 결함

③ 사고

④ 안전한 행동

[해설] 불안전한 행동이 아닌 안전한 행동은 재해 발생 과정의 요건이 될 수 없다.

29. 디딤판체인 안전장치에 대한 설명으로 알맞은 것은?

① 스커트 가드 판과 디딤판 사이에 이물질의 끼임을 감지하여 안전 스위치를 작동시키는 장치이다.

② 디딤판과 레일 사이에 이물질의 끼임을 감지하는 장치이다.

③ 디딤판체인이 절단되거나 늘어남을 감지하는 장치이다.

④ 상부 기계실 내 작업 시에 전원이 투입되지 않도록 하는 장치이다.

[해설] 디딤판체인 안전장치 (T.C.S : tread chain safety device) : 디딤판체인이 과다하게 늘어나면 디딤판과 디딤판 사이에 틈이 생기고, 절단 시 공간이 생길 수 있으므로 디딤판 체인의 움직임을 감지하여 절단될 경우 마이크로 스위치(micro switch)가 동작하여 에스컬레이터를 안전하게 정지시켜 사전사고를 예방하는 장치이며, 하부 종단부에 설치한다.

30. 스크루(screw) 펌프에 대한 설명으로 옳은 것은?

① 나사로 된 로터가 서로 맞물려 돌 때, 축방향으로 기름을 밀어내는 펌프

② 2개의 기어가 회전하면서 기름을 밀어내는 펌프

③ 케이싱의 캠링 속에 편심한 로터에 수개의 베인이 회전하면서 밀어내는 펌프

④ 2개의 플런저를 동작시켜서 밀어내는 펌프

[해설] 스크루 펌프 (screw pump) : 회전 펌프의 하나로 나사 펌프라고도 하며, 관 속에 들어있는 나사를 회전시켜 유체를 축의 방향으로 흐르게 한다.

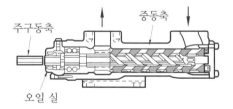

31. 간접식 유압 엘리베이터의 주 로프 본수는 카 1대에 대하여 몇 본 이상인가?

① 1   ② 2   ③ 3   ④ 4

[해설] 간접식 유압 엘리베이터의 주 로프는 2가닥 이상으로 하여야 한다.

[정답] 27. ①   28. ④   29. ③   30. ①   31. ②

32. 정격속도가 1 m/s 이하의 엘리베이터에 사용되는 점차 작동형 추락방지 안전장치는 몇 m/s 속도 이하에서 작동되어야 하는가?

① 1.25 ② 1.5 ③ 1.75 ④ 2.0

[해설] 추락방지 안전장치 등의 작동을 위한 과속조절기는 정격속도의 115% 이상의 속도, 그리고 다음과 같은 속도 이하에서 작동되어야 한다.
  ㉠ 즉시 작동형 추락방지 안전장치 : 0.8 m/s
  ㉡ 정격속도가 1 m/s 이하의 점차 작동형 추락방지 안전장치 : 1.5 m/s

33. 엘리베이터용 모터에 부착되어 있는 로터리 엔코더의 역할은?

① 모터의 소음 측정
② 모터의 진동 측정
③ 모터의 토크 측정
④ 모터의 속도 측정

[해설] 로터리 엔코더 : 회전각을 펄스 신호로 변환, 모터의 속도 측정 역할

[참고] 펄스 계수식 센서(pulse counting-type sensor) : 회전각을 펄스 신호로 변환하는 로터리 엔코더 등, 기계적인 길이나 변위 등을 디지털 신호로 변환함으로써 단지 판독오차를 작게 할 뿐 아니라 마이크로프로세서나 컴퓨터 등을 이용한 측정 데이터의 처리가 쉬워지는 등의 이점이 있다.

34. 다음 중 추락방지 안전장치의 자체점검기준으로 옳지 않는 것은?

① 인장 풀리 설치상태
② 전기안전장치 설치 및 작동상태
③ 장치 작동 시 카의 수평도
④ 장치 설치 및 작동상태

[해설] 인장 풀리 설치상태는 과속조절기의 자체점검 기준이다.

35. 스프링 완충기를 사용한 경우 카가

최상층에 수평으로 정지되어 있을 때 균형추와 완충기와의 최대 거리는?

① 300 mm ② 600 mm
③ 900 mm ④ 1200 mm

[해설] 최대거리
  ㉠ 균형추 측 : 900 mm
  ㉡ 카(car) 측 : 600 mm

36. 압력배관에 대한 설명으로 옳지 않은 것은?

① 건물벽 관통부에는 가급적 사용하지 않는다.
② 파워 유닛에서 실린더까지는 압력배관으로 연결하도록 한다.
③ 진동이 건물에 전달되지 않도록 방진고무를 넣어서 건물에 고정시킨다.
④ 압력 고무호스는 여유가 없어야 하며 일직선으로 연결되어 있어야 한다.

[해설] 가요성 호스는 호스 업체에 의해 제시된 굽힘 반지름 이상으로 고정되어야 한다.

[참고] 유압승강기 - 압력배관
  ㉠ 압력배관은 펌프의 출구에서 실린더(cylinder) 입구까지의 배관을 말한다.
  ㉡ 압력배관은 KS 규격의 압력배관용 탄소강 강관이나 고압 고무호스를 사용하고 있다.

37. 피트 내에서 행하는 검사가 아닌 것은?

① 피트 스위치 동작 여부
② 하부 파이널 스위치 동작 여부
③ 완충기 취부상태 양호 여부
④ 상부 파이널 스위치 동작 여부

[해설] 상부 파이널 스위치 동작 여부는 카(car) 위에서 하는 검사에 적용된다.

38. 카가 최하층에 수평으로 정지되어 있는 경우 카와 완충기의 거리에 완충기의

정답 32. ② 33. ④ 34. ① 35. ③ 36. ④ 37. ④ 38. ①

행정을 더한 수치는?

① 균형추의 꼭대기 틈새보다 작아야 한다.

② 균형추의 꼭대기 틈새의 2배이어야 한다.

③ 균형추의 꼭대기 틈새와 같아야 한다.

④ 균형추의 꼭대기 틈새의 3배여야 한다.

[해설] (카와 완충기의 거리＋완충기의 행정)
＜균형추의 꼭대기 틈새

[참고] 피트에서 하는 검사에서 카(car)와 완충기의 거리에 완충기의 충격 정도를 더한 수치는 균형추의 꼭대기 틈새보다 작아야 한다.

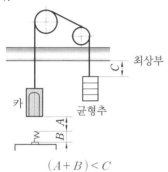

$(A+B)<C$

39. 에스컬레이터의 구동 전동기의 용량을 결정하는 요소로 거리가 가장 먼 것은 어느 것인가?

① 속도 　　　　② 경사각도

③ 적재하중 　　④ 디딤판의 높이

[해설] 에스컬레이터의 구동 전동기 용량

$$P = \frac{GV\sin\theta}{6120\eta} \times \beta \ [\text{kW}]$$

여기서, G : 적재하중, η : 총효율
V : 속도, θ : 경사각도
β : 승객승입률

40. 에스컬레이터에 바르게 타도록 디딤판 위의 황색 또는 적색으로 표시한 안전 마크는 어느 것인가?

① 디딤판체인 　　② 테크보드

③ 디딤판 경계틀 　④ 스커트 가드

[해설] 디딤판 경계틀 (demarcation)

㉠ 목적 : 디딤판과 스커트 가드 틈새와, 디딤판과 디딤판 사이의 끼임을 방지하고 경사 전환부의 전도 사고를 방지한다.

㉡ 표시위치 : 디딤판 안쪽에 상행운전용은 앞쪽에 황색선, 하행운전용은 뒤쪽에 황색선을 표시한다.

41. 디딤판체인 절단 검출장치의 점검항목이 아닌 것은?

① 검출 스위치의 동작 여부

② 검출 스위치 및 캠의 취부상태

③ 암, 레버장치의 취부상태

④ 종동장치 텐션 스프링의 올바른 치수 여부

[해설] 디딤판체인 절단 검출(감시)장치 점검 항목

㉠ 검출 스위치 부착 및 동작 상태는 양호한가?

㉡ 검출 스위치 캠의 취부 상태는 견고한가?

㉢ 종동장치 텐션 스프링은 정확히 세팅되어 있는가?

[참고] 암, 레버장치의 취부상태는 구동체인 절단 감지장치의 점검항목에 해당된다.

42. 주차설비 중 자동차를 운반하는 운반기의 일반적인 호칭으로 사용되지 않는 것은 어느 것인가?

① 카고, 캐리어

② 케이지, 카트

③ 트레이, 파레트

④ 리프트, 호이스트

[해설] (1) 호이스트(hoist) : 중량물을 감아올리는 기계류의 총칭. 권양기라고도 한다. 앞뒤, 좌우, 상하의 전부 또는 어떤 특정 운동을 할 수 있도록 되어 있다. 주물 공장에서는 수동식이 간이한 것도 사용되고 있다.

(2) 리프트(lift)

㉮ 사람이 타지 않고 소화물을 위아래로 운반하는 엘리베이터이다.

정답 39. ④ 　40. ③ 　41. ③ 　42. ④

(나) 스키장에서 공중 케이블을 사용하여 사람이나 물건을 운반하는 설비도 리프트라 한다.

43. 엘리베이터가 정격속도를 현저히 초과할 때 모터에 가해지는 전원을 차단하여 카를 정지시키는 장치는?

① 권상기 브레이크
② 주행 안내 레일
③ 권상기 드라이버
④ 과속조절기

해설 과속조절기 (governor) : 카와 같은 속도로 움직이는 과속조절기 로프에 의거 회전하며, 항상 카의 속도를 검출하여 과속 시 원심력을 이용 추락방지 안전장치를 동작시킨다.

44. 승강기의 제어반에서 점검할 수 없는 것은?

① 전동기 회로의 절연상태
② 주접촉자의 접촉상태
③ 결선단자의 조임상태
④ 과속조절기 스위치의 작동상태

해설 제어반의 보수·점검 항목
㉠ 소음의 유무
㉡ 제어반의 수직도 및 조립 볼트 취부, 이완 상태 유무
㉢ 각 스위치, 릴레이류 작동의 원활성
㉣ 리드선 및 배선 정리의 양호 여부
㉤ 절연물, 아크 방지기, 코일 소손 및 파손 여부
㉥ 절연 저항 측정
㉦ 제어반, 계상선택기 접지선 접속 유무
참고 전동기 주회로의 절연 저항은 제어반의 각 과전류 차단기를 끊은 상태 (off)에서 검사한다.

45. 승객용 엘리베이터의 시브가 편마모되었을 때 그 원인을 제거하기 위해 어떤 것을 보수, 조정하여야 하는가?

① 완충기
② 과속조절기
③ 균형체인
④ 로프의 장력

해설 ㉠ 승객용 승강기의 시브(sheave)의 편마모 시 로프의 장력(tension)을 조정하여 줌으로써 일부 원인을 제거할 수 있다.
㉡ 편마모의 원인 : 로프의 장력 불균형

46. 유압 엘리베이터의 파워 유닛 (power unit)의 점검 사항으로 적당하지 않은 것은?

① 기름의 유출 유무
② 작동 유(油)의 온도 상승 상태
③ 과전류 계전기의 이상 유무
④ 전동기와 펌프의 이상음 발생 유무

해설 파워 유닛 (power unit) 점검사항
(①, ②, ④ 이외에)
㉠ 전동기 펌프 발열상태
㉡ 각종 밸브의 동작상태
㉢ 전동기의 공전을 방지하는 장치의 상태

47. 되먹임 제어에서 가장 필요한 장치는 무엇인가?

① 입력과 출력을 비교하는 장치
② 응답속도를 느리게 하는 장치
③ 응답속도를 빠르게 하는 장치
④ 안정도를 좋게 하는 장치

해설 피드백 제어(feedback control) : 되먹임 제어
㉠ 되먹임에 의해 제어량의 값을 목표값과 비교하여, 이 두 값이 일치되도록 수정동작을 행하는 제어라 정의할 수 있다.
㉡ 반드시 필요한 장치는 입력과 출력을 비교하는 장치이다.

48. 엘리베이터 전원공급 배선회로의 절연저항 측정으로 가장 적당한 측정기는 어느 것인가?

① 휘트스톤 브리지

정답 43. ④ 44. ④ 45. ④ 46. ③ 47. ① 48. ②

② 메거

③ 콜라우시 브리지

④ 켈빈더블 브리지

[해설] 절연저항 측정에는 메거(megger)라고 부르는 절연 저항계가 사용된다.

㉠ 휘트스톤 브리지 : 중저항 측정용

㉡ 콜라우시 브리지 : 전지의 내부저항 측정용

㉢ 켈빈더블 브리지 : 저저항 측정용

49. 배선용 차단기의 기호(약호)는 어느 것인가?

① S　　② DS　　③ THR　　④ MCCB

[해설] ① S (switch) : 스위치

② DS (disconnecting switch) : 단로기

③ THR (thermal relay) : 열동계전기

④ MCCB (molded-case circuit breaker)

: 배선용 차단기

50. 회전축에 가해지는 하중이 마찰저항을 작게 받도록 지지하여 주는 기계요소는?

① 클러치　　　　② 베어링

③ 커플링　　　　④ 축

[해설] 베어링 (bearing) : 회전축의 마찰저항을 적게 하며, 축에 작용하는 하중을 지지하는 기계요소

51. 직류 전동기의 속도제어 방법이 아닌 것은?

① 저항제어　　　　② 전압제어

③ 계자제어　　　　④ 주파수제어

[해설] 직류 전동기의 속도 제어법

전압 제어	• 계자저항 일정 • 전기자에 인가하는 전압 변화에 의한 속도 제어
계자 제어	• 계자전류의 변화에 의한 자속의 변화로 속도 제어
저항 제어	• 전기자 회로의 저항변화에 의한 속도 제어

52. R-L-C 직렬회로에서 최대 전류가 흐르게 되는 조건은?

① $\omega L^2 - \dfrac{1}{\omega C} = 0$

② $\omega L^2 + \dfrac{1}{\omega C} = 0$

③ $\omega L - \dfrac{1}{\omega C} = 0$

④ $\omega L + \dfrac{1}{\omega C} = 0$

[해설] 직렬 공진회로의 조건

㉠ 공진 임피던스 최소 : $\omega_0 L = \dfrac{1}{\omega_0 C}$

$\therefore \omega_0 L - \dfrac{1}{\omega_0 C} = 0$

㉡ 공진 전류 최대 : $I_0 = \dfrac{V}{R}$ [A]

[참고] 공진 주파수 $f_0 = \dfrac{1}{2\pi \sqrt{LC}}$ [Hz]

53. 그림과 같은 심벌의 명칭은?

① TRIAC

② SCR

③ DIODE

④ DIAC

[해설] ㉠ TRIAC : ㉡ DIODE : ㉢ DIAC :

54. 하중이 작용하는 방향에 따른 분류에 속하지 않는 것은?

① 압축하중　　　　② 인장하중

③ 교번하중　　　　④ 전단하중

[해설] 교번하중은 하중의 작용속도에 의한 분류에 속한다.

---

55. 3 Ω, 4 Ω, 6 Ω의 저항을 병렬접속할 때 합성저항은 몇 Ω인가?

① $\dfrac{1}{3}$ ② $\dfrac{4}{3}$ ③ $\dfrac{5}{6}$ ④ $\dfrac{3}{4}$

[해설] $R = \dfrac{R_1 R_2 R_3}{R_1 R_2 + R_2 R_3 + R_3 R_1}$

$= \dfrac{3 \times 4 \times 6}{3 \times 4 + 4 \times 6 + 6 \times 3} = \dfrac{72}{54} = \dfrac{4}{3}$

$\fallingdotseq 1.333\,\Omega$

56. 엘리베이터에서 기계적으로 작동시키는 스위치가 아닌 것은?

① 도어 스위치
② 과속조절기 스위치
③ 인덕터 스위치
④ 승강로 종점 스위치

[해설] 인덕터 스위치(inductor switch)는 전기적(전자적)으로 작동시키는 스위치이다.

57. 3상 농형 유도전동기 기동 시 공급전압을 낮추어 기동하는 방식이 아닌 것은?

① 전전압 기동법
② $Y - \varDelta$ 기동법
③ 리액터 기동법
④ 기동 보상기 기동법

[해설] 3상 농형 유도전동기의 기동
 (1) 전전압 기동법 : 기동장치를 따로 쓰지 않고, 직접 정격전압을 가하여 기동하는 방법으로 보통 3.5 kW 이하에 적용
 (2) 공급전압을 낮추어 기동하는 방법
  ㈎ $Y - \varDelta$ 기동법 : 10~15 kW에 적용
  ㈏ 리액터 기동법 : 15 kW 이하에서, 자동 운전 또는 원격제어에도 적용
  ㈐ 기동 보상기 기동법 : 15 kW 이상에 적용

58. 전력량 1 kWh는 몇 줄(Joule)인가?

① 3.6×10^4 [J]

② 3.6×10^5 [J]
③ 3.6×10^6 [J]
④ 3.6×10^7 [J]

[해설] $1 \, kWh = 10^3 \, [Wh] = 10^3 \times 60 \times 60 \, [J]$
$= 3.6 \times 10^6 \, [J]$

[참고] $1 \, [W \cdot s] = 1 [J]$

59. 권수가 400인 코일에서 0.1초 사이에 0.5 Wb의 자속이 변화한다면 유도기전력의 크기는 몇 V인가?

① 100 ② 200
③ 1000 ④ 2000

[해설] 유도기전력

$v = N \cdot \dfrac{\varDelta \phi}{\varDelta t}$ [V]

$= 400 \times \dfrac{0.5}{0.1} = 2000 \, V$

60. 입력신호 A, B가 모두 "1"일 때만 출력값이 "1"이 되고, 그 외에는 "0"이 되는 회로는 어느 것인가?

① AND 회로 ② OR 회로
③ NOT 회로 ④ NOR 회로

[해설] OR 회로와 AND 회로의 비교

회로	논리기호·논리식	진리표		
		A	B	C
OR 회로	$C = A + B$	0	0	0
		0	1	1
		1	0	1
		1	1	1
		A	B	C
AND 회로	$C = A \cdot B$	0	0	0
		1	0	0
		0	1	0
		1	1	1

정답 55. ②　56. ③　57. ①　58. ③　59. ④　60. ①

▶ 2014년 10월 11일 시행　　　　　　　　승강기 기능사

1. 화재 시 소화 및 구조활동에 적합하게 제작된 엘리베이터는?

① 덤웨이터
② 소방구조용 엘리베이터
③ 전망용 엘리베이터
④ 승객·화물용 엘리베이터

[해설] 본문 표 1-1 용도에 의한 분류 참조

2. 권상기 도르래 홈에 대한 설명 중 옳지 않은 것은?

① 마찰계수의 크기는 U홈 < 언더컷 홈 < V홈 순이다.
② U홈은 로프와의 면압이 작으므로 로프의 수명은 길어진다.
③ 언더컷 홈의 중심각이 작으면 트랙션 능력이 크다.
④ 언더컷 홈은 U홈과 V홈의 중간적 특성을 갖는다.

[해설] 언더컷 (under cut) 홈의 중심각이 작으면 트랙션 (traction) 능력이 작다.

[참고] 주 시브 (main sheaved)에 대한 형상은 언더컷 홈, U홈, V홈이 있으며 α값이 클수록 마찰계수와 홈 압력이 커진다.

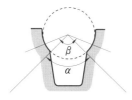

언더컷 홈

3. 카와 균형추에 대한 로프거는 방법으로 2 : 1 로핑 방식을 사용하는 경우 그 목적으로 가장 적절한 것은?

① 로프의 수명을 연장하기 위하여
② 속도를 줄이거나 적재하중을 증가시키기 위하여
③ 로프를 교체하기 쉽도록 하기 위하여
④ 무부하로 운전할 때를 대비하기 위하여

[해설] 로핑 (roping) : 본문 표 1-8 참조

1 : 1 로핑 방식에 비하여, 2 : 1 로핑 방식은
㉠ 속도가 늦어진다.
㉡ 로프 장력은 $\frac{1}{2}$ 이 된다(적재하중을 증가시킴).
㉢ 로프의 총길이가 길게 되고 수명이 짧아진다.

4. 와이어로프 클립(wire rope clip)의 체결 방법으로 가장 적합한 것은?

①
②
③
④

[해설] 와이어로프의 클립 (clip) 체결
㉠ 클립 체결은 절단면 쪽→고리 쪽→중간 부분 순으로 하며, 클립 사이는 로프 지름의 5배가 되도록 한다.
㉡ 클립 체결 수는 3개 이상으로 하며, 클립의 U-볼트 머리부분이 절단된 로프 쪽에 있도록 체결한다.

[참고] 본문 그림 1-9 참조

5. 로프식 (전기식) 엘리베이터에서 카에 여러 개의 추락방지 안전장치가 설치된 경우의 추락방지 안전장치는?

① 평시 작동형　　② 즉시 작동형

정답 1. ②　2. ③　3. ②　4. ②　5. ③

③ 점차 작동형   ④ 순간 작동형

[해설] ㉠ 카(car)의 추락방지 안전장치는 정격속도가 1 m/s를 초과하는 경우 점차 작동형이어야 한다.
㉡ 카(car)에 여러 개의 추락방지 안전장치가 설치된 경우에는 모두 점차 작동형이어야 한다.

[참고] 정격속도가 1 m/s를 초과하지 않은 경우 : 완충 효과가 있는 즉시 작동형

6. FGC (flexible guide clamp)형 추락방지 안전장치의 장점은?

① 베어링을 사용하기 때문에 접촉이 확실하다.
② 구조가 간단하고 복구가 용이하다.
③ 레일을 죄는 힘이 초기에는 약하나, 하강함에 따라 강해진다.
④ 평균 감속도를 0.5 g으로 제한한다.

[해설] 플렉시블 가이드 클램프 (F.G.C : flexible guide clamp)형
㉠ 레일을 죄는 힘이 동작에서 정지까지 일정하다.
㉡ 구조가 간단하고 설치 면적이 작으며 복구가 용이하다.

7. 고속의 엘리베이터에 이용되는 경우가 많은 과속조절기(governor)는?

① 롤 세이프티형   ② 디스크형
③ 플렉시블형   ④ 플라이 볼형

[참고] 과속조절기(governor)의 종류
㉠ 롤 세이프티형 GR (roll safety type) : 저속도용
㉡ 디스크형 GD (disk type) : 중속도용
㉢ 플라이 볼형 GF (fly ball type) : 고속도용

8. 플라이 볼형 과속조절기의 구성 요소에 해당되지 않는 것은?

① 플라이 웨이트   ② 로프캐치
③ 플라이 볼   ④ 베벨기어

[해설] 플라이 볼형 과속조절기의 구성 요소 : 본문 그림 1-15 참조

[참고] 플라이 웨이트는 본문 그림 1-14 디스크추형의 진자 (추)이다.

9. 롤 세이프티형 과속조절기의 점검방법에 대한 설명으로 틀린 것은?

① 각 지점부의 부착상태, 급유상태 및 조정 스프링에 약화 등이 없는지 확인한다.
② 과속조절기 스위치를 끊어 놓고 안전회로가 차단됨을 확인한다.
③ 카 위에 타고 점검운전을 하면서 과속조절기 로프의 마모 및 파단상태를 확인하지만, 로프 텐션의 상태는 확인할 필요가 없다.
④ 시브 홈의 마모상태를 확인한다.

[해설] 롤 세이프티(roll safety)형의 점검방법 : 카 위에 타고 점검운전으로 승강로 안을 1회 왕복하여 과속조절기 로프의 발청, 마모 및 파단 등이 없는지 확인한다. 또 로프 텐션의 상태도 아울러 확인해야 한다.

10. 엘리베이터의 문닫힘 안전장치 중에서 카 도어의 끝단에 설치하여 이물체가 접촉되면 도어의 닫힘이 중지되는 안전장치는?

① 광전장치   ② 초음파장치
③ 세이프티 슈   ④ 가이드 슈

[해설] 문닫힘 안전장치
㉠ 세이프티 슈 (safety shoe) : 물체의 접촉에 의한 접촉식
㉡ 세이프티 레이(safety ray) : 광전장치에 의해서 검출
㉢ 초음파 장치 : 초음파의 감지 각도의 조절에 의한 검출

[참고] 카 (car)문이나 승강장문 또는 양쪽 문에 설치되어야 한다.

11. 전동기의 회전을 감속시키고 암이나 로프 등을 구동시켜 승강기 문을 개폐시키는 장치는?

① 도어 인터로크   ② 도어 머신

③ 도어 스위치   ④ 도어 클로저

해설 도어 머신(door machine)

  ㉠ 모터의 회전을 감속하고 암이나 로프 등을 구동시켜 도어를 개폐시키는 것이다.

  ㉡ 감속장치로서 일찍이 웜 감속기가 주류를 이루고 있었지만, 최근에는 벨트나 체인에 의해 감속하는 것이 늘고 있다.

12. 기계실에 설치할 설비가 아닌 것은 어느 것인가?

① 완충기   ② 권상기

③ 과속조절기   ④ 제어반

해설 기계실에 설치되는 설비 : 권상기, 전동기, 과속조절기, 제어반, 제동기 등

참고 완충기는 승강로 하부 피트(pit)에 설치된다.

13. 기계실이 있는 엘리베이터의 승강로 내에 설치되지 않는 것은?

① 균형추   ② 완충기

③ 이동 케이블   ④ 과속조절기

해설 과속조절기는 기계실에 설치된다.

14. 가변전압 가변주파수 제어방식과 관계가 없는 것은?

① PAM   ② VVVF

③ 인버터   ④ MG세트

해설 VVVF(variable voltage variable frequency : 가변전압 가변주파수) 제어의 특징

  ㉠ 인버터(inverter) 제어라고도 불리며, 엘리베이터용 3상 유도전동기의 속도 제어 방식의 하나이다.

  ㉡ PWM(pulse width modulation) 펄스폭 변조 방식으로 정현파에 근접된 교류 전압, 주파수를 얻는다.

참고 MG(전동기-발전기) 세트

15. 유압식 엘리베이터의 속도제어에서 주회로에 유량제어밸브를 삽입하여 유량을 직접 제어하는 회로는?

① 미터 오프 회로

② 미터 인 회로

③ 블리드 오프 회로

④ 블리드 인 회로

해설 유량제어 밸브에 의한 속도제어

  (1) 미터 인(meter in) 회로

    ㉮ 유량제어 밸브를 주회로에 삽입하여 유량을 직접 제어하는 회로

    ㉯ 비교적 정확한 속도제어가 가능하고 효율이 나쁘다.

  (2) 블리드 오프(bleed-off) 회로

    ㉮ 유량제어 밸브를 주회로에서 분기된 바이패스(bypass) 회로에 삽입한 회로

    ㉯ 정확한 속도제어가 어렵지만 효율이 좋다.

16. 유압회로의 구성 요소 중 역류 제지 밸브(check valve)의 설명으로 올바른 것은 어느 것인가?

① 압력맥동이 적고 소음과 진동이 적은 스크루 펌프가 많이 사용된다.

② 회로의 압력이 상용압력의 125 % 이상 높아지면 바이패스 회로를 열어 압력상승을 방지한다.

③ 탱크로 되돌려지는 유량을 제어하여 플런저의 상승 속도를 간접적으로 처리하는 밸브이다.

④ 한쪽 방향으로만 기름이 흐르도록 하는 밸브로서 기름이 역류하여 카가 낙하하는 것을 방지한다.

해설 역류 제지 밸브

ⓐ 기능 : 한쪽 방향으로만 기름이 흐르도록 하는 밸브로서 상승 방향에는 흐르지만 역방향으로 흐르지 않는다.

ⓑ 역할 : 정전이나 그 이외의 원인으로는 펌프의 토출압력이 떨어져서 실린더의 기름이 역류하여 카가 자유낙하하는 것을 방지한다.

ⓒ 로프식 엘리베이터의 전자 브레이크와 유사하다.

17. 일종의 압력조정 밸브로 회로의 압력이 상용압력의 125 % 이상 높아지게 되면 바이패스 회로를 여는 밸브는?

① 사일런서　　② 스톱 밸브
③ 안전 밸브　　④ 체크 밸브

해설 안전 밸브

ⓐ 일종의 압력조정 밸브인데, 회로의 압력이 설정값에 도달하면, 밸브를 열어 오일을 탱크로 돌려보냄으로써 압력이 과도하게 상승하는 것을 방지한다.

ⓑ 상용압력의 125 % 이내에서 작동

참고 전기식 엘리베이터의 과부하 방지장치와 같은 역할이다.

18. 일반적인 에스컬레이터 경사도는 몇 도 (°)를 초과하지 않아야 하는가?

① 25°　② 30°　③ 35°　④ 40°

해설 에스컬레이터의 경사도 : 경사도는 30°를 초과하지 않아야 한다. 다만 높이가 6 m 이하이고 공칭 속도가 0.5 m/s 이하인 경우에는 35°까지 증가시킬 수 있다.

19. 유압 엘리베이터의 전동기는?

① 상승 시에만 구동된다.
② 하강 시에만 구동된다.
③ 상승 시와 하강 시 모두 구동된다.
④ 부하의 조건에 따라 상승 시 또는 하강 시에 구동된다.

해설 유압 엘리베이터(hydraulic elevator)의 원리

ⓐ 유압 펌프를 기동하여 압력을 가한 작동유를 실린더에 보내면 "파스칼의 원리에 의하여" 플런저(plunger)를 작동시켜 카를 상승시키고 밸브를 조작하여 하강시키는 것이다.

ⓑ 유압 펌프의 원동력은 전동기이며, 상승 시에만 구동되고 하강 시에는 구동되지 않는다.

20. 에스컬레이터 구동기의 공칭속도는 몇 %를 초과하지 않아야 하는가?

① ±1　② ±3　③ ±5　④ ±8

해설 에스컬레이터의 구동기 : 공칭속도는 공칭주파수 및 공칭전압에서 ±5 %를 초과하지 않아야 한다.

21. 다음 중 에스컬레이터 디딤판 체인 및 구동 체인의 안전율로 알맞은 것은?

① 10 이상　　② 8 이상
③ 7 이상　　④ 5 이상

해설 에스컬레이터 안전율

ⓐ 트러스 (truss) 및 빔 : 5 이상
ⓑ 디딤판 체인 및 구동 체인 : 10 이상
ⓒ 모든 구동 부분 : 5 이상

22. 에스컬레이터의 손잡이에 관한 설명 중 틀린 것은?

① 손잡이는 디딤판과 속도가 일치해야 하며 역방향으로 승강하여야 한다.
② 정상운행 동안 손잡이가 손잡이 가이드로부터 이탈되지 않아야 한다.
③ 손잡이 인입구에 적절한 보호장치가 설치되어 있어야 한다.
④ 손잡이 인입구에 이물질 및 어린이의 손이 끼이지 않도록 안전 스위치가 있어야 한다.

정답 **17.** ③　**18.** ②　**19.** ①　**20.** ③　**21.** ①　**22.** ①

해설 에스컬레이터(escalator)의 손잡이(hand rail) : 손잡이의 속도편차는 0~+2 % 정도로 디딤판과 속도가 일치해야 하며, 동일방향으로 승강하여야 한다.

23. 에스컬레이터 또는 무빙워크(수평보행기)에 모두 설치해야 하는 것이 아닌 것은?

① 제동기
② 스커트 가드 안전장치
③ 디딤판 체인 안전장치
④ 구동 체인 안전장치

해설 스커트 가드(skirt guard) 안전장치
㉠ 에스컬레이터의 안전장치의 하나로 디딤판과 스커트 가드 사이에 이물질이 들어갔을 때 동작을 정지시킨다.
㉡ 구조상 디딤판과 스커트 가드 사이에 끼는 사고가 거의 없는 무빙워크에는 불필요하다.

24. 에스컬레이터의 안전장치에 관한 설명으로 틀린 것은?

① 승강장에서 디딤판의 승강을 정지시키는 것이 가능한 장치이다.
② 사람이나 물건이 손잡이 인입구에 꼈을 때 디딤판의 승강을 자동적으로 정지시키는 장치이다.
③ 상하 승강장에서 디딤판과 콤플레이트 사이에 사람이나 물건이 끼이지 않도록 하는 장치이다.
④ 디딤판 체인이 절단되었을 때 디딤판의 승강을 수동으로 정지시키는 장치이다.

해설 에스컬레이터(escalator)의 디딤(디딤판) 체인 안전장치(T.C.S)
㉠ 디딤체인이 절단되거나 심하게 늘어나면 디딤판과 디딤판의 사이에 틈이 생기고, 심한 경우에는(절단의 경우) 디딤판

수개분의 공간이 생길 염려가 있으므로 인장장치의 후방 움직임을 감지하여 자동으로 구동기 모터의 전원을 차단하고 기계 브레이크를 작동시킨다.
㉡ 복귀방식은 수동복귀형이다.

25. 사람이 출입할 수 없도록 정격하중이 300 kg 이하이고 정격속도가 1 m/s인 승강기는?

① 소형화물용 엘리베이터
② 소방구조용 엘리베이터
③ 승객 · 화물용 엘리베이터
④ 수직형 휠체어 리프트

해설 소형화물용 엘리베이터(dumbwaiter) : 사람이 탑승하지 않는 화물용 승강기로 정격하중 300 kg 이하이고, 정격속도 1 m/s 이하인 소형화물(음식물, 서적 등)에 적용된다.

26. 승강로의 점검문과 비상문에 관한 내용으로 틀린 것은?

① 이용자의 안전과 유지보수 이외에는 사용하지 않는다.
② 비상문은 폭 0.5 m 이상, 높이 1.8 m 이상이어야 한다.
③ 점검문 및 비상문은 승강로 내부로 열려야 한다.
④ 트랩방식의 점검문일 경우는 폭 0.5 m 이하, 높이 0.5 m 이하이어야 한다.

해설 열쇠로 조작되는 잠금장치가 있어야 하며, 내부로 열리지 않아야 한다.

27. 피트 바닥과 카의 가장 낮은 부품 사이의 수직거리는 몇 m 이상이어야 하는가?

① 2.0 ② 1.5 ③ 0.5 ④ 1.0

해설 카(car)가 완전히 압축된 완충기 위에

있을 때 피트(pit) 바닥과 카의 가장 낮은 부품 사이의 수직거리는 0.5 m 이상일 것

[참고] 피트에 고정된 가장 높은 부품과는 수직거리 0.3 m 이상일 것

28. 승강장문의 유효 출입구 폭은 카 출입구의 폭 이상으로 하되, 양쪽 측면 모두 카 출입구 측면의 폭보다 몇 mm를 초과하지 않아야 하는가?

① 50   ② 60   ③ 70   ④ 80

[해설] 승강장문 : 카(car) 출입구 측면의 폭보다 50 mm를 초과하지 않아야 한다.

[참고] 유효 출입구 높이는 2 m 이상일 것

29. 전기식 엘리베이터에서 현수로프 안전율은 몇 이상이어야 하는가?

① 8   ② 9   ③ 11   ④ 12

[해설] 전기식 엘리베이터의 안전율은 어떠한 경우라도 12 이상이어야 한다.

30. 엘리베이터가 최종 단층을 통과하였을 때 엘리베이터를 정지시키며 상승, 하강 양방향 모두 운행이 불가능하게 하는 안전장치는?

① 슬로다운 스위치
② 파킹 스위치
③ 피트 정지 스위치
④ 파이널 리밋 스위치

[해설] 파이널 리밋 스위치(final limit switch)의 기능
  ㉠ 상승, 하강 리밋 스위치가 작동하지 않았을 경우 사용된다.
  ㉡ 카(car)가 종단층 통과 후 전원을 엘리베이터 전동기 및 브레이크로부터 자동 차단시킨다.
  ㉢ 완충기에 충돌 전 작동-압축된 완충기에 얹히기까지 계속 작동한다.

31. 정전 시 카 내 예비 조명장치에 관한 설명으로 틀린 것은?

① 조도는 5 lx 이상이어야 한다.
② 조도는 램프 중심부에서 1 m 지점의 수직면상의 조도이다.
③ 정전 후 60초 이내에 점등되어야 한다.
④ 1시간 동안 전원이 공급되어야 한다.

[해설] 카에는 자동으로 재충전되는 비상전원 공급장치에 의해 5 lx 이상의 조도로 1시간 동안 전원이 공급되는 비상등이 있어야 한다.

32. 카 내에서 행하는 검사에 해당되지 않는 것은?

① 카 시브의 안전상태
② 카 내의 조명상태
③ 비상 통화장치
④ 운전반 버튼의 동작상태

[해설] 카(car) 시브의 안전상태는 카 위에서 하는 검사에 해당된다.

33. 시험전압(직류) 250 V 전기설비의 절연저항은 몇 M Ω 이상이어야 하는가?

① 0.15   ② 0.25   ③ 0.5   ④ 1

[해설] 저압전로의 절연성능 (KEC 132)

전로의 사용전압	DC 시험전압 (V)	절연저항 (MΩ)
SELV 및 PELV	250	0.5 이상
PELV, 500V 이하	500	1.0 이상
500V 초과	1000	1.0 이상

㈜ ELV (Extra-Low Voltage) : 특별저압 (교류 : 50V 이하, 직류 : 150V 이하)
  1. SELV (Safety Extra-Low Voltage) : 비접지회로
  2. PELV (Protective Extra-Low Voltage) : 접지회로

정답 28. ①   29. ④   30. ④   31. ③   32. ①   33. ③

34. 카 상부에 탑승하여 작업할 때 지켜야 할 사항으로 옳지 않은 것은?

① 정전 스위치를 차단한다.
② 카 상부에 탑승하기 전 작업등을 점등한다.
③ 탑승 후에는 외부 문부터 닫는다.
④ 자동 스위치를 점검 쪽으로 전환한 후 작업한다.

[해설] 카 (car) 상부 안전 스위치 : 엘리베이터의 카 상부에는 이상 검출 스위치로 세이프티 링크 리밋 스위치, 구출구 리밋 스위치, 테이프 리밋 스위치 및 슬로 다운 캠 스위치 등이 있다.

35. 승강기용 제어반에 사용되는 릴레이의 교체 기준으로 부적합한 것은?

① 릴레이 접점 표면에 부식이 심한 경우
② 릴레이 접점이 마모, 전이 및 열화된 경우
③ 채터링이 발생된 경우
④ 리밋 스위치 레버가 심하게 손상된 경우

[해설] 릴레이의 교체 기준
㉠ 접점 표면에 부식이 심한 경우
㉡ 접점이 마모, 전이 및 열화의 경우
㉢ 채터링 (chattering)이 발생될 경우
[참고] 채터링 : 릴레이(계전기)의 접점이 개폐될 때 접점 부분의 진동으로 인해 단속 상태가 반복되는 일

36. 끝이 고정된 와이어로프 한쪽을 당길 때 와이어로프에 작용하는 하중은?

① 인장하중　　② 압축하중
③ 반복하중　　④ 충격하중

[해설] ① 인장하중 (tensile load) : 재료의 축 방향으로 늘어나게 하려는 하중
② 압축하중 (compressive load) : 재료를 짓누르는 하중

37. 기계실에서 승강기를 보수하거나 검사 시의 안전수칙에 어긋나는 것은?

① 전기장치를 검사할 경우는 모든 전원 스위치를 ON시키고 검사한다.
② 규정 복장을 착용하고 소매 끝이 회전 물체에 말려 들어가지 않도록 주의한다.
③ 가동 부분은 필요한 경우를 제외하고는 움직이지 않도록 한다.
④ 브레이크 라이너를 점검할 경우는 전원스위치를 OFF시킨 상태에서 점검하도록 한다.

[해설] 전기장치를 검사할 경우는 모든 전원 스위치를 OFF시키고 검사한다.

38. 소방구조용 엘리베이터에 사용되는 권상기의 도르래 교체 기준으로 부적합한 것은?

① 도르래에 균열이 발생한 경우
② 제조사가 권장하는 크리프양을 초과하지 않은 경우
③ 도르래 홈의 마모로 인해 슬립이 발생한 경우
④ 도르래 홈에 로프 자국이 심한 경우

[해설] 제조사가 권장하는 크리프 (creep)양을 초과하지 않아도 ①, ③, ④ 경우에는 교체하여야 한다.
[참고] 재료에 하중이 오랫동안 작용하면 시간이 지남에 따라 변형이 커진다. 이러한 현상을 크리프 (creep)라 한다.

39. 승강기의 안전점검 시 체크 사항과 가장 거리가 먼 것은?

① 각종 안전장치가 유효하게 작동될 수 있도록 조정되어 있는지의 여부
② 정격 용량을 초과한 과부하의 적재 여부

③ 소비 전력량의 정도

④ 승강기 운전 및 사용법 숙지 여부

해설 소비 전력량의 정도는 안전점검 체크 사항과는 거리가 멀다.

40. 응력을 옳게 표현한 것은?

① 단위길이에 대한 늘어남

② 단위체적에 대한 질량

③ 단위면적에 대한 변형률

④ 단위면적에 대한 힘

해설 응력(stress)

㉠ 물체에 외력이 가해졌을 때 그 물체 속에 생기는 저항력을 응력이라 한다.

㉡ 응력은 단위면적에 대한 힘(하중)으로 표현된다.

41. 하중의 시간 변화에 따른 분류가 아닌 것은?

① 충격하중   ② 반복하중

③ 전단하중   ④ 교번하중

해설 하중의 시간 변화에 따른 분류

㉠ 반복하중   ㉡ 교번하중

㉢ 충격하중   ㉣ 이동하중

참고 전단하중은 하중의 작용 상태에 의한 분류에 속한다.

42. 전류 I[A]와 전하 Q[C] 및 시간 t [초]와의 상관관계를 나타낸 식은?

① $I = \dfrac{Q}{t}$ [A]   ② $I = \dfrac{t}{Q}$ [A]

③ $I = \dfrac{Q^2}{t}$ [A]   ④ $I = \dfrac{Q}{t^2}$ [A]

해설 전류(electrical current) : 어떤 도체의 단면을 1 s 동안에 통과하는 전하량으로 전류의 크기를 나타낸다.

• $I = \dfrac{Q}{t}$ [A] : t [s] 동안에 Q [C]의 전하가 이동

43. 기어, 풀리, 플라이휠을 고정시켜 회전력을 전달시키는 기계요소는?

① 키   ② 와셔

③ 베어링   ④ 클러치

해설 키(key) : 기어, 풀리, 플라이휠을 고정시켜 회전력을 전달시키는 기계요소, 즉 회전체를 축에 끼우는 것으로 강 또는 합금강으로 만든다.

참고 베어링(bearing) : 회전축의 마찰저항을 적게 하며, 축에 작용하는 하중을 지지하는 기계요소

44. 다음 중 직류전압의 측정범위를 확대하여 측정할 수 있는 계기는?

① 변압기   ② 배율기

③ 분류기   ④ 변류기

해설 배율기(multiplier) : R_m

㉠ 배율기는 전압계의 측정범위를 넓히기 위한 목적으로, 전압계에 직렬로 접속하는 일종의 저항기이다.

㉡ 배율기의 배율 $m = 1 + \dfrac{R_m}{R_v}$

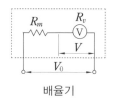

배율기

45. 푸아송비에 대한 설명으로 옳은 것은 무엇인가?

① 세로변형률을 가로변형률로 나눈 값

② 가로변형률을 세로변형률로 나눈 값

③ 세로변형률과 가로변형률을 곱한 값

④ 세로변형률과 가로변형률을 더한 값

해설 푸아송의 비(Poisson's ratio) : 재료에 압축하중과 인장하중이 작용할 때 생기는 세로변형률 ε과 가로변형률 ε' 관계는 탄성

정답 **40.** ④ **41.** ③ **42.** ① **43.** ① **44.** ② **45.** ②

한도 이내에서는 일정한 비의 값을 가진다.

$$\nu = \frac{\text{가로변형률}}{\text{세로변형률}} = \left| \frac{\varepsilon'}{\varepsilon} \right|$$

46. 전기력선의 성질 중 옳지 않은 것은 어느 것인가?

① 양전하에서 시작하여 음전하에서 끝난다.

② 전기력선의 접선방향이 전장의 방향이다.

③ 전기력선은 등전위면과 직교한다.

④ 두 전기력선은 서로 교차한다.

해설 두 전기력선은 서로 교차하지 않는다.

47. 자기인덕턴스 L [H]의 코일에 전류 I [A]를 흘렸을 때 여기에 축적되는 에너지 W [J]를 나타내는 공식으로 옳은 것은?

① $W = LI^2$

② $W = \frac{1}{2}LI^2$

③ $W = L^2 I$

④ $W = \frac{1}{2}L^2 I$

해설 전자에너지–자기인덕턴스에 축적되는

에너지 : $W = \frac{1}{2}LI^2$ [J]

48. 자극수 4, 전기자 도체수 400, 각 자극의 유효자속수 0.01 Wb, 회전수 600 rpm인 직류발전기가 있다. 전기자 권수가 파권인 경우 유기기전력(V)은?

① 40   ② 70   ③ 80   ④ 100

해설 $E = P\phi \dfrac{N}{60} \cdot \dfrac{Z}{a}$

$= 4 \times 0.01 \times \dfrac{600}{60} \times \dfrac{400}{2} = 80$ V

49. 크레인, 엘리베이터, 공작기계, 공기압축기 등의 운전에 가장 적합한 전동기는?

① 직권 전동기   ② 분권 전동기

③ 차동복권 전동기 ④ 가동복권 전동기

해설 직류발전기의 종류와 용도

• 타여자 : 압연기, 대형의 권상기 및 크레인

• 분권 : 직류 전원이 있는 선박의 펌프, 환기용 송풍기

• 직권 : 전차, 권상기 크레인과 같이 가동횟수가 빈번하고 토크의 변동도 심한 부하

• 가동복권 : 크레인, 엘리베이터, 공작기계, 공기압축기

참고 차동복권은 단점이 있어 거의 사용되지 않음

50. 다음 중 3상 유도전동기의 회전방향을 바꾸는 방법은?

① 두 선의 접속 변환

② 기상보상기 이용

③ 전원의 주파수 변환

④ 전원의 극수 변환

해설 3상 유도전동기의 회전방향

㉠ 회전방향 : 부하가 연결되어 있는 반대쪽에서 보아 시계방향을 표준으로 하고 있다.

㉡ 회전방향을 바꾸는 방법 : 회전 자장의 회전방향을 바꾸면 되므로 전원에 접속된 3개의 결선 중에서 임의의 2개를 바꾸어 접속하면 된다.

51. 다음과 같은 그림기호는?

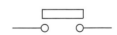

① 플로트레스 스위치

② 리밋 스위치

③ 텀블러 스위치

정답   46. ④   47. ②   48. ③   49. ④   50. ①   51. ②

④ 누름버튼 스위치

해설 리밋 스위치(limit switch) : 물체의 힘에
의하여 동작편이 눌려서 접점이 개폐한다.

㉠ 기계적 a접점 :

㉡ 기계적 b접점 :

52. 다음 그림과 같은 시퀀스도와 같은 논
리회로의 기호는? (단, A와 B는 입력, X는
출력이다.)

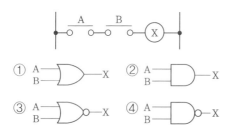

① A B —X   ② A B —X

③ A B —X   ④ A B —X

해설 OR 회로와 AND 회로의 비교

(1) OR(논리합)

(개) 기호   (내) 논리식

A B —X $X = A + B$

(대) 유접점 표시   (래) 타임 차트

        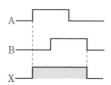

(2) AND(논리곱)

(개) 기호   (내) 논리식

A B —X $X = AB$

(대) 유접점 표시   (래) 타임 차트

        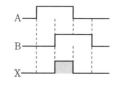

53. 엘리베이터의 소유자나 안전(운행)관
리자에 대한 교육내용이 아닌 것은?

① 엘리베이터에 관한 일반지식
② 엘리베이터에 관한 법령 등의 지식
③ 엘리베이터의 운행 및 취급에 관한
지식
④ 엘리베이터의 구입 및 가격에 관한
지식

해설 교육 내용에 "구입 및 가격에 관한 지식"
은 해당되지 않는다.

54. 승강기 보수의 자체점검 시 취해야 할
안전조치 사항이 아닌 것은?

① 보수작업 소요시간 표시
② 보수 계약 기간 표시
③ 보수 중이라는 사용금지 표시
④ 작업자명과 연락처의 전화번호

55. 작업 시 이상 상태를 발견할 경우 처
리절차가 옳은 것은?

① 작업 중단 → 관리자에 통보 → 이상
상태 제거 → 재발방지 대책 수립
② 관리자에 통보 → 작업 중단 → 이상
상태 제거 → 재발방지 대책 수립
③ 작업 중단 → 이상 상태 제거 → 관리
자에 통보 → 재발방지 대책 수립
④ 관리자에 통보 → 이상 상태 제거 →
작업 중단 → 재발방지 대책 수립

56. 재해 발생의 원인 중 가장 높은 빈도
를 차지하는 것은?

① 열량의 과잉 억제
② 설비의 배치 착오
③ 과부하
④ 작업자의 작업 행동 부주의

57. 사고원인이 잘못 설명된 것은?

① 인적 원인 : 불안전한 행동

② 물적 원인 : 불안전한 상태

③ 교육적인 원인 : 안전지식 부족

④ 간접 원인 : 고의에 의한 사고

해설 산업재해의 원인 분류

㉠ 직접 원인 : 물적 원인, 인적 원인

㉡ 간접 원인 : 기술적 원인, 교육적 원인, 신체적 원인, 정신적 원인, 관리적 원인

참고 ① 인적 원인 : 사람의 불안전한 행동·상태

② 물적 원인 : 불량한 기계설비와 불안전한 환경

58. 기계설비의 위험방지를 위해 보전성을 개선하기 위한 사항과 거리가 먼 것은?

① 안전사고 예방을 위해 주기적인 점검을 해야 한다.

② 고가의 부품인 경우는 고장발생 직후에 교환한다.

③ 가동률을 높이고 신뢰성을 향상시키기 위해 안전 모니터링 시스템을 도입하는 것은 바람직하다.

④ 보전용 통로나 작업장의 안전 확보는 필요하다.

59. 다음 중 전기재해에 해당되는 것은 무엇인가?

① 동상

② 협착

③ 전도

④ 감전

해설 전기재해 – 감전

㉠ 인체에 전기에너지가 직접 가하여지는 것, 즉 인체의 일부 또는 전체에 감전전류가 흐르는 것

㉡ 인체에 감전전류가 흐르게 되면 인체는 생리적 현상으로 충격을 받게 된다.

60. 감전에 영향을 주는 1차적 감전 요소가 아닌 것은?

① 통전시간

② 통전전류의 크기

③ 인체의 조건

④ 전원의 종류

해설 감전 시 위험도에 영향을 주는 사항

① 통전전류의 크기

② 통전시간

③ 통전경로

④ 전원의 종류

2015년도 시행 문제

▶ **2015년 1월 25일 시행** 승강기 기능사

1. 사람이 탑승하지 않으면서 적재용량 300 kg 이하의 소형화물 운반에 적합하게 제작된 엘리베이터는?

① 소형화물용 엘리베이터

② 화물용 엘리베이터

③ 소방구조용 엘리베이터

④ 승객용 엘리베이터

해설 소형화물용 엘리베이터(dumbwaiter) : 정격하중이 300 kg 이하이고, 정격속도가 1 m/s 이하인 엘리베이터이다.

2. 엘리베이터에서 와이어로프를 사용하여 카의 상승과 하강을 전동기를 이용한 동력장치는?

① 권상기   ② 과속조절기

③ 완충기   ④ 제어반

해설 권상기(traction machine)

㉠ 권상기는 엘리베이터에서 가장 중요한 장치 중의 하나로 와이어로프를 사용하여 카를 움직이는 역할을 한다.

㉡ 동력은 공급전원에 의해 회전력을 발생하는 전동기에 의하여 얻어진다.

3. 엘리베이터 전동기에 요구되는 특성으로 옳지 않은 것은?

① 충분한 제동력을 가져야 한다.

② 운전 상태가 정숙하고 고진동이어야 한다.

③ 카의 정격속도를 만족하는 회전특성

을 가져야 한다.

④ 높은 기동 빈도에 의한 발열에 대응하여야 한다.

해설 운전 상태가 정숙하고 저진동 또는 진동이 없어야 한다.

4. 승강기에 사용되는 전동기의 소요 동력을 결정하는 요소가 아닌 것은?

① 정격적재하중   ② 정격속도

③ 종합효율   ④ 건물길이

해설 $P = \dfrac{MVS}{6120\eta}[\text{kW}]$

여기서, M : 정격적재량(kg)

V : 정격속도

$S : 1-A(A$: 오버밸런스율)

η : 종합효율

5. 와이어로프의 꼬는 방법 중 보통꼬임에 해당하는 것은?

① 스트랜드의 꼬는 방향과 로프의 꼬는 방향이 반대인 것

② 스트랜드의 꼬는 방향과 로프의 꼬는 방향이 같은 것

③ 스트랜드의 꼬는 방향과 로프의 꼬는 방향이 일정 구간 같았다가 반대이었다가 하는 것

④ 스트랜드의 꼬는 방향과 로프의 꼬는 방향이 전체 길이의 반은 같고 반은 반대인 것

정답   1. ①   2. ①   3. ②   4. ④   5. ①

해설 보통꼬임은 스트랜드의 꼬임과 소선의 꼬임 방향이 반대인 방식이며, 랭꼬임은 동일한 것이다.

6. 다음 중 승강기 제동기의 구조에 해당되지 않는 것은?

① 브레이크 슈   ② 라이닝
③ 코일   ④ 워터 슈트

해설 제동기(brake) 구조 (본문 그림 1-3 참조)
  ㉠ 전동기 축과 연결된 브레이크 드럼
  ㉡ 드럼을 감싸고 있는 브레이크 라이닝
  ㉢ 라이닝을 고정하는 브레이크 슈
  ㉣ 플런저를 움직이는 전자 코일
  ㉤ 브레이크 레버, 스프링, 로드, 플런저

7. 승강기의 트랙션비를 설명한 것 중 옳지 않은 것은?

① 카측 로프가 매달고 있는 중량과 균형추측 로프가 매달고 있는 중량의 비율
② 트랙션비를 낮게 선택해도 로프의 수명과는 전혀 관계가 없다.
③ 카측과 균형추측에 매달리는 중량의 차를 적게 하면 권상기의 전동기 출력을 적게 할 수 있다.
④ 트랙션비는 1.0 이상의 값이 된다.

해설 트랙션 (traction)비
  ㉠ 카(car)측 로프가 매달고 있는 중량과 균형추측 로프가 매달고 있는 중량의 비율이며 1.0 이상의 값을 갖는다.
  ㉡ 이 값을 낮게 선택함에 따라 마찰력이 작아도 되므로 로프를 손상시키지 않아 수명이 길게 된다.

8. 엘리베이터의 권상기 시브 직경이 500 mm이고 주 와이어로프 직경이 12 mm이며, 1 : 1 로핑방식을 사용하고 있다면 권상기 시브의 회전속도가 1분당 약 56회일 경우 엘리베이터 운행속도는 약 몇 m/min 가 되겠는가?

① 45   ② 60   ③ 90   ④ 120

해설 운행속도 v
  = (시브의 직경 + 로프의 직경) × π × 회전수
  = (0.5 + 0.012) × 3.14 × 56 ≒ 90 m/min

9. T형 레일의 13 K 레일 높이는 몇 mm 인가?

① 35   ② 40   ③ 56   ④ 62

해설 T형 레일의 치수 (본문 그림 1-10 참조)

호칭	8 K	13 K	18 K	24 K	30 K
높이 (mm)	56	62	89	89	108

10. 엘리베이터의 주행 안내 레일에 대한 치수를 결정할 때 유의해야 할 사항이 아닌 것은 어느 것인가?

① 안전장치가 작동할 때 레일에 걸리는 좌굴하중을 고려한다.
② 수평진동에 의한 레일의 휘어짐을 고려한다.
③ 케이지에 회전모멘트가 걸렸을 때 레일이 지지할 수 있는지 여부를 고려한다.
④ 레일에 이물질이 끼었을 때 배출을 고려한다.

해설 주행 안내 레일의 규격 결정 시 유의사항에는 ①, ②, ③의 3가지 요소가 있으며, 이물질이 끼었을 때 배출은 고려하지 않는다.

참고 좌굴 : 축방향의 압축하중을 받는 긴 기둥에서는 재료의 비례한도 이하의 하중에서도 기둥이 굴곡을 일으킨다. 이 현상을 좌굴이라 한다.

11. 전기(로프)식 엘리베이터의 안전장치와 거리가 먼 것은?

① 추락방지 안전장치
② 과속조절기

정답 6. ④ 7. ② 8. ③ 9. ④ 10. ④ 11. ④

③ 도어 인터로크

④ 스커트 가드

해설 스커트 가드(skirt guard)는 에스컬레이터에 속한다.

12. 전기식 엘리베이터에서 카 추락방지 안전장치의 작동을 위한 과속조절기는 정격속도 몇 % 이상의 속도에서 작동되어야 하는가?

① 220   ② 200

③ 115   ④ 100

해설 카(car) 비상장치의 작동을 위한 과속조절기는 정격속도의 115 % 이상 속도에서 작동되어야 한다.

13. 전기식 엘리베이터의 카 내 환기시설에 관한 내용 중 틀린 것은?

① 구멍이 없는 문이 설치된 카에는 카의 위·아랫부분에 환기구를 설치한다.

② 구멍이 없는 문이 설치된 카에는 반드시 카의 윗부분에만 환기구를 설치한다.

③ 카의 윗부분에 위치한 자연 환기구의 유효면적은 카의 허용면적의 1 % 이상이어야 한다.

④ 카의 아랫부분에 위치한 자연 환기구의 유효면적은 카의 허용면적의 1 % 이상이어야 한다.

해설 구멍이 없는 문이 설치된 카에는 카의 위·아랫부분에 환기구를 설치할 것

14. 승객용 엘리베이터에서 일반적으로 균형 체인 대신 균형 로프를 사용하는 정격속도의 범위는?

① 120 m/min 이상

② 120 m/min 미만

③ 150 m/min 이상

④ 150 m/min 미만

해설 균형 체인은 일반적으로 중속(105 m/min) 이하에 적용되고, 이를 초과하는 고속(120 m/min) 이상일 때 균형 로프가 적용된다.

15. 다음 중 승강기 도어 시스템과 관계없는 부품은?

① 브레이스 로드   ② 연동 로프

③ 캠   ④ 행거

해설 ㉠ 도어 시스템 관련 부품(본문 그림 1-20 참조)
㉡ 브레이스 로드(brace road)는 카(car) 틀에 관련된 부품이다(본문 그림 1-18 참조).

16. 승강로 내측과 카 문턱, 카 문틀 또는 카 문의 닫히는 모서리 사이의 수평거리는 승강로 전체 높이에 걸쳐 몇 m 이하이어야 하는가?

① 0.25   ② 0.20

③ 0.18   ④ 0.15

해설 수평거리는 승강로 전체 높이에 걸쳐 0.15 m 이하이어야 한다.

17. 전기식 엘리베이터 기계실의 실온 범위는?

① 5~70℃   ② 5~60℃

③ 5~50℃   ④ 5~40℃

해설 기계실 내부의 일반사항 : 실온은 +5℃에서 +40℃ 사이에서 유지되어야 한다.

18. 로프식 (전기식) 엘리베이터에 있어서 기계실 내의 조명, 환기 상태 점검시에 운전을 중지하고 긴급 수리를 해야 하는 경우는?

① 천장, 창 등에 우수가 침입하여 기기

정답 **12.** ③   **13.** ②   **14.** ①   **15.** ①   **16.** ④   **17.** ④   **18.** ①

에 악영향을 미칠 염려가 있는 경우

② 실내에 엘리베이터 관계 이외의 물건이 있는 경우

③ 조도, 환기가 부족한 경우

④ 실온 0℃ 이하 또는 40℃ 이상인 경우

해설 천장, 창 등에 우수가 침입하여 기기에 악영향을 미칠 염려가 있는 경우에는 운전을 중지하고 긴급 수리를 할 것

19. 교류 엘리베이터의 제어방식이 아닌 것은?

① 교류 1단 속도 제어방식

② 교류 궤환 전압 제어방식

③ 가변 전압 가변주파수(VVVF) 제어방식

④ 교류 상환 속도 제어방식

해설 제어방식의 종류(본문 표 1-13 참조)

㉠ 교류 1단   ㉡ 교류 2단

㉢ 교류 궤환   ㉣ VVVF 제어방식

20. 카의 실제 속도와 속도 지령장치의 지령속도를 비교하여 사이리스터의 점호각을 바꿔 유도전동기의 속도를 제어하는 방식은?

① 사이리스터 레오나드 방식

② 교류 궤환 전압 제어방식

③ 가변전압 가변주파수 방식

④ 워드 레오나드 방식

해설 교류 궤환 전압 제어방식(본문 표 1-13 참조)

21. 과부하 감지장치에 대한 설명으로 틀린 것은?

① 과부하 감지장치가 작동하는 경우 경보음이 울려야 한다.

② 엘리베이터 주행 중에는 과부하 감지장치의 작동이 무효화되어서는 안 된다.

③ 과부하 감지장치가 작동한 경우에는

출입문의 닫힘을 저지하여야 한다.

④ 과부하 감지장치는 초과 하중이 해소되기 전까지 작동하여야 한다.

해설 주행 중에는 오동작을 방지하기 위하여 작동이 무효화되어야 한다.

22. 유압 엘리베이터 동력전달 방법에 따른 종류가 아닌 것은?

① 스크루식   ② 직접식

③ 간접식   ④ 팬터그래프식

해설 유압식 엘리베이터의 분류(3가지): 본문 그림 1-27 참조

㉠ 직접식   ㉡ 간접식

㉢ 팬터그래프(pantagraph)식

참고 스크루(screw)식은 나사형의 홈을 판 긴 기둥에 너트에 상당하는 슬리브를 카측에 설치하고 회전시키므로 카를 상승시키는 방식

23. 유압식 엘리베이터에서 바닥맞춤 보정장치는 몇 mm 이내에서 작동 상태가 양호하여야 하는가?

① 25   ② 50   ③ 75   ④ 90

해설 유압식 엘리베이터의 안전장치: 카(car)의 정지 시에 있어서 자연 하강을 보정하기 위한 바닥맞춤 보정장치는 착상면을 기준으로 하여 75 mm 이내의 위치에서 보정할 수 있을 것

24. 유압 엘리베이터의 유압 파워 유닛과 압력 배관에 설치되며, 이것을 닫으면 실린더의 기름이 파워 유닛으로 역류되는 것을 방지하는 밸브는?

① 스톱 밸브   ② 럽처 밸브

③ 체크 밸브   ④ 릴리프 밸브

해설 스톱 밸브(stop valve): 차단(shut off) 밸브

㉠ 유압 파워 유닛에서 실린더로 통하는 배관 도중에 설치되는 수동조작 밸브이다.

정답 19. ④   20. ②   21. ②   22. ①   23. ③   24. ①

ⓛ 이 밸브를 닫으면 실린더의 오일이 탱크로 역류하는 것을 방지한다.
ⓒ 이 밸브는 유압장치의 보수, 점검, 수리시에 사용되는데 가장 먼저 차단해야 하는 밸브이며, 게이트 밸브(gate valve)라고도 한다.

25. 유압식 엘리베이터에서 고장수리 할 때 가장 먼저 차단해야 할 밸브는?

① 체크 밸브　　② 스톱 밸브
③ 복합 밸브　　④ 다운 밸브

해설 문제 24 해설 참조

26. 상승하던 에스컬레이터가 갑자기 하강 방향으로 움직일 수 있는 상황을 방지하는 안전장치는?

① 디딤판체인
② 손잡이
③ 구동체인 안전장치
④ 스커트 가드 안전장치

해설 구동체인 안전장치(D.C.S) : 갑자기 하강 방향으로 움직일 수 있는 상황일 때, 사고가 날 염려가 있으므로 정지시키고, 기계적으로 잠금, 계단의 움직임을 정지시키는 래칫(ratchet)장치(역회전 방지장치)가 같이 구성되어 있다.

27. 디딤판과 스커트 사이에 끼임의 위험을 최소화하기 위한 장치는?

① 끼임 방지빗　　② 뉴얼
③ 스커트　　④ 스커트 디플렉터

해설 스커트 가드 안전장치(S.G.S) : 디딤판과 스커트 가드(skirt guard) 판 사이에 사람의 옷, 신발 등이 끼이면서 말려 들어가는 경우, 스위치 작동으로 운행이 정지된다.

28. 에스컬레이터의 이동용 손잡이에 대한 안전점검 사항이 아닌 것은?

① 균열 및 파손 등의 유무
② 손잡이의 안전마크 유무
③ 디딤판과의 속도차 유지 여부
④ 손잡이가 드나드는 구멍의 보호장치 유무

29. 무빙워크의 경사도는 몇 도 이하이어야 하는가?

① 30　　② 20
③ 15　　④ 12

해설 무빙워크(수평보행기)의 경사도는 12° 이하여야 한다.

30. 공칭속도 0.5 m/s 무부하 상태의 에스컬레이터 및 하강 방향으로 움직이는 제동부하 상태의 에스컬레이터의 정지거리는?

① 0.1 m에서 1.0 m 사이
② 0.2 m에서 1.0 m 사이
③ 0.3 m에서 1.3 m 사이
④ 0.4 m에서 1.5 m 사이

해설 에스컬레이터의 정지거리

공칭속도	정지거리
0.50 m/s	0.2 m부터 1.0 m까지
0.65 m/s	0.3 m부터 1.3 m까지
0.75 m/s	0.4 m부터 1.5 m까지

31. 수직순환식 주차장치를 승입방식에 따라 분류할 때 해당되지 않는 것은?

① 하부 승입식
② 중간 승입식
③ 상부 승입식
④ 원형 승입식

해설 수직순환식 주차장치 : 종류에는 상부, 중간, 하부 승입식이 있다.

정답 **25.** ② **26.** ③ **27.** ④ **28.** ② **29.** ④ **30.** ② **31.** ④

32. 무빙워크 이용자의 주의표시를 위한 표시판 또는 표지 내에 표시되는 내용이 아닌 것은 어느 것인가?

① 손잡이를 꼭 잡으세요.
② 카트를 탑재하지 마세요.
③ 걷거나 뛰지 마세요.
④ 안전선 안에 서 주세요.

33. 카가 최상층 및 최하층을 지나쳐 주행하는 것을 방지하는 것은?

① 리밋 스위치   ② 균형추
③ 인터로크 장치   ④ 정지 스위치

해설 리밋 스위치(limit switch) : 카(car)가 운행 중 이상 원인으로 감속하지 못하고 최종단(최하, 최상층)을 지나칠 경우 강제로 감속시키기 위한 개폐장치로 승강로에 설치된다.

a 접점 : ⊸—⊸
b 접점 : ⊸—⊸

리밋 스위치 심벌

34. 승강장문의 유효 출입구 높이는 몇 m 이상이어야 하는가?

① 1   ② 1.5   ③ 2   ④ 2.5

해설 카(car) 및 승강장 문의 유효 출입구 높이는 2.0 m 이상이어야 한다. 다만, 화물용 및 자동차용은 제외한다.

35. 장애인용 엘리베이터의 경우 호출 버튼에 의하여 카가 정지하면 몇 초 이상 문이 열린 채로 대기하여야 하는가?

① 8초 이상   ② 10초 이상
③ 12초 이상   ④ 15초 이상

해설 장애인용 엘리베이터에 대한 추가 요건 : 10초 이상 문이 열린 채로 대기하여야 한다.

36. 급유가 필요하지 않은 곳은?

① 호이스트 로프(hoist rope)
② 과속조절기(governor) 로프
③ 주행 안내 레일(guide rail)
④ 웜 기어(worm gear)

해설 과속조절기 로프 : 급유에 의한 추락방지 안전장치가 동작하지 않는 결과를 빚을 염려가 있으므로 함부로 급유하지 말아야 한다.

37. 로프식(전기식) 엘리베이터용 과속조절기의 점검사항이 아닌 것은?

① 진동 소음상태
② 베어링 마모상태
③ 캐치 작동상태
④ 라이닝 마모상태

해설 라이닝 마모상태는 제동기의 점검사항에 적용된다.

38. 다음 강도 중 상대적으로 값이 가장 작은 것은?

① 파괴강도   ② 극한강도
③ 항복응력   ④ 허용응력

해설 응력-변형률 선도 참조(그림 3-3 참조) : 허용응력 → 항복응력 → 극한강도 → 파괴강도

39. 물체에 외력을 가해서 변형을 일으킬 때 탄성한계 내에서 변형의 크기는 외력에 대해 어떻게 나타내는가?

① 탄성한계 내에서 변형의 크기는 외력에 대하여 반비례한다.
② 탄성한계 내에서 변형의 크기는 외력에 대하여 비례한다.
③ 탄성한계 내에서 변형의 크기는 외력과 무관하다.
④ 탄성한계 내에서 변형의 크기는 일정하다.

해설 훅의 법칙(Hooke's law) : 재료에 힘을

가하면 응력과 변형률이 발생하게 되는데, 응력의 어느 한도(탄성한도)까지는 그 응력과 변형률 사이에 비례관계가 있다.

참고 물체에 외력이 가해졌을 때 그 물체 속에서 생기는 저항력을 응력이라 하며, 변형률은 단위 길이당의 변형량을 말한다.

40. 일감의 평행도, 원통의 진원도, 회전체의 흔들림 정도 등을 측정할 때 사용하는 측정기기는?

① 버니어캘리퍼스　② 하이트게이지
③ 마이크로미터　④ 다이얼게이지

해설 다이얼 게이지(dial gauge) : 평면이나 원통형의 평면도, 원통의 진원도, 축의 흔들림 등의 검사나 측정에 쓰이는 것으로 시계형, 부채꼴형 등이 있다.

참고 본문 그림 3-12 참조

41. 그림과 같은 활차장치의 옳은 설명은? (단, 그 활차의 직경은 같다.)

① 힘의 크기는 $W = P$이고, W의 속도는 P속도의 $\frac{1}{2}$이다.

② 힘의 크기는 $W = P$이고, W의 속도는 P속도의 $\frac{1}{4}$이다.

③ 힘의 크기는 $W = 2P$이고, W의 속도는 P속도의 $\frac{1}{2}$이다.

④ 힘의 크기는 $W = 2P$이고, W의 속도는 P속도의 $\frac{1}{4}$이다.

해설 복활차의 경우
　　㉠ $W = 2^n \times P = 2^1 \times P = 2P$

㉡ $W_v = \frac{1}{2} P_v$

여기서, W : 하중(kgf)
　　　　P : 올리는 힘(kgf)
　　　　n : 동활차의 수

42. 그림과 같은 지침형(아날로그형) 계기로 측정하기에 가장 알맞은 것은? (단, R_0는 지침의 0점을 조절하기 위한 가변저항이다.)

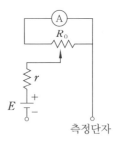

측정단자

① 전압　② 전류　③ 저항　④ 전력

해설 그림에서,
　Ⓐ : 지침형 전류계
　R_0 : 0점 조절용 가변저항
　r : 전원의 내부저항
　E : 직류전원
　여기서, E는 일정하므로 옴의 법칙에 의하여 미지의 저항을 측정한다.

43. 정전용량이 같은 두 개의 콘덴서를 병렬로 접속하였을 때의 합성용량은 직렬로 접속하였을 때의 몇 배인가?

① 2　　　　　　　② 4
③ 1/2　　　　　　④ 1/4

해설 ㉠ 직렬접속 경우
　　: $C_s = \frac{C \times C}{C + C} = \frac{C^2}{2C} = \frac{1}{2} C$
㉡ 병렬접속 경우 : $C_p = C + C = 2C$
　　∴ $\frac{C_p}{C_s} = \frac{2C}{\frac{1}{2} C} = 4C$

정답 40. ④　41. ③　42. ③　43. ②

44. 저항이 50 Ω인 도체에 100 V의 전압을 가할 때 그 도체에 흐르는 전류는 몇 A인가?

① 2　　② 4　　③ 8　　④ 10

[해설] $I = \dfrac{E}{R} = \dfrac{100}{50} = 2\,[\text{A}]$

45. 직류 분권전동기에서 보극의 역할은 어느 것인가?

① 회전수를 일정하게 한다.
② 기동토크를 증가시킨다.
③ 정류를 양호하게 한다.
④ 회전력을 증가시킨다.

[해설] 보극 (interpole) : 자극 중간에 소형의 자극 N, S를 설치함으로써, 리액턴스 전압을 지워 주는 기전력(정류 전압)을 정류 코일에 유도시킨다.
∴ 정류를 양호하게 하는 역할을 한다.

46. 권수 N의 코일에 1[A]의 전류가 흘러 권선 1회의 코일에서 자속 ϕ[Wb]가 생겼다면 자기인덕턴스(L)은 몇 H인가?

① $L = \dfrac{\phi I}{N}$　　② $L = IN\phi$

③ $L = \dfrac{N\phi}{I}$　　④ $L = \dfrac{IN}{\phi}$

[해설] 환상 코일의 자기 인덕턴스 (예)

자기 인덕턴스 $L = \dfrac{N\phi}{I}\,[\text{H}]$

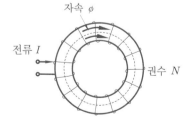

47. 유도전동기의 동기속도가 n_s, 회전수

가 n이라면 슬립(s)은?

① $\dfrac{n_s - n}{n} \times 100$　　② $\dfrac{n_s - n}{n_s} \times 100$

③ $\dfrac{n_s}{n_s - n} \times 100$　　④ $\dfrac{n_s}{n_s + n} \times 100$

[해설] 슬립(slip)

㉠ 3상 유도전동기는 항상 회전 자기장의 동기속도 N_s[rpm]와 회전자의 속도 N[rpm] 사이에 차이가 생기게 되며, 이 차이의 값으로 전동기의 속도를 나타낸다.
㉡ 이때 속도의 차이($N_s - N$)와 동기속도 N_s와의 비를 슬립(slip) s라 한다.

$$s = \dfrac{\text{동기 속도} - \text{회전자 속도}}{\text{동기 속도}}$$

$$= \dfrac{N_s - N}{N_s}$$

48. 3상 유도전동기에 전류가 전혀 흐르지 않을 때의 고장 원인으로 볼 수 있는 것은?

① 1차측 전선 또는 접속선 중 한 선이 단선되었다.
② 1차측 전선 또는 접속선 중 2선 또는 3선이 단선되었다.
③ 1차측 또는 2차측 전선이 접지되었다.
④ 전자접촉기의 접점이 한 개 마모되었다.

[해설] 전류가 전혀 흐르지 않는 고장의 경우 : 3상 전원이므로 2선 또는 3선이 단선되었을 경우이다.

49. 전동기를 동력원으로 많이 사용하는데 그 이유가 될 수 없는 것은?

① 안전도가 비교적 높다.
② 제어조작이 비교적 쉽다.
③ 소손사고가 발생하지 않는다.
④ 부하에 알맞은 것을 쉽게 선택할 수

있다.

해설 전동기가 동력원으로 사용되는 이유
  ㉠ 안전도가 높은 편이며, 제어조작이 쉽다.
  ㉡ 부하에 적합한 것을 선택할 수 있으며, 구하기 쉽다.

50. 전자접촉기 등의 조작회로를 접지하였을 경우, 당해 전자 접촉기 등이 폐로될 염려가 있는 것의 접속방법으로 옳은 것은?

① 코일과 접지측 전선 사이에 반드시 개폐기가 있을 것
② 코일의 일단을 접지측 전선에 접속할 것
③ 코일의 일단을 접지하지 않는 쪽의 전선에 접속할 것
④ 코일과 접지측 전선 사이에 반드시 퓨즈를 설치할 것

해설 ㉠ 코일과 접지측 전선 사이에는 개폐기 또는 퓨즈를 설치하지 말 것
  ㉡ 코일의 일단을 접지측 전선에 접속할 것

51. A, B는 압력, X를 출력이라 할 때 OR 회로의 논리식은?

① $\overline{A} = X$ ② $A \cdot B = X$
③ $A + B = X$ ④ $\overline{A \cdot B} = X$

해설 OR 회로와 AND 회로의 비교

회로명	기 호	논리식
OR (논리합)	A B —X	$X = A + B$
AND (논리곱)	A B —X	$X = AB$

52. 시퀀스 회로에서 일종의 기억회로라고 할 수 있는 것은?

① AND회로   ② OR회로
③ NOT회로   ④ 자기유지회로

해설 자기유지회로 (self hold circuit)
  ㉠ 단일 펄스 입력에 의해서 온(on) 상태로 되고, 그 이후 온(on) 상태를 유지하는 일종의 기억성을 가진 회로이다.
  ㉡ 계전기 회로에서, PB_2의 on/off 조작에 의하여 릴레이 ®이 여자되고 접점 R은 PB_1가 on/off 조작하기 전까지 온(on) 상태를 유지한다. 즉, on 상태를 기억한다.

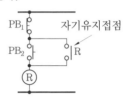

자기유지회로

53. 설비재해의 물적 원인에 속하지 않는 것은?

① 교육적 결함 (안전교육의 결함, 표준 작업방법의 결여 등)
② 설비나 시설에 위험이 있는 것 (방호 불충분 등)
③ 환경의 불량 (정리정돈 불량, 조명 불량 등)
④ 작업복, 보호구의 불량

해설 물적 원인
  ㉠ 불량한 기계설비
  ㉡ 불안전한 환경
  ㉢ 작업복, 보호구의 불량

54. 다음 중 안전사고 발생 요인이 가장 높은 것은?

① 불안전한 상태와 행동
② 개인의 개성
③ 환경과 유전
④ 개인의 감정

해설 불안전한 상태와 행동은 직접적 요인 중에서 인적 요인에 속하므로 발생요인이

가장 높다.

참고 ②, ③, ④는 간접적 요인에 적용된다.

55. 작업 감독자의 직무에 관한 사항이 아닌 것은?

① 작업감독 지시
② 사고보고서 작성
③ 작업자 지도 및 교육 실시
④ 산업재해 시 보상금 기준 작성

해설 작업 감독자의 직무
㉠ 작업감독 지시
㉡ 작업자 지도 및 교육 실시
㉢ 사고 시 원인 조사 및 사고보고서 작성

56. 승강기 자체 점검의 결과 결함이 있는 경우 조치가 옳은 것은?

① 즉시 보수하고, 보수가 끝날 때까지 운행을 중지
② 주의 표시 부착 후 운행
③ 점검결과를 기록하고 운행
④ 제한적으로 운행하고 보수

해설 결함이 있는 경우에는 즉시 보수하고, 보수가 끝날 때까지 운행을 중지하여야 한다.

57. 산업재해 중에서 다음에 해당하는 경우를 재해 형태별로 분류하면 어느 것인가?

전기 접촉이나 방전에 의해 사람이 충격을 받은 경우

① 감전　　　　② 전도
③ 추락　　　　④ 화재

해설 전기재해 – 감전
㉠ 인체에 전기에너지가 직접 가하여지는 것, 즉 인체의 일부 또는 전체에 감전전류가 흐르는 것.
㉡ 인체에 감전전류가 흐르게 되면 인체는 생리적 현상으로 충격을 받게 된다.

58. 인체에 통전되는 전류가 더욱 증가되면 전류의 일부가 심장부분을 흐르게 된다. 이때 심장이 정상적인 맥동을 못하며 불규칙적으로 세동을 하게 되어 결국 혈액 순환에 큰 장애를 일으키게 되는 현상(전류)을 무엇이라 하는가?

① 심실 세동 전류
② 고통 한계 전류
③ 가수 전류
④ 불수 전류

해설 인체에 흐르는 전류의 영향(본문 표 4-2 참조)
㉠ 심실 세동 전류(current of ventriculas fibrillation) : 심실 세동의 임계값이 되는 전류(호흡 정지, 심장마비 위험)
㉡ 고통 한계 전류 : 고통을 수반하는 전류

59. 감전사고로 의식불명이 된 환자가 물을 요구할 때의 방법으로 적당한 것은?

① 냉수를 주도록 한다.
② 온수를 주도록 한다.
③ 설탕물을 주도록 한다.
④ 물을 천에 묻혀 입술에 적시어만 준다.

60. 추락을 방지하기 위한 2종 안전대의 사용법은?

① U자걸이 전용
② 1개걸이, U자걸이 겸용
③ 1개걸이 전용
④ 2개걸이 전용

해설 안전대의 종류 및 용도
1종 : U자걸이 전용
2종 : 1개걸이 전용
3종 : U자걸이, 1개걸이 공용
4종 : 안전블록
5종 : 추락방지대

정답 **55.** ④　**56.** ①　**57.** ①　**58.** ①　**59.** ④　**60.** ③

1. 전기식 엘리베이터의 속도에 의한 분류 방식 중 고속 엘리베이터의 기준은?

① 2 m/s 이상   ② 2 m/s 초과

③ 3 m/s 이상   ④ 4 m/s 초과

해설 속도별 분류

㉠ 저속 : 0.75 m/s 이하

㉡ 중속 : 1~4 m/s

㉢ 고속 : 4~6 m/s

㉣ 초고속 : 6 m/s 초과

2. 소방구조용 엘리베이터의 운행속도는 다음 중 몇 m/min 이상으로 해야 하는가?

① 30   ② 45   ③ 60   ④ 90

해설 소방구조용 엘리베이터(fireman's serv-ice elevator)

㉠ 화재 시에 소방대가 소방, 구조활동에 사용하는 엘리베이터이며, 높이가 31 m를 초과하는 건축물에 설치하도록 의무화되어 있다.

㉡ 속도는 60 m/min 이상이 되어야 한다.

3. 직류 가변전압식 엘리베이터에서는 권상전동기에 직류 전원을 공급한다. 필요한 발전기 용량은 약 몇 kW인가? (단, 권상전동기의 효율은 80 %, 1시간 정격은 연속정격의 56 %, 엘리베이터용 전동기의 출력은 20 kW이다.)

① 11   ② 14   ③ 17   ④ 20

해설 발전기 용량

$$P_G = k \cdot \frac{P_M}{\eta_m} = 0.56 \times \frac{20}{0.8} = 14 \text{ kW}$$

4. 도르래의 로프홈에 언더컷(under cut)을 하는 목적은?

① 로프의 중심 균형

② 윤활 용이

③ 마찰계수 향상

④ 도르래의 경량화

해설 언더컷(under cut) 홈 : 로프와 시브 (sheave ; 도르래)의 마찰계가 작을수록 미끄러지기 쉬우므로 언더컷 홈으로 하여 마찰계수를 높인다.

5. 엘리베이터의 정격속도 계산 시 무관한 항목은?

① 감속비

② 편향도르래

③ 전동기 회전수

④ 권상도르래 직경

해설 권상도르래(main sheave) 속도 계산법

속도 $v = \dfrac{\pi DN}{1000} \cdot k \text{ [m/min]}$

여기서, D : 권상도르래 직경 [mm]

N : 전동기 회전수 [rpm]

k : 감속비

6. 감속기의 기어 치수가 제대로 맞지 않을 때 일어나는 현상이 아닌 것은?

① 기어의 강도에 악영향을 준다.

② 진동 발생이 주요 원인이 된다.

③ 카가 전도할 우려가 있다.

④ 로프의 마모가 현저히 크다.

해설 기어드(geared) 엘리베이터

(1) 전동기의 회전력을 웜 기어(worm gear)로 감속하여 엘리베이터를 구동하며, 저속, 중속용 엘리베이터에 사용된다.

(2) 감속기의 기어 치수가 제대로 맞지 않을 때 일어나는 현상

㉮ 기어의 강도에 나쁜 영향을 주며, 진동

발생의 주요 원인이 되어 카(car)가 전
도할 우려가 있다.

㉯ 로프의 마모가 현저히 크지 않다.

7. 와이어로프 가공방법 중 효과가 가장
우수한 것은?

①   ②

③   ④

해설 ① 클램프법(lock 가공법) : 효과 100 %
   ② 약식 묶음법 : 효과 30~50 %
   ③ 수편이음 : 효과 60~90 %
   ④ U bolt 클립법 : 효과 약 80 %

참고 소켓법 : 효과 100 %

8. 주행 안내 레일의 규격(호칭)에 해당되
지 않는 것은?

① 8 K   ② 13 K   ③ 15 K   ④ 18 K

해설 가일드 레일(guide rail)의 규격 : T형 레
   일을 사용하며 공칭은 8 K, 13 K, 18 K, 24 K
   레일이지만 대용량 엘리베이터에는 37 K, 50
   K 등도 사용된다.

9. 카 추락방지 안전장치의 작동을 위한
과속조절기는 정격속도의 몇 % 이상의
속도에서 작동해야 하는가?

① 105   ② 110   ③ 115   ④ 120

해설 카(car) 비상장치의 작동을 위한 과속조절
   기는 정격속도의 115 % 이상 속도에서 작동되
   어야 한다.

10. 과속조절기의 설명에 관한 사항으로
틀린 것은?

① 과속조절기 로프의 공칭 직경은 8
   mm 이상이어야 한다.

② 과속조절기는 과속조절기 용도로 설계

된 와이어로프에 의해 구동되어야 한다.

③ 과속조절기에는 추락방지 안전장치의 작동
   과 일치하는 회전방향이 표시되어야 한다.

④ 과속조절기 로프 풀리의 피치 직경과
   과속조절기 로프의 공칭 직경 사이의
   비는 30 이상이어야 한다.

해설 과속조절기 로프의 규격
   ㉠ 과속조절기 로프의 공칭 직경은 6 mm
   이상
   ㉡ 과속조절기 로프 인장 풀리의 피치 지름
   과 과속조절기 로프의 공칭 지름 사이의
   비는 30 이상

11. 과속조절기 로프의 공칭 지름(mm)은
얼마 이상이어야 하는가?

① 6   ② 8   ③ 10   ④ 12

해설 문제 10. 해설 참조

12. 디스크형 과속조절기의 점검방법으로
틀린 것은?

① 로프잡이의 움직임은 원활하며 지점
   부에 발청이 없으며 급유상태가 양호
   한지 확인한다.

② 레버의 올바른 위치에 설정되어 있는
   지 확인한다.

③ 플라이 볼을 손으로 열어서 각 연결
   레버의 움직임에 이상이 없는지 확인
   한다.

④ 시브홈의 마모를 확인한다.

해설 ③은 플라이 볼형 과속조절기의 점검법
   에 해당된다.

참고 디스크형 과속조절기
   ㉠ 추형 방식 : 추(錘, weight)형 캐치에 의
   해 로프를 붙잡아 추락방지 안전장치를
   작동시키는 방식
   ㉡ 슈(shoe)형 방식 : 도르래 홈과 로프의 마
   찰력으로 슈를 동작시켜 로프를 붙잡음으로
   써 추락방지 안전장치를 작동시키는 방식

정답 7. ①   8. ③   9. ③   10. ①   11. ①   12. ③

13. 균형추의 중량을 결정하는 계산식은 ? (단, 여기서 L은 정격하중, F는 오버밸런스율이다.)

① 균형추의 중량 = 카 자체하중+$(L \cdot F)$
② 균형추의 중량 = 카 자체하중×$(L \cdot F)$
③ 균형추의 중량 = 카 자체하중+$(L+F)$
④ 균형추의 중량 = 카 자체하중+$(L-F)$

해설 균형추의 총중량 = 카 자체하중+LF
여기서, L : 정격하중(kg)
F : 오버밸런스율 (35~50 %)

참고 오버밸런스(over–balance)율 : 엘리베이터를 설계할 때 균형추의 총중량은 빈 카의 자중에 그 엘리베이터의 사용용도에 따라 적재하중의 35~50 %의 중량을 더한 값으로 한다.

14. 다음 중 도어 시스템의 종류가 아닌 것은 ?

① 2짝문 상하열기방식
② 2짝문 가로열기(2S)방식
③ 2짝문 중앙열기(CO)방식
④ 가로열기와 상하열기 겸용방식

해설 도어(door)의 개폐방식

개폐방식	문짝 수 표시
가로 열기(side open)	1 SO, 2 SO, 3 SO
중앙 열기(center open)	2 CO, 4 CO
상부 열림(up sliding)	1 UP, 2 UP, 3 UP
상하부 열림	2 UD, 4 UD

15. 엘리베이터용 도어머신에 요구되는 성능이 아닌 것은 ?

① 가격이 저렴할 것
② 보수가 용이할 것
③ 작동이 원활하고 정숙할 것
④ 기동횟수가 많으므로 대형일 것

해설 도어 머신(door machine)
㉠ 작동이 원활하고 소음이 발생하지 않을 것

㉡ 작고 가벼울 것(소형, 경량)
㉢ 보수가 용이하고, 가격이 저렴할 것
㉣ 동작이 확실할 것

16. 카 내에 갇힌 사람이 외부와 연락할 수 있는 장치는 ?

① 차임벨 ② 인터폰
③ 리밋 스위치 ④ 위치표시램프

해설 엘리베이터의 인터폰(interphone) 회로는 정전, 화재 등으로 층간에 정지되는 비상시에 카(car) 내부와 외부의 상호연락을 할 때에 이용되므로 운전용 회로와 동일한 케이블(cable)에 수용하지 않고 전용회로를 구성한다.

17. 도어 시스템(열리는 방향)에서 S로 표현되는 것은 ?

① 중앙열기 문 ② 가로열기 문
③ 외짝 문 상하열기 ④ 2짝 문 상하열기

해설 도어(door) 개폐방식 : 문제 16. 해설 참조
참고 가로열기 문 : S 또는 SO

18. 승강기 완성검사 시 전기식 엘리베이터에서 기계실의 조도는 기기가 배치된 바닥면에서 몇 lx 이상인가 ?

① 50 ② 100 ③ 150 ④ 200

해설 기계실에는 바닥면에서 200 lx 이상을 비출 수 있는 영구적으로 설치된 전기조명이 있어야 한다.

19. 전기식 엘리베이터 기계실의 구조에서 구동기의 회전부품 위로 몇 m 이상의 유효 수직거리가 있어야 하는가 ?

① 0.2 ② 0.3 ③ 0.4 ④ 0.5

해설 기계실의 치수 : 구동기의 회전부품 위로 0.3 m 이상의 유효 수직거리가 있어야 한다.

정답 **13.** ① **14.** ④ **15.** ④ **16.** ② **17.** ② **18.** ④ **19.** ②

20. 교류엘리베이터의 제어 방식이 아닌 것은?

① 교류 1단 속도제어 방식
② 교류 궤환 전압제어 방식
③ 워드 레오나드 방식
④ VVVF 제어 방식

해설 제어 방식의 종류(본문 표 1-13 참조) :
ㄱ 교류 1단 ㄴ 교류 2단
ㄷ 교류 궤환 ㄹ VVVF 제어

참고 워드 레오나드(ward leonard) 방식은 직류 엘리베이터의 속도 제어법이다.

21. 승강기 정밀안전 검사 시 과부하방지 장치의 작동치는 정격 적재하중의 몇 %를 권장치로 하는가?

① 95~100   ② 105~110
③ 115~120   ④ 125~130

해설 과부하 감지장치(over load switch) : 적재하중 초과 시 경보음을 발생하며 도어 닫힘을 저지하는 장치로, 적재하중의 105~110 % 범위에서 동작한다.

22. 다음 중 승강기가 최하층을 통과했을 때 주전원을 차단시켜 승강기를 정지시키는 것은?

① 완충기
② 과속조절기
③ 추락방지 안전장치
④ 파이널 리밋 스위치

해설 파이널 리밋스위치(final limit switch)의 기능
ㄱ 상승, 하강 리밋 스위치가 작동하지 않았을 경우 사용된다.
ㄴ 카가 종단층 통과 후 전원을 엘리베이터 전동기 및 브레이크로부터 자동 차단시킨다.
ㄷ 완충기에 충돌 전 작동-압축된 완충기에 얹히기까지 계속 작동한다.

23. 간접식 유압엘리베이터의 특징으로 틀린 것은?

① 실린더의 점검이 용이하다.
② 추락방지 안전장치가 필요하지 않다.
③ 실린더를 설치하기 위한 보호관이 필요하지 않다.
④ 승강로는 실린더를 수용할 부분만큼 더 커지게 된다.

해설 간접식 유압 엘리베이터의 특징 : 추락방지 안전장치가 필요하다.

24. 실린더에 이물질이 흡입되는 것을 방지하기 위해 펌프의 흡입 측에 부착하는 것은?

① 필터   ② 사일런서
③ 스트레이너   ④ 더스트와이퍼

해설 유압 엘리베이터의 유압 회로(본문 그림 1-30) : 스트레이너(strainer)와 필터는 여과장치로, 펌프의 흡입 측에 부착되는 것이 스트레이너이고 배관 도중에 부착되는 것이 라인 필터이다.

25. 유압식 엘리베이터의 제어방식에서 펌프의 회전수를 소정의 상승속도에 상당하는 회전수로 제어하는 방식은?

① 가변 전압 가변 주파수 제어
② 미터인회로 제어
③ 블리드오프회로 제어
④ 유량밸브 제어

해설 유압식 엘리베이터의 제어방식
ㄱ 유량제어 밸브에 의한 제어 : 미터인(meter-in) 회로, 블리드 오프(bleed-off) 회로
ㄴ 가변 전압 가변 주파수(VVVF) 제어 : 펌프의 회전수를 소정의 상승속도에 상당하는 회전수로 가변제어하여 펌프에 가압-토출되는 작동유를 제어하는 방식이다.

정답 **20.** ③ **21.** ② **22.** ④ **23.** ② **24.** ③ **25.** ①

26. 에스컬레이터의 디딤판 폭이 1 m이고 공칭속도가 0.5 m/s인 경우 수송능력(명/h)은 얼마인가?

① 5000　② 5500　③ 6000　④ 6500

해설 에스컬레이터·무빙워크의 1시간당 최대 수송인원

디딤판·팔레트 폭(m)	공칭속도 (m/s)		
	0.5	0.65	0.75
0.6	3600명	4400명	4900명
0.8	4800명	5900명	6600명
1	6000명	7300명	8200명

27. 승강기 완성검사 시 에스컬레이터의 공칭속도가 0.5 m/s인 경우 제동기의 정지거리는 몇 m이어야 하는가?

① 0.20 m에서 1.00 m 사이

② 0.30 m에서 1.30 m 사이

③ 0.40 m에서 1.50 m 사이

④ 0.55 m에서 1.70 m 사이

해설 에스컬레이터의 정지거리
　㉠ 공칭속도 0.5 m/s : 0.2 m에서 1.0 m 사이
　㉡ 공칭속도 0.65 m/s : 0.3 m에서 1.3 m 사이

28. 에스컬레이터의 구동체인이 규정치 이상으로 늘어났을 때 일어나는 현상은?

① 안전레버가 작동하여 브레이크가 작동하지 않는다.

② 안전레버가 작동하여 하강은 되나 상승은 되지 않는다.

③ 안전레버가 작동하여 안전회로 차단으로 구동되지 않는다.

④ 안전레버가 작동하여 무부하 시는 구동되나 부하 시는 구동되지 않는다.

해설 구동 체인 안전장치(본문 그림 1-38 참조)
　㉠ 체인의 위에 항상 슈(shoe)가 접촉하여 체인의 인장강도를 검출한다.

㉡ 체인이 느슨해지거나 끊어지면 슈가 내림동작을 하여 바로 전원이 차단된다.

㉢ 그와 동시에 메인 드라이브에 부착된 래칫 휠에 브레이크 래치가 걸려서 메인 드라이브의 하강 방향의 회전을 기계적으로 제지한다.

∴ 안전레버가 작동하여 안전회로 차단으로 구동되지 않는다.

29. 운행 중인 에스컬레이터가 어떤 요인에 의해 갑자기 정지하였다. 점검해야 할 에스컬레이터 안전장치로 틀린 것은?

① 승객검출장치

② 인렛 스위치

③ 스커드 가드 안전 스위치

④ 디딤판체인 안전장치

해설 에스컬레이터(escalator)의 안전장치
　㉠ 인렛 스위치(inlet switch) : 손잡이 인입구 안전장치
　㉡ 스커트 가드 안전스위치(skirt guard safety switch) : 상하의 승강구 부근에 설치
　㉢ 디딤판체인 안전장치
　㉣ 구동체인 절단검출 스위치

30. 여러 층으로 배치되어 있는 고정된 주차 구획에 아래·위로 이동할 수 있는 운반기에 의하여 자동차를 자동으로 운반 이동하여 주차하도록 설계한 주차장치는?

① 2단식　　　　② 승강기식
③ 수직순환식　　④ 승강기슬라이드식

해설 승강기식 주차 방식
　㉠ 여러 층의 고정된 주차 구획에 상하로 움직일 수 있는 운반기에 의해 주차시킨다.
　㉡ 종류에는 횡식, 종식 및 승강 선회식이 있다.

31. 로프식 승용승강기에 대한 사항 중 틀린 것은?

① 카 내에는 외부와 연락되는 통화장치

가 있어야 한다.

② 카 내에는 용도, 적재하중(최대 정원) 및 비상시 조치 내용의 표찰이 있어야 한다.

③ 카 바닥 끝단과 승강로 벽 사이의 거리는 150 mm를 초과하여야 한다.

④ 카 바닥은 수평이 유지되어야 한다.

해설 승강로 내측과 카 문턱, 카 문틀 또는 카 문의 닫히는 모서리 사이의 수평거리는 승강로 전체 높이에 걸쳐 수평거리는 승강로 전체 높이에 걸쳐 0.15 m 이하이어야 한다.

32. 다음 중 카 상부에서 하는 검사가 아닌 것은?

① 비상구출구 스위치의 작동상태

② 도어개폐장치의 설치상태

③ 과속조절기 로프의 설치상태

④ 과속조절기 로프 인장장치의 작동상태

해설 카(car) 상부에서 하는 검사 : 과속조절기 로프 인장장치의 작동상태는 피트에서 하는 검사에 속한다.

33. 다음 중 버니어 캘리퍼스를 사용하여 와이어로프의 직경 측정방법으로 알맞은 것은?

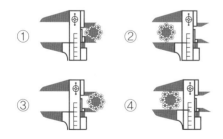

해설 로프 직경의 올바른 측정 방법 : 그림 2 -8 참조

참고 버니어 캘리퍼스(vernier calipers) : 그림 3-11 참조

34. 응력(stress)의 단위는?

① kcal/h　　　　② %

③ kg/cm^2　　　④ kg・cm

해설 응력(stress)

㉠ 물체에 외력이 가해졌을 때 그 물체에 생기는 저항력을 응력이라 한다.

㉡ 응력 $= \dfrac{\text{하중}}{\text{단면적}}$ [kg/cm^2]

35. 동력을 수시로 이어주거나 끊어주는 데 사용할 수 있는 기계요소는?

① 클러치　　　　② 리벳

③ 키　　　　　　④ 체인

해설 클러치(clutch)

㉠ 운전 중에 수시로 원동축에서 종동축에 토크를 전달하기도 하고 이를 단절시키도 할 경우에는 두 축을 간단히 결합 또는 분리시킬 필요가 생긴다.

㉡ 이런 목적으로 사용되는 축이음 기계요소를 클러치라 한다.

참고 클러치의 종류 : 맞물림, 마찰, 유체, 전자력 클러치

36. 구름베어링의 특징에 관한 설명으로 틀린 것은?

① 고속회전이 가능하다.

② 마찰저항이 작다.

③ 설치가 까다롭다.

④ 충격에 강하다.

해설 구름 베어링(bearing) : 그림 3-9 참조

㉠ 마찰저항이 적어 동력이 전달되며, 고속회전이 가능하다.

㉡ 내・외륜 사이에 롤러나 볼을 넣어 마찰을 적게 한다.

㉢ 전동체와 내・외륜이 좁은 면에서 접촉하므로 충격이나 큰 하중에는 약하다.

㉣ 작은 먼지나 불순물이 끼면 수명이 단축되기 때문에 청결한 장소에서 조립해야 한다.

37. 베어링(bearing)에 가압력을 주어 축에 삽입할 때 가장 올바른 방법은?

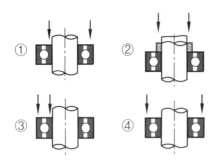

38. 그림에서 지름 400 mm의 바퀴가 원주 방향으로 25 kg의 힘을 받아 200 rpm으로 회전하고 있다면, 이때 전달되는 동력은 몇 kg · m/s인가? (단, 마찰계수는 무시한다.)

25 kg

① 10.47 ② 78.5 ③ 104.7 ④ 785

해설 속도 $v = \dfrac{\pi DN}{1000 \times 60}$

$= \dfrac{3.14 \times 400 \times 200}{60000} = \dfrac{251200}{60000}$

$≒ 4.187$ m/s

∴ 전달되는 동력 $P = F \cdot v = 25 \times 4.187$

$≒ 104.7$ kg · m/s

39. 요소와 측정하는 측정기구의 연결로 틀린 것은?

① 길이 : 버니어 캘리퍼스
② 전압 : 볼트미터
③ 전류 : 암미터
④ 접지저항 : 메거

해설 측정기구
　㉠ 접지저항 측정 : 접지 저항계, 코올라시 브리지
　㉡ 절연저항 측정 : 절연저항계(메거, megger)

40. Q [C]의 전하에서 나오는 전기력선의 총수는?

① Q 　　　　② ϵQ

③ $\dfrac{\epsilon}{Q}$ 　　　④ $\dfrac{Q}{\epsilon}$

해설 가우스의 정리(Gauss' theorem) : 전체 전하량 Q [C]을 둘러싼 폐곡면을 관통하고 밖으로 나가는 전기력선 총수 N은,

$$N = \dfrac{Q}{\epsilon} = \dfrac{Q}{\epsilon_0 \epsilon_s} \text{ [개]}$$

여기서, ϵ : 유전율, ϵ_0 : 진공 유전율,
　　　　　　ϵ_s : 비유전율

41. 전선의 길이를 고르게 2배로 늘리면 단면적은 1/2로 된다. 이때의 저항은 처음의 몇 배가 되는가?

① 4배 ② 3배 ③ 2배 ④ 1.5배

해설 전선의 저항 : $R = \rho \dfrac{l}{A}$ [Ω]

$R' = \rho \dfrac{2l}{\frac{1}{2}A} = 4 \cdot \rho \dfrac{1}{A} = 4 \cdot R$

여기서, ρ : 도체의 고유저항(Ω · m)
　　　　A : 단면적(m²), l : 길이(m)

42. 교류 회로에서 전압과 전류의 위상이 동상인 회로는?

① 저항만의 조합회로
② 저항과 콘덴서의 조합회로
③ 저항과 코일의 조합회로
④ 콘덴서와 콘덴서만의 조합회로

해설 전압과 전류의 위상 비교

조합회로	위 상
저항만의	동상
저항과 콘덴서	전류가 θ만큼 앞섬
저항과 코일	전압이 θ만큼 앞섬
콘덴서만의	전류가 90° 앞섬
코일만의	전압이 90° 앞섬

43. 그림과 같이 자기장 안에서 도선에 전류가 흐를 때, 도선에 작용하는 힘의 방향은? (단, 전선 가운데 점 표시는 전류의 방향을 나타낸다.)

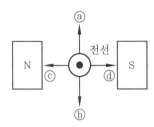

① ⓐ 방향　　　　② ⓑ 방향
③ ⓒ 방향　　　　④ ⓓ 방향

해설 플레밍의 왼손 법칙

(1) 자기장 내의 도선에 전류가 흐를 때 도선이 받는 힘의 방향을 나타낸다.
　㉮ 엄지손가락 : 전자력(힘)의 방향
　㉯ 집게손가락 : 자기장의 방향
　㉰ 가운데손가락 : 전류의 방향
(2) 전류의 방향 표시
　㉮ ⊙ : 전류가 정면으로 흘러나옴(화살촉)
　㉯ ⊗ : 전류가 정면에서 흘러 들어감(화살 날개)

44. 사이리스터의 점호각을 바꿈으로써 회전수를 제어하는 것은?

① 이단속도 제어
② 일단속도 제어
③ 주파수변환 제어
④ 정지 레오나드 제어

해설 정지 레오나드 방식

㉠ 워드 레오나드 방식에 있어서 전동발전기 대신에 사이리스터(thyristor)와 같은 정지형 반도체 소자를 사용하여 교류를 직류로 변환시킴과 동시에 점호각을 제어하여 직류전압을 변화시키는 것을 정지 레오나드 방식이라 한다.
㉡ 엘리베이터에서는 정전과 역전의 두 방향으로 속도 제어를 할 필요가 있기 때문에 사이리스터의 출력으로써 정부의 직류 출력이 필요하게 된다.

참고 사이리스터 : 고속의 스위칭 반도체 소자이며, 대표적으로 SCR(실리콘 제어 정류소자)이 사용된다.

45. 6극, 50 Hz의 3상 유도전동기의 동기속도(rpm)는?

① 500　　　　② 1000
③ 1200　　　　④ 1800

해설 동기속도 $N_s = \dfrac{120 f}{p} = \dfrac{120 \times 50}{6}$
$= 1000 \text{ rpm}$

46. 유도전동기의 속도제어법이 아닌 것은?

① 2차 여자제어법
② 1차 계자제어법
③ 2차 저항제어법
④ 1차 주파수제어법

해설 유도전동기의 속도 제어법

농 형	권선형
(1) 1차 주파수 제어법 　㉮ 인버터 제어 　㉯ 사이클로 컨버터 제어 (2) 극수 제어법	(1) 2차 저항법 : 비례추이를 응용 (2) 2차 여자법 　㉮ 크레머법 : 일정 출력을 얻는다. 　㉯ 세르비우스법 : 일정 토크 특성을 얻는다.

47. 다음 중 역률이 가장 좋은 단상 유도

전동기로서 널리 사용되는 것은?

① 분상 기동형 ② 반발 기동형
③ 콘덴서 기동형 ④ 셰이딩 코일형

해설 콘덴서 기동형은 기동특성이 좋고, 역률이 가장 좋아 가정용 가전제품에 주로 사용되고 있다.

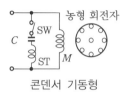

콘덴서 기동형

48. 다음 중 다이오드의 순방향 바이어스 상태를 의미하는 것은?

① P형 쪽에 (−), N형 쪽에 (+) 전압을 연결한 상태
② P형 쪽에 (+), N형 쪽에 (−) 전압을 연결한 상태
③ P형 쪽에 (−), N형 쪽에도 (−) 전압을 연결한 상태
④ P형 쪽에 (+), N형 쪽에도 (+) 전압을 연결한 상태

해설 PN 접합 다이오드의 바이어스

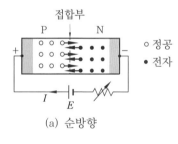

(a) 순방향

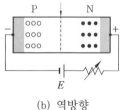

(b) 역방향

49. 다음 회로도와 같은 논리기호는 어느 것인가?

①  ② ...

③ ... ④ ...

해설 OR 회로와 AND 회로

회로명	기호	유접점 회로
OR (논리합)	A B ⊃ X $X = A + B$	
AND (논리곱)	A B ⊃ X $X = A \cdot B$	

50. 재해원인 중 생리적인 원인은?

① 작업자의 피로
② 작업자의 무지
③ 안전장치의 고장
④ 안전장치 사용의 미숙

해설 재해의 간접원인
㉠ 기술적 원인 : 설계 검사 등 기술적 결함
㉡ 교육적 원인 : 무지, 미숙, 미경험
㉢ 신체적(생리적) 원인 : 질병, 피로, 난청, 근시
㉣ 정신적 원인 : 착각, 동요 등 정신적 결함
㉤ 관리적 원인 : 관리조직상 결함

정답 48. ② 49. ④ 50. ①

51. 다음 중 재해 누발자의 유형이 아닌 것은?

① 미숙성 누발자　② 상황성 누발자
③ 습관성 누발자　④ 자발성 누발자

해설 재발 누발자의 분류

　㉠ 미숙성 누발자 : 환경에 익숙하지 못하거나 기능 미숙으로 인한 것

　㉡ 상황성 누발자 : 작업의 어려움, 기계 설비의 결함, 환경상 주의 집중의 혼란, 심신의 근심에 의한 것

　㉢ 습관성 누발자 : 재해의 경험으로 신경과민이 되거나 슬럼프(slump)에 빠지기 때문인 것

　㉣ 소질성 누발자 : 지능, 성격, 감각 운동에 의한 소질적 요소에 의한 것

52. 승강기 보수 작업 시 승강기의 카와 건물의 벽 사이에 작업자가 끼인 재해의 발생 형태에 의한 분류는?

① 협착　② 전도　③ 방심　④ 접촉

해설 협착(narrowness) : 몹시 좁다는 뜻으로, 건물벽 사이에 끼었을 때의 재해 발생형태를 말한다.

53. 전기식 엘리베이터 자체점검 중 피트에서 하는 점검항목에서 과부하감지장치에 대한 점검 주기(회/월)는?

① 1/1　　　　　② 1/3
③ 1/4　　　　　④ 1/6

해설 점검주기(피트에서 하는 점검항목)

　㉠ 1/1 : 바닥청소, 방수상태, 과부하 감지(저울) 장치

　㉡ 1/3 : 완충기 설치상태 및 기름상태, 추락방지 안전장치 스위치

　㉢ 1/6 : 과속조절기 로프 인장장치의 작동상태, 이동케이블의 설치상태

54. 전기식 엘리베이터 자체점검 항목 중

피트에서 완충기점검 항목 중 B로 해야 할 것은?

① 완충기의 부착이 불확실한 것
② 스프링식에서는 스프링이 손상되어 있는 것
③ 전기안전장치가 불량한 것
④ 유압식으로 유량 부족의 것

해설 피트에서 완충기 점검항목

　(1) B로 해야 할 것

　　㉮ 완충기 본체 및 부착 부분의 녹 발생이 현저한 것

　　㉯ 유입식으로 유량 부족의 것

　(2) C로 해야 할 것

　　㉮ B의 상태가 심한 것

　　㉯ 스프링식에서는 스프링이 손상되어 있는 것

　　㉰ 완충기의 부착이 불확실한 것

55. 전기기기의 외함 등의 절연이 나빠져서 전류가 누설되어도 감전사고의 위험이 적도록 하기 위해 어떤 조치를 해야 하는가?

① 접지를 한다.
② 도금을 한다.
③ 퓨즈를 설치한다.
④ 여상변류기를 설치한다.

56. 작업장에서 작업복을 착용하는 가장 큰 이유는?

① 방한　　　　　② 복장 통일
③ 작업능률 향상　④ 작업 중 위험 감소

해설 작업장에서는 작업 중 위험감소를 위하여 해당 작업복을 착용할 것

57. 감전 상태에 있는 사람을 구출할 때의 행위로 틀린 것은?

① 즉시 잡아당긴다.

② 전원 스위치를 내린다.

③ 절연물을 이용하여 떼어 낸다.

④ 변전실에 연락하여 전원을 끈다.

[해설] 감전사고 시 응급조치

　㉠ 환자가 물을 요구할 때 : 물을 천에 묻혀 입술에 적셔만 준다.

　㉡ 호흡이 정지되어 있어도 인공호흡을 하는 것이 좋다.

　㉢ 감전자를 맨손으로 잡아당기면 같이 감전되므로 금해야 한다.

58. 기계운전 시 기본안전수칙이 아닌 것은?

① 작업범위 이외의 기계는 허가 없이 사용한다.

② 방호장치는 유효 적절히 사용하며, 허가 없이 무단으로 떼어놓지 않는다.

③ 기계가 고장이 났을 때에는 정지, 고장표시를 반드시 기계에 부착한다.

④ 공동 작업을 할 경우 시동할 때에는 남에게 위험이 없도록 확실한 신호를 보내고 스위치를 넣는다.

[해설] 작업 범위 이외의 기계는 허가 없이 사용해서는 안 된다.

59. 안전보호기구의 점검, 관리 및 사용방법으로 틀린 것은?

① 청결하고 습기가 없는 장소에 보관한다.

② 한번 사용한 것은 재사용을 하지 않도록 한다.

③ 보호구는 항상 세척하고 완전히 건조시켜 보관한다.

④ 적어도 한 달에 1회 이상 책임 있는 감독자가 점검한다.

60. 추락에 의한 위험방지 중 유의사항으로 틀린 것은?

① 승강로 내 작업 시에는 작업공구, 부품 등이 낙하하여 다른 사람을 해치지 않도록 할 것

② 카 상부 작업 시 중간층에는 균형추의 움직임에 주의하여 충돌하지 않도록 할 것

③ 카 상부 작업 시에는 신체가 카 상부 보호대를 넘지 않도록 하며 로프를 잡을 것

④ 승강장 도어 키를 사용하여 도어를 개방할 때에는 몸의 중심을 뒤에 두고 개방하여 반드시 카 유무를 확인하고 탑승할 것

[해설] 움직이는 로프가 있음에 주목하며 로프를 붙잡고 작업하는 일이 없도록 습관화하여야 한다.

2016년도 시행 문제

▶ **2016년 4월 2일 시행** 승강기 기능사

1. 엘리베이터를 3~8대 병설하여 운행관리하며 1개의 승강장 부름에 대하여 1대의 카가 응답하고 교통수단의 변동에 대하여 변경되는 조작방식은?

① 군 관리 방식
② 단식 자동방식
③ 군 승합 전자동식
④ 방향성 승합 전자동식

해설 자동운전방식에 의한 분류

운전방식	특 징
단식 자동방식	• 가장 먼저 등록된 부름에만 우선 응답 • 화물용이나 자동차용
군 승합 전자동식	• 2~3대의 엘리베이터 병설 • 1대의 승강장 부름에 1대의 카만 응답
방향성 승합 전자동식	• 일반 1대의 승객용에 주로 사용 • 승강기의 버튼이 2개 (상, 하)
하강 승합 전자동식	• 2층 이상의 승강장 버튼은 하강 방향에만 있는 방식
군 관리 방식	• 3~8대의 엘리베이터 병설 • 승강장 위치 표시기는 홀 랜턴 설치

※ 홀 랜턴 (hall lantern) : 카의 오름과 내림을 나타내는 방향등

2. 엘리베이터용 트랙션식 권상기의 특징이 아닌 것은?

① 소요동력이 작다.
② 균형추가 필요 없다.

③ 행정거리에 제한이 없다.
④ 권과를 일으키지 않는다.

해설 트랙션(traction) 권상기
ⓐ 권상구동식으로 기어식과 무기어식이 있으며, 균형추를 사용하므로 권동식에 비하여 소요동력이 크지 않다.
ⓑ 행정거리에 제한이 없으며 지나치게 감기는 현상(권과)이 일어나지 않는다.

3. 로프의 미끄러짐 현상을 줄이는 방법으로 틀린 것은?

① 권부각을 크게 한다.
② 카 자중을 가볍게 한다.
③ 가감속도를 완만하게 한다.
④ 균형 체인이나 균형 로프를 설치한다.

해설 권상 도르래와 로프의 미끄러짐의 관계

미끄러지기 쉬운 경우	대 책
카의 가속도와 감속도가 클수록	가·감속도를 완만하게 한다.
로프와 도르래의 마찰계수가 작을수록	언더컷 (under cut) 홈으로 하여 마찰계수를 올린다.
카 측과 균형추 측의 로프에 걸리는 비중의 비가 클수록	보상 체인이나 로프를 설치한다.
권부각이 작을수록	권부각을 크게 한다.

※ 권부각 : 로프가 감기는 각도

4. 승객(공동주택)용 엘리베이터에 주로 사용되는 도르래 홈의 종류는?

① U홈 　　　　② V홈
③ 실홈 　　　　④ 언더컷 홈

[해설] 언더컷(under cut) 홈(본문 표 1-5 참조)

㉠ 로프와 시브(sheave ; 도르래)의 마찰계수가 작을수록 미끄러지기 쉬우므로 언더컷 홈으로 하여 마찰계수를 높인다.

㉡ U홈과 V홈의 장점을 가지며 트랙션 능력이 커서 가장 일반적으로 사용된다.

5. 일반적으로 사용되고 있는 승강기의 레일 중 13 K, 18 K, 24 K 레일 폭의 규격에 대한 사항으로 옳은 것은?

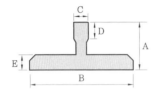

① 3종류 모두 같다.
② 3종류 모두 다르다.
③ 13 K와 18 K는 같고 24 K는 다르다.
④ 18 K와 24 K는 같고 13 K는 다르다.

[해설] 주행 안내 레일(guide rail)의 규격

공칭 mm	8 kg	13 kg	18 kg	24 kg	30 kg
A	56	62	89	89	108
B	78	89	114	127	140
C	10	16	16	16	19
D	26	32	38	50	51
E	6	7	8	12	13

㊤ 폭 C는 16 mm로 3종류 모두 같다.

6. 엘리베이터의 속도가 규정치 이상이 되었을 때 작동하여 동력을 차단하고 비상정지를 작동시키는 기계장치는? [09, 12, 13, 16]

① 구동기　　　　② 과속조절기
③ 완충기　　　　④ 도어 스위치

[해설] 과속조절기(governor)

㉠ 과속조절기는 카(car)와 같은 속도로 움직이는 과속조절기 로프에 의해 회전되어 항상 카의 속도를 검출하는 장치이다.

㉡ 과속조절기는 원심력을 이용하여 추락방지 안전장치를 동작하게 되며, 롤 세이프티형과 디스크형, 플라이 볼형이 있다.

7. 승강기 정밀안전 검사기준에서 전기식 엘리베이터 주 로프의 끝 부분은 몇 가닥마다 로프 소켓에 배빗 채움을 하거나 체결식 로프 소켓을 사용하여 고정하여야 하는가?

① 1가닥　② 2가닥　③ 3가닥　④ 5가닥

[해설] 주 로프(main rope)와 소켓팅 : 끝부분은 1본(가닥)마다 로프 소켓(rope socket)에 배빗(babbit) 채움을 하거나 체결식 로프 소켓을 사용하여 고정하여야 한다.

소켓에 배빗을 주입하여 마감한 부분

배빗 채움

[참고] 배빗메탈(babbitt metal) : 로프를 소켓에 고정시키기 위해 사용되는 합금으로 9 %의 안티몬을 함유하고 있다.

8. 과속조절기 로프의 공칭 직경은 몇 mm 이상이어야 하는가?

① 6　　② 8　　③ 10　　④ 12

[해설] 과속조절기 로프의 규격

㉠ 과속조절기 로프의 공칭 직경은 6 mm 이상

㉡ 과속조절기 로프 인장 풀리의 피치 지름과 과속조절기 로프의 공칭 지름 사이의 비는 30 이상

9. 도어에 사람의 끼임을 방지하는 장치가 아닌 것은? [11, 13, 14, 16]

① 광전 장치　　　② 세이프티 슈
③ 초음파 장치　　④ 도어 인터로크

[해설] 문닫힘 안전장치

㉠ 세이프티 슈(safety shoe) : 물체의 접촉에 의한 접촉식

㉡ 세이프티 레이(safety ray) : 광전장치에 의해서 검출

㉢ 초음파 장치 : 초음파의 감지 각도의 조절에 의한 검출

[참고] 카(car)문이나 승강장문 또는 양쪽 문에 설치되어야 한다.

정답　5. ①　6. ②　7. ①　8. ①　9. ④

10. 도어 인터로크에 관한 설명으로 옳은 것은?

① 도어 닫힘 시 도어 로크가 걸린 후, 도어 스위치가 들어가야 한다.

② 카가 정지하지 않는 층은 도어 로크가 없어도 된다.

③ 도어 로크는 비상 시 열기 쉽도록 일반 공구로 사용 가능해야 한다.

④ 도어 개방 시 도어 로크가 열리고, 도어 스위치가 끊어지는 구조이어야 한다.

해설 도어 인터로크(door interlock) 장치

(1) 도어 로크(door lock) : 카가 정지하고 있지 않는 층계의 승강장문은 전용열쇠를 사용하지 않으면 열리지 않도록 하는 잠금장치

(2) 도어 스위치(door switch) : 문이 닫혀 있지 않으면 운전이 불가능하도록 하는 장치

㉮ 도어 로크, 도어 스위치같이 기계적인 잠금장치(lock)와 전기적인 스위치의 조합으로 구성되고, 도어가 닫히는 경우에는 잠금장치가 먼저 잠기고 스위치 접점이 연결(구성)되어야 한다.

㉯ 도어가 열리는 경우에는 스위치 접점이 먼저 떨어지고 난 후에 잠금장치가 풀리는 동작을 할 수 있는 구조이어야 한다.

11. 기계실 크기는 설비, 특히 전기설비의 작업이 쉽고 안전하도록 하기 위하여 작업구역에서 유효높이는 몇 m 이상으로 하여야 하는가?

① 1.8 　② 2.1 　③ 2.3 　④ 2.5

해설 기계실 및 승강로 내부공간의 크기

㉠ 유효높이 : 2.1 m 이상

㉡ 이동통로 : 높이 1.8 m 이상, 폭 0.5 m 이상

12. 기계실에는 바닥면에서 몇 lx 이상을 비출 수 있는 영구적으로 설치된 전기 조명이 있어야 하는가?

① 2 　② 50 　③ 100 　④ 200

해설 기계실의 일반사항 : 기계실에는 바닥면에서 200 lx 이상을 비출 수 있는 영구적으로 설치된 전기조명이 있어야 한다.

13. 교류 2단 속도 제어에서 가장 많이 사용되는 속도비는?

① 2 : 1 　② 4 : 1

③ 6 : 1 　④ 8 : 1

해설 교류 2단 속도 제어

㉠ 착상오차를 감소시키기 위해 2단 속도 전동기를 사용함

㉡ 기동과 주행은 고속권선으로 행하고 감속 시는 저속권선으로 감속하여 착상함

㉢ 2단 속도 모터의 속도비는 여러 비율이 생각되지만 착상오차 이외에 감속도, 감속 시의 저토크(감속도의 변화 비율), 크리프 시간(저속으로 주행하는 시간), 전력회생 등을 감안한 4 : 1이 가장 많이 사용된다.

14. 승객이나 운전자의 마음을 편하게 해 주는 장치는?

① 통신 장치 　② 관제 운전 장치

③ 구출 운전 장치 　④ B.G.M 장치

해설 B.G.M(back ground music) : 카 내부에 음악이나 방송을 하기 위한 장치이다.

15. 다음 중 유압 펌프에 관한 설명 중 틀린 것은?

① 압력맥동이 커야 한다.

② 진동과 소음이 작아야 한다.

③ 일반적으로 스크루 펌프가 사용된다.

④ 펌프의 토출량이 크면 속도도 커진다.

해설 유압 펌프

㉠ 펌프의 출력은 유압과 토출량에 비례한다.

㉡ 동일 플런저라면 유압이 높을수록 무거운 하중을 올릴 수 있다.

정답 **10.** ① 　**11.** ② 　**12.** ④ 　**13.** ② 　**14.** ④ 　**15.** ①

ⓒ 토출량이 많을수록 속도가 커진다.

ⓔ 압력맥동이 작고 진동과 소음이 작은 스크루 펌프(screw pump)를 사용한다.

[참고] 펌프는 일반적으로 원심식, 가변 토출량식, 강제 송유식 등이 있으며 주로 강제 송유식(기어 펌프, 베인 펌프 및 스크루 펌프)이 사용된다.

16. 펌프의 출력에 대한 설명으로 옳은 것은?

① 압력과 토출량에 비례한다.
② 압력과 토출량에 반비례한다.
③ 압력에 비례하고, 토출량에 반비례한다.
④ 압력에 반비례하고, 토출량에 비례한다.

[해설] 15번 해설 참조

17. 유압식 엘리베이터 자체 점검 시 피트에서 하는 점검항목 장치가 아닌 것은?

① 체크 밸브
② 램 (플런저)
③ 이동케이블 및 부착부
④ 하부 파이널 리밋 스위치

[해설] 체크 밸브는 기계실이 하는 점검항목에 적용되며 펌프와 차단 밸브 사이의 회로에 설치되어야 한다.

[참고] 피트에서 하는 점검항목 (②, ③, ④ 이외에)
 ㉠ 완충기
 ㉡ 과속조절기 당김 도르래
 ㉢ 카 비상 멈춤장치 스위치
 ㉣ 저울 장치
 ㉤ 실린더
 ㉥ 과속조절기
 ㉦ 주 로프의 늘어짐 검출장치 등

18. 유압장치의 보수 점검 및 수리 등을 할 때 사용되는 장치로서 이것을 닫으면 실린더의 기름이 파워 유닛으로 역류하는

것을 방지하는 장치는?

① 제지 밸브
② 스톱 밸브
③ 안전 밸브
④ 럽처 밸브

[해설] 스톱 밸브 (stop valve)
 ㉠ 유압 파워 유닛에서 실린더로 통하는 배관 도중에 설치되는 수동조작 밸브이다.
 ㉡ 이 밸브를 닫으면 실린더의 오일이 탱크로 역류하는 것을 방지한다.
 ㉢ 유압장치의 보수, 점검, 수리 시에 사용되는데 게이트 밸브(gate valve)라고도 한다.

19. 정전으로 인하여 카가 층 중간에 정지될 경우 카를 안전하게 하강시키기 위하여 점검자가 주로 사용하는 밸브는?

① 체크 밸브
② 스톱 밸브
③ 릴리프 밸브
④ 하강용 유량제어 밸브

[해설] 하강용 유량제어 밸브
 ㉠ 하강용 전자밸브에 의해 열림 정도가 제어되는 밸브로서 실린더에서 탱크로 되돌아오는 유량을 제어한다.
 ㉡ 수동식 하강밸브가 부착되어 있어 정전 및 어떤 원인으로 층 중간에 정지할 경우에도 이 밸브를 열어 카를 안전하게 운용시킬 수 있다.

20. 유압식 엘리베이터의 카 문턱에는 승강장 유효 출입구 전폭에 걸쳐 에이프런이 설치되어야 한다. 수직면의 아랫부분은 수평문에 대해 몇 도 이상으로 아랫방향을 향하여 구부러져야 하는가?

① 15°
② 30°
③ 45°
④ 60°

[해설] 에이프런 (apron)
 ㉠ 카 문턱에는 승강장 유효 출입구 전폭에 걸쳐 에이프런이 설치되어야 한다.
 ㉡ 수직면의 아랫부분은 수평면에 대해 60°

이상으로 아랫방향을 향하여 구부러져야
한다.
ⓒ 구부러진 곳의 수평면에 대한 투영길이
는 20 mm 이상이어야 한다.

21. 에스컬레이터와 무빙워크의 일반적인 경사도는 각각 몇 도 이하인가?

① 20°, 5°   ② 30°, 8°
③ 30°, 12°   ④ 45°, 20°

[해설] 경사도
ⓐ 에스컬레이터의 경사도는 30°를 초과하지 않아야 한다. – 높이가 6 m 이하이고 공칭속도가 0.5 m/s 이하인 경우에는 경사도를 35°까지 증가시킬 수 있다.
ⓑ 무빙워크의 경사도는 12° 이하이어야 한다.

22. 디딤판 폭 0.8 m, 공칭속도 0.75 m/s인 에스컬레이터로 수송할 수 있는 최대 인원의 수는 시간당 몇 명인가?

① 3600   ② 4800
③ 6000   ④ 6600

[해설] 에스컬레이터·무빙워크의 1시간당 최대 수송인원

디딤판·팔레트 폭(m)	공칭속도 (m/s)		
	0.5	0.65	0.75
0.6	3600명	4400명	4900명
0.8	4800명	5900명	6600명
1	6000명	7300명	8200명

[참고] 수송능력 $M = \dfrac{Q \cdot V}{T} \times 3600 \, [\text{명/h}]$

$$= \frac{2 \times 0.75}{0.8} \times 3600$$

$$= 6750 \, [\text{명/h}]$$

Q : 1단당에 오를 수 있는 인원 수(명)
T : 디딜 면(m), V : 단의 속도(m/s)

23. 에스컬레이터의 스커트 가드판과 디딤판 사이에 인체의 일부나 옷, 신발 등

이 끼었을 때 동작하여 에스컬레이터를 정지시키는 안전장치는?

① 디딤판 체인 안전장치
② 구동 체인 안전장치
③ 손잡이 안전장치
④ 스커트 가드 안전장치

[해설] 스커트 가드 안전장치(S.G.S) : 디딤판과 스커트 가드(skirt guard) 판 사이에 사람의 옷, 신발 등이 끼이면서 말려 들어가는 경우, 스위치 작동으로 운행이 정지된다.

24. 승강장에서 디딤판 뒤쪽 끝부분을 황색 등으로 표시하여 설치되는 것은?

① 디딤판 체인
② 테크 보드
③ 디딤판 경계틀
④ 스커트 가드

[해설] 디딤판 경계틀(demarcation)
ⓐ 목적 : 디딤판과 스커트 가드 틈새와, 디딤판과 디딤판 사이의 끼임을 방지하고 경사 전환부의 전도 사고를 방지한다.
ⓑ 표시위치 : 디딤판 안쪽에 상행운전용은 앞쪽에 황색선, 하행운전용은 뒤쪽에 황색선을 표시한다.

25. 끼임 방지빗에 대한 설명으로 옳은 것은?

① 홈에 맞물리는 각 승강장의 갈래진 부분
② 전기안전장치로 구성된 전기적인 안전 시스템의 부분
③ 에스컬레이터 또는 무빙워크를 둘러싸고 있는 외부 측 부분
④ 디딤판, 팔레트 또는 벨트와 연결되는 난간의 수직 부분

[해설] 끼임 방지빗 : 홈에 맞물리는 각 승강장의 갈래진 부분을 말한다.

참고 끼임 방지빗이 홈에 맞물리는 깊이
ㄱ 트레드 홈에 맞물리는 끼임 방지빗 깊이
는 4 mm 이상이어야 한다.
ㄴ 틈새는 4 mm 이하이어야 한다.

26. 자동차용 엘리베이터에서 운전자가 항상 전진방향으로 차량을 입·출고할 수 있도록 해주는 방향 전환장치는?

① 턴 테이블   ② 카 리프트
③ 차량 감지기   ④ 출차 주의등

해설 턴 테이블(turn table) : 차량의 입·출고를 편리하게 하기 위해 자동차 승강기 앞에 설치된 원형 회전테이블이다.

27. 주차구획이 3층 이상으로 배치되어 있고 출입구가 있는 층의 모든 주차구획을 주차장치 출입구로 사용할 수 있는 구조로서 그 주차구획을 아래·위 또는 수평으로 이동하여 자동차를 주차하도록 설계한 주차장치는?

① 수평순환식
② 다층순환식
③ 다단식 주차장치
④ 승강기 슬라이드식

해설 입체 주차설비
ㄱ 2단식 : 주차실을 2단으로 하여 면적을 2배로 이용
ㄴ 다단식 : 주차실을 3단 이상으로 하는 방식

28. 피트 정지 스위치의 설명으로 틀린 것은?

① 이 스위치가 작동하면 문이 반전하여 열리도록 하는 기능을 한다.
② 점검자나 검사자의 안전을 확보하기 위해서는 작업 중 카의 움직임을 방지하여야 한다.
③ 수동으로 조작되고 스위치가 열리면

전동기 및 브레이크에 전원 공급이 차단되어야 한다.
④ 보수 점검 및 검사를 위해 피트 내부로 들어가기 전에 반드시 이 스위치를 "정지" 위치로 두어야 한다.

해설 피트 정지 스위치
ㄱ 피트 내부로 들어가기 전에 반드시 이 스위치를 "정지" 위치로 두어야 한다.
ㄴ 수동으로 조작되고 스위치가 열리면 전동기 및 브레이크에 전원 공급이 차단되어야 한다.
ㄷ 의도되지 않은 작동으로 정상운전으로 복귀될 수 없어야 한다.

29. 카가 최상층 및 최하층을 지나쳐 주행하는 것을 방지하는 것은?

① 균형추   ② 정지 스위치
③ 인터로크 장치   ④ 리밋 스위치

해설 리밋 스위치(limit switch) : 카 (car)가 운행 중 이상 원인으로 감속되지 못하고 최종 단층(최하, 최상층)을 지나칠 경우 강제로 감속시키기 위한 개폐장치

a 접점 : ———
b 접점 : ———

리밋 스위치

30. 다음 중 카 문턱과 승강장문 문턱 사이의 수평거리는 몇 mm 이하이어야 하는가?

① 12   ② 15
③ 35   ④ 125

해설 카 문턱과 승강장문 문턱 사이의 수평거리는 35 mm 이하이어야 한다.

31. 가요성 호스 및 실린더와 체크 밸브 또는 하강 밸브 사이의 가요성 호스 연결장치는 전 부하 압력의 몇 배의 압력을 손상 없이 견뎌야 하는가?

정답 26. ①   27. ③   28. ①   29. ④   30. ③   31. ④

① 2　　② 3　　③ 4　　④ 5

[해설] 가요성 호스

　ⓐ 가요성 호스 및 실린더와 체크 밸브 또는 하강 밸브 사이의 가요성 호스 연결장치는 전 부하 압력의 5배의 압력을 손상 없이 견디어야 한다.

　ⓑ 안전율은 8 이상되어야 한다.

32. 고장 및 정전 시 카 내의 승객을 구출하기 위해 카 천장에 설치된 비상구출문에 대한 설명으로 틀린 것은?

① 카 천장에 설치된 비상구출문은 카 내부 방향으로 열리지 않아야 한다.

② 카 내부에서는 열쇠를 사용하지 않으면 열 수 없는 구조이어야 한다.

③ 비상구출구의 크기는 0.3 m×0.3 m이상이어야 한다.

④ 카 천장에 설치된 비상구출문은 열쇠 등을 사용하지 않고 카 외부에서 간단한 조작으로 열 수 있어야 한다.

[해설] 비상구출문 : 승객의 구출 및 구조를 위한 비상구출문이 카 천장에 있는 경우, 비상구출구의 크기는 0.35 m×0.5 m 이상이어야 한다.

33. 소방구조용 엘리베이터의 정전 시 예비전원의 기능에 대한 설명으로 옳은 것은?

① 30초 이내에 엘리베이터 운행에 필요한 전력용량을 자동적으로 발생하여 1시간 이상 작동하여야 한다.

② 40초 이내에 엘리베이터 운행에 필요한 전력용량을 자동적으로 발생하여 1시간 이상 작동하여야 한다.

③ 60초 이내에 엘리베이터 운행에 필요한 전력용량을 자동적으로 발생하여 2시간 이상 작동하여야 한다.

④ 90초 이내에 엘리베이터 운행에 필요한 전력용량을 자동적으로 발생하여 2시간 이상 작동하여야 한다.

[해설] 소방구조용 엘리베이터의 정전 시 예비전원

　ⓐ 60초 이내에 엘리베이터 운행에 필요한 전력용량을 자동적으로 발생시키도록 하되 수동으로 전원을 작동할 수 있어야 한다.

　ⓑ 2시간 이상 작동할 수 있어야 한다.

34. 물체에 하중을 작용시키면 물체 내부에 저항력이 생긴다. 이때 생긴 단위면적에 대한 내부 저항력을 무엇이라 하는가?

① 보　　　　　　② 하중

③ 응력　　　　　④ 안전율

[해설] 응력(stress)

　ⓐ 물체에 외력이 가해졌을 때 그 물체에 생기는 저항력을 응력이라 한다.

　ⓑ 응력 $= \dfrac{하중}{단면적} \, [\mathrm{kg/cm^2}]$

35. 변형량과 원래 치수와의 비를 변형률이라 하는데 다음 중 변형률의 종류가 아닌 것은?

① 가로 변형률　　② 세로 변형률

③ 전단 변형률　　④ 전체 변형률

[해설] 변형률의 종류 : 세로 변형률, 가로 변형률, 전단 변형률

36. 웜 기어(worm gear)의 특징이 아닌 것은?

① 효율이 좋다.

② 부하용량이 크다.

③ 소음과 진동이 적다.

④ 큰 감속비를 얻을 수 있다.

[해설] 웜 기어의 특징

　ⓐ 전동 효율이 나쁘다.

　ⓑ 소음과 진동이 적으며, 소형, 경량이다.

© 큰 감속비$\left(\dfrac{1}{10} \sim \dfrac{1}{100}\right)$를 얻을 수 있다.

② 부하용량이 크다.

⑩ 미끄럼이 크다.

37. 다음 중 한 쌍의 기어를 맞물렸을 때 치면 사이에 생기는 틈새를 무엇이라 하는가?

① 백래시　　　　② 이 사이
③ 이뿌리면　　　④ 지름 피치

[해설] 기어 각 부의 명칭

[참고] 백래시(back lash) : 서로 물린 한 쌍의 기어에서 잇면 사이의 간격

38. 다음 중 측정계기의 눈금이 균일하고, 구동 토크가 커서 감도가 좋으며 외부의 영향을 적게 받아 가장 많이 쓰이는 아날로그 계기 눈금의 구동방식은?

① 충전된 물체 사이에 작용하는 힘
② 두 전류에 의한 자기장 사이의 힘
③ 자기장 내에 있는 철편에 작용하는 힘
④ 영구자석과 전류에 의한 자기장 사이의 힘

[해설] 구동 토크를 발생시키는 방법
　　(①, ②, ③, ④ 이외에)
　　㉠ 자기장과 전류 사이에 작용하는 힘
　　㉡ 회전 자기장 및 이동 자기장 내에 있는 금속 도체에 작용하는 힘
　　㉢ 줄열(joule's heat)에 의한 금속선의 팽창에 의한 기전력의 힘
　　㉣ 전류에 의한 전기 분해 작용을 이용
　　이 중에서 "영구자석과 전류에 의한 자기장 사이의 힘"에 의한 구동 방식은 "①"에 해당되며, 가장 많이 쓰이는 가동코일형 계기에 적용된다.

[참고] 가동코일형 계기의 눈금은 균등 눈금이다.

39. 전압계의 측정범위를 7배로 하려 할 때 비율기의 저항은 전압계 내부저항의 몇

배로 하여야 하는가?

① 7　　② 6　　③ 5　　④ 4

[해설] 배율 $m = 1 + \dfrac{R_m}{R_v}$ 에서,
　　$R_m = (m-1) \cdot R_v = (7-1) \cdot R_v = 6 \cdot R_v$
　　∴ 6배

40. 100 V를 인가하여 전기량 30 C를 이동시키는데 5초 걸렸다. 이때의 전력(kW)은?

① 0.3　　② 0.6　　③ 1.5　　④ 3

[해설] $W = Q \cdot V = 30 \times 100 = 3000$ J
　　$\therefore P = \dfrac{W}{t} \times 10^{-3}$
　　　　$= \dfrac{3000}{5} \times 10^{-3} = 0.6$ kW

41. RLC 직렬회로에서 최대 전류가 흐르게 되는 조건은?

① $\omega L^2 - \dfrac{1}{\omega C} = 0$

② $\omega L^2 + \dfrac{1}{\omega C} = 0$

③ $\omega L - \dfrac{1}{\omega C} = 0$

④ $\omega L + \dfrac{1}{\omega C} = 0$

[해설] 최대 전류가 흐르게 하는 조건은 공진태이다.
　　∴ 공진 조건 $X_L = X_C$ 에서,
　　　　$\omega L - \dfrac{1}{\omega C} = 0$

42. 직류 발전기의 기본 구성요소에 속하지 않는 것은?

① 계자　　　　② 보극
③ 전기자　　　④ 정류자

[해설] 직류 발전기의 3요소
　　㉠ 자속을 만드는 계자(field)

ⓛ 기전력을 발생하는 전기자(armature)

ⓒ 교류를 직류로 변환하는 정류자
　(commutator)

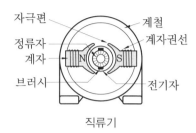

직류기

43. 직류 전동기에서 전기자 반작용의 원인이 되는 것은?

① 계자 전류

② 전기자 전류

③ 와류손 전류

④ 히스테리시스손의 전류

해설 전기자 반작용 : 전기자 권선에 흐르는 전류에 의한 기자력이 주자속에 영향을 미치는 작용이다.

44. 3상 유도전동기를 역회전 동작시키고자 할 때의 대책으로 옳은 것은?

① 퓨즈를 조사한다.

② 전동기를 교체한다.

③ 3선을 모두 바꾸어 결선한다.

④ 3선의 결선 중 임의의 2선을 바꾸어 결선한다.

해설 회전 방향을 바꾸는 방법 : 3상에 연결된 임의의 2선을 바꾸어 결선하면 회전자장의 회전방향이 반대가 되어 전동기는 역회전하게 된다.

정회전　　역회전

45. 논리식 $A(A+B)+B$ 를 간단히 하면?

① 1　　　　　② A

③ A＋B　　　④ A · B

해설 $A(A+B)+B = A+B$

참고 $A(A+B) = AA+AB = A+AB = A$

46. 논리회로에 사용되는 인버터(inverter)란?

① OR 회로　　　② NOT 회로

③ AND 회로　　④ X－OR 회로

해설 NOT 게이트

ⓛ OR과 AND 게이트와 더불어 논리회로를 구성하는 기본 요소 중 하나가 NOT 게이트이다.

ⓒ 입력과 출력을 각각 하나씩 갖는 회로로서, 인버터(inverter) 또는 부정회로라고 부른다.

ⓒ 인버터(NOT)는 일반적으로 반전 또는 보수를 행하는 기본 논리 함수를 수행한다.

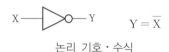

$$Y = \overline{X}$$

논리 기호 · 수식

47. 다음 중 접지 시스템 구성요소에 해당되지 않는 것은?

① 접지극

② 접지도체

③ 충전부

④ 보호도체

해설 접지 시스템의 구성요소 (KEC 142.1.1) : 접지극, 접지도체, 보호도체 및 기타 설비로 구성된다.

참고 충전부(live part) : 통상적인 운전 상태에서 전압이 걸리도록 되어 있는 도체 또는 도전부를 말한다.

48. 전기식 엘리베이터 자체점검 시 제어 패널, 캐비닛 접촉기, 릴레이 제어 기판에서 "B로 하여야 할 것"이 아닌 것은?

① 기판의 접촉이 불량한 것

② 발열, 진동 등이 현저한 것

③ 접촉기, 릴레이 – 접촉기 등의 손모가 현저한 것

④ 전기설비의 절연저항이 규정 값을 초과하는 것

[해설] 기계실 – 제어패널, 캐비닛, 접촉기, 릴레이, 제어기판

B로 하여야 할 것	C로 하여야 할 것
(②, ③, ④ 이외에) • 잠금장치가 불량한 것 • 동작이 불안정한 것	• 기판의 접촉이 불량한 것 • 화재발생 염려가 있는 것 • 퓨즈 등에 규격 외의 것이 사용되고 있는 것 등

49. 전기식 엘리베이터 자체점검 시 기계실, 구동기 및 풀리 공간에서 하는 점검 항목 장치가 아닌 것은?

① 과속조절기   ② 권상기

③ 고정 도르래   ④ 과부하 감지장치

[해설] 기계실, 구동기 및 풀리 공간에서 하는 점검 항목 장치
　㉠ 과속조절기　　　㉡ 권상기
　㉢ 고정 도르래, 풀리　㉣ 전동기
　㉤ 전동·발전기 등

50. 승강기 시설 안전관리법의 목적은 무엇인가?

① 승강기 이용자의 보호

② 승강기 이용자의 편리

③ 승강기 관리주체의 수익

④ 승강기 관리주체의 편리

[해설] 승강기 시설 안전관리법
　제1조 (목적) : 이 법은 승강기의 설치 및 보수 등에 관한 사항을 정하여 승강기를 효율적으로 관리함으로써 승강기 시설의 안전성을 확보하고 승강기 이용자를 보호함을 목적으로 한다.

51. 균형 체인과 균형 로프의 점검사항이 아닌 것은?

① 이상소음이 있는지를 점검

② 이완상태가 있는지를 점검

③ 연결 부위의 이상 마모가 있는지를 점검

④ 양쪽 끝단은 카의 양측에 균등하게 연결되어 있는 지를 점검

[해설] 균형 체인과 균형 로프의 점검사항
　(①, ②, ③ 이외에)
　㉠ 밸런스(balance) 상태 점검
　㉡ 취부 상태 점검

52. 재해조사의 목적으로 가장 거리가 먼 것은?

① 재해에 알맞은 시정책 강구

② 근로자의 복리후생을 위하여

③ 동종 재해 및 유사 재해 재발 방지

④ 재해 구성요소를 조사, 분석, 검토하고 그 자료를 활용하기 위하여

[해설] 재해조사의 목적
　㉠ 재해조사는 재해의 원인과 자체의 결함 등을 규명함으로써 동종 재해 및 유사 재해의 발생을 막기 위한 예방대책을 강구하기 위해서 실시한다.
　㉡ 재해조사는 조사하는 것이 목적이 아니고, 또 관계자의 책임을 추궁하는 것이 목적도 아니다.
　㉢ 재해조사에서 중요한 것은 재해원인에 대한 사실을 알아내는 데 있는 것이다.

53. 재해의 발생 과정에 영향을 미치는 것에 해당되지 않는 것은?

---

① 개인의 성격적 결함
② 사회적 환경과 신체적 요소
③ 불안전한 행동과 불안전한 상태
④ 개인의 성별·직업 및 교육의 정도

해설 사고(재해) 원인의 분류
(1) 직접 원인
　㉮ 물적 원인 : 불량한 기계설비와 불안전한 환경
　㉯ 인적 원인 : 사람의 불안전한 행동·상태
(2) 간접 원인
　㉮ 기술적 원인 : 설계 검사 등 기술적 결함
　㉯ 교육적 원인 : 안전지식 부족, 미숙, 미경험
　㉰ 신체적(생리적) 원인 : 질병, 피로, 난청, 근시
　㉱ 정신적 원인 : 착각, 동요 등 정신적 결함
　㉲ 관리적 원인 : 관리조직상 결함

54. 파괴검사 방법이 아닌 것은?
① 인장 검사　　② 굽힘 검사
③ 육안 검사　　④ 경도 검사

해설 파괴검사의 종류
㉠ 인장시험
㉡ 경도시험
㉢ 굽힘시험

참고 비파괴검사의 종류
㉠ 누설검사
㉡ 초음파탐상검사
㉢ 방사선투과검사

55. "엘리베이터 사고 속보"란 사고 발생 후 몇 시간 이내인가?
① 7시간　　② 9시간
③ 18시간　　④ 24시간

56. 공작물을 제작할 때 공차 범위라고 하는 것은?
① 영점과 최대허용치수와의 차이
② 영점과 최소허용치수와의 차이

③ 오차가 전혀 없는 정확한 치수
④ 최대허용치수와 최소허용치수와의 차이

해설 공차 (tolerance)
㉠ 최대허용치수와 최소허용치수와의 차이를 말한다.
㉡ 기계부품 등을 제작할 때 설계상 정해진 치수에 대해 실용상 허용되는 범위의 오차를 가리킨다.
㉢ 어느 기준값에 대해 규정된 최댓값과 최솟값의 차이를 말한다.
㉣ 실제로 기계가공을 하여 완성된 치수와 호칭치수가 똑같기란 어려우므로, 호칭치수에 대해 실용상 허용되는 최대치수와 최소치수를 정하고, 가공해서 다듬질한 후의 치수가 이 최대치수와 최소치수 사이, 즉 공차에 들어 있으면 공작이 쉬워진다.
㉤ 공차는 끼워맞추기의 종류에 따라 다르며, 가공된 것이 공차의 범위 내에 들어 있는가를 검사하는 기구를 한계게이지라고 한다.

57. 감전과 전기화상을 입을 위험이 있는 작업에서 구비해야 하는 것은?
① 보호구　　② 구명구
③ 운동화　　④ 구급용구

해설 고전압선로와 충전부에 근접하여 작업 시에는 반드시 보호구를 착용하여야 한다.

참고 보호구 (protective equipment)
㉠ 재해방지나 건강장해방지의 목적에서 작업자가 직접 몸에 걸치고 작업하는 것이며, 재해방지를 목적으로 하는 것을 안전보호구라 한다.
㉡ 규격이 제정되어 있는 것은 안전모, 안전대, 안전화, 보안경, 안전장갑, 보안면, 방진 마스크, 방독 마스크, 방음 보호구, 방열복 등이 있다.

58. 감전에 의한 위험대책 중 부적합한 것은?
① 일반인 이외에는 전기기계 및 기구에

접촉 금지

② 전선의 절연피복을 보호하기 위한 방호조치가 있어야 한다.

③ 이동전선의 상호 연결은 반드시 접속 기구를 사용할 것

④ 배선의 연결 부분 및 나선 부분은 전기절연용 접착테이프로 테이핑 하여야 한다.

[해설] 감전 사고는 설비의 불량과 사람의 부주의로 나눌 수 있다. 일반인은 물론, 전기 기계 및 기구에 접촉하지 않도록 해야 한다.

59. 전기재해의 직접적인 원인과 관련이 없는 것은 ?

① 회로 단락

② 충전부 노출

③ 접속부 과열

④ 접지판 매설

[해설] 접지판 매설은 전기 재해를 방지하는 접지공사에 적용된다.

60. 안전 작업모를 착용하는 주요 목적이 아닌 것은 ?

① 화상방지

② 감전의 방지

③ 종업원의 표시

④ 비산물로 인한 부상 방지

[해설] 안전 작업모의 착용 목적 : 머리를 전기적, 기계적 충격으로 부터 보호

㉠ 화상방지 : 열로 부터 보호

㉡ 비산물로 인한 부상 방지 : 건설현장, 갱도, 맨홀작업

㉢ 감전의 방지 : 절연보호장비

▶ **2016년 7월 10일 시행** 승강기 기능사

1. 군관리 방식에 대한 설명으로 틀린 것은?

① 특정 층의 혼잡 등을 자동적으로 판단한다.

② 카를 불필요한 동작 없이 합리적으로 운행관리한다.

③ 교통수요의 변화에 따라 카의 운전 내용을 변화시킨다.

④ 승강장 버튼의 부름에 대하여 항상 가장 가까운 카가 응답한다.

[해설] 군관리 방식

(1) 3~8대가 병설되었을 때 개개의 카를 분산 제어하는 방식으로 교통상태에 따라 이동 층수 및 정지 횟수를 최소화하는 에너지소비 최소화 운전방식이다.

(2) 특정 층의 혼잡 등을 자동적으로 판단한다.
(가) 회의실 등 혼잡 층의 우선 서비스 기능
(나) 출근 시 low · high zone 분할 운전 기능
(다) 중식 시 식당 층의 우선 할당 기능

(3) 운행방식을 변화시켜 엘리베이터를 배치하는 방식으로 카(car)를 불필요한 동작 없이 합리적으로 운행 관리한다.

[참고] 군관리 방식은 카가 운행 도중의 승강장 부름을 건너뛰어 운행하거나 반대로 되돌아가는 등 전체 효율에 중점을 두고 있으므로 개개인의 호출에 가장 가까운 카(car)가 도착한다고 볼 수는 없다.

2. 엘리베이터용 전동기의 구비조건이 아닌 것은?

① 전력소비가 클 것

② 충분한 제동력을 갖출 것

③ 운전상태가 정숙하고 저진동일 것

④ 고기동 빈도에 의한 발열에 충분히 견딜 것

[해설] 교류 엘리베이터의 전동기에 요구되는 특성

㉠ 고기동 빈도에 의한 발열에 대응할 것

㉡ 기동 시 기동 전류는 적고, 기동 토크(회전력)는 큰 특성이 좋다.

㉢ 운전 상태가 정숙하고 진동과 소음이 적어야 하며 충분한 제동력을 가질 것

㉣ 일반 전동기에 비해 기동 · 감속 · 정지의 빈도가 크므로 회전부분의 관성모멘트가 작아야 한다.

3. 교류 이단속도(AC-2)제어 승강기에서 카 바닥과 각 층의 바닥면이 일치되도록 정지시켜 주는 역할을 하는 장치는?

① 시브

② 로프

③ 브레이크

④ 전원차단기

[해설] 브레이크(break) : 제동기

4. 다음 중 주행 안내 레일의 규격과 거리가 먼 것은?

① 레일의 표준길이는 5 m로 한다.

② 레일의 표준길이는 단면으로 결정한다.

③ 일반적으로 공칭 8, 13, 18, 24 및 30 K 레일을 쓴다.

④ 호칭은 소재의 1 m당 중량을 라운드 번호로 K레일을 붙인다.

[해설] 주행 안내 레일(guide rail)

㉠ 레일의 호칭은 마무리 가공 전 소재의 1 m당 중량을 라운드 번호로 하여 'K 레일'을 붙여서 사용한다. [예] 8 kg/m → 8 K

㉡ T형 레일을 사용하며 공칭은 8 K, 13 K, 18 K, 24 K 레일이지만 대용량 엘리베이터에서는 37 K, 50 K 등도 사용된다.

㉢ 레일의 표준길이는 5 m이다.

[정답] 1. ④ 2. ① 3. ③ 4. ②

5. 다음 중 과속조절기의 종류에 해당되지 않는 것은?

① 웨지형 과속조절기

② 디스크형 과속조절기

③ 플라이 볼형 과속조절기

④ 롤 세이프티형 과속조절기

[해설] 과속조절기(governor)의 종류

ㄱ 롤 세이프티형 GR(roll safety type) : 저속도용

ㄴ 디스크형 GD(disk type) : 중속도용

ㄷ 플라이 볼형 GF(fly ball type) : 고속도용

6. 추락방지 안전장치의 작동으로 카가 정지할 때까지 레일이 죄는 힘이 처음에는 약하게 그리고 하강함에 따라 강해지다가 얼마 후 일정한 값으로 도달하는 방식은?

① 슬랙로프 세이프티

② 순간식 추락방지 안전장치

③ 플렉시블 가이드 방식

④ 플렉시블 웨지 클램프 방식

[해설] 점차 작동식 추락방지 안전장치

(1) 플렉시블 웨지 클램프(F.W.C ; flexible wedge clamp)형

㈎ 레일을 죄는 힘이 동작 초기에는 약하나 점점 강해진 후 일정하다.

㈏ 구조가 복잡하여 거의 사용하지 않는다.

(2) 플렉시블 가이드 클램프(F.G.C ; flexible guide clamp)형

㈎ 레일을 죄는 힘이 동작에서 정지까지 일정하다.

㈏ 구조가 간단하고 설치면적이 작으며 복구가 용이하다.

㈐ 정격속도 1 m/s를 초과하는 경우 사용된다.

7. 승강기의 카 내에 설치되어 있는 것의 조합으로 옳은 것은?

① 조작반, 이동 케이블, 급유기, 과속조절기

② 비상조명, 카 조작반, 인터폰, 카 위치표시기

③ 카 위치표시기, 수전반, 호출버튼, 추락방지 안전장치

④ 수전반, 승강장 위치표시기, 비상스위치, 리밋 스위치

[해설] 카(car) 내 구성

ㄱ 천장 : 환풍구, 조명설비, 비상구출구 등

ㄴ 카(car) 조작반 : 인터폰 버튼, 행선지 버튼, 개폐 버튼, 방향등, 기타 스위치

ㄷ 위치 표시기

8. 다음 중 균형추를 구성하고 있는 구조재 및 연결재의 안전율은 균형추가 승강로의 꼭대기에 있고, 엘리베이터가 정지한 상태에서 얼마 이상으로 하는 것이 바람직한가?

① 3　　② 5　　③ 7　　④ 9

[해설] 균형추(counter weight) : 구조재 및 연결재의 안전율은 균형추가 승강로의 꼭대기에 위치해 있고, 엘리베이터가 정지한 상태에서 5 이상으로 한다.

9. 엘리베이터의 도어 머신에 요구되는 성능과 거리가 먼 것은?

① 보수가 용이할 것

② 가격이 저렴할 것

③ 직류 모터만 사용할 것

④ 작동이 원활하고 정숙할 것

[해설] 도어 머신(door machine)

ㄱ 작동이 원활하고 소음이 발생하지 않을 것

ㄴ 작고 가벼울 것(소형, 경량)

ㄷ 보수가 용이하고, 가격이 저렴할 것

ㄹ 동작이 확실할 것

10. 문 닫힘 안전장치의 종류로 틀린 것은?

① 도어 레일
② 광전장치
③ 세이프티 슈
④ 초음파 장치

해설 문 닫힘 안전장치

㉠ 세이프티 슈(safety shoe) : 물체의 접촉에 의한 접촉식

㉡ 세이프티 레이(safety ray) : 광전장치에 의해서 검출

㉢ 초음파 장치 : 초음파의 감지각도 조절에 의한 검출

11. 전기식 엘리베이터에서 기계실 출입문의 크기는?

① 폭 0.7 m 이상, 높이 1.8 m 이상
② 폭 0.7 m 이상, 높이 1.9 m 이상
③ 폭 0.6 m 이상, 높이 1.8 m 이상
④ 폭 0.6 m 이상, 높이 1.9 m 이상

해설 기계실 출입문 : 출입문은 폭 0.7 m 이상, 높이 1.8 m 이상의 금속제 문이어야 하며 기계실 외부로 완전히 열리는 구조이어야 한다.

12. 기계실 바닥에 몇 m를 초과하는 단차가 있을 경우에는 보호난간이 있는 계단 또는 발판이 있어야 하는가?

① 0.3 ② 0.4 ③ 0.5 ④ 0.6

해설 기계실 바닥에 0.5 m를 초과하는 단차가 있을 경우에는 보호 난간이 있는 계단 또는 발판이 있어야 한다.

13. 승강기의 안전에 관한 장치가 아닌 것은?

① 과속조절기(governor)
② 세이프티 블록(safety block)
③ 용수철 완충기(spring buffer)
④ 누름버튼 스위치(push button switch)

해설 누름버튼 스위치는 버튼을 누름으로써 on-off하게 되어 있는 스위치이다.

14. 엘리베이터 카에 부착되어 있는 안전장치가 아닌 것은?

① 과속조절기 스위치
② 카 도어 스위치
③ 비상정지 스위치
④ 세이프티 슈 스위치

해설 카(car) 안전장치

(1) 도어(door) 닫힘 안전장치

㈎ 세이프티 슈 ㈏ 세이프티 레이
㈐ 초음파 장치

(2) 도어(door) 스위치
(3) 비상 스위치, 게이트(gate) 스위치
(4) 클러치(clutch)

15. 전기식 엘리베이터의 과부하 방지장치에 대한 설명으로 틀린 것은?

① 과부하 방지장치의 작동치는 정격 적재하중의 110 %를 초과하지 않아야 한다.
② 과부하 방지장치의 작동상태는 초과하중이 해소되기까지 계속 유지되어야 한다.
③ 적재하중 초과 시 경보가 울리고 출입문의 닫힘이 자동적으로 제지되어야 한다.
④ 엘리베이터 주행 중에는 오동작을 방지하기 위해 과부하 방지장치 작동은 유효화 되어 있어야 한다.

해설 주행 중에는 오동작을 방지하기 위하여 작동이 무효화 되어야 한다.

참고 과부하 감지장치

㉠ 정격하중 이상의 물건을 적재하면 케이지 바닥 밑에 설치한 풋 스위치(foot switch)가 작동하여 경보 부저가 울린다.

㉡ 동시에 경보등이 점등되고 전동기 전원을 차단시켜 엘리베이터 동작을 금지시킨다.

㉢ 적재하중의 100~110 %로 설정한다.

정답 **11.** ① **12.** ③ **13.** ④ **14.** ① **15.** ④

16. 다음 장치 중에서 작동되어도 카의 운행에 관계없는 것은?

① 통화장치
② 과속조절기 캐치
③ 승강장 도어의 열림
④ 과부하 감지 스위치

17. 유압식 승강기의 밸브 작동 압력을 전부하 압력의 140 %까지 맞추어 조절해야 하는 밸브는?

① 체크 밸브　　② 스톱 밸브
③ 릴리프 밸브　　④ 업(up) 밸브

해설 유압 제어 및 안전장치 : 압력 릴리프 밸브는 압력을 전부하 압력의 140 %까지 제한하도록 맞춰 조절되어야 한다.

18. 다음 중 유압식 엘리베이터에서 T형 주행 안내 레일이 사용되지 않는 엘리베이터의 구성품은?

① 카
② 도어
③ 유압 실린더
④ 균형추(밸런싱 웨이트)

해설 주행 안내 레일(guide rail) : 카 및 균형추를 안내하는 레일이다.

참고 도어(door) : 주로 강판을 성형한 것에 적절한 보강을 하여 사용하고 도어 레일, 도어 행어(hanger) 등에 의해 개폐할 수 있도록 매달아 동작시킨다.

19. 유압식 엘리베이터에서 실린더의 점검사항으로 틀린 것은?

① 스위치의 기능 상실 여부
② 실린더 패킹에 누유 여부
③ 실린더 패킹의 녹 발생 여부
④ 구성부품, 재료의 부착에 늘어짐 여부

20. 유압식 엘리베이터의 점검 시 플런저 부위에서 특히 유의하여 점검하여야 할 사항은?

① 플런저의 토출량
② 플런저의 승강행정 오차
③ 제어밸브에서의 누유 상태
④ 플런저 표면조도 및 작동유 누설 여부

해설 플런저 부위에서 특히 유의 점검 사항은 플런저 표면조도 및 작동유 누설 여부이다.

참고 표면조도(表面粗度) : 표면거칠기(surface roughness)라고도 하며, 금속표면을 다듬질 가공할 때 표면에 생기는 미세한 요철(凹凸)의 정도를 일컫는다.

21. 에스컬레이터의 안전장치에 해당되지 않는 것은?

① 스프링(spring) 완충기
② 인렛 스위치(inlet switch)
③ 스커트 가드(skirt guard) 안전 스위치
④ 디딤판 체인 안전 스위치 (step chain safety switch)

해설 에스컬레이터의 안전장치
㉠ 인렛 스위치 : 손잡이 인입구 안전장치
㉡ 스커트 가드 안전 스위치 : 상하의 승강구 부근에 설치
㉢ 디딤판 체인 안전장치
㉣ 구동 체인 절단검출 스위치

참고 완충기는 엘리베이터의 피트에 설치된다.

22. 이동식 손잡이는 운행 중에 전 구간에서 디딤판과 손잡이의 동일 방향 속도 공차는 몇 %인가?

① 0~2　　　　② 3~4
③ 5~6　　　　④ 7~8

해설 손잡이 시스템 : 동일 방향으로 0 %에서 +2 %의 공차가 있는 속도로 움직여야 한다.

정답 16. ①　17. ③　18. ②　19. ①　20. ④　21. ①　22. ①

23. 건물에 에스컬레이터를 배열할 때 고려할 사항으로 틀린 것은?

① 엘리베이터 가까운 곳에 설치한다.
② 바닥 점유면적을 되도록 작게 한다.
③ 승객의 보행거리를 줄일 수 있도록 배열한다.
④ 건물의 지지보 등을 고려하여 하중을 균등하게 분산시킨다.

[해설] 에스컬레이터의 배열 시 고려사항
  ㉠ 지지보, 기둥 등에 균등하게 하중이 걸리는 위치에 배치
  ㉡ 동선 중심에 배치할 것(엘리베이터와 정면 현관의 중간정도)
  ㉢ 바닥 면적을 작게, 승객의 시야가 넓게, 주행거리가 짧게 배치

24. 다음 중 에스컬레이터의 디딤판체인이 늘어남을 확인하는 방법으로 가장 적합한 것은?

① 구동체인을 점검한다.
② 롤러의 물림 상태를 확인한다.
③ 라이저의 마모 상태를 확인한다.
④ 디딤판과 디딤판 간의 간격을 측정한다.

[해설] 디딤판체인
  ㉠ 디딤판체인은 좌우 체인에 전륜측이 일정한 링크 간격으로 연결된다.
  ㉡ 디딤판과 디딤판 간의 간격 측정방법은 체인의 늘어남을 확인하는 가장 적절한 방법이라 할 수 있다.

[참고] 디딤판체인은 일종의 롤러체인으로 에스컬레이터의 폭이 넓을수록, 양정이 높을수록 높은 강도의 체인을 필요로 한다.

25. 에스컬레이터의 디딤판구동장치에 대한 점검사항이 아닌 것은?

① 링크 및 핀의 마모 상태
② 손잡이 가드 마모 상태

③ 구동체인의 늘어짐 상태
④ 스프로킷 이의 마모 상태

[해설] 디딤판구동장치 점검사항
  ㉠ 링크, 핀 및 스프로킷 이의 마모 상태
  ㉡ 구동체인의 늘어나짐 상태

[참고] 스프로킷(sprocket) : 톱니바퀴 모양의 굴림대

26. 다음 중 전기식 엘리베이터의 정기검사에서 하중시험은 어떤 상태로 이루어져야 하는가?

① 무부하
② 정격하중의 50 %
③ 정격하중의 100 %
④ 정격하중의 125 %

[해설] 전기식 엘리베이터 하중시험은 무부하 상태에서 이루어져야 한다.

[참고] 전기식 엘리베이터의 정기검사
  ㉠ 전기식 엘리베이터의 정기검사 항목에서 하중시험은 무부하 상태에서 이루어져야 한다.
  ㉡ 전기식 엘리베이터의 모든 장치 및 부품 등의 설치상태는 양호해야 하며 심한 변형, 부식, 마모 및 훼손은 없어야 한다.

27. 추락방지 안전장치가 없는 균형추의 주행 안내 레일 검사 시 최대 허용 휨의 양은 양방향으로 몇 mm인가?

① 5   ② 10
③ 15   ④ 20

[해설] T형 주행 안내 레일에 대한 계산된 최대 허용 휨
  ㉠ 추락방지 안전장치가 없는 균형추 또는 균형추의 주행 안내 레일 : 양방향으로 10 mm
  ㉡ 추락방지 안전장치가 작동하는 카(car), 균형추 또는 균형추의 주행 안내 레일 : 양방향으로 5 mm

28. 전기식 엘리베이터에서 카 지붕에 표시되어야 할 정보가 아닌 것은?

① 최종점검일지 비치
② 정지장치에 "정지"라는 글자
③ 점검운전 버튼 또는 근처에 운행 방향 표시
④ 점검운전 스위치 또는 근처에 "정상" 및 "점검"이라는 글자

참고 카(car) 상부의 설비
  ㉠ 적합한 제어장치(점검운전)
  ㉡ 적합한 정지장치
  ㉢ 적합한 콘센트

29. 승강기 정밀안전 검사 시 전기식 엘리베이터에서 권상기 도르래 홈의 언더컷의 잔여량은 몇 mm 미만일 때 도르래를 교체하여야 하는가?

① 1   ② 2   ③ 3   ④ 4

해설 도르래 마모한계
  ㉠ 도르래는 심한 마모가 없어야 한다.
  ㉡ 권상기 도르래 홈의 언더컷의 잔여량은 1 mm 이상이어야 한다.
  ㉢ 권상기 도르래에 감긴 주로프 가닥끼리의 높이차 또는 언더컷 잔여량의 차이는 2 mm 이내이어야 한다.

30. 비상용 승강기에 대한 설명 중 틀린 것은?

① 예비전원을 설치하여야 한다.
② 외부와 연락할 수 있는 전화를 설치하여야 한다.
③ 정전 시에는 예비전원으로 작동할 수 있어야 한다.
④ 승강기의 운행속도는 90 m/min 이상으로 해야 한다.

해설 비상용 승강기의 운행속도는 60 m/min 이상으로 하여야 한다.

31. 다음 중 전기식 엘리베이터의 기계실에 설치된 고정 도르래의 점검 내용이 아닌 것은?

① 이상음 발생 여부
② 로프 홈의 마모 상태
③ 브레이크 드럼 마모 상태
④ 도르래의 원활한 회전 여부

해설 고정 도르래 점검사항
  ㉠ 이상음 발생 여부
  ㉡ 로프 홈의 마모 상태
  ㉢ 원활한 회전 여부
  ㉣ 보호 수단의 상태

32. 다음 중 과속조절기의 점검사항으로 틀린 것은?

① 소음의 유무
② 브러시 주변의 청소 상태
③ 볼트 및 너트의 이완 유무
④ 과속조절기 로프와 클립 체결 상태 양호 유무

해설 과속조절기 보수점검 항목
  ㉠ 스위치 접점 청결 상태
  ㉡ 운전의 원활성 및 소음의 유무
  ㉢ 과속조절기 로프와 클립 체결 상태
  ㉣ 작동속도 시험
  ㉤ 분할핀 결여 여부
  ㉥ 추락방지 안전장치 작동 상태 양호 여부

33. 주행 안내 레일 또는 브래킷의 보수 점검사항이 아닌 것은?

① 주행 안내 레일의 녹 제거
② 주행 안내 레일의 요철 제거
③ 주행 안내 레일과 브래킷의 체결 볼트 점검
④ 주행 안내 레일 고정용 브래킷 간의 간격 조정

해설 주행 안내 레일(guide rail)·브래킷(bracket) 보수 점검 항목

정답 **28.** ① **29.** ① **30.** ④ **31.** ③ **32.** ② **33.** ④

(①, ②, ③ 이외에)
㉠ 손상이나 소음 유무
㉡ 취부 볼트, 너트의 이완 상태 여부
㉢ 레일의 급유 상태 및 오염 상태
㉣ 브래킷 취부 앵커 볼트의 이완 유무 및 용접부 균열 여부

34. 엘리베이터에서 현수 로프의 점검사항이 아닌 것은?

① 로프의 직경
② 로프의 마모 상태
③ 로프의 꼬임 방향
④ 로프의 변형 부식 유무

해설 현수 로프의 점검사항
㉠ 로프의 직경
㉡ 로프의 마모 및 파손 상태
㉢ 로프의 변형 부식 유무
㉣ 장력 균형 상태

35. 전동기의 점검항목이 아닌 것은?

① 발열이 현저한 것
② 이상음이 있는 것
③ 라이닝의 마모가 현저한 것
④ 연속적으로 운전하는데 지장이 생길 염려가 있는 것

해설 전동기의 점검 항목
㉠ 발열이 현저한 것
㉡ 이상음이 있는 것
㉢ 연속 운전 시 지장이 생길 염려가 있는 것
㉣ 구동시간 제한장치의 기능 상실이 예상되는 것

36. 다음 중 제어반에서 점검할 수 없는 것은?

① 결선 단자의 조임 상태
② 스위치 접점 및 작동 상태
③ 과속조절기 스위치의 작동 상태
④ 전동기 제어회로의 절연 상태

해설 과속조절기 스위치의 작동 상태는 과속조절기 보수 점검 시의 확인사항이다.

참고 전동기 주회로의 절연 저항은 제어반의 각 과전류 차단기를 끊은 상태(off)에서 검사한다.

37. 다음 중 응력을 가장 크게 받는 것은? (단, 다음 그림은 기둥의 단면 모양이며, 가해지는 하중 및 힘의 방향은 같다.)

힘의 방향

① 　　②

③ 　　④

해설 수직응력$(\sigma) = \dfrac{W}{A}$ [kg/mm^2]

여기서, W : 하중(kg), A : 단면적(mm^2)

∴ 단면적 A가 가장 작은 정삼각형 단면인 ④가 된다.

참고 단면적 비교($a = 1$일 때)
①: 0.78, ②: 0.43, ③: 1.0, ④: 0.5

38. 기계요소 설계 시 일반 체결용에 주로 사용되는 나사는?

① 삼각나사　　② 사각나사
③ 톱니나사　　④ 사다리꼴나사

해설 물체의 부품을 체결, 결합시키거나 위치의 조정에 사용되는 나사로, 주로 삼각나사가 사용된다.

참고 삼각나사 : 나사산의 모양에 따라 미터

나사, 유니파이 나사, 관용나사 등으로 나누어진다.

39. 회전하는 축을 지지하고 원활한 회전을 유지하도록 하며, 축에 작용하는 하중 및 축의 자중에 의한 마찰저항을 가능한 적게 하도록 하는 기계요소는?

① 클러치　　　　② 베어링
③ 커플링　　　　④ 스프링

해설 베어링(bearing) : 회전축의 마찰저항을 적게 하며, 축에 작용하는 하중을 지지하는 기계요소이다.

참고 클러치(clutch) : 축 이음 기계요소

40. 18-8 스테인리스강의 특징에 대한 설명 중 틀린 것은?

① 내식성이 뛰어나다.
② 녹이 잘 슬지 않는다.
③ 자성체의 성질을 갖는다.
④ 크롬 18 %와 니켈 8 %를 함유한다.

해설 18-8 스테인리스강의 특징
　㉠ 내식성이 가장 뛰어나며, 녹이 잘 슬지 않는다.
　㉡ 열처리에 의해 경화되지 않으며, 비자성체의 성질을 갖는다.
　㉢ 크롬 18 %, 니켈 8 %를 함유하고 있다.

참고 비자성체(non-magnetic material) : 자성(磁性)을 거의 갖지 않는 물질로서 알루미늄, 황동, 백금, 스테인리스강 등이 있다.

41. 계측기와 관련된 문제, 환경적 영향 또는 관측오차 등으로 인해 발생하는 오차는?

① 절대오차　　　　② 계통오차
③ 과실오차　　　　④ 우연오차

해설 오차(error)의 종류
　㉠ 절대오차 : 계산의 결과에서 나온 직접적

인 오차의 절댓값. 이는 |참값－결과값|의 식으로 나타낸다.
　㉡ 과실오차 : 측정자의 부주의에 의한 오차이다.
　㉢ 계통오차 : 관측장비나 관측자의 특성으로 인하여 특정 방향으로 치우쳐 나타나는 오차이다.
　㉣ 우연오차 : 정확하게 알 수 없는 원인으로 발생하는 오차이다.

42. 다음 그림은 마이크로미터로 어떤 치수를 측정한 것이다. 치수는 약 몇 mm인가?

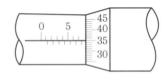

① 5.35　　　　② 5.85
③ 7.35　　　　④ 7.85

해설 마이크로미터의 눈금 읽는 방법
　㉠ 슬리브의 눈금을 읽는다. → 7.5
　㉡ 심블의 눈금과 기선과 만나는 심블의 눈금을 읽는다. → 0.35
　㉢ 슬리브 읽음값에 더한다. → 7.5+0.35
　　　　　　　　　　　　　　 =7.85 mm

43. 인덕턴스에서 5 mH인 코일에 50 Hz의 교류를 사용할 때 유도 리액턴스는 약 몇 Ω인가?

① 1.57　② 2.50　③ 2.53　④ 3.14

해설 유도 리액턴스
$$X_L = 2\pi f \cdot L = 2 \times 3.14 \times 50 \times 5 \times 10^{-3}$$
$$= 1.57 \ \Omega$$

44. 저항 100 Ω의 전열기에 5 A의 전류를 흘렸을 때 전력은 몇 W인가?

① 20　　　　② 100
③ 500　　　　④ 2500

정답 **39.** ②　**40.** ③　**41.** ②　**42.** ④　**43.** ①　**44.** ④

해설 $P = I^2 \times R = 5^2 \times 100 = 2500$ W

45. 유도기전력의 크기는 코일의 권수와 코일을 관통하는 자속의 시간적인 변화율과의 곱에 비례한다는 법칙은 무엇인가?

① 패러데이의 전자유도 법칙
② 앙페르의 주회 적분의 법칙
③ 전자력에 관한 플레밍의 법칙
④ 유도 기전력에 관한 렌츠의 법칙

해설 (1) 패러데이의 전자유도 법칙
  ㉮ 회로에 유도된 기전력은 회로를 지나가는 자기장의 변화율에 비례한다.
  ㉯ 자기장 변화율을 Wb/s의 단위로 나타내면 유도 기전력의 단위는 V가 된다.
(2) 앙페르의 주회 적분의 법칙 (Ampere's circuital law) : 임의의 폐회로를 따라 자계 적분함에 따라 얻어지는 기자력은 폐회로를 관통하는 전체 전류와 같다는 법칙이다.
(3) 플레밍의 왼손 법칙(Fleming's left-hand rule)
  ㉮ 전자력의 방향을 알기 위한 법칙으로, 직류전동기의 회전방향을 정의한다.
  ㉯ 왼손의 엄지손가락, 둘째 손가락, 가운데 손가락을 모두 직각으로 벌려서 둘째 손가락을 자계의 방향, 가운데 손가락을 전류의 방향에 맞추면 엄지손가락의 방향이 전자력의 방향을 가리키게 된다.
(4) 렌츠의 법칙(Lenz's law)
  ㉮ 전자기 유도에 의하여 유기(誘起)되는 기전력의 방향에 관한 법칙이다.
  ㉯ 회로를 관통하는 자속이 변화할 때 그 자속 변화를 방해하는 방향으로 회로 전류를 흘리는 기전력이 발생한다.

46. 직류기 권선법에서 전기자 내부 병렬 회로수 a와 극수 p의 관계는? (단, 권선법은 중권이다.)

① $a = 2$ ② $a = \dfrac{1}{2}p$
③ $a = p$ ④ $a = 2p$

해설 직류기 권선법
  ㉠ 중권 : 병렬회로수와 극수는 같다.
    ∴ $a = p$
  ㉡ 파권 : 병렬회로수는 극수와 관계없이 항상 2개이다.

47. 직류전동기에서 자속이 감소되면 회전수는 어떻게 되는가?

① 정지   ② 감소
③ 불변   ④ 상승

해설 $N = k\dfrac{E}{\phi}$ [rpm]
  ∴ 자속 ϕ가 감소하면 회전수 N은 상승한다.
  여기서, E : 역기전력, K : 비례상수

48. 직류 전동기의 속도 제어 방법이 아닌 것은?

① 저항 제어법
② 계자 제어법
③ 주파수 제어법
④ 전기자 전압 제어법

해설 직류 전동기의 속도 제어법

전압제어 (voltage control)	• 계자저항 일정 • 전기자에 인가하는 전압 변화에 의한 속도제어
계자제어 (field control)	• 계자전류의 변화에 의한 자속의 변화로 속도제어
저항제어 (rheostatic control)	• 전기자 회로의 저항변화에 의한 속도제어

49. 다음 중 논리회로의 출력값 E는 무엇인가?

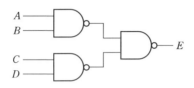

① $\overline{A \cdot B} + \overline{C \cdot D}$

② $A \cdot B + C \cdot D$

③ $A \cdot B \cdot C \cdot D$

④ $(A + B) \cdot (C + D)$

해설 $X = \overline{\overline{A \cdot B} \cdot \overline{C \cdot D}} = \overline{\overline{A \cdot B}} + \overline{\overline{C \cdot D}}$
$= A \cdot B + C \cdot D$

참고 본문 표 3-15, 표 3-18 참조

50. 다음 그림과 같은 제어계의 전체 전달함수는? (단, $H(s) = 1$ 이다.)

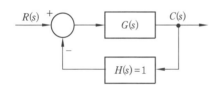

① $\dfrac{1}{G(s)}$ ② $\dfrac{1}{1 + G(s)}$

③ $\dfrac{G(s)}{1 + G(s)}$ ④ $\dfrac{G(s)}{1 - G(s)}$

해설

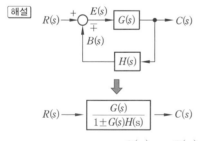

$H(s) = 1$ 이므로 $\dfrac{C(s)}{R(s)} = \dfrac{G(s)}{1 + G(s)}$

51. 다음 중 재해의 직접 원인에 해당되는 것은?

① 물적 원인   ② 교육적 원인

③ 기술적 원인 ④ 작업관리상 원인

해설 재해의 직접적 요인

㉠ 인적 요인 : 사람의 불안전한 행동, 상태

㉡ 물적 요인 : 불량한 기계설비와 불안전한 환경에서 오는 요인으로 정리정돈의 결함, 안전장치의 결함, 보호구의 결함, 부적절한 작업환경 등이 있다.

52. 재해의 간접 원인 중 관리적 원인에 속하지 않는 것은?

① 인원 배치 부적당

② 생산 방법 부적당

③ 작업 지시 부적당

④ 안전관리 조직 결함

해설 간접 원인 중 관리적 원인

(①, ③, ④ 이외에)

㉠ 교육훈련의 부족

㉡ 감독지도 불충분

㉢ 인사 적성 배치의 불충분

등으로 표현된다.

53. 재해 발생 시의 조치내용으로 볼 수 없는 것은?

① 안전교육 계획의 수립

② 재해원인 조사와 분석

③ 재해방지대책의 수립과 실시

④ 피해자를 구출하고 2차 재해 방지

해설 재해 발생 시 조치

㉠ 재해 결부된 설비(기계) 운전을 일시 중지

㉡ 피해자 구출-응급처리

㉢ 2차 재해 확산방지

㉣ 현장보존

㉤ 재해방지대책의 수립과 실시

㉥ 재해조사 및 분석

54. 안전점검 중에서 5S 활동 생활화로 틀린 것은?

① 정리   ② 정돈

③ 청소   ④ 불결

정답 **50.** ③ **51.** ① **52.** ② **53.** ① **54.** ④

해설 5S 활동

1. 정리(seiri)
2. 정돈(seiton)
3. 청소(seisou)
4. 청결(seikechu)
5. 습관화(syukwanka)

55. 사고 예방 대책 기본원리 5단계 중 3E를 적용하는 단계는?

① 1단계　　　② 2단계
③ 3단계　　　④ 5단계

해설 안전사고 방지의 기본 원리

㉠ 1단계 : 안전조직(안전관리자의 임명, 조직을 통한 안전활동 등)
㉡ 2단계 : 사실의 발견(사고 및 활동기록의 검토, 작업분석, 안전점검 및 안전진단 사고조사 등)
㉢ 3단계 : 분석(사고 기록, 인적·물적 조건, 안전수칙 등)
㉣ 4단계 : 대책의 선정(기술의 개선, 인사조정, 안전행정 등의 개선 등)
㉤ 5단계 : 대책의 3E 적용(기술 : engineering, 교육 : education, 독려 : enforcement)

56. 안전점검 시의 유의사항으로 틀린 것은?

① 여러 가지의 점검방법을 병용하여 점검한다.
② 과거의 재해발생 부분은 고려할 필요 없이 점검한다.
③ 불량 부분이 발견되면 다른 동종의 설비도 점검한다.
④ 발견된 불량 부분은 원인을 조사하고 필요한 대책을 강구한다.

해설 안전점검 시 유의사항

(①, ②, ③ 이외에)
㉠ 과거에 재해가 발생한 곳에는 그 요인이 없어졌는지 여부를 확인, 점검한다.
㉡ 사소한 사항도 묵인하지 않도록 한다.

57. 승강기 안전관리자의 직무범위에 속하지 않는 것은?

① 보수계약에 관한 사항
② 비상열쇠 관리에 관한 사항
③ 구급체계의 구성 및 관리에 관한 사항
④ 운행관리규정의 작성 및 유지에 관한 사항

해설 승강기 운행관리자(안전관리자)의 임무

(②, ③, ④ 이외에)
㉠ 고장·수리 등에 관한 기록 유지
㉡ 사고 발생에 대비한 비상 연락망의 작성 및 관리
㉢ 승강기 사고 시 사고 보고 관리
㉣ 승강기 표준 부착물 관리

58. 관리주체가 승강기의 유지관리 시 유지관리자로 하여금 유지관리중임을 표시하도록 하는 안전 조치로 틀린 것은?

① 사용금지 표시
② 위험요소 및 주의사항
③ 작업자 성명 및 연락처
④ 유지관리 개소 및 소요시간

해설 승강기 관리주체는 다음 각호의 안전조치를 취한 후 작업하도록 하여야 한다.

1. "보수·점검 중"이라는 사용금지 표지
2. 보수·점검 개소 및 소요시간
3. 보수·점검자명 및 보수 점검자 연락처(전화번호 등)

59. 전기에서는 위험성이 가장 큰 사고의 하나가 감전이다. 감전사고를 방지하기 위한 방법이 아닌 것은?

① 충전부 전체를 절연물로 차폐한다.
② 충전부를 덮은 금속체를 접지한다.
③ 가연물질과 전원부의 이격거리를 일정하게 유지한다.

④ 자동차단기를 설치하여 선로를 차단
할 수 있게 한다.

해설 감전사고 방지 방법
(①, ②, ④ 이외에)
㉠ 전기기기와 배선에 절연처리가 되어 있
지 않은 부분은 노출하지 않는다.
㉡ 전기기기의 스위치 조작은 아무나 함부
로 하지 않도록 한다.
㉢ 젖은 손으로 전기기기를 만지지 않는다.
㉣ 불량제품이나 부분적으로 고장이 나 있
는 제품을 무리하게 사용하지 않는다.
㉤ 배선용 전선은 중간에 연결, 접속하여 사
용하지 않는다.

60. 저압 부하설비의 운전조작 수칙에 어
긋나는 사항은?
① 퓨즈는 비상시라도 규격품을 사용하도
록 한다.
② 정해진 책임자 이외에는 허가 없이 조
작하지 않는다.
③ 개폐기는 땀이나 물에 젖은 손으로
조작하지 않도록 한다.
④ 개폐기의 조작은 왼손으로 하고 오른
손은 만약의 사태에 대비한다.

2017년도 시행 문제

▶ 제 1 회 복원문제　　※ 이 문제는 수검자의 기억을 통하여 복원된 것입니다.

1. 전기식 엘리베이터의 속도에 의한 분류 방식 중 고속 엘리베이터의 기준은?

① 2m/s 이상　　② 2m/s 초과
③ 3m/s 이상　　④ 4m/s 초과

해설 속도별 분류
　㉠ 저속 : 0.75 m/s 이하
　㉡ 중속 : 1~4 m/s
　㉢ 고속 : 4~6 m/s
　㉣ 초고속 : 6 m/s 초과

2. 엘리베이터의 정격속도 계산 시 무관한 항목은?

① 감속비
② 편향 도르래
③ 전동기 회전수
④ 권상 도르래 직경

해설 엘리베이터의 정격속도
$$V = \frac{\pi DN}{1000} i \,[\text{m/min}]$$
　D : 권상기 도르래의 직경 (mm)
　N : 전동기의 회전수 (rpm), i : 감속비

3. 엘리베이터 전동기에 요구되는 특성으로 옳지 않은 것은?

① 충분한 제동력을 가져야 한다.
② 운전 상태가 정숙하고 고진동이어야 한다.
③ 카의 정격속도를 만족하는 회전 특성을 가져야 한다.
④ 높은 기동 빈도에 의한 발열에 대응

하여야 한다.

해설 엘리베이터용 전동기에 요구되는 특성 : 운전 상태가 정숙하며, 소음이 적고, 저진동이어야 한다.

4. 시브와 접촉이 되는 와이어로프의 부분은 어느 것인가?

① 외층 소선　　② 내층 소선
③ 심강　　　　④ 소선

해설 와이어로프의 구성 (본문 그림 1-4 참조)
• 심(core)강 – 로프의 형태 유지
• 가닥(strand) – 다수의 소선을 꼬아 합친 것
• 소선(wire) ┌ 외측 소선 : 시브와 직접 접촉 부분
　　　　　　 └ 내측 소선

5. 엘리베이터용 주행 안내 레일의 역할이 아닌 것은?

① 카와 균형추의 승강로 내 위치 규제
② 승강로의 기계적 강도를 보강해 주는 역할
③ 카의 자중이나 화물에 의한 카의 기울어짐 방지
④ 집중하중이나 추락방지 안전장치 작동 시 수직하중 유지

해설 주행 안내 레일(guide rail)의 역할
　㉠ 카와 균형추의 승강로 평면 내의 위치를 규제한다.
　㉡ 카의 자중이나 화물에 의한 카의 기울어짐을 방지한다.
　㉢ 집중하중이나 추락방지 안전장치 작동 시 수직 하중을 유지한다.

정답　1. ④　2. ②　3. ②　4. ①　5. ②

6. 다음 중 고속용 승강기에 가장 적합한 과속조절기(governor)는?

① 디스크형(GD형)
② 플라이 볼형(GF형)
③ 롤 세이프티형(GR형)
④ 플렉시블형(FGC형)

해설 과속조절기의 종류
　㉠ 고속용 : 플라이 볼형(GF형)
　㉡ 중속용 : 디스크형(GD형)
　㉢ 저속용 : 롤 세이프티형(GR형)

7. 스프링 완충기를 사용한 경우 카가 최상층에 수평으로 정지되어 있을 때 균형추와 완충기와의 최대 거리는?

① 300mm   ② 600mm
③ 900mm   ④ 1200mm

해설 카가 최상층에서 수평으로 정지되어 있을 때의 균형추와 완충기와의 거리
　[최대 거리] ・균형추 : 900mm
　　　　　　　　 ・카 : 600mm

8. 엘리베이터 완충기에 대한 설명으로 적합하지 않은 것은?

① 정격속도 1m/s 이하의 엘리베이터에 스프링 완충기를 사용하였다.
② 정격속도 1m/s 초과 엘리베이터에 유입 완충기를 사용하였다.
③ 유입 완충기의 플런저 복귀시험 시 완전히 압축한 상태에서 완전 복귀할 때까지의 시간은 120초 이하이다.
④ 유입 완충기에서 최소 적용 중량은 카 자중＋적재하중으로 한다.

해설 완충기의 적용 중량
　㉠ 최소 적용 중량(kgf : 카 자중 + 75
　㉡ 최대 적용 중량(kgf) : 카 자중 + 적재하중

9. 균형로프, 균형체인 같은 보상수단 및 보상수단의 부속품의 안전율은?

① 정적인 힘에 대해 2 이상
② 정적인 힘에 대해 3 이상
③ 정적인 힘에 대해 5 이상
④ 정적인 힘에 대해 10 이상

해설 안전율 : 균형로프, 균형체인 또는 균형 벨트와 같은 보상수단 및 보상수단의 부속품은 영향을 받는 모든 정적인 힘에 대해 5 이상의 안전율을 가지고 견딜 수 있어야 한다.

10. 균형로프(compensation rope)의 역할로 가장 알맞은 것은?

① 카의 무게를 보상
② 카의 낙하를 방지
③ 균형추의 이탈을 방지
④ 와이어로프의 무게를 보상

해설 균형로프 · 균형체인
　㉠ 엘리베이터의 고층화로 승강높이가 높아져 카(car)의 위치에 따른 와이어로프 자중의 무게 불균형과 이동 케이블 자중의 무게 불균형이 커진다.
　㉡ 이 불균형을 잡아주기 위해 균형로프 · 균형체인이 사용된다.

11. 도어 인터로크 장치의 구조로 가장 옳은 것은?

① 도어 스위치가 확실히 걸린 후 도어 인터로크가 들어가야 한다.
② 도어 스위치가 확실히 열린 후 도어 인터로크가 들어가야 한다.
③ 도어 록 장치가 확실히 걸린 후 도어 스위치가 들어가야 한다.
④ 도어 록 장치가 확실히 열린 후 도어 스위치가 들어가야 한다.

해설 도어 인터로크(door interlock) (본문 그림 1-22 참조)

정답   6. ②   7. ③   8. ④   9. ③   10. ④   11. ③

ⓐ 닫힘 동작 시는 도어 록이 먼저 걸린 상태에서 도어 스위치가 들어간다.

ⓑ 열림 동작 시는 도어 스위치가 끊어진 후 도어 록이 열리는 구조(직렬)이며, 안전장치 중에서 승강장의 도어 안전장치로서 가장 중요하다.

참고 구성 : 카가 정지하지 않는 층의 도어는 전용열쇠를 사용하지 않으면 열리지 않는 도어 록과 도어가 닫혀 있지 않으면 운전이 불가능하도록 하는 도어 스위치로 구성된다.

12. 엘리베이터의 문닫힘 안전장치 중에서 카 도어의 끝단에 설치하여 이물체가 접촉되면 도어의 닫힘이 중지되는 안전장치는?

① 광전 장치
② 초음파 장치
③ 세이프티 슈
④ 가이드 슈

해설 도어(door)의 안전장치

ⓐ 세이프티 슈(safety shoe) : 도어의 끝에 설치하여 이물체가 접촉하면 도어의 닫힘을 중지하며 도어를 반전시키는 접촉식 보호장치

ⓑ 초음파 장치 : 초음파의 감지 각도를 조절하여 카 쪽의 이물체(유모차, 휠체어 등)나 사람을 검출하여 도어를 반전시키는 비접촉식 보호장치

13. 승용 승강기에서 기계실이 승강로 최상층에 있는 경우 기계실에 설치할 수 없는 것은?

① 제어반
② 권상기
③ 균형추
④ 과속조절기

해설 기계실에 설치되는 것 (본문 그림 1-1 참조) : 제어반, 권상기, 과속조절기, 전동 발전기, 기동반, 수선반

참고 균형추(counter weight) : 카와의 균형을 유지하는 추이다.

14. 엘리베이터 기계실의 바닥면적은 승강로 수평 투영면적의 몇 배 이상이어야 하는가?

① 1.5배
② 2배
③ 2.5배
④ 3배

해설 기계실 치수 : 기계실의 바닥면적은 승강로 수평 투영면적의 2배 이상으로 하여야 한다.

15. 엘리베이터의 속도제어 중 VVVF 제어방식의 특성으로 옳지 않은 것은?

① 직류 전동기와 동등한 제어 특성
② 소비전력을 줄일 수 있고, 보수가 용이
③ 저속의 승강기에만 적용 가능
④ 유도 전동기의 전압과 주파수 변환

해설 VVVF(가변 전압 가변 주파수) 제어

ⓐ 유도 전동기에 인가되는 전압과 주파수를 동시에 변환시켜 직류 전동기와 동등한 제어 성능을 얻을 수 있는 방식이다.

ⓑ 저속, 중속, 고속, 초고속 등 속도에 관계없이 광범위하게 속도 제어에 적용 가능하다.

16. 승강기가 최하층을 통과했을 때 주 전원을 차단시켜 승강기를 정지시키는 것은?

① 완충기
② 과속조절기
③ 추락방지 안전장치
④ 파이널 리밋 스위치

해설 파이널 리밋 스위치(final limit switch)

ⓐ 리밋 스위치가 작동되지 않을 경우를 대비하여 리밋 스위치를 지난 적당한 위치에 카가 현저히 지나치는 것을 방지하는 스위치이다.

ⓑ 승강기가 최하층을 통과했을 때 주 전원을 차단시켜 승강기를 정지시키는 기능을 갖는다.

17. 과부하 감지장치에 대한 설명으로 틀

정답 12. ③ 13. ③ 14. ② 15. ③ 16. ④ 17. ②

린 것은?

① 과부하 감지장치가 작동하는 경우 경보음이 울려야 한다.

② 엘리베이터 주행 중에는 과부하 감지장치의 작동이 무효화되어서는 안 된다.

③ 과부하 감지장치가 작동한 경우에는 출입문의 닫힘을 저지하여야 한다.

④ 과부하 감지장치는 초과 하중이 해소되기 전까지 작동하여야 한다.

[해설] 과부하 감지장치 작동 성능

ㄱ 적재하중의 설정치를 초과하면 경보를 울리고 출입문의 닫힘을 자동적으로 제지하여 엘리베이터가 가동하지 않아야 한다.

ㄴ 과부하 감지장치의 작동 상태는 초과하중이 해소되기까지 계속 유지되어야 한다.

ㄷ 주행 중 오작동 방지 기능 : 엘리베이터의 주행 중에는 오동작을 방지하기 위하여 과부하 감지장치의 작동이 무효화되어야 한다.

18. 카 내에 갇힌 사람이 외부와 연락할 수 있는 장치는?

① 차임벨   ② 인터폰
③ 리밋 스위치   ④ 위치 표시 램프

[해설] 인터폰(interphone)

ㄱ 고장, 정전 및 화재 등의 비상시에 카 내부와 외부의 상호 연락을 할 때에 이용된다.

ㄴ 엘리베이터의 카 내부와 기계실, 경비실 또는 건물의 중앙감사반과 통화가 가능하여야 한다.

19. 간접식 유압 엘리베이터의 특징이 아닌 것은?

① 실린더를 설치하기 위한 보호관이 필요하지 않다.

② 실린더 점검이 용이하다.

③ 추락방지 안전장치가 필요하다.

④ 로프의 늘어짐과 작동유의 압축성 때문에 부하에 의한 카 바닥의 빠짐이 비교적 적다.

[해설] 간접식 유압 엘리베이터의 특징

ㄱ 부하에 의한 카 바닥의 빠짐이 비교적 크다.

ㄴ 실린더의 점검이 용이하다.

ㄷ 승강로는 실린더를 수용할 부분만큼 더 커지게 된다.

ㄹ 추락방지 안전장치가 필요하다.

ㅁ 실린더를 설치하기 위한 보호관이 필요하지 않다.

20. 유압식 엘리베이터의 부품 및 특성에 대한 설명으로 틀린 것은?

① 역저지 밸브 : 정전이나 그 외의 원인으로 펌프의 토출압력이 떨어져 실린더의 기름이 역류하여 카가 자유낙하하는 것을 방지한다.

② 스톱 밸브 : 유압 파워 유닛과 실린더 사이의 압력 배관에 설치되며 이것을 닫으면 실린더의 기름이 파워 유닛으로 역류하는 것을 방지한다.

③ 사일런서 : 자동차의 머플러와 같이 작동유의 압력 맥동을 흡수하여 진동, 소음을 감소시키는 역할이다.

④ 스트레이너 : 역할은 필터와 같으나 일반적으로 펌프 출구 쪽에 붙인 것이다.

[해설] 스트레이너(strainer)

ㄱ 실린더에 쇳가루나 이물질이 들어가는 것을 방지하기 위해 설치된다.

ㄴ 탱크와 펌프 사이의 회로 및 차단 밸브와 하강 밸브 사이의 회로에 설치되어야 한다.

21. 다음 중 유압 승강기의 안전장치에 대한 설명으로 올바르지 않은 것은?

① 전동기 공전방지장치는 타이머에 설정된 시간을 초과하면 전동기를 정지시키는 장치이다.

정답 18. ②   19. ④   20. ④   21. ②

② 작동유 온도 검출 스위치는 기름탱크의 온도 규정치 80℃를 초과하면 이를 감지하여 카 운행을 중지시키는 장치이다.

③ 플런저 리밋 스위치 작동 시 상승 방향의 전력을 차단하며, 반대 방향으로 주행이 가능하도록 회로가 구성되어야 한다.

④ 플런저 리밋 스위치는 플런저의 상한 행정을 제한하는 안전장치이다.

[해설] 작동유 온도검출 스위치
　㉠ 일정 온도 설정값을 초과 시 이를 검출하여 전동기의 전원을 차단한다.
　㉡ 작동유의 온도는 5℃ 이상 ~ 60℃ 이하로 유지되어야 한다.

22. 유압식 승강기의 유압 파워 유닛의 구성 요소에 속하지 않는 것은?

① 펌프　　　　② 유량제어 밸브
③ 체크 밸브　　④ 실린더

[해설] 유압 파워 유닛 구성 요소(본문 그림 1-33 참조) : 전동기, 펌프, 체크 밸브, 안전 밸브, 스톱 밸브, 기름탱크, 스트레이너, 필터, 사일런서, 유량제어장치, 작동유 냉각 및 보온장치

23. 다음 중 에스컬레이터 구동장치 보수 점검사항에 해당되지 않는 것은?

① 브레이크 작동 상태
② 구동체인의 이완 여부
③ 각부의 볼트 및 너트의 풀림 상태
④ 디딤판과 손잡이 속도 차이

[해설] 에스컬레이터 구동장치 보수 점검 사항 (①, ②, ③ 이외에)
　㉠ 각 부의 주유 상태 및 윤활유의 부족 또는 변화 여부
　㉡ 벨트 사용 시 벨트의 장력 및 마모 상태
　㉢ 기어 케이스 등의 표면 균열 여부 및 누

유 여부
　㉣ 구동장치의 취부 상태
　㉤ 진동·소음의 유무, 운전의 원활성

[참고] 디딤판과 손잡이 속도 차이 여부는 난간 및 발판(step) 보수점검 항목에 해당된다.

24. 에스컬레이터(무빙워크 포함)에서 6개월에 1회 점검하는 사항이 아닌 것은?

① 구동기의 베어링 점검
② 구동기의 감속 기어 점검
③ 중간부의 디딤판 레일 점검
④ 손잡이 시스템의 속도 점검

[해설] 에스컬레이터(무빙워크 포함) 점검 항목 및 주기
　㉠ 6개월에 1회 점검 : 구동기 베어링, 감속 기어, 디딤판 레일
　㉡ 1개월에 1회 점검 : 제어반, 브레이크, 전동기, 디딤판 구동장치, 비상 스위치, 구동체인 안전장치 등

25. 다음 중 2단으로 배열된 운반기 중 임의의 상단의 자동차를 출고시키고자 하는 경우 하단의 운반기를 수평 이동시켜 상단의 운반기가 하강이 가능하도록 한 입체 주차설비는 무엇인가?

① 수직 순환식 주차장치
② 평면 왕복식 주차장치
③ 승강기식 주차장치
④ 2단식 주차장치

[해설] 2단식 주차장치의 특징
　㉠ 주차실을 2단으로 하여 면적을 2배로 이용하는 것을 목적으로 한 방식이다.
　㉡ 입체 주차 설비로 입·출고 시간이 짧다.
　㉢ 소규모 주차장에 적용된다.

26. 전동 덤웨이터의 안전장치에 대한 설명 중 옳은 것은?

① 도어 인터로크 장치는 설치하지 않아

도 된다.

② 승강로의 모든 출입구 문이 닫혀야만 카를 승강시킬 수 있다.

③ 출입구 문에 사람의 탑승 금지 등의 주의사항은 부착하지 않아도 된다.

④ 로프는 일반 승강기와 같이 와이어로프 소켓을 이용한 체결을 하여야만 한다.

해설 전동 덤웨이터의 안전장치 : 승강로의 모든 출입구의 문이 닫혀 있지 않으면 카를 승강시킬 수 없는 안전장치가 되어 있어야 한다.

27. 승강기의 자체검사 시 월 1회 이상 점검하여야 할 항목이 아닌 것은?

① 추락방지 안전장치 및 기타 방호장치의 이상 유무

② 브레이크 장치

③ 와이어로프 손상 유무

④ 각종 부품의 명판 부착 상태

해설 승강기의 자체 검사 월 1회 이상 점검 사항에 각종 부품의 명판 부착 상태는 해당되지 않는다.

28. 다음 중 재해발생 형태별 분류에 해당되지 않는 것은?

① 추락   ② 전도

③ 감전   ④ 골절

해설 산업재해의 분류

㉠ 재해 형태별 : 추락, 충돌, 전도, 낙하비래, 협착, 감전, 동상 등

㉡ 상해 형태별 : 골절, 동상, 부종, 찔림, 타박상, 절단, 찰과상, 베임 등

29. 재해 발생 과정의 요건이 아닌 것은?

① 사회적 환경과 유전적인 요소

② 개인적 결함

③ 사고

④ 안전한 행동

해설 재해 발생 과정의 요건

1. 유전적 요소와 사회적 환경

2. 개인적 결함

3. 불안전한 행동과 상태

4. 사고

5. 재해

30. 재해의 직접 원인 중 작업환경의 결함에 해당되는 것은?

① 위험장소 접근

② 작업순서의 잘못

③ 과다한 소음 발산

④ 기술적, 육체적 무리

해설 재해의 직접 원인 – 작업환경의 결함

1. 조명

2. 과다한 소음

3. 환기

31. 안전사고의 발생 요인으로 심리적인 요인에 해당되는 것은?

① 감정

② 극도의 피로감

③ 육체적 능력 초과

④ 신경계통의 이상

해설 심리적인 요인 : 감정, 동기, 습성, 습관, 기질

32. 안전점검 및 진단 순서가 맞는 것은?

① 실태 파악 → 결함 발견 → 대책 결정 → 대책 실시

② 실태 파악 → 대책 결정 → 결함 발견 → 대책 실시

③ 결함 발견 → 실태 파악 → 대책 실시 → 대책 결정

④ 결함 발견 → 실태 파악 → 대책 결정 → 대책 실시

해설 안전점검 및 진단 순서 : 실태 파악 → 결함 발견 → 대책 결정 → 대책 실시

정답 27. ④   28. ④   29. ④   30. ③   31. ①   32. ①

33. 전기재해의 직접적인 원인과 관련이 없는 것은?

① 회로 단락　　② 충전부 노출
③ 접속부 과열　④ 접지판 매설

[해설] 접지판은 감전사고의 예방을 위하여 전기 기기의 외함 등을 대지와 같은 0 전위로 유지하기 위해 땅속에 매설하는 접지 도체판이다.

34. 추락을 방지하기 위한 2종 안전대의 사용법은?

① U자 걸이 전용
② 1개 걸이 전용
③ 1개 걸이, U자 걸이 겸용
④ 2개 걸이 전용

[해설] 안전대의 등급에 따른 사용 구분

등급	사용 구분
1종	U자 걸이 전용
2종	1개 걸이 전용
3종	1개 걸이, U자 걸이 공용
4종	안전 블록
5종	추락 방지대

35. 승객용 승강기의 시브가 편마모되었을 때 어떤 것을 보수, 조정하여야 하는가?

① 과부하 방지장치　② 과속조절기
③ 로프의 장력　　　④ 균형체인

[해설] 시브가 편마모되었을 때 : 메인 시브는 메인 로프의 장력(tension)이 균등하게 되어 있지 않으면 마모가 촉진되므로 평상시에 로프 장력을 체크하는 것도 필요하며 잘못된 점을 발견했을 때에는 즉시 보수·조정하여야 한다.

36. 현장 내에 안전표지판을 부착하는 이유로 가장 적합한 것은?

① 작업방법을 표준화하기 위하여
② 작업환경을 표준화하기 위하여
③ 기계나 설비를 통제하기 위하여
④ 비능률적인 작업을 통제하기 위하여

[해설] 현장 내에 안전표지판은 작업환경을 표준화하기 위하여 부착한다.

37. 에스컬레이터의 높이가 6m, 공칭속도가 0.5m/s인 경우의 경사도는?

① 35°　② 40°　③ 50°　④ 60°

[해설] 에스컬레이터의 경사도
㉠ 에스컬레이터의 경사도는 30°를 초과하지 않아야 한다.
㉡ 높이가 6 m 이하이고 공칭속도가 0.5 m/s 이하인 경우에는 경사도를 35°까지 증가시킬 수 있다.

38. 다음 중 에스컬레이터의 일반 구조에 대한 설명으로 틀린 것은?

① 일반적으로 경사도는 30° 이하로 하여야 한다.
② 손잡이의 속도가 디딤 바닥과 동일한 속도를 유지하도록 한다.
③ 디딤 바닥의 정격속도는 0.5 m/s 이상이어야 한다.
④ 물건이 에스컬레이터의 각 부분에 끼이거나 부딪치는 일이 없도록 안전한 구조이어야 한다.

[해설] 디딤 바닥의 정격속도는 0.75 m/s 이하이어야 한다.

39. 추락방지 안전장치가 작동한 경우에 실시하는 검사와 거리가 먼 것은?

① 주행 안내 레일의 손상 유무
② 메인 로프의 연결 부위 손상 유무
③ 과속조절기의 손상 유무

④ 과속조절기 로프의 연결 부위 손상
유무

해설 메인 로프 점검은 카(car) 위에서 하는
점검 항목이다.

40. 다음 중 카 실내에서 검사하는 사항
이 아닌 것은?

① 도어 스위치의 작동 상태
② 전동기 주 회로의 절연저항
③ 외부와 연결하는 통화 장치의 작동 상태
④ 승강장 출입구 바닥 앞부분과 카 바
닥 앞부분과의 틈의 너비

해설 "전동기 주 회로의 절연저항"은 기계
실에서 검사하는 사항이다.

41. 전기식 엘리베이터의 경우 카 위에서
하는 검사가 아닌 것은?

① 비상구 출구
② 도어 개폐장치
③ 카 위 안전스위치
④ 문닫힘 안전장치

해설 "문닫힘 안전장치"는 카(car) 내에서
하는 점검 항목 장치이다.

42. 승객의 구출 및 구조를 위한 카 상부
비상구출문의 크기는 얼마 이상이어야
하는가?

① 0.2m×0.2m   ② 0.4m×0.5m
③ 0.5m×0.5m   ④ 0.25m×0.3m

해설 비상구출문
㉠ 유효 개구부 크기는 0.4 m × 0.5 m 이
상이어야 한다.
㉡ 공간이 허용된다면 0.5 m × 0.7 m가 바
람직하다.

43. 권상기의 도르래 상태를 검사할 때의
설명으로 옳지 않은 것은?

① 자동정지 때 주 로프와의 사이에 심
한 미끄러움이 없어야 한다.
② 도르래 홈의 언더컷의 잔여량은 2mm
이상이어야 한다.
③ 도르래에 감긴 주 로프 가닥끼리의
높이 차는 2mm 이내이어야 한다.
④ 도르래는 몸체에 균열이 없어야 한다.

해설 도르래 상태 검사
㉠ 권상기 도르래 홈의 언더컷의 잔여량은
1mm 이상이어야 한다.
㉡ 권상기 도르래에 감긴 주 로프 가닥끼리
의 높이 차는 2mm 이내이어야 한다.

44. 승강기 완성검사 시 전기식 엘리베이
터의 카 문턱과 승강장문 문턱 사이의 수
평거리는 몇 mm 이하이어야 하는가?

① 35   ② 45   ③ 55   ④ 65

해설 카 문턱과 승강장문 문턱 사이의 수평
거리는 35mm 이하이어야 한다.

45. 재료를 가위로 자르려는 것과 같이
작용하는 하중은?

① 압축 하중   ② 전단 하중
③ 굽힘 하중   ④ 비틀림 하중

해설 하중의 작용 상태에 의한 분류
㉠ 압축 하중 : 재료를 밀어 줄어들게 작용
㉡ 전단 하중 : 재료를 가위로 자르려는 것
과 같이 작용
㉢ 굽힘 하중 : 재료를 굽힘 작용
㉣ 비틀림 하중 : 재료에 비틀림 작용
㉤ 인장 하중 : 재료를 잡아당겨 늘리도록
하는 작용

46. 18-8 스테인리스강의 특징에 대한
설명 중 틀린 것은?

① 내식성이 뛰어나다.
② 녹이 잘 슬지 않는다.

정답 40. ②   41. ④   42. ②   43. ②   44. ①   45. ②   46. ③

③ 자성체의 성질을 갖는다.

④ 크롬 18%와 니켈 8%를 함유한다.

해설 18-8 스테인리스강의 특징(18% Cr-8% Ni) : 자성체의 성질을 갖지 않는다.

47. 훅의 법칙을 옳게 설명한 것은？

① 응력과 변형률은 반비례 관계이다.

② 응력과 탄성계수는 반비례 관계이다.

③ 응력과 변형률은 비례 관계이다.

④ 변형률과 탄성계수는 비례 관계이다.

해설 훅(Hook)의 법칙 : 재료의 응력 값은 어느 한도(비례한도) 이내에서는 응력과 이로 인해 생기는 변형률은 비례한다는 법칙이다.

48. 베어링의 구비조건으로 거리가 먼 것은？

① 가공수리가 쉬울 것

② 마찰저항이 적을 것

③ 열전도도가 적을 것

④ 강도가 클 것

해설 베어링(bearing)의 구비조건
   ㉠ 열전도도가 클 것
   ㉡ 가공수리가 쉬울 것
   ㉢ 마찰저항이 적을 것
   ㉣ 강도가 클 것
   ㉤ 내 부식성이 있을 것

49. 다음 그림과 같은 축의 모양을 가지는 기어는？

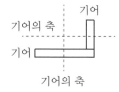

① 스퍼 기어(spur gear)

② 헬리컬 기어(helical gear)

③ 베벨 기어(bevel gear)

④ 웜 기어(worm gear)

해설 베벨기어(bevel gear) (본문 표 3-3 참조) : 두 축이 교차하여 전동할 때 주로 사용된다.

50. 기계 부품 측정 시 각도를 측정할 수 있는 기기는？

① 사인바

② 옵티컬플랫

③ 다이얼게이지

④ 마이크로미터

해설 사인바(sine bar) : 각도를 측정할 수 있는 기기

참고 직각삼각형의 삼각함수인 사인(sine)을 이용하여 임의의 각도를 설정하거나 측정하는 데 사용하는 기구이다.

51. 엘리베이터 회로의 절연에 있어서 절연저항 값이 가장 큰 곳은？

① 승강로 내 안전회로

② 승강로 내 신호회로

③ 승강로 내 조명회로

④ 전동기 주회로

해설 전동기 주회로는 가장 주요한 회로이며, 순간적으로 가장 많은 전류가 흐르게 되므로 절연저항이 가장 커야 한다.

52. 10Ω과 15Ω의 저항을 병렬로 연결하고 50A의 전류를 흘렸다면, 10Ω의 저항 쪽에 흐르는 전류는 몇 A인가？

① 10   ② 15

③ 20   ④ 30

해설 저항의 병렬 회로
   ㉠ 10 Ω에 흐르는 전류 : I_1

$$I_1 = \frac{R_2}{R_1 + R_2} \times I = \frac{15}{10+15} \times 50 = 30\,\mathrm{A}$$

정답 47. ③   48. ③   49. ③   50. ①   51. ④   52. ④

ⓛ 15 Ω에 흐르는 전류 : I_2

$$I_2 = \frac{R_1}{R_1 + R_2} \times I = \frac{10}{10+15} \times 50 = 20\,\text{A}$$

참고 저항비가 10 : 15 = 2 : 3이므로 전류비는 역으로 3 : 2 = 30 : 20이 된다.

53. 단상 교류 부하의 전력을 측정하는 데 필요하지 않은 계기는?

① 전압계 ② 전류계
③ 전력계 ④ 주파수계

해설 단상 교류 전력 측정

1. 전력계 사용
2. 전압계, 전류계 사용

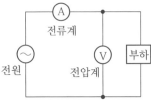

전력 = 전류 × 전압

참고 주파수계는 주파수 측정 계기이다.

54. 크레인, 엘리베이터, 공작기계, 공기 압축기 등의 운전에 가장 적합한 전동기는?

① 직권 전동기 ② 분권 전동기
③ 차동복권 전동기 ④ 가동복권 전동기

해설 직류 전동기의 용도

㉠ 가동복권 전동기 : 크레인, 엘리베이터, 공작기계, 공기압축기
㉡ 분권 전동기 : 환기용 송풍기, 선박의 펌프
㉢ 직권 전동기 : 전차, 권상기, 크레인

55. 직류 전동기의 속도제어 방법이 아닌 것은?

① 저항 제어법

② 계자 제어법
③ 주파수 제어법
④ 전기자 전압 제어법

해설 직류 전동기의 속도제어 방법

> 속도 $N = K \cdot \dfrac{V - I_a R_a}{\phi}$ [rpm]
>
> V : 전원 전압, I_a : 전기자 전류,
> R_a : 전기자 저항, ϕ : 계자자속

- 저항 제어법 : R_a 변화
- 계자 제어법 : ϕ 변화
- 전압 제어법 : V 변화

56. 유도 전동기에서 슬립이 1이란 전동기가 어떤 상태인가?

① 유도 제동기의 역할을 한다.
② 유도 전동기가 전부하 운전 상태이다.
③ 유도 전동기가 정지 상태이다.
④ 유도 전동기가 동기속도로 회전한다.

해설 유도 전동기 – 슬립(slip)

$$s = \frac{\text{동기속도} - \text{회전자속도}}{\text{동기속도}} = \frac{n_s - n}{n_s}$$

- $n = 0$일 때 (정지 상태) → $s = 1$
- $n = n_s$일 때 (동기속도로 회전) → $s = 0$

57. 시퀀스 회로에서 일종의 기억 회로라고 할 수 있는 것은?

① AND 회로
② OR 회로
③ NOT 회로
④ 자기유지 회로

해설 자기유지 회로(self hold circuit) : 기억 회로

- AND : 논리곱 회로
- OR : 논리합 회로
- NOT : 논리부정 회로

정답 **53.** ④ **54.** ④ **55.** ③ **56.** ③ **57.** ④

58. 다음 그림과 같은 논리 회로는?

① AND 회로
② OR 회로
③ NOT 회로
④ NAND 회로

해설 기본 논리 회로(본문 표 3-15 참조)

- OR 회로 :

- NOT 회로 :

- AND 회로 :

- NAND 회로 :

59. 다음 그림과 같은 제어계의 전체 전달함수는? (단, $H(s) = 1$)

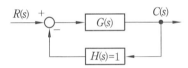

① $\dfrac{1}{G(s)}$

② $\dfrac{1}{1+G(s)}$

③ $\dfrac{G(s)}{1+G(s)}$

④ $\dfrac{G(s)}{1-G(s)}$

해설

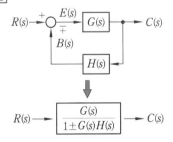

$H(s) = 1$이므로 $\dfrac{C(s)}{R(s)} = \dfrac{G(s)}{1+G(s)}$

60. 전류계를 사용하는 방법으로 옳지 않은 것은?

① 부하 전류가 클 때에는 배율기를 사용하여 측정한다.
② 전류가 흐르므로 인체에 접촉되지 않도록 주의하면서 측정한다.
③ 전류값을 모를 때에는 높은 값에서 낮은 값으로 조정하면서 측정한다.
④ 부하와 직렬로 연결하여 측정한다.

해설 전류계 사용 방법
㉠ 부하 전류가 클 때는 분류기를 사용하여 측정한다(부하 전압이 클 때는 배율기를 사용하여 측정한다).
㉡ 부하와 직렬로 연결하여 측정한다(전압계는 부하와 병렬로 연결하여 측정한다).

▶ **제 2 회 복원문제** ※ 이 문제는 수검자의 기억을 통하여 복원된 것입니다.

1. 군관리 방식에 대한 설명으로 틀린 것은?

① 특정 층의 혼잡 등을 자동적으로 판단한다.

② 카를 불필요한 동작 없이 합리적으로 운행 관리한다.

③ 교통수요의 변화에 따라 카의 운전 내용을 변화시킨다.

④ 승강장 버튼의 부름에 대하여 항상 가장 가까운 카가 응답한다.

[해설] 군관리 방식(supervisory control)
  ㉠ 엘리베이터를 4~8대 병설할 때 각 카를 불필요한 동작 없이 합리적으로 운용하는 조작방식이다.
  ㉡ 교통수요의 변화에 따라 카의 운전 내용을 변화시켜서 대응한다(출퇴근 시, 점심 식사 시간, 회의 종료 시 등)
  ㉢ 엘리베이터 운영의 전체 서비스 효율을 높일 수 있다.

2. 교류 엘리베이터의 전동기 특성으로 잘못된 것은?

① 기동전류가 적어야 한다.

② 고빈도로 단속 사용하는 데 적합한 것이어야 한다.

③ 회전부분의 관성 모멘트가 커야 한다.

④ 기동토크가 커야 한다.

[해설] 엘리베이터용 전동기에 요구되는 특성
  ㉠ 기동토크는 크고, 기동전류는 작을 것
  ㉡ 고빈도로 단속 사용하는 데 적합할 것
  ㉢ 회전부분의 관성 모멘트가 작을 것
  ㉣ 충분한 제동력을 가질 것
  ㉤ 소음이 적고, 저진동일 것

3. 트랙션 권상기의 특징으로 틀린 것은?

① 소요 동력이 적다.

② 행정거리의 제한이 없다.

③ 주 로프 및 도르래의 마모가 일어나지 않는다.

④ 권과(지나치게 감기는 형상)를 일으키지 않는다.

[해설] 트랙션(traction) 권상기의 특징
  ㉠ 소요 동력이 적다. – 균형추 사용
  ㉡ 행정거리의 제한이 없다. – 도르래 사용
  ㉢ 권과를 일으키지 않는다. – 로프를 마찰로서 구동
  ㉣ 마모가 일어난다.

4. 다음 중 와이어로프의 꼬임 방향에 의한 분류로 옳은 것은 무엇인가?

① Z꼬임, T꼬임 ② Z꼬임, S꼬임

③ H꼬임, T꼬임 ④ S꼬임, T꼬임

[해설] 와이어로프의 꼬임 방향에 의한 분류 (본문 그림 1–5 참조) : 스트랜드(strand)를 꼬는 방향이 Z자, S자 방향

5. 와이어로프의 구성요소가 아닌 것은?

① 소선   ② 심강

③ 킹크   ④ 스트랜드

[해설] 와이어로프의 구성 (본문 그림 1–4 참조)
  • 심(core)강 – 로프의 형태 유지
  • 가닥(strand) – 다수의 소선을 꼬아 합친 것
  • 소선(wire) ┌ 외측 소선 : 시브와 직접 접촉 부분
         └ 내측 소선

6. FGC(Flexible Guide Clamp)형 추락방지 안전장치의 장점은?

① 베어링을 사용하기 때문에 접촉이 확실하다.

정답 1. ④ 2. ③ 3. ③ 4. ② 5. ③ 6. ②

② 구조가 간단하고 복구가 용이하다.

③ 레일을 죄는 힘이 초기에는 약하나, 하강함에 따라 강해진다.

④ 평균 감속도를 0.5g으로 제한한다.

[해설] 플렉시블 가이드 클램프(Flexible Guide Clamp ; FGC)형

ㄱ 추락방지 안전장치의 작동으로 카가 정지할 때의 레일을 죄는 힘이 동작 시부터 정지 시까지 일정하다.

ㄴ 구조가 간단하고 설치면적이 작으며 복구가 쉬워 널리 사용된다.

7. 플라이 볼형 과속조절기의 구성요소에 해당되지 않는 것은?

① 플라이 웨이트   ② 로프캐치

③ 플라이 볼   ④ 베벨 기어

[해설] ㄱ 플라이 볼(fly ball)형 과속조절기 (본문 그림 1-15 참조) : 플라이 볼에 걸리는 원심력을 이용하며 정밀하게 속도를 측정할 수 있다.

ㄴ 플라이 웨이트는 디스크추형의 구성요소이다.

8. 카 실(cage)의 구조에 관한 설명 중 옳지 않은 것은?

① 구조상 경미한 부분을 제외하고는 불연재료를 사용하여야 한다.

② 카 천장에 비상구출구를 설치하여야 한다.

③ 승객용 카의 출입구에는 정전기 장애가 없도록 방전코일을 설치하여야 한다.

④ 승객용은 한 개의 카에 두 개의 출입구를 설치할 수 있는 경우도 있다.

[해설] 카 실(cage)의 구조

ㄱ 일반적으로 경미한 부분을 제외하고 불연재료로 만들고 덮는다.

ㄴ 천장에는 환풍구. 조명설비. 비상구출구 등이 설치된다.

ㄷ 카 조작반에는 행선층 버튼, 개폐 버튼, 인터폰 버튼, 방향등, 기타 운전에 필요한 스위치 등이 부착된다.

9. 균형추의 전체 무게를 산정하는 방법으로 옳은 것은?

① 카의 전중량에 정격 적재량의 35 ~ 50 %를 더한 무게로 한다.

② 카의 전중량에 정격 적재량을 더한 무게로 한다.

③ 카의 전중량과 같은 무게로 한다.

④ 카의 전중량에 정격 적재량의 110%를 더한 무게로 한다.

[해설] 균형추(counter weight) (본문 그림 1-19 참조)

ㄱ 카의 무게를 일정 비율 보상하기 위하여 카(car) 측과 반대편에 주철 혹은 콘크리트로 제작되어 설치되며, 카와의 균형을 유지하는 추이다.

ㄴ 무게는 통상적으로 카(car) 자중에 정격 적재 하중의 35~50% 중량을 더한 값으로 한다.

10. 중앙 개폐방식의 승강장 도어를 나타내는 기호는?

① 2S   ② CO   ③ UP   ④ SO

[해설] 승강장 도어 분류 (본문 표 1-12 참조)

ㄱ S(swing door) : 1S, 2S

ㄴ CO(center door) : 2CO, 4CO

ㄷ UP(up sliding) : 1UP, 2UP, 3UP

ㄹ SO(side open) : 1SO, 2SO, 3SO

11. 다음 중 엘리베이터의 도어 인터로크에 대한 설명으로 옳지 않은 것은?

① 카가 정지하고 있지 않은 층계의 문은 반드시 전용열쇠로만 열려져야 한다.

② 시건장치 후에 도어 스위치가 ON되고, 도어 스위치가 OFF 후에 시건장

치가 빠지는 구조로 되어야 한다.

③ 승강장에서는 비상시에 대비하여 자 물쇠가 일반 공구로도 열려지게 설계 되어야 한다.

④ 문이 닫혀 있지 않으면 운전이 불가 능하도록 하는 도어 스위치가 있어야 한다.

해설 도어 인터로크(door interlock)

[구성]

• 도어 록(door lock) : 카(car)가 정지하지 않는 층의 도어는 전용열쇠를 사용하지 않으면 열리지 않는 장치

• 도어 스위치(door switch) : 도어가 닫혀 있지 않으면 운전이 불가능 하도록 하는 장치

[동작]

• 닫힘동작 시 : 도어 록이 먼저 걸린 상태 에서 도어 스위치가 들어간다.

• 열림동작 시 : 도어 스위치가 끊어진 후 도어 록이 열리는 구조이다.

12. 기계실이 있는 엘리베이터의 승강로 내에 설치되지 않는 것은?

① 균형추　　　② 완충기
③ 이동 케이블　④ 과속조절기

해설 과속조절기는 승강로 내에 위치하는 경 우도 있지만, 기계실이 있는 경우에는 기계 실에 설치된다.

13. 기계실에 대한 설명으로 틀린 것은?

① 출입구 자물쇠의 잠금장치는 없어도 된다.

② 관리 및 검사에 지장이 없도록 조명 및 환기는 적절해야 한다.

③ 주 로프, 과속조절기 로프 등은 기계실 바닥의 관통 부분과 접촉이 없어야 한다.

④ 권상기 및 제어반은 기둥 및 벽에서 보수 관리에 지장이 없어야 한다.

해설 기계실의 출입문 : 출입문은 열쇠로 조작 되는 잠금장치가 있어야 하며, 기계실 내부에 서 열쇠를 사용하지 않고 열릴 수 있어야 한다.

14. 워드 레오나드 방식을 옳게 설명한 것은?

① 발전기의 출력을 직접 전동기의 전기 자에 공급하는 방식으로 발전기의 계 자를 강하게 하거나 약하게 하여 속도 를 조절하는 것

② 직류 전동기의 전기자 회로에 저항을 넣어서 이것을 변화시켜서 속도를 제 어하는 것

③ 교류를 직류로 바꾸어 전동기에 공급 하여 사이리스터의 점호각을 바꾸어 전동기의 회전수를 바꾸는 것

④ 기준 속도의 패턴을 주는 기준 전압 과 전동기의 실제속도를 나타내는 검 출발전기 전압을 비교하여 속도를 제 어하는 것

해설 워드 레오나드(ward-leonard) 방식

㉠ 전압제에 의한 전동기 속도제어 방식의 하나로 전동기 전기자에 가한 전압을 변 화시킨다.

㉡ 전기자에 가한 전압은 직결된 발전기의 계자를 강하게, 약하게 하여 속도를 조절 한다.

15. 승강기에 설치할 방호장치가 아닌 것 은 어느 것인가?

① 주행 안내 레일
② 출입문 인터로크
③ 과속조절기
④ 파이널 리밋 스위치

해설 주행 안내 레일(guide rail) : 승강로 내 에 일직선상의 수직으로 설치되어 승강하는 카(car)를 안내하는 레일이다.

16. 엘리베이터가 비상정지 시 균형로프가 튀어오르는 것을 방지하기 위해 설치하는 것은?

① 슬로다운 스위치

② 록다운 추락방지 안전장치

③ 파킹 스위치

④ 각 층 강제 정지운전 스위치

[해설] ㉠ 록다운(lock-down) 추락방지 안전장치

- 튀어오름 방지장치로 카와 균형추에서 내리는 로프도 충분한 강도로 인장시켜 카의 추락방지 안전장치가 작동 시 균형추, 와이어로프 등이 튀어오르지 못하도록 한다.
- 속도 3.5 m/s 이상의 엘리베이터에 설치된다.

㉡ 각 층 강제 정지장치(each floor stop) : 공동주택에서 주로 야간에 사용되며, 특정 시간대에 매 층마다 정지하고 도어를 여닫은 후 출발하도록 하는 장치이다.

17. 승객용 엘리베이터의 적재하중 및 최대 정원을 계산할 때 1인당 하중의 기준은 몇 kg인가?

① 80　　② 75　　③ 70　　④ 65

[해설] 정원 결정

식에 계산된 값 : 정원 $= \dfrac{정격하중}{75}$

18. 다음 중 엘리베이터의 안정된 사용 및 정지를 위하여 승강장, 중앙관리실 또는 경비실 등에 설치되어 카 이외의 장소에서 엘리베이터 운행의 정지 조작과 재개 조작이 가능한 안전창지는?

① 카 운행정지 스위치

② 자동/수동 전환 스위치

③ 도어 안전장치

④ 파킹 스위치

[해설] 파킹(parking) 스위치

㉠ 엘리베이터의 안정된 사용 및 정지를 위하여 설치해야 한다.

㉡ 승강장·중앙관리실 또는 경비실 등에 설치되어 카 이외의 장소에서 엘리베이터 운행의 정지 조작과 재개 조작이 가능하여야 한다.

19. 간접식 유압 엘리베이터의 특징이 아닌 것은?

① 부하에 의한 카의 빠짐이 비교적 작다.

② 실린더의 점검이 용이하다.

③ 승강로는 실린더를 수용할 부분만큼 더 커지게 된다.

④ 추락방지 안전장치가 필요하다.

[해설] 간접식 유압 엘리베이터의 특징

㉠ 부하에 의한 카 바닥의 빠짐이 비교적 크다.

㉡ 실린더의 점검이 용이하다.

㉢ 승강로는 실린더를 수용할 부분만큼 더 커지게 된다.

㉣ 추락방지 안전장치가 필요하다.

㉤ 실린더를 설치하기 위한 보호관이 필요하지 않다.

20. 다음 중 에스컬레이터의 일반 구조에 대한 설명으로 틀린 것은?

① 일반적으로 경사도는 30° 이하로 하여야 한다.

② 손잡이의 속도가 디딤 바닥과 동일한 속도를 유지하도록 한다.

③ 디딤 바닥의 정격속도는 5m/s 초과하여야 한다.

④ 물건이 에스컬레이터의 각 부분에 끼이거나 부딪치는 일이 없도록 안전한 구조이어야 한다.

[해설] 에스컬레이터의 공칭속도

㉠ 경사도가 30° 이하인 경우 : 0.75 m/s 이하

ⓒ 경사도가 30°를 초과하고 35° 이하인 경우 : 0.5 m/s 이하

21. 실린더에 이물질이 흡입되는 것을 방지하기 위하여 펌프의 흡입축에 부착하는 것은?

① 필터
② 사일런서
③ 스트레이너
④ 더스트 와이퍼

[해설] 스트레이너(strainer) : 실린더에 쇳가루나 이물질이 들어가는 것을 방지하기 위해 설치된다.

22. 유압 엘리베이터의 카가 심하게 떨거나 소음이 발생하는 경우의 조치에 해당되지 않는 것은?

① 실린더 내부의 공기 완전 제거
② 실린더 로드면의 굴곡 상태 확인
③ 리밋 스위치의 위치 수정
④ 릴리프 세팅 압력 조정

[해설] 리밋 스위치(limit switch) : 전기적인 안전장치로서, 위치 수정은 카(car)의 진동과 소음과는 무관하다.

23. 유압식 엘리베이터에서 실린더의 일반적인 구조 기준은 안전율 몇 이상이어야 하는가?

① 2
② 4
③ 8
④ 10

[해설] 실린더의 일반적인 구조 기준 – 안전율 : 실린더의 상부에는 패킹을 설치하여 작동유의 유출을 방지하며, 일반적인 안전율은 4 이상을 요구한다.

24. 에스컬레이터의 구동체인이 규정치 이상으로 늘어났을 때 일어나는 현상은?

① 안전레버가 작동하여 하강은 되나, 상승은 되지 않는다.
② 안전레버가 작동하여 브레이크가 작동하지 않는다.
③ 안전레버가 작동하여 무부하 시는 구동되나, 부하 시는 구동되지 않는다.
④ 안전레버가 작동하여 안전회로 차단으로 구동되지 않는다.

[해설] 구동체인 안전장치(D.C.S) (본문 그림 1-38 참조) : 구동 체인이 절단되거나 심하게 늘어날 경우, 스위치 작동으로 전원이 차단, 운행이 정지된다.

25. 에스컬레이터의 디딤판 규격에서 공칭 폭은?

① 0.55 m 이상 1.5 m 이하
② 0.50 m 이상 1.5 m 이하
③ 0.65 m 이상 1.1 m 이하
④ 0.58 m 이상 1.1 m 이하

[해설] 디딤판 규격 : 에스컬레이터 및 무빙워크의 공칭 폭은 0.58 m 이상 1.1 m 이하

26. 기계식 주차장치에 있어서 자동차 중량의 전륜 및 후륜에 대한 배분비는?

① 6 : 4
② 5 : 5
③ 7 : 3
④ 4 : 6

[해설] 자동차 중량의 전륜 및 후륜에 대한 배분은 6 : 4로 하고, 계산하는 단면에는 큰 쪽의 중량이 집중하중으로 작용하는 것으로 가정하여 계산한다.

27. 엘리베이터의 소유자나 안전(운행)관리자에 대한 교육내용이 아닌 것은?

① 엘리베이터에 관한 일반지식
② 엘리베이터에 관한 법령 등의 지식
③ 엘리베이터의 운행 및 취급에 관한 지식
④ 엘리베이터의 구입 및 가격에 관한 지식

[정답] 21. ③   22. ③   23. ②   24. ④   25. ④   26. ①   27. ④

해설 안전(운행)관리자 교육
  ㉠ 엘리베이터에 관한 일반지식
  ㉡ 엘리베이터에 관한 법령 등에 관한 지식
  ㉢ 엘리베이터 운행 및 취급에 관한 지식

28. 전기식 엘리베이터 자체 점검 항목 중 점검 주기가 가장 긴 것은?

① 권상기 감속기어의 윤활유(oil) 누설 유무 확인
② 추락방지 안전장치 스위치의 기능 상실 유무 확인
③ 승장 버튼의 손상 유무 확인
④ 이동케이블의 손상 유무 확인

해설 자체 점검 항목 – 점검 주기
  ㉠ 이동 케이블의 손상 유무 : 1회/6개월
  ㉡ 권상기 감속기어의 윤활유 누설 유무 : 1회/3개월
  ㉢ 추락방지 안전장치 스위치 기능 상실 유무 : 1회/1개월
  ㉣ 승강 버튼의 손상 유무 : 1회/1개월

29. 사고 예방 대책 기본원리 5단계 중 3E를 적용하는 단계는?

① 1단계   ② 2단계
③ 3단계   ④ 5단계

해설 사고 예방 대책 기본원리 5단계
  1단계 : 안전관리 조직
  2단계 : 사실의 발견
  3단계 : 분석 평가
  4단계 : 시정책의 선정
  5단계 : 시정책의 적용(3E, 3S)
  • 3E : 기술적, 교육적, 독려적
  • 3S : 표준화, 전문화, 단순화

30. 재해 발생의 원인 중 가장 높은 빈도를 차지하는 것은?

① 열량의 과잉 억제
② 설비의 배치 착오

③ 과부하
④ 작업자의 작업행동 부주의

해설 재해 발생 원인 중 "작업자의 작업행동 부주의"가 가장 높은 빈도를 차지한다.

31. 재해 원인의 분류에서 불안전한 상태(물적 원인)가 아닌 것은?

① 안전방호장치의 결함
② 작업환경의 결함
③ 생산공정의 결함
④ 불안전한 자세 결함

해설 불안전한 상태(물적 원인) 〈①, ②, ③ 이외에〉
  • 작업장소 및 기계의 배치 결함
  • 보호구, 복장 등의 결함
  • 자연적 불안전한 상태

참고 "불안전한 자세 결함"은 불안전한 행동(인적 원인)에 해당된다.

32. 파괴검사 방법이 아닌 것은?

① 인장검사   ② 굽힘검사
③ 육안검사   ④ 경도검사

해설 육안검사는 비파괴검사 방법의 하나이다.

참고 비파괴검사 : 육안검사, 자기검사, 누설검사, 초음파투과검사, X선투과검사

33. 기계설비의 위험방지를 위해 보전성을 개선하기 위한 사항과 거리가 먼 것은 어느 것인가?

① 안전사고 예방을 위해 주기적인 점검을 해야 한다.
② 고가의 부품인 경우는 고장 발생 직후에 교환한다.
③ 가동률을 높이고 신뢰성을 향상시키기 위해 안전 모니터링 시스템을 도입하는 것은 바람직하다.

④ 보전용 통로나 작업장의 안전 확보는 필요하다.

[해설] 고가의 부품인 경우라도 고장 발생, 시기에 관계없이 교체 주기에 맞추어 교환하여야 한다.

34. 고압 활선 근로자의 감전방지 조치로 적절하지 않은 것은?

① 활선작업용 장치를 사용하게 한다.
② 접근한계거리 이상 유지한다.
③ 절연용 방호구를 설치하도록 한다.
④ 감독자의 유무는 관계가 없다.

[해설] 고압 활선 근로자의 감전방지를 위하여 관리 감독자에 의해 작업이 관리되어야 한다.

35. 화재 시 조치사항에 대한 설명 중 틀린 것은?

① 소방구조용 엘리베이터는 소화활동 등 목적에 맞게 동작시킨다.
② 빌딩 내에서 화재가 발생할 경우 반드시 엘리베이터를 이용해 비상탈출을 시켜야 한다.
③ 승강로에서의 화재 시 전선이나 레일의 윤활유가 탈 때 발생되는 매연에 질식되지 않도록 주의한다.
④ 기계실에서의 화재 시 카 내의 승객과 연락을 취하면서 주전원 스위치를 차단한다.

[해설] ㉠ 빌딩 내에서 화재가 발생할 경우 반드시 엘리베이터를 이용해 비상 탈출을 시켜야 하지는 않는다(정전으로 엘리베이터 정지).
㉡ 비상계단으로 탈출을 유도하는 것이 바람직하다.

36. 위험기계기구의 방호장치의 설치의무가 있는 자는?

① 안전관리자
② 해당 작업자
③ 기계기구의 소유자
④ 현장작업의 책임자

[해설] 위험기계기구의 방호장치의 설치는 기계기구의 소유자(사업주)에게 의무가 있다.

[참고] 방호장치(조치): 위험기계·기구의 위험장소 또는 부위에 근로자가 통상적인 방법으로는 접근하지 못하도록 하는 제한조치를 말한다.

37. 작업장에서 작업복을 착용하는 가장 큰 이유는?

① 방한
② 복장 통일
③ 작업능률 향상
④ 작업 중 위험 감소

[해설] 작업장에서 작업복은 작업 중 위험 감소를 위하여 착용, 작업자를 보호하기 위함이다.

38. 에스컬레이터의 높이가 6 m, 공칭속도가 0.5 m/s인 경우의 경사도는?

① 35° ② 40° ③ 50° ④ 60°

[해설] 에스컬레이터의 경사도
㉠ 에스컬레이터의 경사도는 30°를 초과하지 않아야 한다.
㉡ 에스컬레이터의 높이가 6 m 이하이고 공칭속도가 0.5 m/s 이하인 경우에는 경사도를 35°까지 증가시킬 수 있다.

39. 다음 중 에스컬레이터 디딤판 체인 및 구동 체인의 안전율로 알맞은 것은?

① 5 이상　　　② 7 이상
③ 8 이상　　　④ 10 이상

[해설] 안전율
㉠ 트러스(truss) 및 빔: 5 이상
㉡ 디딤판 체인 및 구동 체인: 10 이상
㉢ 모든 구동 부분: 5 이상

40. 비상용 승강기에 대한 설명 중 틀린 것은?

① 예비전원을 설치하여야 한다.

② 외부와 연락할 수 있는 전화를 설치하여야 한다.

③ 정전 시에는 예비전원으로 작동할 수 있어야 한다.

④ 승강기의 운행속도는 90m/min 이상으로 해야 한다.

해설 비상용 승강기의 운행속도는 60m/min 이상으로 해야 한다(1m/s 이상).

41. 다음 중 승객·화물용 엘리베이터에서 과부하감지장치의 작동에 대한 설명으로 틀린 것은?

① 작동치는 정격 적재하중의 105 ~ 110%를 표준으로 한다.

② 적재하중 초과 시 경보를 울린다.

③ 출입문을 자동적으로 닫히게 한다.

④ 카의 출발을 정지시킨다.

42. 카 상부에서 행하는 검사가 아닌 것은 어느 것인가?

① 완충기 점검

② 주 로프 점검

③ 가이드 슈 점검

④ 도어 개폐장치 점검

해설 완충기 점검은 피트(pit)에서 행하는 검사에 속한다.

43. 로프의 마모 상태가 소선의 파단이 균등하게 분포되어 있는 상태에서 1구성 꼬임(1strand)의 1꼬임 피치에서 파단 수가 얼마이면 교체할 시기가 되었다고 판단하는가?

① 1　　② 2　　③ 3　　④ 5

해설 로프의 마모 및 파손 상태에 대한 기준

미모 및 파손 상태	기 준
소선의 파단이 균등하게 분포되어 있는 경우	1구성 꼬임(스트랜드)의 1꼬임 피치 내에서 파단 수 4 이하
파단 소선의 단면적이 원래의 소선 단면적의 70% 이하로 되어 있는 경우 또는 녹이 심한 경우	1구성 꼬임(스트랜드)의 1꼬임 피치 내에서 파단 수 2 이하
소선의 파단이 1개소 또는 특정의 꼬임에 집중되어 있는 경우	소선의 파단 총수가 1꼬임 피치 내에서 6꼬임 와이어로프이면 12 이하, 8꼬임 와이어로프이면 16 이하
마모 부분의 와이어로프의 지름	마모되지 않은 부분의 와이어로프 직경의 90% 이상

44. 카가 최하층에 정지하였을 때 균형추 상단과 기계실 하부와의 거리는 카 하부와 완충기와의 거리보다 어떻게 해야 하는가?

① 작아야 한다.

② 크거나 작거나 관계없다.

③ 커야 한다.

④ 같아야 한다.

해설 커야 하는 이유 : 균형추의 상승으로 기계실 바닥과의 충돌을 방지하기 위함이다.

45. 승강장문의 유효 출입구 폭은 카 출입구의 폭 이상으로 하되, 양쪽 측면 모두 카 출입구 측면의 폭보다 몇 mm를 초과하지 않아야 하는가?

① 50　　　　② 60

③ 70　　　　④ 80

정답 40. ④　41. ③　42. ①　43. ④　44. ③　45. ①

[해설] 승강장문의 유효 출입구 폭은 카 출입구의 폭 이상으로 하되, 양쪽 측면 모두 카 출입구 측면의 폭보다 50mm를 초과하지 않아야 한다.

46. 과속조절기의 보수점검 항목에 해당되지 않는 것은?

① 과속조절기 스위치의 접점 청결 상태
② 세이프티 링크 스위치와 캠의 간격
③ 운전의 원활성 및 소음 유무
④ 과속조절기 로프와 클립 체결 상태

[해설] 과속조절기(governor)의 보수점검 항목 (①, ③, ④ 이외에)
  ㉠ 작동 속도시험 및 운전의 원활성
  ㉡ 비상정치장치 작동 상태의 양호 유무
  ㉢ 과속조절기 고정 상태
  ㉣ 캐치의 작동 상태
  ㉤ 볼트(bolt), 너트(nut)의 결여 및 이완 상태
  ㉥ 분할핀(cotter pin) 결여의 유무
  ㉦ 시브(sheave)에서 과속조절기 로프 (governor rope)의 미끄럼 상태

47. 응력에 대한 설명 중 옳은 것은?

① 외력이 일정한 상태에서 단면적이 작아지면 응력은 작아진다.
② 외력이 증가하고 단면적이 커지면 응력은 증가한다.
③ 단면적이 일정한 상태에서 외력이 증가하면 응력은 작아진다.
④ 단면적이 일정한 상태에서 하중이 증가하면 응력은 증가한다.

[해설] 응력(stress)
  ㉠ 물체에 하중이 작용할 때 그 재료 내부에 생기는 저항력을 내력이라 한다.
  ㉡ 단위면적당 내력의 크기를 응력이라 한다.

$$응력 = \frac{하중}{단면적}$$

  ∴ 하중이 증가하면 응력은 증가한다.

48. 나사의 호칭이 M10일 때, 다음 설명 중 옳은 것은?

① 나사의 길이 10mm
② 나사의 반지름 10mm
③ 나사의 피치 1mm
④ 나사의 외경 10mm

[해설] 나사의 호칭 : M 다음의 숫자는 나사의 외경(mm) 표시

49. 회전하는 축을 지지하고 원활한 회전을 유지하도록 하며, 축에 작용하는 하중 및 축의 자중에 의한 마찰저항을 가능한 적게 하도록 하는 기계요소는?

① 클러치   ② 베어링
③ 커플링   ④ 스프링

[해설] 베어링(bearing) : 회전운동 또는 왕복운동을 하는 축을 일정한 위치에 떠받들어 자유롭게 움직이게 하는 기계요소의 하나로, 빠른 운동에 따른 마찰을 줄이는 역할을 한다.

50. 웜(worm) 기어의 특징이 아닌 것은?

① 효율이 좋다.
② 부하용량이 크다.
③ 소음과 진동이 적다.
④ 큰 감속비를 얻을 수 있다.

[해설] 웜 기어(worm gear)의 특징
  ㉠ 효율이 나쁘다.
  ㉡ 부하용량이 크다.
  ㉢ 소음과 진동이 적다.
  ㉣ 감속비가 크면 역전방지를 할 수 있다.

51. 전기기기의 충전부와 외함 사이 저항은?

① 절연 저항   ② 접지 저항
③ 고유 저항   ④ 브리지 저항

[정답] 46. ②   47. ④   48. ④   49. ②   50. ①   51. ①

[해설] 절연저항(insulation resistance)
　㉠ 전기기기의 충전부와 외함 사이는 전류
　　가 흐르지 못하도록 절연체로 절연되어야
　　한다.
　㉡ 절연저항이란, 전기기기의 충전부와 외
　　함 사이의 저항으로 클수록 좋다.

52. 엘리베이터 사용자의 안전을 위해 400V 미만의 전압이 인가된 저압용 기기의 외함에는 제 몇 종 접지공사를 하여야 하는가?

① 제1종　　　② 제2종
③ 제3종　　　④ 특별 제3종

[해설] 기계기구의 철대 및 외함의 접지공사

기계기구의 구분	접지공사의 종류
400V 미만인 저압용의 것	제3종 접지공사
400V 이상의 저압용의 것	특별 제3종 접지공사
고압용 또는 특고압용의 것	제1종 접지공사

53. RLC 직렬회로에서 최대 전류가 흐르게 되는 조건은?

① $\omega L^2 - \dfrac{1}{\omega C} = 0$　② $\omega L^2 + \dfrac{1}{\omega C} = 0$

③ $\omega L - \dfrac{1}{\omega C} = 0$　④ $\omega L + \dfrac{1}{\omega C} = 0$

[해설] RLC 직렬회로의 공진 조건
　㉠ 임피던스(impedance)
$$Z = \sqrt{R^2 + \left(\omega L - \dfrac{1}{\omega C}\right)^2}\ [\Omega]$$
　㉡ 공진 조건 : $\omega L = \dfrac{1}{\omega C}$
$$\therefore\ \omega L - \dfrac{1}{\omega C} = 0$$

54. 저항 100Ω에 5A의 전류가 흐르게 하는 데 필요한 전압은 얼마인가?

① 500V　　　② 400V
③ 300V　　　④ 220V

[해설] 옴의 법칙 : $V = IR = 5 \times 100 = 500V$

55. 플러깅(plugging)이란 무슨 장치를 말하는가?

① 전동기의 속도를 빠르게 조절하는 장치
② 전동기의 기동을 빠르게 하는 장치
③ 전동기를 정지시키는 장치
④ 전동기의 속도를 조절하는 장치

[해설] 직류 전동기의 제동법
　• 플러깅(plugging) : 역상제동으로 전동기를 신속히 정지시키는 장치이다.

56. 직류 발전기의 구조로서 3대 요소에 속하지 않는 것은?

① 계자　　　② 보극
③ 전기자　　④ 정류자

[해설] 직류 발전기의 구성요소(3요소) (본문 그림 3-50 참조)
　㉠ 전기자(armature): 회전자로 유도 기전력 발생
　㉡ 계자(field magnet) : 고정자로 자속 발생
　㉢ 정류자(commutator) : 교류를 직류로 바꾸어주는 역할

57. 유도 전동기에서 동기속도 N_s와 극수 P와의 관계로 옳은 것은?

① $N_2 \propto P$　　② $N_s \propto \dfrac{1}{P}$

③ $N_s \propto P^2$　　④ $N_s \propto \dfrac{1}{P^2}$

[해설] 3상 유도 전동기의 동기속도 : N_s
$$N_s = \dfrac{120 \cdot f}{P} = k\dfrac{1}{P}\,[\text{rpm}]$$
　여기서, N_s: 동기속도(rpm)
　　　　f : 주파수(Hz)
　　　　P : 전동기의 극수

58. 시퀀스 제어를 바르게 설명한 것은?

① 목표치가 시간에 대한 미지함수인 경우의 제어

② 목표치가 시간의 변화에 관계없이 일정하게 유지되는 제어

③ 목표치가 시간의 변화에 따라 변화하는 경우의 제어

④ 미리 정해진 순서에 따라 제어의 각 단계가 차례로 진행되는 제어

[해설] 시퀀스 제어(sequence control) : 미리 정해진 순서에 따라 제어의 각 단계가 순차적으로 진행되는 제어이다.

59. 다음 중 PNP형 트랜지스터의 기호는 어느 것인가?

①   ②

③   ④

[해설] PNP형 트랜지스터

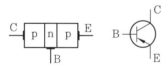

60. 2단자 반도체 소자로서 서지 전압에 대한 회로 보호에 사용되는 것은?

① 배리스터

② 터널 다이오드

③ 서미스터

④ 버랙터 다이오드

[해설] 배리스터(varistor)

㉠ 2단자 반도체 소자이다.

㉡ 이상 전압을 흡수하기 위한 보호회로와 피뢰기 등에 사용된다.

[참고] 배리스터(varistor) : variable resistor의 약자이다.

정답 58. ④ 59. ③ 60. ①

2018년도 시행 문제

▶ 제1회 복원문제   ※ 이 문제는 수검자의 기억을 통하여 복원된 것입니다.

1. 가장 먼저 누른 호출버튼에 응답하고 운전이 완료될 때까지 다른 호출에 응답하지 않는 운전방식은?

① 승합 전자동식
② 단식 자동방식
③ 카 스위치방식
④ 하강 승합 전자동식

해설 ㉠ 단식 자동식(single automatic) : 한 호출에 따라 운전 중에는 다른 호출을 받지 않는 운전방식이다.
㉡ 하강 승합 전자동식(down collective) : 중간층에서 위층으로 갈 때에는 1층으로 내려온 후 올라가야 한다.

2. 시험전압(직류) 250V 전기설비의 절연저항은 몇 MΩ 이상이면 되는가?

① 0.1　② 0.75　③ 0.5　④ 0.25

해설 저압전로의 절연성능 (KEC 132)

전로의 사용전압	DC 시험전압 (V)	절연저항 (MΩ)
SELV 및 PELV	250	0.5 이상
PELV, 500V 이하	500	1.0 이상
500V 초과	1000	1.0 이상

㊟ ELV (Extra-Low Voltage) : 특별저압 (교류 : 50V 이하, 직류 : 150V 이하)
1. SELV (Safety Extra-Low Voltage) : 비접지회로
2. PELV (Protective Extra-Low Voltage) : 접지회로

3. 트랙션식 권상기에서 로프와 도르래의 마찰계수를 높이기 위해서 도르래 홈의 밑을 도려낸 언더컷 홈을 사용한다. 이 언더컷 홈의 결점은?

① 지나친 되감기 발생
② 균형추 진동
③ 시브의 이완
④ 로프 마모

해설 언더컷 홈(본문 표 1-5 참조) : 언더컷 홈으로 마찰계수를 올려 카의 미끄러짐을 줄일 수 있지만, 마찰계수가 높은 만큼 로프의 마모는 심해진다.

4. 1:1 로핑 방식에 비해 2:1, 3:1, 4:1 로핑 방식에 대한 설명 중 옳지 않은 것은 어느 것인가?

① 와이어로프의 총 길이가 길다.
② 승강기의 속도가 빠르다.
③ 종합 효율이 저하된다.
④ 와이어로프의 수명이 짧다.

해설 로핑(roping) 방식(본문 표 1-8 참조)
㉠ 1:1 로핑은 일반적으로 승객용에 사용된다.
㉡ 속도를 줄이거나 적재 용량을 늘리기 위하여 2:1, 4:1도 승객용에 채용한다.
㉢ 2:1 로핑, 4:1 로핑은 1:1 로핑에 비하여 길이가 길고 로프의 수명이 짧아지며 이동 도르래에 의해 종합 효율이 저하된다.

정답 1. ②　2. ③　3. ④　4. ②

5. 엘리베이터의 주 로프에 가장 많이 사용되는 꼬임은?

① 보통 Z꼬임   ② 보통 S꼬임

③ 랭 Z꼬임   ④ 랭 S꼬임

[해설] 엘리베이터 주 로프(본문 그림 1-5 참조) : 보통 Z꼬임의 와이어로프를 일반적으로 가장 많이 사용한다.

6. 과속조절기의 종류가 아닌 것은?

① 롤 세이프티형 과속조절기

② 디스크형 과속조절기

③ 플렉시블형 과속조절기

④ 플라이 볼형 과속조절기

[해설] 과속조절기의 종류 : 롤 세이프티(roll safety)형, 디스크(disk)형, 플라이 볼(fly ball)형

7. 카가 어떤 원인으로 최하층을 통과하여 피트에 도달했을 때 카에 충격을 완화시켜 주는 장치는?

① 완충기   ② 추락방지 안전장치

③ 과속조절기   ④ 리밋 스위치

[해설] 완충기(buffer) : 피트 바닥에 설치되며, 카가 어떤 원인으로 최하층을 통과하여 피트로 떨어졌을 때, 충격을 완화하기 위하여 혹은 카가 밀어 올렸을 때를 대비하여 균형추의 바로 아래에도 완충기를 설치한다.

8. 균형추의 중량을 결정하는 계산식은? (단, 여기서 L은 정격하중, F는 오버밸런스율)

① 균형추의 중량 = 카 자체하중 + $(L \cdot F)$

② 균형추의 중량 = 카 자체하중 × $(L \cdot F)$

③ 균형추의 중량 = 카 자체하중 + $(L + F)$

④ 균형추의 중량 = 카 자체하중 + $(L - F)$

[해설] 균형추의 총중량 = 카 자체하중 + $(L \cdot F)$
여기서, L : 정격 적재하중
F : 오버밸런스율

[참고] 오버밸런스(over-balance) : 균형추의 총중량은 빈 카의 자중에 적재하중의 35 ~ 50 %의 중량을 더한 값이 보통이다.

9. 카 틀(car frame)의 구성 요소가 아닌 것은?

① 상부 체대   ② 하부 체대

③ 도어 체대   ④ 브레이스 로드

[해설] 카 틀(car frame)의 구성 요소(본문 그림 1-18 참조) : 상부 체대, 하부 체대, 브레이스 로드, 측부 프레임

10. 카의 문을 열고 닫는 도어 머신에서 성능상 요구되는 조건이 아닌 것은?

① 작동이 원활하고 정숙하여야 한다.

② 카 상부에 설치하기 위하여 소형이며 가벼워야 한다.

③ 어떠한 경우라도 수동조작에 의하여 카 도어가 열려서는 안 된다.

④ 작동횟수가 승강기 기동횟수의 2배이므로 보수가 쉬워야 한다.

[해설] 도어 머신(door machine) 성능 상 요구되는 조건

㉠ 작동이 원활하고 정숙하여야 한다.

㉡ 카 상부에 설치하기 위해 소형이며 가벼워야 한다.

㉢ 동작횟수가 엘리베이터 기동횟수의 2배가 되므로 보수가 쉬워야 한다.

[참고] 닫힌 상태에서 정전으로 갇혔을 때 구출을 위해 문을 손(수동 조작)으로 열 수가 있어야 한다.

11. 다음 중 도어 인터로크에 대한 설명으로 옳지 않은 것은?

① 도어 로크를 열기 위한 열쇠는 특수한 전용키어야 한다.

② 모든 승강장문에는 전용열쇠를 사용하지 않으면 열리지 않도록 하여야 한다.

---

③ 도어가 닫혀 있지 않으면 운전이 불가능하여야 한다.

④ 닫힘 동작 시 도어 스위치가 들어간 다음 도어 로크가 확실히 걸리는 구조이어야 한다.

해설 도어 인터로크(door interlock) (본문 그림 1-22 참조)

㉠ 닫힘 동작 시는 도어 로크가 먼저 걸린 상태에서 도어 스위치가 들어간다.

㉡ 열림 동작 시는 도어 스위치가 끊어진 후 도어 로크가 열리는 구조(직렬)이며, 안전장치 중에서 승강장의 도어 안전장치로서 가장 중요하다.

참고 구성 : 카가 정지하지 않는 층의 도어는 전용열쇠를 사용하지 않으면 열리지 않는 도어 로크와 도어가 닫혀 있지 않으면 운전이 불가능하도록 하는 도어 스위치로 구성된다.

12. 승강기 완성검사 시 전기식 엘리베이터에서 기계실의 조도는 기기가 배치된 바닥면에서 몇 lx 이상인가?

① 50   ② 100   ③ 150   ④ 200

해설 기계실에는 바닥면에서 200lx 이상을 비출 수 있는 영구적으로 설치된 전기조명이 있어야 한다.

13. 전기식 엘리베이터 기계실의 구조에서 구동기의 회전부품 위로 몇 m 이상의 유효 수직거리가 있어야 하는가?

① 0.2   ② 0.3   ③ 0.4   ④ 0.5

해설 기계실의 치수

㉠ 구동기의 회전부품 위로 0.3 m 이상의 유효 수직거리가 있어야 한다.

㉡ 작업 구역에서 유효 높이는 2.1 m 이상이어야 한다.

14. 정지 레오나드 방식 엘리베이터의 내용으로 틀린 것은?

① 워드 레오나드 방식에 비하여 손실이 적다.

② 워드 레오나드 방식에 비하여 유지보수가 어렵다.

③ 사이리스터를 사용하여 교류를 직류로 변환한다.

④ 모터의 속도는 사이리스터의 점호각을 바꾸어 제어한다.

해설 정지 레오나드(static leonard) 방식

㉠ 사이리스터(thyristor)를 사용하여 교류를 직류로 변환시킴과 동시에 점호각을 제어하여 직류 전압을 제어하는 방식으로 고속 엘리베이터에 적용된다.

㉡ 비정지식 워드 레오나드 방식에 비하여 손실이 적으며, 유지보수가 쉽다.

15. 다음의 장치 중 보조안전 스위치(장치) 설치와 관계가 없는 것은?

① 유입완충기

② 균형추

③ 균형로프 도르래

④ 과속조절기 로프 인장장치

해설 균형추(counter weight) : 카의 무게를 일정 비율 보상하기 위하여 카 측과 반대편에 설치되며, 카와의 균형을 유지하는 추이다.

16. 승강기가 최하층을 통과했을 때 주전원을 차단시켜 승강기를 정지시키는 것은?

① 완충기

② 과속조절기

③ 추락방지 안전장치

④ 파이널 리밋 스위치

해설 파이널 리밋 스위치(final limit switch)

㉠ 리밋 스위치가 작동되지 않을 경우를 대비하여 리밋 스위치를 지난 적당한 위치에 카가 현저히 지나치는 것을 방지하는 스위치이다.

㉡ 승강기가 최하층을 통과했을 때 주전원을 차단시켜 승강기를 정지시키는 기능을 갖는다.

17. 과부하 감지장치에 대한 설명으로 틀린 것은?

① 과부하 감지장치가 작동하는 경우 경보음이 울려야 한다.

② 엘리베이터 주행 중에는 과부하 감지장치의 작동이 무효화되어서는 안 된다.

③ 과부하 감지장치가 작동한 경우에는 출입문의 닫힘을 저지하여야 한다.

④ 과부하 감지장치는 초과 하중이 해소되기 전까지 작동하여야 한다.

[해설] 과부하 감지장치 작동 성능
  ㉠ 적재하중의 설정치를 초과하면 경보를 울리고 출입문의 닫힘을 자동적으로 제지하여 엘리베이터가 기동하지 않아야 한다.
  ㉡ 과부하 감지장치의 작동 상태는 초과 하중이 해소되기까지 계속 유지되어야 한다.
  ㉢ 주행 중 오작동 방지 기능 : 엘리베이터의 주행 중에는 오동작을 방지하기 위하여 과부하 감지장치의 작동이 무효화되어야 한다.

18. 아파트 등에서 주로 야간에 카 내의 범죄 방지를 위해 설치하는 것은?

① 파킹 스위치

② 슬로다운 스위치

③ 록다운 추락방지 안전장치

④ 각 층 강제 정지운전 스위치

[해설] 각 층 강제 정지 스위치(each floor stop) : 공동주택에서 주로 야간에 사용되며, 특정 시간대에 매 층마다 정지하고 도어를 여 닫은 후 출발하도록 하는 장치이다.

19. 다음 중 간접식 유압 엘리베이터의 특징으로 옳지 않은 것은?

① 실린더를 설치하기 위한 보호관이 필요하지 않다.

② 실린더 길이가 직접식에 비하여 짧다.

③ 추락방지 안전장치가 필요하지 않다.

④ 실린더의 점검이 직접식에 비하여 쉽다.

[해설] 간접식 유압 엘리베이터의 특징
  ㉠ 부하에 의한 카 바닥의 빠짐이 비교적 크다.
  ㉡ 실린더의 점검이 용이하다.
  ㉢ 승강로는 실린더를 수용할 부분만큼 더 커지게 된다.
  ㉣ 추락방지 안전장치가 필요하다.
  ㉤ 실린더를 설치하기 위한 보호관이 필요하지 않다.

20. 유압 승강기 압력 배관에 관한 설명 중 옳지 않은 것은?

① 압력 배관은 펌프 출구에서 안전밸브까지를 말한다.

② 지진 또는 진동 및 충격을 완화하기 위한 조치가 필요하다.

③ 압력 배관으로 탄소강 강관이나 고압 고무호스를 사용한다.

④ 압력배관이 파손되었을 때 카의 하강을 제지하는 장치가 필요하다.

[해설] 압력 배관 : 유압 펌프에서 실린더까지를 탄소강관이나 고압 고무호스를 사용하여 압력 배관으로 연결한다.

21. 유압식 엘리베이터의 유압 파워 유닛과 압력 배관에 설치되며, 이것을 닫으면 실린더의 기름이 파워 유닛으로 역류되는 것을 방지하는 밸브는?

① 스톱 밸브   ② 럽처 밸브

③ 체크 밸브   ④ 릴리프 밸브

[해설] 스톱 밸브(stop valve)
  ㉠ 유압 파워 유닛과 실린더 사이의 압력배관에 설치되며, 이것을 닫으면 실린더의 기름이 파워 유닛으로 역류하는 것을 방지한다.
  ㉡ 유압장치의 보수, 점검 또는 수리 등을

할 때에 사용되며, 일명 게이트 밸브라고
도 한다.

22. 에스컬레이터 각 난간의 꼭대기에는
정상운행 조건하에서 디딤판, 팔레트 또
는 벨트의 실제 속도와 관련하여 동일 방
향으로 몇 %의 공차가 있는 속도로 움직
이는 손잡이가 설치되어야 하는가?

① 0~2 　　　　② 4~5
③ 7~9 　　　　④ 10~12

해설 에스컬레이터 손잡이 : 각 난간의 꼭대
기에는 정상운행 조건하에서 디딤판, 팔레
트 또는 벨트의 실제 속도와 관련하여 동일
방향으로 0~2%의 공차가 있는 속도로 움
직이는 손잡이가 설치되어야 한다.

23. 에스컬레이터 난간과 이동식 손잡이
의 점검사항이 아닌 것은?

① 접촉기와 계전기의 이상 유무를 확인
한다.
② 가이드에서 손잡이의 이탈 가능성을
확인한다.
③ 표면의 균열 및 진동 여부를 확인한다.
④ 주행 중 소음 및 진동 여부를 확인한다.

해설 손잡이(handrail) 점검 사항 (②, ③, ④
이외에)
㉠ 안전스위치 작동 상태 확인
㉡ 디딤판과의 속도 차이 확인
㉢ 손잡이와의 사이에 손가락이 끼일 위험
성 확인

24. 운행 중인 에스컬레이터가 어떤 요인
에 의해 갑자기 정지하였다. 점검해야 할
에스컬레이터 안전장치로 틀린 것은?

① 승객검출장치
② 인렛 스위치
③ 스커트 가드 안전스위치
④ 디딤판체인 안전장치

해설 에스컬레이터의 안전장치
㉠ 인렛 스위치(inlet switch) : 손잡이 인입
구에 설치
㉡ 스커트 가드(skirt guard) 안전스위치 :
스커트 가드판과 디딤판 사이에 인체의
일부나 옷, 신발 등이 끼이면 스위치가
작동되어 에스컬레이터를 정지시킨다.
㉢ 디딤판체인 안전장치 : 디딤판체인이 절단
되거나 심하게 늘어날 경우에 동작한다.

25. 다음 빈칸의 내용으로 적당한 것은?

소형화물용 엘리베이터는 사람이 탑승
하지 않으면서 적재용량이 ( ) kg 이
하인 것으로서 소형화물(서적, 음식물
등) 운반에 적합하게 제작된 엘리베이
터이다.

① 200 　　　　② 300
③ 500 　　　　④ 1000

해설 소형화물용 엘리베이터는 적재용량 300
kg 이하에 적용된다.

26. 안전관리자의 직무가 아닌 것은?

① 안전보건관리규정에서 정한 직무
② 산업재해 발생의 원인 조사 및 대책
③ 안전교육계획의 수립 및 실시
④ 근로환경보건에 관한 연구 및 조사

해설 안전관리자의 직무 (①, ②, ③ 이외에)
㉠ 사업장 순회 점검, 지도 및 조치의 건의
㉡ 방호장치, 기계기구 및 설비, 보호구 중
안전에 관련된 보호구 구입 시 적격품 선정
㉢ 산업재해에 관한 통계의 유지관리를 위
한 지도 조언
㉣ 안전에 관한 사항을 위반한 근로자에 대
한 조치의 건의
㉤ 기타 안전에 관한 사항

27. 승강기 카와 건물벽 사이에 끼어 재
해를 당했다면 재해발생의 형태는?

① 협착   ② 충돌

③ 전도   ④ 화상

해설 재해발생의 형태

  ㉠ 협착 : 물건에 끼인 상태, 말려든 상태

  ㉡ 충돌 : 서로 맞부딪침

  ㉢ 전도 : 사람이 평면상으로 넘어졌을 때

  ㉣ 화상 : 화재 또는 고온물 접촉으로 인한 상해

28. 재해가 발생되었을 때의 조치순서로서 가장 알맞은 것은 ?

① 긴급처리 → 재해조사 → 원인강구 → 대책수립 → 실시 → 평가

② 긴급처리 → 원인강구 → 대책수립 → 실시 → 평가 → 재해조사

③ 긴급처리 → 재해조사 → 대책수립 → 실시 → 원인강구 → 평가

④ 긴급처리 → 재해조사 → 평가 → 대책수립 → 원인강구 → 실시

해설 재해 발생 시 재해조사 순서 : 긴급처리 → 재해조사 → 원인강구 → 대책수립 → 실시 → 평가

29. 산업재해의 발생원인 중 불안전한 행동이 많은 사고의 원인이 되고 있다. 이에 해당되지 않는 것은 ?

① 위험장소 접근

② 작업장소 불량

③ 안전장치 기능 제거

④ 복장, 보호구 잘못 사용

해설 불안전한 행동(인적 원인) ⟨①, ③, ④ 이외에⟩

  ㉠ 안전조치의 불이행

  ㉡ 불안전한 상태 방치

  ㉢ 기계장치 등의 지정 외 사용

  ㉣ 운전 중인 기계, 장치 등의 청소, 주유, 수리, 점검 등의 실시 등

참고 "작업장소불량"은 불안전 상태(물적 원인)에 속한다.

30. 재해원인 중 생리적인 원인은 ?

① 안전장치 사용의 미숙

② 안전장치의 고장

③ 작업자의 무지

④ 작업자의 피로

해설 생리적인 원인 : 신체의 질병, 난청, 근시, 피로 등

31. 안전점검의 목적에 해당되지 않는 것은 어느 것인가 ?

① 생산 위주로 시설 가동

② 결함이나 불안전 조건의 제거

③ 기계설비의 본래 성능 유지

④ 합리적인 생산관리

해설 안전점검의 목적

  ㉠ 결함이나 불안전 조건의 제거

  ㉡ 기계설비의 본래의 성능 유지

  ㉢ 합리적인 생산관리

32. 감전사고로 선로에 붙어있는 작업자를 구출하기 위한 응급조치로 볼 수 없는 것은 ?

① 전기 공급을 차단한다.

② 부도체를 이용하여 환자를 전원에서 떼어낸다.

③ 시간이 경과되면 생명에 지장이 있기 때문에 빠르게 직접 환자를 선로에서 분리한다.

④ 심폐소생술을 실시한다.

해설 직접 환자를 선로에서 분리하는 것은 2차 감전사고가 발생하게 되므로 삼가하여야 한다.

33. 아크 용접기의 감전 방지를 위해서 부착하는 것은 ?

정답   28. ①   29. ②   30. ④   31. ①   32. ③   33. ①

① 자동 전격 방지장치

② 중성점 접지장치

③ 과전류 계전장치

④ 리밋 스위치

해설 자동 전격 방지장치

㉠ 아크 용접 작업 중에는 용접용 변압기를 통하여 아크용 낮은 전압이 공급되고, 아크 용접을 잠시 중단한 상태에서는 전격 방지장치를 통하여 낮은 전압을 공급한다.

㉡ 교류 아크 용접기에 감전 방지용 안전장치인 자동 전격 방지장치를 설치한다.

34. 추락을 방지하기 위한 3종 안전대의 사용법은?

① U자 걸이 전용

② 1개 걸이 전용

③ 1개 걸이, U자 걸이 겸용

④ 2개 걸이 전용

해설 안전대의 등급에 따른 사용구분

등급	사용 구분
1종	U자 걸이 전용
2종	1개 걸이 전용
3종	1개 걸이, U자 걸이 공용
4종	안전 블록
5종	추락 방지대

35. 승강기 안전진단 사항에 관한 설명으로 옳지 않은 것은?

① 설계 사양과 도면의 확인

② 설치 후 규정에 따른 성능시험 및 평가

③ 제작 공정 공사

④ 사용 소재 검사는 관련 부품이 조립된 상태에서 실시

해설 사용 소재 검사는 관련 부품이 조립되지 않는 상태에서 실시하여야 한다.

36. 로프식 엘리베이터에서 도르래의 직경은 로프 직경의 몇 배 이상으로 하여야 하는가?

① 25   ② 30   ③ 35   ④ 40

해설 권상 도르래, 풀리 또는 드럼과 현수 로프의 공칭직경 사이의 비는 스트랜드의 수와 관계없이 40 이상이어야 한다.

37. 에스컬레이터의 경사도가 30° 이하일 경우에 공칭속도는?

① 0.75m/s 이하   ② 0.80m/s 이하

③ 0.85m/s 이하   ④ 0.90m/s 이하

해설 에스컬레이터의 공칭속도

㉠ 경사도가 30° 이하인 에스컬레이터는 0.75m/s 이하이어야 한다.

㉡ 경사도가 30°를 초과하고 35° 이하인 에스컬레이터는 0.5m/s 이하이어야 한다.

38. 기계실에서 점검할 항목이 아닌 것은 어느 것인가?

① 수전반 및 주개폐기

② 가이드 롤러

③ 절연저항

④ 제동기

해설 가이드 롤러(guide roller)는 일반적으로 카(car) 체대 또는 균형추 체대의 상하부에 설치되는 것으로 기계실에서 점검할 항목은 아니다.

39. 소방구조용 엘리베이터의 정전 시 예비전원의 기능에 대한 설명으로 옳은 것은?

① 30초 이내에 엘리베이터 운행에 필요한 전력 용량을 자동적으로 발생하여 1시간 이상 작동하여야 한다.

② 40초 이내에 엘리베이터 운행에 필요한 전력 용량을 자동적으로 발생하여 1시간 이상 작동하여야 한다.

③ 60초 이내에 엘리베이터 운행에 필요

정답 34. ③   35. ④   36. ④   37. ①   38. ②   39. ③

한 전력 용량을 자동적으로 발생하여 2시간 이상 작동하여야 한다.

④ 90초 이내에 엘리베이터 운행에 필요한 전력 용량을 자동적으로 발생하여 2시간 이상 작동하여야 한다.

[해설] 소방구조용 엘리베이터의 정전 시 예비 전원기능
㉠ 60초 이내에 엘리베이터 운행에 필요한 전력 용량을 자동적으로 발생시키도록 하되 수동으로 전원을 작동할 수 있어야 한다.
㉡ 2시간 이상 작동할 수 있어야 한다.

40. 카 바닥 앞부분과 승강로 벽과의 수평거리는 일반적으로 몇 m 이하이어야 하는가?

① 0.125
② 0.15
③ 0.175
④ 0.20

[해설] 승강로 내측과 카 문턱, 카 문틀 또는 카 문의 닫히는 모서리 사이의 수평거리는 승강로 전체 높이에 걸쳐 0.15 m 이하이어야 한다.

41. 다음 중 카 상부에서 하는 검사 아닌 것은?

① 비상구출구 스위치의 작동 상태
② 도어 개폐장치의 설치 상태
③ 과속조절기 로프의 설치 상태
④ 과속조절기 로프의 안전장치의 작동 상태

[해설] "과속조절기 로프의 안전장치의 작동 상태"는 피트에서 하는 검사 항목에 속한다.

42. 피트에서 하는 검사가 아닌 것은?

① 완충기의 설치 상태
② 하부 파이널 리밋 스위치류 설치 상태
③ 균형로프 및 부착부 설치 상태

④ 비상구출구 설치 상태

[해설] "비상구출구 설치 상태"는 카(car) 위에서 하는 검사 항목에 속한다.

43. 전기식 엘리베이터 자체점검 중 피트에서 하는 과부하 감지장치에 대한 점검주기(회/월)는?

① 1/1
② 1/3
③ 1/4
④ 1/6

[해설] 피트에서 하는 과부하 감지장치에 대한 점검주기는 '1회/1월'이다.
[참고] 완충기는 '1회/3월'이다.

44. 2대 이상의 엘리베이터가 동일 승강로에 설치되어 인접한 카에서 구출할 경우 서로 다른 카 사이의 수평거리는 몇 m 이하이어야 하는가?

① 0.35
② 0.5
③ 0.75
④ 0.9

[해설] ㉠ 2대 이상의 엘리베이터가 동일 승강로에 설치되어 인접한 카에서 구출할 수 있도록 카 벽에 비상구출문이 설치될 수 있다.
㉡ 다만, 서로 다른 카 사이의 수평거리는 0.75m 이하이어야 한다.

45. 물체에 하중을 작용시키면 물체 내부에 저항력이 생긴다. 이때 생긴 단위면적에 대한 내부 저항력을 무엇이라 하는가?

① 보
② 하중
③ 응력
④ 안전율

[해설] 응력(stress)
㉠ 물체에 하중이 작용할 때 그 재료 내부에 생기는 저항력을 내력이라 한다.
㉡ 단위면적당 내력의 크기를 응력이라 한다.

$$응력 = \frac{하중}{단면적}$$

∴ 하중이 증가하면 응력은 증가한다.

[정답] 40. ② 41. ④ 42. ④ 43. ① 44. ③ 45. ③

46. 공작물을 제작할 때 공차범위라고 하는 것은?

① 영점과 최대 허용치수와의 차이
② 영점과 최소 허용치수와의 차이
③ 오차가 전혀 없는 정확한 치수
④ 최대 허용치수와 최소 허용치수와의 차이

해설 공차 범위(허용할 수 있는 오차 범위) : 최대 허용치수와 최소 허용치수와의 차이

47. 기계요소 설계 시 일반 체결용에 주로 사용되는 나사는?

① 삼각나사   ② 사각나사
③ 톱니나사   ④ 사다리꼴나사

해설 ㉠ 삼각나사 : 기계 부품의 체결에 사용되는 볼트와 나사류에 가장 널리 공통적으로 사용
㉡ 사각나사 : 가공이 삼각나사에 비하여 어려우며, 비교적 제한적인 곳에만 사용

48. 다음 중 4절 링크 기구를 구성하고 있는 요소로 짝지어진 것은?

① 가변링크, 크랭크, 기어, 클러치
② 고정링크, 크랭크, 레버, 슬라이더
③ 가변링크, 크랭크, 기어, 슬라이더
④ 고정링크, 크랭크, 고정레버, 클러치

해설 4절 링크(link)의 구성 (본문 그림 3-4 참조)
• 고정링크 : 고정부
• 크랭크 : 회전운동
• 레버 : 요동운동
• 슬라이더 : 미끄럼운동

49. 2축이 만나는(교차하는) 기어는?

① 나사(screw) 기어
② 베벨 기어
③ 웜 기어

④ 하이포이드 기어

해설 베벨 기어(bevel gear) (본문 표 3-3 참조) : 두 축이 교차하여 전동할 때 주로 사용된다.

50. 접지저항계를 이용한 접지저항 측정 방법으로 틀린 것은?

① 전환스위치를 이용하여 내장 전지의 양부(+, −)를 확인한다.
② 전환스위치를 이용하여 E, P 간의 전압을 측정한다.
③ 전환스위치를 저항값에 두고 검류계의 밸런스를 잡는다.
④ 전환스위치를 이용하여 절연저항과 접지저항을 비교한다.

해설 전자식 접지저항계에 의한 측정 (본문 그림 3-18 참조)
[동작순서]
1. 전환스위치 B에 놓고 내부 전원(건전지) 확인
2. 전환스위치 V에 놓고 접지 전압의 유무 확인
3. 전환스위치 Ω에 놓고 누름 버튼 스위치를 누르며, 눈금 다이얼을 돌려서 전류계의 밸런스를 잡는다.

51. 콘덴서의 용량을 크게 하는 방법으로 옳지 않은 것은?

① 극판의 면적을 넓게 한다.
② 극판의 간격을 좁게 한다.
③ 극판 간에 넣은 물질은 비유전율이 큰 것을 사용한다.
④ 극판 사이의 전압을 높게 한다.

해설 콘덴서 용량을 크게 하는 방법

정전용량 $C = \varepsilon \dfrac{A}{l}$ [F]

ε : 유전율, A : 전극의 면적,
L : 극판 사이의 거리

정답 **46.** ④   **47.** ①   **48.** ②   **49.** ②   **50.** ④   **51.** ④

52. 다음 중 전류의 열작용과 관련 있는 법칙은?

① 옴의 법칙

② 플레밍의 법칙

③ 줄의 법칙

④ 키르히호프의 법칙

[해설] 줄(Joule)의 법칙

열 에너지 $H = 0.24 I^2 Rt$ [J]

I : 전류 (A)

R : 저항 (Ω)

T : 전류가 흐르는 시간 (s)

53. 플레밍의 왼손 법칙에서 엄지손가락의 방향은 무엇을 나타내는가?

① 자장   ② 전류

③ 힘   ④ 기전력

[해설] 플레밍의 왼손 법칙

• 집게손가락 – 자장의 방향

• 가운뎃손가락 – 전류의 방향

• 엄지손가락 – 힘의 방향

54. 직류 직권 전동기의 용도로 가장 적합한 것은?

① 컨베이어   ② 엘리베이터

③ 에스컬레이터   ④ 크레인

[해설] 직류 전동기의 용도

㉠ 가동 복권 전동기 : 크레인, 엘리베이터, 공작기계, 공기압축기

㉡ 분권 전동기 : 환기용 송풍기, 선박의 펌프

㉢ 직권 전동기 : 전차, 권상기, 크레인

55. 유도 전동기의 속도 제어법이 아닌 것은?

① 2차 여자 제어법

② 1차 계자 제어법

③ 2차 저항 제어법

④ 1차 주파수 제어법

[해설] 유도 전동기의 속도 제어법(본문 표 3–11 참조)

㉠ 농형 : 1차 주파수 제어법, 극수 제어법

㉡ 권선형 : 2차 여자법, 2차 저항법

56. 어떤 교류 전동기의 회전속도가 1200 rpm이라고 할 때 전원 주파수를 10% 증가시키면 회전속도는 몇 rpm이 되는가?

① 1080   ② 1200

③ 1320   ④ 1440

[해설] ㉠ 교류 전동기의 회전수는 주파수에 비례한다.

$N = Kf$ [rpm]

㉡ 주파수만 10% 증가시키면, 회전속도는

$N' = 1200 \times 1.1 = 1320 \, \mathrm{rpm}$

[참고] 주파수를 10% 증가시키면 회전속도도 10% 증가한다.

57. 다음 그림과 같은 정류 파형은?

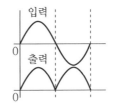

① 반파 정류회로

② 단파 정류회로

③ 3파 정류회로

④ 브리지 정류회로

[해설] 브리지 정류회로 (단상 전파 전류 회로)의 파형이다.

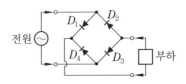

---

58. 다음 논리회로의 출력값 표는?

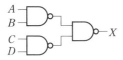

① $\overline{A \cdot B} + \overline{C \cdot D}$

② $A \cdot B + C \cdot D$

③ $A \cdot B \cdot C \cdot D$

④ $(A + B) \cdot (C + D)$

[해설] $X = \overline{\overline{A \cdot B} \cdot \overline{C \cdot D}} = \overline{\overline{A \cdot B}} + \overline{\overline{C \cdot D}}$
$= A \cdot B + C \cdot D$

59. 되먹임 제어에서 가장 필요한 장치는 어느 것인가?

① 입력과 출력을 비교하는 장치

② 응답속도를 느리게 하는 장치

③ 응답속도를 빠르게 하는 장치

④ 안정도를 좋게 하는 장치

[해설] 되먹임 제어 : 출력의 일부를 입력방향으로 되먹임(feedback)시켜 비교되도록 닫힌 루프를 형성하는 제어이므로 입력과 출력을 비교하는 장치는 꼭 필요하다.

60. 다음 그림과 같은 심벌의 명칭은?

① TRIAC

② SCR

③ 다이오드

④ 트랜지스터

[해설] SCR (실리콘 제어 정류 소자) : PNPN 구조, 역저지 3단자 사이리스터이다.

1. 엘리베이터 권상기의 구성요소가 아닌 것은?

① 감속기　　　　② 브레이크
③ 추락방지 안전장치④ 전동기

해설 권상기의 구성요소 (본문 그림 1-2 참조)
: 전동기, 메인 시브 (주 도르래), 감속기, 속도 검출부, 기계대, 브레이크

2. 다음 중 엘리베이터용 전동기의 구비조건이 아닌 것은?

① 전력소비가 클 것
② 충분한 기동력을 갖출 것
③ 운전 상태가 정숙하고 저진동일 것
④ 고기동 빈도에 의한 발열에 충분히 견딜 것

해설 엘리베이터용 전동기의 구비조건
㉠ 기동 토크는 크고, 기동 전류는 작아야 하며 전력소비가 작을 것
㉡ 운전상태가 정숙하고 저진동일 것
㉢ 회전부분의 관성 모멘트가 적어야 하며, 충분한 제동력을 가질 것
㉣ 고기동 빈도에 의한 발열에 충분히 견딜 것

3. 엘리베이터가 가동 중일 때 회전하지 않는 것은?

① 주 시브(main sheave)
② 과속조절기 텐션 시브(governor tension sheave)
③ 브레이크 라이닝(brake lining)
④ 브레이크 드럼(brake drum)

해설 브레이크 라이닝(brake lining) : 브레이크 드럼과 직접 접촉하여 브레이크 드럼의 회전을 멎게 하고 운동에너지를 열에너지로 바꾸는 마찰재로, 가동 중일 때 회전하

지 않는다.

4. 와이어로프 클립(wire rope clip)의 체결방법으로 가장 적합한 것은?

해설 클립(clip) 체결식 로프의 단말처리 (본문 그림 1-9 참조) : 체결 시 클립의 U볼트 부분이 반드시 절단된 로프 쪽에 있도록 체결한다.

5. 레일의 규격 호칭은 소재 1m 길이 당 중량을 라운드 번호로 하여 레일에 붙여 쓰고 있다. 일반적으로 쓰이고 있는 T형 레일의 공칭이 아닌 것은?

① 8K 레일　　　② 13K 레일
③ 16K 레일　　　④ 24K 레일

해설 주행 안내 레일의 규격
㉠ 일반적으로 쓰는 T형 레일의 공칭은 8K, 13K, 18K, 24K 등이 있다.
㉡ 대용량의 엘리베이터에서는 37K, 50K 레일 등도 사용한다.

6. 플라이 볼형 과속조절기의 구성요소에 해당되지 않는 것은?

① 플라이 웨이트　② 로프캐치
③ 플라이 볼　　　④ 베벨 기어

해설 플라이 볼(fly ball)형 과속조절기 (본문 그림 1-15 참조)
㉠ 플라이 볼에 걸리는 원심력을 이용하며 정밀하게 속도를 측정할 수 있다.

정답 1. ③　2. ①　3. ③　4. ②　5. ③　6. ①

ⓛ 플라이 웨이트는 디스크 추형의 구성요소이다.

7. 카가 최하층에 수평으로 정지되어 있는 경우 카와 완충기의 거리에 완충기의 행정을 더한 수치는?

① 균형추의 꼭대기 틈새보다 작아야 한다.
② 균형추의 꼭대기 틈새의 2배이어야 한다.
③ 균형추의 꼭대기 틈새와 같아야 한다.
④ 균형추의 꼭대기 틈새의 3배이어야 한다.

[해설] 균형추의 꼭대기 틈새 : 균형추의 상승으로 기계실 바닥과의 충돌을 방지하기 위하여 카와 완충기의 거리에 완충기 행정거리를 더한 수치가 균형추의 꼭대기 틈새보다 작아야 한다.

8. 균형추를 사용한 승객용 엘리베이터에서 제동기(brake)의 제동력은 적재하중의 몇 %까지 위험 없이 정지할 수 있어야 하는가?

① 125% ② 120% ③ 110% ④ 100%

[해설] 제동기의 제동력은 자체적으로 카가 정격속도로 정격하중의 125%를 싣고 하강방향으로 운행될 때 구동기를 정지시킬 수 있어야 한다.

9. 균형로프(compensating rope)의 역할로 적합한 것은?

① 카의 낙하를 방지한다.
② 균형추의 이탈을 방지한다.
③ 주 로프와 이동 케이블의 이동으로 변화된 하중을 보상한다.
④ 주 로프가 열화되지 않도록 한다.

[해설] 균형로프·균형체인
ⓐ 엘리베이터의 고층화로 승강높이가 높아져 카(car)의 위치에 따른 와이어로프 자중의 무게 불균형과 이동 케이블 자중의 무게 불균형이 커진다.
ⓛ 이 불균형을 잡아주기 위해 균형로프·균형체인이 사용된다.

10. 상승 개폐방식의 승강장 도어를 나타내는 기호는?

① 2S ② CO ③ UP ④ SO

[해설] 승강장 도어 분류(본문 표 1-12 참조)
ⓐ S(swing door) : 1S, 2S
ⓛ CO(center door) : 2CO, 4CO
ⓒ UP(up sliding) : 1UP, 2UP, 3UP
ⓔ SO(side open) : 1SO, 2SO, 3SO

11. 엘리베이터 도어 사이에 끼이는 물체를 검출하기 위한 안전장치로 틀린 것은?

① 광전장치   ② 도어 클로저
③ 세이프티 슈   ④ 초음파장치

[해설] 도어 클로저(door closer) : ·승강장문이 열린 상태에서 모든 제약이 해제되면 자동적으로 닫히도록 하는 장치이다.

12. 승강로에 관한 설명 중 틀린 것은?

① 승강로는 안전한 벽 또는 울타리에 의하여 외부 공간과 격리되어야 한다.
② 승강로는 화재 시 승강로를 거쳐서 다른 층으로 연소될 수 있도록 한다.
③ 엘리베이터에 필요한 배관설비 외의 설비는 승강로 내에 설치하여서는 안 된다.
④ 승강로 피트 하부를 사무실이나 통로로 사용할 경우 균형추에 추락방지 안전장치를 설치한다.

[해설] 승강로는 화재 시 승강로를 거쳐서 다른 층으로 연소될 수 없도록 하여야 한다.
[참고] 승강로의 구획 : 엘리베이터는 다음 중 어느 하나에 의해 주위와 구분되어야 한다.

- 불연재료 또는 내화구조의 벽, 바닥 및 천장
- 충분한 공간

13. 기계실에는 바닥면에서 몇 lx 이상을 비출 수 있는 영구적으로 설치된 전기조명이 있어야 하는가?

① 2   ② 50   ③ 100   ④ 200

해설 기계실에는 바닥면에서 200 lx 이상을 비출 수 있는 영구적으로 설치된 전기조명이 있어야 한다.

14. VVVF 제어란?

① 전압을 변환시킨다.
② 주파수를 변환시킨다.
③ 전압과 주파수를 변환시킨다.
④ 전압과 주파수를 일정하게 유지시킨다.

해설 VVVF (가변 전압 가변 주파수) 제어
㉠ 유도 전동기에 인가되는 전압과 주파수를 동시에 변환시켜 직류 전동기와 동등한 제어 성능을 얻을 수 있는 방식이다.
㉡ 저속, 중속, 고속, 초고속 등 속도에 관계 없이 광범위하게 속도 제어에 적용 가능하다.

15. 승강기의 파이널 리밋 스위치(final limit switch)의 요건 중 틀린 것은?

① 반드시 기계적으로 조작되는 것이어야 한다.
② 작동 캠(cam)은 금속으로 만든 것이어야 한다.
③ 이 스위치가 동작하게 되면 권상전동기 및 브레이크 전원이 차단되어야 한다.
④ 이 스위치는 카가 승강로의 완충기에 충돌된 후에 작동되어야 한다.

해설 카(car)가 승강로의 완충기에 충돌하기 전에 동작되어 주 전원을 차단시켜 승강기를 정지시켜야 한다.

16. 엘리베이터 운전 제어 중 부하 제어에서 과부하는 최소 몇 kg으로 계산하여 정격하중 몇 %를 초과하기 전에 검출되어야 하는가?

① 65, 20   ② 65, 10
③ 75, 20   ④ 75, 10

해설 과부하는 정격하중의 10 % (최소 75 kg)를 초과하기 전에 검출되어야 한다.

17. 제어계에 사용하는 비접촉식 입력 요소로만 짝지어진 것으로 옳은 것은?

① 근접 스위치, 광전 스위치
② 누름버튼 스위치, 광전 스위치
③ 근접 스위치, 리밋 스위치
④ 리밋 스위치, 광전 스위치

해설 비접촉식 입력 요소
㉠ 근접 스위치(proximity sensor) : 검출 대상 물체가 검출면 가까이 근접했을 때 검출신호를 출력하는 비접촉식 센서이다.
㉡ 광전 스위치 : 투광부와 수광부 사이의 광로를 물체가 차단하거나, 빛의 일부를 반사함으로써 스위치를 동작시키는 비접촉식 장치이다.

18. 강제 감속 스위치의 위치 조정은 다음 중 어느 것이 올바른 조정 상태인가?

① 자동 착상 장치(landing switch)가 작동한 후에 스위치가 작동하도록 조정한다.
② 자동 착상 장치보다 먼저 작동하도록 조정한다.
③ 자동 착상 장치와 동시에 작동하도록 조정한다.
④ 자동 착상 장치나 강제 감속 스위치의 어느 것이나 먼저 작동하여도 상관 없으므로 임의로 조정한다.

정답 **13.** ④ **14.** ③ **15.** ④ **16.** ④ **17.** ① **18.** ①

[해설] 강제 감속 스위치의 위치 조정은 자동 착상 장치가 작동한 후에 스위치가 작동하도록 조정한다.

[참고] 종단층 강제 감속 스위치는 슬로다운(slow down) 스위치라고 하며 카(car)를 강제적으로 감속 정지시켜주는 장치로 리밋 스위치 전단에 설치된다.

19. 간접식 유압 엘리베이터의 특징이 아닌 것은?

① 실린더를 설치하기 위한 보호관이 필요하지 않다.
② 실린더 점검이 용이하다.
③ 추락방지 안전장치가 필요하다.
④ 로프의 늘어짐과 작동유의 압축성 때문에 부하에 의한 카 바닥의 빠짐이 비교적 적다.

[해설] 간접식 유압 엘리베이터의 특징
㉠ 부하에 의한 카 바닥의 빠짐이 비교적 크다.
㉡ 실린더의 점검이 용이하다.
㉢ 승강로는 실린더를 수용할 부분만큼 더 커지게 된다.
㉣ 추락방지 안전장치가 필요하다.
㉤ 실린더를 설치하기 위한 보호관이 필요하지 않다.

20. 유압식 엘리베이터의 파워 유닛(power unit)의 점검사항으로 적당하지 않은 것은?

① 기름의 유출 유무
② 작동유(油)의 온도 상승 상태
③ 과전류 계전기의 이상 유무
④ 전동기와 펌프의 이상음 발생 유무

[해설] 과전류 계전기의 이상 유무는 기계실의 점검사항이다.

21. 유압장치의 보수, 점검, 수리 시에 사

용되고, 일명 게이트 밸브라고도 하는 것은?

① 스톱 밸브
② 사일런서
③ 체크 밸브
④ 필터

[해설] 스톱 밸브(stop valve)
㉠ 유압 파워 유닛과 실린더 사이의 압력 배관에 설치되며, 이것을 닫으면 실린더의 기름이 파워 유닛으로 역류하는 것을 방지한다.
㉡ 유압장치의 보수, 점검 또는 수리 등을 할 때에 사용되며, 일명 게이트 밸브라고도 한다.

22. 유압식 엘리베이터의 플런저에 관한 설명 중 틀린 것은?

① 상부에는 메탈이 설치되어 있다.
② 메탈 상부에는 패킹이 되어 있어 기름이 새지 않게 한다.
③ 플런저 표면은 약간 거칠게 되어 있어 메탈과의 마찰력을 크게 한다.
④ 플런저는 먼지나 이물질에 의해 상처 받지 않게 주의하여야 한다.

[해설] 플런저(plunger)
㉠ 플런저 표면에는 손상이 없고 전면에 걸쳐 얇게 기름이 묻어 있어야 한다.
㉡ 상부에는 메탈이 설치되어 있으며, 메탈 상부에는 패킹이 되어 있어 기름이 새지 않게 한다.
㉢ 먼지나 이물질에 의해 상처 받지 않게 주의하여야 한다.
㉣ 플런저의 이탈을 막기 위하여 플런저의 한쪽 끝단에 스토퍼(stopper)를 설치하여야 한다.

23. 에스컬레이터(무빙워크 포함) 자체점검 중 구동기 및 순환 공간에서 하는 점검에서 B (요주의)로 하여야 할 것이 아닌 것은?

① 전기 안전장치의 기능을 상실한 것

② 운전, 유지보수 및 점검에 필요한 설비 이외의 것이 있는 것

③ 상부 덮개와 바닥면과의 이음 부분에 현저한 차이가 있는 것

④ 구동기 고정 볼트 등의 상태가 불량한 것

해설 "전기 안전장치의 기능을 상실한 것"은 C(요수리 또는 긴급수리)로 하여야 한다.

24. 에스컬레이터 안전장치 스위치의 종류에 해당하지 않는 것은?

① 비상정지 스위치

② 업다운 스위치

③ 스커트 가드 안전 스위치

④ 인렛 스위치

해설 에스컬레이터의 안전장치
   ㉠ 비상정지 스위치 : 사고 발생 시 신속히 정지시켜야 하므로 상하의 승강구에 설치한다.
   ㉡ 스커트 가드(skirt guard) 스위치 : 스커트 가드판과 디딤판 사이에 인체의 일부나 옷, 신발 등이 끼이면 작동되어 에스컬레이터를 정지시킨다.
   ㉢ 인렛 스위치(inlet switch) : 손잡이의 인입구에 설치한다.

25. 주차장치에 사용하는 드럼의 직경은 승강기 슬라이드식 주차장치의 경우 로프 직경의 몇 배 이상으로 하여야 하는가?

① 10   ② 20   ③ 30   ④ 40

해설 승강기식 주차장치 및 승강기 슬라이드식 주차장치의 경우에는 이를 로프 직경의 30배 이상으로 하여야 하고, 트랙션 시브의 직경은 로프 직경의 40배 이상으로 하여야 한다.

26. 전기식 엘리베이터 자체점검 항목 중 피트에서 완충기 점검항목 중 B로 하여야 할 것은?

① 완충기의 부착이 불확실한 것

② 스프링식에서는 스프링이 손상되어 있는 것

③ 전기안전장치가 불량한 것

④ 유압식으로 유량 부족의 것

해설 완충기 점검항목 중 B로 하여야 할 것
   ㉠ 완충기 본체 및 부착 부분의 녹 발생이 현저한 것
   ㉡ 유입식으로 유량 부족의 것

27. 산업재해 중에서 다음에 해당하는 경우를 재해 형태별로 분류하면 무엇인가?

전기 접촉이나 방전에 의해 사람이 충격을 받은 경우

① 감전   ② 전도   ③ 추락   ④ 화재

해설 감전 : 전기 접촉이나 방전에 의한 사람이 충격을 받은 경우

참고 전기 재해 : 감전, 정전기 재해, 전기 화상, 아크에 의한 재해 등

28. 산업재해 예방의 기본원칙에 속하지 않는 것은?

① 원인 규명의 원칙

② 대책 선정의 원칙

③ 손실 우연의 원칙

④ 원인 연계의 원칙

해설 산업재해 예방의 기본 4원칙
   1. 손실 우연의 원칙
   2. 예방 가능의 원칙
   3. 원인 연계의 원칙
   4. 대책 선정의 원칙

29. 다음 중 재해의 발생 순서로 옳은 것은 어느 것인가?

① 재해 → 이상 상태 → 사고 → 불안전 행동 및 상태

② 이상 상태 → 불안전 행동 및 상태 →

정답 24. ②   25. ③   26. ④   27. ①   28. ①   29. ②

사고 → 재해

③ 이상 상태 → 사고 → 불안전 행동 및 상태 → 재해

④ 이상 상태 → 재해 → 사고 → 불안전 행동 및 상태

[해설] 재해의 발생 순서 : 이상 상태 → 불안전 행동 및 상태 → 사고 → 재해

30. 재해의 직접 원인에 해당되는 것은?

① 안전지식의 부족

② 안전수칙의 오해

③ 작업기준의 불명확

④ 복장, 보호구의 결함

[해설] 재해의 직접 원인 – 불안전한 상태 (물적 원인)
　㉠ 복장, 보호구 결함
　㉡ 작업장소의 결함 및 작업환경의 결함
　㉢ 작업 방법 및 생산 공정 결함 등
[참고] ①, ②, ③은 간접 원인에 속한다.

31. 안전점검 중에서 5S 활동 생활화로 틀린 것은?

① 정리　　　　② 정돈

③ 청소　　　　④ 불결

[해설] 5S 활동 생활화
　1. 정리　　　2. 정돈　　　3. 청소
　4. 청결　　　5. 습관화

32. 감전사고의 원인이 되는 것과 관계가 없는 것은?

① 콘덴서의 방전코일이 없는 상태

② 전기 기계·기구나 공구의 절연 파괴

③ 기계 기구의 빈번한 기동 및 정지

④ 정전작업 시 접지가 없어 유도 전압이 발생

[해설] "기계 기구의 빈번한 기동 및 정지"는 감전사고의 원인과는 관계가 없다.

33. 승객용 승강기의 시브가 편마모되었을 때 어떤 것을 보수, 조정하여야 하는가?

① 과부하 방지장치　② 과속조절기

③ 로프의 장력　　　④ 균형체인

[해설] 시브가 편마모되었을 때 : 메인 시브는 메인 로프의 장력(tension)이 균등하게 되어 있지 않으면 마모가 촉진되므로 평상시에 로프 장력을 체크하는 것도 필요하며 잘못된 점을 발견했을 때에는 즉시 보수, 조정하여야 한다.

34. 추락을 방지하기 위한 2종 안전대의 사용법은?

① U자 걸이 전용

② 1개 걸이 전용

③ 1개 걸이, U자 걸이 겸용

④ 2개 걸이 전용

[해설] 안전대의 등급에 따른 사용 구분

등급	사용 구분
1종	U자 걸이 전용
2종	1개 걸이 전용
3종	1개 걸이, U자 걸이 공용
4종	안전 블록
5종	추락 방지대

35. 인체에 통전되는 전류가 더욱 증가되면 전류의 일부가 심장 부분을 흐르게 된다. 이때 심장이 정상적인 맥동을 못하며 불규칙적으로 세동을 하게 되어 결국 혈액이 순환에 큰 장애를 일으키게 되는 현상(전류)을 무엇이라 하는가?

① 심실 세동 전류　② 고통 한계 전류

③ 가수 전류　　　　④ 불수 전류

[해설] 인체에 흐르는 전류의 영향
　㉠ 심실 세동 전류 : 호흡 정지, 심장 마비

위험
ⓛ 고통 한계 전류 : 고통을 수반하는 전류
ⓒ 가수 전류 : 안전하게 스스로 접촉된 전원으로부터 떨어질 수 있는 전류
ⓔ 불수 전류 : 근육에 경련이 일어나며 전선을 잡은 채로 손을 뗄 수가 없다.

36. 직업의 특수성으로 인해 발생하는 직업병으로서 작업 조건에 의하지 않은 것은 어느 것인가?

① 먼지　　　　　② 유해가스
③ 소음　　　　　④ 작업 자세

해설 직업병으로서 작업 조건에 의한 것
ⓐ 생물학적 : 세균, 공기오염, 먼지
ⓑ 화학적 : 유해가스, 중금속 중독, 유기용제
ⓒ 물리적 : 소음, 난청, 복사열
ⓓ 정신적 : 스트레스, 과로

37. 권상 도르래 현수 로프의 안전율은 얼마이어야 하는가?

① 6 이상　　　　② 10 이상
③ 12 이상　　　④ 15 이상

해설 권상 도르래 : 현수 로프의 안전율은 어떠한 경우라도 12 이상이어야 한다.

38. 손잡이는 정상운행 중 운행방향의 반대편에서 몇 N의 힘으로 당겨도 정지되지 않아야 하는가?

① 150　② 250　③ 350　④ 450

해설 손잡이의 정상 운행 중 운행 방향의 반대편에서 450N의 힘으로 당겨도 정지되지 않아야 한다.

39. 가요성 호스 및 실린더와 체크밸브 또는 하강밸브 사이의 가요성 호스 연결 장치는 전부하 압력의 몇 배의 압력을 손상 없이 견뎌야 하는가?

① 2　　② 3　　③ 4　　④ 5

해설 가요성 호스 및 실린더와 체크밸브 또는 하강밸브 사이의 가요성 호스 연결장치는 전부하 압력의 5배의 압력을 손상 없이 견뎌야 한다.

40. 휠체어 리프트 이용자가 승강기의 안전운행과 사고방지를 위하여 준수해야 할 사항과 거리가 먼 것은?

① 전동휠체어 등을 이용할 경우에는 운전자가 직접 이용할 수 있다.
② 정원 및 적재하중의 초과는 고장이나 사고의 원인이 되므로 엄수하여야 한다.
③ 휠체어 사용자 전용이므로 보조자 이외의 일반인은 탑승하여서는 안 된다.
④ 조각반의 비상정지 스위치 등을 불필요하게 조작하지 말아야 한다.

해설 휠체어 리프트 이용자 준수사항 : 전동휠체어 등을 이용할 경우에는 보호자의 협조를 받아야 한다.

41. 엘리베이터가 정전될 경우 카 내 예비조명에 관한 설명으로 맞지 않는 것은?

① 조도는 1 lx 미만이어야 한다.
② 자동차용 엘리베이터에는 설치하지 않아도 된다.
③ 조도는 램프에서 1m 떨어진 거리에서 측정해야 한다.
④ 카 내 조작반이 없는 화물용 엘리베이터에는 설치하지 않는다.

해설 ⓐ 정상 조명 전원이 차단될 경우에는 5 lx 이상의 조도로 1시간 동안 전원이 공급될 수 있는 자동 재충전 예비전원 공급장치가 있어야 한다.
ⓑ 측정은 램프 중심부로부터 1m 떨어진 수직면상에서 실시하여야 한다.

42. 로프식 엘리베이터의 카 상부에서 실

정답 36. ④　37. ③　38. ④　39. ④　40. ①　41. ①　42. ①

시하는 검사로 잘못된 것은?

① 과속조절기의 작동 상태

② 레일 클립의 조임 상태

③ 카 도어 스위치 동작 상태

④ 비상구출구 스위치 동작 상태

[해설] "과속조절기의 작동 상태"는 기계실에서 검사하는 항목이다.

43. 엘리베이터의 피트에서 행하는 점검 사항이 아닌 것은?

① 파이널 리밋 스위치 점검

② 이동케이블 점검

③ 배수구 점검

④ 도어 록 점검

[해설] "도어 록 점검"은 카(car) 위에서 검사하는 항목이다.

44. 권상 도르래, 풀리 또는 드럼과 현수 로프의 공칭 직경 사의 비는 스트랜드의 수와 관계없이 얼마 이상이어야 하는가?

① 10   ② 20

③ 30   ④ 40

[해설] 권상 도르래, 풀리 또는 드럼과 현수 로프의 공칭 직경 사이의 비는 스트랜드의 수와 관계없이 40 이상이어야 한다.

45. 주행 안내 레일 보수 점검 항목에 해당되지 않는 것은?

① 이음판의 취부 볼트, 너트의 이완 상태

② 로프와 클립 체결 상태

③ 주행 안내 레일의 급유 상태

④ 브래킷 용접부의 균열 상태

[해설] "로프와 클립 체결 상태"는 카(car) 위에서 하는 보수 점검 항목이다.

46. 안전율의 정의로 옳은 것은?

① $\dfrac{허용응력}{극한강도}$ ② $\dfrac{극한강도}{허용응력}$

③ $\dfrac{허용응력}{탄성한도}$ ④ $\dfrac{탄성한도}{허용응력}$

[해설] 안전율(safety factor)

• 안전율 $= \dfrac{극한강도}{허용응력}$

• 항상 1보다 큰 값을 갖는다.

47. 응력변형률 선도에서 하중의 크기가 적을 때 변형이 급격히 증가하는 점을 무엇이라 하는가?

① 항복점   ② 피로한도점

③ 응력한도점   ④ 탄성한계점

[해설] 응력-변형률 선도 (본문 그림 3-3 참조)

• 항복점 : 하중의 크기가 적을 때 변형이 급격히 증가하는 점

48. 감속기의 기어 치수가 제대로 맞지 않을 때 일어나는 현상이 아닌 것은?

① 기어의 강도에 악영향을 준다.

② 진동 발생의 주요 원인이 된다.

③ 카가 전도할 우려가 있다.

④ 로프의 마모가 현저히 크다.

[해설] 기어의 치수가 제대로 맞지 않은 경우 : ①, ②, ③ 이외에 로프의 마모가 현저히 크지는 않다.

49. 회전축에서 베어링과 접촉하고 있는 것을 무엇이라고 하는가?

① 핀   ② 저널

③ 베어링   ④ 체인

[해설] 저널(journal)

㉠ 회전축에서 베어링과 접촉하고 있는 것

㉡ 축에 가해지는 하중에 따라 스러스트 (thrust), 레이디얼(radial) 저널 등이 있다.

---

50. 버니어캘리퍼스를 사용하는 와이어로 프의 직경 측정방법으로 알맞은 것은?

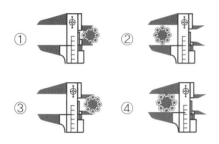

① ②

③ ④

[해설] 와이어로프의 직경 측정 – 버니어 캘리 퍼스 : 로프의 직경을 측정할 때에는 로프의 끝단 최고 값을 측정하여야 한다.

51. 측정계기의 오차의 원인으로서 장시 간의 통전 등에 의한 스프링의 탄성피로 에 의하여 생기는 오차를 보정하는 방법 으로 가장 알맞은 것은?

① 정전기 제거 ② 자기 가열

③ 저항 접속 ④ 영점 조정

[해설] ㉠ 오차를 보정하는 방법으로 가장 알 맞은 것은 영점 조정이다.
ㄴ 영점 조정은 전기적, 기계적 변형으로 인 한 편차를 제거하기 위한 보정 방법이다.

52. 다음 회로에서 A, B 간의 합성용량은 몇 μF인가?

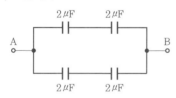

① 2 ② 4 ③ 8 ④ 16

[해설] $C_{AB} = \dfrac{2 \times 2}{2 + 2} + \dfrac{2 \times 2}{2 + 2} = 1 + 1 = 2\,\mu$F

53. 1MΩ은 몇 Ω인가?

① $1 \times 10^3 \Omega$ ② $1 \times 10^6 \Omega$

③ $1 \times 10^9 \Omega$ ④ $1 \times 10^{12} \Omega$

[해설] $1 \mathrm{M}\Omega = 1 \times 10^3 \mathrm{k}\Omega = 1 \times 10^6 \Omega$

54. 직류 발전기의 구조로서 3대 요소에 속하지 않는 것은?

① 계자 ② 보극

③ 전기자 ④ 정류자

[해설] 직류 발전기의 구성 요소(3요소) (본문 그림 3–50 참조)
㉠ 전기자(armature): 회전자로 유도 기전 력 발생
ㄴ 계자(field magnet) : 고정자로 자속 발생
ㄷ 정류자(commutator) : 교류를 직류로 바꾸어주는 역할

55. 직류 전동기에서 자속이 감소되면 회 전수는 어떻게 되는가?

① 정지 ② 감소

③ 불변 ④ 상승

[해설] 직류 전동기의 속도
$$N = K \cdot \frac{V - I_a R_a}{\phi} = K' \frac{1}{\phi}\,[\mathrm{rpm}]$$
회전수 N은 자속 ϕ에 반비례하므로 자속 이 감소하면 회전수는 상승한다.

56. 3상 유도 전동기를 역회전 동작시키 고자 할 때의 대책으로 옳은 것은?

① 퓨즈를 조사한다.

② 전동기를 교체한다.

③ 3선을 모두 바꾸어 결선한다.

④ 3선의 결선 중 임의의 2선을 바꾸어 결선한다.

[해설] 3상 유도 전동기의 역회전 : 3상 교류인 3개의 단자 중 어느 2개의 단자를 서로 바 꾸어 접속하면 1차 권선에 흐르는 상회전 방향이 반대가 되므로 자장의 회전방향도 바뀌어 역회전을 한다.

57. 유도 전동기에서 슬립이 "0"일 때 전동기가 어떤 상태인가?

① 유도 제동기의 역할을 한다.

② 유도 전동기가 전부하 운전 상태이다.

③ 유도 전동기가 정지 상태이다.

④ 유도 전동기가 동기속도로 회전한다.

해설 유도 전동기-슬립(slip)

$$s = \frac{동기속도 - 회전자속도}{동기속도} = \frac{n_s - n}{n_s}$$

• $n = 0$일 때(정지 상태) $\rightarrow s = 1$

• $n = n_s$일 때(동기속도로 회전) $\rightarrow s = 0$

58. 변화하는 위치 제어에 적합한 제어 방식으로 알맞은 것은?

① 프로그램 제어

② 프로세스 제어

③ 서보 기구

④ 자동 조정

해설 ㉠ 프로그램 제어 : 목표치가 시간적으로 미리 정해진대로 변화하고 제어량이 이것에 일치되도록 하는 제어이다.

㉡ 프로세스 제어 : 어떤 장치를 이용하여 무엇을 만드는 방법, 장치 또는 장치계를 프로세스(process)라 한다.

㉢ 서보 기구 : 제어량이 기계적인 위치 또는 속도인 제어로, 변화하는 위치 제어에 적합한 제어 방식이다.

㉣ 자동 조정 : 서보 기구 등에 적용되지 않는 것으로 전류, 전압, 주파수, 속도, 장력 등을 제어량으로 하며, 응답속도가 대단히 빠른 것이 특징이다.

59. 다음 진리표와 같은 논리회로는 무엇인가?

입력		출력
A	B	X
0	0	1
0	1	0
1	0	0
1	1	0

① AND

② NAND

③ OR

④ NOR

해설 부정 논리합(NOR) 회로 : 입력이 모두 없을 때에만 출력이 나타난다.

$$X = \overline{A + B}$$

60. 그림과 같은 논리기호의 논리식은?

① $Y = \overline{A} + \overline{B}$

② $Y = \overline{A} \cdot \overline{B}$

③ $Y = A \cdot B$

④ $Y = A + B$

해설 논리합(OR) 회로

$$Y = A + B$$

2019년도 시행 문제

1. 전기식 엘리베이터의 속도에 의한 분류 방식 중 고속 엘리베이터의 기준은?

① 2m/s 이상 　② 2m/s 초과
③ 3m/s 이상 　④ 4m/s 초과

[해설] 속도별 분류
　㉠ 저속 : 0.75 m/s 이하
　㉡ 중속 : 1~4 m/s
　㉢ 고속 : 4~6 m/s
　㉣ 초고속 : 6 m/s 초과

2. 브레이크 제동력이 너무 크면 일어나는 현상으로 옳은 것은?

① 엘리베이터 감속도 과대
② 권상기의 파열
③ 브레이크의 전자코일 소손
④ 전자소음 발생

[해설] 제동기(brake)의 제동력 : 제동력이 너무 크면 제동 시 회전 부분에 큰 응력을 발생시켜 브레이크에 의해 카(car)의 감속도가 정해지는 시스템에서는 감속도가 과대화되어 승차감이 떨어진다.

3. 와이어로프의 특징으로 잘못된 것은?

① 소선의 재질이 균일하고 인성이 우수
② 유연성이 좋고 내구성 및 내부식성이 우수
③ 그리스 저장능력이 좋아야 한다.
④ 로프 중심에 사용되는 심강의 경도가 낮다.

[해설] 엘리베이터용 와이어로프의 특징

　㉠ 로프 중심에 사용되는 심강의 경도가 높다.
　㉡ 소선의 재질이 균일하고 인성이 우수하다.
　㉢ 유연성이 좋고 내구성 및 내부식성이 우수하다.
　㉣ 그리스 저장능력이 좋아야 한다.

4. 다음 엘리베이터 와이어로프의 심강 종류 중 천연섬유로 사용하는 재질은 어떤 것인가?

① 사이잘, PP
② 마닐라삼, PE
③ PP, PE
④ 사이잘, 마닐라삼

[해설] 심강 : 천연섬유인 사이잘(sisal), 마닐라삼 또는 합성섬유, 천연마

5. 카 이동 시 마찰저항을 최소화하고 레일에 녹 발생을 방지하기 위한 기름통은 어디에 위치해야 하는가?

① 레일 상부
② 중간 스토퍼
③ 카의 상하좌우
④ 카 상부 프레임 중간

[해설] 기름통은 카(car)의 상하좌우에 설치된다.

6. 엘리베이터의 속도가 규정치 이상이 되었을 때 동력을 차단하고 비상정지를 작동시키는 기계장치는?

① 구동기 　② 과속조절기
③ 완충기 　④ 도어 스위치

[정답] 1. ④　2. ①　3. ④　4. ④　5. ③　6. ②

해설 과속조절기(governor) : 카(car)와 같은 속도로 움직이는 과속조절기 로프에 의거 회전하며, 항상 카(car)의 속도를 검출하여 과속시 원심력을 이용, 추락방지 안전장치를 동작시킨다.

7. 카가 어떤 원인으로 최하층을 통과하여 피트에 도달했을 때 카에 충격을 완화시켜 주는 장치는?

① 완충기　　　　② 추락방지 안전장치
③ 과속조절기　　④ 리밋 스위치

해설 완충기 : 피트 바닥에 설치되며, 카가 어떤 원인으로 최하층을 통과하여 피트로 떨어졌을 때, 충격을 완화시켜 주는 장치이다.

8. 균형추의 전체 무게를 산정하는 방법으로 옳은 것은?

① 카의 전중량에 정격 적재량의 35 ~ 50 %를 더한 무게로 한다.
② 카의 전중량에 정격 적재량을 더한 무게로 한다.
③ 카의 전중량과 같은 무게로 한다.
④ 카의 전중량에 정격 적재량의 110%를 더한 무게로 한다.

해설 균형추 (counter weight) (본문 그림 1-19 참조)
　㉠ 카의 무게를 일정 비율 보상하기 위하여 카 측과 반대편에 주철 혹은 콘크리트로 제작되어 설치되며, 카와의 균형을 유지하는 추이다.
　㉡ 무게는 통상적으로 카(car) 자중에 정격 적재 하중의 35~50% 중량을 더한 값으로 한다.

9. 균형로프(compensation rope)의 역할로 가장 알맞은 것은?

① 카의 무게를 보상
② 카의 낙하를 방지

③ 균형추의 이탈을 방지
④ 와이어로프의 무게를 보상

해설 균형로프 · 균형체인
　㉠ 엘리베이터의 고층화로 승강높이가 높아져 카(car)의 위치에 따른 와이어로프 자중의 무게 불균형과 이동 케이블 자중의 무게 불균형이 커진다.
　㉡ 이 불균형을 잡아주기 위해 균형로프 · 균형체인이 사용된다.

10. 엘리베이터 도어 사이에 끼이는 물체를 검출하기 위한 안전장치로 틀린 것은?

① 광전장치　　　② 도어 클로저
③ 세이프티 슈　④ 초음파장치

해설 도어 클로저(door closer) : 승강장문이 열린 상태에서 모든 제약이 해제되면 자동적으로 닫히도록 하는 장치이다.

11. 기계실을 승강로의 아래쪽에 설치하는 방식은?

① 정상부형 방식
② 횡인 구동 방식
③ 베이스먼트 방식
④ 사이드 머신 방식

해설 • 베이스먼트 타입(basement type) : 엘리베이터 최하 정지층의 승강로와 인접시켜 설치하는 방식이다.
　• 사이드 머신 타입(side machine type) : 승강로 중간에 인접하여 권상기를 두는 방식이다.

12. 기계실의 작업 구역에서 유효 높이는 몇 m 이상으로 하여야 하는가?

① 1.8　　② 2　　③ 2.5　　④ 3

해설 기계실의 치수
　㉠ 구동기의 회전부품 위로 0.3 m 이상의 유효 수직거리가 있어야 한다.
　㉡ 작업 구역에서 유효 높이는 2.1 m 이상이어야 한다.

정답 7. ①　8. ①　9. ④　10. ②　11. ③　12. ②

13. 다음 중 유압 승강기의 안전장치에 대한 설명으로 올바르지 않은 것은?

① 작동유 온도 검출 스위치는 기름탱크의 온도 규정치 80℃를 초과하면 이를 감지하여 카 운행을 중지시키는 장치이다.

② 플런저 리밋 스위치는 플런저의 상한 행정을 제한하는 안전장치이다.

③ 플런저 리밋 스위치 작동 시 상승 방향의 전력을 차단하며, 반대 방향으로 주행이 가능하도록 회로가 구성되어야 한다.

④ 전동기 공전방지장치는 타이머에 설정된 시간을 초과하면 전동기를 정지시키는 장치이다.

해설 작동유의 온도는 5℃~60℃ 이하가 되도록 유지하여야 한다.

14. 카의 실제속도와 속도 지령 장치의 지령속도를 비교하여 사이리스터의 점호각을 바꿔 유도 전동기의 속도를 제어하는 방식은?

① 사이리스터 레오나드 방식

② 교류 궤환 전압 제어 방식

③ 가변 전압 가변 주파수 방식

④ 워드 레오나드 방식

해설 제어 방식의 종류에 따른 특성(본문 표 1-13 참조) : 교류 궤환 전압 제어 방식 : 카(car)의 실제속도와 지령속도를 비교하여 사이리스터(thyristor)의 점호각을 바꿔, 유도 전동기의 속도를 제어하는 방식이다.

15. 로프 이탈 방지 장치를 설치하는 목적으로 부적절한 것은?

① 급제동 시 진동에 의해 주 로프가 벗겨질 우려가 있는 경우

② 지진의 진동에 의해 주 로프가 벗겨질 우려가 있는 경우

③ 기타의 진동에 의해 주 로프가 벗겨질 우려가 있는 경우

④ 주 로프의 파단으로 이탈할 경우

해설 로프 이탈 방지 장치의 설치 목적 : 급제동 시나 지진, 기타의 진동에 의해 주 로프가 벗겨질 우려가 있는 경우에는 로프 이탈 방지 장치 등을 설치하여야 한다.

16. 방호장치 중 과도한 한계를 벗어나 계속적으로 작동하지 않도록 제한하는 장치는?

① 크레인   ② 리밋 스위치

③ 윈치   ④ 호이스트

해설 리밋 스위치(limit switch) : 엘리베이터가 운행 시 최상·최하층을 지나치지 않도록 하는 장치로서 리밋 스위치에 접촉이 되면 카를 감속 제어하여 정지시킬 수 있도록 한다.

17. 승강기에 관한 안전장치 중 반드시 필요로 하는 것이 아닌 것은?

① 출입문이 모두 닫히기 전에는 승강하지 않도록 하는 장치

② 과속 시 동력을 자동으로 차단하는 장치

③ 승강기 내의 비상정지 스위치

④ 승강기 내에서 외부로 연락할 수 있는 장치

해설 승강기 내의 비상정지스위치는 반드시 필요로 하는 것은 아니다.

18. 승강장의 문이 열린 상태에서 모든 제약이 해제되면 자동적으로 닫히게 하여 문의 개방 상태에서 생기는 2차 재해를 방지하는 문의 안전장치는?

① 시그널 컨트롤   ② 도어 컨트롤

③ 도어 클로저   ④ 도어 인터로크

해설 도어 클로저(door closer)

  ㉠ 승강장의 문이 열린 상태에서 모든 제약이 해제되면 자동적으로 닫히게 하여 문의 개방 상태에서 생기는 2차 재해를 방지하는 문의 안전장치이다.

  ㉡ 전기적인 힘이 없어도 외부 문을 닫아주는 역할을 한다.

19. 승강장에서 카의 운행, 정지 및 휴지 조작, 재개 조작이 가능한 안전장치는?

① 자동 · 수동 절환 스위치

② 도어 안전장치

③ 파킹 스위치

④ 카 운행정지 스위치

해설 파킹(parking) 스위치

  ㉠ 엘리베이터의 안정된 사용 및 정지를 위하여 설치해야 한다.

  ㉡ 승강장 · 중앙관리실 또는 경비실 등에 설치되어 카 이외의 장소에서 엘리베이터 운행의 정지 조작과 재개 조작이 가능하여야 한다.

20. 유압식 엘리베이터의 속도 제어에서 주 회로에 유량 제어 밸브를 삽입하여 유량을 직접 제어하는 회로는?

① 미터오프 회로   ② 미터인 회로

③ 블리디오프 회로 ④ 블리디아 회로

해설 미터인(meter in) 회로 (본문 그림 1-28 참조)

  ㉠ 유량 제어 밸브를 주 회로에 삽입하여 유량을 직접 제어하는 방식이다.

  ㉡ 비교적 정확한 속도 제어가 가능하다.

  ㉢ 효율이 비교적 낮다.

21. 유압식 엘리베이터 자체점검 시 피트에서 하는 점검 항목 장치가 아닌 것은?

① 체크 밸브

② 램(플런저)

③ 이동케이블 및 부착부

④ 하부 파이널 리밋 스위치

해설 체크 밸브는 유압 파워 유닛 점검 항목 장치에 속한다.

22. 실린더에 이물질이 흡입되는 것을 방지하기 위하여 펌프의 흡입측에 부착하는 것은?

① 필터   ② 사일런서

③ 스트레이너   ④ 더스트 와이퍼

해설 스트레이너(strainer)

  ㉠ 실린더에 쇳가루나 이물질이 들어가는 것을 방지하기 위해 설치된다.

  ㉡ 탱크와 펌프 사이의 회로 및 차단 밸브와 하강 밸브 사이의 회로에 설치되어야 한다.

23. 다음 중 유압 엘리베이터의 역저지(체크) 밸브에 대한 설명으로 올바른 것은?

① 수동으로 카를 하강시키기 위한 밸브

② 작동유의 압력이 150%를 넘지 않도록 하는 밸브

③ 안전밸브와 역저지 밸브 사이에 설치

④ 카의 정지 중이나 운행 중 작동유의 압력이 떨어져 카가 역행하는 것을 방지하는 밸브

해설 역저지 밸브(check valve)

  ㉠ 한쪽 방향으로만 기름이 흐르도록 하는 밸브로서 상승 방향으로는 흐르지만 역방향으로는 흐르지 않는다.

  ㉡ 카(car)의 정지중이나 운행 중 작동유의 압력이 떨어져 카(car)가 역행하는 것을 방지한다.

24. 에스컬레이터(무빙워크 포함)에서 6개월에 1회 점검하는 사항이 아닌 것은?

① 구동기의 베어링 점검

② 구동기의 감속 기어 점검

③ 중간부의 디딤판 레일 점검

④ 손잡이 시스템의 속도 점검

해설 에스컬레이터(에스컬레이터 무빙워크 포함) 점검항목 및 주기

ㄱ 6개월에 1회 점검 : 구동기 베어링, 감속 기어, 디딤판 레일

ㄴ 1개월에 1회 점검 : 제어반, 브레이크, 전동기, 디딤판 구동장치, 비상 스위치, 구동체인 안전장치 등

25. 에스컬레이터의 안전장치에 관한 설명으로 틀린 것은?

① 승강장에서 디딤판의 승강을 정지시키는 것이 가능한 장치이다.

② 사람이나 물건이 손잡이 인입구에 꼈을 때 디딤판의 승강을 자동적으로 정지시키는 장치이다.

③ 상하 승강장에서 디딤판과 콤플레이트 사이에 사람이나 물건이 끼이지 않도록 하는 장치이다.

④ 디딤판 체인이 절단되었을 때 디딤판의 승강을 수동으로 정지시키는 장치이다.

해설 디딤판 체인이 절단되었을 때 디딤판의 승강을 자동으로 정지시키는 장치이다.

26. 기계식 주차장치에 있어서 자동차 중량의 전륜 및 후륜에 대한 배분비는?

① 6 : 4
② 5 : 5
③ 7 : 3
④ 4 : 6

해설 기계식 주차장치에 있어서 자동차 중량의 전륜 및 후륜에 대한 배분은 6 : 4로 하고, 계산하는 단면에는 큰 쪽의 중량이 집중하중으로 작용하는 것으로 가정하여 계산한다.

27. 전기식 엘리베이터 자체점검 중 카 위에서 하는 점검 항목 장치가 아닌 것은?

① 비상구출구

② 도어 잠금 및 잠금 해제 장치

③ 카 위 안전스위치

④ 문닫힘 안전장치

해설 자체 점검 중 문닫힘 안전장치는 카 (car) 내에서 하는 점검 항목 장치에 해당된다.

28. 승강기 보수자가 승강기 카와 건물벽 사이에 끼었다. 이 재해의 발생 형태는?

① 협착 ② 전도 ③ 마찰 ④ 질식

해설 재해 발생 형태별 분류

• 협착 : 물건에 끼어진 상태, 말려든 상태

• 전도 : 사람이 평면상으로 넘어졌을 때

• 추락 : 사람이 건축물, 비계, 기계, 사다리, 계단 등에서 떨어지는 것

• 충돌 : 사람이 물체에 접촉하여 맞부딪침

• 감전 : 전기 접촉이나 방전에 의해 사람이 충격을 받은 경우

29. 산업재해의 발생 원인 중 불안전한 행동이 많은 사고의 원인이 되고 있다. 이에 해당되지 않는 것은?

① 위험장소 접근

② 작업장소 불량

③ 안전장치 기능 제거

④ 복장, 보호구 잘못 사용

해설 "작업장소 불량"은 불안전한 상태(물적 원인) 산업재해 원인으로 분류된다.

30. 재해 발생 과정의 요건이 아닌 것은?

① 사회적 환경과 유전적인 요소

② 개인적 결함

③ 사고

④ 안전한 행동

해설 재해 발생 과정의 요건 (재해 발생 순서 5단계)

1. 사회적 환경과 유전적인 요소

정답 25. ④ 26. ① 27. ④ 28. ① 29. ② 30. ④

2. 인적 결함
3. 불안전한 행동과 상태
4. 사고
5. 재해

31. 재해의 직접 원인 중 작업환경의 결함에 해당되는 것은?

① 위험장소 접근
② 작업순서의 잘못
③ 과다한 소음 발산
④ 기술적, 육체적 무리

[해설] 재해의 직접 원인–작업환경의 결함
  1. 조명
  2. 과다한 소음
  3. 환기

32. 어떤 일정 기간을 두고서 행하는 안전점검은?

① 특별점검　　② 정기점검
③ 임시점검　　④ 수시점검

[해설] 안전점검의 종류
  ㉠ 특별점검 : 기계기구 또는 설비의 신설·변경 또는 고장·수리 등으로 비정기적인 특정점검을 말한다.
  ㉡ 정기점검 : 일정 기간마다 정기적으로 실시하는 점검을 말한다.
  ㉢ 임시점검 : 기계기구 또는 설비의 이상 발견 시에 임시로 실시하는 점검을 말한다.
  ㉣ 수시점검(일상점검) : 매일 작업 전, 작업 중, 작업 후에 일상적으로 실시하는 점검을 말한다.

33. 아크 용접기의 감전 방지를 위해서 부착하는 것은?

① 자동 전격 방지장치
② 중성점 접지장치
③ 과전류 계전장치
④ 리밋 스위치

[해설] 자동전격 방지장치
  ㉠ 아크 용접 작업 중에는 용접용 변압기를 통하여 아크용 낮은 전압이 공급되고, 아크 용접을 잠시 중단한 상태에서는 전격 방지장치를 통하여 낮은 전압을 공급한다.
  ㉡ 교류 아크 용접기에 감전 방지용 안전장치인 자동 전격 방지장치를 설치한다.

34. 안전 작업모를 착용하는 주요 목적이 아닌 것은?

① 화상 방지
② 감전의 방지
③ 종업원의 표시
④ 비산물로 인한 부상 방지

[해설] 안전 작업모 착용 목적
  1. 화상 방지
  2. 감전 방지
  3. 비산물로 인한 부상 방지
  4. 충격 방지
  5. 직사광선 방지
  6. 기타 안전을 위함

35. 인간공학적인 안전화된 작업환경으로 잘못된 것은?

① 충분한 작업공간의 확보
② 작업 시 안전한 통보나 계단의 확보
③ 작업대나 의자의 높이 또는 형태를 적당히 할 것
④ 기계별 점검 확대

[해설] 인간공학적인 안전한 작업환경
  ㉠ 충분한 작업공간의 확보
  ㉡ 작업 시 안전한 통보나 계단의 확보
  ㉢ 작업대나 의자의 높이 또는 형태를 적당히 할 것
  ㉣ 기계류 표시와 배치를 적당히 하여 오인이 안 되도록 할 것
  ㉤ 기계에 부착된 조명, 기계에서 발생된 소음 등의 검토 개선할 것

36. 카 상부에 탑승하여 작업할 때 지켜

야 할 사항으로 옳지 않은 것은?

① 정전 스위치를 차단한다.

② 카 상부에 탑승하기 전 작업등을 점등한다.

③ 탑승 후에는 외부 문부터 닫는다.

④ 자동 스위치를 점검 쪽으로 전환한 후 작업한다.

[해설] 카 상부 탑승하여 작업 시 유의사항 (②, ③, ④ 이외에)

  ㉠ 2인 1조로 작업을 실시한다.

  ㉡ 비상정지 스위치를 오프(off) 상태로 전환한다.

  ㉢ 카 상부 작업자는 안전수칙을 준수하고 미끄러짐에 대비하여 보호장구(안전화, 안전대)를 착용한다.

37. 과속조절기 도르래의 피치지름과 로프의 공칭지름의 비는 몇 배 이상인가?

① 25배   ② 30배

③ 35배   ④ 40배

[해설] 과속조절기 로프 풀리의 피치지름과 과속조절기 로프의 공칭지름 사이의 비는 30 이상이어야 한다.

38. 기계실에서 점검할 항목이 아닌 것은?

① 수전반 및 주개폐기

② 가이드 롤러

③ 절연저항

④ 제동기

[해설] 가이드 롤러(guide roller)는 일반적으로 카(car) 체대 또는 균형추 체대의 상하부에 설치되는 것으로 기계실에서 점검할 항목은 아니다.

39. 과속조절기의 캐치가 작동되었을 때 로프의 인장력에 대한 설명으로 적합한 것은?

① 300N 이상과 추락방지 안전장치를 거는 데 필요한 힘의 1.5배를 비교하여 큰 값 이상

② 300N 이상과 추락방지 안전장치를 거는 데 필요한 힘의 2배를 비교하여 큰 값 이상

③ 400N 이상과 추락방지 안전장치를 거는 데 필요한 힘의 1.5배를 비교하여 큰 값 이상

④ 400N 이상과 추락방지 안전장치를 거는 데 필요한 힘의 2배를 비교하여 큰 값 이상

[해설] 과속조절기가 작동될 때, 과속조절기에 의해 생성되는 과속조절기 로프의 인장력은 300N 이상과 최소한 추락방지 안전장치가 물리는 데 필요한 값의 2배를 비교하여 큰 값 이상이어야 한다.

40. 소방구조용 엘리베이터에 대한 설명 중 틀린 것은?

① 예비전원을 설치하여야 한다.

② 외부와 연락할 수 있는 전화를 설치하여야 한다.

③ 정전 시에는 예비전원으로 작동할 수 있어야 한다.

④ 승강기의 운행속도는 1.5m/s 이상으로 해야 한다.

[해설] 소방구조용 엘리베이터의 운행속도는 1m/s 이상이어야 한다.

41. 고장 및 정전 시 카 내의 승객을 구출하기 위해 카 천장에 설치된 비상구출문에 대한 설명으로 틀린 것은?

① 카 천장에 설치된 비상구출문은 카 내부 방향으로 열리지 않아야 한다.

② 카 내부에서는 열쇠를 사용하지 않으

면 열 수 없는 구조이어야 한다.

③ 비상구출구의 크기는 0.3m×0.3m 이상이어야 한다.

④ 카 천장에 설치된 비상구출문은 열쇠 등을 사용하지 않고 카 외부에서 간단한 조작으로 열 수 있어야 한다.

해설 승객의 구출 및 구조를 위한 비상구출문이 카 천장에 있는 경우, 비상구출구의 크기는 0.4m×0.5m 이상이어야 한다.

42. 엘리베이터를 카 위에서 검사할 때 주 로프를 걸어 맨 고정 부위는 2중 너트로 견고하게 조여 있어야 하고 풀림방지를 위하여 무엇이 꽂혀 있어야 하는가?

① 소켓 ② 균형체인

③ 브래킷 ④ 분할핀

해설 엘리베이터를 카(car) 위에서 검사 시 : 주 로프를 걸어 맨 고정 부위는 2중 너트로 견고하게 조이고, 풀림방지를 위한 분할핀이 꽂혀 있어야 한다.

43. 승강기 정밀안전 검사기준에서 전기식 엘리베이터 주 로프의 끝부분은 몇 가닥마다 로프 소켓에 배빗 채움을 하거나 체결식 로프 소켓을 사용하여 고정하여야 하는가?

① 1가닥 ② 2가닥

③ 3가닥 ④ 5가닥

해설 전기식 엘리베이터 주 로프의 끝부분은 1가닥마다 로프 소켓에 배빗 채움을 하거나 체결식 로프 소켓을 사용하여 고정하여야 한다.

44. 승강장에서 행하는 검사가 아닌 것은 어느 것인가?

① 승강장 도어의 손상 유무

② 도어 슈의 마모 유무

③ 승강장 버튼의 양호 유무

④ 과속조절기 스위치 동작 여부

해설 "과속조절기 스위치 동작 여부"는 기계실에서 행하는 검사이다.

45. 권상 도르래, 풀리 또는 드럼과 현수 로프의 공칭지름 사이의 비는 스트랜드의 수와 관계없이 얼마 이상이어야 하는가?

① 10 ② 20 ③ 30 ④ 40

해설 권상 도르래, 풀리 또는 드럼과 현수 로프의 공칭지름 사이의 비는 스트랜드의 수와 관계없이 40 이상이어야 한다.

46. 끝이 고정된 와이어로프 한쪽을 당길 때 와이어로프에 작용하는 하중은?

① 인장하중 ② 압축하중

③ 반복하중 ④ 충격하중

해설 물체에 가해진 외력이 그 물체를 잡아 당기듯이 작용하고 있을 때의 외력을 인장하중이라고 한다.

47. 길이 1 m의 봉이 인장력을 받아 0.2 mm만큼 늘어난 경우 인장변형률은 얼마인가?

① 0.0005 ② 0.0004

③ 0.0002 ④ 0.0001

해설 $인장변형률 = \dfrac{변형된\ 길이}{원래의\ 길이}$

$= \dfrac{0.2}{1000} = 0.0002$

48. 감기거나 말려들기 쉬운 동력전달장치가 아닌 것은?

① 기어 ② 벤딩

③ 컨베이어 ④ 체인

해설 벤딩(bending) : 평평한 판재나 반듯한

정답 42. ④ 43. ① 44. ④ 45. ④ 46. ① 47. ③ 48. ②

봉, 관 등을 곡면이나 곡선으로 굽히는 작업이다.

49. 다음 중 입체 캠이 아닌 것은?

① 원뿔 캠　　② 판 캠
③ 구면 캠　　④ 경사판 캠

[해설] 캠(cam) 장치 (본문 그림 3-5 참조)
- 입체 캠 : 원뿔 캠, 구면 캠, 경사 캠, 엔트 캠
- 평면 캠 : 판 캠, 정면 캠, 직동 캠, 홈 캠

50. 피측정물의 치수와 표준치수와의 차를 측정하는 것은?

① 버니어캘리퍼스　② 마이크로미터
③ 하이트게이지　　④ 다이얼게이지

[해설] 다이얼게이지 (dial gauge)
- ㉠ 기어장치로 미소한 변위를 확대하여 길이나 변위를 정밀 측정하는 계기이다.
- ㉡ 피측정물의 치수와 표준치수와의 차를 측정하는 계기이다.

51. 주 전원이 380 V인 엘리베이터에서 110 V 전원을 사용하고자 강압 트랜스를 사용하던 중 트랜스가 소손되었다. 원인 규명을 위해 회로시험기를 사용하여 전압을 확인하고자 할 경우 회로시험기의 전압 측정 범위 선택 스위치의 최초 선택 스위치로 옳은 것은?

① 회로시험기의 110V 미만
② 회로시험기의 110V 이상 220V 미만
③ 회로시험기의 220V 이상 380V 미만
④ 회로시험기의 가장 큰 범위

[해설] 회로시험기의 선택 스위치 선택 : 최초 선택 스위치 위치는 가장 큰 범위에서 시작하며, 단계적으로 범위를 낮추어 가며 측정한다.

52. 400Ω의 저항에 0.5A의 전류가 흐른

다면 전압은?

① 20V　　② 200V
③ 80V　　④ 800V

[해설] $V = I \times R = 0.5 \times 400 = 200\,V$

53. RLC 소자의 교류회로에 대한 설명 중 틀린 것은?

① R만의 회로에서 전압과 전류의 위상은 동상이다.
② L만의 회로에서 저항 성분을 유도성 리액턴스 X_L이라 한다.
③ C만의 회로에서 전류는 전압보다 위상이 90℃ 앞선다.
④ 유도성 리액턴스 $X_L = \dfrac{1}{\omega L}$ 이다.

[해설] 리액턴스 X
- 유도성 리액턴스 $X_L = \omega L\,[\Omega]$
- 용량성 리액턴스 $X_C = \dfrac{1}{\omega C}\,[\Omega]$

54. 정속도 전동기에 속하는 것은?

① 타여자 전동기
② 직권 전동기
③ 분권 전동기
④ 기동 복권 전동기

[해설] 정속도 전동기
- ㉠ 공급 전압, 주파수 또는 그 쌍방이 일정한 경우에는 부하에 관계없이 거의 일정한 회전속도로 동작하는 전동기이다.
- ㉡ 직류 분권 전동기, 유도 전동기, 동기 전동기 등이 있다.

55. 직류기의 효율이 최대가 되는 조건은 어느 것인가?

① 부하손 = 고정손
② 기계손 = 동손

③ 동손＝철손

④ 와류손＝히스테리시스손

[해설] 직류기의 효율이 최대가 되는 조건은 부하손과 무부하손인 고정손이 같을 때이다.

부하손＝고정손

[참고] 철손＝와류손＋히스테리시스손

56. 전동기에 설치되어 있는 THR은?

① 과전류 계전기　　② 과전압 계전기

③ 열동 계전기　　　④ 역상 계전기

[해설] 열동 계전기(thermel relay : THR) : 전동기 등의 과부하 보호용으로 사용되는 계전기이다.

57. 3상 교류의 단속도 전동기에 전원을 공급하는 것으로 기동과 정속운전을 하고 정지는 전원을 차단한 후 제동기에 의해 기계적으로 브레이크를 거는 제어 방식은?

① 교류 1단 속도 제어

② 교류 2단 속도 제어

③ VVVF 제어

④ 교류 궤환 전압 제어

[해설] 교류 엘리베이터의 속도 제어 방식(본문 표 1–13 참조)

• 교류 1단 속도 제어 방식

㉠ 3상 교류의 단속도 전동기에 전원을 공급하는 것으로 기동과 정속운전

㉡ 정지는 전원을 차단한 후, 제동기에 의해 기계적 브레이크를 거는 방식

㉢ 기계적인 브레이크로 감속하기 때문에 착상이 불량 – 착상오차가 큼

58. 다음 그림과 같은 논리회로는 무엇인가?

① AND 회로

② NOT 회로

③ OR 회로

④ NAND 회로

[해설] 논리합(OR) 회로

$X = A + B + C$

59. 동일 규격의 축전지 2개를 병렬로 접속하면 전압과 용량의 관계는 어떻게 되는가?

① 전압과 용량이 모두 반으로 줄어든다.

② 전압과 용량이 모두 2배가 된다.

③ 전압은 반으로 줄고 용량은 2배가 된다.

④ 전압은 변화하지 않고 용량은 2배가 된다.

[해설] 동일 규격의 축전지 직·병렬 접속

접속 방법	접속도	전압과 용량의 관계
직렬	$a \circ\!\!-\!\|\!-\!\|\!-\!\circ b$　E　E	• 전압은 2배가 된다. $(E_{ab} = 2E)$ • 용량은 변하지 않는다.
병렬	$a \circ\!\!-$ ⫿E ⫿E $-\!\circ b$	• 전압은 변하지 않는다. $(E_{ab} = E)$ • 용량은 2배가 된다.

60. 반도체로 만든 PN 접합은 무슨 작용을 하는가?

① 증폭 작용　　　② 발진 작용

③ 정류 작용　　　④ 변조 작용

[해설] PN접합 다이오드는 정류 작용을 한다.

▶ **제 2 회 복원문제**　　　※ 이 문제는 수검자의 기억을 통하여 복원된 것입니다.

1. 엘리베이터의 분류법에 해당되지 않는 것은?

① 구동방식에 의한 분류
② 속도에 의한 분류
③ 연도에 의한 분류
④ 용도 및 종류에 의한 분류

해설 엘리베이터의 분류법
　㉠ 구동방식　　　㉡ 속도
　㉢ 용도 및 종류　㉣ 제어방식
　㉤ 기계실 위치　　㉥ 조작 방법

2. 전기식 엘리베이터의 속도에 의한 분류 방식 중 고속 엘리베이터의 기준은?

① 2 m/s 이상　　② 2 m/s 초과
③ 3 m/s 이상　　④ 4 m/s 초과

해설 속도별 분류
　㉠ 저속 : 0.75 m/s 이하
　㉡ 중속 : 1~4 m/s
　㉢ 고속 : 4~6 m/s
　㉣ 초고속 : 6 m/s 초과

3. 전동 덤웨이터와 구조적으로 가장 유사한 것은?

① 수평보행기　　② 엘리베이터
③ 에스컬레이터　④ 간이 리프트

해설 전동 덤웨이터
　㉠ 사람이 탑승하지 않는 화물용 승강기로, 적재용량 300 kg 이하의 소형화물 (음식, 서적 등)의 운반에 적합하게 제작된 엘리베이터이다.
　㉡ 구조적으로 간이 리프트와 유사하다.

참고 리프트(lift) : 낮은 곳에서 높은 곳으로 사람을 실어 나르는 의자식의 탈 것

4. 엘리베이터에서 와이어로프를 사용하여 카의 상승과 하강을 전동기를 이용한 동력장치는?

① 권상기　　　　② 과속조절기
③ 완충기　　　　④ 제어반

해설 권상기(traction machine)
　㉠ 권상기는 엘리베이터에서 가장 중요한 장치 중의 하나로 와이어로프를 사용하여 카를 움직이는 역할을 한다.
　㉡ 동력은 공급전원에 의해 회전력을 발생하는 전동기에 의하여 얻어진다.

5. 엘리베이터의 정격속도 계산 시 무관한 항목은?

① 감속비
② 편향 도르래
③ 전동기 회전수
④ 권상 도르래 직경

해설 엘리베이터의 정격속도 : 권상 도르래 (main sheave) 속도 계산법

$$V = \frac{\pi DN}{1000} i \, [\text{m/min}]$$

　D : 권상기 도르래의 직경 (mm)
　N : 전동기의 회전수 (rpm)
　i : 감속비

6. 다음 중 로프식 엘리베이터에서 도르래의 직경은 로프 직경의 몇 배 이상으로 하여야 하는가?

① 20　② 30　③ 35　④ 40

해설 권상 도르래, 풀리(pulley) 또는 드럼과 현수 로프의 공칭 지름 사이의 비는 스트랜드의 수와 관계없이 40 이상이어야 한다.

7. 교류 엘리베이터의 전동기 특성으로 잘못된 것은?

① 기동전류가 적어야 한다.

정답　1. ③　2. ④　3. ④　4. ①　5. ②　6. ④　7. ③

② 고빈도로 단속 사용하는 데 적합한 것
이어야 한다.

③ 회전부분의 관성 모멘트가 커야 한다.

④ 기동토크가 커야 한다.

해설 교류 엘리베이터의 전동기에 요구되는
특성

㉠ 고 기동빈도에 의한 발열에 대응할 것

㉡ 기동 시 기동 전류는 적고, 기동 토크(회
전력)는 큰 특성이 좋다.

㉢ 운전 상태가 정숙하고 진동과 소음이 적
어야 하며 충분한 제동력을 가질 것

㉣ 일반 전동기에 비해 기동·감속·정지
의 빈도가 크므로 회전부분의 관성모멘트
가 작아야 한다.

8. 카와 균형추에 대한 로프 거는 방법으
로 2 : 1 로핑 방식을 사용하는 경우 그
목적으로 가장 적절한 것은?

① 로프의 수명을 연장하기 위하여

② 속도를 줄이거나 적재하중을 증가시
키기 위하여

③ 로프를 교체하기 쉽도록 하기 위하여

④ 무부하로 운전할 때를 대비하기 위하여

해설 로핑 (roping) : 1 : 1 로핑 방식에 비하
여 2 : 1 로핑 방식은

㉠ 속도가 늦어진다.

㉡ 로프 장력은 $\frac{1}{2}$ 이 된다 (적재하중을 증
가시킴).

㉢ 로프의 총길이가 길게 되고 수명이 짧아
진다.

9. 다음 중 와이어로프의 사용하중이 5000
kgf이고, 파괴하중이 25000 kgf일 때 안
전율은?

① 2.5　② 5.0　③ 0.2　④ 0.5

해설 안전율 $= \dfrac{\text{파괴하중}}{\text{사용하중}} = \dfrac{25000}{5000} = 5$

10. 주행 안내레일 (guide rail)의 역할이
아닌 것은?

① 카 차체의 기울어짐을 방지

② 추락방지 안전장치가 작동 시 수직
하중을 유지

③ 승강로의 기계적 강도를 보강

④ 균형추의 승강로 평면 내의 위치를
규제

해설 주행 안내레일 (guide rail)의 역할

㉠ 카와 균형추의 승강로 평면 내의 위치를
규제한다.

㉡ 카의 자중이나 화물에 의한 카의 기울어
짐을 방지한다.

㉢ 집중하중이나 추락방지 안전장치 작동
시 수직 하중을 유지한다.

11. FGC (flexible guide clamp)형 추락
방지 안전장치의 장점은?

① 베어링을 사용하기 때문에 접촉이 확
실하다.

② 구조가 간단하고 복구가 용이하다.

③ 레일을 죄는 힘이 초기에는 약하나,
하강함에 따라 강해진다.

④ 평균 감속도를 0.5 g으로 제한한다.

해설 플렉시블 가이드 클램프 (F.G.C : flexible
guide clamp)형

㉠ 레일을 죄는 힘이 동작에서 정지까지 일
정하다.

㉡ 구조가 간단하고 설치 면적이 작으며 복
구가 용이하다.

12. 과속조절기 (governor)의 작동상태를
잘못 설명한 것은?

① 카가 하강 과속하는 경우에는 일정
속도를 초과하기 전에 과속조절기 스
위치가 동작해야 한다.

② 과속조절기의 캐치는 일단 동작하고 난

정답 8. ②　9. ②　10. ③　11. ②　12. ③

후 자동으로 복귀되어서는 안 된다.

③ 과속조절기의 스위치는 작동 후 자동 복귀된다.

④ 과속조절기 로프가 장력을 잃게 되면 전동기의 주회로를 차단시키는 경우도 있다.

해설 과속조절기 스위치는 작동 후 자동으로 복귀되어서는 안 된다. 반드시 수동으로 복귀해야 한다.

13. 엘리베이터의 완충기에 대한 설명 중 옳지 않은 것은?

① 엘리베이터 피트 부분에 설치한다.

② 케이지나 균형추의 자유낙하를 완충한다.

③ 스프링 완충기와 유입 완충기가 가장 많이 사용된다.

④ 스프링 완충기는 엘리베이터의 속도가 낮은 경우에 주로 사용된다.

해설 완충기(buffer)

㉠ 카가 최하층에 정지하여야 하나, 정상적인 정지를 하지 못하고 미끄러질 경우에 카가 직접 승강로 바닥에 부딪히지 않도록 충격을 흡수하는 장치이다.

㉡ 케이지(cage)나 균형추의 자유낙하를 완충하는 것은 아니다.

14. 다음 중 균형추를 구성하고 있는 구조재 및 연결재의 안전율은 균형추가 승강로의 꼭대기에 있고, 엘리베이터가 정지한 상태에서 얼마 이상으로 하는 것이 바람직한가?

① 3　　② 5　　③ 7　　④ 9

해설 균형추(counter weight) : 구조재 및 연결재의 안전율은 균형추가 승강로의 꼭대기에 위치해 있고, 엘리베이터가 정지한 상태에서 5 이상으로 한다.

15. 엘리베이터의 도어 머신에 요구되는 성능과 거리가 먼 것은?

① 보수가 용이할 것

② 가격이 저렴할 것

③ 직류 모터만 사용할 것

④ 작동이 원활하고 정숙할 것

해설 도어 머신(door machine)

㉠ 작동이 원활하고 소음이 발생하지 않을 것

㉡ 작고 가벼울 것(소형, 경량)

㉢ 보수가 용이하고, 가격이 저렴할 것

㉣ 동작이 확실할 것

16. 엘리베이터의 문닫힘 안전장치 중에서 카 도어의 끝단에 설치하여 이물체가 접촉되면 도어의 닫힘이 중지되는 안전장치는?

① 광전장치　　② 초음파장치

③ 세이프티 슈　　④ 가이드 슈

해설 문닫힘 안전장치

㉠ 세이프티 슈(safety shoe) : 물체의 접촉에 의한 접촉식

㉡ 세이프티 레이(safety ray) : 광전장치에 의해서 검출

㉢ 초음파 장치 : 초음파의 감지각도 조절에 의한 검출

참고 카 (car)문이나 승강장문 또는 양쪽 문에 설치되어야 한다.

17. 기계실에 설치할 설비가 아닌 것은?

① 완충기　　② 권상기

③ 과속조절기　　④ 제어반

해설 기계실에 설치되는 설비 : 권상기, 전동기, 과속조절기, 제어반, 제동기 등

참고 완충기는 승강로 하부 피트 (pit)에 설치된다.

18. 교류 엘리베이터의 제어방법이 아닌

정답　13. ②　14. ②　15. ③　16. ③　17. ①　18. ①

것은?

① 워드 레오나드 방식 제어
② 교류 1단 속도 제어
③ 교류 2단 속도 제어
④ 교류 궤환 제어

[해설] 워드 레오나드(ward leonard) 방식은 직류 엘리베이터의 속도 제어법이다.

19. 전기(로프)식 엘리베이터의 안전장치와 거리가 먼 것은?

① 추락방지 안전장치 ② 과속조절기
③ 도어 인터로크 ④ 스커트 가드

[해설] 스커트 가드(skirt guard)는 에스컬레이터에 속한다.

20. 카가 최상층 및 최하층을 지나쳐 주행하는 것을 방지하는 것은?

① 균형추 ② 정지 스위치
③ 인터로크 장치 ④ 리밋 스위치

[해설] 리밋 스위치(limit switch) : 카(car)가 운행 중 이상 원인으로 감속하지 못하고 최종 단층(최하, 최상층)을 지나칠 경우 강제로 감속시키기 위한 개폐장치로 승강로에 설치된다.

21. 과부하 감지장치의 용도는?

① 속도 제어용 ② 과하중 경보용
③ 속도 변환용 ④ 종점 확인용

[해설] 과부하 방지 장치(over load switch) : 승차인원 또는 적재하중을 감시하여 정격하중을 초과 시 경보음을 울리게 하며, 도어의 닫힘을 저지한다.

22. 승객이나 운전자의 마음을 편하게 해주는 장치는?

① 통신 장치 ② 관제 운전 장치
③ 구출 운전 장치 ④ B.G.M 장치

[해설] B.G.M(back ground music) : 카 내부에 음악이나 방송을 하기 위한 장치이다.

23. 구조에 따라 분류한 유압 엘리베이터의 종류가 아닌 것은?

① 직접식 ② 간접식
③ 팬터그래프식 ④ VVVF식

[해설] 유압식 엘리베이터
㉠ 직접식 : 플런저의 진상부에 카를 설치
㉡ 간접식 : 플런저의 선단에 도르래를 놓고 로프 또는 체인을 통해 카를 올리고 내린다.
㉢ 팬터그래프(pentagraph)식 : 피스톤에 의해 팬터그래프를 개폐하며, 카는 팬터그래프 상부에 설치한다.

24. 간접식 유압 엘리베이터의 특징이 아닌 것은?

① 부하에 의한 카의 빠짐이 비교적 작다.
② 실린더의 점검이 용이하다.
③ 승강로는 실린더를 수용할 부분만큼 더 커지게 된다.
④ 추락방지 안전장치가 필요하다.

[해설] 간접식 유압 엘리베이터의 특징
㉠ 부하에 의한 카 바닥의 빠짐이 비교적 크다.
㉡ 실린더의 점검이 용이하다.
㉢ 승강로는 실린더를 수용할 부분만큼 더 커지게 된다.
㉣ 추락방지 안전장치가 필요하다.
㉤ 실린더를 설치하기 위한 보호관이 필요하지 않다.

25. 유압장치의 보수 점검 및 수리 등을 할 때 사용되는 장치로서 이것을 닫으면 실린더의 기름이 파워 유닛으로 역류하는 것을 방지하는 장치는?

① 제지 밸브 ② 스톱 밸브
③ 안전 밸브 ④ 럽처 밸브

[해설] 스톱밸브(stop valve)

정답 19. ④ 20. ④ 21. ② 22. ④ 23. ④ 24. ① 25. ②

㉠ 유압 파워 유닛에서 실린더로 통하는 배관 도중에 설치되는 수동조작밸브이다.

㉡ 이 밸브를 닫으면 실린더의 오일이 탱크로 역류하는 것을 방지한다.

㉢ 이 밸브는 유압장치의 보수, 점검, 수리 시에 사용되는데 게이트 밸브 (gate valve)라고도 한다.

26. 유압식 엘리베이터의 부품 및 특성에 대한 설명으로 틀린 것은?

① 역저지 밸브 : 정전이나 그 외의 원인으로 펌프의 토출압력이 떨어져 실린더의 기름이 역류하여 카가 자유낙하하는 것을 방지한다.

② 스톱 밸브 : 유압 파워 유닛과 실린더 사이의 압력 배관에 설치되며 이것을 닫으면 실린더의 기름이 파워 유닛으로 역류하는 것을 방지한다.

③ 사일런서 : 자동차의 머플러와 같이 작동유의 압력 맥동을 흡수하여 진동, 소음을 감소시키는 역할이다.

④ 스트레이너 : 역할은 필터와 같으나 일반적으로 펌프 출구 쪽에 붙인 것이다.

해설 스트레이너(strainer)
㉠ 실린더에 쇳가루나 이물질이 들어가는 것을 방지하기 위해 설치된다.
㉡ 탱크와 펌프 사이의 회로 및 차단 밸브와 하강 밸브 사이의 회로에 설치되어야 한다.

27. 유압식 엘리베이터 자체 점검 시 피트에서 하는 점검항목 장치가 아닌 것은?

① 체크 밸브

② 램 (플런저)

③ 이동케이블 및 부착부

④ 하부 파이널 리밋 스위치

해설 체크 밸브는 기계실이 하는 점검항목에 적용되며 펌프와 차단 밸브 사이의 회로에 설치되어야 한다.

참고 피트에서 하는 점검항목 (②, ③, ④ 이외에)
㉠ 완충기
㉡ 과속조절기 당김 도르래
㉢ 카 비상 멈춤장치 스위치
㉣ 저울 장치
㉤ 실린더
㉥ 과속조절기
㉦ 주 로프의 늘어짐 검출장치 등

28. 자동차용 엘리베이터에서 운전자가 항상 전진방향으로 차량을 입·출고할 수 있도록 해주는 방향 전환장치는?

① 턴 테이블

② 카 리프트

③ 차량 감지기

④ 출차 주의등

해설 턴 테이블(turn table) : 차량의 입·출고를 편리하게 하기 위해 자동차 승강기 앞에 설치된 원형 회전테이블이다.

29. 일반적인 에스컬레이터 경사도는 몇 도 (°)를 초과하지 않아야 하는가?

① 25° ② 30° ③ 35° ④ 40°

해설 에스컬레이터의 경사도
㉠ 에스컬레이터의 경사도는 30°를 초과하지 않아야 한다.
㉡ 높이가 6 m 이하이고 공칭속도가 0.5 m/s 이하인 경우에는 경사도를 35°까지 증가시킬 수 있다.

30. 에스컬레이터 각 난간의 꼭대기에는 정상운행한다는 조건하에서 디딤판, 팔레트 또는 벨트의 실제 속도와 관련하여 동일 방향으로 몇 %의 공차가 있는 속도로 움직이는 손잡이가 설치되어야 하는가?

① 0~2

② 4~5

③ 7~9

④ 10~12

해설 동일 방향으로 0 %에서 +2 %의 공차가 있는 속도로 움직여야 한다.

31. 운행 중인 에스컬레이터가 어떤 요인에 의해 갑자기 정지하였다. 점검해야 할 에스컬레이터 안전장치로 틀린 것은?

① 승객검출장치

② 인렛 스위치

③ 스커드 가드 안전 스위치

④ 디딤판체인 안전장치

[해설] 에스컬레이터(escalator)의 안전장치
  ㉠ 인렛 스위치 (inlet switch) : 손잡이 인입구 안전장치
  ㉡ 스커트 가드 안전스위치 (skirt guard safety switch) : 상하의 승강구 부근에 설치
  ㉢ 디딤판체인 안전장치
  ㉣ 구동체인 절단검출 스위치

32. 디딤판체인 안전장치에 대한 설명으로 알맞은 것은?

① 스커트 가드 판과 디딤판 사이에 이물질의 끼임을 감지하여 안전 스위치를 작동시키는 장치이다.

② 디딤판과 레일 사이에 이물질의 끼임을 감지하는 장치이다.

③ 디딤판체인이 절단되거나 늘어남을 감지하는 장치이다.

④ 상부 기계실 내 작업 시에 전원이 투입되지 않도록 하는 장치이다.

[해설] 디딤판체인 안전장치 (T.C.S : tread chain safety device) : 디딤판체인이 과다하게 늘어나면 디딤판과 디딤판 사이에 틈이 생기고, 절단 시 공간이 생길 수 있으므로 디딤판 체인의 움직임을 감지하여 절단될 경우 마이크로 스위치(micro switch)가 동작하여 에스컬레이터를 안전하게 정지시켜 사전사고를 예방하는 장치이며, 하부 종단부에 설치한다.

33. 다음에서 일상점검의 중요성이 아닌 것은?

① 승강기 품질 유지

② 승강기의 수명 연장

③ 보수자의 편리 도모

④ 승강기의 안전한 운행

[해설] 일상점검의 중요성
  ㉠ 승강기의 품질 유지 : 승강기가 가지는 품질을 제대로 유지 발휘될 수 있도록 관리하는 것은 일상적인 점검을 통하여 가능하다.
  ㉡ 승강기의 수명을 연장 : 승강기가 주어진 수명 동안 적절한 품질 상태로 사용할 수 있도록 하고 고장을 미연에 방지하는 역할을 할 수 있다.
  ㉢ 이용자의 편리 도모 : 일상점검을 통하여 불편 사항을 확인하고 이를 조치함으로써 엘리베이터를 항상 편리하게 사용할 수 있도록 할 수 있다.

34. 전기식 엘리베이터 자체 점검 항목 중 점검 주기가 가장 긴 것은?

① 권상기 감속기어의 윤활유(oil) 누설 유무 확인

② 추락방지 안전장치 스위치의 기능 상실 유무 확인

③ 승장 버튼의 손상 유무 확인

④ 이동케이블의 손상 유무 확인

[해설] 자체 점검 항목 – 점검 주기(본문 표 2–12 참조)
  ㉠ 이동 케이블의 손상 유무 : 1회/6개월
  ㉡ 권상기 감속기어의 윤활유 누설 유무 : 1회/3개월
  ㉢ 추락방지 안전장치 스위치 기능 상실 유무 : 1회/1개월
  ㉣ 승강 버튼의 손상 유무 : 1회/1개월

35. 전기식 엘리베이터의 경우 카 위에서 하는 검사가 아닌 것은?

① 비상구 출구

② 도어 개폐장치

---

③ 카 위 안전스위치
④ 문닫힘 안전장치
[해설] "문닫힘 안전장치"는 카(car) 내에서 하는 점검 항목 장치이다.

36. 전기식 엘리베이터의 경우 기계실에서 검사하는 항목과 관계없는 것은?
① 전동기
② 인터로크 장치
③ 권상기의 도르래
④ 권상기의 브레이크 라이닝
[해설] 로프식 엘리베이터의 기계실에서 검사하는 항목
  ㉠ 권상기 : 베어링, 도르래, 커플링 등
  ㉡ 전동기 및 제동기
  ㉢ 제어반, 계상 선택기
  ㉣ 과속조절기

37. 다음 중 과속조절기의 점검사항으로 틀린 것은?
① 소음의 유무
② 브러시 주변의 청소 상태
③ 볼트 및 너트의 이완 유무
④ 과속조절기 로프와 클립 체결 상태 양호 유무
[해설] 과속조절기 보수점검 항목
  ㉠ 스위치 접점 청결 상태
  ㉡ 운전의 원활성 및 소음의 유무
  ㉢ 과속조절기 로프와 클립 체결 상태
  ㉣ 작동속도 시험
  ㉤ 분할핀 결여 여부
  ㉥ 추락방지 안전장치 작동 상태 양호 여부

38. 승강기의 제어반에서 점검할 수 없는 것은?
① 전동기 회로의 절연상태
② 주접촉자의 접촉상태
③ 결선단자의 조임상태

④ 과속조절기 스위치의 작동상태
[해설] 제어반의 보수·점검 항목
  ㉠ 소음의 유무
  ㉡ 제어반의 수직도 및 조립 볼트 취부, 이완 상태 유무
  ㉢ 각 스위치, 릴레이류 작동의 원활성
  ㉣ 리드선 및 배선 정리의 양호 여부
  ㉤ 절연물, 아크 방지기, 코일 소손 및 파손 여부
  ㉥ 절연 저항 측정
  ㉦ 제어반, 계상선택기 접지선 접속 유무
[참고] 전동기 주회로의 절연 저항은 제어반의 각 과전류 차단기를 끊은 상태(off)에서 검사한다.

39. 권상도르래, 풀리 또는 드럼과 현수로프의 공칭 직경 사이의 비는 스트랜드의 수와 관계없이 얼마 이상이어야 하는가?
① 10 ② 20 ③ 30 ④ 40
[해설] 주로프의 규격 특성 : 권상도르래, 풀리 또는 드럼과 현수 로프의 공칭 지름 사이의 비는 스트랜드의 수와 관계없이 40 이상이어야 한다.

40. 끝이 고정된 와이어로프 한쪽을 당길 때 와이어로프에 작용하는 하중은?
① 인장하중 ② 압축하중
③ 반복하중 ④ 충격하중
[해설] ㉠ 인장하중(tensile load) : 재료의 축 방향으로 늘어나게 하려는 하중
  ㉡ 압축하중(compressive load) : 재료를 짓누르는 하중

41. 변형량과 원래 치수와의 비를 변형률이라 하는데 다음 중 변형률의 종류가 아닌 것은?
① 가로 변형률 ② 세로 변형률
③ 전단 변형률 ④ 전체 변형률

[해설] 변형률의 종류 : 세로 변형률, 가로 변형률, 전단 변형률

42. 회전운동을 직선운동, 왕복운동, 진동 등으로 변환하는 기구는?

① 링크 기구   ② 슬라이더
③ 캠   ④ 크랭크

[해설] 캠 기구 (cam mechanism) : 특수한 모양을 가진 구동절에 회전운동 또는 직선운동을 주어서 이것과 짝을 이루고 있는 피동절이 복잡한 왕복 직선운동이나 왕복 각운동 등을 하게 하는 기구를 캠 기구라 하며, 이 구동절을 캠이라 한다.

판 캠

43. 다음 중 웜 기어의 특징에 관한 설명으로 틀린 것은?

① 가격이 비싸다.
② 부하 용량이 작다.
③ 소음이 적다.
④ 큰 감속비를 얻는다.

[해설] 웜 기어(worm gear)
  ㉠ 표면에 나사 모양의 이를 가지는 웜과 웜 휠로 구성되어 있다.
  ㉡ 큰 속도 전달비(감속비)를 얻을 수 있다 (8~140배).
  ㉢ 소음과 진동이 적고, 역전을 방지하는 기능을 갖는다.
  ㉣ 효율이 낮고, 호환성이 없으며 값이 비싼 단점이 있다.

44. 계측기와 관련된 문제, 환경적 영향

또는 관측오차 등으로 인해 발생하는 오차는?

① 절대오차   ② 계통오차
③ 과실오차   ④ 우연오차

[해설] 오차(error)의 종류
  ㉠ 절대오차 : 계산의 결과에서 나온 직접적인 오차의 절댓값. 이는 |참값－결과값|의 식으로 나타낸다.
  ㉡ 과실오차 : 측정자의 부주의에 의한 오차이다.
  ㉢ 계통오차 : 관측장비나 관측자의 특성으로 인하여 특정 방향으로 치우쳐 나타나는 오차이다.
  ㉣ 우연오차 : 정확하게 알 수 없는 원인으로 발생하는 오차이다.

45. 전류계를 사용하는 방법으로 옳지 않은 것은?

① 부하 전류가 클 때에는 배율기를 사용하여 측정한다.
② 전류가 흐르므로 인체에 접촉되지 않도록 주의하면서 측정한다.
③ 전류값을 모를 때에는 높은 값에서 낮은 값으로 조정하면서 측정한다.
④ 부하와 직렬로 연결하여 측정한다.

[해설] 전류계 사용 방법
  ㉠ 부하 전류가 클 때는 분류기를 사용하여 측정한다(부하 전압이 클 때는 배율기를 사용하여 측정한다).
  ㉡ 부하와 직렬로 연결하여 측정한다(전압계는 부하와 병렬로 연결하여 측정한다).

46. 엘리베이터 회로의 절연에 있어서 절연저항 값이 가장 큰 곳은?

① 승강로 내 안전회로
② 승강로 내 신호회로
③ 승강로 내 조명회로
④ 전동기 주회로

정답 42. ③   43. ②   44. ②   45. ①   46. ④

해설 전동기 주회로는 가장 주요한 회로이며, 순간적으로 가장 많은 전류가 흐르게 되므로 절연저항이 가장 커야 한다.

47. 전기력선의 성질 중 옳지 않은 것은?

① 양전하에서 시작하여 음전하에서 끝난다.

② 전기력선의 접선방향이 전장의 방향이다.

③ 전기력선은 등전위면과 직교한다.

④ 두 전기력선은 서로 교차한다.

해설 두 전기력선은 서로 교차하지 않는다.

48. 정전용량이 같은 두 개의 콘덴서를 병렬로 접속하였을 때의 합성용량은 직렬로 접속하였을 때의 몇 배인가?

① 2   ② 4   ③ 1/2   ④ 1/4

해설 ㉠ 직렬접속 경우 :

$$C_s = \frac{C \times C}{C + C} = \frac{C^2}{2C} = \frac{1}{2}C$$

㉡ 병렬접속 경우 : $C_p = C + C = 2C$

$$\therefore \frac{C_p}{C_s} = \frac{2C}{\frac{1}{2}C} = 4C$$

49. 교류 회로에서 전압과 전류의 위상이 동상인 회로는?

① 저항만의 조합회로

② 저항과 콘덴서의 조합회로

③ 저항과 코일의 조합회로

④ 콘덴서와 콘덴서만의 조합회로

해설 전압과 전류의 위상 비교

조합회로	위 상
저항만의	동상
저항과 콘덴서	전류가 θ 만큼 앞섬
저항과 코일	전압이 θ 만큼 앞섬
콘덴서만의	전류가 90° 앞섬
코일만의	전압이 90° 앞섬

50. 직류 발전기의 기본 구성요소에 속하지 않는 것은?

① 계자   ② 보극

③ 전기자   ④ 정류자

해설 직류 발전기의 3요소

㉠ 자속을 만드는 계자(field)

㉡ 기전력을 발생하는 전기자(armature)

㉢ 교류를 직류로 변환하는 정류자(commutator)

직류기

51. 유도 전동기의 동기속도는 무엇에 의하여 정하여지는가?

① 전원의 주파수와 전동기의 극수

② 전력과 저항

③ 전원의 주파수와 전압

④ 전동기의 극수와 전류

해설 유도 전동기의 동기속도는 전원 주파수와 전동기의 극수에 의하여 정해진다.

$$N_s = \frac{120f}{p} \, [\text{rpm}]$$

여기서, f : 주파수, p : 극수

52. 3상 유도전동기를 역회전 동작시키고자 할 때의 대책으로 옳은 것은?

① 퓨즈를 조사한다.

② 전동기를 교체한다.

③ 3선을 모두 바꾸어 결선한다.

④ 3선의 결선 중 임의의 2선을 바꾸어 결선한다.

해설 회전 방향을 바꾸는 방법 : 3상에 연결된 임의의 2선을 바꾸어 결선하면 회전자장의 회전방향이 반대가 되어 전동기는 역회전하게 된다.

53. 다음 중 논리회로의 출력값 E는 무엇인가?

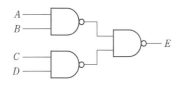

① $\overline{A \cdot B} + \overline{C \cdot D}$
② $A \cdot B + C \cdot D$
③ $A \cdot B \cdot C \cdot D$
④ $(A + B) \cdot (C + D)$

해설 $X = \overline{\overline{A \cdot B} \cdot \overline{C \cdot D}} = \overline{\overline{A \cdot B}} + \overline{\overline{C \cdot D}}$
$= A \cdot B + C \cdot D$

54. 승강기 안전관리자의 임무가 아닌 것은?

① 승강기 비상열쇠 관리
② 자체점검자 선임
③ 운행관리규정의 작성 및 유지관리
④ 승강기 사고 시 사고보고 관리

해설 승강기 운행관리자(안전관리자)의 임무 (①, ②, ④ 이외에)
㉠ 고장수리 등에 관한 기록 유지
㉡ 사고 발생에 대비한 비상 연락망의 작성 및 관리
㉢ 인명 사고 시 긴급조치를 위한 구급체계 구성 및 관리
㉣ 승강기 표준 부착물 관리

55. 사고원인이 잘못 설명된 것은?

① 인적 원인 : 불안전한 행동
② 물적 원인 : 불안전한 상태
③ 교육적인 원인 : 안전지식 부족
④ 간접 원인 : 고의에 의한 사고

해설 산업재해의 원인 분류
㉠ 직접 원인 : 물적 원인, 인적 원인
㉡ 간접 원인 : 기술적 원인, 교육적 원인, 신체적 원인, 정신적 원인, 관리적 원인

참고 ㉠ 인적 원인 : 사람의 불안전한 행동·상태
㉡ 물적 원인 : 불량한 기계설비와 불안전한 환경

56. 재해 발생의 원인 중 가장 높은 빈도를 차지하는 것은?

① 열량의 과잉 억제
② 설비의 배치 착오
③ 과부하
④ 작업자의 작업행동 부주의

해설 재해 발생 원인 중 "작업자의 작업행동 부주의"가 가장 높은 빈도를 차지한다.

57. 재해 원인의 분류에서 불안정한 상태 (물적 원인)가 아닌 것은?

① 안전방호장치의 결함
② 작업환경의 결함
③ 생산공정의 결함
④ 불안전한 자세 결함

해설 불안전한 상태(물적 원인)
㉠ 작업환경의 결함 : 조명, 소음, 환기 등
㉡ 결함이 있는 공구, 장치 및 자재류
㉢ 작업방법 및 생산 공정의 결함
㉣ 보호구 복장 등의 결함
㉤ 자연적 불안전한 상태

58. 사고 예방 대책 기본원리 5단계 중 3E를 적용하는 단계는?

① 1단계   ② 2단계
③ 3단계   ④ 5단계

해설 안전사고 방지의 기본 원리
㉠ 1단계 : 안전조직(안전관리자의 임명, 조

직을 통한 안전활동 등)

ⓛ 2단계 : 사실의 발견(사고 및 활동기록의 검토, 작업분석, 안전점검 및 안전진단 사고조사 등)

ⓒ 3단계 : 분석(사고 기록, 인적·물적 조건, 안전수칙 등)

ⓔ 4단계 : 대책의 선정(기술의 개선, 인사 조정, 안전행정 등의 개선 등)

ⓜ 5단계 : 대책의 3E 적용(기술 : engineering, 교육 : education, 독려 : enforcement)

59. 안전점검 중 어떤 일정기간을 정해 두고 행하는 점검은?

① 수시점검   ② 정기점검

③ 임시점검   ④ 특별점검

해설 점검 시기에 의한 구분

㉠ 수시점검 : 비정기적으로 필요시 수시로 하는 점검

ⓛ 정기점검 : 주기적으로 일정한 기간을 정하여 실시하는 점검

ⓒ 특별점검 : 폭우, 폭풍, 지진 등 천재지변이 발생한 경우나 이상 상태가 발생하였을 때에 시설이나 건물 및 기계 등의 이상 유무에 대한 점검

ⓔ 임시점검 : 어떤 일정한 기간을 정해서 실시하는 것이 아니라 비정기적으로 실시되는 점검

60. 감전 상태에 있는 사람을 구출할 때의 행위로 틀린 것은?

① 즉시 잡아당긴다.

② 전원 스위치를 내린다.

③ 절연물을 이용하여 떼어 낸다.

④ 변전실에 연락하여 전원을 끈다.

해설 감전사고 시 응급조치

㉠ 감전자를 맨손으로 잡아당기면 같이 감전되므로 금해야 한다.

※ 절연물을 이용하여 떼어 낸다.

ⓛ 호흡이 정지되어 있어도 인공호흡을 하는 것이 좋다.

ⓒ 환자가 물을 요구할 때 : 물을 천에 묻혀 입술에 적셔만 준다.

정답 59. ②   60. ①

2020년도 시행 문제

▶ **제1회 복원문제**   ※ 이 문제는 수검자의 기억을 통하여 복원된 것입니다.

1. 다음 중 중속 엘리베이터의 속도는 몇 m/s 이하인가?

① 2   ② 3   ③ 4   ④ 5

해설 속도별 분류
  ㉠ 저속 : 0.75 m/s 이하
  ㉡ 중속 : 1~4 m/s
  ㉢ 고속 : 4~6 m/s
  ㉣ 초고속 : 6 m/s 초과

2. 장애인용 엘리베이터에서 비접촉식 문닫힘 안전장치를 설치하는 경우 바닥면 위 몇 m 높이의 물체를 감지할 수 있어야 하는가?

① 0.3 m 이하   ② 0.3~1.4 m
③ 1.4~1.7 m   ④ 1.7 m 이상

해설 장애인용 엘리베이터에서 비접촉식 문닫힘 안전장치는 0.3~1.4 m 사이의 물체를 감지할 수 있어야 한다.

3. 도르래의 로프 홈에 언더컷(under cut)을 하는 목적은?

① 로프의 중심 균형
② 윤활 용이
③ 마찰계수 향상
④ 도르래의 경량화

해설 언더 컷(under cut) 홈 : 로프와 시브 (sheave ; 도르래)의 마찰계수가 작을수록 미끄러지기 쉬우므로 언더컷 홈으로 하여 마찰계수를 높인다.

4. 엘리베이터의 동력원으로 많이 사용되고 있는 것은?

① 3상 유도전동기
② 단상 유도전동기
③ 직류전동기
④ 동기전동기

해설 3상 유도전동기의 장점
  ㉠ 안전도가 비교적 높다.
  ㉡ 제어 조작이 비교적 쉽다.
  ㉢ 부하에 알맞는 것을 쉽게 선택할 수 있다.

5. 양중기 와이어로프로 사용할 수 있는 것은?

① 이음매가 있는 것
② 와이어로프 한 가닥에서 소선의 수가 10~20% 정도 절단된 것
③ 지름의 감소가 공칭지름의 5%인 것
④ 꼬인 것

해설 양중기(권상용) 와이어로프의 사용 제한
  ㉠ 이음매가 있는 것
  ㉡ 한 꼬임에서 끊어진 소선의 수가 10% 이상인 것
  ㉢ 지름의 감소가 공칭지름의 7%를 초과한 것
  ㉣ 꼬임, 꺾임, 비틀림이 있는 것
  ㉤ 심하게 변형되거나 부식된 것

참고 양중기(揚重機) : 고층건물 축조 시 사용하는 크레인(crane)계통 기기의 총칭

6. 엘리베이터 로프의 점검 사항으로 적절

정답 1. ③ 2. ② 3. ③ 4. ① 5. ③ 6. ③

하지 않은 것은 ?

① 녹의 유무

② 마모의 정도

③ 절연저항

④ 모래, 먼지 등의 부착

해설 절연저항(insulation resistance)

㉠ 절연체에 전압을 가했을 때 절연체가 나타내는 전기저항이다.

㉡ 전기기계의 권선 등에 대해 이것과 지표(접지)와의 사이에 존재하는 전기저항을 말한다.

7. 주행 안내레일(guide rail)의 사용목적으로 틀린 것은 ?

① 집중하중 작용 시 수평하중을 유지

② 추락방지 안전장치 작동 시 수직하중을 유지

③ 카와 균형추의 승강로 평면 내의 위치 규제

④ 카의 자중이나 화물에 의한 카의 기울어짐 방지

해설 주행 안내레일(guide rail)의 역할

㉠ 카와 균형추의 승강로 평면 내의 위치를 규제한다.

㉡ 카의 자중이나 화물에 의한 카의 기울어짐을 방지한다.

㉢ 집중하중이나 추락방지 안전장치 작동 시 수직 하중을 유지한다.

8. 레일에 녹 발생을 방지하고, 카 이동 시 마찰저항을 최소화하기 위하여 설치하는 기름통의 위치는 ?

① 레일 상부

② 카 상부 프레임 중간

③ 중간 스토퍼

④ 카의 좌우상하

해설 카 이동 시 마찰저항을 최소화하기 위하여 기름통은 카의 좌우상하에 설치한다.

9. 추락방지 안전장치가 작동한 경우에 실시하는 검사와 거리가 먼 것은 ?

① 주행 안내 레일의 손상 유무

② 과속조절기의 손상 유무

③ 메인 로프의 연결 부위 손상 유무

④ 과속조절기 로프의 연결 부위 손상 유무

해설 메인 로프 점검은 카(car) 위에서 하는 점검 항목이다.

10. "승강기의 과속조절기"란 ?

① 카의 속도를 검출하는 장치이다.

② 추락방지 안전장치를 뜻한다.

③ 균형추의 속도를 검출한다.

④ 플런저를 뜻한다.

해설 과속조절기(governot) : 카와 같은 속도로 움직이는 과속조절기 로프에 의하여 회전하며, 항상 카의 속도를 검출하여 과속 시 원심력을 이용하여 추락방지 안전장치를 동작시킨다.

11. 과속조절기 로프의 최소 안전율은 ?

① 4 이상   ② 6 이상

③ 7 이상   ④ 8 이상

해설 과속조절기(조속기) 로프의 안전율 : 8 이상

12. 다음 (   ) 안에 들어갈 내용으로 맞는 것을 묶은 것은 ? (단, 카 내부의 유효 높이는 (a)m 이상이어야 한다. 다만, 주택용 엘리베이터는 (b)m 이상을 할 수 있으며, 자동차용 엘리베이터의 경우에는 제외된다.)

① (a) 1.5,   (b) 2.0

② (a) 1.5,   (b) 1.8

③ (a) 2.0,   (b) 2.0

④ (a) 2.0,   (b) 1.8

정답 7. ①   8. ④   9. ③   10. ①   11. ④   12. ④

해설 카 내부의 유효 높이
- ㉠ 카 내부의 유효 높이는 2 m 이상이어야 한다.
- ㉡ 다만, 주택용 엘리베이터는 1.8 m 이상을 할 수 있으며, 자동차용 엘리베이터의 경우에는 제외된다.

13. 승객용 엘리베이터에서 카(car)와 틀(car frame)의 구조로 옳은 것은?
① 카 상부 틀에 카가 고정되어 있다
② 카 세로 틀에 카가 고정되어 있다
③ 카 틀과 카는 분리해 고무쿠션으로 지지하게 되어 있다.
④ 카 틀 전체에 카가 고정해 있다.

해설 카(car)와 틀(car frame)은 고정되어 있지 않고, 고무쿠션으로 지지되어 있다.

14. 균형로프의 주된 사용 목적은?
① 카의 소음진동을 보상
② 카의 위치변화에 따른 주 로프 무게를 보상
③ 카의 밸런스 보상
④ 카의 적재하중 변화를 보상

해설 균형로프의 사용 목적
- ㉠ 카의 위치변화에 따른 주 로프(main rope) 무게에 의한 권상비(traction) 보상을 위해서 사용한다.
- ㉡ 로프가 서로 엉키는 것을 방지하기 위하여 인장 시브를 설치한다.

15. 도어 머신(door machine) 장치가 갖추어야 할 요구조건이 아닌 것은?
① 소형 경량이고 가격이 저렴하여야 한다.
② 대형이고 무거워야 한다.
③ 작동이 원활하고 소음이 적어야 한다.
④ 고빈도의 작동에 대한 내구성이 강해야 한다.

해설 도어 머신의 성능 상 요구되는 조건
- ㉠ 작동이 원활하고 소음이 발생하지 않을 것
- ㉡ 작고 가벼울 것(소형, 경량)
- ㉢ 보수가 용이하고, 가격이 저렴할 것
- ㉣ 동작이 확실할 것

16. 승강장문, 카문 표면에 인테리어용으로 유리를 덧붙이는 경우에 사용하는 유리로 적합한 것은?
① 강화유리
② 접합유리
③ 비산방지 필름이 부착된 유리
④ 비산방지 필름이 부착된 접합유리

해설 승강기에 적합한 유리
- ㉠ 인테리어용으로 유리를 덧붙이는 경우 : 강화유리가 사용되고, 비산방지 필름이 부착되어야 한다.
- ㉡ 카 전체 또는 일부에 사용하는 경우 : 접합유리 및 강화 접합유리
- ㉢ 카 지붕에 사용하는 경우 : 접합유리

참고 ① 강화유리(tempered glass) : 일반 유리에 비해 강도가 3~5배
② 접합유리(laminated glass) : 파손 시에 파편이 비산하는 위험을 방지

17. 기계실이 있는 엘리베이터의 승강로 내에 설치되지 않는 것은?
① 균형추　　　　② 완충기
③ 주행 안내레일　④ 과속조절기

해설 승강로 내에 설치되는 기기 : ①, ②, ③ 이외에, 와이어로프, 승강장문, 리밋스위치, 종점 스위치 등

참고 과속조절기는 승강로 내에 위치하는 경우도 있지만, 기계실이 있는 경우에는 기계실에 설치된다.

18. 엘리베이터 제어반에 설치되는 기기가 아닌 것은?
① 배선용 차단기　② 전자접촉기

---

③ 리밋 스위치　④ 제어용 계전기

[해설] 제어반 설치기기
  ㉠ 배선용 차단기
  ㉡ 계전기
  ㉢ 전자접촉기
  ㉣ 전류계 및 표시등
  ㉤ 온도감지기

[참고] 리밋 스위치(limit switch) : 카(car)가 운행 중 이상 원인으로 감속하지 못하고 최종 단층(최하, 최상층)을 지나칠 경우 강제로 감속시키기 위한 개폐장치로 승강로에 설치된다.

19. 전기식 엘리베이터에 필요한 안전장치에 해당하지 않는 것은?

① 완충기　　　② 조속기
③ 리밋 스위치　④ 인렛 안전장치

[해설] 인렛 스위치(inlet switch) : 에스컬레이터 손잡이의 인입구에 설치한다.

20. 승강기의 과부하 감지장치의 용도가 아닌 것은?

① 탑승인원 또는 적재하중 감지용
② 하중의 105~110 %의 범위로 설정
③ 과부하 경보 및 도어 닫힘 저지용
④ 이상적인 속도 제어용

[해설] 과부하 방지장치(over load switch)
  ㉠ 승차인원 또는 적재하중을 감시하여 정격하중을 초과 시 경보음을 울리게 하며, 도어의 닫힘을 저지한다.
  ㉡ 적재하중의 105~110 % 범위에서 동작한다.

21. 다음 중 교류 1단 속도제어 설명으로 옳은 것은?

① 기동은 고속권선으로 행하고 감속은 저속권선으로 행하는 것이다.
② 모터의 계자코일에 저항을 넣어 이것

을 증감하는 것이다.
③ 기동과 주행은 고속권선으로, 감속과 착상은 저속권선으로 행하는 것이다.
④ 3상 교류의 단속도 전동기에 전원을 공급하는 것으로 기동과 정속운전을 하고 착상하는 것이다.

[해설] 교류 1단, 2단 속도제어방식의 비교

속도제어 방식	특성
교류 1단	• 3상 교류의 단속도 전동기에 전원을 공급하는 것으로 기동과 정속운전 • 정지는 전원을 차단한 후, 제동기에 의해 기계적 브레이크를 거는 방식 • 기계적인 브레이크로 감속하기 때문에 착상이 불량–착상오차가 크다.
교류 2단	• 착상오차를 감소시키기 위해 2단 속도 전동기 사용 • 기동과 주행은 고속권선으로 행하고 감속 시는 저속권선으로 감속하여 착상하는 방식

22. 엘리베이터 카에 부착되어 있는 안전장치가 아닌 것은?

① 과속조절기 스위치
② 카 도어 스위치
③ 비상정지 스위치
④ 세이프티 스위치

[해설] 과속조절기(governor) 스위치 : 과속조절기는 카(car)와 같은 속도로 움직이는 과속조절기 로프에 의해 회전되어 항상 카의 속도를 검출하는 장치이며, 과속조절기 스위치가 부착되어 있다.

23. 블리드 오프(bleed-off) 유압회로에 대한 설명으로 틀린 것은?

① 정확한 속도제어가 곤란하다.

[정답] 19. ④　20. ④　21. ④　22. ①　23. ③

② 유량제어 밸브를 주 회로에서 분기된 바이패스 회로에 삽입한 것이다.

③ 회전수를 가변하여 펌프에 가압되어 토출되는 작동유를 제어하는 방식이다.

④ 부하에 필요한 압력 이상의 압력을 발생시킬 필요가 없어 효율이 높다.

해설 블리드 오프 (bleed-off) 회로
ⓐ 실린더와 병렬로 유량제어 밸브를 설치하여 실린더로 유입되는 유량을 조절해 실린더의 속도를 제어하는 방식이다.
ⓑ 정확한 속도제어가 어렵지만 효율이 좋다.
ⓒ 유량제어 밸브를 주 회로에서 분기된 바이패스 (bypass) 회로에 삽입한 회로이다.

참고 가변 전압 가변 주파수(VVVF) 제어 : 펌프의 회전수를 소정의 상승속도에 상당하는 회전수로 가변 제어하여 펌프에 가압-토출되는 작동유를 제어하는 방식이다.

24. 유압식 엘리베이터에서 오일이 실린더로 들어가는 곳에 설치되어 만일 파이프가 파손되었을 때 자동적으로 밸브를 닫아 카가 급격히 떨어지는 것을 방지하는 밸브는?

① 럽처 밸브   ② 체크 밸브
③ 스톱 밸브   ④ 사일런스

해설 럽처 밸브(rupture valve)는 엘리베이터가 급격히 하강하여 정격속도 +0.3m/s에 이르기 전 작동한다.

25. 에스컬레이터의 특징으로 틀린 것은?

① 하중이 건축물의 각 층에 분담되어 있다.

② 기다림 없이 연속적으로 승객 수송이 가능하다.

③ 일반적으로 엘리베이터에 비해 수송능력이 7~10배이다.

④ 사용 전력량은 많지만 전동기의 구동 횟수는 엘리베이터에 비해 극히 적다.

해설 일반적으로 에스컬레이터는 연속적인 승객이동을 제공하기 때문에 승객의 호출에 의해 동작하는 엘리베이터에 비해 적지 않다.

26. 에스컬레이터의 안전장치 중 다음에 설명하는 것으로 옳은 것은?

> 디딤판과 스커트 사이에 이물질이 끼었을 때 에스컬레이터를 정지시키는 안전장치

① 이상속도 안전장치
② 브레이크 안전장치
③ 스커트 가드 안전장치
④ 디딤판 체인 안전장치

해설 스커트 가드(skirt guard) 안전장치
ⓐ 에스컬레이터의 내측판과 스텝 사이에 인체의 일부나 옷, 신발 등이 끼어 발생하는 사고를 방지하기 위한 장치이다.
ⓑ 내측판과 스텝 사이에 이물체가 끼여서 스커트 가드 패널에 일정 이상의 힘이 가해지면 안전스위치가 작동되어 에스컬레이터를 정지시킨다.

27. 에스컬레이터의 안전기준에 따라 공칭속도가 0.5 m/s인 디딤판 폭이 0.6 m인 에스컬레이터에 대한 시간당 수송능력(명/h)은 얼마인가?

① 3,000   ② 3,600
③ 4,400   ④ 4,800

해설 에스컬레이터·무빙워크의 1시간당 최대 수송인원

디딤판·팔레트 폭(m)	공칭속도 (m/s)		
	0.5	0.65	0.75
0.6	3600명	4400명	4900명
0.8	4800명	5900명	6600명
1	6000명	7300명	8200명

28. 에스컬레이터의 상·하 승강장 및 디딤판에서 점검할 사항이 아닌 것은?

① 이동용 손잡이 ② 구동기 브레이크
③ 스커트 가드 ④ 안전방책

[참고] 구동기 브레이크는 기계실에서 점검할 사항에 속한다.

29. 재해 원인을 분류할 때 인적 요인에 해당되는 것은?

① 방호장치의 결함
② 안정장치의 결함
③ 보호구의 결함
④ 지식의 부족

[해설] 재해의 직접적 요인
  ㉠ 인적 요인 : 사람의 불안정한 행동 유형
    • 지식 부족
    • 기능 미숙
    • 인적 에러(error) 등
  ㉡ 물적 요인 : 불량한 기계설비와 불안전한 환경에서 오는 요인

30. 정지되어 있는 물체에 부딪쳤을 때의 재해발생 형태는?

① 추락 ② 낙하 ③ 충돌 ④ 전도

[해설] 재해 발생 형태별 분류
  ㉠ 추락 : 사람이 건축물, 비계, 기계, 사다리, 계단 등에서 떨어지는 것
  ㉡ 낙하, 비래 : 물건이 주체가 되어서 사람이 맞는 것
  ㉢ 충돌 : 사람이 물체에 접촉하여 맞부딪침
  ㉣ 전도 : 사람이 평면상으로 넘어졌을 때
  ㉤ 협착 : 물건에 끼어진 상태, 말려든 상태

31. 산업재해(사고) 조사 항목이 아닌 것은 어느 것인가?

① 재해원인 물체
② 재해발생 날짜, 시간, 장소
③ 재해 책임자 경력
④ 피해자 상해 정도 및 부위

[해설] 재해 책임자의 경력은 산업재해 조사 항목에 해당되지 않는다.

32. 안전보호기구의 점검, 관리 및 사용 방법으로 틀린 것은?

① 청결하고 습기가 없는 장소에 보관한다.
② 한번 사용한 것은 재사용을 하지 않도록 한다.
③ 보호구는 항상 세척하고 완전히 건조시켜 보관한다.
④ 적어도 한 달에 1회 이상 책임 있는 감독자가 점검한다.

[해설] 일반적으로 안전보호기구는 재사용이 가능하다.

33. 승강기의 자체검사 항목이 아닌 것은 어느 것인가?

① 기계실 면적
② 브레이크 및 제어장치
③ 와이어로프
④ 과부하방지장치

[해설] 승강기의 자체검사 항목 (②, ③, ④ 이외에)
  ㉠ 주행 안내레일의 상태
  ㉡ 비상통화장치
  ㉢ 완충기
  ㉣ 승강장문
  ㉤ 추락방지장치
  ㉥ 과부하 방지 장치 등

34. 전기식 엘리베이터에서 자체점검 주기가 가장 긴 것은?

① 권상기의 감속 기어
② 권상기 베어링
③ 수동조작 핸들
④ 고정 도르래

[해설] 자체점검 주기
  ① 권상기의 감속 기어 : 3개월 1회
  ② 권상기 베어링 : 6개월 1회
  ③ 수동조작 핸들 : 매월 1회
  ④ 고정 도르래 : 매년 1회

[정답] 29. ④ 30. ③ 31. ③ 32. ② 33. ① 34. ④

35. 승객의 구출 및 구조를 위한 카 상부 비상구출문의 크기는 얼마 이상이어야 하는가?

① 0.2m×0.2m
② 0.35m×0.5m
③ 0.4m×0.5m
④ 0.25m×0.3m

해설 승객의 구출 및 구조를 위한 비상구출문에 있는 경우
ㄱ 유효 개구부 크기는 0.4 m × 0.5 m 이상이어야 한다.
ㄴ 공간이 허용된다면 0.5 m × 0.7 m가 바람직하다.

36. 기계운전 시 안전수칙이 아닌 것은?

① 작업범위 이외의 기계는 허가 없이 사용한다.
② 방호장치는 유효 적절히 사용하며, 허가 없이 무단으로 떼어놓지 않는다.
③ 기계가 고장이 났을 때에는 정지, 고장 표시를 반드시 기계에 부착한다.
④ 공동작업을 할 경우 시동할 때에는 남에게 위험이 없도록 확실한 신호를 보내고 스위치를 넣는다.

해설 기계운전은 허가 없이 사용할 수 없다.

37. 카(car)에는 자동적으로 재충전되는 비상 전원 공급장치에 의해 몇 lx 이상의 조도로 몇 시간 동안 전원이 공급되는 비상등이 있어야 하는가?

① 2 lx, 1시간
② 2 lx, 2시간
③ 5 lx, 1시간
④ 5 lx, 2시간

해설 카(car)에는 자동적으로 재충전되는 비상 전원 공급장치에 의해 5 lx 이상의 조도로 1시간 동안 전원이 공급되는 비상등이 있어야 한다.

38. 저압 부하설비의 운전조작 수칙에 어긋나는 사항은?

① 퓨즈는 비상시라도 규격품을 사용하도록 한다.
② 정해진 책임자 이외에는 허가 없이 조작하지 않는다.
③ 개폐기는 땀이나 물에 젖은 손으로 조작하지 않도록 한다.
④ 개폐기의 조작은 왼손으로 하고 오른손은 만약의 사태에 대비한다.

해설 개폐기의 조작 시 왼손 또는 오른손이 정해지지 않는다.

39. 피트에 설치되지 않는 것은?

① 인장 도르래
② 균형추
③ 완충기
④ 과속조절기로프 인장 풀리

해설 균형추(counter weight) : 카의 무게를 일정 비율 보상하기 위하여 카 측과 반대편에 설치되며, 카와의 균형을 유지하는 추이다.

40. 전동기의 점검항목이 아닌 것은?

① 발열이 현저한 것
② 이상음이 있는 것
③ 라이닝의 마모가 현저한 것
④ 연속적으로 운전하는데 지장이 생길 염려가 있는 것

해설 전동기의 점검항목
ㄱ 발열이 현저한 것
ㄴ 이상음이 있는 것
ㄷ 연속 운전 시 지장이 생길 염려가 있는 것
ㄹ 구동시간 제한장치의 기능 상실이 예상되는 것

참고 라이닝(lining) : 운동에너지를 열에너지로 바꾸는 마찰재

41. 안전점검의 종류가 아닌 것은?

① 정기점검
② 특별점검
③ 순회점검
④ 일상점검

정답 35. ③ 36. ① 37. ③ 38. ④ 39. ② 40. ③ 41. ③

해설 안전점검의 종류
  ㉠ 정기점검 : 일정 기간마다 정기적으로 실시 - 책임자
  ㉡ 일상점검 : 수시점검으로 일상적으로 실시 - 작업자, 작업 책임자
  ㉢ 특별점검 : 설비의 신설, 변경 또는 고장 수리 후 실시 - 기술적 책임자

42. 다음 중 안전관리의 근본목적으로 가장 적합한 것은?
① 근로자의 생명 및 신체의 보호
② 생산의 경제적 운용
③ 생산과정의 시스템화
④ 생산량 증대

해설 산업 안전관리란, 재해로부터 인간의 생명과 재산을 보호하기 위한 계획적이고 체계적인 제반 활동을 말한다.

43. 승강기 안전관리자의 직무에서 일상점검 내용으로 옳지 않은 것은?
① 기계실 온도 및 환기장치의 작동상태
② 표준 부착물의 부착상태
③ 엘리베이터 비상통화장치의 작동상태
④ 승강기 부품의 상태

해설 승강기 안전관리자의 직무에서 일상점검 내용 (①, ②, ③ 이외에)
  ㉠ 기계실 출입문 및 승강장문 등 비상열쇠의 관리상태
  ㉡ 기계실 출입문의 잠금 상태
  ㉢ 호출버튼 및 등록버튼의 작동상태 등

44. 작업감독자의 직무에 관한 사항이 아닌 것은?
① 작업감독 지시
② 사고보고서 작성
③ 작업자 지도 및 교육 실시
④ 산업재해 시 보상금 기준 작성

해설 "산업재해 시 보상금 기준 작성"은 작업감독자의 직무와 무관하다.

45. 회로망에서 임의의 접속점에 유입되는 전류가 $\sum I = 0$ 라는 법칙은?
① 쿨롱의 법칙
② 패러데이 법칙
③ 키르히호프의 제1법칙
④ 키르히호프의 제2법칙

해설 키르히호프의 법칙 (Kirchhoff's law)
  ㉠ 제1법칙(전류법칙) : 회로망에서 임의의 접속점에 흘러 들어오고, 흘러 나가는 전류의 대수합은 0이다.
  $$\sum i = 0 (\sum 유입전류 = \sum 유출전류)$$
  ㉡ 제2법칙 : 회로망에서 임의의 한 폐회로의 기전력 대수합과 전압강하의 대수합은 같다.
  $$\sum E = \sum IR (\sum 기전력 = \sum 전압강하)$$

46. 다음 중 극성을 가진 콘덴서는?
① 마이카 콘덴서 ② 세라믹 콘덴서
③ 마일러 콘덴서 ④ 전해 콘덴서

해설 ㉠ 전해 콘덴서
  1. 전원의 평활 회로, 저주파 바이패스 등에 주로 사용된다.
  2. 극성을 가지므로 직류 회로에 사용된다.
  ㉡ 세라믹 (ceramic) 콘덴서 : 티탄산바륨과 같은 유전율이 큰 재료를 사용하며 극성은 없다.
  ㉢ 마일러(mylar) 콘덴서 : 극성이 없으며, 높은 정밀도는 기대할 수 없다.
  ㉣ 마이카(mica) 콘덴서 : 극성이 없으며, 우수한 특성을 가지므로 표준 콘덴서로도 이용된다.

47. 용량이 1kW인 전열기를 2시간 동안 사용하였을 때 발생한 열량은 약 몇 kcal 인가?
① 435 ② 866 ③ 1725 ④ 1876

해설 열량 $H = 0.24 Pt$
  $= 0.24 \times 1 \times 2 \times 60 \times 60$
  $= 1728 \,\text{kcal}$

정답 42. ① 43. ④ 44. ④ 45. ③ 46. ④ 47. ③

48. 직류 전동기에서 자속이 감소하면 회전수는 어떻게 되는가?

① 정지　② 감소　③ 불변　④ 상승

해설 회전수 $N = k\dfrac{E}{\phi}$ [rpm]에서, 회전수 N은 자속 ϕ에 반비례하므로 감소한다.

49. 15 kW 전동기의 전부하 회전수가 2420 rpm인 경우 전부하 토크는 약 몇 kg·m인가?

① 6　② 60　③ 150　④ 250

해설 $T = 975 \times \dfrac{P}{N} = 975 \times \dfrac{15}{2420} \fallingdotseq 6\,\mathrm{kg \cdot m}$

50. 반도체에서 공유결합을 할 때 과잉전자를 발생시키는 반도체는?

① P형 반도체　② N형 반도체
③ 진성 반도체　④ 불순물 반도체

해설 N형, P형 반도체

구분	반송자 (carrier)
N형 반도체	과잉 전자에 의해서 전기 전도가 이루어진다.
P형 반도체	정공 (hole)에 의해서 전기 전도가 이루어진다.

51. 제어량을 어떤 일정한 목표값으로 유지하는 것을 목적으로 하는 제어는?

① 추종제어　② 비율제어
③ 프로그램 제어　④ 정치제어

해설 ① 추종제어 : 목표물의 변화에 추종하여 목표값이 변화하는 제어
② 비율제어 : 목표값이 다른 것과 일정한 비율 관계를 가지고 변화하는 제어
③ 프로그램 제어 : 목표값이 시간적으로 미리 정해진대로 변화하고 제어량이 이것에 일치하도록 제어

52. 높은 열로 전선의 피복이 연소되는

것을 방지하기 위해 사용되는 재료는?

① 고무　② 석면　③ 종이　④ PVC

해설 석면(asbestos) : 강한 내구성, 내열성, 내화성, 절연성이 있으므로 절연재나 단열재 등의 용도로 사용된다.

53. 커피 버튼을 누르면 선택된 커피가 커피자판기에서 나오는 회로와 같은 제어는?

① 서보 제어　② 되먹임 제어
③ 피드백 제어　④ 시퀀스 제어

해설 ㉠ 시퀀스 제어(sequence control)
　1. 미리 정해진 순서에 따라 제어의 각 단계가 순차적으로 진행되는 제어이다.
　2. 전기밥솥, 엘리베이터, 커피자판기처럼 자동판매기에 적용된다.
㉡ 서보(servo) 제어 : 제어량이 기계적인 위치 또는 속도인 제어로, 변화하는 위치 제어에 적합한 제어 방식이다.
㉢ 피드백(feedback) 제어 : 되먹임 제어
　1. 되먹임에 의해 제어량의 값을 목표값과 비교하여, 이 두 값이 일치되도록 수정 동작을 행하는 제어라 정의할 수 있다.
　2. 반드시 필요한 장치는 입력과 출력을 비교하는 장치이다.

54. 3상 유도전동기의 역상제동이란?

① 플러그를 사용하여 전원에 연결하는 방법
② 운전 중 2선의 접속을 바꾸어 접속함으로써 상 회전을 바꾸어 제동하는 방식
③ 단상 상태로 기동할 때 일어나는 현상
④ 고정자와 회전자의 상수가 일치하지 않을 때 일어나는 현상

해설 역상제동 (plugging)
㉠ 전동기를 매우 빨리 정지시킬 때 쓴다.
㉡ 전동기가 회전하고 있을 때 전원에 접속된 3선 중에서 2선을 빨리 바꾸어 접속하면, 회전 자장의 방향이 반대로 되어 회

전자에 작용하는 토크의 방향이 반대가
되므로 전동기는 빨리 정지한다.
ⓒ 이 방법은 제강 공장의 압연기용 전동기
등에 사용된다.

55. 매우 느리게 가해지는 크기가 일정한
하중이며, 가해진 상태에서 정지하고 있
는 하중은?

① 정하중　　　　② 동하중
③ 교번하중　　　④ 반복하중

해설 (1) 정하중(static load) : 정지하고 있는
하중, 즉 정적으로 작용하는 일정한 부하
를 정하중이라고 하며, 부하의 크기가 변
동하는 동하중에 대응한다.
(2) 하중의 시간 변화에 따른 분류
 • 반복하중 • 교번하중
 • 충격하중 • 이동하중

56. 푸아송 비에 해당되는 식은?

① $\dfrac{\text{가로변형률}}{\text{세로변형률}}$　　② $\dfrac{\text{세로변형률}}{\text{가로변형률}}$

③ $\dfrac{\text{가로변형률}}{\text{부피변형률}}$　　④ $\dfrac{\text{세로변형률}}{\text{부피변형률}}$

해설 푸아송의 비(Poisson's ratio) : 재료에
압축하중과 인장하중이 작용할 때 생기는
세로변형률 ε과 가로변형률 ε'관계는 탄성
한도 이내에서는 일정한 비의 값을 가진다.

$$\nu = \frac{\text{가로변형률}}{\text{세로변형률}} = \left|\frac{\varepsilon'}{\varepsilon}\right|$$

57. 다음 그림과 같은 기어는?

① 헬리컬 기어
② 베벨 기어
③ 스퍼 기어
④ 하이포이드 기어

해설 ㉠ 베벨 기어(bevel gear) : 직각 또는
임의의 각도를 가진 두 축 사이에 동력을
전달하는 기어

ⓒ 헬리컬 기어(helical gear) : 바퀴 주위에
비틀린 이가 절삭되어 있는 원통 기어

참고 기어 (geer)의 종류
 ㉠ 두 축이 만나는 기어 : 베벨(bevel) 기어,
 헬리컬 베벨 기어
 ⓒ 두 축이 만나지 않고 평행하지도 않는
 기어 : 하이포이드 기어, 웜 기어

58. 슬라이딩 베어링은 무슨 접촉인가?

① 면 접촉　　　　② 선 접촉
③ 점 접촉　　　　④ 기어 접촉

해설 슬라이딩 베어링(sliding bearing)
 ㉠ 축과 베어링의 면이 직접 접촉하여 축
 의 회전과 함께 미끄럼이 발생하는 베어
 링이다.
 ⓒ 수리가 용이하고 충격에 대하여 견디는
 힘이 큰 장점이며, 베어링에 작용하는 하
 중이 클 때 사용하는 베어링이다.

59. 마찰차의 종류가 아닌 것은?

① 원뿔 마찰차　　② 변속 마찰차
③ 홈붙이 마찰차　④ 이붙이 마찰차

해설 마찰차 (friction wheel)의 종류
 ㉠ 두 개의 바퀴를 서로 밀어붙여 그 사이
 에 생기는 마찰력을 이용하여 두 축 사이
 에 동력을 전달하는 장치이다.
 ⓒ 원뿔 마찰차, 변속 마찰차, 홈붙이 마찰
 차, 원통 마찰차가 있다.

60. 다음 중 기계적 접합방법이 아닌 것
은?

① 볼트(bolt) 접합
② 리벳(rivet) 접합
③ 고주파 용접 접합
④ 키(key) 접합

해설 고주파 용접 접합 : 고주파 전류(450
kHz)의 표피효과와 근접효과를 이용하여
금속을 가열하여 접합하는 전기적 방식으
로, 기계적 접합방법에 속하지 않는다.

정답 55. ①　56. ①　57. ②　58. ①　59. ④　60. ③

▶ **제2회 복원문제**　　※ 이 문제는 수검자의 기억을 통하여 복원된 것입니다.

1. 승강기의 관리주체는 승객의 안전을 위해 승강장문 또는 승강장 주위에 표지 또는 명판을 부착해야 하는데 '엘리베이터 종류' 안내를 부착해야 하는 엘리베이터는?

① 소방구조용　　② 화물용
③ 병원용　　　　④ 주택용

해설 소방구조용 엘리베이터 : 승객의 안전을 위해 승강장문 또는 승강장 주위에 표지 또는 명판을 부착해야 한다.
참고 승강기 안전운행 및 관리에 관한 운영규정 [14조] 참조

2. 소방구조용 엘리베이터에서 정전 시 예비전원에 의하여 엘리베이터를 몇 시간 이상 가동할 수 있어야 하는가?

① 0.5　② 1　③ 1.5　④ 2

해설 정전 시 엘리베이터 운행
㉠ 60초 이내에 엘리베이터 운행에 필요한 전력용량을 자동적으로 발생시킬 것
㉡ 2시간 이상 운행시킬 수 있을 것

3. 엘리베이터의 정격속도 계산 시 무관한 항목은?

① 감속비　　　　② 편향도르래
③ 전동기 회전수　④ 권상도르래 직경

해설 권상도르래(main sheave) 속도 계산법

속도 $v = \dfrac{\pi DN}{1000} \cdot k$ [m/min]

여기서, D : 권상도르래 직경 (mm)
　　　　N : 전동기 회전수 (rpm)
　　　　k : 감속비

4. 엘리베이터의 트랙션 머신의 점검과 관

계없는 것은?

① 머신 오일량의 상태를 확인한다.
② 머신 오일의 점도를 확인한다.
③ 시브 폴리 홈의 마모 상태를 확인한다.
④ 커플링 축의 색깔의 변화 여부를 확인한다.

해설 트랙션 머신(traction machine ; 권상기)의 점검(①, ②, ③ 이외에)
㉠ 커플링, 샤프트, 키의 이완 유무
㉡ 이상 진동 및 소음 유무
㉢ 각 부의 볼트, 너트의 이완 및 조립상태
㉣ 브레이크 라이닝 마모, 드럼 마모 상태 등

5. 다음 로핑 방식 중 로프의 수명이 가장 긴 방식은?

① 1:1 로핑　　② 3:1 로핑
③ 4:1 로핑　　④ 6:1 로핑

해설 3:1, 4:1, 6:1 로핑은 대용량 지속 화물용에 적용되며, 1:1 로핑에 비하여 로프의 길이가 길고 수명이 짧다.

6. 다음 중 와이어로프 안전율의 산출 공식으로 옳은 것은? (단, F : 안전율, S : 로프 1가닥에 대한 정격 파단강도, N : 부하를 받는 와이어로프의 가닥 수, W : 카의 정격하중을 승강로 안의 어떤 위치에 두고 모든 카 로프에 걸리는 최대 정지부하)

① $F = \dfrac{S \times W}{N}$　② $F = \dfrac{N \times S}{W}$
③ $F = \dfrac{W}{N \times S}$　④ $F = \dfrac{N \times W}{S}$

해설 안전율의 산출 공식
$F = \dfrac{N \times S}{W} \left(\text{안전율} = \dfrac{\text{파단강도}}{\text{허용응력}}\right)$

정답 1. ①　2. ④　3. ②　4. ④　5. ①　6. ②

7. 주행 안내레일은 제조와 설치 시 승강로 내의 반입이 편리하도록 약 몇 m로 하고 있는가?

① 3　　② 4　　③ 5　　④ 6

해설 주행 안내레일(guide rail) 규격
　㉠ 레일의 표준길이는 5 m이다.
　㉡ 레일의 호칭은 마무리 가공 전 소재의 1 m당 중량을 라운드 번호로 하여 "K 레일"을 붙여서 사용한다.
　　예 8 kg/m → 8 K

8. 주행 안내레일(guide rail)의 보수점검 사항 중 틀린 것은?

① 녹이나 이물질이 있을 경우 제거한다.
② 레일 브래킷의 조임상태를 점검한다.
③ 레일 클립의 변형 유무를 체크한다.
④ 레일 면이 손상되었을 경우에는 방청 페인트로 표면에 곱게 도장한다.

해설 레일 면이 손상되었을 경우에는 교체 대상이다.
참고 ①, ②, ③ 이외에 점검 사항
　㉠ 손상이나 소음 유무
　㉡ 취부 볼트, 너트의 이완상태 여부
　㉢ 레일의 급유상태 및 오염상태
　㉣ 브래킷 취부 앵커 볼트의 이완 유무 및 용접부 균열 여부

9. 추락방지 안전장치의 성능시험에 관한 설명 중 옳지 않은 것은?

① 적용 최대 용량에 상당하는 무게를 적용한다.
② 주행 안내레일의 윤활 상태를 실제의 사용 상태와 같아지도록 한다.
③ 비상정지의 시험 후 완충기의 파손 여부를 확인한다.
④ 비상정지의 시험 후 수평도와 정지거리를 측정한다.

참고 완충기의 파손 여부는 추락방지 안전장치의 성능시험과 관계가 없다.

10. 다음 중 과속조절기의 형태가 아닌 것은?

① GR형(roll safety type)
② GD형(disk type)
③ GF형(fly ball type)
④ GC형(car type)

해설 과속조절기(governor)의 종류
　㉠ GR형(roll safety type) : 저속도용
　㉡ GD형(disk type) : 중속도용
　㉢ GF형(fly ball type) : 고속도용

11. 과속조절기는 무엇을 이용하여 스위치의 개폐작용을 하는가?

① 응력　　　　② 원심력
③ 마찰력　　　④ 항력

해설 과속조절기(governor)
　㉠ 카(car)와 같은 속도로 움직이는 과속조절기 로프에 의해 회전되어 항상 카의 속도를 검출하는 장치이다.
　㉡ 원심력을 이용하여 추락방지 안전장치를 동작하게 한다.
참고 원심력(遠心力)
　㉠ 원운동을 하는 물체나 입자에 작용하는 원의 바깥으로 나아가려는 힘
　㉡ 원심 분리기, 원심 과속조절기(조속기), 속도계 따위에 응용된다.

12. 에너지 분산형 완충기(유입식)의 최소 스트로크는 무엇에 비례하는가?

① 정격하중　　② 행정거리
③ 피트 깊이　　④ 정격속도

해설 스트로크(stroke)
$$S = \frac{V^2}{53.35} [\text{m}]$$
여기서, V : 정격속도(m/min)

정답 **7.** ③　**8.** ④　**9.** ③　**10.** ④　**11.** ②　**12.** ④

참고 스트로크(stroke) : 왕복 운동 기관에서 피스톤이 실린더 안의 한 끝에서 다른 끝까지 움직이는 동작 또는 거리

13. 승강기의 완충장치 성능에 대한 설명으로 옳지 않은 것은?

① 완충기는 심한 녹 또는 부식 등이 없어야 하고, 유입완충기의 경우에는 유량이 적절하여야 한다.

② 완충기의 설치 상태는 풀림이나 손상, 균열 등이 없이 견고하고, 그 성능은 양호하게 유지되어야 한다.

③ 카 또는 균형추가 완충기를 완전히 누르고 정지했을 때 카 또는 균형추의 부품은 다른 부분과 간섭이 발생하지 않아야 한다.

④ 카가 최하층에 수평으로 정지된 경우에 카 또는 완충기의 거리에 완충기의 충격 정도를 더한 수치는 균형추의 꼭대기 틈새보다 커야 한다.

해설 카가 최하층에 수평으로 정지된 경우에 카 또는 완충기의 거리에 완충기의 충격 정도를 더한 수치는 균형추의 꼭대기 틈새보다 작아야 한다.
(카와 완충기의 거리＋완충기의 행정) < 균형추의 꼭대기 틈새

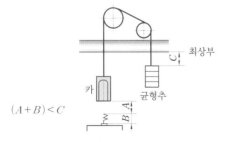

$(A+B)<C$

14. 균형 체인과 균형 로프의 점검사항이 아닌 것은?

① 이상소음이 있는지를 점검

② 이완상태가 있는지를 점검

③ 연결 부위의 이상 마모가 있는지를 점검

④ 양쪽 끝단은 카의 양측에 균등하게 연결되어 있는지를 점검

해설 균형 체인과 균형 로프의 점검 사항 (①, ②, ③ 이외에)
㉠ 밸런스(balance) 상태 점검
㉡ 취부 상태 점검

참고 균형체인 또는 로프의 한쪽 끝단은 카(car) 측에, 한쪽 끝단은 균형추에 연결된다.

15. 다음 중 승강기 도어 구조에 해당되지 않는 것은?

① 착상 스위치 함

② 도어 스위치

③ 행어 롤러

④ 도어 가이드 슈

해설 착상 스위치 함은 카 상부에 위치한다.

16. 엘리베이터의 도어 슈 점검을 위해 실시하여야 할 점검 사항이 아닌 것은?

① 도어 슈 마모상태 점검

② 가이드 롤러의 고무 탄력상태 점검

③ 슈 고정 볼트의 조임상태 점검

④ 도어 개폐 시 실과의 간접상태 점검

해설 도어 슈(door shoe) : 도어를 문 밑에서 고정하는 장치이다. 가이드 롤러(guide roller)와는 관계가 없다.

17. 기계실 크기는 설비, 특히 전기설비의 작업이 쉽고 안전하도록 하기 위하여 작업구역에서 유효높이는 몇 m 이상으로 하여야 하는가?

① 1.8 ② 2.1 ③ 2.3 ④ 2.5

해설 기계실의 유효높이 : 2.1 m 이상

18. 엘리베이터 기계실에 관한 설명으로 틀린 것은?

① 바닥면적은 일반적으로 승강로 수평 투영면적의 2배 이상으로 한다.

② 기계실의 바로 위층 또는 인접한 벽면에 물탱크실을 설치할 수 없다.

③ 실온은 원칙적으로 40℃ 이하를 유지할 수 있어야 한다.

④ 기계실에는 일반적으로 엘리베이터와 관계없는 설비를 설치하지 않아야 한다.

[해설] 기계실의 바로 위층 또는 인접한 벽면에 물탱크실이 있는 경우는 충분한 침수방지 조치를 하여야 한다.

19. 기동과 주행은 고속권선으로 행하고 감속과 착상은 저속으로 하며, 착상지점에 근접해지면 모든 접점을 끊고 동시에 브레이크를 거는 제어방식은?

① 교류 1단 속도 제어

② 교류 2단 속도 제어

③ VVVF 제어

④ 교류 궤환 전압 제어

[해설] 교류 2단 속도 제어
  ㉠ 착상오차를 감소시키기 위해 2단 속도 전동기를 사용한다.
  ㉡ 기동과 주행은 고속권선으로 행하고 감속 시는 저속권선으로 감속하여 착상한다.

[참고] 교류 1단 속도 제어 : 3상 교류의 단속도 전동기에 전원을 공급하는 것으로 기동과 정속운전을 하고 정지는 전원을 차단한 후 제동기에 의해 기계적으로 브레이크를 거는 제어방식

20. 도어 안전장치에 관한 설명 중 옳지 않는 것은?

① 도어 클로저는 승강장 문의 개방에서 생기는 재해를 막기 위한 장치이다.

② 도어 스위치는 승강장의 문이 닫혀 있지 않으면 운전할 수 없게 하는 장치이다.

③ 세이프티 슈는 카 도어의 끝단에 설치하여 이 물체가 접촉되면 도어를 반전시키는 장치이다.

④ 출입문 잠금장치는 주행 중 카 도어가 열리지 않게 하는 장치이다.

[해설] 출입문 잠금장치 : 카(car)가 정지하고 있지 않은 층에서는 전용 열쇠를 사용하지 않으면 열리지 않도록 하는 장치이다.

21. 승객용 엘리베이터의 적재하중 및 최대 정원을 계산할 때 1인당 하중의 기준은 몇 kg인가?

① 65 ② 75 ③ 80 ④ 85

[해설] 최대 정원은 1인당 75kg으로 계산한다.

22. 권상능력 또는 승강시키는 전동기의 힘을 충분히 확보하기 위해 현수 로프의 무게를 보상하는 수단이 사용될 경우, 엘리베이터의 속도가 몇 m/s를 초과하면 튀어 오름 방지장치를 설치하여야 하는가?

① 3.0 m/s ② 3.5 m/s

③ 4.0 m/s ④ 4.5 m/s

[해설] 튀어 오름 방지장치
  ㉠ 카와 균형추에서 내리는 로프도 충분한 강도로 인장시켜 카의 추락방지 안전장치가 작동 시 균형추, 와이어로프 등이 튀어 오르지 못하도록 한다.
  ㉡ 정격속도가 3.5 m/s를 초과하면 추가로 설치되어야 한다.

23. 유압식 엘리베이터의 주요 배관상에 유량제어 밸브를 설치하여 유량을 직접

제어하는 회로로서 비교적 정확한 속도 제어가 가능한 유압회로는?

① 미터 인 회로
② 블리드 오프 회로
③ 미터 아웃 회로
④ 유압 VVVF 회로

해설 유량제어 밸브에 의한 속도제어
  ① 미터 인(meter in) 회로
    ㉠ 유량 제어 밸브를 주 회로에 삽입하여 실린더로 들어가는 유량을 직접 제어하는 방식이다.
    ㉡ 비교적 정확한 속도 제어가 가능하다.
  ② 블리드 오프 (bleed-off) 회로 : 유량제어 밸브를 주 회로에서 분기된 바이패스 (bypass) 회로에 삽입한 회로 방식
  ③ 미터 아웃(meter out) 회로 : 유량제어 밸브를 주 회로에 삽입하여 실린더에서 배기되는 유량을 직접 제어하는 방식

24. 실린더를 검사하는 것 중 해당되지 않는 것은?

① 패킹으로부터 누유된 기름을 제거하는 장치
② 공기 또는 배출구
③ 더스트 와이퍼의 상태
④ 압력배관의 고무호스는 여유가 있는지의 상태

해설 유압승강기의 압력배관은 펌프의 출구에서 실린더(cylinder) 입구까지의 배관을 말하며, 실린더 검사항목에는 해당되지 않는다.

참고 더스트 와이퍼(dust wiper) : 실린더 내로 먼지가 침입하는 것을 방지하는 장치

25. 에스컬레이터의 구동장치에 관한 설명으로 틀린 것은?

① 스텝 구동장치와 손잡이 구동장치는 서로 연동되어 같은 속도로 이동하여

야 한다.
② 스텝체인 안전장치가 설치되어 체인이 끊어지면 전원이 차단되어야 한다.
③ 감속기는 효율이 높아 에너지를 절약할 수 있는 웜 기어를 사용하며, 헬리컬 기어는 사용하지 않는다.
④ 구동장치에는 브레이크를 설치하여야 한다.

해설 헬리컬(helical) 기어는 진동과 소음이 적고 운전이 정숙하여, 감속 장치나 동력의 전달 등에 사용된다.

참고 웜(worm) 기어는 효율이 낮고, 호환성이 없으며 값이 비싼 단점이 있다.

26. 에스컬레이터와 위층 바닥과의 교차하는 협각에 설치하는 안전물은?

① 셔터 연동장치
② 삼각부 안내판
③ 손잡이(핸드레일) 안전장치
④ 비상정지 안전장치

해설 3각부 안전보호판 : 난간부와 교차하는 건축물 천장부 또는 측면부 등과의 사이에 생기는 3각부에 사람의 머리 등 신체의 일부가 끼이는 것을 방지하기 위하여 설치된다.

27. 다음 (a), (b)에 들어갈 내용으로 옳은 것은?

> 에스컬레이터는 난간 폭에 따라 800형, 1200형이 있다. 시간당 수송능력은 800형은 (a)명, 1200형은 (b)명이다.

① (a) 800, (b) 1200
② (a) 4000, (b) 6000
③ (a) 5000, (b) 1200
④ (a) 6000, (b) 9000

참고 난간 폭에 의한 수송능력
　　㉠ 800형 : 시간당 수송능력이 6000명
　　㉡ 1200형 : 시간당 수송능력이 9000명

28. 다음 중 승강기 시설 안전관리법령에서 규정하는 소형 화물용 엘리베이터의 적재용량으로 맞는 것은?

① 50 kg　　　② 100 kg
③ 2000 kg　　④ 300 kg

해설 소형 화물용 엘리베이터의 정격
　　㉠ 정격하중 : 300kg 이하
　　㉡ 정격속도 : 1 m/s 이하

29. 엘리베이터에서 사고가 발생하였을 때의 조치사항이 아닌 것은?

① 응급조치 등의 필요한 조치
② 소방서 및 의료기관 등에 연락
③ 피해자의 동료에게 연락
④ 전문 기술자에게 연락

해설 사고 발생 시 피해자의 가족에게 연락하여야 한다.

30. 재해 발생 과정에 영향을 미치는 것에 해당되지 않는 것은?

① 개인의 성격적 결함
② 사회적 환경과 신체적 요소
③ 불안전한 행동과 불안전한 상태
④ 개인의 성별, 직업 및 교육의 정도

해설 재해 발생 과정 5단계
　1. 사회적 환경과 유전적인 요소
　2. 인적 결함-개인의 성격적 결함
　3. 불안전한 행동과 불안전한 상태
　4. 사고
　5. 재해

31. 보호구의 구비조건으로 옳지 않는 것은?

① 유해, 위험요소에 대한 방호성능이 경미해야 한다.
② 작업에 방해가 안 되어야 한다.
③ 구조와 끝마무리가 양호해야 한다.
④ 착용이 간편해야 한다.

해설 유해, 위험요소에 대한 방호성능이 충분해야 한다.

32. 전기에서는 위험성이 가장 큰 사고의 하나가 감전이다. 감전사고를 방지하기 위한 방법이 아닌 것은?

① 충전부 전체를 절연물로 차폐한다.
② 충전부를 덮은 금속체를 접지한다.
③ 가연물질과 전원부의 이격거리를 일정하게 유지한다.
④ 자동차단기를 설치하여 선로를 차단할 수 있게 한다.

해설 감전사고 방지 방법 (①, ②, ④ 이외에)
　㉠ 전기기기와 배선에 절연처리가 되어 있지 않은 부분은 노출하지 않는다.
　㉡ 전기기기의 스위치 조작은 아무나 함부로 하지 않도록 한다.
　㉢ 젖은 손으로 전기기기를 만지지 않는다.
　㉣ 불량제품이나 부분적으로 고장이 나 있는 제품을 무리하게 사용하지 않는다.
　㉤ 배선용 전선은 중간에 연결, 접속하여 사용하지 않는다.

33. 승강기의 자체검사 항목이 아닌 것은 어느 것인가?

① 브레이크
② 주행 안내레일
③ 권과방지장치
④ 추락방지 안전장치

해설 권과(捲過)방지장치
　㉠ 와이어로프를 감아서 물건을 들어올리는 기계장치에서 로프가 너무 많이 감기거나 풀리는 것을 방지하는 장치이다.

정답　28. ④　29. ③　30. ④　31. ①　32. ③　33. ③

ⓒ 말 권 (捲)과 지나칠 과(過) 자를 써서 너무 많이 감긴다는 뜻이다.
여기서, 권과방지장치는 승강기 자체검사 항목에는 해당되지 않는다.

34. 전기식 엘리베이터에서 자체점검 주기가 가장 긴 것은?

① 승강로 조명의 점등상태 및 조도
② 감속기어의 윤활유 누설 유무
③ 주 개폐기 설치 및 작동상태
④ 안전표시 기계류 공간 등의 안전표시

해설 ① : 3개월에 1회 측정점검
② : 3개월에 1회 육안점검
③ : 3개월에 1회 육안점검
④ : 6개월에 1회 육안점검

35. 작업장으로 통하는 통로의 안전조건으로 잘못된 것은?

① 통로의 주요한 부분에는 통로표시를 한다.
② 가설통로의 경사가 20도 초과 시에는 미끄러지지 않는 구조로 한다.
③ 옥내 통로를 설치 시 미끄러지는 등의 위험이 없도록 한다.
④ 통로 면으로 부터 높이 2m 이내에는 장해물이 없도록 한다.

해설 통로의 안전조건에서, 가설통로의 경사가 15도 초과 시에는 미끄러지지 않는 구조로 한다.

36. 동력으로 운전하는 기계에 작업자의 안전을 위하여 기계마다 설치하는 장치는?

① 수동 스위치장치 ② 동력 차단장치
③ 동력장치   ④ 동력 전도장치

해설 동력 차단장치
ⓐ 원동기 자체 또는 동력 전도장치의 도중

에 동력을 차단하여 대상으로 하는 기계 전체의 운전을 신속하게 정지시키는 장치를 말한다.
ⓑ 스위치, 클러치, 벨트 시프트, 스톱 밸브 등의 종류가 있다.
ⓒ 기계에는 청소, 조정, 보전 또는 긴급사태 등을 위해 기계별로 동력 차단장치를 설치할 필요가 있다.
ⓓ 조작이 용이하며, 접촉이나 진동에 의해 불의에 기계가 기동할 우려가 없는 것

37. 엘리베이터 점검 시 카의 속도는 몇 m/s 이하이어야 하는가?

① 0.63   ② 0.75
③ 0.82   ④ 0.93

해설 점검 시 카의 속도는 0.63 m/s 이하이어야 한다.

38. 엘리베이터 전원이 정전이 될 경우 카 내 예비 조명장치에 관한 설명 중 타당하지 않는 것은?

① 조도는 램프로부터 1m 떨어진 거리에서 측정한다.
② 조도는 5 lx 미만이어야 한다.
③ 자동차용 엘리베이터는 설치하지 않아도 된다.
④ 카 내 조작반이 없는 화물용 엘리베이터에는 설치하지 않아도 된다.

해설 정전 시 카 내 예비 조명장치
ⓐ 카(car)에는 자동적으로 재충전되는 비상 전원 공급장치에 의해 5 lx 이상의 조도로 1시간 동안 전원이 공급되는 비상등이 있어야 한다.
ⓑ 자동차용 엘리베이터, 카 내 조작반이 없는 화물용 엘리베이터에는 설치하지 않아도 된다.

39. 피트 내에서 행하는 검사가 아닌 것은?

① 카 및 균형추와 완충기의 거리
② 아랫부분 리밋 스위치류의 설치 상태
③ 이동 케이블은 손상 염려 여부
④ 마그네틱 테이프 조정

해설 피트 내에서 행하는 검사 항목 (①, ②, ③ 이외에)
- ㉠ 완충기의 설치 상태
- ㉡ 균형로프 및 부착부 설치 상태
- ㉢ 과속조절기 로프의 인장장치 및 기타의 텐션장치

40. 다음 중 급유가 필요하지 않는 곳은?

① 호이스트 로프(hoist rope)
② 과속조절기 로프
③ 주행 안내레일
④ 웜 기어(worm gear)

해설 급유가 필요한 것 (①, ③, ④ 이외에)
: 균형추, 가이드 슈 등

41. 안전점검 시의 유의사항으로 틀린 것은?

① 여러 가지의 점검방법을 병용하여 점검한다.
② 과거의 재해발생 부분은 고려할 필요 없이 점검한다.
③ 불량 부분이 발견되면 다른 동종의 설비도 점검한다.
④ 발견된 불량 부분은 원인을 조사하고 필요한 대책을 강구한다.

해설 과거에 재해가 발생한 곳에는 그 요인이 없어졌는지 여부를 확인, 점검한다.

42. 승강기 시설 안전관리법의 목적은?

① 승강기 이용자의 보호
② 승강기 이용자의 편리
③ 승강기 관리 주체의 수익

④ 승강기 관리 주체의 편리

해설 승강기 시설 안전관리법 [제1조]
- 목적 : 이 법은 승강기의 설치 및 보수 등에 관한 사항을 정하여 승강기를 효율적으로 관리함으로써 승강기 시설의 안전성을 확보하고 승강기 이용자를 보호함을 목적으로 한다.

43. 승강기 운전자가 준수하여야 할 사항으로 옳지 않은 것은?

① 술에 취한 채 또는 흡연하면서 운전하지 말아야 한다.
② 정원 또는 적재하중을 초과하여 태우지 말아야 한다.
③ 질병, 피로 등을 느꼈을 때는 즉시 약을 먹고 근무한다.
④ 운전 중 사고가 발생한 때에는 즉시 운전을 중지하고 관리 주체에 보고한다.

해설 질병, 피로 등을 느꼈을 때는 관리 주체에 그 사유를 보고하고, 휴식을 취하여야 한다.

44. 방호장치에 대하여 근로자가 준수할 사항이 아닌 것은?

① 방호장치에 이상이 있을 때 근로자가 즉시 수리한다.
② 방호장치를 해체하고자 할 경우에는 사업자의 허가를 받아 해체한다.
③ 방호장치의 해체 사유가 소멸된 때에는 지체 없이 원상으로 복귀시킨다.
④ 방호장치의 기능이 상실된 것을 발견하면 지체 없이 사업주에게 신고한다.

해설 방호장치의 수리는 해당 전문가가 해야 하며, 근로자가 준수할 사항이 아니다.

45. 다음 중 요소와 측정하는 측정기구의 연결로 틀린 것은?

① 길이 – 버니어캘리퍼스

② 전압 – 볼트미터

③ 전류 – 암페어미터

④ 접지저항 – 메거

해설 ㉠ 접지저항 측정 : 접지저항계, 코올
라시 브리지
㉡ 절연저항 측정 : 절연저항계 [메거(megger)]

46. 전자유도 현상에 의한 유도기전력의
방향을 정하는 것은?

① 플레밍의 오른손 법칙

② 옴의 법칙

③ 플레밍의 왼손 법칙

④ 렌츠의 법칙

해설 렌츠의 법칙(Lenz's law) : 전자유도에
의하여 생긴 기전력의 방향은 그 유도전류가
만드는 자속의 증감을 방해하는 방향이다.

47. 다음 회로에서 a, b 간의 합성용량은
몇 μF인가?

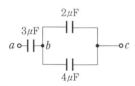

① 5 　　② 4 　　③ 3 　　④ 2

해설 $C_{bc} = 2 + 4 = 6\mu F$

$$\therefore\ C_{ac} = \frac{C_{ab} \times C_{bc}}{C_{ab} + C_{bc}} = \frac{3 \times 6}{3 + 6} = 2\mu F$$

48. 전선의 굵기 결정 시 고려사항으로
옳지 않은 것은?

① 전력손실 　　② 전압강하

③ 외부온도 　　④ 허용전류

해설 전선 굵기 결정 시 고려사항
㉠ 허용전류, 전압강하, 기계적 강도, 전력
손실 등이 있다.
㉡ 가장 중요한 것은 허용전류이다.

49. 전동기를 동력원으로 많이 사용하는
데 그 이유가 될 수 없는 것은?

① 안전도가 비교적 높다.

② 제어 조작이 비교적 쉽다.

③ 소손 사고가 발생하지 않는다.

④ 부하에 알맞은 것을 쉽게 선택할 수
있다.

해설 전동기가 동력원으로 사용되는 이유
㉠ 안전도가 높은 편이며, 제어조작이 쉽다.
㉡ 부하에 적합한 것을 선택할 수 있으며,
구하기 쉽다.

50. 토크 10 kg · m, 회전수 500rpm인
전동기의 축동력은?

① 약 2 kW 　　② 약 5 kW

③ 약 10 kW 　　④ 약 20 kW

해설 $T = 975 \times \dfrac{P}{N}[\text{kg} \cdot \text{m}]$에서,

$$P = \frac{TN}{975} = \frac{10 \times 500}{975} = 5\text{kW}$$

51. 불 대수식 Y = ABC + AC를 간소화
시키면?

① ABC 　　② AC

③ BC 　　④ AB

해설 Y = ABC + AC
　　= AC(B + 1) = AC · 1 = AC

52. 자동제어의 종류 중 피드백 제어에서
가장 중요한 장치는?

① 구동장치

② 응답속도를 빠르게 하는 장치

③ 안정도를 좋게 하는 장치

④ 입력과 출력을 비교하는 장치

해설 피드백 제어(feedback control) : 되먹
임 제어

정답 **46.** ④ **47.** ④ **48.** ③ **49.** ③ **50.** ② **51.** ② **52.** ④

ⓐ 되먹임에 의해 제어량의 값을 목표값과 비교하여, 이 두 값이 일치되도록 수정동작을 행하는 제어라 정의할 수 있다.

ⓑ 반드시 필요한 장치는 입력과 출력을 비교하는 장치이다.

53. 전선로의 정전작업 시는 접지를 한다. 이 접지의 목적이 잘못 설명된 것은?

① 인접선로의 유도전압에 의한 유도 쇼크의 방지를 위하여 접지를 하는 것이다.

② 현장에 검진기가 없으므로 정전의 확인용으로 접지를 하는 것이다.

③ 정전의 확인은 하였으나 역 송전으로 인한 감전방지를 위하여 접지를 하는 것이다.

④ 정전되었다하여도 통전으로 인한 감전방지를 위하여 접지를 하는 것이다.

[해설] ⓐ 접지란, 감전 등의 전기사고 예방 목적으로 전기기기와 대지(大地)를 도선으로 연결하여 기기의 전위를 0으로 유지하는 것이다.

ⓑ 정전 작업 시 무 전압 여부 확인은 차단점에서 2극 또는 1극 검전기, 측정장치, 신호 램프 등과 같은 장비를 사용하여 확인한다.

여기서, 검진기가 없으면, 다른 장비로 정전을 확인하여야 한다.

[참고] 정전작업(停電作業) 5대 안전수칙

1. 작업 전 전원차단
2. 전원투입의 방지
3. 작업장소의 무전압 여부 확인
4. 단락 접지
5. 작업장소의 보호

54. 전동기 정역회로를 구성할 때 기기의 보호와 조작자의 안전을 위하여 필수적으로 구성되어야 하는 회로는?

① 인터로크 회로

② 플립플롭 회로

③ 정지우선 자기유지회로

④ 기동우선 자기유지회로

[해설] ⓐ 인터로크(inter lock) 회로 : 우선도가 높은 측의 회로를 ON 조작하며 다른 회로가 열려서 작동하지 않도록 하는 회로이다.

ⓑ 전동기 정역회로를 구성할 때, 인터로크 동작을 적용하여 기기의 보호와 조작자의 안전을 도모한다.

55. 물체에 하중이 작용할 때, 그 재료 내부에 생기는 저항력을 내력이라 하고, 단위면적당 내력의 크기를 응력이라 하는데 이 응력을 나타내는 식은?

① $\dfrac{\text{단면적}}{\text{하중}}$ ② $\dfrac{\text{하중}}{\text{단면적}}$

③ 단면적×하중   ④ 하중-단면적

[해설] 응력(stress)

ⓐ 물체에 외력이 가해졌을 때, 그 물체 속에 생기는 저항력을 응력이라 한다.

ⓑ 응력은 단위면적에 대한 힘 (하중)으로 표현된다.

$$\text{응력} = \frac{\text{하중}}{\text{단면적}}\,[\text{N/mm}^2]$$

56. 영 (young)률이 작다는 것은?

① 안전하다는 것이다.

② 불안전하다는 것이다.

③ 늘어나기 쉽다는 것이다.

④ 늘어나기 어렵다는 것이다.

[해설] 영 계수 [young's moduls ; 세로 탄성계수(E)] : 인장 또는 압축의 경우, 수직응력 σ와 그 방향의 세로변형률 ε과의 비를 세로 탄성계수 또는 영계수라고 한다.

$$E = \frac{\sigma}{\varepsilon}$$

$$\therefore \ \varepsilon = \frac{\sigma}{E}$$

여기서, 영 (young)률이 작다는 것은 늘어나기 쉽다는 것이다.

정답 53. ②   54. ①   55. ②   56. ③

57. 캠이 가장 많이 사용되는 경우는?

① 회전운동을 직선운동으로 할 때
② 왕복운동을 직선운동으로 할 때
③ 요동운동을 직선운동으로 할 때
④ 상하운동을 직선운동으로 할 때

해설 캠 기구(cam mechanism) : 특수한 모양을 가진 구동절에 회전운동 또는 직선운동을 주어서 이것과 짝을 이루고 있는 피동절이 복잡한 왕복 직선운동이나 왕복 각운동 등을 하게 하는 기구를 캠 기구라 하며, 이 구동절을 캠이라 한다.

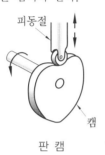

판 캠

58. 베어링의 수명을 옳게 설명한 것은?

① 베어링의 내륜, 외륜에 최소의 손상이 일어날 때까지의 마모각
② 베어링의 내륜, 외륜 또는 회전체에 최초의 손상이 일어날 때까지의 회전수나 시간
③ 베어링의 회전체에 최초의 손상이 일어날 때까지의 마모각
④ 베어링의 내륜, 외륜에 3회 이상의 손상이 일어날 때까지의 회전수나 시간

해설 베어링의 수명은 "베어링의 내륜, 외륜 또는 회전체에 최초의 손상이 일어날 때까지의 회전수나 시간"을 적용한다.

59. 체인의 종류는 크게 전동용 체인과 하중용 체인으로 구분할 수 있다. 다음 중 전동용 체인의 종류에 속하지 않는 것은?

① 사일런트 체인   ② 코일 체인
③ 롤러 체인   ④ 블록 체인

해설 체인(chain)의 종류
  1. 전동용 체인
    (개) 블록 체인(block chain)
    (내) 롤러 체인(roller chain)
    (대) 사일런트 체인(silent chain)
  2. 하중용 체인 : 링크 체인(link chain)-코일 체인(coil chain)

60. 스패너를 힘주어 돌릴 때 지켜야 할 안전사항이 아닌 것은?

① 스패너 자루에 파이프를 끼워 연장하면 힘이 훨씬 덜 들게 된다.
② 주위를 살펴보고 조심성 있게 조인다.
③ 스패너를 밀지 않고 당기는 식으로 사용한다.
④ 스패너를 조금씩 여러 번 돌려 사용한다.

해설 스패너 자루에 다른 기구를 끼워 사용하는 것은 절대 삼가야 한다.

참고 몽키 스패너의 사용법
  ㉠ 돌리고자 하는 나사에 고정턱과 이동턱 사이에 틈이 없도록 너비나사를 조절한다.
  ㉡ 스패너와 나사가 수평이 되도록 한다.
  ㉢ 손잡이를 잡고 회전시킨다.
  ㉣ 회전하는 방향은 이동턱 방향이 되어야 한다. 다시 말하면 고정턱에 힘이 가해져야 한다. 반대로 회전하여 이동턱에 힘이 가해지면 너비나사가 망가진다.

2021년도 시행 문제

▶ 제1회 복원문제 ※ 이 문제는 수검자의 기억을 통하여 복원된 것입니다.

1. 홀 랜턴(hall lantern)을 바르게 설명한 것은?

① 단독 카일 때 많이 사용하며 방향을 표시한다.

② 2대 이상일 때 많이 사용하며 위치를 표시한다.

③ 군 관리 방식에서 도착예보와 방향을 표시한다.

④ 카의 출발을 예보한다.

[해설] 홀 랜턴(hall lantern) : 군 관리 방식에서 승강장에 설치하여 도착예보와 방향을 표시한다 (카의 오름과 내림을 나타내는 방향 등).

2. 소방구조용 엘리베이터의 운행속도 기준으로 옳은 것은?

① 0.5 m/s 이상　② 0.75 m/s 이상

③ 1.0 m/s 이상　④ 1.5 m/s 이상

[해설] 소방구조용 엘리베이터의 기본요건

㉠ 소방운전 시 모든 승강장의 출입구마다 정지할 것

㉡ 운행속도 : 1.0 m/s 이상

㉢ 소방관 접근 지정층에서 소방관이 조작하여 엘리베이터 문이 닫힌 이후부터 60초 이내에 가장 먼 층에 도착할 것

3. 엘리베이터용 트랙션식 권상기의 특징이 아닌 것은?

① 소요동력이 작다.

② 균형추가 필요 없다.

③ 행정거리에 제한이 없다.

④ 권과를 일으키지 않는다.

[해설] 트랙션(traction) 권상기

㉠ 권상구동식으로 기어식과 무기어식이 있으며, 균형추를 사용하므로 권동식에 비하여 소요동력이 크지 않다.

㉡ 행정거리에 제한이 없으며 지나치게 감기는 현상(권과)이 일어나지 않는다.

4. 로프식 엘리베이터에서 도르래의 구조와 특징에 대한 설명으로 틀린 것은?

① 직경은 주 로프의 50배 이상으로 해야 한다.

② 주 로프가 벗겨질 우려가 있는 경우에는 로프 이탈방지장치를 설치해야 한다.

③ 도르래 홈의 형상에 따라 마찰계수의 크기는 U홈 < 언더컷 홈 < V홈의 순이다.

④ 마찰계수는 도르래 홈의 형상에 따라 다르다.

[해설] 엘리베이터의 권상기용 도르래(sheave)의 규격 : 권상 도르래, 풀리 또는 드럼과 현수 로프의 공칭 지름 사이의 비는 스트랜드의 수와 관계없이 40 이상이어야 한다.

5. 엘리베이터용 주 로프는 일반 와이어로프에서 볼 수 없는 몇 가지 특징이 있다. 이에 해당되지 않는 것은?

정답 1. ③　2. ③　3. ②　4. ①　5. ④

① 반복적인 벤딩에 소선이 끊어지지 않을 것
② 유연성이 클 것
③ 파단강도가 높을 것
④ 마모에 견딜 수 있도록 탄소량이 많게 할 것

[해설] 엘리베이터용 로프의 특징
　㉠ 로프의 소선은 1% 정도의 탄소를 함유하고 있는 고탄소강으로 만들어진다.
　㉡ 시브의 마모를 고려하여야 하므로 탄소량을 많게 하는 것은 바람직하지 않다.

6. 권상 도르래 · 풀리 또는 드럼의 피치직경과 로프의 공칭 직경 사이의 비율은 로프의 가닥수와 관계없이 주택용 엘리베이터의 경우 얼마 이상인가?

① 20　② 30　③ 40　④ 50

[해설] 주택용 엘리베이터의 경우 : 30 이상

7. 주행 안내레일의 역할에 대한 설명 중 틀린 것은?

① 카와 균형추를 승강로 평면 내에서 일정 궤도상에 위치를 규제한다.
② 일반적으로 주행 안내레일은 H형이 가장 많이 사용된다.
③ 카의 자중이나 화물에 의한 카의 기울어짐을 방지한다.
④ 비상 멈춤이 작동할 때의 수직하중을 유지한다.

[해설] 주행 안내레일 (guide rail)의 역할 · 규격
　㉠ 카와 균형추의 승강로 내 위치를 규제
　㉡ 카의 자중이나 화물에 의한 카의 기울어짐을 방지한다.
　㉢ 집중하중이나 추락방지 안전장치 작동 시 수직하중을 유지하는 지지보 역할
　㉣ 일반적으로 주행 안내레일은 T형이 가장 많이 사용된다.

8. 주행 안내레일(guide rail)의 보수 점검 항목이 아닌 것은?

① 브래킷 취부의 앵커 볼트 이완상태
② 레일 브래킷 (rail bracket)의 오염상태
③ 레일의 급유상태
④ 레일 길이의 신축상태

[해설] 엘리베이터의 주행 안내레일의 보수 점검 항목 (①, ②, ③ 이외에)
　㉠ 균형추 및 카(car)의 가이드 슈(guide shoe) 설치상태
　㉡ 레일 브래킷은 돌출되어서는 안 된다.

[참고] 레일 브래킷 : 승강로에 레일을 고정하는 지지대로 레일클립에 의해 체결된다.

9. 과속이 발생하거나 로프 등 매다는 장치가 파단될 경우, 주행 안내레일 상에서 엘리베이터의 카 또는 균형추를 정지시키고 그 정지 상태를 유지하기 위한 기계장치는?

① 추락방지 안전장치
② 인터로크장치
③ 로프 처짐 감지장치
④ 제동장치

[해설] 추락방지 안전장치(safety gear)
　㉠ 엘리베이터의 속도가 규정 속도 이상으로 하강하는 경우에 대비하여 추락방지 안전장치를 설치한다.
　㉡ 정격속도가 1 m/s를 초과하는 경우, 균형추 또는 평형추의 추락방지 안전장치는 점차 작동형이어야 한다.

10. 로프식 (전기식) 엘리베이터에서 카에 여러 개의 추락방지 안전장치가 설치된 경우의 추락방지 안전장치는?

① 평시 작동형　② 즉시 작동형
③ 점차 작동형　④ 순간 작동형

[해설] ㉠ 카(car)의 추락방지 안전장치는 정

격속도가 1 m/s를 초과하는 경우 점차 작
동형이어야 한다.
ⓛ 카(car)에 여러 개의 추락방지 안전장치
가 설치된 경우에는 모두 점차 작동형이
어야 한다.

참고 정격속도가 1 m/s를 초과하지 않은 경
우 : 완충 효과가 있는 즉시 작동형으로 할
수 있다.

11. 정격속도가 1 m/s 이하의 엘리베이터
에 사용되는 점차 작동형 추락방지 안전
장치는 몇 m/s 속도 이하에서 작동되어야
하는가?

① 1.25 ② 1.5   ③ 1.75 ④ 2.0

해설 추락방지 안전장치 등의 작동을 위한
과속조절기는 정격속도의 115 % 이상의 속
도, 그리고 다음과 같은 속도 이하에서 작
동되어야 한다.
㉠ 즉시 작동형 추락방지 안전장치 : 0.8 m/s
ⓛ 정격속도가 1 m/s 이하의 점차 작동형
추락방지 안전장치 : 1.5 m/s

12. 디스크형 과속조절기의 점검방법으로
틀린 것은?

① 로프잡이의 움직임은 원활하며 지점
부에 발청이 없으며 급유상태가 양호
한지 확인한다.
② 레버의 올바른 위치에 설정되어 있는
지 확인한다.
③ 플라이 볼을 손으로 열어서 각 연결
레버의 움직임에 이상이 없는지 확인
한다.
④ 시브 홈의 마모를 확인한다.

해설 ③은 플라이 볼형 과속조절기의 점검법
에 해당된다.

참고 디스크형 과속조절기 : 엘리베이터가 설
정된 속도에 달하면 원심력에 의해 진자(振
子)가 움직이고 가속 스위치를 작동시켜서
정지시키는 과속조절기이다.

13. 다음 중 엘리베이터 정격속도와 상관
없이 어떤 경우에도 사용할 수 있는 완충
기는?

① 스프링식 완충기
② 유입식 완충기
③ 우레탄식 완충기
④ 에너지 축적형 완충기

해설 에너지 분산형(유압식) 완충기 : 정격속
도에 상관없이 사용할 수 있는 완충기이다.

참고 에너지 축적형 완충기
1. 우레탄식 : 정격속도가 1.0 m/s를 초과
하지 않는 곳
2. 스프링식 : 정격속도가 1.0 m/s를 초과
하지 않는 곳

14. 다음 중 ( ) 안에 들어갈 내용으로
알맞은 것은?

> 카가 유입완충기에 충돌하였을 때
> 플런저가 하강하고 이에 따라 실린더
> 내의 기름이 좁은 ( )을(를) 통과하면
> 서 생기는 유체저항에 의해 완충작용을
> 하게 한다.

① 오리피스 틈새   ② 실린더
③ 오일 게이지   ④ 플런저

해설 오리피스 (orifice) : 유체가 그곳을 흐를
때 그 압력 차가 유량에 의하여 변환하는
것을 이용하는 것

15. 다음 ( )에 들어갈 내용으로 맞는
것을 묶은 것은?

> 카 내부의 유효 높이는 (a) m 이상
> 이어야 한다. 다만 주택용 엘리베이터는
> (b) m 이상을 할 수 있다.

① (a) 1.5, (b) 2.0

---

② (a) 1.5,　(b) 1.8

③ (a) 2.0,　(b) 2.0

④ (a) 2.0,　(b) 1.8

해설 엘리베이터 내부의 유효 높이

ㄱ 유효 높이 : 2 m 이상이어야 한다.

ㄴ 주택용 : 1.8 m 이상을 할 수 있다.

ㄷ 자동차용 경우에는 제외된다.

16. 전기식 엘리베이터의 카 틀에서 브레이스 로드의 분담 하중은 대략 어느 정도 되는가 ?

① $\dfrac{1}{8}$　② $\dfrac{3}{8}$　③ $\dfrac{1}{3}$　④ $\dfrac{1}{16}$

해설 전기식 엘리베이터의 카 틀−브레이스 로드(brace road) : 브레이스 로드는 하중 전달의 면에서 중요하고, 카(car) 바닥에 균등하게 분산된 하중의 약 $\dfrac{3}{8}$까지 받아서 세로의 틀에 전달한다.

17. 트랙션 머신 시브를 중심으로 카 반대편의 로프에 매달리게 하여 카 중량에 대한 평형을 맞추는 것은 ?

① 과속조절기　② 균형체인

③ 완충기　④ 균형추

해설 균형추와 균형체인

ㄱ 균형추 : 카(car) 중량에 대한 평형

ㄴ 균형체인 : 카(car)의 위치 변화에 따른 로프·이동케이블의 무게 보상

18. 엘리베이터에서 현수 로프의 점검사항이 아닌 것은 ?

① 로프의 직경

② 로프의 마모 상태

③ 로프의 꼬임 방향

④ 로프의 변형 부식 유무

해설 현수 로프의 점검사항

ㄱ 로프의 직경

ㄴ 로프의 마모 및 파손 상태

ㄷ 로프의 변형 부식 유무

ㄹ 장력 균형 상태

19. 전동기의 회전을 감속시키고 암이나 로프 등을 구동시켜 승강기 문을 개폐시키는 장치는 ?

① 도어 인터로크　② 도어 머신

③ 도어 스위치　④ 도어 클로저

해설 도어 머신(door machine)

ㄱ 모터의 회전을 감속하고 암이나 로프 등을 구동시켜 도어를 개폐시키는 것이다.

ㄴ 감속장치로서 일찍이 웜 감속기가 주류를 이루고 있었지만, 최근에는 벨트나 체인에 의해 감속하는 것이 늘고 있다.

20. 다음 중 엘리베이터 도어용 부품과 거리가 먼 것은 ?

① 행어 롤러

② 업 스러스트 롤러

③ 도어 레일

④ 가이드 롤러

해설 엘리베이터 도어용 롤러(roller)

① 행어 롤러(hanger roller) : 도어를 고정하여 레일(rail) 위에 수평 이동을 하게 하는 장치에 사용

② 업 스러스트 롤러(up thrust roller) : 횡여닫이문의 도어 행어(door hanger)를 구성하는 부품(행어 자체 이탈 방지용)

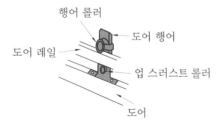

참고 가이드 롤러(guide roller) : 카(car) 또는 균형추를 레일(rail)을 따라 안내하기 위한 장치

정답 16. ②　17. ④　18. ③　19. ②　20. ④

21. 승강장문의 유효 출입구 높이는 몇 m 이상이어야 하는가?

① 1.55　② 1.75　③ 2.0　④ 2.5

해설 카(car) 및 승강장문의 유효 출입구 높이는 2.0 m 이상이어야 한다. (주택용 엘리베이터 : 1.8 m 이상)

22. 승강로의 점검문과 비상문에 관한 내용으로 틀린 것은?

① 이용자의 안전과 유지보수 이외에는 사용하지 않는다.
② 비상문은 폭 0.5 m 이상, 높이 1.8 m 이상이어야 한다.
③ 점검문 및 비상문은 승강로 내부로 열려야 한다.
④ 점검문은 폭 0.5 m 이하, 높이 0.5 m 이하이어야 한다.

해설 점검문 및 비상문은 승강로 내부로 열리지 않아야 한다.

23. 승강로의 벽 일부에 한국산업표준에 알맞은 유리를 사용할 경우 다음 중 적합하지 않은 것은?

① 망 유리　　　② 강화 유리
③ 접합 유리　　④ 감광 유리

해설 적합한 유리
① 망 유리(wire glass) : 유리판에 금속제 망을 넣은 것으로, 도난 방지 또는 화재에 의한 파손으로 파편이 튀지 않게 하는 등 방화의 목적으로도 사용된다.
② 강화 유리 : 고열에 의한 특수 열처리로 기계적 강도를 향상시킨 특수 유리로 일반 유리에 비해 강도가 3~5배이다.
③ 접합 유리 : 2장 이상의 판유리를 유기계의 중간막으로 전면 접착한 것으로, 파손 시에 파편이 비산하는 위험을 방지하기 위함이다.
참고 감광 유리 : 금·은·구리와 같은 감광

성 금속원소를 이온상태로 유리 성분에 함유시켜 만든다.

24. 엘리베이터 기계실에 관한 설명으로 틀린 것은?

① 출입문은 폭 0.7 m 이상, 높이 1.8 m 이상의 금속제 문이어야 하며, 기계실 외부로 완전히 열리는 구조이어야 한다.
② 작업 구역에서 유효 높이는 1.8 m 이상으로 하여야 한다.
③ 실온은 +5℃에서 +40℃ 사이에서 유지되어야 한다.
④ 당해 건축물의 다른 부분과 내화구조 또는 방화구조로 구획하고 기계실의 내장은 준 불연 재료 이상으로 마감되어야 한다.

해설 기계실의 치수
㉠ 작업 구역에서 유효 높이는 2.1 m 이상이어야 한다.
㉡ 구동기의 회전부품 위로 0.3 m 이상의 유효 수직거리가 있어야 한다.

25. 기계실에서 점검할 항목이 아닌 것은 어느 것인가?

① 수전반 및 주개폐기
② 가이드 롤러
③ 절연저항
④ 제동기

해설 가이드 롤러(guide roller)는 일반적으로 카(car) 체대 또는 균형추 체대의 상하부에 설치되는 것으로 기계실에서 점검할 항목은 아니다.

26. 기계실에서 승강기를 보수하거나 검사 시의 안전수칙에 어긋나는 것은?

① 전기장치를 검사할 경우는 모든 전원 스위치를 ON시키고 검사한다.

---

21. ③　22. ③　23. ④　24. ②　25. ②　26. ①

② 규정 복장을 착용하고 소매 끝이 회전물체에 말려 들어가지 않도록 주의한다.

③ 가동 부분은 필요한 경우를 제외하고는 움직이지 않도록 한다.

④ 브레이크 라이너를 점검할 경우는 전원스위치를 OFF시킨 상태에서 점검하도록 한다.

해설 전기장치를 검사할 경우는 모든 전원스위치를 OFF시키고 검사한다.

27. 승강기의 4대 구성요소와 관계가 없는 것은?

① 기계실 ② 변전실
③ 케이지 ④ 승강장

해설 승강기의 4대 구성요소
1. 기계실 2. 케이지
3. 승강로 4. 승강장

28. 교류 2단 속도 제어에서 가장 많이 사용되는 속도비는?

① 2:1 ② 4:1 ③ 6:1 ④ 8:1

해설 교류 2단 속도 제어
㉠ 착상오차를 감소시키기 위해 2단 속도 전동기를 사용한다..
㉡ 2단 속도 모터의 속도비는 착상오차 이외에 감속도, 감속 시의 저 토크(감속도의 변화 비율), 크리프 시간(저속으로 주행하는 시간), 전력회생 등을 감안한 4:1이 가장 많이 사용된다.

29. 가변 전압 가변 주파수(VVVF) 제어 방식에 관한 설명 중 틀린 것은?

① 고속의 승강기까지 적용 가능하다.
② 저속의 승강기에만 적용해야 한다.
③ 직류 전동기와 동등한 제어 특성을 낼 수 있다.
④ 유도 전동기의 전압과 주파수를 변환

시킨다.

해설 VVVF (variable voltage variable frequency) 제어방식
㉠ 적용 속도 : 저속, 중속, 고속 범위 적용 가능
㉡ 유도전동기에 인가되는 전압과 주파수를 동시에 변환시켜 직류 전동기와 동등한 제어성능을 얻을 수 있는 방식이다.

30. 전기식(로프식) 엘리베이터의 과부하 방지장치에 대한 설명으로 틀린 것은?

① 엘리베이터 주행 중에는 오동작을 방지하기 위해 과부하 방지장치 작동은 유효화되어 있어야 한다.
② 과부하 방지장치 작동치는 정격 적재하중의 110 %를 초과하지 않아야 한다.
③ 과부하 방지장치의 작동상태는 초과하중이 해소되기까지 계속 유지되어야 한다.
④ 적재하중 초과 시 경보가 울리고 출입문의 닫힘이 자동적으로 제지되어야 한다.

해설 주행 중에는 오동작을 방지하기 위하여 작동이 무효화되어야 한다.

31. 엘리베이터가 비상정지 시 균형로프가 튀어오르는 것을 방지하기 위해 설치하는 것은?

① 슬로다운 스위치
② 로크다운 추락방지 안전장치
③ 파킹 스위치
④ 각 층 강제 정지운전 스위치

해설 로크다운(lock-down) 추락방지 안전장치 : 튀어오름 방지장치로 카와 균형추에서 내리는 로프도 충분한 강도로 인장시켜 카의 추락방지 안전장치가 작동 시 균형추, 와이어로프 등이 튀어오르지 못하도록 한다.

32. 엘리베이터가 최종 단층을 통과하였을 때 엘리베이터를 정지시키며 상승, 하강 양방향 모두 운행이 불가능하게 하는 안전장치는?

① 슬로다운 스위치
② 파킹 스위치
③ 피트 정지 스위치
④ 파이널 리밋 스위치

해설 파이널 리밋 스위치(final limit switch)의 기능
　㉠ 상승, 하강 리밋 스위치가 작동하지 않았을 경우 사용된다.
　㉡ 카(car)가 종단층 통과 후 전원을 엘리베이터 전동기 및 브레이크로부터 자동 차단시킨다.
　㉢ 완충기에 충돌 전 작동–압축된 완충기에 얹히기까지 계속 작동한다.

33. 승객용 엘리베이터에서 자동으로 동력에 의해 문을 닫는 방식에서의 문닫힘 안전장치의 기준에 부적합한 것은?

① 문닫힘 동작 시 사람 또는 물건이 끼일 때 문이 반전하여 열려야 한다.
② 문닫힘 안정장치 연결전선이 끊어지면 문이 반전하여 닫혀야 한다.
③ 문닫힘 안전장치의 종류에는 세이프티 슈, 광전장치, 초음파장치 등이 있다.
④ 문닫힘 안전장치는 카문이나 승강장 문에 설치되어야 한다.

해설 문닫힘 안전장치 기준
　㉠ 문닫힘 동작 시 사람 또는 물건이 끼이거나 문닫힘 안전장치 연결선이 끊어지면 문이 반전하여 열려야 한다.
　㉡ 물리적인 접촉에 의해 작동하는 기계식과 광전장치 또는 초음파장치에 의해 작동되는 센서식이다.
　㉢ 카(car)문이나 승강장문 또는 양쪽 문에 설치되어야 한다.

34. 다음 중 승강기의 비상정지장치가 아닌 것은?

① 과속조절기
② 주전동기용 과전류 계전기
③ 최상층 종점 스위치
④ 운전반 자동.수동장치

해설 운전반 자동·수동장치는 승강기의 조작용이다.

35. 엘리베이터 구조물의 진동이 카(car)로 전달되지 않도록 하는 것은?

① 과부하 검출장치
② 방진고무
③ 맞대임 고무
④ 도어 인터로크

해설 방진고무 : 진동을 막기 위하여 고무로 만든 용수철로, 구조물의 진동이 카(car)로 전달되지 않도록 하는 역할을 한다.

36. 다음 중 유압식 엘리베이터의 특징으로 틀린 것은?

① 기계실을 승강로와 떨어져 설치할 수 있다.
② 플런저에 스토퍼가 설치되어 있기 때문에 오버헤드가 작다.
③ 적재량이 많고 승강행정이 짧은 경우에 유압식이 적당하다.
④ 소비전력이 비교적 작다.

해설 균형추를 사용하지 않으므로 모터의 출력과 소비전력이 크다.

37. 유압 엘리베이터의 전동기는?

① 상승 시에만 구동된다.
② 하강 시에만 구동된다.
③ 상승 시와 하강 시 모두 구동된다.
④ 부하의 조건에 따라 상승 시 또는 하강 시에 구동된다.

정답 32. ④ 33. ② 34. ④ 35. ② 36. ④ 37. ①

해설 유압 엘리베이터의 원리

① 유압 펌프를 기동하여 압력을 가한 작동유를 실린더에 보내면 "파스칼의 원리에 의하여" 플런저(plunger)를 작동시켜 카를 상승시키고 밸브를 조작하여 하강시키는 것이다.

② 유압 펌프의 원동력은 전동기이며, 상승 시에만 구동되고 하강 시에는 구동되지 않는다.

38. 유압잭의 부품이 아닌 것은?

① 사일런서　　　② 플런저
③ 패킹　　　　　④ 더스트 와이퍼

해설 유압잭(hydraulic jack) : 유압을 이용하여 중량물을 들어 올리는 기구

㉠ 실린더부와 플런저부로 구성되어 있다.
㉡ 실린더부는 압력용기로 되어 있고 상부에는 더스트 와이퍼, 패킹, 그랜드 메탈이 설치되어 있다.
㉢ 플런저부는 표면을 도금 또는 연마한 기둥 모양의 플런저와 하부에는 플런저 이탈방지장치(stopper)가 설치되어 있다.

참고 사일런서(silencer) : 유압 엘리베이터의 소음과 진동을 흡수하기 위한 장치이다.

39. 유압식 엘리베이터에 있어서 정상적인 작동을 위하여 유지해야 할 오일의 온도 범위는?

① 5~60℃　　　② 20~70℃
③ 30~80℃　　　④ 40~90℃

해설 작동유의 적정온도

㉠ 기름 탱크 내의 오일(oil) 온도가 규정치(60℃)를 초과하면 작동유의 점도가 현격히 떨어져 착상오차를 일으킨다.
㉡ 온도 범위는 5℃ 이상 60℃ 이하이다.

40. 유압 엘리베이터의 파워 유닛(power unit)의 점검 사항으로 적당하지 않은 것은 어느 것인가?

① 기름의 유출 유무
② 작동 유(油)의 온도 상승 상태
③ 과전류 계전기의 이상 유무
④ 전동기와 펌프의 이상음 발생 유무

해설 파워 유닛(power unit) 점검사항 (①, ②, ④ 이외에)

㉠ 전동기 펌프 발열상태
㉡ 각종 밸브의 동작상태
㉢ 전동기의 공전을 방지하는 장치의 상태

41. 에스컬레이터의 층고가 6 m 이하일 때의 경사도는 몇 도(°) 이하로 할 수 있는가?

① 15°　　　　　② 25°
③ 35°　　　　　④ 45°

해설 에스컬레이터 경사도

㉠ 경사도는 30°를 초과하지 않아야 한다.
㉡ 다만, 높이가 6 m 이하이고 공칭속도가 0.5 m/s 이하인 경우에는 경사도를 35°까지 증가시킬 수 있다.

42. 에스컬레이터의 손잡이에 관한 설명 중 틀린 것은?

① 손잡이는 디딤판과 속도가 일치해야 하며 역방향으로 승강하여야 한다.
② 손잡이는 정상운행 중 운행 방향의 반대편에서 450N의 힘으로 당겨도 정지되지 않아야 한다.
③ 손잡이 인입구에 적절한 보호장치가 설치되어 있어야 한다.
④ 손잡이 인입구에 이물질 및 어린이의 손이 끼이지 않도록 안전 스위치가 있어야 한다.

해설 에스컬레이터의 손잡이(hand rail) : 손잡이의 속도편차는 0~+2 % 정도로 디딤판과 속도가 일치해야 하며, 동일방향으로 승강하여야 한다.

정답 38. ①　39. ①　40. ③　41. ③　42. ①

43. 에스컬레이터의 구동 전동기의 용량을 계산 시 고려하지 않아도 되는 것은?

① 속도

② 에스컬레이터의 종합효율

③ 승강기 길이

④ 경사각도

[해설] 에스컬레이터의 구동 전동기 용량

$$P = \frac{GV\sin\theta}{6120\eta} \times \beta \, [\text{kW}]$$

여기서, G : 적재하중, η : 총효율,
V : 속도, θ : 경사각도,
β : 승객승입률

44. 에스컬레이터 이용자의 준수사항과 관련이 없는 것은?

① 옷이나 물건 등이 틈새에 끼이지 않도록 주의 하여야 한다.

② 화물은 디딤판 위에 반드시 올려놓고 타야 한다.

③ 디딤판 가장자리에 표시된 황색 안전선 밖으로 발이 벗어나지 않도록 하여야 한다.

④ 손잡이(핸드레일)를 잡고 있어야 한다.

[해설] 화물을 운반하는 것은 금지사항이다.

45. 다음 중 불안전한 행동이 아닌 것은 어느 것인가?

① 방호조치의 결함

② 안전조치의 불이행

③ 위험한 상태의 조작

④ 안전장치의 무효화

[해설] 재해의 직접원인

㉠ 불안전한 행동 : ②, ③, ④ 이외에, 잘못된 동작자세, 운전의 실패 등

㉡ 불안전한 상태 : ① 이외에, 작업환경의 결함, 보호구·복장의 결함 등

46. 물건이 끼여진 상태나 말려든 상태는 어떤 재해인가?

① 추락 ② 전도

③ 협착 ④ 낙하

[해설] 협착 : 몹시 좁다는 뜻으로 건물벽 사이에 끼었을 때의 재해 발생 형태를 말한다.

㉠ 추락 : 사람이 건축물, 비계, 기계, 사다리, 계단 등에서 떨어지는 것

㉡ 전도 : 사람이 평면상으로 넘어졌을 때

㉢ 낙하, 비래 : 물건이 주체가 되어서 사람이 맞는 것

47. 일반적인 안전대책의 수립방법으로 가장 알맞은 것은?

① 계획적 ② 경험적

③ 사무적 ④ 통계적

[해설] 통계적 분석

㉠ 자료를 통계학적 방법으로 수집하고 정리하여 사실이나 현상을 밝히는 일이다.

㉡ 통계적 원인 분석을 통해 안전대책을 수립하는 것이 가장 알맞다.

48. 작업내용에 따라 지급해야 할 보호구로 옳지 않은 것은?

① 보안면 : 물체가 날아 흩어질 위험이 있는 작업

② 안전장갑 : 간전의 위험이 있는 작업

③ 방열복 : 고열에 의한 화상 등의 위험이 있는 작업

④ 안전화 : 물체의 낙하, 물체의 끼임 등의 위험이 있는 작업

[해설] 보안면(face shield) : 근로자가 작업할 때 안면이나 눈을 유해광선, 열, 불꽃, 화학약품 등의 비말(飛沫) 등에 의한 장해를 방호하기 위해 사용되는 보호구를 말한다.

49. 원동기, 회전축 등에서 위험방지장치

를 설치하도록 규정하고 있다. 설치 방법에 대한 설명으로 옳지 않은 것은?

① 위험 부위에는 덮게, 울, 슬리브, 건널 다리 등을 설치

② 키 및 핀 등의 기계요소는 묻힘형으로 설치

③ 벨트의 이음 부분에는 돌출된 고정구로 설치

④ 건널 다리에는 안전난간 및 미끄러지지 아니하는 구조의 발판 설치

해설 벨트의 이음 부분에는 돌출되지 않은 고정구로 설치하여야 한다.

50. 정밀성을 요하는 판의 두께를 측정하는 것은?

① 줄자   ② 직각자
③ 다이얼게이지   ④ 마이크로미터

해설 ㉠ 마이크로미터(micrometer) : 물체의 외경, 두께, 내경, 깊이 등을 마이크로미터 (µm) 정도까지 측정할 수 있는 기구이다.
㉡ 다이얼게이지(dial gauge) : 피측정물의 치수와 표준치수와의 차를 측정하는 게이지이다.

51. 엘리베이터 전원공급 배선회로의 절연저항 측정으로 가장 적당한 측정기는 어느 것인가?

① 휘트스톤 브리지
② 메거
③ 콜라우시 브리지
④ 켈빈더블 브리지

해설 절연저항 측정에는 메거(megger)라고 부르는 절연 저항계가 사용된다.
㉠ 휘트스톤 브리지 : 중저항 측정용
㉡ 콜라우시 브리지 : 전지의 내부저항 측정용
㉢ 켈빈더블 브리지 : 저저항 측정용

52. 다음 그림과 같은 회로의 역률은 약 얼마인가?

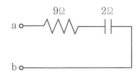

① 0.74   ② 0.80
③ 0.86   ④ 0.98

해설 역률 : $\cos\theta = \dfrac{R}{\sqrt{R^2 + X_C{}^2}}$

$\qquad = \dfrac{9}{\sqrt{9^2 + 2^2}} = \dfrac{9}{9.22} \fallingdotseq 0.98$

53. 크레인, 엘리베이터, 공작기계, 공기압축기 등의 운전에 가장 적합한 전동기는?

① 직권 전동기   ② 분권 전동기
③ 차동복권 전동기 ④ 가동복권 전동기

해설 직류발전기의 종류와 용도
㉠ 타여자 : 압연기, 대형의 권상기 및 크레인
㉡ 분권 : 직류 전원이 있는 선박의 펌프, 환기용 송풍기
㉢ 직권 : 전차, 권상기 크레인과 같이 가동 횟수가 빈번하고 토크의 변동도 심한 부하
㉣ 가동복권 : 크레인, 엘리베이터, 공작기계, 공기압축기

참고 차동복권은 단점이 있어 거의 사용되지 않는다.

54. 일반적으로 유도전동기의 공극은 약 몇 mm인가?

① 0.3~2.5   ② 3~4.5
③ 5~6.5   ④ 7~8.5

해설 유도전동기의 공극 (air gap) : 일반적으로 0.3~2.5 mm 정도

참고 회전자와 고정자 사이의 공간을 공극 (air gap)이라 한다.

55. 유도 전동기의 속도 제어 방법이 아 닌 것은?

① 전원 전압을 변화시키는 방법

② 극수를 변화시키는 방법

③ 주파수를 변화시키는 방법

④ 계자저항을 변화시키는 방법

해설 유도 전동기의 속도를 변화시키는 방법

ㄱ 속도 : $N = (1 - s)\dfrac{120f}{p}$ [rpm]에서,

- 극수 p의 변화
- 주파수 f의 변화

ㄴ 전원 전압을 변화시킨다.

참고 계자(field) 저항은 직류기에서 계자전 류를 변화시켜 속도를 제어하는 저항기이다.

56. NAND 게이트 3개로 구성된 논리회 로의 출력값 X는?

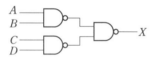

① $A \cdot B + C \cdot D$

② $(A + B) \cdot (C + D)$

③ $\overline{A \cdot B} + \overline{C \cdot D}$

④ $\overline{A \cdot B \cdot C \cdot D}$

해설 $X = \overline{\overline{A \cdot B} \cdot \overline{C \cdot D}} = \overline{\overline{A \cdot B}} + \overline{\overline{C \cdot D}}$
$= A \cdot B + C \cdot D$

57. 인장(파단)강도가 400 kg/cm²인 재 료를 사용응력 100 kg/cm²로 사용하면 안전계수는?

① 1　　② 2　　③ 3　　④ 4

해설 안전계수 = $\dfrac{인장강도}{사용응력} = \dfrac{400}{100} = 4$

58. 기어장치에서 지름피치의 값이 커질 수록 이의 크기는?

① 같다.　　② 커진다.

③ 작아진다.　　④ 무관하다

해설 지름피치의 값이 클수록 이의 크기가 작아지고, 지름피치의 값이 작을수록 이의 크기가 커진다.

59. 기어, 풀리, 플라이휠을 고정시켜 회 전력을 전달시키는 기계요소는?

① 키　　② 와셔

③ 베어링　　④ 클러치

해설 키(key)

ㄱ 회전체를 축에 끼우는 것으로 강 또는 합금강으로 만든다.

ㄴ 기어, 풀리, 플라이휠을 고정시켜 회전 력을 전달시키는 기계요소이다.

참고 베어링 (bearing) : 회전축의 마찰저항 을 적게 하며, 축에 작용하는 하중을 지지 하는 기계요소이다.

60. 회전축에 가해지는 하중이 마찰저항을 작게 받도록 지지하여 주는 기계요소는?

① 클러치　　② 베어링

③ 커플링　　④ 축

해설 베어링 (bearing) : 회전축의 마찰저항을 적게 하며, 축에 작용하는 하중을 지지하는 기계요소이다.

정답　55. ④　56. ①　57. ④　58. ③　59. ①　60. ②

승강기 기능사 필기

2012년 1월 25일 1판 1쇄
2019년 3월 15일 3판 8쇄
2021년 4월 10일 4판 1쇄 (완전개정)

저   자 : 김평식 · 박왕서
펴낸이 : 이정일

펴낸곳 : 도서출판 **일진사**
　　　　www.iljinsa.com

(우) 04317 서울시 용산구 효창원로 64길 6
전화 : 704-1616 / 팩스 : 715-3536
등록 : 제1979-000009호 (1979.4.2)

값 20,000 원

ISBN : 978-89-429-1667-2

◉ **불법복사는 지적재산을 훔치는 범죄행위입니다.**
　저작권법 제97조의 5 (권리의 침해죄)에 따라 위반자
　는 5년 이하의 징역 또는 5천만원 이하의 벌금에 처
　하거나 이를 병과할 수 있습니다.